"十二五"职业教育国家规划教材
经全国职业教育教材审定委员会审定

高职高专**美容化妆品类专业**规划教材
美容化妆品行业职业培训教材

化妆品安全性与有效性评价

杨梅　李忠军　傅中　主编

 化学工业出版社
·北京·

本书根据化妆品研发、销售、安全监管和使用等特点，为满足化妆品相关专业高职高专专业学生的职业技能需求，介绍了涉及多学科的化妆品安全性和有效性评价知识，重点解析化妆品原料及终产品的安全风险、安全评价技术及安全性风险物质评估程序，并按照非特殊用途化妆品和特殊用途化妆品两大模块详细介绍了洁肤、护肤、美容修饰、芳香、发用及除臭、美乳、健美等十五小类化妆品的功效评价技术与方法，特别添加化妆品感官评价内容，还补充了化妆品相关皮肤基础知识、我国化妆品安全监管现状和科学选用化妆品建议等。

本书内容丰富、条理清楚、一目了然，每一章有实例分析、课后思考、资料卡、图表等，便于浏览和自学。在内容选取上兼顾了化妆品专业技术人员、化妆品销售人员、美容导师和普通消费者的知识需求，突出了职业教育和实用特色。

本书可供化妆品技术与管理类专业高职高专学生作为教材使用，也可作为美容与形象设计专业教学参考用书，同时也可供化妆品企业人员、行业监管人员培训使用，还可为消费者正确选择和使用化妆品提供理论指导和帮助。

图书在版编目（CIP）数据

化妆品安全性与有效性评价/杨梅，李忠军，傅中主编．北京：化学工业出版社，2016.2（2023.10重印）

“十二五”职业教育国家规划教材　高职高专美容化妆品类专业规划教材　美容化妆品行业职业培训教材

ISBN 978-7-122-25937-0

Ⅰ.①化…　Ⅱ.①杨…②李…③傅…　Ⅲ.①化妆品-化学成分-安全性-高等职业教育-教材②化妆品-化学成分-有效性-评价-高等职业教育-教材　Ⅳ.①TQ658

中国版本图书馆CIP数据核字（2015）第315996号

责任编辑：张双进　窦　臻　　文字编辑：孙凤英

责任校对：边　涛　　装帧设计：王晓宇

出版发行：化学工业出版社（北京市东城区青年湖南街13号　邮政编码100011）

印　　刷：北京云浩印刷有限责任公司

装　　订：三河市振勇印装有限公司

710mm×1000mm　1/16　印张33¾　字数682千字　2023年10月北京第1版第10次印刷

购书咨询：010-64518888　　售后服务：010-64518899

网　　址：http://www.cip.com.cn

凡购买本书，如有缺损质量问题，本社销售中心负责调换。

定　　价：69.00元

前　言

化妆品既与人体皮肤及附属器的健康、容貌的美丽息息相关，也有着化学合成品的刺激性或毒性等危害性特点，因此，化妆品常被称为影响人们身体健康的“双刃剑”。

随着化妆品工业的迅猛发展和化妆品消费市场的扩大，化妆品已经成为人们日常生活的必需品。人们对化妆品的质量特性如安全性、稳定性、使用性和有效性等有了更高的要求。无论是普通消费者、美容导师、还是专业技术人员，无论是化妆品行业安全监管人员、还是生产厂家，都非常想知道化妆品究竟有没有效果？如何客观准确地评价化妆品的安全风险和功效性？怎样正确选择和使用化妆品才能保证化妆品发挥最大功效的同时，最大限度保护消费者的健康安全？而这些问题正日益引起人们广泛关注和深入研究。

我国也正逐步成立专业检测机构加大对化妆品安全性、有效性的评价力度，但标准和专门教材很少。本书是根据化妆品相关专业高职高专学生的定位和职业技能需求，参考国际化妆品安全监管和风险评估模式，依据我国现有化妆品技术法规和技术标准，对化妆品功效及适应性检测及相关评价方法进行收集整理，编写而成。

本书共介绍了四部分内容。

(1) 化妆品安全性评价：包括化妆品的人体不良反应、化妆品安全性评价技术和化妆品原料及终产品的安全风险评估程序。

(2) 感官评价：包括感官评价基本知识、化妆品感官评价指标和方法及喜好度评价。

(3) 各类化妆品作用特点和评价：由于化妆品种类繁多，并且随着新原料新技术的进步在不断发展，考虑到高职高专学生学习习惯，依据化妆品销售、安全监管等特点，本书按照非特殊用途化妆品和特殊用途化妆品两大模块详细介绍了洁肤、护肤、美容/修饰、芳香、发用、防晒、美白祛斑、控油抗粉刺、止汗除臭、育发、烫发、染发、脱毛、美乳及健美等十五小类化妆品的作用特点与评价方法。

(4) 正确选择和使用化妆品的科学建议。

化妆品的安全性和有效性评价涉及化学、皮肤科学、毒理学、物理学、生物化学等多方面学科，甚至还延伸到美容心理学、色彩学等。为了让读者了解有关交叉学科知识，本书增加了化妆品评价相关皮肤及其附属器基础知识和皮肤无创性检测技术。另外，本书还简要介绍了我国化妆品安全监管特点及基本要求，并在附录中列出《化妆品安全技术规范》目录，方便读者进一步深入学习。

本书在内容选取上兼顾了化妆品研制和检验人员、化妆品安全管理和销售人员、美容导师和普通消费者的知识需求，突出了职业教育和实用特色，可供化妆品类和美容专业高职高专学生教学使用，也可供化妆品企业技术人员、行业监管人员培训使用，还可为消费者正确选择和使用化妆品提供了理论指导和帮助。

本书共分十章，由广东食品药品职业学院化妆品技术与管理专业组织编写，参与编写人员编写情况如下：第一章，杨梅、刘纲勇；第二章，慕丹；第三章，邹颖楠；第四章，李忠军；第五章，孙婧；第六章，杨梅；第七章，胡芳；第八章、第九章，傅中、杨梅；第十章，姚艳红；全书由杨梅负责统稿。妮维雅（上海）化妆品有限公司广州办事处何英、广东职业技术学院应用化工技术专业黄景怡、刘旭峰等参与了部分章节的编写。

本书的主要编写人员都曾到四川大学华西临床医学院李利教授举办的“全国医用护肤品研发应用暨皮肤无创性测量技术讲习班”学习，受益匪浅，为本书的内容和质量提供了帮助；本书的编写过程中，广州中山大学附属第三医院赖维、万苗坚、易金玲，广东食品药品监督管理局化妆品监管处李志伟均给予了大力支持，在此一并表示衷心的感谢！

由于编者认识水平和写作经验有限，本书难免存在疏漏之处，敬请读者、专家批评指正！

编者
2015 年 11 月

目　录

第一篇

化妆品相关基础知识

第一章　化妆品基础知识

人类使用化妆品美容修饰的历史源远流长，据记载可追溯到公元前几世纪的古埃及、古希腊和中国。随着人民生活水平的提高和经济收入的增长，化妆品已成为人们美化生活、提高生活质量的必需品。

第一节　化妆品的定义与分类

“化妆品”在古希腊语中的词义是“装饰的技巧”，现指“修饰”和“装扮”人体而使用的产品的总称。

一、化妆品的定义与作用

（一）世界主要国家和地区对化妆品的定义

出于对化妆品的生产、流通、使用规范管理的需要，世界各国依据本国国情颁布了化妆品法规，对化妆品进行了定义，见表1-1。这些定义很类似，只是管理范围和分类略有不同。

表 1-1　世界主要国家和地区化妆品定义

国家	主要法规依据	化妆品定义
美国	《食品药品和化妆品法案》FD&C	是以涂抹、擦抹、喷洒或类似方法用于人体，使之清洁、美化、增加魅力或改变容颜，而不影响人体结构和功能的产品
欧盟	《化妆品规程》(2013)	是指用于人体表面(皮肤、毛发、指甲、唇和外生殖器)或牙齿及口腔黏膜，以清洁、增加香气、改变容颜或(和)纠正体臭，保护或保持其处于良好状态为目的的物质和制品
日本	《药事法》	是指为了达到清洁、美化身体、增加魅力、改变容颜、保护皮肤和头发健康，以涂敷、撒布或其他类似方法使用在身体上的物质，对人体作用缓和的制品
加拿大	《食品和药品法案》	所有用于清洁、改善或改变面部外观、皮肤、毛发或牙齿而生产、销售或提供的任何物质或物质的混合物均为化妆品，其中包括除臭剂和香精
韩国	《化妆品法》	在人体上发挥适度效用，用于清洁、美化、提高吸引力、改善外观或是改善或保养皮肤、头发的物品

续表

国家	主要法规依据	化妆品定义
东盟	《东盟化妆品指令 05/01/ACCSQPWG》	用于人体外部任何部位(皮肤、毛发、指甲、口唇和外阴部)或牙齿及口腔黏膜的物质或制品,主要或只起到清洁、香化、改善外观、消除体臭、起保护作用,令其处于良好状态为目的

(二)我国对化妆品的定义

我国对化妆品的定义在不同阶段、不同法规中的表述略有差异,主要表现在对化妆品管理范围的确定上,见表 1-2。

表 1-2 我国对化妆品的定义

依据	颁发部门	对化妆品的定义	具体规定
《化妆品卫生监督条例》1989	国务院批准、卫生部颁布	以涂擦、喷洒或者其他类似的方法,散布人体表面任何部位(皮肤、毛发、指甲、口唇等),以达到清洁、消除不良气味、护肤、美容和修饰目的的日用化学工业产品	浴液属于化妆品范畴;牙膏、肥皂、香皂等暂不属于化妆品卫生监督管理范畴
国家标准 GB 5296.3—1995《消费品使用说明 化妆品通用标签》	原国家技术监督局	以涂抹、喷洒或其他类似方式,施于人体表面(如表皮、毛发、指甲和口唇等),起到清洁、保养、美化或消除不良气味作用的产品,该产品对使用部位可以有缓和作用	浴液(沐浴液)不属于化妆品范畴;牙膏、肥皂、香皂不属于化妆品监督管理范畴
《化妆品卫生规范》(2007)	国家卫生部	以涂擦、喷洒或者其他类似的方法,散布于人体表面任何部位(皮肤、毛发、指甲、口唇等),以达到清洁、消除不良气味、护肤、美容和修饰目的的日用化学工业产品	香波、浴液、洗手液等均属于化妆品监管范围
国家质检总局令第 100 号《化妆品标识管理规定》(2008)	国家质量监督检验检疫总局	以涂抹、喷、洒或者其他类似方法,施于人体(皮肤、毛发、指趾甲、口唇齿等),以达到清洁、保养、美化、修饰和改变外观,或者修正人体气味,保持良好状态为目的的产品	牙膏、漱口水类产品正式列于化妆品监管范围
国家标准 GB 5296.3—2008《消费品使用说明 化妆品通用标签》	国家质量监督检验检疫总局	以涂抹、洒、喷或其他类似方式,施于人体表面任何部位(皮肤、毛发、指甲、口唇等),以达到清洁、芳香、改变外观、修正人体气味、保养、保持良好状态目的的产品	删除了"产品对使用部位可以有缓和作用"

(三)化妆品的作用

尽管各个国家在化妆品的定义表述上有差别,但其作用可概括为如下几方面。

(1) 清洁　能祛除皮肤、毛发、口唇和指(趾)甲上面的污垢、彩妆,达到清洁的目的。如清洁霜、洗面奶、磨面膏、净面面膜、清洁用化妆水、沐浴液、洗发香波、睫毛膏卸妆液、香皂、卸妆油、牙膏等。

（2）保养　能保护毛发及皮肤，使其滋润、柔软、光滑、富有弹性，以抵御寒风、烈日、紫外线辐射等的损害；保持皮肤角质层的含水量，防止皮肤皲裂，减缓皮肤衰老；使毛发柔顺以及防止毛发枯断。如雪花膏、润肤霜、防裂油膏、奶液、防晒霜、护发素、营养霜、营养面膜、精华素、焗油膏等。

（3）消除不良气味　通过抑汗或掩盖方法，达到减轻和消除体臭的作用，如抑汗剂、祛臭剂等。

（4）美容修饰　对皮肤、毛发、指甲、口唇等进行美化和修饰，达到美容、增加魅力的效果。如粉底霜、粉饼、香粉、胭脂、唇膏、发胶、摩丝、染发剂、烫发剂、眼影膏、眉笔、睫毛膏、指甲油、香水等。

（5）特定功能　人们对现代化妆品提出了更多的要求，选择添加具有相应功效的物质制备功能性化妆品，不仅有助于保持皮肤正常的生理功能，还强化防晒、保湿、美白等各种功效，甚至符合皮肤组织的生理需要和病理的改变，能具有一定的防治效果，如防痤疮、抗衰老、控油、抑汗、除臭、去头屑等。

判断一个产品是否属于各国化妆品范畴，可以从该产品的三个方面考虑：是否接触人体表面任何皮肤、使用方法、功能或作用。不直接接触人体表面的日用化工产品如香薰精油、空气清新剂、洗洁精等均不属于化妆品管理范畴。化妆品适用于人体的途径是涂抹、喷洒或者其他类似方法如揉、抹、敷等，那些通过注射、口服、吸入、手术等方法进入或作用于人体皮肤或人体内部达到美容目的的产品不属于化妆品范围，如医疗美容机构使用的肉毒杆菌、透明质酸等。化妆品不具备治疗疾病的功能，不可宣称临床功效，这也是化妆品和药品的根本区别。

（四）化妆品的质量特性

一般情况下，化妆品产品在投放市场前，必须确保它符合安全性、稳定性、使用性和功效性这四个质量特性，化妆品的质量特性及其评价方法见表1-3。

表1-3　化妆品的质量特性及其评价方法

质量特性		具体说明	评价方法
安全性		无皮肤刺激、无过敏、无经口毒性、无异物、无破损	安全性评价、成分分析、卫生指标评价、感官评价、微生物检验
稳定性		无变质、无变色、无变臭、无微生物污染	稳定性评价、理化指标评价、卫生指标评价、感官评价
使用性	肤感适合	皮肤融合度、滋润、潮湿感	感官评价、人体试用
	方便使用	产品外观、形状、大小、质量、结构、易携带性等	感官评价
	感官舒适	香味、颜色、外观设计等	喜好度评价、人体试用
功效性		保湿、防晒、祛斑、清洁、美容、色彩等	功效性评价、功效成分分析、人体试用

1. 安全性

在日常生活中，为了皮肤健康和美容，人们往往是每天或者长期连续使用化妆品，这就要求在正常及合理的、可预见的使用条件下，化妆品不能对人体健康产生危害，不能对皮肤产生刺激、致敏性，更不能有累积毒性和致癌性。

因此，世界各个国家对化妆品的安全性要求都居首要地位，并制定了严格的法律法规去管理化妆品原料和产品。化妆品的生产企业和销售商必须加强自律，严格遵守当地的法律法规，对其产品的安全和质量负责。消费者需要了解化妆品的安全性和自身皮肤生理特性，才能确保正确选择和使用。

2. 稳定性

一般情况下，密封容器中的化妆品原料或产品在规定的存储条件和保质期内能保持原有的性质特点（如香气、颜色、形态）均无变化，有一定稳定性。但是，化妆品多为热力学不稳定的多相体系，只能在一定时间内获得相对的稳定，不是也不可能是永久的。而且，各种因素，如原料之间的化学反应、杂质、紫外线、热、pH 值、金属离子、加工方法、包装材料等，都会影响产品的稳定性，在制造、运输、存放和使用过程中还会受到微生物的污染。化妆品一旦失去了稳定性，可能出现变色、破乳、分层、浑浊、沉淀、结块等变质现象，不宜使用。

因此，化妆品必须保证足够的稳定性才能进入市场流通。稳定性是评价化妆品质量的重要指标之一，也是确定化妆品有效期的主要依据，是化妆品使用性和功效性的基础。

3. 使用性

化妆品使用性体现在使用方便程度、舒适感和嗜好性上，首先应使用方便，即形状、大小、质量、结构、功能型和携带性合适，其次化妆品和药品不同，它必须使人们乐意使用，必须有舒适感。

化妆品的舒适感多指在使用过程中与皮肤的融合度、涂敷延展性等，包括皮肤感觉如润滑度、黏性、弹性、发泡性、滋润性等，使用后是否使皮肤感觉紧绷、油腻、光滑、柔软等。美容类化妆品则强调美学上的润色，而芳香类产品则强调在整体上赋予身心的舒适感。

人们倾向于通过自己最直接的感受来评价化妆品的使用性，不同年龄、不同肤质者对产品的使用目的和感觉要求也不尽相同，表现出对化妆品香味、颜色和外观设计等的不同嗜好性。因此，化妆品制造者们要开发各种各样的化妆品，以满足消费者的多种需求。

4. 功效性

化妆品功效性指化妆品依赖于其中的活性成分和构成配方主体的基质，在正确使用条件下，能够帮助消费者改善、保持皮肤及其附属器良好状态的作用和效果。

在安全的前提下，化妆品的功效越来越受到重视。为对消费者负责，最好对化妆品进行功效性评价。现在很多化妆品企业、大型医院皮肤科、国家质量检测部门以及专业评价机构都在参与到化妆品功效评价的行列中，采用更严谨的科学方法设计方案，使用现代化的仪器设备，结合基本的临床感官评价，为人们提供安全且真实有效的产品。

二、化妆品的分类与管理

化妆品形态各样、种类繁多，目前国际上并没有统一的分类方法。

（一）化妆品的分类

1. 世界各国对化妆品的分类方法

综合起来，世界各国对化妆品的分类方法大致有以下几种常用情形。

（1）按化妆品的用途或使用目的分　清洁化妆品（用于清洁皮肤、毛发的产品）、护理化妆品（保养面部、头发的产品）、美容修饰化妆品（用于美化面部和头发、增加人体魅力的产品）、特殊用途化妆品（如除臭剂、含药物化妆品等）。

（2）按使用部位分　肤用、眼部用、发用、唇用、牙齿用、指（趾）甲用。

（3）按剂型分　液体、乳液膏霜、粉、块、凝胶、面膜、气雾剂等。

（4）按年龄分　婴儿用、少年用、青年用、中老年用。

（5）按性别分　男用、女用。

（6）按活性物分　SOD系列、果酸系列、芦荟系列、珍珠系列、蜂蜜系列等。

（7）按原料分　油脂蜡型、表面活性剂型、功能型等。

2. 美国FDA对化妆品的分类

美国FDA将所有的化妆品按使用部位和目的分为十三大类80小类，见表1-4。

表1-4　美国化妆品的分类

序号	大类	小类
1	婴儿用品	婴儿露、油、霜和婴儿用爽身粉；婴儿洗发液；其他婴儿用产品
2	洗浴用品	浴用胶囊；浴用油、片剂和浴盐；泡泡浴产品；其他浴用类产品
3	眼部化妆品	眼部护理液；眼部彩妆类；眼部卸妆类；眼影；眼线笔；睫毛膏
4	芳香类制品	古龙水和淡香水；香氛类制品；香水；粉（除体臭产品、不含须后的）；香囊
5	发用品	头发护理产品；发用喷雾（气溶胶定型用）；头发拉直产品；烫发产品套装；永久性烫发产品；修饰头发的产品和其他使头发易梳理、光亮的产品；香波（未染发者用）；发用润丝（未染发者用）；其他发用产品（未染发者用）
6	染发制品	发用漂色产品；染发用喷雾（气溶胶）；其他染发用产品；染发产品（各种需要标识警示和用前需要做过敏试验的类型）；利用着色剂使头发颜色变浅的产品；非永久性染发产品；发用润丝（已染发者用）；发用香波（已染发者用）
7	化妆用品（不包括眼部）	胭脂（各种类型）；面用散粉；粉底用品；眼部和身体用涂料；唇膏；妆前用打底产品；定妆产品；其他非眼部化妆用品；口红
8	美甲制品	底油；柔软剂；其他美甲制品；指甲霜或液；接长用假指甲；卸甲水；指甲亮光剂和指甲油
9	口腔卫生用品	洁齿产品（喷雾、液体和片状）；漱口产品和口气清新剂（液体或者喷雾）；口腔卫生类用品

续表

序号	大类	小类
10	个人卫生用品	浴皂和清洁产品；除臭产品（腋下）；清洁产品；妇女阴部除臭产品；其他个人清洁类产品
11	剃须用品	须后水；胡须的软化剂；男用散粉；须前水（各种类型）；剃须膏（喷雾，不带刷的和泡沫）；其他剃须类产品；剃须皂（块状、条状等）
12	护肤用品	身体和手部护理产品（不包括剃须制品）；清洁类产品（膏霜装、液状和吸有清洁剂的海绵型薄垫）；脱毛产品；面部和颈部护理产品（不包括剃须类产品）；足部用粉剂和喷雾；保湿产品；夜间皮肤护理产品；面膜（泥膜）；其他护肤类用品；皮肤清凉剂
13	美黑用品	室内美黑产品；美黑啫喱、膏霜、乳液；其他美黑类产品

3. 我国国家标准对化妆品的分类

我国国家标准《化妆品分类》（GB/T 18670—2002）按照产品的主要功能和主要使用部位相结合的分类原则将化妆品分为清洁类、护理类及美容/修饰类，见表1-5。

表1-5 国家标准《化妆品分类》（GB/T 18670—2002）对化妆品的分类

项目	部位			
	皮肤	毛发	指（趾）甲	口唇
清洁类化妆品	清洁霜（蜜）、洗面奶（霜、液、盐、啫哩、粉）、洗手液（盐、啫哩、粉）、磨砂膏、沐浴露（液、霜、盐、啫哩、粉）、卸妆水（油）、去死皮膏、面膜、花露水、爽身粉、痱子粉	洗发水（液、露、膏、粉）、剃须膏	洗甲液	唇用卸妆液
护理类化妆品	护肤膏（霜、香脂、乳液、油、啫哩）、精华素、化妆水、按摩膏（霜、乳液、啫哩）、面膜	护发素（胶囊）、发乳（油、膏、蜡）、焗油膏	护甲水（霜）、指甲硬化剂	润唇膏
美容/修饰类化妆品	香水、古龙水、粉饼、胭脂、眼影、睫毛膏、眉笔、眼线笔（液）、粉底霜（液）、香粉、定妆粉	染发剂、烫发剂、定型摩丝、发胶、啫喱（水、膏）、生发剂、脱毛剂、睫毛膏（液）	指甲水（油、液、啫哩）、洗甲水（油、液、啫哩）	唇膏（油）、唇彩、唇线笔

4. 我国《化妆品卫生安全通用要求》增加化妆品的分类

2011年4月18日，由中国疾病预防控制中心环境所牵头制定的《化妆品卫生安全通用要求》正式向公众征求意见，增加了淋洗类等化妆品类型与定义，见表1-6。

5. 我国化妆品生产许可的分类

2015年3月国家食品药品监督管理总局在《化妆品生产许可工作指南（暂行）》中以生产工艺和成品状态为主要划分依据，将化妆品分为7单元，详见表1-7。

表 1-6 《化妆品卫生安全通用要求》（征求意见稿）中增加化妆品的分类

类型	定义	举例
淋洗类化妆品	在皮肤、头发或黏膜上使用后就除去的产品	洗面奶等清洁类化妆品、面膜、护发素（冲洗型）、脱毛剂等
驻留类化妆品	停留在皮肤上、头发上或黏膜上，保持持久接触的产品	护肤膏霜、免洗护发素、睡眠面膜、润唇膏、胭脂、粉底等

表 1-7 《化妆品生产许可工作指南（暂行）》中对化妆品的分类

单元	类别	产品名称
一般液态单元	护发清洁类	洗发液、洗发膏、发油、洗面奶（非乳化）、洗手液、沐浴剂、液状发蜡等
	护肤水类	化妆水、按摩油、按摩精油、面贴膜（非乳化）、唇油等
	染烫发类	染发水、染发啫喱、烫发水等
	啫喱类	啫喱水、护肤啫喱、凝胶状发蜡、凝胶焗油膏、啫喱面膜等
膏霜乳液单元	护肤清洁类	润肤膏霜、润肤乳液、洗面奶（乳化）、膏乳状面膜、面贴膜（乳化）等
	护发类	发乳、焗油膏、护发素、免洗护发素、乳膏状发蜡等
	染烫发类	染发膏等
粉单元	散粉类	香粉、爽身粉、痱子粉、面膜（粉）等
	块状粉类	胭脂、眼影、粉饼等
	染发类	染发粉、漂浅粉等
	浴盐类	足浴盐、沐浴盐等
气雾剂及有机溶剂单元	气雾剂类	摩丝、发胶、液体发蜡（气雾罐式）等
	有机溶剂类	花露水、香水、指甲油等
蜡基单元	蜡基类	唇膏、润唇膏、发蜡、睫毛膏、化妆笔等
牙膏单元	牙膏类	牙膏、功效牙膏等
其他单元	未包括在以上类别内	粉蜜等

注：产品名称是国家标准、行业标准或企业标准中规定的名称，表中所列产品名称仅为举例。

（二）化妆品的分类管理

1. 美国对化妆品的分类管理

随着科学的发展和技术的进步，化妆品的功效性已经日益突出，一些化妆品也具有轻微改善人体结构和功能的功效，这种化妆品已经超出了现有化妆品定义的范畴，与药品的功能有了一些重叠。如祛斑霜、抑汗剂、祛臭剂、育发水、痱子水、药物牙膏等，能“缓和影响”皮肤、毛发、口腔和牙齿等部位外表或功能，功能介于药品和化妆品之间，成为各国化妆品监管的重点。

美国食品药品监督管理局把这类既具有化妆品功能又具有药物作用、既符合化妆品定义又符合药品定义的产品，归为非处方药，又称为柜台销售药物（OTC 药品），要求必须同时遵守药品和化妆品规章。

2．我国对化妆品的分类管理

我国1991年颁布的《化妆品卫生监督条例》提出了特殊用途化妆品的概念，把具有或宣称相应特殊功效具有较高安全风险的9种化妆品包括烫染发、防晒等称为“特殊用途化妆品”，见表1-8。

表1-8 《化妆品卫生监督条例》对特殊用途化妆品的分类

类别	定义	举例
育发化妆品	指有助于毛发生长，减少脱发和断发的化妆品	育发香波、育发乳液等
染发化妆品	指具有改变头发颜色作用的化妆品	染发香波、染发膏霜、彩色焗油膏等
烫发化妆品	指具有改变头发弯曲度，并维持相对稳定作用的化妆品	烫发水、冷烫液、冷烫乳等
脱毛化妆品	指具有减少、消除体毛作用的化妆品	脱毛膏（霜、露、乳液）等
美乳化妆品	指有助于乳房健美的化妆品	美乳膏霜
健美化妆品	指有助于使体形健美的化妆品	健美膏霜
除臭化妆品	指有助于消除腋臭的化妆品	香体露等
祛斑化妆品	指用于减轻皮肤表皮色素沉着的化妆品	祛斑膏霜、祛斑洗面奶
防晒化妆品	指具有吸收紫外线作用、减轻因日晒引起皮肤损伤功能的化妆品	防晒乳（霜）、防晒油、防晒凝胶、防晒喷雾等

特殊用途化妆品为追求特殊功效，其配方和原料均有一定创新，对人体的作用比较强烈，这类产品的安全性较低，风险性较高。随着我国化妆品行业的发展，产品类别日新月异，国家管理部门结合当前化妆品监管工作实际需要，基于安全风险管理的原则，不断调整类别和定义范围。

国家食品药品监督管理总局发布通告（2013年第10号）宣称将“凡具有或宣称有助于皮肤美白增白的化妆品（仅具有物理遮盖作用的除外），纳入祛斑类特殊用途化妆品实施严格管理”，扩大了祛斑化妆品管理范围。

除了这9种化妆品之外的化妆品都称“非特殊用途化妆品”，2007年之前称为“普通化妆品”。《化妆品行政许可检验管理办法》将非特殊用途化妆品分为以下5类，见表1-9。

表1-9 《化妆品行政许可检验管理办法》对非特殊用途化妆品分类

类别		举例
发用类	一般发用品	发油类、发蜡类、发乳类、发露类
	易触及眼睛的发用产品	洗发类、润丝（护发素）类、喷发胶类、暂时喷涂发彩（非染型）
护肤品	一般护肤产品	护肤膏霜类、护肤乳液、护肤油类、护肤化妆水、爽身类、沐浴类
	易触及眼睛的护肤产品	眼周护肤类、面膜类、洗面类

续表

类别		举例
彩妆品	一般彩妆品	粉底类、粉饼类、胭脂类、涂身彩妆类
	眼部彩妆品	描眉类、眼影类、眼睑类、睫毛类、眼部彩妆卸除剂
	护唇及唇部彩妆品	护唇膏类、亮唇油类、着色唇膏类、唇线笔
指(趾)甲类		修护类、涂彩类、清洁漂白类
芳香类		香水类、古龙水类、花露水类

这种分类看似粗略，实际是建立在安全性评价和风险性管理的基础上的，特殊用途化妆品和非特殊用途化妆品的卫生安全性水平不同，卫生监督管理模式不同，行政许可规定的检验项目也不同，更有利于控制化妆品安全风险，保障消费者健康权益。

3. 我国对非特殊用途化妆品、特殊用途化妆品和药品的管理区别

我国对非特殊用途化妆品、特殊用途化妆品和药物三者的法定含义、使用目的、对象、使用期、效能和效果、管理法规等方面都有不同，现将它们之间的区别列于表1-10中。

表 1-10　非特殊用途化妆品、特殊用途化妆品和药品比较

项目	非特殊用途化妆品	特殊用途化妆品	药品
使用目的	清洁、保养、美容和修饰	清洁、保养和美化人体，祛斑、防晒、除臭、烫发、染发、育发、脱发、健美、美乳	诊断、治愈、缓解、治疗或预防疾病或影响人体结构或功能
使用者	健康者，自行使用	健康者或尚未达到病态、有轻度异常的亚健康者，自行使用	病人，医师指导下使用
对人体作用功能	保持人体内部各种成分的恒定，缓和外界环境对皮肤和头发的影响，辅助维持其原来的防御机能，作用缓和、安全	防止或预防身体内部失调、不愉快的感觉以及尚未达到病态与诊治的轻度异常，种类制品有其特定使用对象和范围，作用缓和、安全，有一定疗效	对人体结构和机能有影响，对症下药，具有治疗功效，具有一定范围内的不良反应
副作用	无	轻微	暂时性
功效验证	不具有医疗作用	经国家指定机构进行安全与有效性评价	需要至少上千例的临床试验，并且由国家评定的三甲医院按照《药品临床试验管理规范》进行操作
安全检验	需要通过细菌含量限定测试、部分违禁成分测试以及皮肤刺激测试	经国家指定机构进行安全与有效性评价	国家指定专业基地（一般为药学院或医院）按照《非临床安全性实验研究规范》进行动物试验，包括急性毒性试验、长期毒性试验、皮肤刺激性试验等

续表

项目	非特殊用途化妆品	特殊用途化妆品	药品
效果	依赖于构成制剂的物质和作为构成配方主体的基质的效果	依赖于所配合的有效成分的种类和配合量及其基质两者的效能和作用	依赖于药物成分的效能和作用及其使用剂量
使用方法	外用(包括涂抹、倾倒、散布和喷雾等)	外用(包括涂抹、倾倒、散布和喷雾等)	外用、内服和注射,有严格剂量限制使用
使用期	长期使用,长时间停留在皮肤、毛发等部位上	常用或间断使用	在一定时间内使用,有一定的疗程要求,病愈停药
生产和质量管理法规	受《化妆品卫生监督条例》、《化妆品卫生监督条例实施细则》、《化妆品卫生规范》、《化妆品生产企业卫生规范》和有关各种产品国家标准及行业标准制约	除受化妆品有关法规制约外,还受《中华人民共和国药典》和《中华人民共和国药品管理法》的制约	受《中华人民共和国药典》和《中华人民共和国药品管理法》制约
广告用语	不能暗示疗效,强调安全性	不能暗示疗效	强调治疗效果

4. 世界各国对化妆品的分类管理对比

由于世界上不同国家和地区因习惯不同以及制定化妆品法规的背景情况不同,各国对化妆品的分类和管理模式存在差别,见表 1-11。

表 1-11 美国、日本、欧盟、中国等四个主要区域对化妆品的分类管理

区域	管理分类	举例
美国	化妆品	护肤霜、洗液、香水、唇膏、指甲油、眼霜和面霜、香波、永久卷发剂、染发剂、牙膏、除臭剂、宣扬对痤疮及皮肤粗糙有药用效果的护肤产品
	OTC 药品	含氟牙膏、抑汗剂、专门用来防晒的防晒品、狐臭防止剂、去头屑的香波等
日本	化妆品	护肤乳液、洗面奶、洗发香波、护发素、雪花膏、化妆水、口红、指甲油、粉饼、香水和肥皂等
	医药部外品	口臭和体臭防止剂、狐臭防止剂、染发剂、烫发剂、育发剂、除毛剂、痱子粉类、浴用剂、美白牙齿类、药用香皂、药用牙膏,以及宣扬去头屑、防晒、杀菌、防痤疮及防皮肤粗糙的所谓药用化妆品等
欧盟	化妆品	护肤霜、乳液、啫喱和油;面膜;彩色底粉(液、膏)、化妆粉、爽身粉、卫生粉剂;肥皂、除臭皂;香水、古龙水;洗浴产品;脱毛剂、除臭剂、止汗剂;染发剂;卷发、拉直和定型产品;清洁产品;护发产品;美发产品;剃须产品;面部和眼部化妆品及卸妆产品;唇用产品;护齿和口腔产品;护甲和美甲产品;外用私处卫生产品;日光浴防晒制品;美黑产品;皮肤美白和抗皱产品;宣扬对痤疮及皮肤粗糙有效的所谓药用护肤品、含氟牙膏等
中国	特殊用途化妆品	育发产品、染发产品、烫发产品、脱毛产品、美乳产品、健美产品、除臭产品、祛斑产品、防晒产品
	非特殊用途化妆品	除了 9 大类特殊用途化妆品之外的化妆品

（三）cosmeceuticals 与边缘产品

在 20 世纪 70 年代初，美国的皮肤科医师 Albert Kligman 提出了一个新的名词 cosmeceuticals，专指那些能治疗或预防一些轻微的皮肤疾病的具有类似药物活性的化妆品，突出其与药品的区别。该类化妆品具有以下特征：

① 有药理活性，能在正常皮肤或接近正常的皮肤上使用；

② 对一些轻微的皮肤异常（指化妆品的适应证）有一定的效果；

③ 具有低风险性。

在法国、日韩，cosmeceuticals 指具有美白、除皱、防晒及舒敏等功能的化妆品，被认为是化妆品的一个亚类。我国学者从字面意义上将其翻译为“药用化妆品”（简称“药妆”），也有人称其为“功效性化妆品”，不仅包括“特殊用途化妆品”，还包括抗痤疮类、去头屑类、抗皱类等功能化妆品。这个名词的提出，掀起了对化妆品定义的争论，促使不断完善现有的化妆品及药品的相关法规和监督管理模式。

目前如何定义“药妆”或者“功效性化妆品”在全球并没有统一的标准，市场上这类产品的管理就显得比较混乱。有些产品在某些国家和地区属于化妆品，由化妆品法规管理；在另外的国家和地区则属于药品，由药品法规管理；而在有些国家可能即要符合化妆品法规又要符合药品规定，被称为 OTC 药品、非处方药或医药部外品，这样的产品被称之为“边缘产品”。无论在哪个国家和地区，对“边缘产品”的管理要求都要高于对“化妆品”的管理。表 1-12 为边缘产品在不同国家和地区的分类管理比较。

表 1-12　边缘产品在不同国家和地区的分类管理比较

产品类别	中国	美国	欧盟	日本	加拿大	东盟
育发	特殊用途化妆品	药品	化妆品/药品（根据宣传）	医药部外品或药品	药品	化妆品/药品（根据宣传）
染发	特殊用途化妆品	化妆品	化妆品	医药部外品	化妆品	化妆品
烫发	特殊用途化妆品	化妆品	化妆品	医药部外品	化妆品	化妆品
脱毛	特殊用途化妆品	化妆品	化妆品	医药部外品	化妆品	化妆品
健美	特殊用途化妆品	化妆品/药品（根据宣传）	化妆品	药品	化妆品/药品（根据宣传）	化妆品
美乳	特殊用途化妆品	化妆品/药品（根据宣传）	化妆品	药品	化妆品/药品（根据宣传）	化妆品
除臭	特殊用途化妆品	化妆品	化妆品	医药部外品	化妆品	化妆品
防晒	特殊用途化妆品	OTC	化妆品	化妆品	OTC	化妆品
祛斑	特殊用途化妆品	化妆品/OTC（根据宣传）	化妆品	医药部外品	OTC	化妆品

续表

产品类别	中国	美国	欧盟	日本	加拿大	东盟
止汗	纳入除臭类化妆品管理	OTC	化妆品	医药部外品	化妆品	化妆品
祛痘/抑制粉刺	非特殊用途化妆品	OTC	药品	医药部外品	OTC	化妆品
抗皱	非特殊用途化妆品	化妆品/药品（根据宣传）	化妆品	化妆品/药品（根据宣传）	化妆品/药品（根据宣传）	化妆品
去屑	非特殊用途化妆品	OTC	化妆品	医药部外品	OTC	化妆品
香皂	不属于化妆品	不属于化妆品	化妆品	化妆品（化妆香皂）/医药部外品（药用香皂）	化妆品（抗菌香皂属于OTC）	化妆品

不同国家和地区对边缘产品的管理是不同的，就算都是药品，也可能分属于不同类别。因此，一个相同的化妆品要想销往世界各国，同时满足各国和地区的不同要求是很困难的，这在一定程度上妨碍了国际间的贸易。

随着全球经济快速发展的需要，统一化妆品定义和管理范围势在必行。

第二节　化妆品的生产与制备

化妆品是一种由多种原料经过混合、分散及物态的变化等复配而成的混合制品，具有化学反应少、卫生质量要求严的特点。

一、化妆品的原料

化妆品的各种功能和特性主要取决于化妆品配方中使用的成分。

（一）化妆品原料的分类

目前世界上在化妆品生产过程已经使用了的原料很多，但其分类方法没有统一的标准。

1. 国际上对化妆品原料的分类

美国化妆品盥洗用品和香水协会（cosmetic toiletry and fragrance association，CTFA）为统一化妆品原料的名称，使消费者了解个人所用化妆品中的成分清单，按照国际化妆品原料命名法（international nomenclature of cosmetic ingredient，INCI）编写出版了一本《国际化妆品原料字典》（International Cosmetic Ingredient Dictionary and Handbook）。该字典中将化妆品原料按照化学结构、功能分别分为72、76大类，见表1-13、表1-14。

表 1-13　化妆品原料按化学结构分类

No.	类别	No.	类别
1	醇类	37	脂肪酸类
2	醛类	38	脂肪醇类
3	烷酰胺类	39	甘油酯及其衍生物类
4	烷醇胺类	40	亲水性胶及其衍生物
5	烷氧基化醇类	41	卤素化合物
6	烷氧基化酰胺类	42	杂环化合物
7	烷氧基化胺类	43	烃类化合物
8	烷氧基化羧酸类	44	咪唑啉化合物类
9	芳香族磺酸盐类	45	无机酸类
10	烷基醚硫酸酯类	46	无机碱类
11	烷基取代的氨基酸和亚氨基酸类	47	无机盐类
12	烷基硫酸盐类	48	无机物类
13	烷基酰胺烷基胺类	49	羟乙磺酸酯
14	酰胺类	50	酮类
15	氧化胺类	51	羊毛脂及其衍生物
16	胺类	52	有机盐类
17	氨基酸类	53	对氨基苯甲酸衍生物
18	二苯酮类	54	酚类
19	甜菜碱	55	含磷化合物类
20	生物聚合物和它们的衍生物	56	聚醚类
21	生物制品类	57	聚醇类
22	糖类	58	蛋白质衍生物
23	羧酸类	59	蛋白质类
24	着色剂	60	季铵盐化合物类
25	被日本认可的着色剂	61	肌氨酸酯和肌氨酸的衍生物
26	被欧盟认可的着色剂	62	硅氧烷和硅烷
27	每批均需要美国 FDA 认证的着色剂	63	皂类
28	不需要每批经美国 FDA 认证的着色剂	64	失水山梨糖醇衍生物
29	发用着色剂	65	固醇类
30	需要每批经美国 FDA 认证的着色剂	66	磺酸类
31	其他着色剂	67	磺基琥珀酸酯和磺基琥珀酸酰胺盐/酯
32	元素	68	硫酸酯类
33	精油	69	合成的聚合物
34	酯类	70	巯基化合物
35	醚类	71	不能皂化物类
36	油脂类	72	蜡类

表 1-14 化妆品原料按功能分类

No.	类别	No.	类别	No.	类别
1	磨砂剂	27	药物收敛剂-口腔保健药物	53	皮肤漂白剂
2	吸收剂	28	药物收敛剂-保护皮肤药物	54	皮肤调理剂
3	胶黏剂	29	乳液稳定剂	55	皮肤调理剂-润滑剂
4	抗痤疮剂	30	去毛剂	56	皮肤调理剂-湿润剂
5	抗结块剂	31	去皮剂	57	皮肤调理剂-其他功能
6	抗龋齿剂	32	外用止疼剂	58	皮肤调理剂-封闭剂
7	去头屑剂	33	成膜剂	59	皮肤保护剂
8	消泡剂	34	芳香剂	60	助滑剂
9	抗真菌剂	35	香精原料	61	溶剂
10	抗微生物剂	36	发用着色剂	62	防晒剂
11	抗氧剂	37	发用调理剂	63	表面性质改性剂
12	抑汗剂	38	发用定型剂	64	表面活性剂
13	抗静电剂	39	卷发/直发剂	65	表面活性剂-洗涤剂
14	人工指甲成型剂	40	保湿剂	66	表面活性剂-乳化剂
15	黏合剂	41	溶解剂	67	表面活性剂-稳泡剂
16	缓冲剂	42	指甲改善剂	68	表面活性剂-水溶助剂
17	填充剂	43	乳浊剂	69	表面活性剂-增溶剂
18	络合剂	44	口腔保健剂	70	表面活性剂-悬浮剂
19	着色剂	45	口腔卫生保健药物	71	悬浮剂-非表面活性剂
20	胼胝/肉赘去除剂	46	氧化剂	72	紫外线吸收剂
21	腐蚀抑制剂	47	杀虫剂	73	黏度控制剂
22	化妆品用收敛剂	48	酸度调节剂	74	黏度降低剂
23	化妆品用生物杀灭剂	49	成塑剂	75	黏度增加剂-水溶液
24	变性剂	50	防腐剂	76	黏度增加剂-非水溶性
25	除臭剂	51	推进剂		
26	脱毛剂	52	还原剂		

2. 我国对化妆品原料的分类

我国化妆品原料来源广泛，可分为人工合成原料和天然原料两大类，以合成原料为多。随着“回归自然”潮流的兴起，化妆品天然原料的开发和应用越来越受到重视。从应用的角度，我国将化妆品原料分为基质原料、辅助原料和功效原料三类。

（二）化妆品基质原料

化妆品中的基质原料是构成化妆品剂型的主体原料，体现化妆品的性质和功用，主要包括油质原料、粉质原料、胶质原料、溶剂原料等，在配方中的用量往往较大。

1. 油质原料

油质原料是用于化妆品中的油溶性原料，也是形成膏霜、乳液、口红等的基体原料，能提高产品性能和稳定性，还具有抑制皮肤水分蒸发，起到护肤、滋润、保湿、改善肤感等非常重要的作用。

根据室温下的不同状态，油质原料可以分为液态的油、半固状的脂、固状的蜡；根据来源不同，油质原料可以分为天然油质原料、矿物油质原料、半合成油质原料以及合成油质原料等。

各种油、脂、蜡的黏着性、润滑性、溶解性、触变性、成膜性以及硬度、熔点等非常不同。油质原料在化妆品中应用非常广泛，常见油质原料及其应用见表1-15、表1-16。

表 1-15　化妆品中常见油质原料

油质原料分类		常见原料举例
植物油		椰子油、橄榄油、棕榈油、鳄梨油、花生油、蓖麻油、霍霍巴油、杏仁油、茶籽油、乳木果油、月见草油、澳洲胡桃油、可可脂、巴西棕榈蜡、霍霍巴蜡、小烛树蜡、米糠蜡等
动物油		天然角鲨烯、蜂蜡、鲸蜡、羊毛脂、抹香鲸油、蛇油、水貂油等
矿物油		白矿油、凡士林、地蜡、石蜡等
半合成油		羊毛脂衍生物、鲸蜡醇、硬脂醇、硬化大豆油、硬化牛脂等
合成油	酯类	豆蔻酸异丙酯、棕榈酸异丙酯、辛酸/癸酸甘油三酯
	硅油类	二甲基硅油、聚二甲基硅氧烷、环聚二甲基硅氧烷
	烃类	合成角鲨烷、异构二十烷等

表 1-16　化妆品中常用油质原料的应用

油质原料	主要应用	油质原料	主要应用
椰子油	化妆品、香波等	蜂蜡	唇膏、发蜡、膏霜类
橄榄油	按摩油、发油、防晒油、唇膏、香脂	胆固醇	营养霜、发用化妆品等
山茶油	膏霜类、发油等	巴西棕榈蜡	口红类、睫毛膏、膏霜等
棕榈油	膏霜类、化妆皂等	鲸蜡醇	乳液膏霜类
蓖麻油	口红、香波、发油等	硬脂醇	乳液膏霜类
牛脂	化妆皂等	硬脂酸	雪花膏、膏霜类
蛇油	膏霜类	可可脂	口红、膏霜类
肉豆蔻酸异丙酯	乳液膏霜类	液体石蜡(白矿油)	香脂、口红、发油、发蜡、发乳、膏霜乳液等
羊毛脂	膏霜类、口红、浴油等	固体石蜡	发蜡、胭脂膏等
凡士林	膏霜类、粉底霜、胭脂膏、口红等	地蜡	膏霜类、口红等

2. 粉质原料

粉质原料是形成粉剂型、固体状或悬浊液状化妆品（如爽身粉、香粉、粉饼、胭脂、眼影、牙膏等）的基体原料，具备有一定的比表面积和充填性、流动性及滑爽性等特性，起遮盖、黏附、调色、修饰、吸收和填充等作用，还要求具备良好的安全性、稳定性、混合性和分散性。表1-17为常用粉质原料的性能和应用。

表1-17 常用粉质原料的性能和应用

粉质原料	性能特点	主要应用
滑石粉	洁白、滑爽、柔软，不溶于水、酸碱溶液及各种有机溶剂。其滑爽性、延展性为粉体类中最佳，但吸油性及吸附性稍差，起遮盖和修饰作用	香粉、爽身粉、胭脂、眼影粉等
高岭土	白色或淡黄色细粉，不溶于水、冷稀酸及碱，但容易分散于水和其他液体中，对皮肤的黏附性好，具有抑制皮脂及吸收汗液的性能。天然高岭土经胶溶过程精制而成的胶态高岭土颗粒均匀细小，与滑石粉配合使用，起到缓和及消除滑石粉光泽，可有效抑制面部油光，但质感略粗糙，通常用量不超过30%	香粉、粉饼、水粉、胭脂、粉条及眼影
钛白粉	无臭、无味、白色无定形微细粉末，不溶于水及稀酸，溶于热的浓硫酸和碱，化学性质稳定；粒度极微（粒径为30μm）时，对紫外线透过率最小；其遮盖力是粉末中的最强者，且着色力也是白色颜料中最强的；为惰性粉体，使用安全但不易与其他粉料混合，可与氧化锌复配使用	香粉、粉饼、水粉饼、粉条、粉乳
锌白粉	无臭、无味的白色粉末，外观略似钛白粉，不溶于水，溶于酸、碱溶液。锌白粉也具有较强的遮盖力和附着力，且对皮肤具有收敛性和杀菌作用	香粉类、增白粉蜜
硬脂酸锌、硬脂酸镁、硬脂酸铝	金属脂肪酸盐类，白色轻质细粉，一般不溶于水，但可溶于油脂中，对不干性油有促进氧化作用，对皮肤具有润滑、柔软及附着性；可包覆在其他粉粒外，使水分不易透过，用量通常为5%～15%	香粉、爽身粉等
聚苯乙烯粉	具有很好的压缩性，可改善粉类黏着性，且富有光泽，润滑，是代替滑石粉和二氧化硅的高级填充剂	粉类和乳液类化妆品
胡桃壳粉、尼龙粉	具有规则球形或不规则外形，可用来去除身体表面不要的组织或外来物质，常作为磨砂剂	磨砂洁面膏
云母粉	遮盖力比较小，是化学惰性物质，主要用来稀释颜料，也可用来增加化妆品的体积，常用作填充剂	香粉、胭脂、眼影粉等

3. 溶剂

溶剂是化妆品中用途最为广泛的原料，是配方中不可缺少的一类组成部分，主要起溶解作用，使制品具有一定的物理性能和剂型。

许多固体型的化妆品成分中虽不包括溶剂，但在生产制造过程中有时也常需要使用一些溶剂，以便制品中如香料、颜料等物质能借助溶剂进行均匀分散。在制造粉饼等类产品时也需要溶剂作为胶黏之用。除此以外，溶剂在化妆品制品中还有其他一些特性，如挥发、润滑、湿润、增塑、保香、防冻、收敛等作用。

化妆品中最常用的溶剂原料有水、醇类和酮酯醚及芳香族有机化合物，见表1-18。

表1-18　化妆品中常用溶剂原料的特性及应用

类别	常用原料	性质特点	主要应用
水	去离子水	无色、无味，溶解性好；对化妆品质量有重要影响	膏霜、乳液、水剂类化妆品
低碳醇	乙醇	为无色挥发性液体，有防冻、灭菌、收敛、消泡、黏度调节等特性，能溶解部分油脂、着色剂、香精和防腐剂等多种原料，并可与水混溶	香水、花露水及生发水等香水类化妆品的主要溶剂
	异丙醇、正丁醇、戊醇	具有清凉感并且有杀菌作用，常用作替代乙醇的溶剂	指甲油的原料、偶联剂
多元醇	乙二醇、聚乙二醇、丙二醇、甘油、山梨糖醇等	无色无臭黏稠液体，溶于水及有机溶剂	香料的溶剂、定香剂、黏度调节剂、凝固点降低剂，还可作为保湿剂、滋润剂
酮、醚、酯类及芳香族化合物	丙酮、丁酮、二乙二醇乙醚、乙酸乙酯、乙酸丁酯、乙酸戊辛酯以及甲苯、二甲苯等	无色挥发性液体，溶于乙醇或乙醚，不溶或微溶于水；常有毒性或刺激性，使用时要严格遵守国家化妆品卫生规范的规定	指甲油的溶剂组分

4．表面活性剂

表面活性剂是由非极性的亲油基团和极性的亲水基团两部分组成的一类化合物，用少量就能吸附在两相界面上显著降低界面张力，具有润湿、分散、乳化、增溶、起泡、去污、柔软、抗静电、杀菌等多种性能，对化妆品的形成、理化特性、外观和用途都有重要作用。

表面活性剂的品种和性质除与亲油基团的大小、形状有关外，主要与亲水基团的结构有关，亲油基一般为8个碳原子以上的烃基，亲水基种类很多，如羧酸基、磺酸基、硫酸基、磷酸基、铵盐、季铵盐、羟基、酰氨基、醚等。根据表面活性剂溶于水时能否电离和离子类型，表面活性剂分为阴离子、阳离子、两性以及非离子表面活性剂四种。各类型表面活性剂的性能和应用见表1-19。

表1-19　表面活性剂的类型与应用

类别	性质特点	常用原料	作用	主要应用
阴离子表面活性剂	在水溶液中解离时形成带负电荷的疏水基，应用最广泛	高级脂肪酸盐、磺酸盐、硫酸酯盐、磷酸酯盐	洗涤、去污、发泡、乳化、增溶	液洗类、牙膏
阳离子表面活性剂	在水溶液中解离时形成带正电荷的疏水基	季铵盐	头发调理、抗静电、杀菌	护发洗发
		烷基咪唑啉盐、乙氧基化胺、杂环等	杀菌、乳化	各种化妆品

续表

类别	性质特点	常用原料	作用	主要应用
非离子表面活性剂	亲水基由一定量含氧基团（如羟基和聚氧乙烯链）构成，溶于水时不发生解离；不易受酸、碱和电解质的影响，稳定性高；溶于各种溶剂，与其他类型表面活性剂相溶性好、能混合使用	聚乙二醇型：脂肪醇聚氧乙烯醚、烷基酚聚氧乙烯醚、乙氧基化聚硅氧烷、聚醚、聚乙二醇脂肪酸酯等	乳化、保湿、柔软、洗涤、润湿、发泡	膏霜乳液、香波
		多元醇型：失水山梨糖醇脂肪酸酯和聚氧乙烯失水山梨糖醇脂肪酸酯、蔗糖酯等	乳化、柔软、增溶、稳定泡沫	各种化妆品
		磷酸三酯、N-烷基吡咯烷酮、烷基醇酰胺		
两性离子表面活性剂	水溶液中解离时可分别形成阴离子、阳离子或类似非离子性质；低毒性，对皮肤、眼睛刺激性低，耐硬水，与其他表面活性剂有协同效应	咪唑啉型、卵磷脂、氨基酸型、甜菜碱型、氧化胺型	杀菌、抑霉、乳化、分散、润湿和发泡	香波

表面活性剂在化妆品中用途十分广泛，主要用作清洁剂、乳化剂和增溶剂，见表 1-20。

表 1-20　表面活性剂在化妆品中的主要应用与举例

应用	作用机理	主要类别	常用举例
清洁剂	通过润湿皮肤表面，乳化或溶解体表的油脂，使体表的灰土悬浮于其中以达到清洁作用的物质，要求泡沫丰富，脱脂力适中，刺激性低	阴离子、两性、非离子	月桂醇硫酸酯铵、月桂醇聚醚硫酸酯钠
乳化剂	能降低液滴的表面张力，在不相溶的油相或水相微粒表面形成复杂的膜并建立相互排斥的屏障，使形成稳定的润肤膏霜或乳液	非离子	PPG-11 硬脂醇醚、PEG-20 失水山梨糖醇异硬脂酸酯、甘油硬脂酸酯
增溶剂	帮助透明化妆品中需要加入但不溶于水的润肤剂、香精或防腐剂等原料的解离、溶解	分子量较大的非离子	PEG-40 氢化蓖麻油、PEG-40 失水山梨糖醇月桂酸酯

近年来，由于剂型向多样化发展，化妆品多是同时利用表面活性剂的多种性能，比如分散作用、起泡作用、去污作用、润滑作用和柔软作用等。

5. 胶质原料

胶质原料是面膜和凝胶剂型化妆品中的基体原料，多是由许多相同、简单的结构单元通过共价键重复连接而成的水溶性高分子聚合物，具有成膜、胶凝、黏合、触变、增稠、悬浮及助乳化等特点。

按来源和分子结构可将化妆品中的胶质原料分为有机天然、有机半合成、有机合成和无机水溶性聚合物四大类型，见表1-21，主要功能见表1-22。

表1-21　胶质原料的分类

类别		来源或特点	常见原料举例
有机天然聚合物		以植物或动物为原料，通过物理过程或物理化学方法提取而得	水解蛋白、植物蛋白、透明质酸、瓜尔胶和海藻酸盐
有机半合成聚合物	改性纤维素类	由天然物质经化学改性而得，兼有天然化合物和合成化合物的优点	羧甲基纤维素、羟乙基纤维素、羟丙基纤维素等
	改性淀粉类		辛基淀粉琥珀酸铝等
有机合成聚合物		由低分子化学物质聚合而成，稳定性好，增稠效率高	聚乙二醇类、聚乙烯吡咯烷酮、卡波姆、聚丙烯酰胺等
无机聚合物		在水中能形成胶态悬浮液的天然和合成聚合物	膨润土、改性膨润土、水辉石、改性水辉石和硅酸铝镁等

表1-22　胶质原料的主要应用

类别	应用	常见原料举例
黏度增加剂	又叫增稠剂，可使水溶液体系变稠，增加乳液黏度	羧甲基纤维素钠、羟乙基纤维素、卡波姆
悬浮剂	用来使不能溶解的固体物在液相中均匀分布形成悬浮液	汉生胶、卡波姆
成膜剂	能在皮肤或毛发表面形成一层树脂薄膜以达到定型作用	聚乙烯吡咯烷酮、*N*-乙烯吡咯烷酮/醋酸乙烯酯共聚物
黏合剂	能使固体粉末黏合在一起	羧甲基纤维素钠
头发调理剂	使头发柔顺、抗静电、便于梳理、增加头发光泽或改进受损发质等	阳离子瓜尔胶、聚季铵盐和聚二甲基硅氧烷
润滑和保湿剂	相对分子量小的聚合物能从大气中吸收并保存水分	聚氧化乙烯、透明质酸、胶原蛋白

理想的高分子聚合物应该易溶于水和溶剂，与其他化妆品原料配伍性好，稳定、无臭、安全无刺激。常用的几种胶质原料的性能与应用见表1-23。

表1-23　常用胶质原料的性能与应用

原料	性质特点	主要应用
阿拉伯胶	阿拉伯树胶的分泌物。白色粉末或颗粒状、淡黄色块状物。不溶于乙醇，其水溶液是酸性黏稠状液体，黏度随时间延长而降低。常与其他水溶性高分子配合使用	在护肤乳液膏霜中作为助乳化剂和增稠剂；在指甲油中可作为成膜剂，在发用制品中作为固发剂，在面膜、扑面粉中作为胶黏剂
海藻酸钠	存在于海带和裙带菜等褐藻类植物中。白色或淡黄色无味、无臭粉末，其水溶液为无色、无味、无臭透明黏稠液体，黏度较高，一旦干燥，就会形成透明的薄膜	用于发用类、护肤乳液和面膜等化妆品中作增稠剂、稳泡剂、乳化稳定剂、胶凝剂和成膜剂

续表

原料	性质特点	主要应用
羧甲基纤维素钠(CMC-Na)	纤维素的多羧甲基醚的钠盐。无臭、无味、白色粉末或颗粒状物,易溶于水及碱性溶液形成透明黏胶体,在水中不是溶解而是解聚。对光、热较稳定,应用较广泛	胶合剂、增稠剂、乳化稳定剂、分散剂等
聚乙烯吡咯烷酮(PVP)	由*N*-乙烯基吡咯烷酮聚合而得。白色至淡黄色粉末,易溶于水,可溶于醇、氯仿、胺类、酮类及低分子脂肪酸,与其他水溶性高分子物质有着良好的相容性。分子量不同,其性能和使用范围亦不同	定发用化妆品中的成膜剂;护肤乳液和膏霜的柔润剂及稳定剂;彩妆类化妆品中的基质原料;染发剂中的分散剂和香波的稳泡剂

(三)化妆品辅助原料

化妆品中的辅助原料一般用量都较少,但很重要,甚至不可或缺,如芳香剂、着色剂、防腐剂、抗氧化剂、络合剂、推进剂、酸度调节剂等,可赋予化妆品香气、色调等特性和保证产品的质量安全,见表 1-24。

表 1-24　化妆品中常用辅助原料及作用

类型	主要作用	常见原料举例
防腐剂	防止或延缓微生物生长从而保护化妆品,延长产品的货架寿命,避免人体被污染变质产品感染	对羟基苯甲酸酯类、甲基异噻唑啉酮、咪唑烷基脲、苯乙醇、水杨酸及其盐类、苯甲酸钠、山梨酸、凯松、戊二醛、乌洛托品等
芳香剂	为化妆品传递愉快气味,掩盖基质不良气味,增加吸引力	一般是由两种以上乃至几十种或近百种香料(天然动植物香料和人造香料)和相应辅料,通过一定的调香技术配制成的具有特定香型和香韵的复杂混合物
酸度调节剂	调节、控制终产品适宜 pH 值,降低产品刺激性,还可避免原料释放不良气味,控制黏度,提高耐腐蚀性,提高透明度和稳定性等	柠檬酸、乳酸、氢氧化钾、氢氧化钠、磷酸氢二钠、硼砂、氨水、三乙醇胺等
抗氧化剂	阻止易酸败的物质吸收氧或自身被氧化而防止油脂氧化	生育酚(维生素 E)、丁羟茴醚(BHA)及丁羟甲苯(BHT)、2,6-二叔丁基对甲酚等
金属离子螯合剂	能够与钙、镁、铁、铜金属离子形成络合物以消除微量金属离子对产品稳定性或外观的不良影响	EDTA 二钠和 EDTA 四钠等
着色剂	溶解或分散使化妆品基质及其他原料着色	胭脂红、靛蓝、食用色素、炭黑、氧化铁、钛白粉、氧化锌、云母钛、珠光片等
喷射剂(推进剂)	能使存在于加压密封容器中的产品释放出来	液化或压缩气体(如丁烷、丙烷、异丁烷、异丁烷/丙烷)、80/20(LPG)和二甲醚等
促渗透剂	促进化妆品的功效性成分透过皮肤达到护肤和美容效果	氮酮、二甲基亚砜(DMSO)、表面活性剂十二烷基硫酸钠、保湿剂吡咯烷酮羧酸钠等

(四)化妆品功效原料

化妆品功效原料也称功能性原料,为赋予化妆品某种特殊功能,如防晒、抑汗、除臭、收敛、祛斑、脱毛、育发、祛痘、染发、烫发等，的添加剂，或强化化妆品对皮肤生理作用的一类活性成分，如保湿、角质剥脱、祛头屑、抗皱、嫩肤、健美、美乳等，后续章节还会对其作用机理进行详细介绍。

1. 生物工程制剂

生物工程制剂原料近年来发展最快，能通过食品或饮品口服吸收，对人体生命活动起着重要的生理作用，也可以添加到化妆品中被皮肤吸收改善皮肤组织结构。

常见的生物工程制剂包括以动物器官某一部位或整个动物为原料经提取加工而制得的浓缩物，例如蚕丝提取物、蜂胶、珍珠粉、动物水解蛋白、超氧化物歧化酶SOD、透明质酸等；还包括一些合成或半合成化合物，如合成神经酰胺、表皮细胞生产因子、曲酸衍生物、维生素E、氨基酸、透过皮肤的控制释放制剂（如胶囊、微胶囊、脂质体、聚合物微球载体和纳米微球载体等）。

2. 天然植物原料

植物原料是从植物的根、茎、叶、花和果实中提取出来的天然植物精华，主要包括植物单体、植物总成分和植物提取物三大类，其中化妆品中主要使用形式是将萃取液或浓缩物进行调配而成的天然植物提取物。我国的天然植物及草药资源丰富，应用广泛，见表1-25。

表1-25 部分天然植物、草药的功效

名称	功效
人参、灵芝、当归、芦荟、沙棘、绞股蓝、杏仁、茯苓、紫罗兰、线葵、迷迭香、扁桃、桃花、黄芩、益母草、甘草、蛇麻草、连翘、三七、乳香、珍珠、鹿角胶、蜂王浆	保湿、抗皱
土茯苓、仙人掌、白柳、芒果、苍术、油橄榄、春黄菊、积雪草、桑叶、蔷薇	防治粉刺
三棱、石斛、当归、红花、党参	活血
白桦、艾叶、合欢皮、地肤子、泽兰、益智、黄芪、黄芩、菊花、野大豆、淡竹叶、墨旱莲、瞿麦、王不留行	抗过敏
当归、丹参、车前子、甘草、黄芩、人参、桑白皮、防风、桂皮、白及、白术、白茯苓、白鲜皮、苦参、丁香、川芎、决明子、柴胡、木瓜、灵芝、菟丝子、薏苡仁、蔓荆子、山金车花、地榆	美白、祛斑
芦荟、芦丁、胡萝卜、甘草、黄芩、大豆、红花、接骨木、金丝桃、沙棘、银杏、鼠李、木樨草、艾桐、龙须菜、燕麦、胡桃、乌芩、花椒、薄海菜、小米草	防晒
人参、苦参、何首乌、当归、侧柏叶、葡萄籽油、啤酒花、辣椒酊、积雪草、墨旱莲、熟地、生地、黄芩、银杏、川芎、蔓荆子、赤药、女贞子、牛蒡子、山椒、泽泻、楮实子、芦荟	育发
沙参、苦木、姜黄	去头屑
人参、何首乌、柚、柿子树、萬苣、女贞子、党参、海藻、牛膝	美乳
金缕梅、常春藤、月见草、绞股蓝、山金车、银杏、海葵、绿茶、甘草、辣椒、七叶树、桦树、绣线菊、问荆、木贼、胡桃、牛蒡、芦荟、黄柏、积雪草、椴树、红藻、玳玳花、鹤风	健美

长期实践证明多数天然植物提取物如人参提取液、芦荟提取液、葡萄籽提取液等含有特殊活性物质，对皮肤、头发具有特定功效，而且作用温和，见表1-26。

表 1-26　植物原料中的主要活性物质及其功能

类别	植物来源	功能
植物多糖	燕麦、大豆	保湿
	山药、芦荟、黄芪、银耳、枸杞	抗衰老
	瓜尔胶、淀粉、纤维素、果胶、海藻等	改善乳化性能、增稠
植物蛋白	小麦、大豆、玉米、水解杏仁蛋白	保湿、滋润、修复皮肤和头发
植物油脂	霍霍巴油、乳木果油、澳洲坚果油、氢化棕榈油等	滋润、保湿、使肤感好、清洁
植物精油	鸢尾、薄荷、茉莉、桂花、桉叶、茶树、松针、柠檬、甜橙、柑橘	滋润、保湿、清洁、消炎、杀菌、防腐、镇静、镇痛
植物多酚	茶、葡萄、苹果、牡丹皮、芍药、桑白皮	美白、抗衰老、收敛、保湿、防晒
植物固醇	植物油类	保湿、抗衰老、护发、稳泡
植物黄铜	双子叶植物类、银杏、黄芩、芹菜、芦丁、葛根、竹叶、茶叶	抗衰老、美白、防晒、抑菌、收敛、保湿、抗红血丝
植物皂苷	单子叶植物类、双子叶植物类、人参、桔梗、甘草、知母、柴胡等草药	发泡、乳化、去污、抗衰老、护发、育发
植物有机酸	果酸类、阿魏酸	去死皮、抗皱、保湿、防晒
植物色素	紫草、姜黄、黄精、茜草、柿树、黄连	安全色素、营养护肤

二、化妆品的生产工艺与设备

同一功能或性质的产品，由于配方、生产工艺和设备不同，包装要求以及使用方法变化等原因，往往使用不同剂型。各种剂型化妆品的配方原理、制备工艺、生产技术是靠长期的实践经验逐步形成和完善的。

（一）典型剂型化妆品的生产工艺

1. 膏霜乳液类的组成与特点

膏霜和乳液类是将油相原料和水相原料通过乳化形成的乳状剂型，简称乳剂，根据配方的目的和需要，可添加多种多样的功能成分，应用非常广泛。

如果油相以微小的粒子分散在水相中形成的乳剂称为水包油型乳剂，用符号O/W表示，例如洗面奶；如果水相以微小的粒子分散在油相中形成的乳剂称为油包水型乳剂，用符号W/O表示，例如冷霜。另外，还有一种称作复乳的多重乳剂，它是含小水滴的油滴（W/O）分散在水相中的分散系统，用符号W/O/W表示；或含有小油滴的水滴（O/W）分散在油相中的分散系统，用符号O/W/O表示。

化妆品油相原料和水相原料是互不相溶的两相，若要形成稳定的乳剂化妆品，就需要加入能降低两相之间界面张力的物质即乳化剂。乳化剂大多为各种类型的表面活性剂，选择不同、配比不同获得的乳剂类型不同、稳定性也不同，见表1-27。

表 1-27　不同类型乳状液的对比

乳状液类型	优点	缺点
O/W 型	较好的铺展性，使用时不会感到油腻，有清新感觉	净洗效果和润肤作用方面不如 W/O 型乳状液
W/O 型	具有光滑的外观，高效的净洗效果和优良的润滑作用	油腻感较强，有时还会感到发黏
多重乳状液	使用性能优良，兼备上两种乳状液的优点；还可以在内相添加有效成分或活性物，达到控制释放和延时释放的作用	工艺要求高，难以制备

2. 膏霜乳液类化妆品的生产工艺

乳剂的制备过程包括油相的处理、水相的处理和油相水相混合乳化、冷却、陈化、检验、灌装等。为了制得均匀稳定的乳剂，还要用机械方法（即用特定的乳化设备施以机械力）或超声波振荡以提高液珠的分散程度。乳化过程中油相和水相的添加方法（油相加入水相或水相加入油相）、添加的速度、搅拌条件、乳化温度和时间、乳化器的种类、均质的速度和时间等对乳化体粒子的形成及其分布都有很大的影响，必须根据不同的乳化体系选择最优化的条件。否则制得的乳剂不稳定或使香味变化、颜色变深。

膏霜乳液类品种较多，因基质原料的不同，其生产工艺略有差别。一般的生产工艺流程如图 1-1 所示，染发乳膏类化妆品的生产工艺如图 1-2 所示。

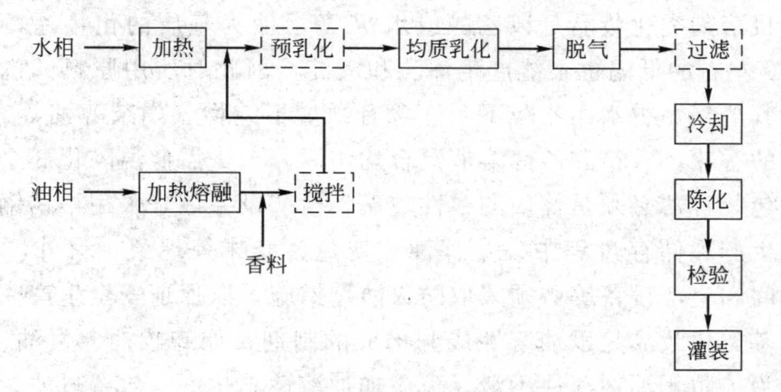

图 1-1　膏霜乳液类一般生产工艺

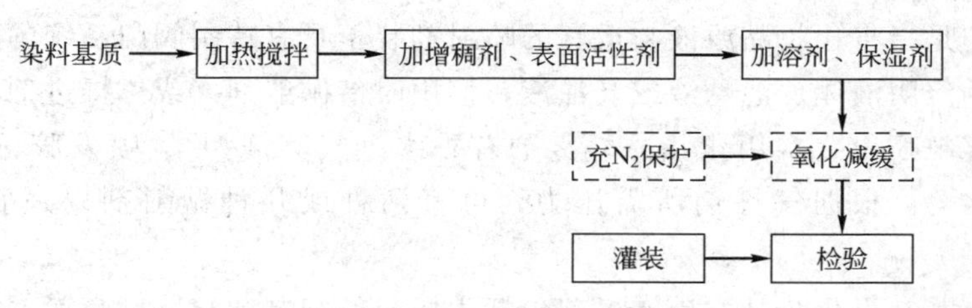

图 1-2　染发乳膏类化妆品的生产工艺

主要质量问题有膏体外观粗糙不细腻、油水分层、黏度异常、膏体变色、刺激皮肤、菌落总数超标等，可能是工艺的原因，比如乳化时间不够、降温速度过快或机器工作不正常等，也有可能是原料质量问题的原因，比如杂质多、含有刺激皮肤的有害物质等，也可能是存储或生产过程控制不好，导致产品被污染等。

3. 液态类化妆品的生产工艺

液态类化妆品是指非乳化的液态产品，如洗发液、沐浴液、冷烫液、化妆水、香水、精华油等，常分为液态水基类、液态油基类和液态有机溶剂类3类，其生产工艺基本相同且较简单，以各物料的混合配制为主，包括溶解、混合、调整、过滤、陈化及灌装等，其中陈化和过滤是生产过程中的主要操作，如图1-3所示。若原料中有乙醇等易燃物质，则所用装置应采取防火防爆措施。

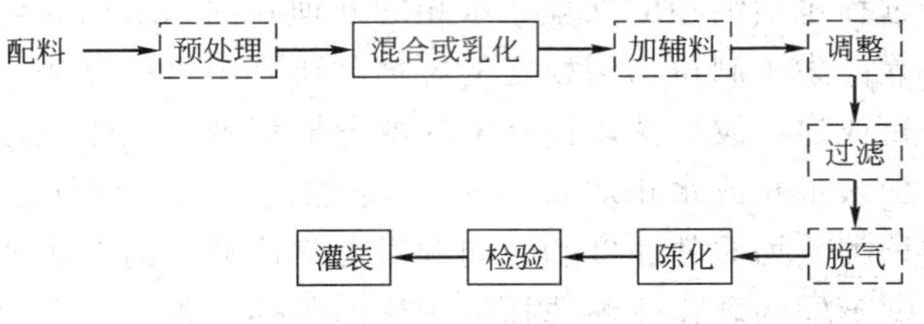

图1-3 液态类化妆品生产工艺

液态水基类化妆品是指以水为基质的液体类产品，如化妆水类、冷烫水、须后水、痱子水、育发水、祛臭水等。

液态有机溶剂类化妆品是以乙醇或水-乙醇溶液为基质的化妆品，如香水，要求即使在5℃左右的低温也不能产生浑浊和沉淀，因此对所用原料、包装容器和设备的要求极其严格。香水用乙醇不允许含有微量不纯物（如杂醇油等），否则会严重损害香水的香味；香精和乙醇溶液混合均匀后，至少需低温陈化3个月使不溶物沉淀出来；包装容器必须是优质的中性玻璃，生产设备最好采用不锈钢或耐酸搪瓷材料，避免生产和储存过程中发生浑浊、变色、变味等现象。另外，乙醇易燃易爆，生产车间和生产设备等必须采取防火防爆措施，以保证安全生产。

液态油基类化妆品是以油溶性成分构成的制剂，如卸妆油、发油、按摩精油、精华油等，为了防止油剂浑浊不清，可添加油溶性乳化剂，放置过滤。

4. 液态气雾剂类化妆品的生产工艺

气雾剂是指将化妆品原液与适宜的喷射剂装于具有特制阀门系统的耐压密闭容器中制成的澄明液体、混悬液或乳浊液，使用时借抛射剂（或称推进剂）的压力将内容物呈雾粒喷出。常用化妆品气雾剂有香水（气雾剂型）、喷发胶、喷雾摩丝、喷雾活泉水等。根据气雾剂所需压力，可将两种或几种抛射剂以适宜比例混合使用。

液态气雾剂类化妆品的生产过程包括主成分的配制和灌装、喷射剂的灌装、器盖的接轧、漏气检查、质量和压力的检查及最后灌装，其中与一般化妆品生产最大的区别就在于加压的操作。其生产工艺流程如图 1-4 所示。

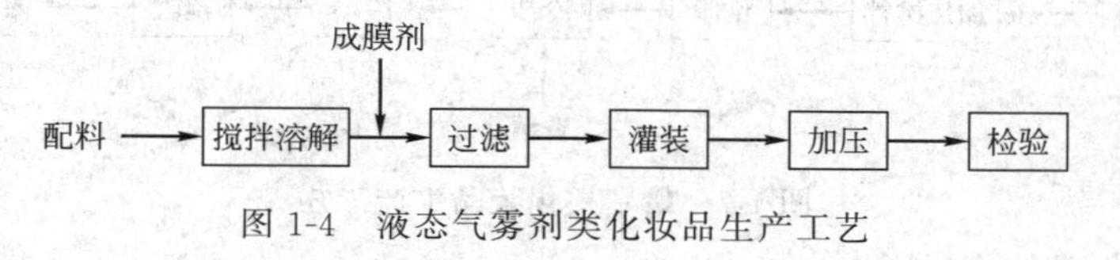

图 1-4　液态气雾剂类化妆品生产工艺

5. 凝胶类化妆品的生产工艺

凝胶是高分子物质一种特有的结构状态，是一类含有两种或两种以上组分的包含液体及其干燥体系（干胶）的大分子网络体系的通称，其外观呈透明或半透明的半固态胶冻状，性质介于固体与液体之间。

凝胶类化妆品的品种很多，常见的有透明流动的啫喱水、面膜原液等，主要原料有成膜剂、溶剂及保湿剂等。成膜剂多为水溶性高分子聚合物，在制备时要注意使其充分溶胀、溶解。凝胶生产工艺流程如图 1-5 所示。

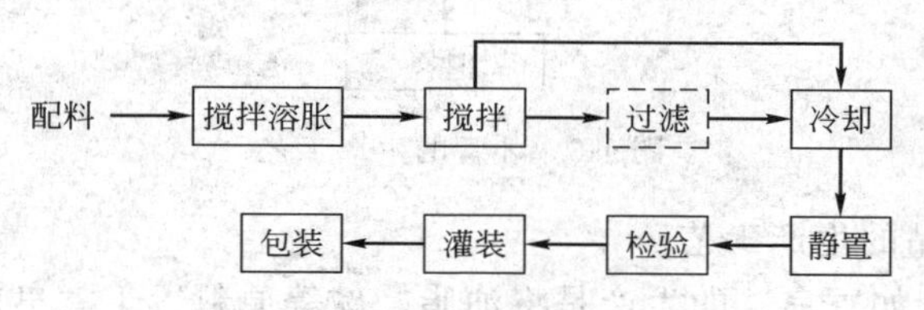

图 1-5　凝胶类化妆品生产工艺

6. 粉类化妆品的生产工艺

粉类化妆品包括粉剂和粉饼。粉剂也称散粉，如香粉、爽身粉、痱子粉等；粉饼是由粉剂压制而成的化妆品，其形状随容器形状而变化。粉剂和粉饼都是由粉状基质、皮肤保护剂、芳香剂和色素等组成的，具有滑爽、遮盖、吸收、附着等特性。

粉类化妆品的生产包括配料灭菌、混合，通过粉碎、研磨将粗细、体积不同的粉末调至相似，过筛、成型、检验和包装等步骤，配制的关键是混合均匀。

为使粉剂能压制成型，须加入胶质、羊毛脂、白油等以增强粉质原料胶合性能，同时要注意控制压力，防止粉饼松散或开裂。其生产工艺流程如图 1-6 所示。

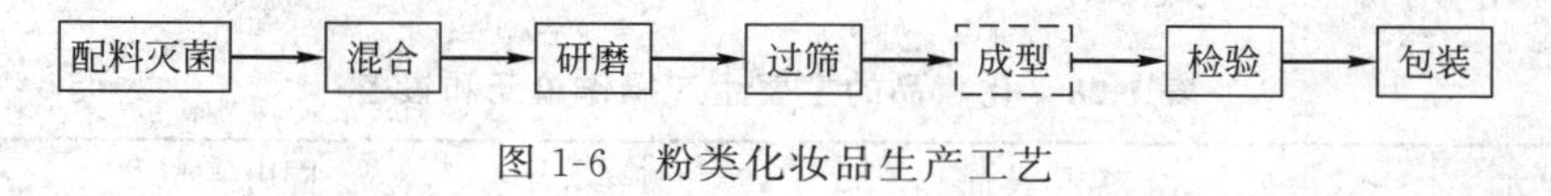

图 1-6　粉类化妆品生产工艺

7. 蜡基类化妆品的生产工艺

蜡基类化妆品（如唇膏）的生产工艺流程为颜料的研磨、颜料相与基质加热搅拌、铸模成型、脱模和包装，其中颜料粉体在基质的均匀分散是唇膏制造的关键。蜡基类化妆品的生产工艺流程如图 1-7 所示。

8. 牙膏的生产工艺

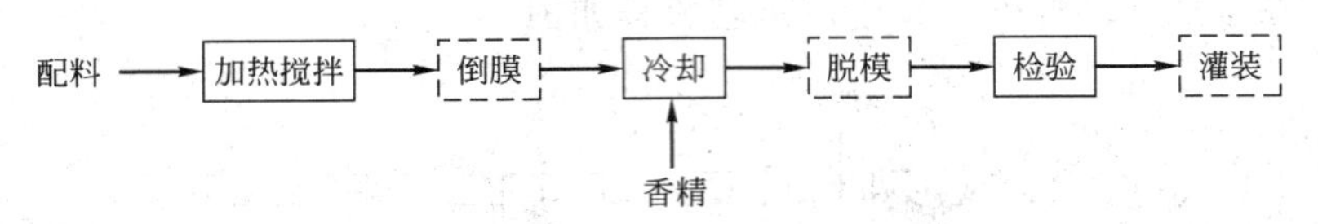

图 1-7　蜡基类化妆品生产工艺

牙膏的生产过程分为制膏、制管和灌装 3 个工序，其中制膏是制作的关键工序。见图 1-8。

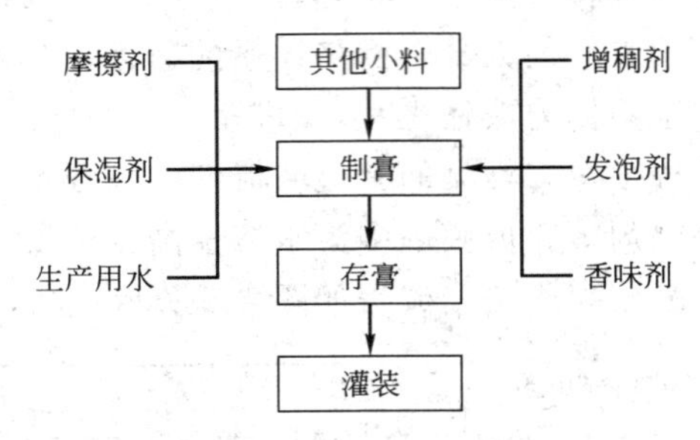

图 1-8　牙膏的生产工艺

9. 皂类化妆品的生产工艺

皂类化妆品（如香皂）的生产是将油脂、碱等原料置于煮皂设备中加热，皂化反应完成生成皂基。皂基干燥后添加香精、防腐剂等，再经过搅拌、研磨等过程制得。其生产工艺流程如图 1-9 所示。

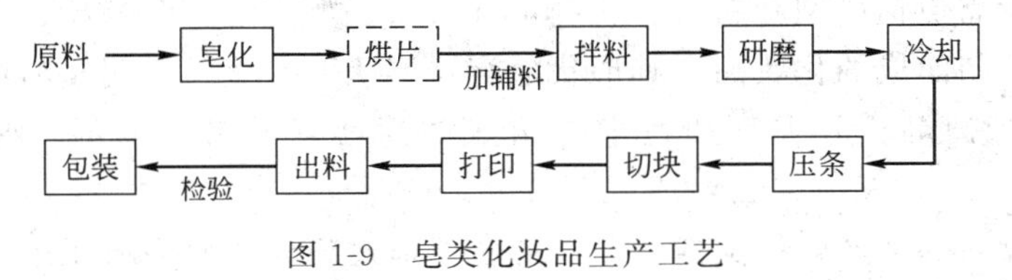

图 1-9　皂类化妆品生产工艺

（二）化妆品的常用生产设备

化妆品生产设备的材质多采用不锈钢、陶瓷等稳定性良好的材料，常用生产设备类型和应用特点见表 1-28。

表 1-28　化妆品的主要生产操作单元和设备

操作单元	常用设备	应用特点
粉碎	粗碎设备（主要有颚式破碎机和锥形破碎机）、中碎和细碎设备（主要有滚筒破碎机和锤击式粉碎机）、磨碎和研磨设备（主要有球磨机和棒磨机等）、超细碎设备（主要有气流粉碎机和冲击式超细粉碎机等）	粉碎粉料，以达到制备化妆品细度的要求；制作含粉半固体或固体化妆品以及粉类化妆品
筛分（粉末分级）	旋转式振动筛分机、电磁振动筛分机、封闭式偏重筛分机	分离物料大小颗粒，是由金属丝、蚕丝和尼龙丝等材料编织成的网

续表

操作单元	常用设备	应用特点
粉体混合	带式混合机、V形混合机、双螺旋锥形混合机、螺带式锥形混合机及高速混合机	粉料之间的混合均匀，一般用不锈钢材质制成，附有搅拌器
水处理	离子交换水处理系统、电渗析设备、二级反渗纯化水设备、超滤设备、蒸馏水器等	以饮用水作为原水，经逐级提纯水质，使之符合生产用水要求
溶解	配料锅（不锈钢、搪瓷或玻璃材料）	常附有机械搅拌设备，使各物料充分溶解，混合均匀形成透明均一的溶液
	立式搅拌釜、卧式搅拌釜以及轻便搅拌器	拌机构包括传动机构、轴和搅拌器
固-液分离	板框式压滤机、滤膜过滤设备、转筒式真空过滤机	过滤杂质和因冷却而析出的蜡质或其他沉淀物
乳化分散	叶片式、推进式和涡轮式高速搅拌器	在流态下工作的搅拌器，适用于较低黏度液体的搅拌
	锚式、框式和螺旋式等速搅拌器	在滞流状态下工作的搅拌器，适用于高黏度流体或非牛顿型流体的搅拌
	均质搅拌机	高剪切分散机，可制造出效果稳定的良好乳剂，适用于生产膏霜类化妆品
	胶体磨	能迅速将固体、液体及胶体同时粉碎至微粒化，制备膏霜类化妆品较常用的乳化设备
	三辊研磨机	根据不同产品对细腻程度的要求，可适当调整前后轧辊与中间轧辊之间的间隙，以研磨出不同粗细颗粒的膏体，适用于研细膏霜类化妆品的膏体颗粒
	真空搅拌乳化机	真空状态下进行搅拌和乳化，生产膏霜类化妆品应用非常普遍
灭菌消毒	加热、清洗、消毒、紫外线等设备	对化妆品的原料、生产用水、容器和生产设备等进行灭菌和消毒处理
	间歇式干热灭菌设备、隧道式干热空气灭菌干燥器	生产过程灭菌
	环氧乙烷灭菌器	粉体灭菌
充填	小型半自动和容器旋转式膏体灌装机、膏体自动灌装生产线等	灌装膏霜类化妆品的设备
	半自动活塞式充填机、半自动真空液体充填机、液体自动灌装生产线、高速电子灌装机和全自动高速灌装线	充填液体化妆品
	压力灌装机	气雾剂灌装专用
压制成型	全自动压饼机、小型自动成型压饼机	散粉加工成粉饼
	唇膏机	专门用于唇膏生产的设备

续表

操作单元	常用设备	应用特点
包装	封口机	将盛有化妆品的包装容器(如塑料复合材料软管或硬质塑料瓶等)进行封口
	喷码机(喷印机)	用来在化妆品包装物(瓶、管、盒、盖)上喷印条码及各种标记(如生产批号、限期、使用日期、合格字样)
	覆膜机	对已灌装了化妆品的瓶、管、盒等,再覆盖上一层塑料薄膜,加盖,使其全部密封,这样产品更为卫生,免受污染

不同剂型化妆品生产时所选用设备常有所不同，见表1-29。

表1-29　不同剂型化妆品生产选用设备一览表

设备类型	各单元选用									
	液态水基类	液态油基类	液态气雾剂类	液态有机溶剂类	凝胶类	膏霜乳液类	粉类	蜡基类	皂类	牙膏类
粉碎设备							√			
粉末分级设备							√			
混合拌粉设备							√			
水处理设备	√				√	√				
原料称量设备	√	√	√	√	√	√	√	√		
熔化/热交换设备								√		
搅拌设备	√	√	√	√	√	√		√		
防爆机械混合搅拌设备			√	√						
乳化分散设备						√				
固、液分离设备(过滤工艺必备)	√	√	√	√	√	√				
物料输送设备	√	√	√	√	√	√	√			
无菌消毒设备	√	√			√	√	√			
倒膜设备(倒膜工艺必备)								√		
成型设备(成型工艺必备)							√			
灌装设备(灌装工艺必备)	√	√		√	√	√	√	√		
咬口及推进剂充填灌装设备			√							
集尘设备							√			
日期标注设备	√	√	√	√	√	√	√	√		

注："√"表示选用设备。

三、化妆品的包装与储运

化妆品的包装处于化妆品生产过程的末尾和运输过程的开端。作为生产的终点，包装是最后一道工序，标志着生产的完成，开始进入流通；作为运输的始点，包装使化妆品具有可运输的能力。

（一）化妆品包装的分类与功能

1. 化妆品包装的分类

化妆品的包装是指对化妆品进行运输、保管时，通过选择适宜的包装材料或包装容器、设计合理的包装结构和采取正确的包装方法等技术措施，使化妆品保持状态完好以满足储存和销售的要求的工艺。

个体包装是为了保护化妆品内容物的质量和性能，将产品直接盛装、分开的最基本包装形式，也叫单包装；内包装是为了防止潮湿、光热、冲击等对单包装的影响而对个体包装进行的包装措施；外包装是为了便于储存和运输，将内包装的物品装入箱、袋、罐、桶等容器中的技术措施。

2. 化妆品包装的功能

作为商品，在整个运输、保管过程中，包装要发挥对化妆品的保护作用；作为时尚消费品，只有有了完整的包装，化妆品才能真正进入流通与消费领域，产品的价值和使用价值才能得以实现。

通常，外包装就是运输包装，强调防护、方便功能；内包装就是销售包装，侧重于传递功能，同时要确保产品在货架期内具有稳定、可靠的质量。包装的功能越来越多，但最基本的功能就是保护、方便、美化和传递，见表1-30。

表1-30　化妆品包装的功能

功　能	详　细　说　明
保护	保护化妆品的质量和性能；防止化妆品使用过程中发生化学变化、被污染，以保证化妆品安全到达用户手中；防止运输过程中机械冲撞、产品破损变形、丢失和散失，防止异物混入
方便	方便生产、方便运输、方便储存、方便购买、方便携带、方便使用
美化	美化产品的外观造型和装潢，体现化妆品的档次，吸引消费者的购买欲望
传递	注明产品商标、名称、制造者名址、生产日期（保质期）、许可证号等，宣传化妆品制造者声誉；印刷全成分、安全警告、用途和使用说明等展示化妆品的内在品质，便于消费者识别、购买商品

新颖独特、精美合理、使用方便的包装是化妆品价值增值的重要手段，但必须强调指出的是，不讲究产品质量而一味追求包装装潢和美化，是欺骗行为。

（二）化妆品包装材料和容器

1. 化妆品包装材料

在化妆品包装材料中，金属是传统材料；玻璃使用较早至今仍被广泛使用；塑料最常用；纸和纸板是现代包装的重要材料之一；复合材料受到各发达国家的重视和大力开发，可能是今后化妆品包装材料发展的主导方向。这些包装材料性能各有千秋，在化妆品中应用十分广泛，见表1-31。

表1-31 常用化妆品包装材料的特性与应用

材料	特性		常见应用
	优点	缺点	
塑料	多性能、多品种；物理性能优良，化学稳定性好；加工成型简单多样，印刷和装饰性能较好；属于轻质节能材料，价格较低；耐冲击性强度大	有害物质残留；耐药性化妆品引起变形；表面活性剂会引起破裂	高密度聚乙烯(PE)可用来制造重包装袋(瓶、盒等)，中、低密度聚乙烯多用来生产薄膜
			聚丙烯(PP)适于制造瓶盖、瓶、打包线，双向拉伸聚丙烯薄膜可用来代替玻璃纸
			聚氯乙烯(PVC)制造塑料薄膜、瓶、香脂衬料
			聚苯乙烯(PS)属硬质塑料，较常使用其改性的共聚物，常用于制造雪花膏容器，袖珍式、细圆条杆状容器(如睫毛油容器)和瓶盖等
			聚对苯二甲酸乙二醇酯(PET)具有优良的光学性质，近似于硬玻璃，透明、有光泽，耐药性和外观都很好，对气体和水蒸气渗透性低
玻璃	透明度好；化学稳定性强；耐热而不变形；抗压强度大，耐内压；密度大，有质量感；易于密封，气密性好；造型精美	耐冲击性差，易破碎；灌装流体物质成本高；价格较高；运输成本较高	钠钙玻璃可制成透明或着色的玻璃瓶，主要用来盛装粉状和液体的化妆品
			乳白玻璃用于膏霜类化妆品
			铅玻璃和磨砂玻璃用于高档化妆品或香水
金属	具有良好的延伸性，易加工成型；非常牢固，强度高、防潮、防光；便于储存、携带、运输和装卸；包装精美；可再生利用	成本较高，化学稳定性差，易锈蚀，一般将它们电镀后使用，以防锈和增加美观	铝质轻，易加工成型，耐腐蚀，广泛用作气雾剂、口红、袖珍型、染眉制品和铅笔型制品的容器
			黄铜是铜和锌的合金，主要用于袖珍型容器和口红的容器以及一些化妆品的附件
			马口铁主要用于气雾剂容器
			不锈钢主要用于气雾剂阀门的弹簧和其他一些需耐腐蚀的配件
纸和纸板	价格低廉，有适宜的坚牢度、耐冲击性和耐摩擦性，易达到卫生要求，无毒、无污染；便于加工；有良好的印刷性能；质量轻，运输成本较低；可回收和再生，节约资源	难于封口；受潮后牢固度下降；气密性、透明性、防潮性差；受外力作用易破碎；使用时要防潮、防破裂	牛皮纸、蜡光纸、玻璃纸、羊皮纸和瓦楞纸常用来包装化妆品、印刷装潢商标、标签和说明书等
			箱纸板、牛皮箱纸板、单面白纸板、灰纸板和瓦楞纸板常用于生产纸箱、纸盒、纸桶等包装容器
复合材料	由两种或两种以上异质、异形、异性材料复合形成的新型优质材料；由外保护层、印刷层、隔绝层和内保护层组成；可设计出特殊性能的包装材料	价格贵	聚酯/镀铝/聚乙烯软管、真空镀铝纸等符合化妆品性能的综合要求和高指标要求，可提升化妆品作为一种时尚消费品的身价

2. 化妆品包装容器分类和选择

化妆品的储存、运输和销售必须依靠包装容器。根据包装形式和材料品种，化妆品包装容器可分为以下多种类别，见表1-32。

表1-32　化妆品的包装容器分类

序号	类别	小类	序号	类别	小类
1	瓶	塑料瓶、玻璃瓶等	6	喷雾罐	耐压式的铝罐、铁罐等
2	盖	外盖、内盖及塞、垫、膜等	7	锭管	唇膏管、粉底管、睫毛膏管等
3	袋	纸袋、塑料袋、复合袋	8	化妆笔	眉笔、唇线笔
4	软管	塑料软管、复合软管、金属软管等	9	喷头	气压式、泵式
5	盒	塑纸盒、塑料盒、金属盒等	10	外盒	花盒、塑封、中盒、运输包装等

化妆品根据剂型特点去选择合适的包装容器，见表1-33。

表1-33　不同剂型化妆品的包装容器选择

剂型	包装方式	备注
粉状化妆品	纸盒、复合纸盒(多采用圆柱状盒型)、玻璃瓶(广口、小型)	要进行精美的装潢印刷
	金属盒、塑料盒、塑料瓶(广口、小型)、复合薄膜袋	常用印刷精美的纸盒与之相配合
液态类和膏霜乳液类化妆品①	各种造型和规格的塑料瓶	一般要经过精美的装潢印刷
	塑料袋的复合薄膜袋	常用于化妆品的经济装或较低档化妆品的包装
	各种造型和规格的玻璃瓶(包括广口瓶和窄口瓶)	一般用于较高档化妆品或易挥发、易渗透化妆品的包装，如指甲油、染发水、香水、爽肤水等的包装
气雾剂类化妆品	金属喷雾罐、玻璃喷雾罐和塑料喷雾罐	压力容器

① 膏霜乳液类化妆品有时还与彩印纸盒共同组成化妆品的销售包装，以提高化妆品的档次。

(三)化妆品的运输与储存

要确保化妆品的使用安全和方便，不但要考虑包装，还要考虑化妆品储存和运输等影响因素。

1. 化妆品的运输

化妆品运输以公路运输、集装箱货运为主要运输方式，化妆品行业因流通环境及运输手段的特殊性，因此对化妆品运输包装的控制较为严格。

由于化妆品包装容器和材料的复杂性，加上个体包装中内装物一般具有质量轻、可流动性的特点，因此化妆品运输包装主要采用小尺寸纸箱，两端应有明显的运输标志，必须牢固、整洁，并符合法律规定；运输化妆品的工具必须清洁、卫生、干燥，严禁与有毒、有害、有异味、易污染的物品混装、混运。

在运输时，必须轻装轻卸，按箱子图示标志堆放，避免剧烈振动、撞击和日晒雨淋。严冬季节不宜调运液体、膏体化妆品，高温季节应在早晨或晚间调运，防止渗油、变稀等质量变化。

2. 化妆品的保质期和储存

保质期是指在产品标准规定的储存、运输和未经启封的条件下，保持产品质量（品质）的期限。在此期限内，产品完全适于销售，化妆品的所有指标（感官指标、理化指标、毒理指标）都必须符合产品质量标准的规定。

由于化妆品属于易变质、易损耗商品，储存期一般不超过1年。储存中应注意以下几点。

① 应控制好库房温湿度，要求库房阴凉、干爽、通风、清洁，适宜温度为5～30℃，相对湿度以不超过80%为宜。储存时应距离地面至少20cm，距内墙至少50cm，中间应留有通道，并严格掌握先进先出的原则。

② 按照箱子图示标志堆放，码堆不宜过高，切勿倒置或斜放，并远离水源、热源、火源，如火炉或暖气等。

③ 经常检查在仓库里面的化妆品有无干缩、渗油、结冻、污染以及有无包装发霉、破损等现象，一经发现，应及时采取补救措施或搬出库房，以免影响其他化妆品的质量。

第三节　化妆品的发展现状与趋势

化妆品演变到现在，已经成了结合化学、皮肤科学、生命科学、生物学、药理学、医学、美容学甚至进一步扩展到心理学等诸多学科和行业的综合性产品。

一、我国化妆品发展现状

（一）起步晚、发展快、需求大

我国化妆品工业起步时间较晚，但自20世纪80年代以来，随着经济的发展和人民收入水平的逐步提高，化妆品行业进入快速发展阶段，已经形成涉及专业美容、化妆品、洗护用品、美容器械、教育培训、专业媒体、专业会展和市场营销等多个领域的综合服务流通行业，从业人员达千万人以上，产值年均增长18%左右，成为我国国民经济的重要组成部分。

经济的发展改变了人们思想观念，化妆品不再是奢侈品，也由简单的美容修饰作用向防晒、祛斑等多功能性方面发展，成为美化人们生活、保护身心健康和追求个性和时尚的日用生活消费品，市场十分广阔。

为了满足人们不断增长的需求，化妆品有高、中、低档次差别，消费群由年轻女性扩展到中老年人、儿童和男性，化妆品也从“通用型产品”走向“细分型产品”，细分出不同年龄、不同身体部位、不同功能、不同成分甚至不同场合需求的产品，为化妆品企业提供更多商机。

化妆品的经营方式从原来商店零售的单一业态发展为今日的商场、超市、批发市场、美容院、宾馆饭店、洗浴场所、电子商务等多种形式。根据艾瑞咨询的报告，2011年中国网络购物用户规模达到1.87亿人，个人护理类产品的网络销售达到了372.6亿元，保持了快速的增长。由于全球日化巨头对特定区域的战略决策效率较慢，再加上网络渠道进入门槛较低，快速发展的网络渠道更适合中国本土企业的发展，为我国本土化妆品品牌发展提供了重要机遇。

据中国香料香精化妆品行业协会统计，国内化妆品的销售额2010年已达1500多亿元人民币，2012年销售额突破2000亿元，目前已成为继美国和日本后的全球第三大化妆品消费市场。

（二）质量安全监管体系逐步完善

随着生产加工工艺的日新月异，大量天然或合成的化学物质在大大提升化妆品的科技内涵的同时也带来了潜在的安全风险，化妆品质量安全问题越来越受到广大消费者、质量监督管理部门以及生产制造商的关注。

化妆品安全涉及研发、生产、销售、使用以及质量检验、功效验证和安全性评价等众多的环节，不同的环节具有不同的专业特点，保证化妆品的质量安全是一项系统工程，虽然是企业的责任，但是需要各个监管部门和机构的密切配合，进行全过程的质量控制，形成闭环的监管体系。

初期的化妆品生产企业良莠不齐，产品质量差异很大，大量的伪劣产品充斥市场。很多生产化妆品的小厂和个体户处于无车间、无设备、无技术人员的“三无”状态；有的企业急功近利，使用不安全的原料生产化妆品，对消费者的身心健康造成严重的危害，同时也造成了市场秩序的混乱。

当前，国家食品药品监督管理总局对化妆品实行行政许可、质量监督抽查和日常监督管理，对厂区、车间、检验室、生产设备、检验设备、质量控制手段以及人员、管理机构等方面制定了相关的规定，如果企业达不到要求是无法获得化妆品生产资格的，基本实现了化妆品行业的结构调整，提高了行业整体水平，同时也为我国打造成熟的化妆品生产基地和销售市场奠定了基础。

随着不断地加强管理，化妆品质量总体趋向稳定，行业整体水平得到大幅提升，据国家质检总局在2012年全年和2013年第一季度，分别对洗面奶、润肤乳液、膏霜、染发剂、沐浴剂、祛斑美白化妆品、香皂、牙膏、唇膏等类别的718个批次的产品进行国家监督抽查和专项抽查，平均合格率达到97%以上。

目前，我们正在修订和完善化妆品管理法规，将进一步促进化妆品行业的发展和国际竞争力的提高，引导中国企业向国际化大企业和大品牌的方向发展。

（三）本土化妆品企业综合竞争能力较弱

随着我国化妆品行业各项法规的逐步完善，本土化妆品企业数量不断增多，约3400余家化妆品生产企业分布在经济较发达的大城市和东部沿海省份，生产环境、技术水平、产品质量、花色品种均不断提高，开创出了适合自己的发展之路，涌现出了大批知名企业和著名品牌，上市销售品种已达2.5万余种，基本上适应了不同消费群体和层次的需求。

但由于我国化妆品行业与国外发达国家相比起步较晚，行业扩展速度较快，目前还存在着不少问题。

在我国的美容化妆品市场中，高端市场基本被外商独资或合资品牌所占据，民族企业化妆品品牌多处于中低端消费市场。伴随对高端产品（而非基础产品）的消费需求增长，国际化妆品巨头正在加速拓展我国化妆品市场。目前，国际品牌企业占据我国80%的化妆品市场份额，并通过收购民族品牌竞争对手、扩张农村市场和推广低价产品等措施，对本土品牌和企业形成了强烈冲击。

我国本土企业往往规模小，虽然一些大型化妆品企业的设备及生产线实现了与国际水平接轨，并取得ISO9001、GMP等认证，但是年产值在5000万元以下的小型企业数量估计占据90%以上，甚至有18%的企业不能维持正常运行。

由于起点低、经费不足、发展意识落后等因素，本土化妆品企业研发成本投入非常少，研发人员技术水平不高，产品的科技含量很低，创新能力较弱，重复开发、仿制等现象严重。相当部分企业生产化妆品品类较多且各种产品产量差异很大，为了节约成本，在实际生产过程中，忽视研发、忽视生产设备的更新、改造；部分企业管理不规范，人员素质偏低，对购进的生产原料没有有效的管理制度，基本上没有办法验证是否符合要求、是否含有禁用物质，甚至违规使用禁限用原料，致使化妆品产品质量不高。我国化妆品品种多、产品更新换代快，且多为间歇式生产，给生产的稳定性控制增加了难度。

就算一些站稳脚跟的民族品牌化妆品生产企业，在科研技术力量、企业管理水平、产业人员素质等方面都与国际品牌企业差距巨大，知识产权意识更是十分淡薄，缺乏具有自主知识产权、技术含量高的能够成为企业核心竞争力的拳头产品。因此，我国本土化妆品企业和品牌与国际知名品牌相抗衡的能力较弱。

（四）研究和发展高品质化妆品

进入21世纪，随着生物工程技术、医药科学技术、生命科学技术和电子计算机技术等高新技术的飞速发展，我国化妆品工业在新理论、新原料、新配方以及与化妆品生产有关的技术方面均发生了较大的变革：新原料层出不穷，带来化妆品产品结构、品质、功能的巨大变化；产品多样化、功能复合化，满足了社会多样化的需求；化妆品的安全性、功效性备受重视，等等。

我国化妆品的研究和生产正朝着“环保型、天然型、功能型”方向发展：大力采用海洋植物等天然植物提取物、草药提取物等新一代天然原料，不会对环境造成危害；产品配方中尽量不使用对皮肤有刺激的色素、香精和防腐剂；化妆品制备工艺不断改进，新技术不断涌现，在制造、处理等各个工艺阶段均采用对环境和人体无害的清洁生产技术，防止污染；使用可生物降解和可再利用的包装材料；皮肤无创性测量技术的发展也促进化妆品企业、研发机构、医院得以开展化妆品安全性、功效性评价技术研究，尤其是延缓皮肤衰老、肌肤美白和生发等化妆品已经成为全球最受关注的研究热点与主题。

消费者更加理性，不再单纯追求品牌效应，而是更多关注化妆品本身的安全性以及功效，由此带动了有机（天然）化妆品市场的火热，成为各大化妆品企业发展的重要方向。

可以预测，以生物工程制剂和天然植物萃取物为代表的具有一定功效的化妆品新原料将不断涌现，并被广泛应用于化妆品中。另外多重乳化技术、转相技术、生物工程技术、纳米技术、基因芯片技术等各种新技术的不断发展和应用，将不断推动化妆品产业的发展，可以使产品获得更高的稳定性，更佳的使用性能，或增加皮肤的吸收程度，使产品发挥更大的功效性，以满足人们对高品质化妆品的需求。

二、化妆品行业发展趋势

我国化妆品行业开放程度较高、市场竞争激烈，是世界上新兴的化妆品生产基地，行业发展具有很大潜力。

（一）新材料、新技术在化妆品中的应用

1. 生物工程技术与新原料

化妆品原料的选择和新原料的开发是化妆品品质改进的核心问题，也是科研生产动向的主要方面。以生物高科技为特征的生物原料已经成为美容化妆品行业更新换代的重要技术，主要有以下几类。

基因工程类原料是当前基因技术和基因研究中最具有潜力同时也是最成熟的应用领域，如表皮细胞生长因子 EGF、bEGF、TGF、IGF、PDGF 等在皮肤修复和医学美容方面已经广泛应用。

来源于动物体或植物体的糖蛋白、核蛋白都是人体细胞重要组成成分，起着肌肤保水与润湿作用，还有磷蛋白、脂蛋白、硬蛋白等多种蛋白质原料，都是用于调理皮肤的优质原料。另外，还有细胞工程类原料，如紫草细胞培养产生的紫草宁、人参细胞、透明质酸及各种多糖类；酶工程类原料，如蛋白酶、脂肪酶、淀粉酶等。

化妆品行业已开始大量应用从海洋中提取的生物活性物质，包括甲壳素和壳聚糖等。甲壳素及其衍生物与人体皮肤中存在的透明质酸相似，对皮肤具有良好的调理功能，具有保健、抗皱、防衰老等多种功效，是以化工产品为主生产的传统的化妆品无法比拟的。

2. 天然植物萃取技术

开发利用绿色天然的原料制造化妆品，是顺应“回归天然”的潮流。天然植物资源（草药）成分的复杂性、不稳定性和价格高一直制约着植物性化妆品的发展。如何从复杂的草药成分中提取分离出有效成分、使提取物保持稳定以及降低成本是开发和研究的关键。如采用超临界 CO_2 流体萃取技术分离提纯天然植物的有效成

分，用来配制化妆品能发挥很好的功效，且安全性极高，国外已经取得极大进展。

美国和日本已经有100多种天然植物提取液用于化妆品中，如天然植物油、芦荟提取物、绿茶提取物、银杏提取物、葡萄籽提取物、小麦提取物、海藻提取物等。我国也已经将沙棘油、芦荟、紫草等应用到化妆品中去。

3. 纳米技术

纳米材料是指其功能成分至少有一维在100nm以内的材料，其很容易进入表皮深层，修复和强化角质层组织结构，防止皮肤老化。

纳米技术在化妆品中的应用包括两个方面：一是纳米粒（纳米球与纳米囊）添加到化妆品中改善其物理性能；二是将不能制成纳米级别的有效成分改性纳米化。目前比较成熟的是纳米级的脂质体包裹技术，如“纳米褪黑修复眼霜”产品，包裹着维生素、生物酶、美白剂等一些在化妆品中无法最有效使用的高活性成分，不但可以保护活性物质防止失活，具有缓释效果，还可以大大增加活性物质的皮肤渗透性，使皮肤对功能物质的吸收率和利用率大为提高。

4. 其他高新技术

生物芯片技术综合了分子生物学、半导体微电子、激光、化学染料等领域的最新科学成果，是当今世界的前沿科学与研究热点。在美容修复中，可以对引起衰老等美容缺陷的基因进行控制、修复，使皮肤重新建立正常的生理功能，回复青春靓丽健康的外观；或者使秃发者长出健康秀丽的头发来。

脑科学研究中的新技术已开始在化妆品皮肤科学的研究中起了积极的作用，这些新的研究领域成为化妆品皮肤科学与尖端科学的交汇点。

（二）对化妆品安全性监管及评价的重视

化妆品的使用安全与人体健康密切相关，随着化妆品安全性越来越被各国政府关注，很多国家和地区投入更多的精力和资金进行体外安全性评价方法的研究。而很多化妆品企业、大型医院的皮肤科、国家质量检测部门以及专业化的第三方机构都正在参与到化妆品功效评价的行列中。甚至有些国家要求产品宣传的作用需要有终产品人体验证。

我国对化妆品行业的监管采用多政府联合管理方式，法规、标准体系逐步健全，安全监管日趋完善。化妆品安全监管依赖于技术支撑，要重视包括化妆品安全性评价、安全性风险分析、功效评价、新毒理学评价等技术的研究工作。

随着行业发展，目前市售非特殊用途化妆品的形态、种类以及具有或宣称的作用均呈现多元化的特点，其可能存在的风险程度也不可一概而论。为实现科学监管，确保产品质量安全，对我国非特殊用途化妆品进行合理分类管理，更有利于突出重点。

① 对使用基因、纳米技术等特殊原料或植物精油的产品，需要加强原料监管，新原料必须获得批准后方可用于化妆品生产。

② 对适用于特殊人群产品实行有针对性地严格监管，如儿童（含婴幼儿）化

妆品需要申报审评、化妆品不得宣称专为孕妇、哺乳期妇女等特殊人群使用等。

③ 对安全风险尚需进一步明确的产品，如具有或宣称控油、去头屑、抗皱、减轻或减缓眼袋、抑汗止汗、减轻黑眼圈、剥脱皮肤角质、皮肤晒黑或晒成其他颜色作用的产品，以及用于口唇或眼部的产品等，国家食品药品监督管理局拟连续两年有针对性地开展安全风险监测工作，并进行安全风险评估，根据风险评估结果确定是否需要纳入特殊用途化妆品管理。

（三）我国化妆品企业的新格局

随着经济全球化发展，国与国之间的商业壁垒逐渐被打破。我国人口基数庞大，无疑是世界范围内化妆品消费潜力最大的国家之一。因此，我国本土美容化妆品行业将面临国际知名化妆品牌的冲击与挑战。

伴随着国际知名品牌的进入，高品质化妆品与产品研发技术的冲击，首先，现有国产美容化妆品的销售量将会极大地减少，陷入生存困境；其次，国际品牌的冲击势必为我国化妆品行业带来一次技术革新，如何将外来高端技术融入到现有化妆品中，是未来发展的重中之重；再次，面对着一些国外知名企业及中外合资企业产品的冲击，很多国内小企业的日子已经越来越难过了，这会促进我国化妆品行业的行业整合，加速形成具有规模优势的自有品牌，以确保国有化妆品的市场份额及地位，而如何在整合中占据主导地位将是影响大型化妆品企业未来发展的关键。

总体来看，未来中国整体化妆品市场增长仍然乐观，“内外”竞争加剧致使化妆品产业的发展趋势体现在：行业从简单的数量扩张向结构优化转变，本土品牌发力有望实现逆转，科学技术与化妆品优势更紧密结合。

我国化妆品企业的格局面临新一轮的变革，企业的强强联合、依赖高新技术提高产品自主研发的能力、拥有更多的专利产品、多渠道营销相结合，成为本土企业在未来市场竞争中的关键所在，规范生产和销售企业的行为等已经成为了今后我国化妆品工业发展的趋势。

（四）化妆品管理的国际协调与合作展望

在经济贸易如此发达的现代社会，化妆品工业从生产、分销和销售，已经形成具有全球性的工业。由于各国和地区管理体系不同以及对“边缘产品”分类管理的差异，就形成了很大的国际贸易障碍，迫使生产企业不得不通过改变配方、修改标签和包装等多种途径以适应各国的规定，从而造成增加产品成本、延长上市时间、延缓新成分的使用和新产品的开发，影响了化妆品工业的发展。

因此，从促进化妆品工业发展和加强国际间化妆品贸易交流以及最高水平地保护消费者健康的高度出发，不仅制造商，而且政府监管机构也认为有必要构建国际化妆品协调和合作机制。为了逐步走向全球一体化，中国化妆品企业必须努力完善并逐步建立与世界接轨的质量保证体系。

随着世界日益向全球化市场发展，各国监管机构和行业应携起手来，确保将来的法规能够保护消费者安全、允许公平竞争，并逐渐制定以最新的客观的科学认知为基础的技术法规和指导方针。

思考题

1. 世界各国对化妆品定义和范围有无不同?

2. 我国化妆品行业的发展现状如何?与国际化妆品行业存在哪些差距?

3. 化妆品与疗效化妆品、药品的区别分别是什么?

4. 化妆品四大质量特性是什么?

5. 任意选择多种自用化妆品，按照我国化妆品的不同分类方法，分别对其归类;认真对照化妆品包装上的全成分列表，分析各种原料的作用和功能。

第二章　化妆品相关皮肤基础知识

化妆品与皮肤直接接触，研究和开发化妆品、正确选购和使用化妆品，都必须以对皮肤组织结构、生理功能的正确认识为基础。

第一节　皮肤的组织结构与生理功能

皮肤是人体最大的器官，覆盖在整个身体表面，是人体抵御外部侵袭的第一道防线。成年人全身皮肤的面积是1.5～2.0m^2，其质量约占体重的16%。

皮肤厚度依年龄、性别、身体部位的不同而各自不同，通常在0.5～4.0mm之间（不包括皮下脂肪层）。一般来讲，男人皮肤比女人厚。此外，眼睑、外阴等部位的皮肤最薄，枕后、颈项、手掌和足跟等部位皮肤最厚。

皮肤由三部分组成，由外往里依次为表皮、真皮和皮下组织，如图2-1所示。

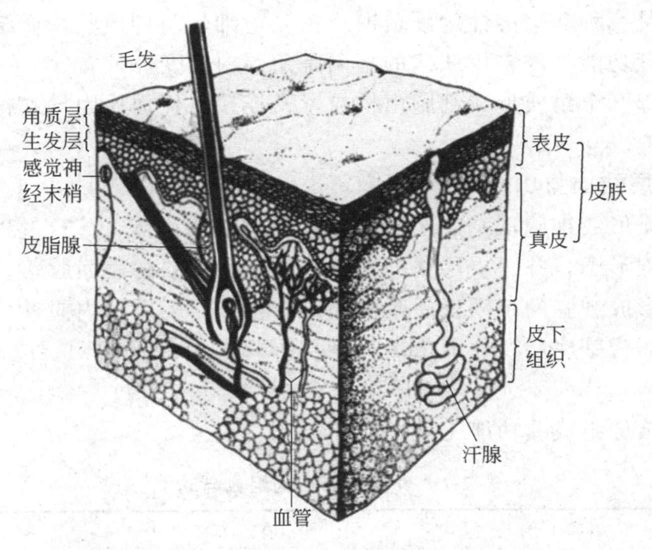

图2-1　皮肤组织结构

一、表皮

表皮是皮肤的最外层，由角化的复层扁平上皮细胞构成，一般厚0.07～0.12mm，手掌和足跖最厚，0.8～1.5mm。

表皮具有保护作用，也是化妆品发挥功效的主要部位。

表皮的完整性、厚度、质地和水合程度在一定程度上决定着皮肤的美观和生理功能的正常。图2-2为表皮的组织结构示意图。

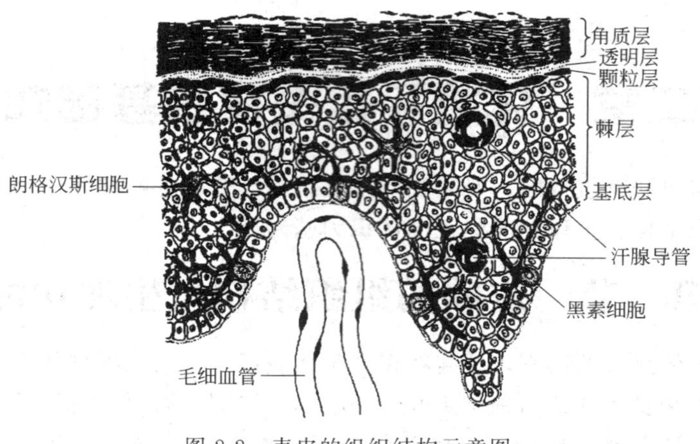

图 2-2　表皮的组织结构示意图

（一）角质形成细胞与表皮新陈代谢

1. 角质形成细胞

角质形成细胞又称角朊细胞，是表皮层的最主要成分，具有产生角蛋白的特殊功能。角蛋白是一种非水溶性的硬蛋白，由张力细丝与均质状物质结合形成，能维持表皮正常生理功能。许多皮肤病的病因是角蛋白突变。

表皮中相邻 2 个角质形成细胞由桥粒紧密连接，任何原因导致桥粒受损，都会产生表皮内水疱。

2. 表皮各层结构与功能

新生的角质形成细胞从基底层分裂后有序地向外移行，移行过程中不断生长分化成不同的细胞形态，并一层层往外推移，最终由皮肤的表面脱落。

根据角质形成细胞的不同发展阶段和形态特点，表皮由内向外可分为 5 层：最下面接近真皮的为基底层，往上依次为棘层、颗粒层以及透明层（局部），最上方为角质层。

表皮各层结构组成及功能见表 2-1。

表 2-1　表皮各层结构组成与功能

项目	组成	功能	备注
角质层	由 5～20 层死亡、扁平、无核的角质化细胞组成，厚度为 10～15μm。细胞中充满了角蛋白纤维	皮肤屏障“卫士”，坚韧有耐受性，具有保护、防晒、吸收、保湿和美学功能	最成熟和完全分化，非常坚韧，化妆品作用的初始部位，也是物质渗透的主要限速部位
透明层	含有丰富的角蛋白和磷脂类物质；由 2～3 扁平、境界不清、无核、嗜酸性、紧密连接的细胞构成	控制皮肤水分，防止水分流失或过量进入；无色透明，可透光	只出现在掌跖部位皮肤角质层厚的部位
颗粒层	由 2～4 层梭形或菱形细胞组成，含有大量嗜碱性透明角质颗粒	防止异物侵入，折射光线和过滤紫外线；有合成、分解代谢的作用	合成透明角质颗粒，开始形成天然保湿因子和结构脂质

续表

项目	组成	功能	备注
棘层	表皮中最厚的一层；由4～8层多角形细胞组成，细胞棘突特别明显	具有细胞分裂增殖的能力。细胞间富含大量水分和营养成分，对于维持表皮层的饱满和弹性很重要	合称“生发层”
基底层	表皮最底层，由单一层呈栅栏状排列的立方形或圆柱状细胞组成	10%具有干细胞的特性，不断分裂、复制产生新细胞，与皮肤新陈代谢、自我修复有关	

3. 表皮细胞新陈代谢周期

角质形成细胞在基底层繁殖，新细胞进入棘细胞层增殖并向表皮层分化迁移，在颗粒层开始退化，在透明层吸收，到角质层形成保护层，然后脱落消失，同时会有新形成的角质化细胞来补充，这个过程称为“角化”。其中，基底层细胞孕育、裂变出一个新的皮肤角质形成细胞需要13～19d，一个新生细胞从基底层上移到颗粒层最上层需要14d，而从形成角质层到最后脱落又需要14d，这个“角化”周期也称表皮细胞的新陈代谢周期。我们把基底细胞分裂后至脱落的时间称为表皮细胞更替时间或者表皮通过时间。健康状况下，成年人皮肤细胞的表皮更替时间为28d，见图2-3。

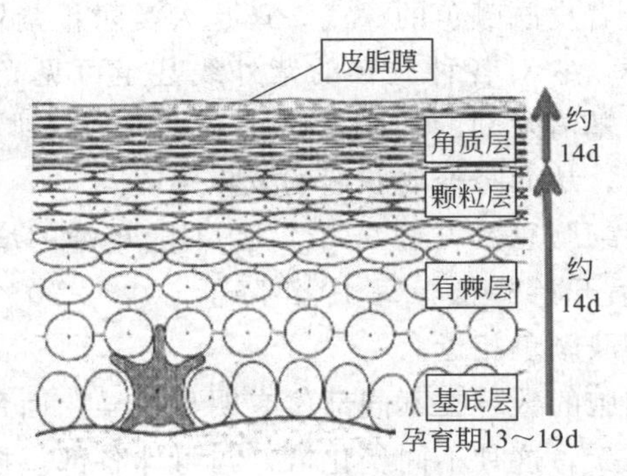

图2-3 表皮细胞的新陈代谢周期

婴儿时期的新陈代谢最旺盛，随着年龄增长逐渐缓慢，再加上基底层新生细胞减少，细胞迁移速度减慢，角质层不能正常脱落抑制细胞增生，因此，老人表皮细胞的新陈代谢周期延长，约60d。

4. “死皮”

死亡了的角质化细胞又称“死皮”，如果新陈代谢顺利，外层的“死皮”过一段时间后会自行与其他角质层细胞分离脱落，美容上称为脱屑。“死皮”正常脱落，皮肤便会光滑细嫩；“死皮”堆积过厚，会使皮肤看上去发黄而且无光泽；一大块“死皮”的异常脱落则称为脱皮现象。

许多化妆品可以加速“死皮”脱落、缩短表皮通过时间，从而达到深度清洁、美白祛皱的效果。但过度或频繁去角质层则可导致皮肤敏感及不能耐受微小刺激。

（二）黑素细胞与其他树枝状细胞

1. 黑素细胞

黑素细胞是表皮的重要组成细胞之一，位于表皮与真皮交界处，8～10 个基底细胞之间嵌插一个细胞核很小的黑素细胞。

黑素细胞具有形成、分泌黑素颗粒的功能，它通过树枝状突将黑素颗粒输送到基底层及棘层的角质形成细胞内，按大约 1∶36 的比例连接并互相影响，构成一个表皮黑素单位（图 2-4）。

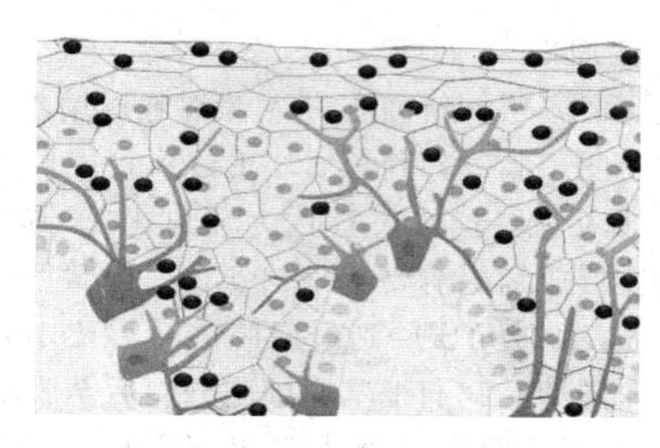

图 2-4 黑素细胞和表皮黑素单位

黑素颗粒不仅决定着皮肤颜色的深浅，还是人类防止紫外线辐射可能引起的日晒损伤皮肤的天然屏障，它对各种波长的紫外线甚至可见光和红外线都有良好吸收，起着滤光片和自由基清除剂的作用，防止真皮弹力纤维变性老化，保护 DNA 免受紫外线致突变反应，从而降低皮肤癌的发生率。

估计人表皮中黑素细胞总数可达 20 亿，且不随年龄的增加而减少，但基底层的黑素颗粒在 30 岁以后开始降低，每 10 年降低 10%～20%，所以在老年期色素痣变淡，甚至与邻近皮肤颜色相近。

正常成年人黑素细胞的数量在不同部位有明显差异：面颈部最多，上肢和后背次之，下肢和胸、腹最少。这种不同变化恰好与身体各部位接受日光照射的多少相符，说明黑素细胞数量的差异和日光中紫外线照射程度有关。

2. 其他树枝状细胞

除了黑素细胞，在表皮内还有三种类型的树枝状细胞，其功能结构各不相同，见表 2-2。

表 2-2 其他树枝状细胞简介

细胞类型	位置	特点	功能
朗格汉斯细胞	大多位于棘层中上层	胞浆透明	来源于骨髓，具有吞噬细胞功能，与机体免疫功能有关
未定型细胞	常位于表皮下层	没有黑素体及朗格汉斯颗粒	可能分化为朗格汉斯细胞，也可能是黑素细胞前身

续表

细胞类型	位置	特点	功能
梅克尔细胞	见于掌跖、口腔与生殖器黏膜、甲床及毛囊漏斗的基底层	数量很少	目前认为很可能是一个触觉感受器

（三）角质层“砖墙结构”与皮肤屏障功能

1. 角质层的“砖墙结构”

角质形成细胞移行过程中，细胞水分和营养不断流失，随着细胞结构的逐渐崩解和消失，到达颗粒层时出现透明角质，到达透明层变为液体状的基质，到达角质层时变为角蛋白，随之相互重叠排列，能阻止皮肤体液外渗和外界物质内透。

此过程中，角质形成细胞还在颗粒层板层颗粒中经胞吐方式分化合成富含脂质的颗粒，这类疏水性颗粒被称为结构脂质，又称细胞间脂质、表皮脂质。角质形成细胞间隙在20～2000nm之间，颗粒层细胞转化为角质层细胞时，这些脂质被排出并填充在这些细胞间隙中，有规律排列形成一种复层板层膜，是物质进出表皮时必经的通透性和机械性屏障，具有重要保湿作用，并参与表皮分化、角质层细胞间粘连及脱屑等过程。

表皮中相邻的完整的角质层细胞内充满了角蛋白，类似坚实的“砖块”；充填于角质层细胞间的表皮脂质就是所谓“灰浆”，能将“砖块”紧密连接，合称“砖墙结构”，见图2-5。

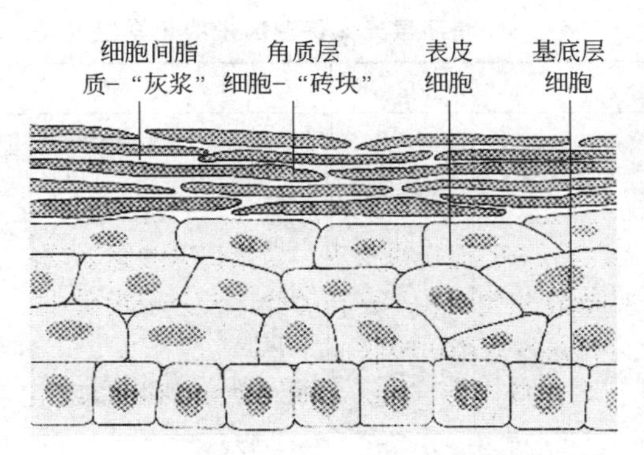

图2-5 表皮的“砖墙结构”模式图

2. 角质层的屏障功能与影响因素

角质形成细胞与其细胞间脂质组成的这道致密牢固的天然保护屏障，能抵抗化学物质和机械的摩擦、牵拉，能有效地防止细菌、有害物质、射线等外界因素侵犯，共同保护皮肤内部组织，维持皮肤生理功能。

任何内、外部因素导致皮肤出现病理状况时，皮肤组织细胞与结构发生改变，角质层“砖墙结构”中的任一部分如角质层厚度、含水量、结构完整性等均可发生异常，造成皮肤屏障功能受损害。

常见内部因素，包括先天性疾病、系统性疾病、皮肤疾病和随年龄增加的皮肤老化等，会阻碍角质形成细胞的正常生长分化调节，如异位性皮炎、湿疹等患者皮肤容易干燥、脱屑；痤疮、脂溢性皮炎患者皮肤容易敏感。常见外界因素，包括物理因素（如温差变化、干燥、日晒、风吹、雨淋等）、化学刺激（如清洁剂、消毒品和不良化妆品等）、机械因素（如搓澡、过度清洗、过度去角质、外伤等）以及形形色色的病毒、细菌、真菌等微生物刺激，均会破坏皮肤的表面性质、脂质构成和正常生理代谢过程，改变皮肤弱酸性的环境，削弱皮肤屏障功能，甚至引起各种病理反应。

3 种关键性脂质成分（神经酰胺、胆固醇、游离脂肪酸）可以作为判断角质层屏障是否正常的标志性物质。例如，特应性皮炎以角质层脂质总量减少伴神经酰胺陡然减少为特点；年龄老化和光老化的角质层脂质总量减少伴胆固醇合成减少。

（四）天然保湿因子

1. 天然保湿因子的组成

角质形成细胞在颗粒层时形成透明角质颗粒，细胞成熟后分解生产大量的天然保湿因子（natural moisturizing factors，简称 NMF）。这是一类能与水结合的一些低分子量物质的总称，水溶性极强，主要成分来源于角质形成细胞内多种氨基酸及其降解产物，以及一些残余的糖类物质和由糖降解产生的乳酸盐等，见表 2-3。

表 2-3　角质层天然保湿因子的化学组成

成分	含量/%	成分	含量/%
氨基酸	40.0	钾	4.0
吡咯烷酮羧酸	12.0	镁	1.5
乳酸盐	12.0	磷酸盐	0.5
尿素	7.0	氯化物	6.0
氨、尿酸、葡萄糖胺、肌酸	1.5	柠檬酸	0.5
钠	5.0	糖、有机酸、肽类及其他	>8.5
钙	1.5	未知物	—

2. 天然保湿因子的特点

天然保湿因子是角质形成细胞中最重要的保湿成分，具有吸水性，使角质层保持一定的含水量。在表皮细胞内，天然保湿因子很容易随着水分移出细胞外，不过正常角质层细胞膜是一种脂质双层结构的分子膜，具有类似封包膜的作用，可有效防止天然保湿因子的胞外丢失，维持皮肤屏障的正常功能。在表皮细胞外，细胞间脂质排列构成的复层板层膜，能控制水分在表皮细胞间的渗透和运动，封锁天然保湿因子，保持住细胞间的水分。

二、真皮及皮下组织

（一）真皮

真皮位于表皮和皮下组织之间，厚度为表皮的 10～40 倍，依靠基底膜带与表皮呈波浪状牢固相连。

1. 真皮的组织结构

真皮由大量致密结缔组织及基质构成，内含血管、淋巴管、神经、肌肉和皮肤附属器（如毛囊毛发、皮脂腺、大小汗腺等）。真皮习惯分为无明确界限的两层：乳头层在上，网状层在下。

真皮结缔组织中的主要成分为胶原纤维、网状纤维和弹力纤维，这些纤维的存在对维持正常皮肤的韧性、坚实度、弹性和饱满程度具有关键作用。

真皮基质起着支持和连接、营养和保护的作用，主要成分为多种氨基聚糖和蛋白质复合体，如酸性黏多糖、透明质酸、硫酸软骨素及少量蛋白质、电解质等，维持水和电解质平衡，保持皮肤充盈。

真皮的主体细胞叫成纤维母细胞，结缔组织中的胶原纤维、弹性纤维及基质都是由它自身分泌的。真皮里面还有肥大细胞、组织细胞及淋巴细胞等细胞成分。

2. 真皮的纤维与皱纹

真皮网状层里的胶原纤维通常集合成束，纵横交错，与皮肤表面平行排列，有一定的伸缩性；而弹性纤维缠绕在胶原纤维束之间，其行走方向与胶原纤维相对应，富有弹性；充填在胶原纤维和胶原束间隙内的基质中的弹性蛋白，具有很强的伸缩性，与纤维一起共同维持着皮肤弹性。

由于这些纤维排列方向不同，加上其牵引力的影响，在皮肤表面就形成了无数细小的皮沟。这些皮沟与纤维束走向一致，也与皮肤弹性张力方向一致，它们就是潜在的皱纹，随部位、年龄和性别不同而有差异。

大约 25 岁以后真皮层的弹力纤维和胶原纤维开始减少、断裂、退化，真皮结构疏松、凹陷，皮肤弹性降低；45 岁以后弹性纤维则完全消失，再加上皮下脂肪减少，减少了支撑，导致皮肤松弛，产生细纹、皱纹。真皮纤维的结构特点与功能见表 2-4。

表 2-4　真皮纤维的结构特点与功能

纤维种类	结构特点	功能	缺点
胶原纤维	粗大纤维物；在真皮结缔组织中含量最丰富，占真皮体积的 18%～30%，占真皮干重的 75%	形成一个密集的网状结构，具有一定的伸缩性，韧性大、抗牵拉作用强；能赋予皮肤耐受性和抗张力，有保护皮肤内部组织的作用	长期日晒可减少Ⅰ型胶原纤维的形成，使皮肤出现松弛和皱纹
弹力纤维	存在于胶原束周围的稀疏、细小的纤维物质	皮肤柔软而富有弹性，也构成皮肤及其附属器的支架，能够承受一定挤压和摩擦	紫外线照射使弹力纤维变性和增粗，遭受破坏或损伤，可导致皱纹的形成
网状纤维	较幼稚的纤细胶原纤维；网状纤维在真皮中数量很少，主要位于表皮下、毛细血管及皮肤附属器周围	在皮肤创伤愈合时可大量增生	

3. 真皮层是皮肤的“生命源泉”

表皮没有血管，基底层细胞的能量和营养供应必须由真皮微循环提供。

真皮浅层有许多血管丛呈层状分布，可细分为2个部分。

① 乳头层血管。动脉毛细血管在真皮乳头层形成弓状血管襻，垂直于皮肤表面，是皮肤的主要营养血管。

② 乳头下血管。血管的走向与皮肤平行，主要功能为储存血液。

真皮深层及皮下组织也有呈层状分布的较大动静脉血管，这些血管在皮肤营养代谢和调节体温方面发挥作用。

血液循环不畅，皮肤会缺乏营养与氧气，容易老化也容易出现气色不佳的现象。

（二）基底膜带与皮肤修复

基底膜带位于表皮基底细胞层下方，由表皮基底细胞、真皮成纤维细胞产生，是紧密连接表皮与真皮、保持皮肤表面平整与屏障功能的结构基础。它是继角质层后皮肤的第二道防线，有渗透屏障作用，可阻止相对分子质量大于40000的物质通过。

表皮基底层和真皮共同完成皮肤自我修复、创伤修复及瘢痕形成。当表皮破损时，尤其是进行面部美容磨削术与激光治疗时，如果创伤没有破坏嵌在真皮浅层的表皮乳头，其修复由基底层细胞完成，皮肤能恢复到原来的状态而不留瘢痕；如果创伤损坏基底膜带突破真皮浅层达网状层，创面由真皮结缔组织大量增生修复，伤愈后则会形成瘢痕，影响容貌，所以基底膜带又被称为“美与丑的分水岭”。

（三）皮下组织

1. 皮下脂肪

皮下脂肪又称皮下脂肪层或脂膜，位于真皮的下部，由脂肪小叶和小叶间隔所组成，其下紧临肌膜，是疏松结缔组织，主要功能是储存能量和供给能量，保暖、抵御外来机械性冲击，保护血管神经和支撑皮肤。

皮下脂肪的厚薄依年龄、性别、部位及营养状态而异。分布均匀的皮下脂肪层可使女性展现曲线丰满的身材，皮下脂肪太多及分布不匀称使之显得臃肿，而皮下脂肪太少则使皮肤外观干瘪及皱褶。

2. 淋巴管

淋巴管在真皮形成由浅至深的淋巴管网，是循环的重要辅助系统，将侵入表皮细胞的间隙和真皮胶原纤维之间的微生物、组织坏死物或炎症产物以及肿瘤细胞拦截、吞噬或消灭。

淋巴管还具有排除废弃物和多余水分的作用，淋巴循环不畅会导致多余的水分淤积在皮肤里造成浮肿。

3. 肌肉

皮肤的肌肉主要是立毛肌，为纤细的平滑肌纤维束，汗腺周围的肌上皮细胞也具有平滑肌功能。

4. 血管与神经

表皮下和毛囊周围分布着丰富的游离神经末梢，主要功能为感知皮肤的外界刺激以及传达大脑皮质对皮肤组织的指令（排汗、收缩等）。皮肤的触压觉由Meissner小体和Vatel-Pacinian小体感知，它们主要分布于无毛皮肤，如指趾末端。痛、痒及温觉由真皮乳头层内无髓神经纤维末梢感知。

肾上腺素能神经支配血管舒缩、立毛肌竖立及顶泌汗腺分泌，胆碱能神经支配外泌汗腺、内分泌系统调控皮脂腺。紧张或寒冷均可使交感神经兴奋导致立毛肌竖立，形成“鸡皮疙瘩”样皮肤外观，还可收缩使毛发直立。

三、皮肤附属器

皮肤附属器包括毛发、毛囊、汗腺、皮脂腺与指（趾）甲等，均直接或间接开口于皮肤表面，与我们肉眼所见的皮肤表面特征有很大关系。如毛孔的粗细与皮肤的细腻直接相关；皮脂腺皮脂分泌的旺盛直接导致皮肤的油腻感，而皮脂分泌过少又会使皮肤显得干燥；皮肤的光泽度与皮脂量有关；皮肤的弹性、细皱纹都和水分有关，而皮肤水分含量与皮脂也有密切关系。

这些附属器都是化妆品的靶部位，与化妆品的吸收和代谢也有一定相关性。

（一）毛囊与皮脂腺

1. 毛囊

毛发从筒状的毛囊深部不断向外生长，每根毛发可以生长若干年。毛囊由内、外毛根鞘及结缔组织鞘所构成，内、外毛根鞘的细胞均起源于表皮，而结缔组织鞘则起源于真皮。毛囊上部为毛囊漏斗部，皮脂腺开口于此，中间为毛囊峪部，自立毛肌附着点以下为毛囊下部。

2. 皮脂腺

皮脂腺是皮肤的重要附属器，由腺泡和导管组成。皮脂腺的主要功能为分泌皮脂和排泄少量废物，并在外用药物、化妆品等透皮吸收中起重要作用。多数皮脂腺分泌的皮脂经皮脂腺导管开口于毛囊漏斗部，少数皮脂腺与毛囊无关，如唇红缘的皮脂腺直接开口于皮肤黏膜的表面。

皮脂腺主要受雄激素水平影响，青春期雄性激素增多，皮脂腺分泌皮脂增多。皮脂的分泌还与皮肤表面的皮脂量有关，当皮脂量达到一定程度时，分泌就会减少；但当用人工方法（如洗脸）去除了皮肤表面的皮脂膜时，皮脂腺就会加快分泌速度，以达到平衡。

除手掌和足跟外，全身皮肤都有皮脂腺，但皮脂腺的大小和分布并不均匀。面部前额、鼻及鼻翼周围、颏部形成的中央三角区的皮脂腺最大，因其形似“T”字而称“T”形区域。头面部、胸背上部及肛门外生殖器部位皮脂腺分布最多，产生皮脂也最多，称为皮脂溢出区。

3. 毛囊皮脂腺单位

皮脂腺的皮脂通过毛囊导管和毛囊漏斗部脱落的角质细胞及微生物一起，沿着毛根向外扩散到达角质层表面和毛发表面，具有保护皮肤作用。如果皮脂分泌过多或排出不畅，淤积于毛囊漏斗部内，阻塞了毛囊孔，便会产生粉刺；如果皮脂被细菌分解产生脂肪酸，就会刺激毛囊引发炎症。

因为皮脂腺与毛囊关系密切，毛囊漏斗部、皮脂腺导管和皮脂腺三者一起被称为毛囊皮脂腺单位（图 2-6）。

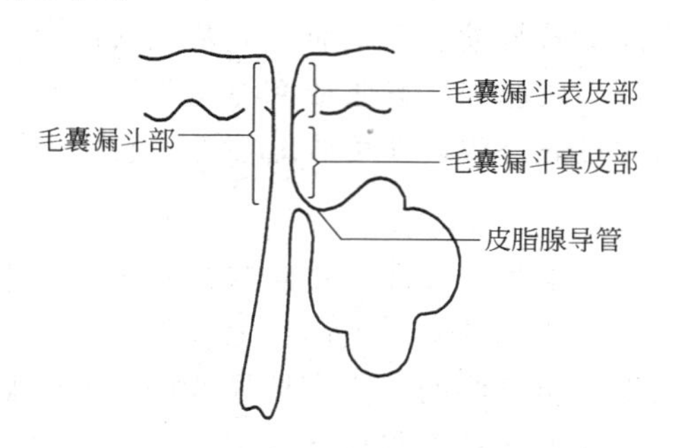

图 2-6　毛囊皮脂腺单位的结构组成

（二）汗腺

1. 小汗腺

小汗腺又叫外泌汗腺，是一种结构比较简单的盲端管状腺，多位于真皮和皮下组织交界处，由腺体分泌部和导管组成。腺体部分自我盘曲呈不规则球状，导管垂直或稍弯曲向上，穿过真皮到达表皮嵴的下端进入表皮，在表皮内呈螺旋形上升，开口于皮肤表面。

除唇红缘、包皮内侧、龟头、小阴唇、阴蒂及甲床外，小汗腺几乎遍布全身，近 200 万个。小汗腺在不同部位的密度各不相同，掌跖、额部、背部、腋下最多，一般四肢屈侧较伸侧密集，上肢多于下肢。

皮肤上的汗液是由许许多多的小汗腺分泌的液体，小汗腺分泌活动受到体内外温度变化、交感神经兴奋度、某些药物和饮食等因素影响。

2. 大汗腺

皮肤中的大汗腺也叫顶泌汗腺，其分泌部的直径较小汗腺约大 10 倍。一般情况下，大汗腺不直接开口于皮肤表面，而在皮脂腺开口的上方开口于毛囊。腺体位置一般较深，多在皮下脂肪层，偶尔见于真皮中、下部。

大汗腺主要分布在腋窝、乳晕、脐周、腹股沟和生殖器等处皮下脂肪层。此外，外耳道的耵聍腺、眼睑的麦氏腺以及乳晕的乳轮腺则属于顶泌汗腺的变型。

大汗腺的分泌物与小汗腺不同，是一种具有特殊气味的弱碱性物质。大汗腺的分泌受肾上腺素及胆碱神经支配，不能调节体温。各大汗腺的活动是不一致的，也是不规则的，如早晨会有段分泌高潮，在青春期功能增强。

3. 汗腺的分泌与排泄

汗腺的分泌不仅可起到防止皮肤干燥的保湿作用，还有助于散热、调节体温和排出体内的部分代谢产物。

小汗腺排泄物中99%是水分，其余的是少量水溶性盐类和其他物质。汗液中还含有酸、碱成分，过多堆积会直接腐蚀皮肤，破坏皮肤的组织细胞，导致皮肤老化。

顶泌汗腺分泌含有多量的蛋白质和脂质的乳白色或黄色黏稠分泌物，被细菌分解后产生特别的气味，个别人这种汗腺发育旺盛，分泌过盛而致腋下异味过浓时，常被称为腋臭。

小汗腺和大汗腺的分泌物组成与特点见表2-5。

表2-5　小汗腺和大汗腺的分泌物组成与特点

皮肤腺体	分泌物特点	组成
顶泌汗腺（大汗腺）	黏稠的乳状液体，pH为6.2～6.7，呈白、黄、红或黑等颜色。如果被细菌作用会产生臭味	细胞破碎物组成，除了水分，还含有脂类、蛋白质、糖类、酶、胆固醇和铁，并含色原和脂肪酸
外泌汗腺（小汗腺）	略带酸性液体，相对密度介于1.002～1.003，pH为4.5～5.0，大量出汗时pH可达7.0，每天可排泄600～700mL。汗液分泌量的多少会影响汗液的成分	99.0%～99.5%是水分，0.5%～1.0%是无机盐与有机物质。无机盐主要为氯化钠；汗液中的有机成分包括尿素、乙酸、乳酸、葡萄糖、脂肪酸和丙酮酸盐等

（三）皮脂膜

皮肤表面覆盖着一层由脂质、汗腺排泄的汗液和表皮水分等经过乳化形成的一种半透明的薄膜，简称皮脂膜。这层膜对防止皮肤衰老非常重要，是皮肤美容的一个重要概念（图2-7）。

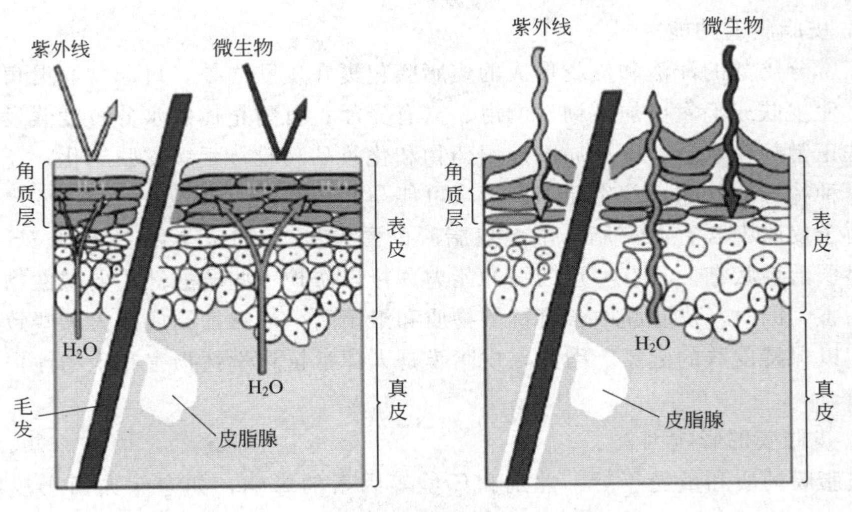

图2-7　皮脂膜对皮肤结构的保护示意图

1. 皮脂膜的组成

皮脂膜中的脂质来源有2个途径：一部分是角质形成细胞成熟后崩解并充填于细胞间隙的外源性表皮皮脂，标志性成分是神经酰胺；另一部分是皮脂腺分泌的内源性皮脂（皮脂腺皮脂），标志性成分是角鲨烯。皮脂腺皮脂与表皮皮脂的组分对比见表2-6。

表2-6 皮脂腺皮脂与表皮皮脂的组分对比

组成	皮脂腺皮脂	表皮皮脂
角鲨烯	12%～14%	缺乏
甘油三酯	50%～60%(多为 C_{14}～C_{18})	65%(多为 C_{20} 以上)
蜡酯	26%	缺乏
胆固醇酯	3%	15%
胆固醇	1.5%	2%
鞘酯(神经酰胺)	缺乏	18%

皮脂腺皮脂产生后向上到达毛囊皮脂腺导管中，导管中的痤疮丙酸杆菌分泌脂肪酶，将甘油三酯分解为游离脂肪酸和其他脂类；表皮葡萄球菌酯化胆固醇；角鲨烯在到达皮肤表面后即被氧化。因此，皮脂腺分泌皮脂到达皮肤表面后，成分较初分泌时有所改变，甘油三酯减少，游离脂肪酸、各种单酯增多。

在不同的分泌时段及部位，皮肤表面的皮脂成分不同。青春期前，皮脂腺功能低下，皮肤表面的皮脂主要由表皮角质层细胞崩解产生，很少有角鲨烯、蜡酯，而主要是胆固醇和胆固醇酯。而成人皮肤表面皮脂膜中的脂质成分则主要来自皮脂腺，其次来自表皮细胞。尤其在皮脂腺分布比较密集的头皮、前额和上背部等皮脂溢出区，皮脂腺来源的皮脂占90%以上。

2. 皮脂膜的功能

正常分泌量的汗液和皮脂形成的皮脂膜包裹在皮肤之外，可起到润滑角质层的作用，使皮肤或毛发更加柔韧、润滑、富有光泽；可防止体内水分过度蒸发，以保证皮肤正常的含水量，促进局部外用药物和化妆品吸收，延缓皮肤老化；还能赋予身体一种特殊的气味，新生儿识别母亲可能与此相关。

由于皮脂中含有游离脂肪酸，皮脂膜的酸碱度（pH值）维持在4.5～6.5之间，呈弱酸性状态，具有一定的缓冲能力，可以防护一些弱酸性或弱碱性物质对机体的伤害。同时，皮脂膜中含有抗菌物质和溶菌酶，能够抑制或消灭某些致病性微生物，以保持皮肤的健康。因此，皮脂膜是人体抵抗化学性损害和生物性损害的天然屏障。

3. 皮脂膜的影响因素

皮脂膜的质和量受年龄、性别和环境等因素的影响，如老年人由于皮脂腺萎缩，皮脂分泌减少，皮肤容易干燥。皮脂膜的pH值还和皮脂分泌的多少有关联，通常皮脂越多，pH值越小，皮肤偏油性；皮脂越少，pH值越大，皮肤偏干性。

皮肤表面的皮脂膜是一个微态平衡系统，当出汗过多时，汗液与皮脂的比例失调，皮脂膜会受到破坏；当用热水或洗涤剂洗脸后，往往会感到皮肤干而紧绷，这是因为绝大部分的皮脂膜被洗去了，但过一会儿这种感觉就消失了，是因为皮肤表面又形成了新的皮脂膜。过度清洁易导致皮脂膜脱失、经皮失水增多，皮脂腺的反馈调节又会过度分泌皮脂，导致越洗越油，形成恶性循环。

很多损容性皮肤病如面部皮炎、痤疮、湿疹等都伴有皮脂膜的缺失或破坏，一旦皮脂膜遭到破坏，皮肤的保水功能和抵抗力下降，皮肤就会变得干燥、瘙痒甚至出现裂隙或脱皮，对气候等因素的反应力也随之减弱。

（四）指（趾）甲

指（趾）甲也是皮肤的附属器官之一，是由手足背面的表皮变成的坚硬角质蛋白组成的致密的、半透明而坚实的薄板，位于指（趾）末端的伸侧面，扁平而有弹性，自后向前稍有弯曲，呈半透明状。见图 2-8。

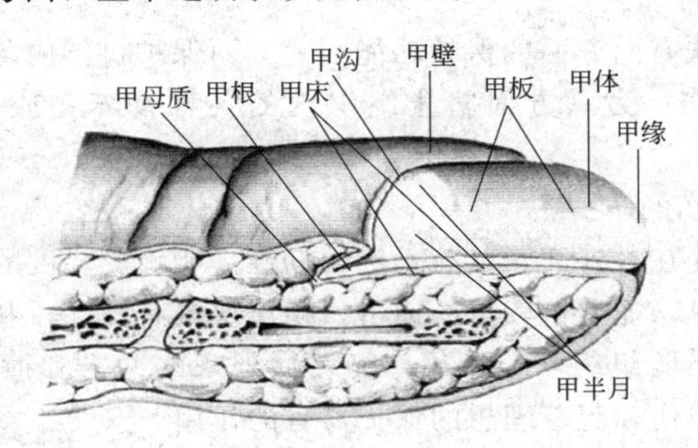

图 2-8　指（趾）甲结构示意图

1. 指（趾）甲的组织结构

指（趾）甲分为甲板、甲床等。

甲板的前面暴露部分称为甲体，甲体的远端称为游离缘，也叫甲缘。甲板后端隐蔽皮肤皱褶下方的部分称为甲根。甲板除游离缘外，其余三边均嵌于皮肤皱褶内，于甲根上的皮肤皱褶是甲褶，在甲两侧的皮肤皱襞是甲壁。

位于甲体下的基底组织部分称为甲床。位于甲根下的基底组织称为甲母质，为甲的生发区，甲母细胞在甲床之上紧沿着甲床一起向指尖方向生长，这就是指甲的生长现象，生长着的甲在甲床上向前移动，紧挨着甲根的甲褶的表皮称为甲上皮。指（趾）甲近甲根处有半月形的乳白色部分，称为甲半月。此处指甲形成不完全，尚未充分角质化。

2. 指甲的组成特点

与皮肤的角质层相比，指甲的脂质含量较少，但含硫量比皮肤角质层多。

指甲的水分含量受环境因素影响会发生变化，同毛发类似，很易吸湿或干燥，吸湿会变软，干燥又变硬。指甲在吸湿时体积也会有所变化，厚度的增加比纵横方向的变化大一些。

正常指甲约每3个月长1cm，趾甲约每9个月长1cm。新指甲从甲根部生长直到完全复原指甲约需100d，趾甲约需300d。许多因素会影响甲的生长和外观，如营养、应激状况、系统疾病及生活习惯等。

3. 指甲的功能

指甲的功能在于可以保护指尖免受损伤、协助手部精细工作、使指尖的感觉更灵敏并增强指尖的力量，等等。目前，美化指甲也成为美容的重要组成部分。

四、皮肤的生理功能

人体的皮肤和其他器官及组织一样，参与全身的机能活动，维护人体的健康。正常皮肤具有保护、调节体温、感觉、分泌与排泄、吸收等生理功能，还参与各种物质代谢，并且是一个重要的免疫器官，以维持机体和外界自然环境的对立统一。

（一）保护功能

正常的人体皮肤有两方面的保护功能：一方面保护机体内各种器官和组织免受外界有害因素的损伤；另一方面防止组织内的各种营养物质、电解质和水分的流失。

1. 对机械性损伤的防护

表皮的角质层处在最外面，具有一定的韧性，能耐受轻度的搔抓和摩擦。手掌和足底的角质层最厚，能抵御较重的撞击。角质层具有弹性，和下层弹性更好的真皮纤维组织及皮下脂肪组织联合作用，能缓冲外来的冲击和撞伤，避免和减轻血管、神经等组织受损伤，起着理想的保护器官的作用。

2. 对物理性损伤的防护

角质层是电的不良导体，它对低电压电流有一定的阻抗能力，电阻值受皮肤部位、含水量、精神状态及气候等因素的影响。正常皮肤对光有吸收能力，可以保护机体内的器官和组织免受光的损伤。皮肤组织对不同的光的吸收情况是不同的，紫外线大部分都被表皮吸收，随着紫外线波长的增加，光的透入程度也有所变化。长波红外线透入程度很差，大部分也被表皮所吸收。

3. 对化学性损伤的防护

正常皮肤角质层和皮脂膜既能防止水分过度蒸发，又能阻止水分过度渗入，对酸碱、有机溶剂等各种化学物质都有一定的屏障作用。但是接触高浓度的酸、碱和盐类后，皮肤立即受到腐蚀，发生化学性烧伤，其中强碱对皮肤的损害尤为严重。

4. 对生物性损伤的防护

皮肤角质层对微生物有良好的屏障作用，角质层外面那层弱酸性的皮脂膜对寄生菌的生长也有抑制作用。

（二）分泌与排泄功能

皮肤的分泌与排泄功能主要是通过汗腺分泌汗液和皮脂腺分泌皮脂完成的。

外界气温升高，或体内产热增加所致的热刺激引起的汗液分泌称知觉发汗。除通过小汗腺外，还有部分水分可通过表皮散失，即水分尚未到达表皮时，已变成蒸汽形式，再从表皮逸出，为表皮的不自觉失水。在常温情况下，经皮肤通过非可见汗液的水分排泄占皮肤总水分排泄量的10%，其余的水分经表皮角质层排出体外。在病理情况下如表皮增生、角化速度加快或大量脱屑时，经表皮失水量增加。

在冬季天冷时，只有不自觉地出汗；而暑天多汗时，小便也会相应地减少，当肾脏功能失常时，汗腺还能代替部分肾脏排泄的功能。

（三）体温调节功能

人体内散热量的80%是通过皮肤发散出来的。皮肤在体温调节过程中不仅作为外周感受器，向体温调节中枢提供环境温度的相关信息，而且作为体温调节的效应器，对保持体温在正常的水平起着重大作用。

皮肤散热主要由辐射、对流和蒸发三种方式来完成。通过辐射和对流能将某一处温度较高的热量传导到温度较低的地方，以调节体温。但是在天气炎热时，单靠这些方法散热是不够的，这时要靠汗液蒸发的形式带走热量，使体温维持正常。人体每蒸发1mL汗液水分可带走约500cal（1cal＝4.2J）的热量，正常人24h可排汗500～600mL，盛夏时一天的出汗量甚至可达5L之多。如果汗腺功能失调，就容易中暑。

在天气寒冷时，体内代谢加强，产生热量，同时表皮内毛细血管收缩，血流减少，再加上皮脂膜和皮下脂肪的保护，减少热量散失，使体温得以保持正常。

（四）代谢功能

皮肤作为人体整个机体的组成部分，参与包括糖、脂肪、水、电解质和蛋白质等物质的代谢。同时，调节人体代谢的方式，如神经调节、内分泌调节和酶系统调节等，同样也在调节皮肤的代谢活动中发挥着积极作用。

表皮细胞的新陈代谢过程是每天都在进行的，在晚上10点到凌晨2点之间是最旺盛的时间。皮肤血管舒张，如果得到充足的睡眠和营养供给，白天疲惫受损的细胞可以得到复原。因此，这个时段也称美容时间。

（五）感觉功能

正常皮肤内感觉神经末梢能分别传导六种基本感觉：触觉、痛觉、冷觉、温觉、压觉及痒觉。一般感知的感觉可以分为两大类：一类是单一感觉，另一类是复合感觉，如潮湿、干燥、平滑、粗糙、坚硬及柔软等。

任何物理性或化学性刺激都可以引起痛感，但它必须达到一定的痛阈值，才能感知。一般认为痒觉和痛觉关系密切，低强度刺激产生痒感，高强度刺激则产生痛觉。引起痒感的化学物质有组织胺、氨基酸、多肽、乙酰胆碱、蛋白分解酶等，机械的刺激也可使皮肤发痒。上述物质可以单独起作用，也可以是几种物质同时作用。

（六）免疫功能与过敏

皮肤作为免疫系统一个独立器官，其组成细胞具有潜在的免疫功能。皮肤组织内有多种免疫相关细胞，包括朗格汉斯细胞、淋巴细胞、肥大细胞、组织巨噬细胞、角质形成细胞和内皮细胞。其中朗格汉斯细胞是皮肤内重要的抗原呈递细胞，在启动免疫应答中起核心作用。角质形成细胞除作为辅助细胞外，还可产生多种细胞因子形成网络，在免疫过程中发挥重要作用。

当皮肤受到各种刺激（如不良质量的化妆品、化学制剂、花粉、某些食品、污染的空气）时，皮肤内免疫细胞会分泌组织胺及其他致炎物，引发一连串化学作用，致使皮肤出现紧绷、发痒、有刺痛感、干燥、粗糙、脱皮、红斑、红肿、色素沉着等异常现象，医学上称为过敏。

过敏又称为变态反应，由于机体的免疫系统功能异常，当机体接触到外界某些物质（变应原）时，产生相应的抗体，引发抗原、抗体之间的异常反应，致使机体局部或全身病变。主要是迟发性变态反应，当某种刺激因子（过敏原）作用于皮肤和黏膜后仅有少数具有特异性过敏体质的人发病，且初次接触后并不立即发病，而往往经过 4～20d 的潜伏期（平均 7～8d），如再次接触该物质后，可在 12h 左右（一般不超过 72h）出现皮炎等过敏症状。

引起过敏性皮炎的刺激物种类诸多，包括各种动物昆虫的皮毛和毒素，一些植物的叶、茎、花、果等或其产物，主要是品种繁多的化学性物质。有些过敏是直接接触原料或中间产品而发生的，大多数是使用其制成品而致皮肤敏感发病的。

（七）经皮吸收功能与化妆品的促渗透技术

皮肤虽然具有很强的屏障保护作用，但也不是严密无缝到任何物质都不能穿透，而是具有一定的渗透能力和吸收作用。皮肤吸收作用对维护身体健康是不可缺少的，是现代皮肤科外用药物治疗皮肤病的理论基础，也是研究化妆品护理皮肤作用的生理基础。

1. 经皮吸收途径

某些外界物质可以通过表皮渗透入真皮，被真皮吸收，影响全身。人体皮肤这种吸收外界物质的能力，称为经皮吸收。经皮吸收一般有三条通路：

① 毛囊皮脂腺孔和汗管口；

② 角质细胞间隙；

③ 角质细胞膜。

外界物质可能进入皮肤的途径：

① 使角质层软化，直接穿过角质层细胞膜渗透入角质层细胞，再透过表皮其他各层；

② 皮肤表面的乳化油脂膜易与水混合，脂溶性成分可与水与电解质一起透入角质层；

③ 少量大分子与不易透过的水溶性物质可通过毛囊口、毛囊，再通过皮脂腺和毛囊壁进入真皮内；

④ 少量超细的物质也可通过角质层细胞间隙渗透而进入真皮层。

可以看出，角质层是最重要的吸收途径，角质层承担着皮肤屏障功能的主要作用，是护肤品作用的初始部位，也是化妆品渗透的主要限速部位。角质层越厚，皮肤吸收能力越差；改善角质层的通透性可以更好地促进化妆品的经皮吸收。

2. 影响皮肤吸收功能的皮肤生理因素

皮肤的渗透和吸收作用非常复杂，受很多因素的影响。这里介绍与皮肤生理特性及屏障功能有关的因素。

（1）皮肤的解剖部位　皮肤吸收与角质层的厚度、皮肤附属器以及表皮细胞个数等有关。身体不同部位的角质层厚薄不同，吸收也不一样。如手掌、足跟处角质层较厚，吸收作用弱，除可吸收水外，对其他物质很少吸收。黏膜无角质层则吸收作用较强。一般来说，按吸收能力排序为：阴囊＞前额＞大腿屈侧＞上臂屈侧＞前臂＞掌跖。

（2）年龄与性别　婴儿、老人皮肤比其他年龄人的皮肤的吸收能力要强，女性皮肤吸收强于男性。皮肤的吸收行为除了与年龄、性别有关外，还与每单位体重的相对体表面积有关。新生儿皮肤吸收比成人快 7 倍，因此外用物质吸收致全身性副作用或全身性中毒的风险增高。

（3）皮肤温度　当皮肤温度升高时物质渗透率提高，这是因为温度的升高可以增加物质的弥散速度，促使皮肤表面与深层之间的有效物质浓度差增大，再加上汗腺分泌增加、水合度增加均加速皮肤吸收。皮肤温度升高改变了毛孔状态使毛孔扩张，还使局部皮肤毛细血管扩张、充血、血液循环加速，从而影响物质的吸收。

有研究表明，皮肤温度每升高 1℃，对有效成分吸收增加 10 倍。因此采用离子喷雾、蒸汽熏面、按摩及热疗或利用面膜防止水分蒸发，可促进皮肤对化妆品营养物质或功效性成分的吸收，但也要注意有毒物质的吸收也会随之增加。

（4）pH　表皮中角质层的 pH 值为 5.2～5.6，所以皮肤只有在偏酸的情况下才能更好地吸收物质。要增强皮肤的吸收效果，理想的护肤品应是接近皮肤 pH 值和（或）缓冲作用强的化妆品。

（5）皮肤屏障功能的完整性　伪劣化妆品或不适当外用药物可导致皮肤质地改变，如粗糙脱屑、皮肤皲裂，严重时可发生皮肤湿疹等炎症反应，致使皮肤屏障功能不完整或被破坏，都会明显增强皮肤对化妆品等外源物质的吸收作用。

（6）角质层的含水量　皮肤被水浸软后，可增加物质的吸收。如使用油性载体的化妆品覆盖在皮肤表面，可以减少汗液蒸发，使体内水分无法透出，增加角质层细胞含水量，促使皮肤增加对亲水和亲脂性物质的吸收。

3. 影响皮肤吸收功能的外界因素

（1）被吸收物质的结构与性质

① 相对分子质量与分子结构　相对分子质量和分子结构与吸收的数量有密切关系。一般认为相对分子质量小的物质有利于皮肤的吸收，科学界公认相对分子质量大于 5000 的化合物不利于皮肤吸收。非极性物质主要通过富含脂质的部位即细

胞间通道吸收，极性物质则依靠细胞转运即细胞内通道吸收。因此，具有与皮肤结构及性质相似的化妆品成分容易被皮肤吸收。

② 物质状态　一般而言固体物质不易渗透，气体和液体物质则容易被皮肤吸收。液体物质中的脂溶性物质，如脂溶性维生素A、D、E、K等，皮质类固醇激素，油脂性物质等，可通过细胞膜，吸收较好；猪油、羊毛脂、橄榄油则能进入皮肤各层、毛囊和皮脂腺被吸收。植物油较动物油难被吸收，而常作为化妆品基质的凡士林、液体石蜡、硅油等完全或几乎不能被皮肤吸收。水溶性物质，如尿素、葡萄糖、清蛋白、维生素C等，可被细胞中的蛋白质成分吸收，但透过率较低。有机溶剂（如二甲基亚砜、乙醚等）的皮肤渗透性较强，也可以增加吸收。因此，作为营养添加成分的化妆品以脂溶性为宜；供皮肤表面处理用，如漂白、杀菌等作用的化妆品以水溶性为好。

③ 物质的浓度　化妆品主要以渗透及被动扩散方式进入皮肤，其物质浓度与皮肤吸收率在一定范围内成正比关系，大多数物质浓度越大，透入率越高。因此，可适当增加化妆品浓度并增大涂抹力度（轻拍或按摩），促进其功效成分的透皮吸收率。但某些物质在高浓度时反而影响皮肤的通透性，如高浓度苯酚可导致角蛋白凝固坏死、高浓度酸会和皮肤蛋白结合形成薄膜，阻止皮肤吸收。

④ 电离度　离解度高的物质比离解度低的物质易于被吸收。如水杨酸难溶于水，而水杨酸钠则易溶于水，故其吸收比前者好。

(2) 化妆品剂型与载体　化妆品剂型可影响皮肤吸收率，不同剂型的化妆品渗透进入皮肤的多少有较大的差异。同一种物质，由于剂型的不同，皮肤吸收的情况也不同。

化妆品中的载体可促进有效物质的渗透，最传统和最主要的载体有水及各种动植物油脂，近年来又出现了一些新的载体，如脂质体、微胶囊等。

理想化妆品是油与水的乳化剂型，单纯的油相和单纯的水相都较难吸收，故在皮肤护理时紧贴皮肤一层要选用乳化剂型的化妆品，如用膏状物作面膜底霜，是符合皮肤吸收的理化特性的。软膏可以浸软皮肤，阻止水分挥发，因而能够增大吸收；粉剂、水溶液和悬浮体系的吸收一般较差。

各种剂型渗透入皮肤由易到难依次为：乳液＞凝胶或溶液＞悬浮液＞物理性混合物。若以其基质类别按吸收程度排序为：油/水型＞水/油型＞油型＞动物油＞羊毛脂＞植物油＞烃类基质。加入有机溶剂可明显提高物质的被吸收率。

(3) 环境湿度的影响　化学物质的经皮吸收，除了与物质本身特性和剂型有关，与环境温度、湿度、酸碱度等因素均有关。如营养护肤面膜，就是短时间地把面部皮肤封裹起来，提高面部皮肤温度，增加面部皮肤血流量，使皮肤能够较多地吸收其中的营养物。偏酸环境下化妆品吸收良好。

当外界的湿度增加时，角质层水合度增加，可明显增加皮肤吸收率。皮肤被水浸软后，也可增加渗透。如化妆品使用油性载体，覆盖在皮肤表面，使体内水分无法透出，这些水分将使角质层细胞含水量增加，从而促进了皮肤的吸收。但湿度过大时，角质层内外水分的浓度差减少，影响皮肤对水分的吸收，因此也降低了对其他物质的吸收能力。如果外界湿度过低，甚至使皮肤变得很干燥，即角质层内水分降到10%以下时，则角质层吸收水分的能力明显增强，其他物质的吸收能力降低。

4. 化妆品的促渗透技术

皮肤完整的屏障功能在抵御环境不良因素的侵扰中具有保护作用，但也使许多外用于皮肤的药物及化妆品难以发挥功效，添加促渗剂或辅用促渗技术则是行之有效的方法。绝大多数化学物质包括化妆品和美容制剂，是以各种透皮吸收机制进入皮肤发挥其作用的，如扩散理论、渗透压理论、水合理论、相似相溶理论及结构变化理论是研究促渗透方法的主要基础。

为了促使这些物质的功效性成分更好地渗透入皮肤，达到理想的效果，可采用各种物理或化学方法对所需成分进行处理、修饰或瞬间提高透皮吸收率，几种常用的化妆品促渗技术见表2-7。

表2-7 常见化妆品促渗技术

类别	方法	作用机理	特点
物理促渗	离子导入技术	利用直流电源将离子型物质电解，经由电极定位导入皮肤并储存于皮肤相应部位，缓慢释放以发挥效果	不引起皮肤生理改变。但是只有能解离成离子型的物质才能在电场的作用下进入皮肤，其应用有一定的限制
	超声波导入	可能与局部温度升高、超声波辐射压、导入物质与皮肤间的电位能降低等有关，在短时间内即可增加物质吸收	对水溶性物质，尤其对蛋白质、肽类药物促渗效果特别明显，对脂溶性物质几乎无促渗作用
	激光微孔技术	利用了热效应、光化过程及光压效应等导入功效性成分在皮肤需要的部位，使之瞬时发挥作用	相对安全有效，但费用昂贵
化学促渗	透皮吸收促渗剂	通过改变有序排列的角质层脂质双分子层结构，作用于皮肤角质层细胞内蛋白质产生水化通道，促进物质在角质层扩散；增加物质在皮肤中的溶解度或可逆地改变皮肤屏障功能使物质的透皮吸收率增加	理想的化学促渗剂应当对皮肤无毒、无刺激、无致敏，而且起效要快、作用瞬时、持续时间可预见，不影响皮肤屏障功能的恢复，与功效成分相溶，有美肤效果。这样的促渗剂很少，且单独使用时常效果不佳，需2种或多种联合使用，还可与离子导入法和超声导入法联用
	脂质体技术	包封于脂质体微囊内的功效成分被人体作为生物细胞予以识别，可有效地穿过与之大小相似的其他毫微粒所不能穿过的空隙或屏障，因此容易渗透人表皮及真皮，使包封的物质更易渗透进皮肤发挥作用	具有仿生性、靶向性、长效性、稳定性和透皮吸收性等一般制剂没有的独特优点

续表

类别	方法	作用机理	特点
化学促渗	纳米技术	通过纳米功能粉体合成和表面处理技术将化妆品中的功效性成分转变为稳定的纳米微粒(0.1～100nm)，若加入安全的稳定剂和赋形剂，则可提高纳米微粒的溶解率，能更好地被皮肤吸收	可使化妆品的功效性成分展现出全新的活性，如纳米二氧化钛和纳米氧化锌防晒效果更好，纳米水晶眼影可制造出形象的三维效果，纳米彩妆可展现出更丰富更生动的色彩。但纳米技术的安全性还有待完善
	天然透皮促进剂	作用于角质层，或使脂质溶解，或使脂质双分子层膜结构发生变化，或使角蛋白结构变化	主要是来源于天然产物的萜烯类化合物，如薄荷醇、精油、冰片等，毒性刺激性很小，是未来开发的方向

促渗剂是指能促进皮肤吸收的物质或化学剂，又称为“透皮剂”，属于赋形剂，见表 2-8。

表 2-8 化妆品中常用的促渗透剂

类型	作用特点	常用原料举例
酮类	对亲水和亲脂性物质都有促渗作用，使用最广泛，能溶解细胞间脂质，有利于功效成分的渗透和溶解细胞内脂质，减小功效成分的扩散阻力，还能增加角质层含水量，提高皮肤吸收率。毒性和刺激性很小	氮酮
亚砜及其类似物	促渗快，被称为“万能溶解剂”。促渗效果对亲水性物质好于亲脂性物质，作用与浓度成正比，但对皮肤有一定损害(有时是不可逆的)，高浓度时可导致皮肤红斑、水疱及蛋白变性	二甲基亚砜(DMSO)、二甲基乙酰胺(DMAC)及二甲基甲酰胺(DMF)
表面活性剂	通过改变角质层脂质双分子层结构、移除角蛋白及使角质层膨胀来达到促渗作用，但可使皮肤内水分流失	十二烷基硫酸钠、聚山梨酯 80
脂肪酸类	影响皮肤脂质结构的有序排列而减少扩散阻力，低浓度时促渗作用与浓度成正比，到达一定浓度时反而会抑制功效成分的透皮吸收。促渗作用一般是暂时的，去除后皮肤能恢复正常的屏障功能	油酸
保湿剂类	皮肤保湿因子的主要成分之一，为透明、无色无臭、略带咸味的液体，具有很强的保湿作用，其吸湿性能远强于甘油、丙二醇、山梨醇，与透明质酸相当	甘油、吡咯烷酮羧酸钠、透明质酸

在选择促渗剂时，要注意所选的促渗剂在促进化妆品中功效性成分吸收的同时，应尽量减少其刺激性和致敏性，而且最好仅仅在皮肤上发挥瞬间作用，从皮肤上去除后能使皮肤屏障功能快速完全恢复。

目前出现了一些新促渗剂，促渗效果更高，安全性和刺激性更低，如噻酮、*N*,*N*-二甲基氨基乙酸的促渗效果是氮酮的数倍，且能被生物降解代谢。近期还有研究认为壬代环戊双醚在 2%时透皮吸收最好，还有二甲氨苯酸辛酯、辛基水杨酸盐及辛基甲氧基苯乙烯也可作促渗剂。

第二节　皮肤的类型

一、面部皮肤的生理特性

面部具有结构复杂的五官，其额、颊、颌、颏等部位皮肤有别于身体其他部位皮肤，更容易受到环境因素的影响出现敏感、晒伤、痤疮、老化等皮肤问题。

（一）面部皮肤（非五官部分）生理特点

① 面部多油。额、颊、颏、鼻部皮脂腺密集，即使是干性皮肤，也会渗出一些油。

② 男性面部是多毛部位，尤其是长络腮胡子的人，胡子多，毛孔就多。毛孔是藏污纳垢之地，易受刺激和细菌感染。

③ 面部是全身唯一的“大暴露”地区，一天到晚、成年累月都裸露在外。各种物理化学损伤，特别是日光中的紫外线，集中危害面部。

④ 面部是人体美的焦点，是门面。因此，化妆品护肤的同时必须能美化皮肤。

⑤ 面部血管、神经分布很丰富，所以很敏感。许多化妆品本身虽无刺激性或致敏性，但因用于面部这一特殊部位，再加上日晒或灰尘刺激，就可能激发皮炎。

（二）五官皮肤生理特点

五官皮肤是指紧邻腔口部位的皮肤，多处于皮肤黏膜的移行处，共同点是较细薄柔软、潮湿多皱，因此要注意防止开裂、浸渍、糜烂；尤其当腔口内有炎症、感染时，更要防止污染。鼻子、口唇还是呼吸道、消化道的入口，因此，要求用于这些部位的化妆品应无毒、无刺激性、无致敏性。

五官皮肤又各有特点，甚至相差很大。

1. 眼皮

眼部皮肤特有的结构，使它易受到紫外线、风及干燥气候等环境因素的伤害，成为面部最容易衰老、最早出现皱纹的部位。

眼皮（眼睑）部位皮肤是人体全身皮肤中最薄最娇嫩的部位，厚度仅为其他部位皮肤的十分之一。眼部几乎没有皮脂腺和汗腺分布，很少出油、出汗，因此眼周皮肤缺乏皮脂膜滋润，极易变得干燥。眼周部位真皮结缔组织疏松，加上正常生理活动下，眼睛每天要眨动 2 万多次，肌肉频繁地牵拉使得眼部皮肤非常松弛，容易出现小细纹、鱼尾纹。

此外，眼睛周围的静脉网丰富，眼部肌肉长时间处于紧张收缩状态可使局部静脉淤血、回流不畅，容易出现黑眼圈、浮肿。随着年龄增长脂肪也容易沉积在下眼睑处疏松的皮下组织中而形成眼袋，这与面部其他部位的皮肤有明显不同之处。

2. 口唇皮肤

嘴唇主要由皮肤、口轮匝肌、疏松结缔组织和黏膜组成。

上下唇均可以分成三部分：一是皮肤部，也叫白唇部；二是红唇部，皮肤极薄，没有角质层和黑色素，因而能透出血管中血液颜色，形成红唇；三是唇里面的黏膜部。唇部皮肤没有角质层、皮脂腺，因此容易因缺水而脱皮、干裂。

唇周肌肤很薄，也是脸部肌肤中最脆弱的部位之一，十分容易出现老化现象，最明显的征兆就是上唇人中部位出现一道道垂直细纹。

3. 鼻部、耳廓

鼻子的皮肤较厚实，皮脂腺多而密。鼻翼、耳廓皮肤里面还有软骨组织。外耳皮肤属于受压部位，鼻尖虽不受压，但属尖端部，均应留意冻伤、磨损。

（三）面部皮肤的分类方法

随着面部皮肤美容的发展，在临床工作中，国内一些研究人员提出多参数皮肤分型方案，以更清楚了解皮肤的健康、美容状况，提出更为个性化的全面护肤方案。对于个体的面部皮肤，常规是以皮肤的油-水平衡作为主要分类参数，其次综合考虑皮肤色素、皮肤皱纹、皮肤敏感 3 个次要分类参数，按照无、轻、中、重多等级判别。

当然，这些分类方法还在不断丰富和完善，例如国际上有按皮肤光生物学反应进行判定的 Fitzpatrick 日光反应性皮肤分型以及 Baumann 皮肤分型。这样可以更全面评估皮肤，从而正确指导人们选择合适护肤品进行美容保健。

二、皮肤的常规分类

从美容学的角度，根据皮肤的含水量、皮脂腺分泌皮脂的状况等特性不同，正常人的皮肤可分为以下四种常规类型：油性皮肤、干性皮肤、中性皮肤和混合性皮肤，见图 2-9。

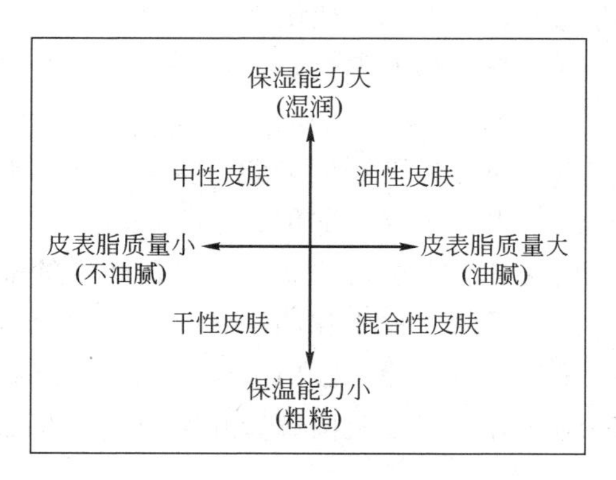

图 2-9　皮肤的分类

（一）常规皮肤类型及特点

1. 油性皮肤

油性皮肤的皮脂腺分泌旺盛，能保持柔润、光泽并阻止皮肤水分过度流失，对日晒和不良环境等外界刺激不敏感；但此类皮肤容易水油不平衡，过度清洁也会造成角质层水分相对不足（＜20%），毛孔易被堵塞生成粉刺、痤疮。

油性皮肤多见于青春期至25岁年轻人和一些雄性激素水平高的人，pH值在4.0～5.0之间。

2. 干性皮肤

干性皮肤的天然保湿因子和皮脂分泌减少，角质层含水量减少，洗脸后紧绷感明显，严重干燥时有破碎瓷器样裂纹，甚至有糠状脱屑；毛细血管较明显，易破裂，对环境不良刺激耐受性差。

干性皮肤的pH值在5.6～6.5之间，可分为干性缺水和干性缺油两种。年轻人干性皮肤主要是缺水，皮脂含量可以正常、过多或略低；35岁以后多为干性缺油，老年人的皮肤多为缺油又缺水。这与个体皮脂腺和汗腺功能减退、皮肤营养不良、缺乏维生素A、饮水量不足等因素有关。

许多遗传性或先天性皮肤病患者的皮肤类型都为干性皮肤。外界环境包括气候变化（如寒冷、紫外线、空气干燥等）、化学因素（碱性洗涤剂、药物、化妆品使用不当）等，都可以破坏皮肤屏障，导致皮肤干燥。

3. 中性皮肤

中性皮肤介于油性与干性两种皮肤类型之间，这种类型皮肤的角质层含水量在20%左右，皮脂腺、汗腺的分泌量适中，pH值为4.5～6.5，被认为是正常人应有的理想的、健美的皮肤状态。

中性皮肤受季节影响不大，冬季稍干，夏季偏油。这类型皮肤多见于青春期前的人群，随着年龄的增长、受各种皮肤疾病及环境因素的影响，中性皮肤可能会随季节变化转变为干性、油性皮肤，甚至处于敏感性状态。

4. 混合性皮肤

混合性皮肤系指面部同时存在干性、中性或油性皮肤的特点，有近80%的成年女性属此型。一般混合性皮肤兼有油性皮肤和干性皮肤的特点，即鼻翼两侧毛孔粗大、纹理粗，“T”形区域皮脂分泌较多、易生粉刺，属油性皮肤，而双面颊和双颞部为干性皮肤；有些人面颊部细腻光滑、皮肤皮脂和水分含量都比较正常属中性皮肤；也有的混合型皮肤是干性、中性的混合。

不同皮肤类型的特征对比见表2-9。

表2-9 不同皮肤类型的特征对比

类型	外观	优势	劣势	备注
油性皮肤	油腻光亮，有光泽，毛孔较粗大，皮纹较粗糙	不易老化及出现皱纹	容易长粉刺、痤疮	由于油脂多，化妆后附着力差，容易掉妆
干性皮肤	皮纹细小，毛孔不明显，干燥，肤色晦暗，松弛缺乏弹性	细腻干净	易老化生皱纹及色素沉着；耐晒性差对外界刺激敏感	化妆后不容易掉妆
中性皮肤	皮肤不干不腻、厚薄适中，毛孔细小不明显，外观红润、光滑细腻，紧致而富有弹性	对外界刺激不敏感，不易起皱纹	如果护理不当可能变成其他皮肤类型	化妆后也不易掉妆

（二）影响皮肤常规类型的因素

皮肤类型主要由遗传决定，但并非是固定不变的，会随性别、年龄而变化，饮食、生活习惯、季节、气候、环境甚至居住地理纬度等后天因素也有影响，即使同一个人，不同部位的皮肤类型也可能不同。

1. 年龄

一个人的皮肤类型会随年龄发生变化，见表2-10。

表2-10　不同年龄段的皮肤类型与特点

年龄段	常见皮肤类型	皮肤特点		
		表皮	皮脂腺	其他
幼年期	中性皮肤	外观光滑细嫩、纹理细腻；厚度是成人皮肤的十分之一；角质层含水量充分但缺乏皮脂膜的保护，易受损伤；吸收性好	皮脂腺尚未发育成熟，皮脂分泌相当于成人的三分之一，而防止水分蒸发的作用弱	遇外界刺激敏感
青春期	油性皮肤或痤疮	角质形成细胞增生活跃，皮肤显得坚固、柔韧和红润	受激素水平的影响，皮脂腺分泌日益旺盛	16～20岁达高峰
中年	逐渐变干燥、粗糙	NMF、神经酰胺、胆固醇、透明质酸减少，角质形成细胞更替时间延长，皮肤含水量减低	皮脂腺分泌呈下降趋势	特定部位出现皱纹
老年	干性或干燥	皮肤开始萎缩、变软、变薄，自我修复能力降低，光泽减退，弹性减少，干燥起皱甚至脱屑	皮脂腺萎缩，皮脂分泌量明显下降；由于皮脂腺导管的堵塞，老年人常在颧、额、鼻部出现皮脂腺增生	容易患干燥性皮肤病、老年斑

2. 性别

由于男性雄性激素水平高于女性，皮肤油脂分泌比女性旺盛，特别是在青春期的男性，更容易发生痤疮。

女性随着年龄增加，特别是四十多岁接近停经期，女性的雌激素水平下降，皮脂腺萎缩，分泌皮脂能力降低，细胞新陈代谢活动减弱，胶原蛋白流失，容易导致皮肤变薄、干燥、粗糙、出现皱纹和色斑等。

3. 环境因素

环境因素对皮肤性状的影响是很大的，尤其是日晒会引起皮肤光老化及其他一些皮肤病。春秋季皮肤容易干燥、敏感；夏季由于气温高，皮脂腺分泌旺盛，皮肤偏油性；秋冬季气温下降、天气干燥，皮肤油脂的分泌较少，皮肤偏干性甚至发生皲裂、糠状脱屑。

4. 饮食

春夏季要避免进食辛辣刺激的食品，多吃蔬菜水果，因为高脂高糖及油炸食品能增加体内皮脂的分泌，使原已油腻的皮肤变得更加油腻。秋冬季饮食上宜进食富含维生素A的食品，如牛奶、猪肝、鸡蛋、胡萝卜等，改善皮肤的生理功能，促进油脂的分泌。

三、敏感性皮肤

(一)敏感性皮肤的特征与产生机制

1. 敏感性皮肤的定义与特征

敏感性皮肤不是一种皮肤疾病，而是一种对外界刺激物耐受性降低，随时处在高度敏感中的一种皮肤状态。这种皮肤不能耐受一般正常人所能耐受的产品或周围环境，皮肤表现干燥、易脱屑、瘙痒和有紧绷感，很容易感觉不舒适出现过敏反应且易反复发作。敏感性皮肤很难作为一个独立的类型，因为在外观完全正常的干性、油性和中性皮肤类型的人群中也常出现这种状态。

2. 敏感性皮肤产生机制

敏感性皮肤的产生机制尚不明确，根据一些临床现象或实验数据推测可能与以下因素有关系。

(1) 皮肤屏障功能下降　研究表明，皮肤处于敏感状态时，屏障功能严重受损，皮肤含水量及皮脂含量均低于正常值，经皮失水率TEWL升高，对外界刺激的抵御能力下降，使外用化学物质渗透增加、可透过性升高，这被认为是敏感性皮肤产生的主要原因。过度清洁和过度去角质会损伤皮肤表面屏障功能，导致皮肤从正常过渡到敏感。尤其使用碱性较强的洁面品将皮肤的脂类洗掉之后更明显。如果操之过急，继续使用不当的保养品，会刺激恶化，皮肤也会变得更加脆弱不堪而特别敏感。

(2) 神经传导功能增强　敏感性皮肤的神经调节机制可能与内皮素受体、温度感受器、神经营养因子有关。研究人员推测敏感性皮肤的人可能有着变异的神经末梢、释放更多的神经介质；或者有独特的中枢信息处理过程，神经末梢受到的保护减少和慢性损伤，或者神经介质清除缓慢等，均导致感觉神经的信号输入明显增加。

(二)敏感性皮肤的影响因素

敏感性皮肤的产生原因较为复杂，可能是外界因素及内在因素共同作用后的结果。

1. 内源性因素

内源性因素包括种族、年龄、遗传、性别、内分泌因素、某些疾病等。

有文献报道，白种人及亚洲人敏感性皮肤比例较高，在亚洲人中日本人比例较高。年轻人比老年人更容易出现皮肤敏感，原因可能是老年人的皮肤感觉神经功能减退，神经分布也减少。有研究者通过对敏感性皮肤个体进行调查，发现大部分人都有过敏性体质家族史。

一般女性对于皮肤刺激较男性敏感，这可能是因为女性皮肤pH值较高，对于刺激缓冲力较差所致的；也有49%敏感性皮肤的女性认为皮肤反应与月经周期有关。

2. 外源性因素

大部分皮肤敏感的人容易在日晒、寒冷、高热、温差变化、刮风或空气污染等环境因素影响下出现皮肤不适。不良的生活方式，比如辛辣饮食、酒精、熬夜、按摩等，还有精神压力、情绪波动等，这些因素均会引起皮肤敏感。外源化学物质，如金属、肥皂、清洁剂、花粉、化妆品、香精香料、防腐剂、药物成分甚至穿化纤衣服等，都可能促使皮肤变得敏感。

（三）敏感性皮肤的类型

根据皮肤敏感的产生机制和影响因素，人们一般又将敏感皮肤分为如下几种类型。

1. 生理性皮肤敏感

很多女性认为自己是这种皮肤，其实真正拥有这种皮肤者不超过10%，她们是先天性皮肤脆弱敏感者，也称为生理性皮肤敏感，皮肤表现为纹理细腻、皮肤白皙、透明感强、毛细血管清楚脉络依稀可见、面色潮红。

2. 疾病状态下的皮肤敏感

某些自身皮肤疾病的临床前期或临床期疾病会使皮肤敏感性增高，例如异位性皮炎、脂溢性皮炎、鱼鳞病、玫瑰痤疮等，可能是在疾病状态下，皮肤屏障功能受到破坏、感觉神经信号输入增加或免疫反应性增强导致的。化妆品选用不当出现刺激性或变应性等炎症反应也可致皮肤敏感性增加。

3. 激光术后皮肤敏感

激光的热效应及光化效应可影响皮肤神经酰胺的合成减少，可使角蛋白、酶蛋白变性，导致保湿因子、脂质生成代谢障碍，破坏皮肤“砖墙结构”，致使角质层的吸收、保湿功能下降，皮肤容易受外界紫外线、微生物的影响变得敏感。

4. 药物刺激引起的医源性皮肤敏感

在治疗皮炎、湿疹、痤疮等皮肤病时，经常会长期使用糖皮质激素、维甲酸类、过氧化苯甲酰等有一定刺激性的药物，使皮肤屏障受损，致皮肤变薄、毛细血管扩张导致皮肤敏感。

四、皮肤的老化与分类

（一）皮肤衰老的机制

衰老是生物界最基本的自然规律之一，是随着时间的推移所有个体都将发生功能性和器质性衰退的渐进过程。随着年龄的增长，皮肤的衰老与机体的衰老也是同步发展的。

关于皮肤衰老的机制研究非常多，先后出现过三十几个学说，主要学说见表2-11。

表 2-11 主要皮肤衰老机制简介

衰老机制	主要观点
遗传衰老学说	衰老完全是取决于各种生物各自的遗传特征，是生物进化的结果
自由基学说	随着年龄的增加，体内抗氧化系统功能衰退，自由基过量积聚，发生清除障碍，引发体内氧化性不可逆损伤的积累，衰老学说的核心理论
线粒体损伤学说	线粒体膜上的脂质、膜内的各种酶和基质中的线粒体极易受到活性氧的攻击而变性，造成膜流动性、弹性降低，导致细胞破裂而衰老
端粒衰老学说	端粒主要控制与老化有关的基因表达和细胞增殖能力，随着细胞分裂，端粒逐渐缩短直至停止分裂信号，正常的体细胞开始衰老死亡
交联学说	随着内外因素的改变，交联剂的生成超过了消除，导致了交联剂的累积，进一步增加胶原交联反应，导致皮肤老化
体细胞突变学说	表皮干细胞的自我更新和分化维持着皮肤的完整性，出现异常或缺少会导致细胞过早衰老
代谢失调学说	机体代谢障碍可引起细胞衰老而致机体衰老

此外，还有蛋白质合成差误成灾学说、免疫衰退学说、神经内分泌损伤学说、非酶糖基化衰老学说、光老化学说等，这些学说并非相互独立或排斥的，而是从不同的角度阐述衰老的本质，反映了人体衰老机制的复杂性，至今仍不完全明确。

上述各种皮肤衰老学说虽然都有一定的理论和实验依据，但皮肤衰老是一个多层次、多方面的复杂过程，为了研制出功效更为突出的抗衰老化妆品，我们就需要多层次、多角度地考虑和探索皮肤衰老的机制问题。

（二）皮肤的自然老化

随着年龄的增长，机体内在因素（如遗传）及不可抗拒的因素（如地心引力）会引起人体发生于曝光和非曝光区皮肤的临床、组织学和生理功能的退行性改变，这种不可逆的自然老化过程也叫内在性衰老，表现为皮肤新陈代谢机能衰退、血液供给减少、皮脂分泌减少，造成皮肤发干、变薄，失去弹性和张力，产生皱纹甚至色斑，同时毛发变细、灰白且数目减少。图 2-10 为年轻皮肤与衰老皮肤的外观，图 2-11 为衰老皮肤的组织改变。

患有各种慢性疾病、代谢障碍、内分泌功能异常等病理因素，心情不畅、过度紧张、缺乏休息等精神因素以及严重饮食不规律、营养失调或缺乏等都是影响皮肤自然老化的内源性因素。

（三）皮肤的光老化

1. 皮肤光老化的定义

皮肤位于机体的最外层，更易受到外源性因素的影响。外源性衰老主要由外界环境因素，如紫外线辐射、高温、吸烟、风吹、日晒和接触有害化学物质等，引起皮肤衰老或加速衰老的现象，其中日光中紫外线辐射是最主要的因素，所以又称为皮肤光老化。理论上，这种衰老的发生是可以预防和减缓的。

日光对皮肤的作用是在漫长的生命过程中日积月累、逐渐形成的，因此也有人

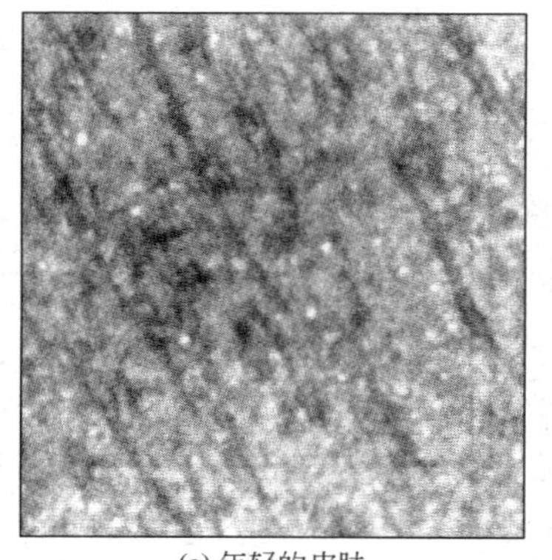
(a) 年轻的皮肤

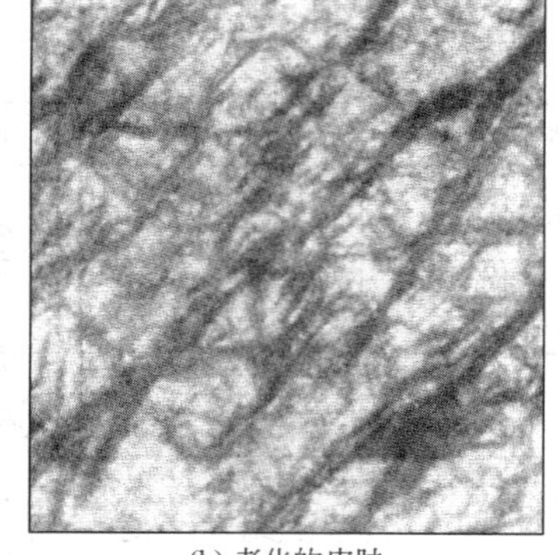
(b) 老化的皮肤

图 2-10　年轻皮肤与衰老皮肤外观

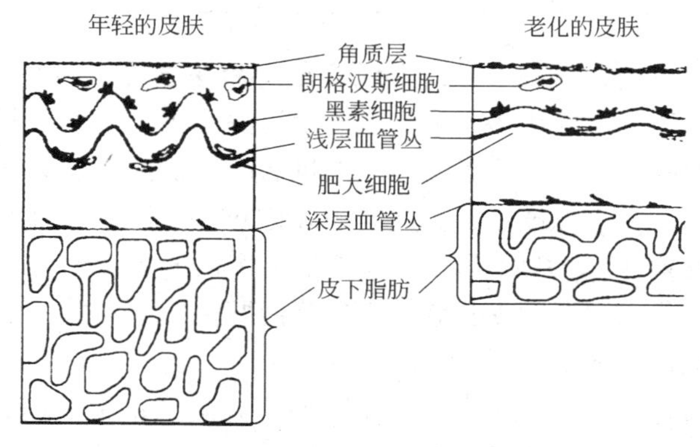

图 2-11　衰老皮肤的组织改变

说，皮肤光老化是发生在皮肤自然性衰老的基础之上的。

外源性老化临床表现主要是光损害的累积与自然老化相叠加的结果。光老化主要发生于面部、颈部和前臂等光暴露部位皮肤，呈现出一种“饱经风霜”的外貌（图 2-12）。

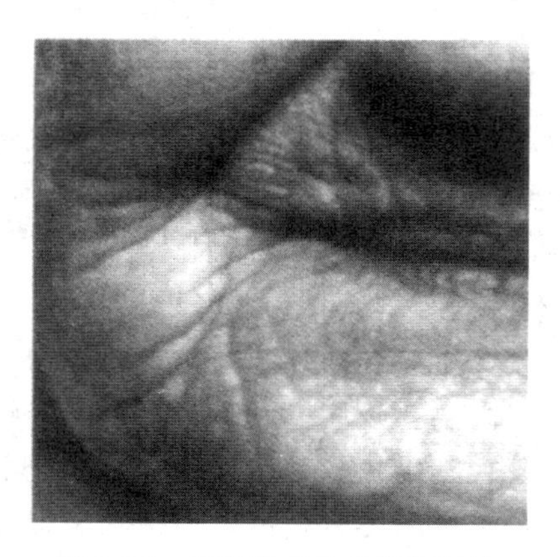

图 2-12　皮肤光老化的粗深皱纹

2. 皮肤光老化的分类

Glogau 等根据皮肤皱纹、年龄、有无色素异常、角化及毛细血管情况将皮肤光老化分为 4 个类型，见表 2-12。

表 2-12 皮肤光老化的临床分型（Glogau 分型法）

皮肤类型	皮肤皱纹	色素沉着	皮肤角化	毛细血管	光老化阶段	年龄/岁	化妆要求
Ⅰ	无或少	轻微	无	无	早期	20～30	无或少用
Ⅱ	运动中有	有	轻微	有	早到中期	30～40	基础化妆
Ⅲ	静止中有	明显	明显	明显	晚期	50～60	厚重化妆
Ⅳ	密集分布	明显	明显	皮肤灰黄	晚期	60～70	化妆无用

3. 皮肤光老化的影响因素

皮肤光老化影响因素广泛而复杂，不同的光线波长、照射剂量、生理因素（如年龄、肤色及饮食起居）、病理因素、职业和环境因素等均可影响皮肤发生光老化。

（四）皮肤光老化和皮肤自然老化的区别

皮肤作为一个在结构和功能上具有明显部位差异的复杂器官，受内外多种因素的影响，皮肤光老化与皮肤自然老化的外观和临床表现也有很多差异，见表 2-13。

表 2-13 皮肤光老化和皮肤自然老化区别

区别点	皮肤自然老化	皮肤光老化
发生年龄	成年以后开始，逐渐发展	儿童时期开始，逐渐发展
发生原因	固有性，机体老化的一部分	光照，主要是紫外辐射
影响因素	机体健康水平、营养状况	职业因素、户外活动
影响范围	全身性、普遍性	局限于暴露光照部位
临床特征	皮肤干燥、变薄，皱纹细而密集； 正常肤色或变淡； 毛细血管减少，可有痣样增生； 可有点状色素减退、色素沉着等； 毛发和甲生长速度减慢，创伤难愈	皮肤粗糙、皱纹深而粗呈橘皮、皮革状； 肤色发黄、无光泽； 可有毛细血管扩张； 不规则色素斑点如老年斑； 结构异常、增殖如星状假瘢、粉刺等
组织学特征	表皮均一性萎缩变薄，屏障功能减弱； 细胞成分普遍减少，新陈代谢缓慢； 血管网减少，血液循环功能减退，血液供给减少； Ⅰ型胶原减少，真皮萎缩变薄； 成纤细胞减少，弹力纤维减少，真皮薄、基质各种成分均减少； 皮脂腺、汗腺萎缩、分泌减少； 皮下脂肪细胞容量减少、感觉功能下降	表皮不规则增厚或萎缩； 细胞成分不规则增多或减少； 血管网排列紊乱、弯曲扩张； 胶原降解、合成减少； 弹力纤维变性、增粗或聚集成团； 基质黏多糖裂解，可溶成分增多，降解产物累积等； 皮脂腺不规则增生； 局部黑素细胞增多
并发肿瘤	可出现皮赘或两性增生	可出现多种良性的、癌前期或恶性肿瘤
药物治疗	无效	维甲酸类、抗氧化等有效
预防措施	无效	防晒化妆品及遮阳光用具有效

必须指出，上表中列出的区别点只是曾经出现在光老化和自然老化的不同阶段，在许多情况下尤其是皮肤老化晚期，二者的变化可能基本雷同，区分皮肤老化中哪些变化是由光老化引起，哪些变化是自然老化的结果有时是很困难的。广义上讲，不管是外源性老化或光化性老化，还是内源性老化或自然性、固有性老化都是构成皮肤衰老的组成部分，都随着年龄增长而发生进行性、衰退性变化。

五、皮肤颜色与日光反应分型

（一）影响皮肤颜色的因素

皮肤颜色是人类“适者生存”自然选择的结果，既受皮肤中黑色素等生物素的影响，也受皮肤角质层厚度、粗糙度的影响，还与全身生理和病理的状况相关，是皮肤美容学中的重要参数。

1. 黑素细胞与黑素

表皮黑素细胞分泌的黑色素颗粒是决定皮肤颜色深、浅的主要因素。黑色素颗粒有两种：优黑素（又名真黑素）及褐黑素（又名脱黑素）。优黑素颜色深，呈棕色或黑色；褐黑素颜色浅，呈黄、红色或胡萝卜色。

决定不同种族人群的皮肤及头发颜色深、浅的主要因素不是黑素细胞的数量，而是黑素颗粒的种类和含量。黑素细胞的数量无明显差异，不同的是黑素细胞合成并转运至周围角质形成细胞的黑素颗粒的颜色、数量、大小、分布及降解方式，正是它们决定了种族和个体之间肤色的差异，见表 2-14。

表 2-14　不同种族人群黑素区别

对比项目	黑色人种	黄色人种	白色人种
黑素小体数量	多	介于黑色和白色人种之间	较少
颗粒大小	较大	较黑种人小，较白种人略大	较小
黑素化程度	深	适中	浅
黑素种类	优黑素多	兼有优黑素、褐黑素	褐黑素多
颜色	棕色、棕黑色或黑色	浅棕色、棕色或棕黑色	淡红色、黄红色或红棕色
分布	分散于整个表皮	介于两者之间	表皮底层的基底层
被角质形成细胞降解的速度	缓慢	介于两者之间	易降解
化妆品需求	防晒伤	美白	祛斑，防晒伤

2. 胡萝卜素与血红蛋白

胡萝卜素呈黄色，多存在于真皮和皮下组织内。亚洲人的胸腹部和臀部较多胡萝卜素，面部较少，因此胸腹等处皮肤颜色呈黄色。血红蛋白呈粉红色，而氧合血红蛋白呈鲜红色，还原血红蛋白呈暗红色，血液内各种血红蛋白含量及比例的变化也将影响人体皮肤“黑里透红”或“白里透红”。

3. 皮肤的厚薄

肤色还受皮肤不同部位的厚度影响。在皮肤较薄处，因光线的透光率较大，可以折射出血管内血色素透出的红色来；在皮肤较厚的部位，光线透过率较差，像足跟的皮肤角质层很厚，只能看到角质层内的黄色胡萝卜素，因此皮肤呈黄色。若皮肤颗粒层和透明层厚，皮肤显白色。

4. 外界因素

人类肤色分为构成性肤色和选择性肤色。构成性肤色主要有遗传基因决定，也称固有肤色，由于遗传基因的不均一性，同一人种的构成性肤色也可有一定差别。选择性肤色主要受体内外许多因素（包括生活环境）的影响，紫外线或疾病等外界因素所致的皮肤黑化就属于这一类，也称继发性肤色，如被太阳光照晒后的皮肤内黑素颗粒增多，皮肤逐渐变黑；运动后因为毛细血管扩张、血流加快，皮肤会发红。停止影响后，这种皮肤反应则迅速消退。

位于不同地域的人皮肤因受阳光照射强度的差异，保留了不同的黑素含量。如生活在南亚的白种人可有深色的皮肤，而生活在北美的黑人可有浅色的皮肤，这说明后天环境因素对选择性肤色具有很大影响。

（二）皮肤日晒红斑

1. 日晒红斑定义与机制

日晒红斑即日晒伤，又称皮肤日光灼伤、紫外线红斑等，是紫外线照射后在皮肤或黏膜局部引起的一种急性光毒性反应，是机体对紫外辐射的一种生物学反应。临床上表现为肉眼可见、边界清晰的斑疹，颜色可为淡红色、鲜红色或深红色，可有轻度不一的水肿，重者出现水疱。依照射剂量的大小变化，皮肤可出现从微弱潮红到红斑水肿甚至出现水疱等不同反应，依照射面积大小不同病人可有不同症状，如灼热、刺痛或出现乏力、不适等轻度全身症状。红斑数日内逐渐消退，可出现脱屑以及继发性色素沉着。

从组织学的角度来看，日晒红斑的本质是一种非特异的急性炎症反应，其中真皮内血管反应是产生红斑的基础，同时，表皮基底层出现变性细胞“晒斑细胞”，周围可有海绵样水肿、空泡形成，并伴有炎性细胞浸润。炎性渗出吸收消退后，可出现表皮基底层增生活跃，棘细胞层黑素颗粒增多，表皮增厚，角化过度等现象。

2. 人体皮肤与红斑反应

人体不同部位的皮肤对紫外线照射的敏感性存在着差异。一般而言，躯干皮肤敏感性高于四肢，上肢皮肤敏感性高于下肢，肢体屈侧皮肤敏感性则高于伸侧，头面颈部及手足部位对紫外线最不敏感。

肤色深浅对皮肤的紫外线敏感性也有一定影响。皮肤的颜色主要由表皮中黑素小体的含量及色泽所决定，黑素小体可吸收紫外线以减轻对深层组织的辐射损伤，从而影响紫外线红斑的形成。一般来说，肤色深者对紫外线的敏感性较低。肤色加深是一种对紫外线照射的防御性反应，经常日晒不仅可使肤色变黑以吸收紫外线，也可以形成对紫外辐射的耐受性，使皮肤对紫外线的敏感性降低。

人类皮肤对紫外线照射的反应性受遗传因素和后天环境共同影响，可以根据一个人皮肤的光生物学类型估计其日晒后的肤色深浅。

（三）皮肤日晒黑

1. 日晒黑定义与机制

皮肤日晒黑，是指日光或紫外线照射后引起的皮肤或黏膜直接出现黑化或色素沉着，是人类皮肤对紫外辐射的另一种人眼可见的生物学反应。

日晒黑是光线对黑素细胞直接的生物学影响，通常限于光照部位，临床上表现为边界清晰的弥漫性灰黑色色素沉着，无自觉症状。皮肤炎症后色素沉着也可以引起肤色加深，但一般限于炎症部位的皮肤，色素分布不均，从发生机制上看主要是一系列炎症介质和黑素细胞的相互作用所致的。

2. 日晒黑化影响因素

影响皮肤黑化反应的因素很多，如照射剂量、紫外线波长、人体皮肤对紫外线照射的反应性以及机体年龄、皮肤不同部位、肤色深浅、生理状况及病理状态，等等。

老年人对紫外线的黑化反应降低，主要是因为老年人皮肤中黑素细胞数量减少，合成黑素体功能下降；妊娠期的女性对紫外线照射比较容易出现色素沉着，可能和体内的内分泌变化（如雌激素和孕激素等）影响了黑素细胞的活性有关。

（四）皮肤的日光反应分型

1. 皮肤的日光反应性类型

皮肤日光反应性分型又称皮肤光生物类型，最早由美国哈佛医学院皮肤科医师 Fitzpatrick 在 1975 年提出，根据皮肤受日光照射后是出现红斑还是以出现色素沉着为主的变化及其程度而分为 4 种类型皮肤，后来 Pathak 在此基础上做了修改、补充为 6 种皮肤类型，形成沿用至今的 Fitzpatrick-Pathak 日光反应性皮肤分型，见表 2-15。

表 2-15　Fitzpatrick-Pathak 日光反应性皮肤类型

皮肤类型	日晒红斑	日晒黑化	未曝光区皮肤
Ⅰ	极易发生	发生	白色
Ⅱ	容易发生	轻微晒黑	白色
Ⅲ	有时发生	有些晒黑	白色
Ⅳ	很少发生	中度晒黑	白色
Ⅴ	罕见发生	呈深棕色	棕色
Ⅵ	从不发生	呈黑色	黑色

按以上分类法，Ⅰ、Ⅱ型皮肤，日晒后即出现晒伤反应，不会晒黑，为高反应皮肤，受刺激后恢复慢；而Ⅴ、Ⅵ型皮肤极易晒黑，不出现晒伤反应；Ⅲ、Ⅳ型皮肤居于两者之间。

这种分型方法目前在皮肤光生物学、皮肤色素研究、化妆品防晒、化妆品祛斑增白以及美容等许多领域内应用较广，通过预测日光对皮肤损伤是更容易发生红斑还是更容易出现皮肤黑化，可以指导研发人员对防晒产品功能评价方案的设计和消费者选择防晒剂强度，还有助于指导光化学疗法剂量的确定、美容激光治疗方案和术后护理的选择。

必须指出，六种皮肤光生物类型的划分完全是用人眼观察做出的人为分级，之间无明确界限，主观性较强，不同的观察者可能会产生不同的结果。

2. 皮肤日光反应类型的理解

(1) 皮肤光生物类型不等于肤色　人类皮肤对紫外线照射的反应性受遗传因素和后天环境共同影响，例如不同肤色人种皮肤内黑素颗粒的含量及分布各不相同，因此对日晒有不同的反应。西方白色人种黑素细胞产生的黑素颗粒量较少，对太阳光的抵抗力也较弱，因而容易晒伤；东方黄色人种皮肤较容易生成黑素颗粒，对太阳光有较强的抵抗力，不易晒伤，但容易晒黑；黑色人种的黑素细胞中黑素的含量多、颗粒大，致使皮肤颜色呈棕黑色。

这说明人的皮肤类型和皮肤的色素有一定关系，但不能根据肤色深浅简单划分。

从皮肤日光反应类型的基本概念来看，决定因素是未曝光区皮肤对紫外线照射的反应性，即产生红斑还是色素，不是受试者肤色的种类。大量研究表明不管是白人、黑人还是其他有色人种的皮肤，都存在各种不同的皮肤日光反应性，这正说明皮肤类型不等于肤色。

例如白种人可能以Ⅰ、Ⅱ、Ⅲ型皮肤类型为主，但也有少数Ⅳ、Ⅴ型的皮肤；有色人种可能Ⅳ、Ⅴ型的皮肤较多，但也不乏Ⅰ、Ⅱ、Ⅲ型的皮肤。日本科学家曾对亚洲黄色人种的皮肤类型进行过研究，结果发现Ⅰ、Ⅱ、Ⅲ型皮肤类型合计达75%以上。我国也有人做过一项对北京、上海、广州、成都4个城市404名女性的调查，结果显示，70%以上为Ⅲ型，其次为Ⅱ、Ⅳ型，未见Ⅴ、Ⅵ、Ⅰ型。

(2) 皮肤光生物类型不等于皮肤对紫外辐射的敏感性　在六种皮肤光生物类型的过渡变化中，虽然也表现出了红斑/色素的递减/递增的变化，但决定皮肤类型的因素是红斑和色素两个条件，而不仅仅是红斑或色素的量的改变。

例如在定量的紫外线照射下，不管皮肤出现红斑的强弱，只要无色素沉着即为Ⅰ型；如有轻微的黑化则不管红斑如何即可划为Ⅱ型。而皮肤对紫外辐照的敏感性则是一个更为广泛的概念。日晒红斑和日晒黑化是皮肤对紫外线照射产生的两种不同的生物效应，Ⅰ～Ⅲ皮肤日晒后易出现红斑，反映的是对紫外线红斑效应的敏感性；Ⅳ～Ⅵ型的皮肤日晒后易出现黑化，反映的则是对紫外线色素效应的敏感性。

皮肤分型法本身的局限性、分型的主观性、人种的差异以及影响皮肤正确分型的种种因素表明，Fitzpatrick-Pathak 皮肤分型在反映皮肤对紫外线照射敏感性方面也有一定局限性。

（3）肤色深浅可以是不同皮肤光生物类型的结果　在 Fitzpatrick-Pathak 分型中，Ⅰ～Ⅲ型的皮肤日晒后主要出现红斑反应即日灼伤，这会使人躲避日晒从而使肤色变浅；Ⅳ～Ⅵ型的皮肤日晒后主要出现色素黑化，这可直接导致肤色变深。因此看来，在一定范围内或同一人种内，一个人的肤色深浅可以是不同皮肤类型的结果，而不是原因，即根据一个人的皮肤类型可以估计其日晒后的肤色深浅，而不能根据一个人的肤色简单地推测其皮肤类型，未曝光部位的构成性肤色与皮肤类型也没有对应关系。

皮肤颜色较深的人一方面说明在过去生活中对日光照射发生了较重的黑化反应，可能对紫外线的黑化作用敏感；另一方面，已经变深的皮肤内含有较多的黑素颗粒，可以吸收紫外线以降低其红斑、黑化等。

六、Baumann 皮肤分型

由美国 Baumann 医师建立的一种简单易行的皮肤分类法，通过 4 个部分问答方式评分，累计总分达某一范围则判别是油性或干性皮肤，敏感性或耐受性皮肤，色素性或非色素性皮肤及皱纹性或紧致性皮肤。问卷没有考虑皮肤对日光的反应特性。该方法通过对患者或消费者提问的方式进行判别，尽管比较粗略，但在基层医院及美容院有一定的可操作性。

第三节　皮肤问题与保健

一、健美皮肤的标准

健康皮肤公认的标准是生理功能完备，但美丽皮肤的标准在不同的民族、不同的国家和地区都是不同的：如亚洲人往往把肤色白看作皮肤美的首要标准；而大多数白种人则把细腻光洁作为皮肤美的最重要因素。同一个民族在不同时期对皮肤、形体的审美观也会发生变化，如欧洲曾以苍白为美，现在则流行小麦色、古铜色。

（一）生理功能

皮肤的生理功能必须完整、有效并且互相协调，特别是皮肤对外界刺激的各种神经反射应该很灵敏。

1. 屏障功能

正常皮肤表面皮脂膜的 pH 值为弱酸性，在 4.5～6.5 之间。角质层细胞的致密有序的排列结构与角蛋白、脂质筑成一道天然屏障以抵御外界各种物理、化学和生物性有害因素对皮肤的侵袭。

2. 防晒功能

皮肤角质形成细胞能吸收大量的短波紫外线（180～280nm），而棘层的角质形成细胞和基底层的黑素细胞合成的黑素小体能吸收长波紫外线，以此筑成防晒的屏障。日晒可损伤角质层及干扰角质形成细胞分解形成天然保湿因子，作用于丝蛋白酶刺激胶原合成，增加胶原变性或断裂及表皮细胞分裂。因此，帮助皮肤防晒可延迟皮肤老化及降低皮肤癌发生率。

3. 吸收功能

角质层是皮肤吸收外界物质的主要部位，占皮肤全部吸收能力的90%以上。由于角质层间隙以脂质为主，角质层主要吸收脂溶性物质，因此皮肤科的外用药物和美容化妆品多是乳剂和霜剂。

4. 保湿功能

正常角质层中的3种关键性脂质即神经酰胺、胆固醇和脂肪酸是皮肤保湿及屏障修复所必需的，和天然保湿因子一起使皮肤角质层保持一定的含水量，稳定的水合状态是维持角质层正常生理功能的必需条件。

（二）美学功能

皮肤作为人体最大的器官，它的美观影响人的体表美。健美的皮肤比漂亮的衣着更为美丽，并且任何美容品都达不到真正健康美丽的皮肤所具有的美学效果。

1. 润泽

皮肤的含水量很高，尤其是青年人的皮肤，水分可占到皮肤总质量的70%左右，含水充足的皮肤经光线有规则的反射呈现良好光泽度。正常人皮肤表面能始终保持适度的光滑、润泽，是由于皮肤表面有一层人体皮脂腺分泌的油脂所致的。皮肤角质层的厚薄、角化异常、表面的光滑程度、湿度及有无鳞屑、皮肤代谢和分泌排泄功能都会直接影响皮肤的润泽度。

2. 纹理细腻

皮肤外观主要由皮肤纹理决定。皮肤真皮中的胶原纤维和弹力纤维缠绕在一起在皮肤表面形成的无数细小的皮沟又划分成许多三角形、菱形或多角形的皮丘。皮肤表面上细长、较平行、略隆起的是皮嵴，皮嵴部位有许多凹陷小孔，是汗腺导管开口部位，也称汗孔。在手指及足趾末端曲面皮嵴呈涡纹状，特称为指（趾）纹。皮沟、皮丘与皮嵴构成了反映皮肤光滑和细腻度的皮肤纹理。皮肤细腻是指皮肤皮沟浅而细，皮丘平滑，纹理清晰，毛孔和汗孔细小，触之有柔润光滑的感觉。

皮脂腺和汗腺分泌物能沿其纹路扩展到整个皮肤表面使皮肤变得柔润、富有弹性。这些皮沟与纤维束走向一致，也与皮肤弹性张力方向一致，它们就是潜在皱纹，皱纹也是另一种类型的皮肤纹理，它们随着年龄而进展，根据不同部位肌肉运动及其对环境的暴露程度而呈现不同的特征。任何原因导致的角质层过厚、皮肤病（如鱼鳞病、特应性皮炎）都会使皮肤表现出粗糙、暗淡及无光泽，阳光或其他因素会使真皮纤维发生变性、断裂，引起皮肤纹理加深、粗糙，影响美观。

3. 弹性

皮肤组织是由表皮、真皮和皮下组织组成的复合构造体，其厚度因部位而异。表皮角质层给予皮肤表面的机械强度，对身体外的刺激起到屏障功能；皮脂腺分泌的皮脂膜，防止水分过度蒸发，保持其柔软性；真皮中丰富的胶原纤维、排列整齐的弹力纤维和网状纤维、充填于细胞间的蛋白多糖和结合水比例恰当；厚度适中的皮下脂肪，都使皮肤的力学特征呈现复杂的黏弹性特点，不仅使内脏器官有足够的空间，免受环境外力的破坏，还让皮肤有一定的张力和弹力，防止和延缓皮肤松弛和皱纹出现，紧致、光滑、平整。

饱满充盈富有弹性的皮肤是青春活力的体现，皮肤黏弹性是容貌美丽的重要参数之一，测量皮肤的黏弹性可以评估皮肤老化情况以及评价化妆品抗皮肤衰老的功效。

4. 肤色

人类的肤色根据人种和生活地域的不同而千差万别。不同的人种有不同的肤色，一般分为白色、黄色、黑色、棕色等不同种类；不同个体的肤色还随性别、年龄、部位等不同也有深浅差别。肤色还受皮肤血液循环状态及皮肤表面光线反射影响，老年人的皮肤由于血运较差而呈黄色，不良的生活习惯及精神因素也会影响皮肤颜色，会造成皮肤的暗黄、黑眼圈等。

一般认为，无论是何种人群，只要肤色均匀、没有色斑且色泽自然不暗淡而无疾病的皮肤就应该被认为是健康美丽的皮肤。对中国人而言，“白里透红”是最漂亮的皮肤颜色，但为了追求白皙皮肤而过度去除黑素是不恰当的行为。

5. 清洁度

皮肤看起来洁净细匀，没有污垢、斑点，以及异常突起或凹陷；毛孔较小、看起来不明显，适当的油脂，没有黑头和白头粉刺以及皮肤发红等。

二、影响皮肤健美的因素

皮肤犹如一面镜子，能真实地反映出身体各脏器的健康情况，还能反映出人的精神状态、饮食习惯、生活环境以及季节的变化和岁月的“年轮”。

（一）内源性因素

1. 种族因素

种族不同，皮肤组织结构特点也不一样，表现出不一样的肤色和外观，如果护理不当，还会出现不一样的影响美观的皮肤问题，见表 2-16。

表 2-16　不同种族人的皮肤特点及易出现的问题

种族	皮肤结构特点	容易出现的皮肤问题
白种人	黑色素水平较低、颜色浅；皮肤纹理粗糙	容易晒伤，导致过早老化
黑种人	皮肤汗腺、皮脂腺较发达； 表面角质层增厚；黑色素颜色深、颗粒大，保护皮肤	酸性强，容易脱水和干燥；形成瘢痕、疙瘩等；发炎形成蓝色、紫色斑，色素沉着
黄种人	黑色素介于两者之间；皮肤细腻、弹性好	最容易产生敏感；容易出现色素沉着；受到损伤后容易形成瘢痕、疙瘩

2. 遗传因素

有些健美的肌肤，多来自父母的遗传，特别是皮肤的肌理，遗传性最强。皮肤表面的皮沟、皮丘、毛孔、汗孔的数目与形状是人生下即具有的，都要遗传给下一代。

3. 年龄因素

随着人的年龄和生理现象不断变化，皮肤也随之发生变化，这是属于自然老化不可避免的。年龄越大，改变越显著。新生儿的皮肤薄而娇嫩，表面有层胎脂；青春期的皮肤细腻、柔润而光滑、富于弹性，是最美丽的肌肤；随着年龄增大，皮肤逐渐老化，到老年往往干枯萎缩。

4. 精神因素

熬夜失眠、过度疲劳和紧张、强烈的精神刺激、心理上的压力都可使皮肤失去光泽、加速老化。中医认为，影响皮肤健美的内因有许多，其中以精神因素为首要因素，即人的怒、思、喜、忧、悲、惊、恐这七种感情的改变会引起气在经络中的运行不良，从而刺激五脏六腑，引起容貌欠佳或皮肤疾病。

例如，人在发怒、焦躁、担心、苦恼时，脸色会变得很坏，这就是气在运行时受阻的结果。久而久之，皮肤就会出现皱纹，肝斑等。又如当一个人情绪激动时，会变得面红耳赤，心跳加快，这样对人的心血管系统有很大影响，时间长了会发生循环功能失调，表现在皮肤上就会使皮肤的毛细血管循环不畅，皮肤变得粗糙、干裂，甚至会发生粉刺、肝斑等皮肤病。

5. 内分泌因素

性腺发育时，皮脂腺分泌增强，在体内男性激素增高时，皮肤倾向油性，易发生痤疮及脂溢性皮炎，甲状腺功能低下则皮脂分泌减少，皮肤干而粗糙。孕妇可由于体内激素水平发生一系列变化而易发生皮肤颜色的改变。若某个人正在谈恋爱则其内分泌功能活跃而会显得容光焕发。

6. 营养代谢因素

食物可以为机体提供各种营养素。机体营养代谢的紊乱，可妨碍皮肤的新陈代谢，影响皮肤的健美。脂肪和甜食过多，皮脂分泌可异常；饮食太咸则皮肤干燥而粗糙；食白米、白面过多可影响皮肤细胞功能而易衰老，出现雀斑、黄褐斑；节食不当，失去营养等都会导致皮肤过早衰老，产生皱纹或其他皮肤不正常变化。

7. 机体因素

皮肤的健美与机体的状态有着非常直接的关系。人体五脏六腑健康，皮肤也就润泽健美。内脏功能薄弱可引起皮肤干燥，皮肤功能的衰退亦会影响内脏，故有人称“皮肤为内脏之镜”。

机体的代谢一旦发生紊乱，皮肤就会发生变化，患有慢性及消耗性疾病者的皮肤看上去晦暗。例如，肝脏是人体最大的化工厂，具有储存营养、化解毒素、调整激素平衡的功能，当肝脏功能发生障碍时，皮肤可呈黄色或橘黄色，会出现肝斑、蜘蛛痣、肝掌，还容易发生日光性皮炎、痤疮和皮肤干裂。胃是人体重要的消化器官，当胃酸分泌减少时，皮肤的酸度降低，油脂分泌增强，颜面皮肤趋向油性；当胃肠功能减弱时，机体缺乏营养、缺乏津液，皮肤干燥无光泽。另外还有肺心病病人由于缺氧，面部和口唇黏膜常呈紫黑色；风心病病人两颊发红呈典型的二尖瓣面容；有血液性疾病或心血管疾病者的皮肤或苍白、或紫红、或有出血点或瘀斑等，有内分泌疾病者的皮肤可有色素弥漫性沉着或色斑。

（二）外源性因素

1. 环境因素

人的皮肤除了自身老化以外，加速它老化的一个重要因素就是客观环境，如温度、湿度、阳光、尘埃、气候变化，等等。

无论是物理的、化学的，还是机械性的损害，都会影响皮肤的色泽及光泽度。如紫外线照射可导致皮肤变黑，过量的紫外线可损伤皮肤的弹力纤维，使皮肤发生不可逆转的损伤，常易老化和变得粗糙，导致色素沉着、老年疣和皮癌；风可摧毁皮肤的表皮、真皮，导致皮肤失水、干燥；过冷可致皮肤冻伤；过热则可发生皮肤酌伤；气候干燥、空调等也可使皮肤干燥。

强酸、强碱易损伤皮肤，许多有机物，如染料、机油、塑料、油漆和化妆品等都可引起皮炎。沥青、煤焦油能使皮肤色泽加深。吸烟亦可加速皮肤老化的过程，也是许多皮肤病发生的诱因或者同盟因素，同时还会影响指甲的外观和形状等。皮肤疤痕可使肤色发青；病毒可引起疱疹、疣等皮肤病变；真菌可致手足癣、体癣；细菌感染可发生化脓性皮肤病。

2. 生活因素

生活因素包括的内容很多，如起居环境、生活习惯等。生活习惯又有很多内容，如睡眠习惯、饮食习惯、锻炼习惯等。比如突然减肥过度，皮肤失去大量水分而变得干燥，产生皱纹；暴食暴饮、偏食而造成营养失调，常致皮色苍白，失去润泽；吸烟和饮酒过度会加速皮肤老化。

每个人都有自身的生物钟即生物规律，这种生物节律支配着人体的各种机能活动。如果按照这个规律去做，一切都会顺畅自然，如果违背了这个规律，就会出毛病。所以每个人最好都要按照自己的生物节律办事，不要轻易打破这个规律，这既是身体健康的需要，也是皮肤健美的需要。

3. 美容及化妆因素

日常皮肤护理方法不当会引起皮肤损害：如过多的按摩，乱按摩或者手法逆着面部肌肉的方向等都属按摩不当，会增加皮肤皱纹；如过度“去死皮”、“换肤”、“化学剥脱”或频繁使用碱性洗涤用品等，角质层变薄或改变皮肤弱酸性的环境都会削弱皮肤屏障功能，使皮肤不能阻挡外界不良因素的侵害，容易产生敏感及色素异常、红血丝、毛细血管扩张性红斑、色素沉着及皮肤老化，甚至引起皮肤疾病。

长期使用伪劣化妆品或不正确使用化妆品均可导致皮肤耐受性降低，易受刺激而产生皮炎。常见的化妆品使用不当有如下情况。

① 经常浓妆，涂搽脂粉过多，面颊会呈现褐红色；化妆品涂得过厚过多，妨

碍汗腺、皮脂腺的分泌、排泄，而引起疖、疹及痱子等出现。

② 滥用化妆品，比如油性皮肤使用油质性重化妆品而引起脂溢性皮炎。

③ 乱用营养性护肤品，比如青春期少女使用营养性护肤品而致营养过剩，使皮肤变得粗糙、浮肿等。

4. 口服药物因素

四环素内服过多可使面色发青；常口服避孕药可引起面部黄褐斑；某些药物，如磺胺类药、退热止痛剂、水杨酸类等，常可引起皮肤过敏。

三、常见损容性皮肤

健康的皮肤柔润光滑，有良好的弹性，表面呈弱酸性反应，显示出皮肤的健康肤色。基于各种内外在因素的影响，面部皮肤会出现一系列的问题，如色斑（黄褐斑、雀斑）、黑眼圈、皱纹、皮肤松弛下垂、弹性降低、不饱满、干燥起皮、痤疮、酒渣鼻、轻度脂溢性皮炎、白癜风、湿疹、扁平疣、疤（痕）等。具体表现因皮肤不同而存在差异，但外观上总不外有凹凸不平、颜色斑驳不一的特点，甚至自感灼热、疼痛、发痒等。

皮肤问题常伴有一系列的自觉症状和他觉症状。自觉症状是指顾客主观感觉到的症状，主要包括痒、痛、灼热等感觉。他觉症状是指能看到或摸到的皮肤或黏膜损害，通称为皮疹或皮损。皮疹可分为原发疹（第一级损害）和继发疹（第二级损害）。原发疹即损害初发时的皮损；继发疹则是由原发疹演变而来的损害。只有对问题性皮肤判断正确，才能进行针对性的治疗和采取预防措施。

因为影响容貌，这些问题性皮肤在美容行业常被称为损容性皮肤。皮肤上发生损容性病变不一定就是皮肤病，很多时候是其他疾病的皮肤反应。

（一）干燥型皮肤

干性皮肤可分为干性缺水和干性缺油两种，最明显的特征是皮肤干燥、缺少光泽，伴随有毛孔细小而不明显，并容易产生细小皱纹，毛细血管表浅，易破裂。

1. 生理性皮肤干燥

干性皮肤含有较低的皮肤脂质，清洗后通常感觉紧绷和不舒服，皮肤如果在遇水后有撕裂和刺痛感，则是极其干燥和缺水的表现。生理性皮肤干燥除了与遗传有关外，还与年龄、性别等有很大关系。

幼儿及儿童的皮肤由于皮脂腺、汗腺发育不完全，皮肤较薄，脂质含量较少；老年人由于皮脂腺、汗腺逐渐萎缩，新陈代谢减弱，脂质生成减少，角质形成细胞增殖减弱，TEWL 较高，皮肤容易干燥、脱屑；女性皮脂分泌量少于男性，皮肤易干燥。

在寒风烈日、空气干燥的环境和持续在空调环境工作，皮肤缺水的情况会更加严重。这种皮肤经不起风吹日晒，时间一长会发红和起皮屑。在寒冷干燥的气候中，角质层在皮肤表面呈粉屑状，易生皲裂。

2. 皮肤疾病导致的干燥性皮肤

特应性皮炎会引起皮肤干燥，这种与特应性皮炎相关的皮肤干燥被称之为特应性干燥症。科学研究证实特应性皮炎患者角质层的脂肪酸的质和量都出现异常。因此开发以3种生理性脂质即神经酰胺、胆固醇和脂肪酸按比例配伍的优良保湿品更能从病因上根本性纠正相应皮肤疾病，如特应性皮炎、鱼鳞病，的生化异常。非生理性脂质（如羊毛脂、凡士林）能短暂修复皮肤屏障功能，但不能纠正特殊的异常。

很多皮肤病，如银屑病、痤疮、湿疹、鱼鳞病等，有的病因就是患者自身皮肤表皮角化不全、屏障功能受损，有的是因为长期使用激素、刺激性药物治疗，加剧了皮肤屏障功能的破坏，最终会导致皮肤更加干燥、脱屑。

（二）油性皮肤

油性皮肤表面看上去很油光、毛孔粗大、角质层厚，这是由于皮脂腺肥大油脂分泌旺盛所致的。过多分泌的皮脂容易淤积、堵塞在毛囊导管内不能顺利排出，导致导管口过度角化形成粉刺，这样的皮肤又称暗疮皮肤。它具有普遍油性皮肤的特征，容易发生皮脂溢出性皮肤病，如遭受痤疮丙酸杆菌、葡萄球菌及糠秕孢子菌侵扰易患痤疮，表现为丘疹、结节、囊肿等；如感染马拉色菌，则易患脂溢性皮炎；如伴有面部血管运动神经失调，血管长期扩张，易患酒渣鼻。

过度使用控油类产品或长期使用含有皮肤刺激的药物，如过氧化苯甲酰或维甲酸，可导致皮肤屏障功能的损害，经皮失水增加，皮肤缺水变得干燥，对日光和外界刺激的耐受性降低。

1. 痤疮

痤疮是多种因素综合作用所致的毛囊皮脂腺疾病，自觉症状一般不明显，但炎症显著时可有疼痛和触痛感，是最常见的影响面容美观的皮肤问题之一。流行病学调查显示，西方80%的青少年面部有痤疮，我国南方44.5%的青少年患有痤疮，少部分成年人依然受到痤疮的困扰。

(1) 痤疮形成的原因　痤疮形成很少由单独一种原因引起，往往多种因素相互关联，反复交互作用。有些人属于青春期生理发育现象，与性激素的异常分泌有关，随着年龄的增长可以消退；男性普遍较女性皮脂腺分泌旺盛，油性皮肤比率高，毛孔粗大发生率高，更易患痤疮、脂溢性皮炎等与皮脂腺分泌相关的皮肤疾病；有些人的痤疮比较顽固，长期存在，与患者的整体因素有关，甚至可以发现痤疮杆菌引起局部感染，有时还可以合并其他化脓性细菌的感染。一旦痤疮的病理机制出现，痤疮发展的严重程度变化很大，建议患者应首先到医院由皮肤科医生来诊治，只有经过正确的诊断才能取得最好的治疗效果，可以在几个月或者几年中彻底治愈痤疮。

(2) 痤疮的类型与表现

① 痤疮发病初期表现：大量皮脂分泌导致皮肤油腻、毛孔变粗。

② 皮疹性痤疮：皮脂不能顺利排出，最早损害是在皮脂腺中淤积形成多形性

粉刺，有白头和黑头。

白头粉刺也称闭合性粉刺，堵塞时间短，为灰白色小丘疹，毛囊口不易见到，表面无黑点，挤压出来的是白色或微黄色的脂肪颗粒。

黑头粉刺也称开放性粉刺，主要由角蛋白和类脂质形成毛囊性脂栓，其表面脂肪酸经空气氧化和外界灰尘混杂而成黑色，难以洗掉但可以挤出，挤压后可见有黑头的黄白色脂栓排出。

皮疹在发展过程中，粉刺可演变为炎性丘疹、脓疱、结节、囊肿等，炎症深者愈后遗留瘢痕，甚至形成瘢痕疙瘩，有的会出现色斑。

③ 炎性痤疮：致病菌（痤疮丙酸杆菌）繁殖和真皮内皮脂的流动会吸引白细胞并引发炎症反应，出现红点、丘疹而后形成脓疱。

④ 囊肿性痤疮：皮脂腺扩张和炎症导致脓性结节。

2. 酒渣鼻

酒渣鼻的真正原因还不明确，与人的内分泌生理状况和局部皮肤组织特点有关。早期表现在鼻尖部、鼻翼部及其周围的皮肤发红、小血管扩张，逐渐出现局部红色丘疹，甚至出现小脓点，时间久可进展到鼻赘期，出现局部皮肤粗糙不平、鼻翼肥大伴有局部发红，影响外观。有些女性患者的症状与月经周期有关。

酒渣鼻常用的治疗方法有以下三类：外科疗法、物理疗法及药物疗法。外科疗法又分为皮肤磨削术、切割术。物理疗法可采用激光、光子及冷冻治疗三种手段治疗酒渣鼻。在药物疗法中，内服甲硝唑等药物及外用维A酸、复方硫黄洗剂等药物均可以在一定程度上对纠正酒渣鼻性红斑及毛细血管扩张、减少皮脂分泌、维持上皮组织正常角化过程有效，但具有一定的局限性。酒渣鼻的治疗可针对不同时期，进行不同方法的联合治疗，才可达到更好的疗效。

3. 脂溢性皮炎

脂溢性皮炎在青年人中比较常见，好发生在皮脂腺分布密集的部位，如头皮、面部、腋部、前胸等部位。这种皮炎是由于皮脂腺分泌大量脂性物质引起局部炎症，与痤疮的病因和表现不同。发生在头面部者，出现大小不等的红斑，界限清楚，可互相融合呈片状，红斑上可见到多的油脂性鳞屑或干屑，明显瘙痒，严重时可出现渗液、糜烂等。此病反复发作，时轻时重，不易根除。

（三）色素障碍性皮肤

1. 色素缺失

白癜风是一种皮肤色素脱失性疾病，目前确切病因还不清楚，但普遍认为可能是在综合因素的作用下，人体局部皮肤组织中的黑素细胞功能异常，黑素细胞减少或消失，使黑素代谢受到障碍所致的。由于上述情况，人的皮肤出现脱色现象，造成片状白斑，影响美观，这给患者带来了很大心理负担。

白化病人的黑素细胞数目及形态正常，但由于先天性缺陷导致酪氨酸和酪氨酸酶缺乏，体内不能合成黑色素，因而对紫外线照射无黑化反应。

2. 色素增加性皮肤病

因多种内外因素影响所致，皮肤局部区域内黑色素增多而使皮肤上出现的黑色、黄褐色等小斑点，称为色斑，也有蓝色、灰色等，一般可以分为：黄褐斑、雀斑、晒斑、老年斑以及中毒性黑皮病等。

色素沉着的原因有多种，临床各科多种疾病可影响皮肤对紫外线照射的黑化反应，几乎是一种常见的体征，病人自己是很难加以鉴别的，并且不同病因的色素沉着在治疗上有很大差异，需请有经验的医师进行诊治。

黑变病是以皮肤色素代谢障碍为基础的疾病，多发于面部，特别是颊部、耳前后，呈网状，时而有分散状、小点状斑，有时为带紫色的赤褐色或巧克力色的一种界限不鲜明的色素沉积症。大多数女子面部黑变病多见于中年妇女由化妆品引起，但也有一部分人是因为其他非化妆品因素引起的。雀斑、老年斑以及黄褐斑等，是临床上较常见的色素性病变。

（1）黄褐斑　黄褐斑为淡褐色至深褐色形状不规则的色素沉着斑片，边界清楚，表面光滑无鳞屑，又称“蝴蝶斑”、“妊娠斑”、“肝斑”，常对称分布在鼻背及两侧或两面颊部，多见于中年女性。一般夏季颜色重，冬季颜色轻，次年春季时开始加重，也可自行消退。

① 产生原因　目前认为本病可能与妊娠、口服避孕药、内分泌、药物、化妆品、遗传、营养不良、维生素或微量元素缺乏及长期精神紧张或压抑等因素有关。

某些化妆品中含有重金属，如铅、汞等，可致巯基减少，酪氨酸酶活性增高，多巴胺生成增多，黑素合成增加。日晒是引起黄褐斑的一个重要因素，紫外线能激活酪氨酸酶活性，使照射部位黑素细胞活跃，使黑素生成增加。应注意治疗黄褐斑的同时还需要防晒。

此外，某些慢性病，特别是妇科疾病（如月经失调、痛经、子宫附件炎、不孕症等以及乳房小叶增生）、肝病、慢性乙醇中毒、甲状腺疾病（尤其是甲亢及甲状腺切除综合征）、结核、内脏肿瘤等患者中也常发生本病，可能与卵巢、垂体、甲状腺等内分泌有关。

② 形成机制　黄褐斑患者皮肤大多屏障不健全，容易水分流失、较干燥；局部皮肤自身结构薄弱，使细胞的更新速度放慢，色素由表皮脱落减低；血液循换障碍，导致黑色素不能及时被清除；易受紫外线伤害，引起黑色素生成增加，易沉积于角质层；其他病理因素造成黑色素反应异常等。

③ 治疗与预防　积极治疗全身慢性疾病，避免使用能引起或加重黄褐斑的药物，使用维生素类药物；局部使用脱色剂及抑制黑素形成的药物。平时注意从饮食、防晒、合理使用化妆品、保养等方面积极预防。

（2）雀斑　雀斑是相当常见的一种色素沉着皮肤病，为直径数毫米的淡褐色色素斑，多发生于面部中心部，常左右对称分布。本病在儿童期开始发病，随年龄增长而数目增加，颜色加深，受到日光照射后也可以加深颜色。

雀斑的病因尚未完全搞清，一般认为雀斑的形成是由遗传和环境因素两者共同决定的。雀斑是有遗传性的，为常染色体显性遗传，具有家族性。无完全治愈方法，30 岁后会自行淡化。

尽量避免长时间日晒，尤其在夏季。平时注意饮食和使用保湿、防晒或者祛斑产品。

(3) 黑眼圈　形成黑眼圈原因不是很明确，但目前认为与以下因素有关。

① 眼睛周围的皮肤较薄，皮下血管颜色容易透出。当人们睡眠不足、疲劳过度时，当女性内分泌紊乱、月经不调时，容易导致眼圈淤血，滞留下黯黑的阴影。

② 黑色素过度沉积造成。由于眼周围皮下组织血液循环无力以及代谢产物局部蓄积，皮肤易发生色素沉着，并极易显露在上、下眼睑上，出现一层黑圈。

黑眼圈形成后应对症下药，请教医生，找出病因，及时治疗；要保持精神愉快，减少精神负担；生活有规律，节制烟酒，保障充足的睡眠，促使气血旺盛，容颜焕发；注意从饮食中吸取营养，有研究指出利用维生素 K 加上维生素 A 可达到 93%疗效。

(4) 眼袋　眼袋的形成是由综合因素造成的。遗传是重要的因素，而且随着年龄的增长愈加明显；再加上自然老化及地球吸引力使得下睑的皮肤松弛，局部的脂肪沉积，就会形成眼袋。此外，肾脏疾病、怀孕、睡眠不足或熬夜、疲劳等都会造成眼睑部位体液淤积形成眼袋。

完全避免眼袋的发生，是不现实也是不可能的，因为衰老是自然规律，但只要稍加注意，延缓眼袋的出现及加重是完全有可能的。

良好的睡眠可明显改善眼睑组织的血液循环，可使眼周各层组织保持良好的活力，从而有效地防止眼袋的发生与加重；另外，均衡的营养摄入、保健按摩、优质的营养霜类都是防止眼袋的有效方法。

已形成的眼袋可用一些美容修饰品掩盖淡化，或者适当应用营养霜类化妆品，改善局部血液循环，防止眼袋进一步加重。但如果眼袋是由于组织结构的病理性改变所造成的，只有通过美容外科手术来加以矫治。

(5) 色斑性皮肤注意事项　色素沉着主要在于预防，其次是正确处理：

① 避免接触有害化学品，做好职业病预防及劳动保护工作；

② 对已形成的色素应避免局部刺激，包括搔抓、摩擦等；

③ 积极治疗原发疾病，随着原发疾病的病情改善，色素会有所减退；

④ 目前尚无理想药物治疗色素沉着，因此需强调避免滥用药物，以防“雪上加霜”，停止使用一切可疑的引起色素沉着的内服药和外用药；

⑤ 建议良好的皮肤保养（皮肤清洁、保湿、修复皮肤屏障功能），恢复皮肤正常色泽；

⑥ 护肤完毕后，可在色斑皮损处适当使用一些美白祛斑类护肤品来淡化、修饰色斑，且在使用美白剂时，白天一定要配合适宜的防晒剂（SPF＞30、PA＋＋＋）。

（四）过敏性皮肤

1．皮肤过敏≠敏感性皮肤

皮肤过敏是人体的一种皮肤变态反应，表现为皮肤干燥或脱屑、红斑、丘疹、毛细血管扩张甚至肿胀、水疱、渗液及结痂等临床客观体征，并伴有瘙痒、刺痛、灼热、紧绷等主观症状。如果处理不当，会使皮肤的过敏反应加重，甚至转化为疾病状态，即为过敏性皮肤病。皮肤过敏反应个体差异大，临床上很难确定其症状的强度，严重的人，任何化妆品都会加重不适症状，特别是对洗涤用品反应更强烈，大多在几分钟内突然发作，但也可发生在使用化妆品数小时之后。

敏感性皮肤与“皮肤过敏”是两个不同的概念，见表2-17。

表2-17 “皮肤过敏”与“敏感性皮肤”的区别

项目	皮肤过敏	敏感性皮肤
表现	指皮肤受到各种过敏原刺激后产生的红斑、丘疹、风团等临床客观体征	对外界刺激物耐受性降低的一种皮肤类型，出现一系列异常感觉反应，大多缺乏客观体征，容易出现红、肿、热、痛、瘙痒等过敏症状
概念	皮肤病的一种症状	高度敏感的皮肤状态
原因	常见的过敏原有食物、季节、植物、药物、化学品、生活压力、遗传等	主要跟遗传及体质有关；与保养不当、滥用化妆品、太阳暴晒、风沙吹打、换肤、皮肤疾病等因素有关
产生机制	变应原进入机体后，促使人体自身肥大细胞等免疫系统产生的变态反应	神经传导功能增强；皮肤屏障功能下降；不伴有免疫或过敏机制
刺激源	仅那些致过敏的物质（变应原）	原发刺激反应，物质缺乏特异性

2．特应性皮炎

特应性皮炎是一种与遗传过敏体质有关的慢性炎症性皮肤病，表现为多形性皮损、有渗出倾向并瘙痒，常伴发哮喘、花粉过敏、过敏性鼻炎。由于特应性皮炎患者先天缺乏神经酰胺合成酶，神经酰胺含量降低；表皮其他脂质，如磷脂或固醇酯也相对减少，使皮肤屏障功能不健全，TEWL增加，保水功能降低；同时，婴幼儿皮脂腺、汗腺功能发育不健全。因此，皮肤干燥、脱屑、瘙痒成为本病的主要症状。

特应性皮炎对健康没有大危害，但剧痒难忍，有时伴有合并症或感染，会使皮疹泛发全身并且更严重。缓解皮肤干燥、脱屑及瘙痒是本病的首要治疗方法，在使用抗组胺等药物治疗的同时，为皮肤补充一定的脂质、水分，可以恢复受损皮肤屏障，起到预防及辅助治疗作用。

3．湿疹

湿疹往往是由多种复杂的内、外因素共同引起的一种具有明显渗出倾向的过敏性皮肤炎症，任何年龄、任何性别、任何部位均可发生，与机体的过敏体质、精神因素等有关。这种过敏性损伤可由化妆品引起，也可能出现在没有接触化妆品或过敏物质的身体的任何部位，属于全身性的过敏性疾病。

（1）症状　湿疹的主要症状是皮肤出现红斑、丘疹、水疱等，可有剧烈的瘙痒，搔破后局部渗液、糜烂，也可感染化脓，常可反复发作。由于变态反应引起组胺释放，再加上一些炎性细胞因子的作用，使湿疹临床表现多样化，常分为急性湿疹、亚急性湿疹、慢性湿疹。

（2）治疗

① 全身治疗、寻找及去除病因，避免各种刺激因素；酌情选用抗组胺药物、钙剂、硫代硫酸钠等，必要时选用皮质类固醇激素口服或注射。

② 局部治疗，根据皮损情况选用适当剂型的药物。

③ 恢复皮肤屏障及使用具有抗敏抗炎作用的护肤品以缓解皮肤干燥、瘙痒，是湿疹治疗的基础。

各阶段湿疹临床表现与治疗对策见表 2-18。

表 2-18　各阶段湿疹临床表现与治疗对策

项目	急性期	亚急性	慢性期
临床表现	细胞间及细胞内水肿，浅层有炎性细胞浸润，出现红斑、丘疹，有时伴水疱、糜烂、渗出、剧烈瘙痒	基底层细胞开始修复创面，角质形成细胞增殖、分化，表现为表皮角化不全，皮肤变得干燥、脱屑	角质形成细胞增生更明显，角化过度，皮肤肥厚、苔藓样变和皲裂，更加干燥、脱屑，皮肤屏障功能破坏，干燥、瘙痒
病程	若处理得当，炎症减轻，出现脱屑，皮疹可在 2～3 周内消退；如处理不当，病程延长，易发展成为亚急性和慢性湿疹	迁延不愈，可迁延数月或数年	
治疗对策	以收敛、减少渗出、控制炎症为主	以控制炎症、恢复皮肤屏障为主	

4. 其他过敏性皮肤病

常见过敏性皮肤病还有荨麻疹，发病的部位不固定，一般起病快，消失也快，也称为“风团”，局部或全身不固定出现大片融合的皮疹，皮肤瘙痒明显。

口周红斑或口周皮炎也是一种过敏性皮肤病，侵犯部位主要是“口罩区”，即口周、颏部及鼻侧，表现为口周的皮肤明显发红，与面部正常皮肤界限分明，难以完全消退，有时出现丘疹、丘疱疹。当口周皮肤沾上食物的液汁、牙膏或化妆品时，患者症状加重。这种病也被称为“口周酒渣鼻”，可长期存在，时轻时重，影响人的面容美观。

（五）光敏感皮炎

1. 皮肤光敏感

皮肤晒伤、晒黑以及光老化等均是皮肤对紫外线照射的正常反应，一定条件下几乎所有个体均可发生。而皮肤光敏感则属于皮肤对紫外辐照的异常反应，它只发生在一小部分人群，其特点是在光感性物质的介导下，皮肤对紫外线的耐受性降低或感受性增高，从而引发皮肤光毒反应或光变态反应，并导致一系列相关的疾病。

(1) 光毒反应　光毒反应指光感性物质吸收适当波长光线的能量后，通过一系列光化学反应直接造成皮肤损伤。在足够剂量的光感性物质和适当的光线照射条件下，光毒反应可发生在任何个体，其致病过程中不需要免疫机制的参与。从发生机制上看来，光毒反应是一种皮肤毒性刺激。

光毒反应的临床表现主要为皮肤红斑，并伴有烧灼、刺痛及疹痒等症状，可发生不同程度的水肿甚至出现水疙，愈后可遗留色素沉着。多种因素可影响皮肤光毒反应的发生，如辐照光线的波长、剂量、光感性物质的剂量、性质、接触皮肤时的透皮吸收情况、口服吸收时光感物质的代谢情况等。

(2) 光变态反应　光变态反应是指在光线的介导下，由光感性物质引起的变态反应。当首次接触光感性物质和日光辐射后，不像光毒反应那样机体立刻发生皮肤炎症反应，而是存在潜伏期，随着接触次数的增加，发生反应的时间会越来越短，炎症反应的强度也会增强。

临床上区分光毒反应和光变态反应有时比较困难，因为有些患者可能起初为光毒反应，经多次发病以后转变为光变态反应，甚至两种类型的反应同时存在。

(3) 引起皮肤光敏感的物质及其来源　引起皮肤光敏感的物质即光感性物质。随着化学工业的发展，人们在日常生活中接触的光感性物质越来越多，包括化妆品、清洁及洗涤用品、生活用品、某些植物、香料及染料等，还有饮食、药物等。

2. 光敏感性皮肤病

光敏感性皮肤病主要包括日光性皮炎、慢性光化性皮炎。

(1) 日光性皮炎　日光性皮炎有两种情况，一是光毒性皮炎，二是光敏性皮炎。光毒性皮炎是指日光照射到皮肤上，对皮肤直接产生热性损伤；光敏性皮炎是指皮肤在日光的照射下发生过敏反应，出现免疫病变。人体对日光的耐受性取决于皮肤中黑色素的数量、遗传因素。

日光性皮炎多发于春夏季，常在日光照射后几小时或几天后发生，该类皮肤病好发于皮肤的暴露部位，对紫外线敏感，在日光的照射下，首先表现为发红、红肿，如果照射后反应加重，还可出现丘疹、丘疱疹、水疱等湿疹样多形性损害。当红肿消退后，皮肤屏障受损，皮肤出现干燥、脱屑，伴瘙痒、黑化。

(2) 慢性光化性皮炎　是一种慢性、持续出现于曝光和非曝光部位的持久性光过敏性疾病。一般初次发作在夏季，但慢慢地四季均可发病。

(六) 脂肪粒

医学上又称粟丘疹，是针尖到粟粒大小的颗粒状白色或黄色硬化脂肪，表面光滑，呈小片状，孤立存在互不融合，容易发生在较干燥、易阻塞或代谢不良的部位，如眼睑、面颊及额部。化妆品使用不良有可能影响脂肪粒的数量和大小。

四、皮肤的护理与保健

常见皮肤问题大多与外界因素有关，如气候炎热、潮湿、环境卫生等，皮肤护理与保健主要以皮肤生理特点为基础，采取相应措施，通过保护皮肤免受外界损害、预防和防止皮肤病的发生以及改善修复及调整皮肤的结构与功能达到使皮肤健美、提高人们生活质量的目的。

（一）皮肤的美容与护理

问题性皮肤的发生大多与外界因素有关，如气候炎热、潮湿、环境卫生等，因此做好皮肤的日常护理是预防及改善皮肤问题行之有效的措施。

1. 清洁

及时清除皮肤表面积聚的汗液、皮脂、灰尘、残妆、微生物等污物，使汗孔、毛孔保持通畅，病原微生物会因缺乏寄生条件而很难生长繁殖，从而减少皮肤病发生。否则污垢会堵塞肝腺、皮肤腺，妨碍皮肤正常代谢，同时污垢在空气中氧化产生臭味。

洗脸时以温水为宜，水温过热，皮肤变得松弛，容易出现皱纹；水温过冷，洗不干净，使血管收缩，皮肤变干燥。

2. 防晒

适度进行日光浴能促进皮肤的新陈代谢，生成黑色素防止日光的过分照射，同时能使脱氢胆固醇变换为维生素 D。但日光促进了皮肤老化，长时间的照射易引发皮肤癌。因而在户外活动时，宜选用防晒性化妆品或防晒性药物，加以保护皮肤免受紫外线损伤。

3. 生活美容与预防性皮肤护理

生活美容就是在科学美容理论的指导下，运用专业的美容仪器及清洁、保湿、防晒等美容护肤品，运用按摩、水疗等非侵入性美容手段，定期对人的肌肤进行的保养与护理，像每周做一次面部皮肤全面护理，3～5d 做一次清洁性面膜等，面部皮肤护理又叫脸部保养。

这种利用深层清洁、去角质、按摩等护理方法来维护皮肤的健康状态的护理也叫预防性皮肤护理。正确的护理有助于维持和改善皮肤表面的含水状态，使其在结构、形态和功能上保持良好的健康状态，有助于延缓皮肤衰老，见表 2-19。

表 2-19　面部皮肤护理的作用

作用	详细说明
清洁	深层清洁能有效清除老化角质，有助于保持毛孔通畅而减少痤疮的形成
预防	预防痤疮形成，减缓皮肤提前老化的过程，从而保持皮肤健康、年轻
改善	有助于改善皮肤不良状况，如增加光泽、淡化色斑、收敛毛孔、减少细纹从而保持皮肤健康、美丽
减压	正确的按摩手法、舒适的环境、轻松的音乐，有助于神经、肌肉的放松，舒缓压力
心理	改善皮肤不良状况的同时，使人精神焕发，并增强被护理者的自信心

生活美容可以去社区里面的美容院进行，也可以自己在家进行，如平时多注意各类护肤品的使用方法以及各种护肤手段和方法。搽用化妆品前，宜用温湿毛巾在皮肤上敷片刻，这样能补充一部分水分，同时起到柔软角质层，促进皮肤吸收的功效。在搽用化妆品时，还可采用自我按摩方法，以增强局部血液循环，强健肌肤，延缓衰老。

4. 医学美容与改善性皮肤护理

医学美容是指运用手术、药物、医疗器械和其他侵入性医学手段，对人的容貌和人体各部位形态进行维护、修复和再塑，以永久性解决面部色斑、痤疮、皱纹、敏感等各类常皮肤问题。我们也把利用相关美容仪器、疗效性护肤品对问题皮肤进行特殊的处理和保养达到改善皮肤状况效果的护理称为改善性皮肤护理。

（二）良好生活习惯

要想保持健康且不易衰老的皮肤，就需要从小做起，保护皮肤不受伤害，预防各种皮肤病，还要以健全的体魄、科学的饮食、充足的睡眠、健康的心理、规律的生活等因素作保证，这也是十分必要的。

1. 保护皮肤、防止损伤

积极治疗身体内部各种疾病，对皮肤健康有益。早期及时治疗各种皮肤病，尤其是影响美容的皮肤病，以免到疾病后期，产生瘢痕或色素沉着。

尽量选择合适的衣着，不但美化人体，还可御寒保暖、防止或减轻紫外线及机械性刺激等多种致病因素对皮肤的损伤。特别强调的是尽量不要搔抓皮肤，指甲会破坏角质层完整性，指甲下所藏的各种病原微生物就可以长驱直入到棘细胞层或真皮，引起各种疾病。

有过敏体质的人，应避免接触各种可疑性致敏原，同时应避免无防护性的直接接触有传染性皮肤病的患者。尤其是小儿应注意不与患有皮肤病的动物，如猫、狗、小鸟等一起玩。这样可以切断传染性皮肤病的传染途径，防止损伤皮肤。

2. 科学饮食

科学已经证明皮肤的健美与膳食中各种营养物质的摄取密切相关，尤其是许多微量元素具有高度的生理活性，能调节身体动态平衡，对维护皮肤和毛发的健康具有很多益处。常见营养物和微量元素的美容作用与缺乏症见表2-20。

表2-20 营养物质和微量元素的护肤功能

物质	护肤作用	缺乏后对应症状
蛋白质	细胞的主要成分，也可以认为是生命的起源；它构成各种核酸、抗体、某些激素；能促进机体生长发育，供给能量补充代谢的消耗，维持毛细血管正常渗透压	影响生长发育，皮肤苍白、干燥、老化、无光泽，还可出现营养不良性水肿
脂类	供给机体热能和必要的脂肪酸，帮助脂溶性维生素的吸收，使皮肤富有弹性	易患脂溶性维生素缺乏症，皮肤失去弹性

续表

物质	护肤作用	缺乏后对应症状
糖类	给人体供应足够的能量；帮助脂肪在体内燃烧，帮助构成机体本身的蛋白质在体内的合成	生长发育迟缓，易疲倦，面色无华
维生素A	保护皮肤和黏膜的作用，有助于骨骼和牙齿的发育；是维护夜间视力的必需物质	毛囊中角蛋白栓塞，致使皮肤表面干燥、粗糙，甚至出现皱裂
维生素B_1	参与糖代谢，是丙酮酸氧化脱羧酶的辅酶组成，对胆碱酸酶有抑制作用，可维护正常的消化功能	引起脚气病、食欲不振、消化不良等
维生素B_2	构成辅酶成分，促进细胞内生物氧化的进行，参与糖、蛋白质和脂肪代谢	引起口唇炎、舌炎、口角溃疡、面部痤疮等疾病
维生素B_6	与氨基酸代谢有密切关系，能促进氨基酸的吸收和蛋白质的生成，为细胞生长所必要，并能影响组织内氨基丁酸和5-羟色胺的合成	可引起周围神经炎和皮炎
维生素B_{12}	红细胞的形成和健康组织所必需	可引起恶性贫血，手、足部色素沉着等
维生素C	构成细胞间质的必要成分，在体内代谢中发挥递氢、解毒、催化等作用	引起皮肤干燥、粗糙，皮下出血，牙龈出血及痤疮等
维生素D	具有调节钙、磷代谢的作用，促进钙的吸收，对骨组织中的沉钙、成骨有直接促进作用	可引起佝偻病
维生素E	具有抗氧化、促进新陈代谢、改善皮肤血液循环、维持毛细血管正常通透性、防止皮肤老化和衰老的作用	可引起皮肤粗糙、老化
锌	参与体内各种酶的合成，维持皮肤黏膜的弹性、韧性、致密度和使其细嫩滑润，促使皮肤伤口愈合	皮肤伤口愈合减慢，产生皮炎、面部痤疮，易使皮肤化脓
铁	促使皮肤角质正常脱落，还是血红蛋白的基本成分、构成血液的重要成分，帮助输送氧气和二氧化碳	引起贫血、皮肤苍白、干燥、嘴角裂口等症状，还会引起皮肤角质不正常脱落，从而导致皮屑症
铜	促使黑色素正常新陈代谢，促进胶原合成、伤口愈合，有效抚平皱纹	黑色素生成障碍，毛发脱色
硒	帮助双硫键合成，促使毛发再生；还可有效地降低头皮脂溢出	使毛发角化不全，导致脱发
钼	对雄激素有抑制作用	导致脱发
锰	保证皮脂代谢的正常进行，帮助微循环防止皮肤干燥，且增强人体抗皮肤炎的功能	造成微循环障碍，影响毛发生长的营养供给，从而引起脱发
水	是人体的重要成分，占人体质量的75%，在人体内起着溶剂的作用和运输养料、排泄废物、调节体温的作用，是人体必需的物质	皮肤干燥、粗糙、屏障功能障碍，甚至皲裂、脱屑，患皮肤病
无机盐	参与人体神经、肌肉活动	血液中过多过少都会引起肌肉松弛

要使皮肤健美、延缓衰老，科学饮食至关重要。不仅要吃的好，吃的全面，还要粗细均匀，荤素搭配，酸碱平衡，比如要经常食用维生素类食品，如牛奶、蔬菜、水果等，少食肉类，避免多食食盐和辛辣等刺激性食品等。

3. 适当锻炼

运动不足的女性，皮肤经常显得苍白、肿胀，这是由于皮肤的新陈代谢降低造成的，因此，要选择适合自己身体条件的文体活动，如爬山、游泳或经常参加美容保健体操等。

4. 充足睡眠

一般而言，从晚上10点到凌晨2点是皮肤新陈代谢最活跃的时刻，只有利用这段时间对皮肤进行呵护，我们才会有“好脸色”看。充足睡眠可以保证皮肤微循环畅通，消除身体疲劳，有益皮肤健康。为了健美皮肤，需养成早睡早起、生活有序的良好生活习惯。

5. 健康心理

不断有科学研究证实，任何时候身体、心神疲劳都是皮肤健美的大敌。因此，提倡心理卫生保健、预防心理疾病，对皮肤保健也是很重要的。

（三）正确使用医学护肤品

化妆品在问题皮肤中的辅助治疗作用越来越得到人们的认可，合理使用化妆品，可以减轻症状、缓解不适、降低药物副作用的发生率。尽管在化妆品的定义和如何管理具有一定功效作用的产品方面还有待统一认识，但化妆品进入临床并发挥药品无法替代的作用是不争的事实。因此，国内部分从事化妆品临床研究的医务工作者倡议：将能够应用于临床并发挥积极作用、兼具药物和化妆品的优点和特性的产品称为“医学用护肤品”。

1. 医学护肤品特点

医学用护肤品的本质是化妆品而不是药物。质地和外包装等方面兼具了传统化妆品的特性，活性成分的作用和剂量在标签中注明，消费者在使用时，能得到最大程度地愉悦和美的享受，除具有化妆品的共性外，还具有以下特点。

(1) 安全性　注重配方设计，精简配方，各种原料经过严格筛选，不含或尽量减少易损伤皮肤或引起皮肤过敏的物质，如色素、香料、表面活性剂、致敏防腐剂等成分；清洁类一般无皂基，性质温和，对皮肤刺激小。

活性成分大都从天然植物或矿物中提取，安全性高，无毒副作用，可以每天使用。同时，按类似新药标准进行产品生产、包装和运输，具有良好的安全性。

(2) 功效性　同药物一样，它所含的主要活性成分的作用比传统化妆品更具针对性，作用机制更明确；主要依据不同类型皮肤的生理特点及皮肤病的发病机制进行活性成分的开发研究，对一些皮肤病起到辅助治疗的作用。如马齿苋、天然活泉水可用于干性敏感性皮肤及面部皮炎护理及辅助治疗；锌剂、南瓜子油、水杨酸等可用于油性敏感性皮肤、皮脂溢出性皮肤病、面部皮炎、痤疮、酒渣鼻等的护理及辅助治疗；如 β-熊果苷、维生素 C 及其衍生物、曲酸等可用于色素沉着性皮肤病（如黄褐斑、炎症后色素沉着、黑变病等）的辅助治疗；含有细胞生长因子、神经酰胺、果酸、超氧化物歧化酶、辅酶 Q10 等的医学护肤品可预防及辅助治疗皱纹。

但是，化妆品的功效毕竟有限，不可能替代药物。

（3）临床验证　医学护肤品中主要活性成分的研究开发和生产过程更接近于药物，上市前经过志愿者人体有效性和安全性的临床验证，表明无刺激，极少发生过敏，经有效性证明对正常皮肤有保护作用，对疾病皮肤则能缓解症状、减少药物用量、减轻治疗副作用以及预防复发。

皮肤科临床实践中应用较广的一类医学护肤品是添加某些脂肪酸使保湿剂中脂质含量增高，可用于躯干、四肢的干燥性皮肤病的日常皮肤护理及辅助治疗。

2. 医学护肤品的种类和作用机制

常见医学护肤品种类及其作用机制见表 2-21。

表 2-21　常见医学护肤品种类及其作用机制

类型	配方特点	作用机制
清洁乳剂	不含香料、色素、致敏防腐剂，无皂基	性质温和，对皮肤刺激小
	温和表面活性剂	有清洁作用，可软化、剥脱角质
	含舒敏成分，如马齿苋、天然活泉水	用于干性敏感皮肤及面部皮炎护理及辅助治疗
	含控油成分，如锌剂、南瓜子油等	用于油性敏感性皮肤、皮脂溢出性皮肤病，如痤疮、酒渣鼻等的护理及辅助治疗
保湿水、保湿霜（乳）以及保湿凝胶	不含香料、色素、致敏防腐剂	增高脂质含量，柔润保湿，缓减干燥，恢复皮肤屏障功能，主要用于躯干、四肢的干性皮肤、干燥性皮肤病的日常皮肤护理及辅助治疗
	含保湿剂、某些脂肪酸	
	含舒敏活性成分，如马齿苋、天然活泉水	舒缓炎症皮肤敏感
	含控油功效的南瓜子油、水杨酸等	辅助治疗油性敏感性皮肤、面部皮炎、痤疮等
美白祛斑类护肤品	不含香料、色素、致敏防腐剂	用于色素沉着性皮肤病（如黄褐斑、炎症后色素沉着、黑变病等）的辅助治疗，局部使用以减轻色素沉着
	含有干扰或抑制黑素合成、转运的活性成分，如 β-熊果苷、维生素 C 及其衍生物、曲酸等	
控油类清洁剂、清痘水、清痘凝胶、清痘乳	不含香料、色素、致敏防腐剂	控油和减缓痤疮皮损功效，用于皮脂溢出性皮肤病（如痤疮、酒渣鼻、脂溢性皮炎）的辅助治疗及皮肤护理
	清洁皮肤表面多余皮脂的表面活性剂	
	含抑制皮脂分泌的南瓜子油、锌剂等	
	含使蛋白变性的水杨酸	
	具有溶解角质的成分	

续表

类型	配方特点	作用机制
嫩肤抗皱类护肤品	不含香料、色素、致敏防腐剂	可减少皱纹，延缓皮肤老化； 主要用于易出现皱纹的部位，可预防及辅助治疗皱纹
	含有细胞调节剂，如细胞生长因子、神经酰胺、果酸等	
	含抗氧化成分，如超氧化物歧化酶、辅酶 Q10 等	
防晒乳、霜、喷雾	不含香料、色素、致敏防腐剂，含（物理、化学、生物）防晒剂	乳剂或霜剂：干性皮肤伴或不伴皮肤敏感； 喷雾剂或乳剂：油性皮肤伴或不伴皮肤敏感 （在使用时应根据所处环境、季节，选择不同SPF、PA 值的防晒剂）

第四节　毛发的基础知识

毛发是哺乳类动物的特征之一，除掌、指（趾）末节背面、唇红、乳头、女性生殖器外，人体全身几乎都有毛发。对动物而言，毛发可起到保暖御寒、减缓摩擦等保护肌体的作用；对人类而言，毛发也有保护、调节体温作用，但更重要的是体现性征和美容作用，亮泽柔顺的头发、优美的发型和男性整洁的胡子常常能带给人特有的魅力。因此，从心理学、美容学角度来说，毛发的多少、形状、颜色、光泽等对人类非常重要。

一、毛囊与毛发

（一）毛囊与毛发的组织结构

毛发绝大部分露出皮肤表面以上，称为毛干，在皮肤下面处于毛囊内的部分为毛根，毛根下端与毛囊下部相连的部分为毛球，毛球下端向内凹入部分称为毛乳头。毛乳头中有结缔组织、神经末梢及毛细血管等，对毛发的生长起着至关重要的作用，并使毛发具有感觉功能。

毛干由三个部分组成，由外到内分别为毛小皮、毛皮质和毛髓质，见图 2-13。

毛小皮是毛发的外表层，其作用是保护毛皮质，赋予头发光泽及弹性，并在一定程度上决定头发的色调。毛小皮一般由 6～10 层的鳞片状细胞重叠排列而成。毛小皮层的总厚度一般为 3～4μm，面积占头发总截面的 15%左右。在扫描电镜下观察，可发现健康未受损的毛小皮平整光滑、排列有序。

毛皮质是毛发最主要的构成部分，是头发纤维的核心，它控制毛发的水分，决定毛发的韧性、弹性和强度。毛皮质部分的面积占头发总截面的 82%左右。

毛髓质是毛发的中心部分，为皮质细胞所围绕，面积只占头发总截面的 3%左右。毛髓质中间有色素颗粒存在，毛髓质的作用是提高毛发结构强度和刚性。另外，不是所有的头发都有毛髓质，据统计约有 10%的头发没有毛髓质。

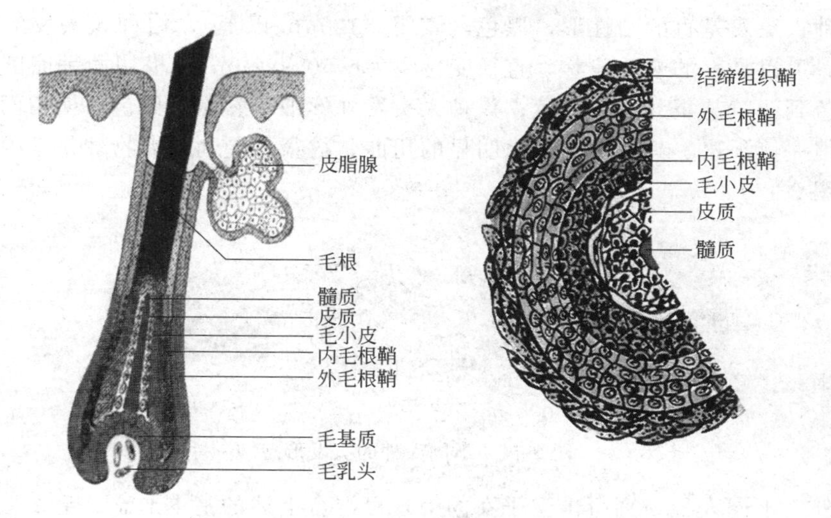

图 2-13　毛发结构示意图

（二）毛发的种类

1. 毛发的长度与质地

毛发由角化的角质形成细胞构成，根据其长度与质地分为胎毛、毳毛和终毛，终毛又分为长毛和短毛。毳毛主要见于面部、四肢和躯干，质地软，颜色淡。长毛包括头发、胡须、腋毛和阴毛，短毛存在于眼周、鼻孔、耳道内部，短毛中只有眉毛和睫毛这样的硬毛才是美容加工修饰的对象。

2. 毛发的色泽

毛球是毛发的发端，在毛球的上半球含有黑素细胞，黑素细胞会产生黑素颗粒。黑素颗粒沿着蛋白质中氨基酸链而排列，故在电子显微镜下观察像一串珍珠，其中大多数分布在毛皮质的外缘。

毛皮质中黑素颗粒的种类和数量所决定了毛发的颜色。颜色深的优黑素多见于黑发及白种人的浅黑色头发中；色泽淡的褐黑素多见于红发及黄发中，红发中几乎全部为褐黑素。在许多人的毛发中常混有这两种色素颗粒，但人与人毛发之间这两种色素颗粒的多少比例是不同的，甚至在一个人身上每根头发之间亦不一样，这与人种、性别、年龄、遗传、生活环境及营养情况等有关。所以，毛发呈现出黑色、白色、黄色、灰色、棕色及红色等多种颜色。

3. 毛发的形态与直径

角蛋白在形成过程中受到毛囊的压迫而影响其内部的化学结构，产生不同的毛发外形，因此，毛囊的形状及其开口决定了毛发的形态与直径。毛发形态有直状、波状和卷状；一般东方人单位面积毛发的密度比西方人小，但直径比西方人大。直径小于 60μm 为细发，60～80μm 之间为中等发，超过 80μm 则为粗发。人种不同，毛发的直径和形态均有区别。

黄种人头发是直的圆柱形，黑色，较粗（120μm 以上）；白种人头发的形态变化较大，可以是直的或波浪状，直径变化也大（50～90μm），横切面呈卵圆形，颜色从黑色到浅黄甚至几乎为白色；黑种人头发外形细密卷曲，黑色，横切面亦为卵圆形，但一侧平边，其毛小皮边缘明显的扭曲，故很易受到外界物理化学因素的损伤（见图 2-14）。

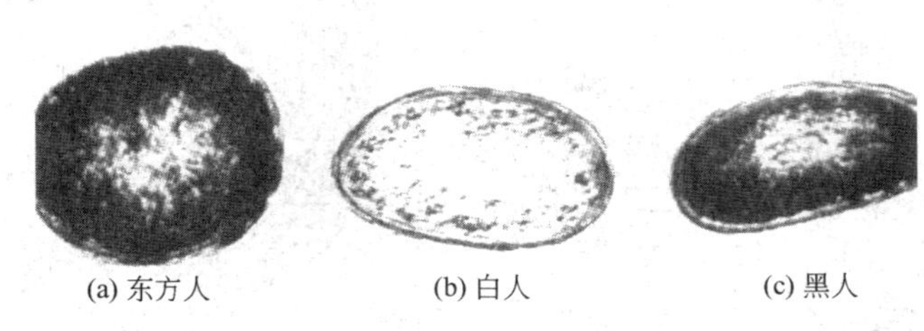

(a) 东方人　　(b) 白人　　(c) 黑人

图 2-14　不同人种的头发形态

另外，不同人种婚育所出生子女的毛发可混合上述的基本形态。毛发形态的变化主要取决于毛囊的形态、角蛋白纤维束的排列、毛囊中毛球的位置等。

（三）毛囊与毛发的密度

毛发的密度与毛囊的密度基本一致，毛发的密度随种族、性别、年龄、个体和部位而有明显差异。一般认为，毛囊的密度是先天生成的，到成人期就不能增添新的毛囊数。毛发的密度也会随着年龄的增长而减少。

头部毛囊的密度在婴儿期是 500～700 个/cm^2，随着头部发育长大，至成人时其密度则降至 250～350 个/cm^2，至老年时其毛囊的密度仅稍微减少（见表 2-22）。

表 2-22　不同年龄头部毛囊的密度

年龄	毛囊密度/(个/cm^2)	年龄	毛囊密度/(个/cm^2)
新生儿	1135	70～80	465
3 月～1 岁	795	80～90	435
20～30	615	45～70(秃头)	330
30～50	485	70～85(秃头)	280
50～70	465		

一般黄种人单位面积毛发的密度要比黑种人低，但比白种人高。成人男子估计有 500 万毛囊，前额和颊部毛囊的密度为躯干和四肢的 4～6 倍。

二、毛发的理化性质

（一）毛发的化学组成

一般来说，无论浓密还是疏松，卷曲还是平直，实质上每根毛发都是一样的，都是由死去的角质形成细胞组成的，与形成皮肤和手指甲的角质层相同。

1. 主要组分

毛发中主要化学成分是角质蛋白，占毛发质量的 65%～95%。角质蛋白是由多种氨基酸组成的，其中以胱氨酸的含量最高。头发的角蛋白结构特别精细，使头发明显不同于手指甲，既有硬度，又富有弹性，既牢固又能做成各种形状。此外，毛发内还含有水（6%～15%）、脂质（1%～9%）、色素和一些与角蛋白结合的微量元素（如硅、铁、铜、锰）等。

正常头发含水量可以滋润头发，使头发不干燥。将头发置于空气中，头发会吸收或放出水分以达到与空气中水蒸气保持平衡的状态，所以环境相对湿度高时头发的水分含量也会增加。

2. 化学键

毛发角蛋白中含有胱氨酸等十几种氨基酸，多个氨基酸分子之间通过肽键彼此连接组成了多肽链的主链，多个肽链间再通过二硫键、盐键、氢键、酯键等方式互相交联形成了网状的天然高分子结构，使毛发具有较好的拉伸性和弹性，在一定条件下可以使毛发恢复原来状态又具有柔韧性，见图 2-15。

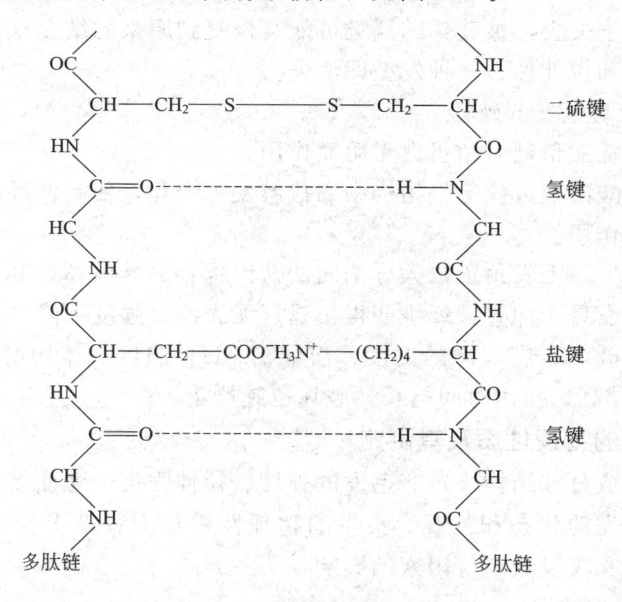

图 2-15　头发角蛋白中的各种化学键

毛发结构的稳定性是由多肽链之间各种化学键作用力所决定的，如共价多肽键、二硫键、盐键、氢键、酯键和范德华力等。

二硫键是多肽链上两个半胱氨酸之间形成的一种比较稳定的化学键，可使多肽链的两个不同区域之间紧密的靠拢起来，对头发结构稳定起着十分重要的作用，二硫键数目越多，毛发的刚性越强。

（二）毛发的化学性质

毛发除具有氨基酸的化学性质外，还具有其组成成分角蛋白特有的性质，毛发的 pH 值为 6.0 左右，碱性或酸性较强的溶液对它都能起化学反应，因此，可以利用和控制这些化学物质，改变毛发的性质，达到清洁、护发、卷发、染发等目的。

1. 高温对毛发的损坏

毛发在高温下烘干时，由于纤维失去水分变得粗糙，强度及弹性会受到损失。尤其在较高温度热水中，毛发会缓慢水解，毛发中胱氨酸的二硫键被水解生成巯基和亚磺酸盐。所以，一般吹发、卷发、染发和护发不要在较高温度下进行，适宜温度即可，以免造成对毛发的破坏。

2. 水对毛发的影响

毛发不溶于冷水，但毛发具有良好的吸湿性。

因为毛发结构中角蛋白多肽链之间的氢键比较弱、易于断开，毛发被水湿润或水洗后，水分子进入毛发纤维结构内部，破坏原来分子结构内的氢键，形成新氢键，从而使毛发吸湿膨胀而变得柔软。

这时头发容易固定形成一定形状。不过这样做成的发型仅是暂时的，因为当头发干燥后，水分子失去，被破坏的氢键可能又恢复到原来的结合状态，毛发恢复原状，仍具有弹性和拉伸性，这种发型即消失。

3. 酸碱溶液对毛发的破坏

通常情况，稀酸稀碱对角蛋白无明显作用。

高浓度的强酸溶液可使毛发结构中的盐键发生变化，使毛发纤维易伸长，对毛发有显著的破坏作用。

在碱性条件下，毛发角蛋白大分子间的盐键也容易被破坏，其二硫键易发生断裂。其结果使毛发易于伸直，纤维变得粗糙、无光泽、强度下降、易断裂等。

碱对毛发的破坏程度与碱的浓度、溶液的 pH、温度、作用时间等因素有关。温度越高，pH 越高，作用时间越长，破坏也越严重。

（三）毛发的物理性质及其测定

毛发的化学成分和结构决定着毛发的弹性、拉伸强度、弯曲度、颜色等物理性质，也决定着毛发的状态和外观。头发的物理性质很大程度上受种族、生长的部位、年龄、性别和头发粗细等因素的影响。

1. 毛发的力学特性

由于毛发复杂独特的结构，毛发具有显著的力学特性，主要体现在以下几方面。

（1）毛发的弹性　弹性是毛发最主要的物理特性，指毛发能拉到最长程度仍然能恢复其原状的能力。头发是天然纤维中最富弹性的一种，单根头发可以悬吊 100g 质量而不会拉断。一根正常的头发，可以拉长 30%。当拉伸一根健康未受损的湿头发时，它可以伸长 50%，并且能在干燥后回复原来的长度。

（2）毛发的拉伸强度　毛发的拉伸强度较强，其断裂应力可达到 150g。影响毛发拉伸强度的因素很多，包括毛发中水分的含量、头发的直径、温度、化学产品处理等。

头发典型拉伸应力-应变曲线如图 2-16 所示，通过测定屈服点处或断裂点处的应力来判断头发拉伸强度。

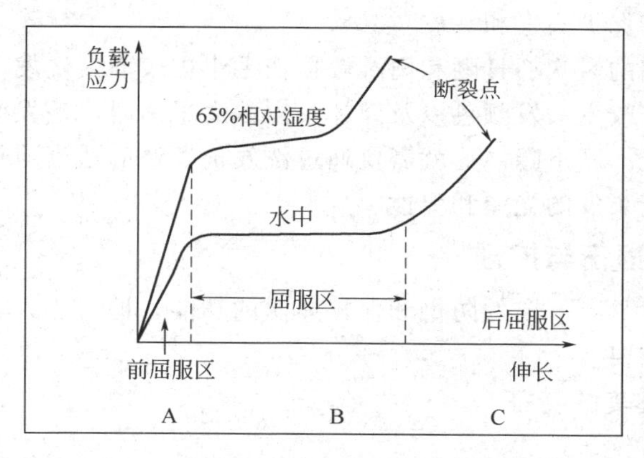

图 2-16　头发在 65%相对湿度和水中的拉伸应力-应变曲线

日常生活中头发的应力-应变行为主要表现在前屈服区，伸长与应力成正比。

(3) 毛发的弯曲和硬度　毛发的强度相当大，而且也可弯曲。人体毛发的强度主要是由皮质决定的，因为皮质中含有一种复合结构——不连续的角蛋白纤维埋于富含硫的基质中。如果将毛发弯曲成弓形，那么会形成 3 个纵向的结构，其中最外层被拉伸，最内层被压缩，而中间层则既没有被拉伸也没有被压缩。

2. 毛发的摩擦特性

毛发的摩擦系数较合成纤维要高，这是由毛发表面毛小皮鳞片状排列的特殊结构造成的。毛小皮鳞片排列的方向性决定了头发摩擦作用的方向性，从发根至发尖方向移动要比从发尖至发根方向移动容易。

摩擦力与毛发的直径或温度无关。毛发的摩擦系数随着发龄及头发的受损而增大，毛发漂白和烫发可以增加摩擦系数，而洗发香波和护发素等产品中的有效成分（如硅酮等）可以减小头发表面的摩擦系数。另外，湿摩擦力均大于干摩擦力。

3. 头发的静电特性

毛发具有摩擦起电的性能。摩擦干燥的头发，如在适当的环境中梳理或刷干燥的头发时，就可能产生静电，这种现象在气候干燥时最常见。静电使头发互相排斥而不能平整地排列在一起，导致头发竖立、飘拂、蓬开。

毛发的带静电性受毛发表面的状态、水的含量及温度三个因素的影响。当头发表面覆盖有足够的护发成分（如阳离子表面活性剂）时，一般不会发生摩擦起电现象；头发较为湿润时也很少发生摩擦起静电的现象；头发角蛋白纤维的电阻随温度的升高而下降，因此温度高时一般不会出现静电。

4. 毛发的光泽度

毛发的光泽是可以肉眼评价的重要参数，也是人体头发外形美的重要特性。光泽由毛发反射光线而形成，取决于毛发表面的均匀、清洁和损伤程度。

毛发整体排列越有序，发表层越平坦，则反射效果越好，越显得有光泽。健康的头发表面上有一层薄的油膜，此层薄膜可维持头发的油水平衡，保持头发的光泽，同时还可直接保护头发和头皮。

相反，当长期的风吹、日晒和雨淋等损伤毛小皮表面，洗发、染发或烫发等化学处理溶解脂质，改变头发颜色以及破坏头皮油水平衡时，毛发受损变得干枯、发脆、易断，造成光泽度下降。这就需要通过洗发护发产品适当地补充油分、水分和营养物质，以恢复头发的光泽和弹性。

三、头发的损伤与护理

毛发中的头发具有一定的防御和保持体温的功能，但对于人类而言，头发的美容修饰功能更为重要。

（一）头发健美的特征

正常的头发应该：

① 外观清洁、自然、光滑，没有头皮屑；

② 滋润而富有弹性；

③ 不油腻也不枯燥，质地柔软蓬松，易于梳理不打结；

④ 头发颜色、光泽正常统一；

⑤ 疏密适中，分布均匀；

⑥ 性状稳定、不分叉，有良好的耐受性。

（二）头发的类型

除了上述所具有的共性外，根据人体的健康、内分泌和保养情况，各种头发的质量和形状也有很大差异，下面简单地介绍一下常见的发质类型。

1. 中性头发

健康的正常性头发，多数时候可见头发亮泽、柔顺，软硬适度，丰润柔软，有自然的光泽；既不油腻也不干燥；无烫发、无染发；头发定型良好，适合做各种发型，是理想的发质。

2. 油性发质

外观表现：头发柔软而无力，发干外观直径细小、扁平；头发油腻发光，触摸有黏腻感，容易粘在一起，造型困难；洗发后头发很快变得油腻和有湿润感，容易变脏。

形成原因：主要原因是头皮的皮脂腺分泌过于旺盛，还有很多其他影响因素，例如经常熬夜等不良生活习惯、偏好肉类或油炸类的饮食习惯、空气环境污染、个人清洁不良、使用了劣质的洗发或发类制品等。

更严重者，经常接受不适当的烫、卷、染、吹、洗，不但会增加头发及头皮的负担，还会改变油脂平衡，导致过多皮脂阻塞毛囊，妨碍头发的生长而造成大量脱落，甚至发生秃头。所以，选择适当的发用品清洁护理头发是必要的。

3. 干性发质

外观表现：头发没有光泽，常见色泽为深色或红色；头发干燥，触摸有粗糙感，不润滑难以梳理，容易缠结；头发因干燥而卷曲，造型后易变形。

形成原因：有遗传因素也有后天因素。那些天生具有不变形的波浪似的卷曲或各种小型卷曲的头发会表现出干性发质特点；如果头皮血液循环不畅，会导致头皮油脂分泌不足，相对保湿能力不够，使得头皮角质层因缺乏水分、过度干燥而层层脱落，产生恼人的头皮屑（此一现象与油性发质产生头皮屑的原因不尽相同）。若忽略此现象，没有好好护理头皮，严重时可能会导致头发掉落、毛囊萎缩，甚至秃头。

干性发质除了慎选洗发品，剪去分叉的发梢也是很好的办法。避免头发营养不足，多吃动物性蛋白，可由肉类、鱼类、牛奶、蔬菜中平均摄取，鸡汤、海草类都是促成毛发生长的重要食物。

4. 其他类型

纤细疏松的头发：缺少力度，头发稀薄。其原因是头发数量太少，不够粗，纤维弹性不足，因而软弱无力。

易掉发、白发发质：这是许多人关心的问题，除了先天性的遗传，后天的皮肤炎、内分泌系统失调外，局部血流障碍也可能引起白发和掉发。要使头发健康，应该要保持头皮的血液流畅。

受损头发：指因物理或化学因素损害的头发，头发干燥，触摸有粗糙感，颜色枯黄，缺乏光泽，发尾易分叉，不易造型。

（三）头发损伤原因

日常生活中引起头发损伤的外来因素有很多，包括化学的因素、物理的因素、日光及紫外线的照射、不适当的剥蚀、过热的损伤等。发质一旦受损，需要养护修理。

1. 化学性损伤

是指由发生在头发中的化学反应引起头发结构改变、头发中的蛋白质流失及结晶度下降而造成的损伤。

事实上，在日常的美发过程中，烫发、漂白和染发都在一定程度上损伤头发。而引起化学反应的物质包括烫发剂、直发剂、染发剂和漂白剂等。烫、染发时，化学物质都是通过穿透毛小皮进入毛皮质而起作用的，首先是毛小皮受损，表面干燥、毛糙，鳞片开裂，形成微孔，颜色枯黄，缺乏光泽；而多次的损伤可以造成毛干变脆，易于剥蚀而发生纵裂分叉甚至断裂。

漂染后的头发有含水量降低，拉伸强度下降，弹性及韧性下降。

2. 物理性损害

是指外力对头发造成的损伤，主要是不适当的剪发或梳发或洗发造成的。梳理头发时梳子带来的牵拉力和梳齿造成的摩擦力过度或梳理不当都会损伤头发。

剪发的剪刀过钝，或用剃刀刮发，造成毛发粗糙不齐，都会使毛小皮受损甚至剥落，这就是为什么理发师一定要用质量极好的钢剪刀。

干洗头发时，湿头发与干头发一起揉搓；长头发者，把头发盘绕在头顶上揉洗；使用劣质的洗发香波等都会损伤头发。

3. 日光损伤及气候老化

日光中的紫外线对头发的直接作用能使毛发角蛋白中的胱氨酸、酪氨酸和色氨酸等基团发生降解，从而使毛发的头发纤维结构产生变化，毛皮质逐渐变脆干燥，易于断裂；外观上头发有淡颜色的线条，黑色素会因受到氧化而发生褪色现象，称日光漂白。紫外线对毛发的损伤多数伴随脱发、局部炎症等改变。

除日光外，其他一些环境因素如雨和潮湿、海水及汗液中的盐类、游泳池中的化学物质、空气污染等都可能对头发造成一定程度的损伤。因这类因素而引起的头发损伤统称为头发的气候老化。

4. 热损伤

主要由使用热烫发、热卷发器、电热梳直接对头发加热或反复使用电吹风引起，头发所含水分的多少对头发健康状况是十分重要的，而过热可使头发中的水分过度丢失，使头发干燥，发质变脆。另外，电吹风和其他加热装置可使头发的角蛋白变软，而过高温度下的热处理还可使发内形成水蒸气，以致头发发生膨胀，甚至形成泡沫状发，这时的毛发是很脆弱的，最终会断裂。

通常头发的损伤是一步步逐渐产生的，例如从发质变脆弱、拉伸度与强度下降，到毛小皮局部脱落，颜色和光泽消失，表面粗糙，再到毛小皮完全脱落、毛皮质裸露，进一步发展为发干分叉、头发断裂，最后发梢分叉开裂等。

（四）头发护理基础知识

要想养护一头秀丽的头发，应该注意以下几点。

1. 理发

理发是保护和美化头发的重要措施之一。经常理发可以促进头发生长（头发到一定程度会出现开叉现象，影响继续生长）；可以使头发变粗和恢复乌黑。注意用宽齿钝圆头梳子梳理头发、涂擦护发油后再吹风等防止头发过分干燥而折断。

2. 学会洗头

头发要经常清洗，以每周 1～2 次为宜，保持清洁，促进其新陈代谢，以减少灰尘、空气中的有害物质在头发上储留造成头发剥蚀，尤其是游泳或外出长时间晒太阳后要洗头。洗头次数过多，头发会变得干燥，缺少光泽、易断。

洗发应选用软水不宜选用硬水。洗头及梳头要顺着毛发的生长方向，从上向下梳洗，不要逆梳理，也不要用手将发尾拉至头顶部搓揉。

洗发后，把头发擦至半干状态，用干毛巾将头发包裹，两手压紧毛巾，将头发上多余的水分吸干。湿发自然晾干最好，若使用吹风机不要选择过高的温度，以 60℃以下为宜，吹风口不要距离头发太近，以保持 10～20cm 为宜。

3. 合理地选择及使用洗发剂

避免或少用碱性高的肥皂等洗发，宜选用洗发香波。洗发香波的主要功能是清洁头发及头皮，同时，为头发的整理及造型打下基础。碱性高的肥皂脱脂力强，保护头发、头皮的皮脂容易被洗掉；碱的刺激也使得头发干燥、发痒，缩短寿命；同时，肥皂与钙、镁离子作用产生黏稠絮状物，会黏附在头发上。

对于患有皮脂溢出症的人，如果是油性皮脂溢者，可选用去污力强的洗发用品，如肥皂、香皂，去除皮脂；对于干性皮脂溢出（头皮屑过多）者，要减少洗头的次数，同时选用含有去屑止痒药物的洗发用品。

4. 护发产品的使用

洗后再使用护发用品，可以使头发柔软、富有光泽、易梳、不易断。

护发素的主要作用是滋润和保护头发，好的护发素可以在很大程度上修复由于烫洗或紫外线照射等因素造成的毛干损伤，防止其进一步的破损而断裂。同时，能有效地防止损伤的发生，使毛发变得柔软、顺滑，易于梳理，有光泽，富于弹性，同时，还能起到防止静电的作用，这在天气干燥的秋冬季节尤为重要。

敷用发油、发乳、发膏等护发化妆品可以补充头发油分与水分的不足，维护头发的光亮、柔软和弹性；同时可防止日光的过分照射，保护头发。

5. 少烫发、染发

要减少烫发、染发的次数，以减少对头发的损伤，同时，尽量不用对头发直接加热的方法处理头发。

6. 防晒

出门长时间晒太阳时，要戴帽子或拿太阳伞。这一方面有利于护肤防晒，减少脸部色素斑的出现，对于养护头发也必不可少。

7. 饮食

日常除了要彻底清洁头发外，还要养成均衡的饮食习惯，这样才能保证给头发提供足够的营养。多吃富含维生素 B_2、维生素 B_6 的食物；头屑头油多者不宜多食油炸类食品和甜食，忌吃辛辣和刺激性食物。避免熬夜、情绪紧张、精神紧绷等。注意工作环境的通风，常保持空气清新流畅。

8. 按摩

经常按摩头皮，能促进局部血液循环，改善头发营养供给；以前用稀梳子梳头，也有类似作用。

思考题

1. 皮肤的厚薄对皮肤美容是否有影响？
2. 什么样的皮肤是健美的？常见损容性皮肤病有哪些？
3. 涂在皮肤表面的化妆品、药物是怎样发挥作用的？

4. 皮肤屏障功能受损有哪些原因？如何修复表皮的屏障功能？
5. 简述皮肤的组织结构与生理功能。
6. 表皮的新陈代谢周期和表皮更替时间是一回事吗？为什么？
7. 角质层的“砖墙结构”指的是什么？有什么意义？
8. 皮脂膜由哪些成分组成？有什么作用？
9. 皮肤的弹性是靠什么来维持的？
10. 化妆品的经皮吸收途径包括哪几项？
11. 简述敏感性皮肤与皮肤过敏的区别。
12. 你能说出自己皮肤类型是什么吗？判断依据有哪些？
13. 常规皮肤分哪几种类型？请写出 3 种与皮肤类型密切相关的皮肤病。
14. 毛发的生长周期和影响因素有哪些？
15. 头发的物理化学性质有哪些？如何检测？
16. 有哪些原因可能造成头发损伤？平时应该怎样护理头发？

第三章　化妆品评价相关皮肤检测与分析

第一节　皮肤生理参数的无创性检测技术

随着现代生物物理学、光学、电子学、信息技术和计算机科学的发展，近 30 年来，人体皮肤生理参数的无创性测量技术得到了不断发展。这些新型仪器设备可动态地测量皮肤表面的皱纹、弹性、色泽、角质层水含量、pH、皮脂分泌等生理参数变化规律，具有无创伤、简明直观等特点，较少受主观因素影响，便于在不同研究者之间交流，现已在化妆品人体安全评价、化妆品功效研究中得到广泛应用。

目前皮肤无创性测试仪器以德国 CK 公司的系列较成熟，被医院、化妆品生产企业、科研院所广泛应用。尽管这些检测设备还有待完善和提高，但随着该领域先进技术设备的不断面世，它们在化妆品评价方面将显示出更广阔的应用前景。

一、皮肤无创性检测的注意事项

尽管无创性皮肤测量有着各种优势，但其大多数的检测指标是通过物理或化学原理转换得来的。在实际应用中其检测结果波动性大，易受被检测者皮肤状况、检测体位、检测环境等因素影响，无创性皮肤测量有多项注意事项。下面以 CK 系列皮肤无创性测试仪器为例说明测定皮肤生理参数的基本注意事项。

（一）环境的要求

皮肤无创性检测仪器设备均要求在恒温恒湿的环境中测试，最好在专门修建的温控室中进行。除特殊情况外，需控制温度为 20～22℃，相对湿度在 40%～60%，安静无噪声。每次试验都应记录环境温湿度，前后期测量应该在相同环境下进行。

对同一项试验，最好由同一台设备和同一个技术员测量，以减少操作的差异。每次测量，需重复测量 3～5 次，取其均值，以减少测量误差。

（二）检测仪器的要求

(1) 无创性检测仪器属于精密仪器，操作不当很容易损坏或导致检测数据不准，使用前需仔细阅读使用说明和安装操作软件。

(2) 开机前仔细检查仪器的探头与计算机是否连接好，在仪器带电时插入或拔出测试探头，探头容易被损坏。更不要用溶剂清洗、接触探头和主机。

(3) 测试探头是非常敏感的检测仪器，注意及时清洗与保养。探头使用必须十分小心，永远不要把探头压在坚硬的物体表面或掉在地上。测试过程中要保持探头的绝对静止状态不变。当探头不使用的时候，应套上保护帽。

(4) 如果一定要在有毛的皮肤上测试，建议测试之前先刮去这些毛，以避免毛发或脏颗粒碰到测试探头内部。

（三）受试者的要求

(1) 受试者测量前饮水、进食、运动都会改变皮肤的生物学状况。因此，受试者需在恒定环境中休息静坐 15～30min 后再进行测试。同时，应该对进食、饮水的时间有严格的规定，以保证受试者测量前后、受试者与受试者之间测量一致。

(2) 仔细清洁面部、手部和手臂皮肤，必要时可以使用洗面奶、洗手液、肥皂或卸妆油。

(3) 测量体位前后应保持一致。人体受地心磁场的影响，皮肤表面纵轴方向和横轴方向的纹理、弹性有一定的差异。如果不能保持相同的体位，前后测量值的改变可能是体位变化造成的，而不是产品本身的作用。

二、皮肤的颜色

皮肤颜色的变化能够反映皮肤屏障的完整性、皮肤的敏感性，利用颜色学的技术测量肤色，客观比较皮肤颜色的变化，不仅可以反映美白祛斑类化妆品的功效，也可用于清洁类、舒缓类和其他改善皮肤微循环产品的功效评价，还有助于美容保健咨询和色素性皮肤疾病疗效的诊断，因此，对皮肤颜色进行无创性客观定量评价在皮肤科临床和美容护肤工作中具有重要意义。

（一）目测等级评分法

长期以来，在皮肤科学领域，医生主要靠视觉直观地鉴别肤色，采用目测等级评分法对人体皮肤颜色变化进行判定。对于难以形容的各种各样的肤色，皮肤科医生也只能根据经验进行诊断，对皮肤病变部位的颜色变化也不能十分准确地表达出来。

该方法简单、方便，但受观察者的光感差异、观测时的照明光源影响很大，是一种主观性很强的评估手段，缺乏精确的颜色信息。在诊断和治疗效果的评价方面缺乏客观性和科学性。

（二）仪器测量法

测量皮肤颜色的仪器较多，按设计原理主要有反射光谱测量法、三刺激值色度仪法及数字成像系统等。

1. 反射光谱测量法

针对皮肤颜色的特征发色团进行扫描，测量皮肤表面的可见或紫外反射光谱。根据皮肤中不同发色团含量的多少以及特征波长的不同的反射光谱，可以用来定量评价皮肤色斑颜色的改变。

(1) 简易反射分光光谱法　简易反射分光光度计通过测定黑素和血红蛋白的量来比较皮肤颜色的变化，设计原理为选择黑素和血红蛋白特定的吸收光谱照射皮肤，设置一个光电探测器测量皮肤表面的反射光，通过计算皮肤吸收和反射光的量，转换成黑素和血红蛋白的值。发射光源种类有 568nm 绿光、660nm 红光、880nm 红外线光等。测量值越大，说明皮肤中黑素和血红蛋白的含量越高。

（2）漫反射光谱法　但只有两个因素的简便色彩色差计相对简单，于是改进形成了漫反射光谱法。当在紫外和可见光谱范围内扫描皮肤表面时，一部分光能量被反射，而穿过皮肤的一部分光能量被散射，还有部分光能量被皮肤吸收转换成热能或其他形式能量。当穿过皮肤的那部分光能再次碰到皮肤时仍然会在皮肤的不同表层上发生散射，这部分散射光能量被收集测定为漫反射光谱，根据光谱性质的变化可以计算得出各种发色团的含量，从而能够综合评价皮肤色斑颜色的变化。

（3）荧光色素检测法　正常皮肤的特征荧光光谱与皮肤的组织学和形态学特征有关。不同皮肤内的发色团，如黑素、血红蛋白等分布不同，在特定波长的激发下，使得皮肤呈现出不同的特征荧光光谱。分析不同的荧光光谱能够对皮肤中不同发色团的相对含量进行定量，从而能对皮肤的色素沉着进行检测和分析。

2. 三刺激值色度仪法

近年来，国内外普遍采用国际照明委员会（CIE）规定的 Lab 色度系统使用三刺激源色度计来测量皮肤的颜色。

该法定义了颜色空间的位置，反映皮肤颜色空间多维的变化，使色度变化可以数值的形式表达，量化较准确，因而在以肤色变化为观察终点的人体肤色评价中得到了普遍应用，为临床提供了一个准确客观的标准。

（1）基本原理　用光度计测量皮肤对每一波长光的发射率，将可见光以 10nm 波长为单位逐渐增加，照射皮肤表面，然后逐点测量发射率，可以获得被测皮肤表面的分光光度曲线，将测量的值转换成其他颜色空间系统值，如 CIE 设定的 $L^*a^*b^*$ 三维色度体系（见图 3-1）。

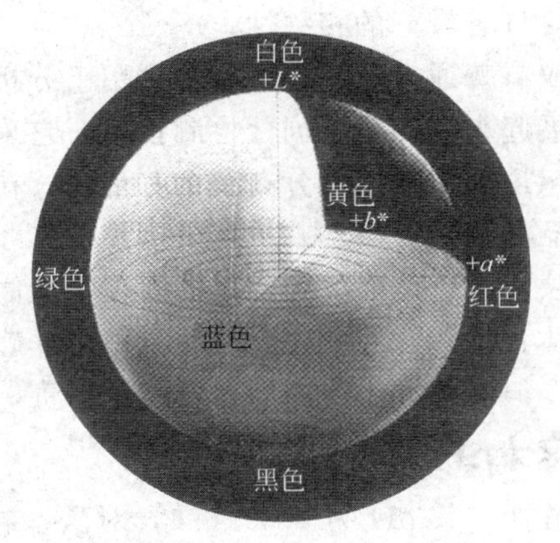

图 3-1　CIE-$L^*a^*b^*$ 颜色系统 L^* 轴

L^* 值主要受表皮中的黑素含量影响，黑素含量越高，L^* 值越小；L^* 值还与血红蛋白的量有关，受毛细血管充盈度影响，特别是当血氧饱和度较低时这种影响会更明显。a^* 值主要代表真皮中的血红蛋白含量，皮肤越红润，a^* 值越高；此外，a^* 值也受黑素的影响。b^* 值主要反映皮肤的黄色程度，受皮肤黑色素、胡萝卜素等多种因素的影响。肤色较深的种族 b^* 值较高，在肤色较淡的皮肤类型中，黑色

素含量和 b^* 值之间存在强的线性正相关。

(2) 应用 Lab 色度系统使颜色变化可以以数值的形式表达，肉眼不能观察到的细微变化也可以反映出来，而且 Lab 色度系统不仅能反映肤色的黑白变化，还能反映皮肤的变红、变黄等。因而在以肤色变化为观察终点的防晒、美白化妆品功效评价中得到了普遍应用。目前国际上应用最普遍的测色仪是美能达分光测色仪，可以快速、客观、定量的测定肤色。

三刺激值色度仪与简易反射分光光度计同一时相和不同时相测量时重复性都较好。但简易反射分光光度计测得值波动范围更大，对皮肤颜色的细微变化敏感性比三刺激值色度仪低。但此方法中所用的参数不能完全从生理学上解释测量到的皮肤颜色的成因。

3. 数字成像系统

随着科技进步，人们采用照相的方法判定皮肤颜色的变化，但照相法受照相时光线及冲印条件的影响很大，而且反映的皮肤颜色变化单一。

现代数字成像系统由光源、数字摄像头、图像分析软件等组成。系统先对皮肤摄像，将显微镜照相技术和计算机处理系统结合，通过在皮肤图像上分析皮肤灰度值的变化，能够对色素沉着、红斑和皮肤瘢痕等有色皮肤进行扫描并进行色度定量，综合检测皮肤颜色的变化，从而可对化妆品的美白祛斑效果进行准确的定量评价。

其优点是可对面部皮肤做整体分析，而不仅仅是测量皮肤的某一个点，这样可避免测量点前后不一致造成的差异。数字成像方法测量皮肤颜色的仪器正越来越多地推向市场，与分光光度计有较好的相关性。

系统设置的光源不仅有普通摄影光，还有特别用于分析皮肤色素的紫外线。紫外线照相术是近年来发展起来的一种无创性检测技术。它采用现代数码成像技术和日光模拟光源，直观显示皮肤中色素的分布及沉着情况，在检测皮肤色斑、光老化的程度以及判断抗皱产品的功效方面具有重要价值。

数字成像方法能反映皮肤色斑形成和变化的内在生理原因，能够真正做到与皮肤无接触测量，能对身体各个部位的皮肤色斑颜色进行准确定量，是目前其他颜色测量仪器所无法比拟的。但此种方法使用的仪器过于昂贵，目前应用较少。

三、皮肤的酸碱度（pH 值）的测量

正常皮肤表面呈弱酸性，其 pH 为 4.0～6.5，对酸、碱均有一定的缓冲能力，也可以抑制某些致病物生长。任何改变皮肤表面正常酸度的体内外因素均可减弱或破坏皮肤的缓冲能力，pH 逐渐接近中性。实验证实 pH 为 7.2 时的皮肤屏障功能修复和再生速度比 pH5.5 时明显减小，皮肤的防御能力减退，容易受到外界化学刺激的损伤，表现出粗糙、弹性下降等。

测量皮肤表面 pH 值是了解皮肤生物状态的手段，维持皮肤最佳 pH 是皮肤保健、延缓皮肤老化的有效方法。各种化妆品通过调节皮肤表面 pH 发挥护肤保健功

能。追踪检测洗涤类和护肤类产品引起的皮肤 pH 改变是化妆品效果评价的一个重要参数。

（一）简易测量法

简易测定皮肤 pH 值的方法是用 pH 试纸擦拭唇沟处汗液，通过比色即可检出。这样检测出的皮肤 pH 值，并不是表皮细胞的生理特性，而是人体排泄的汗液与皮脂膜中氢离子的浓度。

（二）酸度计测试法

1. 测试原理

目前准确检测皮肤 pH 值的方法多采用检测离子渗透压的方法来检测。

其原理是通过玻璃电极和参比电极做成二合一的探头，顶端由一个玻璃半透膜构成，该半透膜将缓冲液和外部潮湿皮肤表面所形成的被测溶液分开，但外部被测溶液中的氢离子（H^+）可以通过该半透膜，根据皮肤表面 H^+ 浓度的变化，从而可测出相应的 pH 值。

2. 测试步骤

测定前，先用标准缓冲液对仪器进行调试和校正，每次测定时电极表面的水分应尽量保持一致。

在与皮肤接触前，电极探头必须放入蒸馏水中将表面浸湿，保证在测定开始时，在皮肤表面保留有一滴水分。应轻柔、垂直地放置电极探头，过大的压力会影响角质层正常的代谢，挤走电极膜和皮肤间的水分，影响结果的准确性

暂时不测定时，最好将电极探头浸泡在 KCl 缓冲液或蒸馏水中；下次使用前，电极探头至少应在 KCl 中重新浸泡 12h。

四、皮肤的皱纹和粗糙度

皮肤皱纹和粗糙度的测定包括半定量评价和客观定量评价。利用物理学原理可直接或间接获取皮肤皱纹参数，可了解皮肤皱纹的情况及评价化妆品的抗皱功效。

（一）半定量评价

研究人员直接对受试者面部皱纹或者标准照片进行目测观，依察皮肤表面纹理深浅和粗糙度进行等级评分，或用显微镜、放大镜进行评价。这类评价方法简便易行，经济快捷，但主要用于观察粗大皱纹，难以分辨皮肤细腻度的变化，且易受观察人员主观因素影响。皮肤表面有许多皮沟和皮丘，它们构成了皮肤的纹理。皮肤表面纹理细小、表浅，且走向柔和是青春美丽的皮肤外观。随着年龄的增加和环境因素的影响，皮肤纹理逐渐增粗增大，皱纹形成并逐渐加深。

（二）定量评价

1. 皮肤皱纹的测量

一般皱纹测定是指测定某区域内的皮纹平均深度，更精确的测定方法是扫描皮肤表面纹理和皱纹并进行客观量化数据处理。过去采用硅胶复制皱纹结合图像分析

系统，近年采用皮肤轮廓仪来比较抗皱功效。

（1）硅胶覆膜法　目前国际上广泛采用硅胶皮肤覆膜制备样品，然后用计算机图像分析技术，通过检测皱纹在斜射光下形成的阴影面积，再换算得到皮纹与皱纹的深度。但该方法必然会受到光线照射角度与皮纹、皱纹方向和角度的影响；由于较大的皱纹所形成的阴影可能遮盖邻近较小的皱纹，一些细小的皮纹或皱纹所形成的阴影有限，造成计算机图像分析时灰度分辨上有困难，因此其测量的灵敏度与精度受到了局限。

（2）图像分析仪　近年来，由于高新技术的发展，国外用激光扫描或共聚焦显微镜结合计算机图像分析对皮肤表面结构进行精细分析和重现皮肤的三维结构；也有用皱纹图像分析仪对测试皮肤进行采图，并应用相应软件定性与定量地分析描述皮肤表面纹理、粗糙度、平滑度、干燥度等情况。但因其设置价格昂贵，且检测视野相对较小（$1mm^2$），使它的实际应用受到了限制。

可以通过普通光或偏振光摄像或拍照，直观显示皮肤质地、皱纹及老化皮肤中色素的分布及沉着程度，再用特殊图像处理软件进行分析，判断皮肤光老化的程度以及对比抗衰老产品使用前后的改善状况。

2. 皮肤摩擦力的测定

（1）摩擦力与摩擦系数　摩擦力是两个互相接触的物体，当它们发生相对运动或有相对运动趋势时，就会在接触面上产生一种阻碍相对运动的力。摩擦系数是指两个物体表面间的摩擦力和作用在其中一个物体表面上的垂直力之比值。它与物体表面的粗糙度有关，而与接触面积的大小无关。皮肤摩擦力可以用于研究皮肤的粗糙度和湿润度，为皮肤美容临床和科研提供客观的依据。

（2）测试原理　皮肤摩擦力测试基本原理是先用水使皮肤柔软，在皮肤表面就有一个大的接触区域，将检测探头在皮肤上移动测定皮肤摩擦力，探头移动方式可以分为旋转型和滑行式。水与探头间可以产生黏合力，增加皮肤和探头间的摩擦阻力，产生较高的摩擦系数。不过水分在数分钟内蒸发，皮肤能很快恢复到原来状态。

（3）应用　干性皮肤与其他肤质比，探头与皮肤接触面积相对来说变小，使探头在皮肤表面滑动更容易。因此，若皮肤偏干的健康皮肤含水量减少，皮肤的摩擦系数也就降低。涂抹了润肤剂和保湿霜后，皮肤水分含量增加，摩擦系数也随之升高，膏霜的作用可以持续数小时，而水的直接作用只能持续 5～20min。但是，涂抹润肤保湿霜后的摩擦系数也随着皮肤油腻程度的增加而降低。与低温度（18℃）相比，许多润肤剂在较高温度（45℃）能更大程度地降低摩擦系数。可见皮肤摩擦力的检测为皮肤生物-物理学现象观察提供了不同的视角。

（三）皮肤轮廓仪测量方法简介

1. 基本原理

测量皮肤纹理或皱纹的技术方法较多，但主要是一类称为皮肤轮廓仪的设备，该设备利用机械、普通光学或激光原理、条纹光投影技术研制而成，能对皮肤表面的细小纹理和粗大皱纹进行扫描。计算机图像数据分析系统对扫描图像进行数据化处理，进行二维或三维图像重建，对皮肤皱纹和肉眼不能分辨的皮肤纹理进行三维立体评价，使抗皱产品的功效研究有了客观量化的手段。

2. 皮肤印模的制备

硅树脂聚合物材料制作皮肤印模已广泛使用。操作时先将有方向标签的环状或方形黏性垫圈贴于被检皮肤，以固定受试部位和统一检测面积。将树脂硅胶及催化剂混合后立即小心地放到黏性垫圈内的皮肤上成模，数分钟待硅胶凝固成模后揭起，就得到一张柔韧如橡胶的皮肤印模。皮肤硅模在冰箱里至少可以保存6个月。制作皮肤硅模前一天应剔除毳毛，制作硅模时保持皮肤不出汗。皮肤印模制作麻烦，但具有测量准确性和可重复性优势。

3. 皮肤扫描

通过对皮肤表面的印模间接扫描或对活体皮肤表面直接扫描，得到皮肤纹理和皱纹的图像。对活体皮肤实施扫描更方便易行，但皮肤的透明度及皮肤微小位移常常会影响测量的精确度。

4. 皮肤表面三维结构的参数

由于皮肤纹理是各向异性的，不仅需要计算多条纹理的平均值，还要计算多个方向的平均值。也有用树枝状图形代表皮纹和皱纹方向和大小的。最常引用的参数是 *Spa* 和 *Sptm*，常用参数意义如下：

(1) 代表皮肤的粗糙度参数

Spa (*Ra*)：基线上下方皮丘轮廓的算术均数。

(2) 代表单个皮丘的参数

Spt：皮丘最高点和皮沟最低点之间的垂直距离；

Spv：基线到皮沟的最低点；

Spp：基线到皮丘的最高点；

Spq：基线上方皮丘表面高度的乘方。

(3) 代表所测面积的参数

Sptm (*Rz*)：在所测范围内，皮丘最高点和皮沟最低点之间的平均距离；

Sppm：在所测范围内，基线上方平均距离；

Spvm：在所测范围内，基线下方平均距离。

皱纹测量的参数包括皱纹的深度、长度、皱纹体积以及皱纹的横截面积。由于是对皱纹一条线进行图像分析，比对一个面的皮肤纹理分析难度更大，相关文献资料尚不多。随着对设备的改进或新设备的推出，将不断有新的参数被提出，而这些新的参数还有待时间的检验和不断完善。

（四）皮肤皱纹定量测试仪 SV500 简介

该仪器利用光学原理可直接或间接获取皮肤皱纹参数。

1. 测试原理

用专用工具和硅氧烷液体涂在人体皮肤表面，形成与人体皮肤纹路相吻合的反向复制膜片。膜片上有皱纹的地方是凸起的形状，没有皱纹的地方是凹陷的形状，当两束特定波长的光线照到该膜片上后，有皱纹凸起的地方透光量就少，没有皱纹凹陷的地方透光量就多。

2. 测试步骤

将从皮肤表面取下来的蓝色的硅氧烷膜片贴到一个专用的类似磁盘的塑料板上，将此塑料板及板上所贴的膜片一起插入到主机中，将一束平行光照射并穿过硅氧烷膜片，膜片背后的摄像镜头收集到从膜片上穿过的光信号后，得到人体皮肤皱纹的三维图像，通过计算机专用软件处理和分析数据，得到皮肤皱纹即粗糙度 Rt、Rz、Rm、Rp 和 Ra 五个参数。对这些参数及各种数据进行综合判定，可用来进行抗衰老化妆品的功效研究。

3. 皮肤皱纹（皮肤表面粗糙度）的参数评定

皮肤粗糙度 Rt、Rz、Rm、Rp 和 Ra 等 5 个参数（单位 mm）都来源于冶金工业中对金属表面粗糙度评价的参数，该仪器中各参数测定符合国际标准中规定的方法。

① 皮肤粗糙度 Rt 即所有剖面中最高峰和最凹点之间的距离，该参数是这几个参数中最大的数值，也是皮肤表面不平度的最大高度（见图 3-2）。

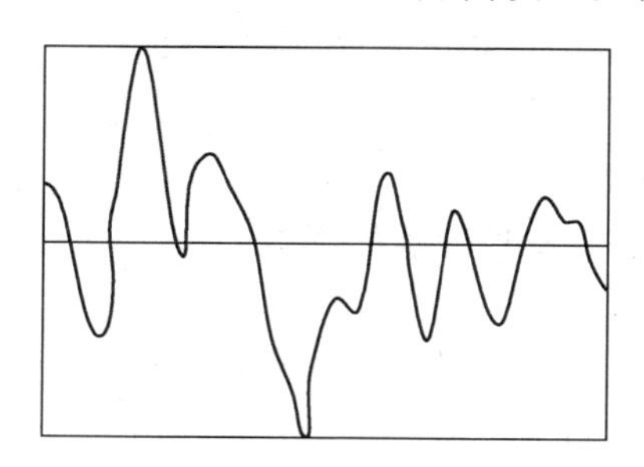

图 3-2　皮肤粗糙度曲线

② 平均粗糙度 Rz 即同样长度的五个连续分段测量范围内的皮肤粗糙度 Rt 的算术平均值（见图 3-3）。

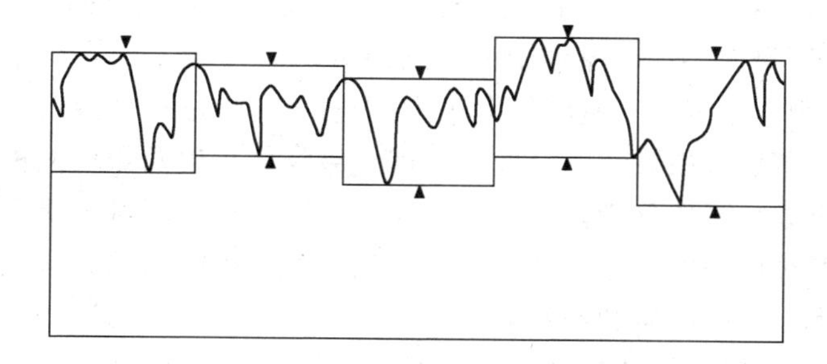

图 3-3　皮肤平均粗糙度曲线

③ 最大粗糙度 Rm 即在被切割的皮肤断面中，相邻的最高峰和最凹点之间距离的最大值，相当于皱纹当中最大的那一根（见图 3-4）。

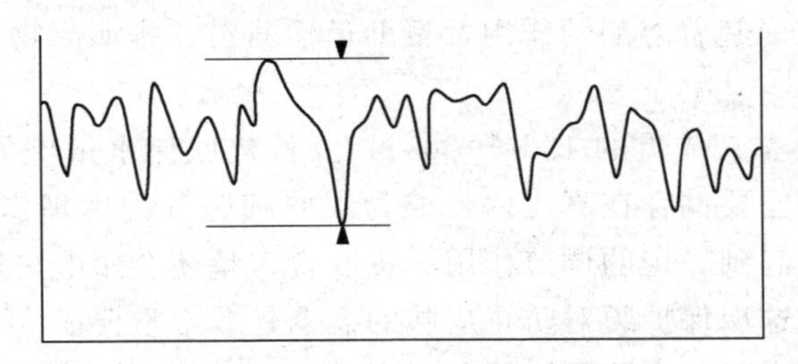

图 3-4　皮肤最大粗糙度曲线

④ 平滑深度 Rp 即皮肤表面轮廓线和皮肤皱纹底线之间平均距离（见图 3-5）。

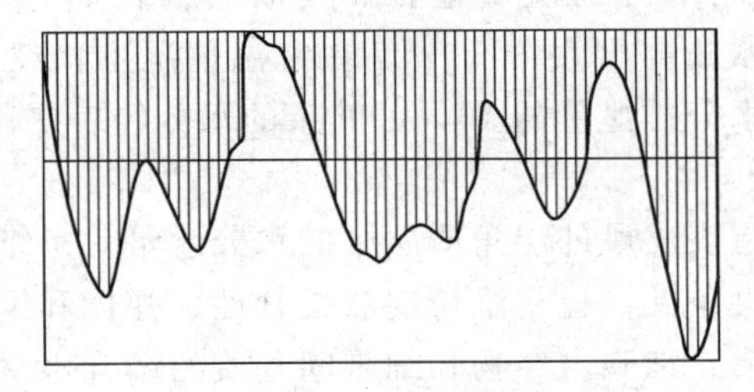

图 3-5　皮肤平滑深度曲线

⑤ 算术平均粗糙度 Ra 即在基本长度范围内，被测皮肤表面轮廓线上各点至轮廓中线距离的绝对值的算术平均值（见图 3-6）。

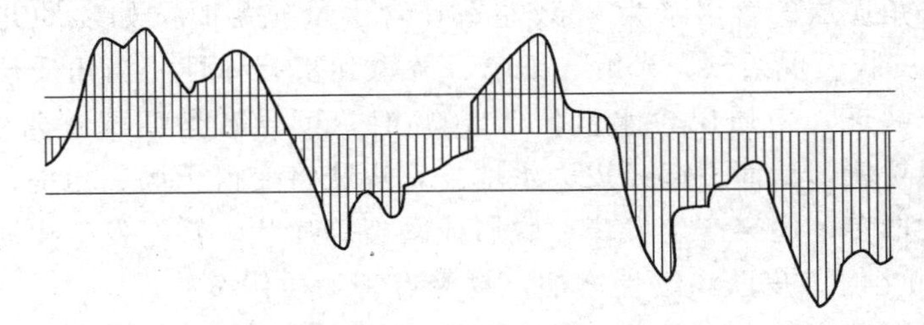

图 3-6　皮肤算术平均粗糙度曲线

4. 测试条件

测试季节、环境的温度、湿度等对皮肤粗糙度测试有影响但不是很大。一般要求测试环境温度、相对湿度恒定，统一即可，以避免每次测试环境差异太大造成影响，若在 20℃或 25℃和 40％～60％相对湿度的条件下进行测试最佳。被测试者应提前将被测试部位清洗干净，晾干后待测。

五、皮肤的含水量

（一）皮肤含水量的生理意义

1. 皮肤水分的代谢

水是人体的重要成分，占人体质量的75%。水在人体内以三种形式存在：一是细胞内的水分（称细胞液）；二是组织液，主要存在于细胞与细胞之间；三是在血液中。水在人体内起着溶剂的作用，帮助运输养料、排泄废物和调节体温，是人体必需的物质。

皮肤的含水量占人体重的18%～20%，女性皮肤储水量比男性多，其中75%的水分在细胞外，主要储存在真皮内，成为皮肤细胞各种生理作用的重要内环境，同时对整体的水分起到一定的调节作用。皮肤含水量还会影响皮肤表面的水和油脂混合膜的形成，而这层保护膜对防止皮肤的衰老是非常重要的。

当人体急性脱水时，皮肤可以提供其总水分的5%～7%来补充血液循环中的水分需求。当体内水分增多时，皮肤水分也随之增多，表现为皮肤水肿。皮肤、肾、肺及肠是人体排泄水分的主要途径。皮肤自身的排水总量可以达到300～420g/24h，比肺的排水量高出大约50%。在常温情况下，经皮肤通过非可见汗液的水分排泄占皮肤总水分排泄量的10%，其余的水分经表皮角质层排出体外。

2. 角质层含水量

皮肤含水量主要指表皮最外层角质层中的水分含量，是维持皮肤生理环境、促进皮肤新陈代谢的先决条件，也是维持皮肤柔软性、弹性和饱满度的最重要因素。

角质层中的细胞膜、细胞内容物和细胞间基质的结合水量，决定了角质层的吸水能力；而角质层细胞膜及细胞间隙中的脂质成分，则构成了防止水分流失的屏障。这两方面共同作用使角质层维持一定的含水量，决定着皮肤健康和美丽的外观。

正常皮肤角质层的含水量为20%左右，含水量充足时（如婴幼儿皮肤含水量高达40%），皮肤表现柔软、光滑、细腻、娇嫩和富有弹性。当角质层的脂质、水分或保湿因子缺乏，角质层含水量低于10%时，可导致角质层正常结构不稳定，影响皮肤屏障功能，从而引起经皮失水增加，皮肤将变得干燥、粗糙、无光泽、弹性降低、皱纹增多，还会产生发痒、脱屑或皲裂等症状，甚至发生皮肤病。角质层含水量高于30%时，皮肤渗透性增加，易受有害物质侵袭。

利用仪器定量测试皮肤角质层水分含量一段时间，可以比较不同化妆品对皮肤保湿效果的差异，也可以比较问题性皮肤护理效果的差异，进行抗老化、舒缓类化妆品的临床功效研究。

（二）直接测量角质层含水量

使用红外线、核磁共振光谱仪可以直接测量角质层含水量。由于皮肤的水分含量不同，特定波长的波在皮肤中的传播情况不同，皮肤表面对红外光谱的吸收不同，但这种共振频率测试方法与皮肤的弹性有关。

通过质子密度和体积集中度，也可以间接地测试皮肤的水分含量，这种方法的原理类似于核磁共振图像法。

虽然光谱变化能够直观地显示出皮肤水分含量的变化，但光谱数据的采集以及数据转换的处理，需要专门的仪器和培训，仪器操作烦琐，价格昂贵，多处于研发阶段，且对于许多解剖位置与临床情况都不适用，应用有限。

（三）间接测量角质层含水量

借助于水的导电特性，通过测量皮肤的电导、电容阻抗、瞬时热传导等物理参数，可以间接测量角质层的含水量。注意每次测量前要保持探头干净无产品沾染，以免误判皮肤导电性大小。

角质层越干燥，死细胞将会越多，测定角质层细胞剥落多少也可表明皮肤表面的水分含量。

1. 电容法

（1）基本原理　这种方法根据水和其他物质的介电常数差异显著测定人体皮肤角质层的水分含量，皮肤角质层水分含量的不同，测得的皮肤的电容值不同。为了防止测试电流通过皮肤，一种玻璃晶体将测试探头顶端的金属电极和被测皮肤隔离开。在测试探头顶端的两个金属电极之间产生一个交变的电场，一个电极聚积电子变成负极，另一个电极失去电子变成正极。在测试过程中这个交变的电场只能穿透皮肤的表皮，最后测试出皮肤表皮的电容量。

当测试探头与皮肤接触后，所测电容值的变化可以反映皮肤角质层中的含水量。含水量越高，其电容量越高，反之亦然。测得参数为湿度测量值（简称MMV），可代表皮肤含水量结果，MMV越大，水分含量越高。

电容法测量时间短、重复性好，对干燥性皮肤测量较敏感，是目前世界公认的皮肤水分测试法。

（2）测试要求　但角质层含水分的状态与角质层的特性、部位、测试季节、环境的温度与湿度、人出汗等对测试值都有影响，一般要求在温度20℃或25℃，相对湿度为40%～60%的条件下，被测试者最少提前30min进入测试环境中安静待测，在测定前10min将测试部位暴露出，最好选择人的前臂测试。

（3）常用仪器　德国CK公司水分测试仪器Corneometer CM825是我国轻工行业标准《化妆品保湿功效评价指南》推荐使用的测试仪器，分接触式单点测量、接触式连续测量两种方式。

该皮肤水分测试仪的优点：可准确定量化地测量皮肤的水分值；该仪器配有WINDOWS下的专用软件，可与计算机相连，在计算机屏幕上显示测试图和测试结果，可将被测人群的数据资料存入计算机中便于进行统计分析；测试方法简单，仪器体积小、质量轻、携带方便。

2. 电导法

皮肤角质层除含有水分外，还含有盐类、氨基酸等电解质。一般纯水不导电，由于角质层内含有电解质，而呈现出与水分含量相应的电导。

（1）基本原理　用一定力将一个单向、固定高频率电流（3.5MHz）的测试探头与被侧部位皮肤接触后，高频电流经角质层通入皮肤组织中，再经角质层流回探头中另一电极。其中主要的电阻来自角质层，特别是最干燥的表层部分。测定回路的总电导作为水分含量，数次电导数值的平均值即为表皮角质层的水分量。

测得电导的变化与角质层浅层和深层含水量都有很好的相关性，适合评估皮肤角质层水合动力学变化，且不受富含电解质溶液的影响。

与电容法相比，电导法对含水量较高的皮肤更敏感一些。

(2) 常用仪器　常用的有3.5MHz的SKICON-100型或SKICON-200型高频电导测定仪，通过实测电导与角质层水分含量的相关系数高达0.99，可以非常灵敏地测定角质层的水分含量。

(3) 应用　化妆品可保持住皮肤表面的水分，使皮肤表面滋润，可增加皮肤表层的电导，测试的电导值高则表明皮肤角质层水分含量高。比较表面皮肤使用化妆品前后的电导率的变化，即可测定化妆品的保湿效果，可用来比较不同化妆品的及时保湿性能，还可进行化妆品长期使用效果监测。

使用电导法还可以进行角质层水负荷试验，测试皮肤角质层的吸水能力和水分保持能力：将水滴置于皮肤表面，人为地制造100%相对湿度的环境，测试到很高的电导值即角质层水分的剧增可以得到角质层的吸水能力；擦去水滴，让皮肤从100%相对湿度环境回复到原有的低湿度环境，测试到电导值快速降低后平缓下降，为角质层水分保持能力。

六、经皮水分散失量

（一）TEWL的意义

1. 定义

除出汗外，人体真皮深层的水分还可以突破皮肤角质层的屏障功能而丢失，我们称之为水分经表皮散失（transepidermal water loss，简称TEWL），又称为经皮失水或透皮水丢失，是用于描述皮肤水屏障的重要参数。

人体表皮的水分经皮肤散失一直在不间断进行。角质层能保持经皮失水量仅为$2\sim5g/(h\cdot cm^2)$，使皮肤光滑柔韧而有弹性。而角质层不仅防止经皮肤吸收的各种各样异物的进入，还防止内源性物质包括水在内的分子从表皮丢失，将生物体与外界隔开，保持住水分不流失却又有通透作用，构成了天然的屏障。

2. TEWL与角质层含水量

当皮肤表面被封包时，皮肤角质层含水量增加。皮肤保护层越完好，水分的含量就会越高，皮肤水分流失、TEWL的数值就越低。一旦去除封包，截获在皮肤中的水分就会蒸发，即TEWL增加。在这种情况下，TEWL与角质层的水合作用是成比例的。健康皮肤的特性之一就是TEWL和水分含量之间保持一定的比例。

但当皮肤水屏障功能受到损伤时，即使在角质层含水量不足的情况下，水分仍然经皮蒸发，即TEWL增加使皮肤更加干燥。当皮肤处于生理性老化或病理性干燥状态时，如特应性皮炎、银屑病等，角质层含水量很低，TEWL值高于正常值。暴露于阈下刺激的临床上外观正常的皮肤，也可以通过测量TEWL进行监测。因此，在研究角质层功能上肉眼不可见的生物学改变时，测量 TEWL 是一个简单可靠的方法。研究表明，新生儿的 TEWL 明显高于其他年龄段的人群，老年的 TEWL 明显低于 30 岁以下的人群。在一定的角质层含水量范围内，TEWL 增高表明皮肤屏障功能受损。敏感性皮肤 TEWL 显著高于正常皮肤。

3. 应用

TEWL 值反映角质层的屏障功能，与角质层含水量关系密切，是评价角质层状态的重要参数，可用来评价抗衰老化妆品的润肤性能和皮肤屏障功能修复能力。

在前臂皮肤上定义数个测试区域，先测试该区域空白皮肤的 TEWL 值，再将测试化妆品涂于指定部位。使用后 10min、30min、60min、90min、120min 测试 TEWL 值，每个点测试样品的用量为 $2mg/cm^2$。

使用化妆品后，TEWL 值应明显降低，差值越大，说明化妆品增强角质层屏障作用越明显，保湿效果越好。

因此在化妆品的研制过程中，通过测试这两个指标可评价保湿类、舒缓类和清洁类化妆品的安全性和功效性，也可应用于过敏性斑贴试验、接触性皮炎、物理疗法、烧伤及新生组织的监测，及时发现皮肤的保护功能是否已被破坏。

4. 皮肤屏障的自我修复

TEWL 仅增加 1%，皮肤就会启动屏障修复。让表皮重新湿润包括 4 个步骤：

① 开始屏障修复；

② 改变表皮水分分布；

③ 真皮水分开始渗透到表皮；

④ 合成细胞间脂质。

具体来说就是：

① TEWL 增加会刺激颗粒层上部细胞合成板层颗粒，迅速补充角质层细胞间脂质；颗粒层下部细胞开始产生大量新的板层颗粒；颗粒层在适宜湿度条件下产生新的天然保湿因子 NMF。

② 在 30min 内，板层颗粒在颗粒层上部沉积，在随后的 4min 内合成脂肪酸和胆固醇，接下来的 6～9min 内产生神经酰胺。

③ 当细胞外脂质通过损伤部位的角质形成细胞进入角质层间隙，并被结合进入板层膜结构时，屏障功能得到恢复。

通过表皮屏障功能的修复，可使皮肤保湿系统又恢复正常，保持皮肤所含的水分。

（二）TEWL 的测试方法

1. 基本原理

基于近表皮（约 1cm 以内）的水蒸气压梯度，用电容量传感器测定这一皮肤范围内的邻近两点的水蒸气压的变化，可以计算出经表皮蒸发的水量，测量单位为 $g/(m^2 \cdot h)$。可以通俗理解为 1h 内有多少水分从 $1m^2$ 皮肤表面进入了周围空气中。

2. 影响因素

任何环境因素引起的围绕身体边缘层的变化都将影响TEWL的检测值。因此要求配备单独房间，保持测量环境安静，一般在温度20℃或25℃，相对湿度为40%～60%的特定条件下，环境避免空气流动。

被测试者的身体状况、皮肤角质层的特性、部位、测试季节等都影响角质层水分的自然蒸发散失。这就要求被测试者的身体状况正常，最少提前30min进入测试环境中安静待测，测试时全身放松，体位固定，最好采取平躺的姿势；受试者和操作人员均须情绪稳定。

3. 测定方法

根据不同的水取样技术，TEWL的测定方法可以分为开放法和封闭法，测试参数单位均为g/(h·m²)。

(1) 开放法　将特殊设计的两端开放的圆柱形腔体的测量探头［图3-7(a)］垂直放置于待测皮肤表面，在皮肤表面形成相对稳定的测试小环境；通过两组温度、湿度传感器测定近表皮（约1cm内）由角质层水分散失形成的在不同两点的水蒸气压力梯度差值，这个差值与通过皮肤特定位置水蒸气丢失的速率相关，测试结果代表皮肤屏障功能是否受到损伤。皮肤屏障越完好，TEWL值越低。

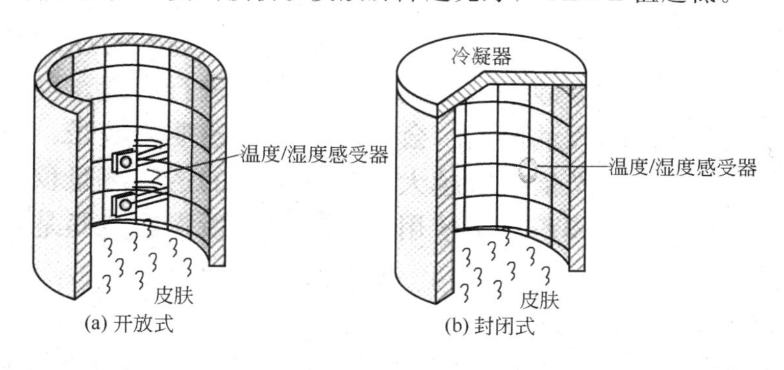

图3-7　经皮失水测量原理

(2) 封闭法　测量探头顶端为封闭的圆柱形舱［图3-7(b)］，测量时垂直罩在皮肤上，用电子湿度探测器记录舱内的相对湿度。水蒸气的浓度变化在一开始时很迅速，然后在湿度接近100%的过程中逐渐降低。封闭法不允许连续记录TEWL，因为一旦封闭室内的空气达到饱和，皮肤内水分的蒸发将会停止。由于测量室在测量过程中是关闭的，因此不会受到周围空气流动的影响，感应器会在测量过程中对测量室内相关湿度的增加进行监控，根据相关湿度的增加换算蒸发值。在测量过程中，测量室会被动通风，并根据蒸发率和相关湿度自动控制通风时间。

（三）皮肤水分散失测试仪 Tewameter TM300 测定方法

在检测和评价化妆品、保健品和药物对皮肤的功效方面，德国CK公司的皮肤水分流失值 TEWL 测试探头 Tewameter TM300 是一种非常有效的仪器。该仪器测量 TEWL 的方法有两种。

1. 标准测量

探头每秒钟自动采集一次 TEWL 数据，显示屏将这些 TEWL 数值按时间顺序显示出来，成为一条曲线，与电脑连接操作时的数据可通过软件记录。

2. 连续测量

可以长时间地观察皮肤水分流失的变化曲线，屏幕上可以显示 1s 到用户设定的时间的 TEWL 数值，这些数值在与电脑连接操作时可通过专用软件记录并保存。

3. 皮肤水分流失测试探头 Tewameter TM300 的优点

(1) 具有良好的重复性，探头轻，操作方便，可同时测试温度和相对湿度；

(2) 可以显示皮肤水分流失 TEWL 的数值、曲线、平均值和标准偏差；

(3) 通过提供的特殊液体可以进行探头的相对湿度校准，可以最多和四台水分流失测试仪的附属机 TM300 相连接，实现同时测量多个点的 TEWL 数值；

(4) 通过 Windows 软件和计算机相连接，在计算机屏幕上显示出来，并可存储和打印输出。

七、皮肤的油脂

（一）皮肤油脂的组成与含量

表皮表面的油脂大部分（面部约占 90%）是由皮脂腺分泌的脂质，主要成分为角鲨烯、蜡酯、甘油三酯、游离脂肪酸等，其余为表皮细胞产生的结构脂质，有胆固醇酯、游离脂肪酸、神经酰胺、胆固醇硫酸酯等。

面部、前胸和上背部的皮肤富含皮脂腺脂质，而四肢皮肤则以表皮脂质为主。面部每平方厘米脂质含量为数十或数百微克，而四肢的脂质含量仅为数个微克。扩散到皮肤表面的脂质，与水分乳化能形成皮脂膜，皮脂膜保持皮肤表面平滑、富有光泽，防止体内水分的蒸发，起到润滑皮肤的作用。

皮肤油脂量随个人、性别、部位、年龄、季节等而变动。如果油脂过多，不仅会造成皮肤反光、颜色灰暗，而且容易形成粉刺、痤疮，严重影响皮肤的美观。化妆品通过提供外源性脂质或减少皮肤脂质，模拟正常的皮脂膜发挥功能。

（二）皮肤油脂量的测量方法

皮肤油脂量的测定包括体外法和体内法。

体外法通过测定皮面脂质的物理性状、水透过性、闭塞性、吸湿性、保湿性能、板状形成等对皮肤油脂定性定量。

体内法通过对皮脂分泌、皮肤屏障功能、保湿性能的测定，或者通过对皮脂腺活性分析、毛囊角拴的解析和对毛孔内存留物质进行非破坏性鉴定等进行评价皮肤油脂量。

1. 直接皮脂测量法

常用的皮脂测量方法是利用纸或胶带吸收油脂后可以透光的原理或直接收集油

脂进行测量。早期曾利用卷烟纸和磨砂玻璃吸收油脂的特性进行测量。以往皮肤油脂的测定是采用化学试剂法，其过程复杂，耗时。

（1）直接称量法

① 用溶解提取法，以乙醇等溶剂将皮肤表面的皮脂洗擦下来，收集后让乙醇充分挥发，然后用电子分析天平称量剩下的皮脂的质量。

② 先称量吸油纸的质量，事先用乙醚清洁待测皮肤，将吸油纸粘贴在皮肤上用以收集皮脂。然后将吸油纸放在被测定部位 3h，再用电子分析天平称量吸油纸的质量。

将采集了皮脂的吸油纸溶于乙醚，待乙醚挥发后称量，减去吸油纸的基础质量即为皮脂量。

（2）称量法要求　皮脂质量结果表示为 $\mu g/(cm^2 \cdot min)$。重量分析法的称重天平要求精确到 0.01mg，并且被放置于特制的桌子上，称重房间应无风、热量稳定、减少相对湿度。在做皮脂定量分析时既要考虑年龄、性别、内分泌的影响，也必须考虑皮脂收集时间、皮肤温度、汗腺功能、收集部位的影响。

2. 光学测定法

现在多采用光学测定方法，可以快速准确得出皮脂测试结果。

（1）基本原理　其方法基于一种特殊胶带的光度计原理，用的是一种大约 0.1mm 厚的消光胶带，这种胶带吸收皮肤上的油脂后变成一个半透明的胶带，它的透光量随之发生改变，吸收的油脂越多，透光量越大，这样通过特制的透光测量仪（如 Lipometer，Sebumeter，Sebutape）就可以间接快速测出皮肤油脂的即刻分泌量。

这种测量设备体积小，使用方便，测试所得的皮脂是单位时间内的皮脂总量，表示为 $\mu g/cm^2$。

（2）测量方法　在额头、鼻两侧、面颊、下巴 4 个部位分别画一个大小为 $2cm^2$ 的固定区域作为测试区域。测量时间为清洁前及清洗后 30min、60min、90min、120min，在上述 4 处相同区域测定油脂量。

也可以先将待测皮肤进行脱脂处理后，将一种特殊胶带贴在皮肤上，这种特殊的吸脂胶带是一种吸油的黏性微孔薄膜。由于油脂对光不散射，当薄膜微孔中的空气被吸取的油脂取代后，该薄膜微孔就会变得透明。贴于皮肤上的胶带逐渐吸收分泌的皮脂，形成与毛囊开口相一致的透光点。

收集撕下的胶带，再通过简单的图像分析程序来测量这些透光点和它们的表面积，可以得到以下测量参数：被测区域皮脂排泄率、皮脂点数目、最大皮脂点和最小皮脂点。

常规应该在取下胶带 24h 内进行评估，如果不能立刻评估需将标本置于－30℃保存。测量时需注意由于皮脂分泌过多导致的皮脂点融合，特别大、融合的皮脂点多见于脂溢性皮炎和痤疮患者。

八、皮肤的弹性

皮肤的力学特性与角质层的机械强度、水分皮脂的平衡、胶原纤维、弹力纤维、基质构造及其存在形态有很大的关系，呈现复杂的黏弹性特点。

测量皮肤的弹性可以评估皮肤老化情况以及评价化妆品抗皮肤衰老的功效。

（一）基于人体上皮肤力学特性测定皮肤弹性的方法

基于皮肤力学特性测定皮肤弹性的方法及原理见表 3-1。

表 3-1　基于皮肤力学特性测定皮肤弹性的方法及原理

方法名称	基本测定原理
触诊计法	测定皮肤一定荷重后的变位
低频振动法	给以皮肤低频振动，根据此时的变位应答求取力学特征
振动计法	用振动计测定生物体的机械阻抗，评价皮肤和筋肉的力学特征

（二）基于回弹现象测定皮肤弹性的方法

当一个轻的、带有一定动能的小锤撞击皮肤时，导致皮肤压缩；由于皮肤具有弹性，它会将小锤反弹回去。但是皮肤有一定的黏性，会吸收一部分能量。因此小锤每一次回弹的高度和持续的时间都会比上一次低。

皮肤的弹性和黏性对回弹系数的影响相反，皮肤弹性越好，回弹系数越高，而皮肤的黏性则会降低回弹系数。

基于这个回弹现象，当对皮肤施加一定的外力，皮肤会变形后再回复。采用光学和力学的原理，记录施加的负荷、皮肤的抵抗和再回复过程，进而可以计算皮肤的黏弹性。根据施加外力的特征和方向以及皮肤对压力的反应，延伸出以下几种测量方法。

1. 扭转法

该法是平行于皮肤表面进行的测量方法，根据给予皮肤旋转运动时的应力求取力学特性，皮肤的伸展性和扭转恢复是该方法最常使用的测量参数。

这种方法的优点是可以将真皮和皮下组织之间联系的影响最小化。测量仪器通过对黏着在皮肤表面的圆盘（双面胶）施加一定的扭转力偶，小盘运动带动黏着的皮肤扭曲，并在小盘周围被拉长，记录扭转皮肤施加的力、扭转时间和被扭转拉长的皮肤，可得到所测部位皮肤的机械特性。

2. 吸力法

（1）基本原理　吸力法测试仪基于吸力和拉伸原理设计。

（2）MPA580 型皮肤弹性测试仪测试原理　探头内有中心吸引头及测试皮肤形变的装置。测试时，吸引头在被测试的皮肤表面产生一个 2～50kPa 的负压将皮肤吸进一个特定测试探头内，皮肤被吸进测试探头内的深度通过一个非接触式的光学测试系统测得。

吸力消失后，皮肤形变回复。皮肤随时间和拉力的变化可以由测试形变的装置测得。测试探头内包括光的发射器和接收器，光的比率（发射光和接收光之比）与被吸入皮肤的深度成正比，由此来确定皮肤的弹性性能。

（3）测量曲线分析　图 3-8 是一条皮肤被拉伸的长度和时间的关系曲线。Uf 是皮肤的最大拉伸量；Ue 是弹性恒定负压加到皮肤上后 0.1s 时皮肤的拉伸量，定为弹性部分拉伸量；$Uv=Uf-Ue$，即黏弹性部分，或塑性部分拉伸量；Ur 是回弹量，即取消负压 0.1s 后皮肤的恢复值；Ua 为从取消负压到下一次连续测试皮肤表面再加负压时皮肤的恢复值。

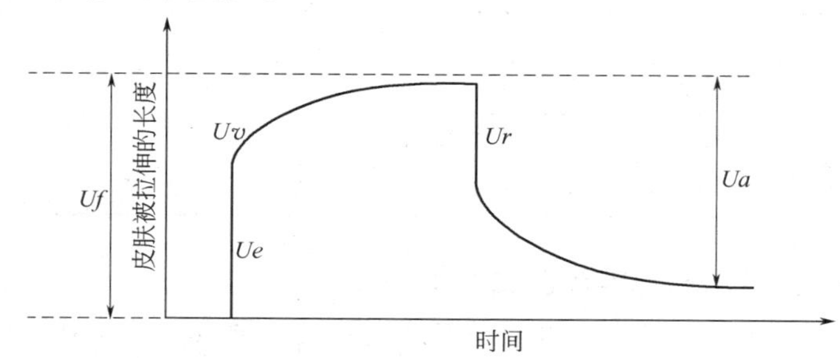

图 3-8　皮肤被拉伸的长度和时间曲线示意图

对于皮肤而言，越是年轻、弹性好的皮肤，Ue 的数值就越高；对于年老、弹性差的皮肤，弹性部分值 Ue 比较低，黏弹性部分值 Uv 就比较高。同样，越是年轻、弹性好的皮肤，Ur 的数值就越高；对于年老、弹性差的皮肤，Ur 值就越低。

（4）测试条件　测试季节、环境的温度与湿度等对皮肤弹性测试影响不大，一般要求测试环境温度、相对湿度恒定、统一即可，以避免每次测试环境差异太大造成影响。在 20℃或 25℃和 40％～60％相对湿度的条件下测试最佳。

九、其他生理参数

（一）皮肤微循环

皮肤微循环是皮肤的重要结构，与皮肤营养、体温调节等功能密切相关。很多化妆品的功效是通过改善皮肤微循环得以实现的，因此，皮肤微循环指标成为改善敏感性皮肤红斑、遮光剂防晒伤性红斑、抗老化产品促进微循环等产品诉求的功效参数。

皮肤氧分压的测定可作为多种化妆品改善皮肤代谢功能的临床效果评价指标。

毛细血管在真皮乳头形成弓状血管袢，垂直于皮肤表面，提供皮肤营养。乳头下血管的走向与表面皮肤平行，主要功能为储存血液，位于真皮深层和皮下脂肪的血管网则参与体温调节。皮肤活检得到的静态标本，难以再现活体状态下的微循环结构和血液在血管中的流动情况。目前有多种技术可实现活体实时动态测量皮肤微循环的结构和功能。

（二）表皮细胞更新时间

丹磺酰氯荧光标记技术作为一种测定角质层更新时间的方法，在皮肤医学领域中已经广泛应用。表皮角质层被丹磺酰氯荧光充分标记直至消失的时间可以作为表皮更新的测试指标，通过丹磺酰氯染色测定角质层的脱落速率来反映表皮的更新时间。

本方法原理较为简单，丹磺酰氯是一种蛋白质荧光标记物，其与蛋白质氨基酸基团有很高的亲和性，尤其是对纤维性蛋白质。当丹磺酰氯涂布于皮肤后，富含纤维蛋白（角蛋白）的角质层可被荧光标记，在紫外灯下很容易被检测到。自涂布开始至荧光消失的时间即是整个角质层脱落并同时被新产生的且未被染上丹磺酰氯表皮细胞所取代的时间，即为表皮更新时间。该方法具有敏感、重复性好、简单可行和对人体安全等优点。

第二节　人体皮肤类型分析与诊断

人体皮肤类型分析就是通过专业人员的观察、测试或借助专业的皮肤检测仪器，对试验者或者化妆品使用者皮肤类型进行综合分析与判断的过程。

随着皮肤科医师、化妆品企业科研人员和大专院校科研机构对皮肤无创性检测技术研究的不断深入，皮肤类型的分析准确性得到提高，这不但推动化妆品安全评价和功效评价的发展，也对皮肤病临床诊断和治疗、皮肤美容等提供了帮助。

一、常规皮肤类型的分析方法

常规皮肤类型的判断，可以采用观察法、擦拭法、触摸法、美容透视灯（伍氏灯）观察法及无创性皮肤生理参数测试法，也可以结合问卷调查等进行综合分析。

（一）观察法

1. 肉眼观察法

面部清洁后，直接对皮肤表面细致地观察，比如毛孔的大小、纹理、光滑度、肤色、有无光泽、油脂分泌情况、皮肤的松紧及弹性、皱纹、色斑、痤疮等，以及涂用化妆品或与其他物品接触时是否产生红斑，有无瘙痒或皮疹等。为了观察更清楚，可以借用皮肤放大镜。

2. 美容放大镜观察法

洗净面部，待皮肤紧绷感消失后，用放大镜仔细观察皮肤纹理及毛孔状况。操作时应用棉片将双眼遮盖，防止放大镜折光损伤眼睛。

3. 美容透视灯观察法

美容透视灯内装有紫外线灯管，紫外线对皮肤有较强的穿透力，可以帮助研究者了解志愿者皮肤表面和深层的组织情况，不同类型的皮肤在透视灯下呈现不同的颜色，见表 3-2。

使用透视灯前，应先清洁面部，并用湿棉块遮住使用者双眼，以防紫外线刺伤眼睛。待皮肤紧绷感消失后再进行测试。

表 3-2　皮肤状况观察

观察方法	油性皮肤	干性皮肤	中性皮肤
肉眼观察	皮脂分泌量多而使皮肤呈现出油腻光亮感	皮肤细腻、薄而干燥，眼睛周围往往有细小皱纹	面色红润，皮肤光滑细嫩，富有弹性
美容放大镜观察	毛孔较大，皮肤纹理较粗	皮肤纹理细致，毛孔细小不明显	皮肤纹理不粗不细，毛孔较小
美容透视灯观察	皮肤上见大片橙黄色荧光块	少许或没有橙黄色荧光块、白色小块，大部分呈淡紫蓝色荧光块	皮肤大部分为淡灰色，小面积橙黄色荧光块

4. 美容光纤显微镜检测仪测试法

该仪器利用光纤显微技术，采用新式的冷光设计，清晰、高效的彩色或黑白电脑显示屏，使志愿者亲眼目睹自身皮肤或毛发状况。由于具有足够的放大倍数（一般为 50 倍或 200 倍以上），可直观将皮肤基底层微观放大并及时成像。同时，该仪器配置了功能强大的数据分析软件，能将收集到的皮肤各方面的信息资料进行综合分析判断，得出较为准确的结论。

（二）自我测试法

自我测试法适合志愿者或者化妆品使用者在家进行自我测试，仅供参考。

1. 擦拭法

晚上睡觉前用温水和中性洁肤品净面，不搽任何化妆品即上床睡觉。第二天起床后用 1cm×5cm 大小柔软干纸巾或吸油纸，轻压鼻翼两旁、额部、颊部，然后观察纸巾：油性皮肤纸巾上见大片油迹，呈透明状，或透明点每平方厘米在 5 个以上；干性皮肤纸巾无变化，无油光，或透明点每平方厘米在 2 个以下；中性皮肤纸巾上沾油污面积不大，呈微透明状，介于前两者之间。

更简单一点的方法是彻底清洁皮肤后，不用任何化妆品，2h 后直接用清洁柔软的面巾纸或吸油纸分别按压额部、面颊、鼻翼和下颌等处，观察纸巾上油污的多少，如果擦下了较多的油性分泌，就是油性皮肤；如果无油性分泌物，就是干性皮肤；介于两者之间，就是中性皮肤。

2. 观察、触摸和擦拭结合法

晚上睡觉前用肥皂将脸完全洗干净，再用毛巾擦干，不搽任何化妆品。

第二天起床后不要洗脸，先在镜子前仔细检查一番，如果有光泽，证明是油性皮肤。用指肚缓慢触摸面部皮肤，有粗糙感的属于干性皮肤；感觉光滑的为中性皮肤；有油腻感的则属于油性皮肤。

为确切起见，先用纸巾擦半边脸，然后观察对比脸的两边。如果脸两边的光泽明显不同则确属于油性皮肤；如果脸两边区别不大，则证明属于中性皮肤；如果脸两边没有任何区别，而且被擦过的半边反而感到有点绷紧感觉，则证明属于干性皮肤。

3. 洗脸法

任何人洗脸后均有皮肤绷紧感，如果要对皮肤性质进行自我诊断，也可以从洗脸后紧绷的程度及恢复湿润所需时间的长短来判断。

洗后别搽任何护肤品，观察绷紧感消失的时间。如在洗脸后 20min 以内消失属于油性皮肤；20～30min 内消失属于中性皮肤；30～40min 内消失属于干性皮肤。

（三）问卷调查法

研究表明，虽然许多人对于自己属于油性或干性皮肤显得很确定，但其实这些预见和初步判定往往并不准确。

可通过认真思考和回答由皮肤科医生事先设计出的问题，不要用你认为“应该这样做”的选项作为回答，只需要如实回答你“实际是怎样做”的就会检测出你皮肤的真实状况，综合各个部分的得分，可以更准确更全面分析出皮肤的含水状况、出油程度、趋向于发生各种敏感肌肤症状的程度、产生黑色素的程度、是否属于容易生出皱纹的类型以及你现在已经出现的皱纹危机，更有助于判定皮肤类型。

注意：不要试图猜测题目背后的意图，根据实际情况来选择就行了，别让自己的那些成见或其他的想法影响回答的正确性。如果对某些问题问到的情况不确定或不记得了，请重新试验一次。

（四）皮肤生理参数测定法

医学上用 pH 值来表示人体皮肤的酸碱度，一般以 pH 值 7 为中心，大于 7 者为碱性，小于 7 者则为酸性。皮肤表面的酸碱度值是由皮肤的代谢产物（如角质层中水溶性物质、汗液和皮肤表面的油脂层以及排出的二氧化碳）共同决定的，正常情况下皮肤表面 pH 值范围基本维持在 4.5～6.5，呈弱酸性，男性比女性更倾向于酸性。

当皮肤的 pH 值明显偏向一方时，即表示皮肤发生异常。如 pH 值在 4.0 以下者属于强油性皮肤；pH 值在 7.0 以上者属于强干性皮肤。

可以利用试纸或皮肤酸碱度测定仪 Skin-pH-Meter® pH905 测试皮肤表面 pH 值，利用油脂测试仪测试油脂分泌率推断各自皮肤类型。

（五）皮肤类型综合分析法

一个人的皮肤类型并非一成不变，常常受到年龄、季节、生活环境、健康状况的影响而变化，因此在进行皮肤类型分析时应综合多方面的因素来考虑。

下面介绍以一种以年龄、肤质、季节的得分值为判定标准，借以测试皮肤现实类型的方法，对个人护肤方法和化妆品的选择具有参考意义，见表 3-3。

参考表 3-3 各项得分值，按照测试者个人情况计算合计得分，根据判定标准判定测试者皮肤类型，见表 3-4。

表 3-3　年龄、肤质、季节的得分值

得分	年龄/岁	肤质	季节
0	≤30	油性/混合性	夏
1	31～44	中性	春秋
2	≥45	干性	冬

表 3-4　皮肤类型判定标准

合计得分	皮肤类型
0～1	油性或者混合性皮肤
2～3	中性皮肤
4～6	干性皮肤

例如，某女士，25 岁，本身肤质为油性皮肤，需查询冬季皮肤的保养方法。按照上述方法计算：年龄得分 0，肤质得分 0，季节得分为 2，合计值则为 0+0+2=2，该女士应采用中性皮肤的保养方法。

二、敏感性皮肤判定方法

（一）乳酸试验

这是测试皮肤是否敏感的代表性的方法，运用广泛，下面介绍其中两种。

① 涂抹法：10%乳酸水溶液在室温下用棉签抹在鼻唇沟和面颊部；

② 桑拿法：让受试者在 42℃、相对湿度 80%的小室内，充分出汗，接着涂 5%乳酸水溶液在鼻唇沟和面颊部。

然后在 2.5min 和 5.0min 时用 4 分法评判刺痛程度（0 分为无刺痛，1 分为轻度刺痛，2 分为中度刺痛，3 分为重度刺痛），取其平均值进行评估。

（二）十二烷基硫酸钠试验

这是运用非常广泛的一种方法。十二烷基硫酸钠（简称 SLS）可以调节皮肤表面张力，增加皮肤血流量和表面通透性。测试方法很多，常用的是将 1.0%SLS 置于直径为 12mm 的 Finn 小室于前臂屈侧进行封闭斑贴试验，24h 后去除斑试物，分别于 24h、48h、96h 观察结果，按后按斑贴试验的方法评分。

三、日光反应型皮肤类型判定方法

（一）日光浴法

选择一定数量的受试者进行日光浴 30～45min，然后观察皮肤出现红斑及色素沉着的情况。为避免日常生活中紫外线对皮肤的辐照影响，通常在春夏季节进行此项日光浴试验，并选择在漫长的冬天未曾暴露的部位如臀部进行评判。

（二）模拟日光试验法

利用氙弧灯日光模拟器并配有过滤系统，在受试者背部皮肤选择一照射区域，用模拟光线照射 30～45min，然后观察皮肤出现红斑或黑化的情况。此方法适合于人体试验前对志愿者皮肤类型进行筛选。

第三节 皮肤检测在化妆品评价中的应用

化妆品的人体试验需要应用到皮肤检测技术。化妆品人体试验是一种前瞻性试验研究，指在人为条件控制下，以健康志愿者或问题皮肤人群为受试对象，通过相应皮肤生理参数的检测和感官评价，以发现和证实化妆品对皮肤的清洁、护理或对问题皮肤的预防、改善作用的有效性和安全性。

一、化妆品评价中的人体试验

（一）不同阶段人体试验的目的

1. 产品研发阶段

通过人体试验，评价产品在人体实际使用过程中的安全性、产品的功效性，了解消费者对产品的评价和对产品的接受程度。

2. 市场开发阶段

通过人体试验，评估该产品在新的市场、新的使用群体中实际使用的安全性、功效性，了解在新的市场、新的使用群体中的消费者对产品的评价和接受程度。为市场的开发和销售策略的制订提供依据。

3. 上市后再评价阶段

评估产品上市后在实际使用和大样本的情况下的安全性和功效性，了解消费者对产品的评价，为调整包装、配方和销售策略提供依据。

（二）化妆品评价的人体试验类型

1. 人体安全性评价

人体安全性评价包括人体斑贴试验和人体试用试验，在我国属于行政许可检验内容。以动物为试验对象的皮肤刺激试验和皮肤变态反应试验的试验结果外推到人类是有限的，尤其皮肤刺激性的多种感觉，如瘙痒、发热和刺痛等在动物试验中是很难检测到的，因此，有必要用人群皮肤来进行相应的检测和评价。随着动物试验的禁止呼声日益高涨，也使得人体成为化妆品临床评价的重要试验对象。

2. 人体功效性评价

功效性人体试验和安全性人体试验有时可以一起进行。

人体功效性评价试验是一个多层面多途径的复杂体系。按评价指标的性质可分为主观半定量评价和客观量化评价。主观评价以人的主观判断为标准，不需特殊设备仪器，经济简便，但易受个体主观感觉差异的影响；客观量化评价是通过特殊的仪器设备进行皮肤专业测量，主观影响因素较小，但需要购买设备和聘请专业的技术人员，不易广泛开展。

二、化妆品人体试验的基本原则

由于人体试验涉及的对象是人体，不可避免地会涉及社会、心理、伦理和可行性等复杂问题，只有推行规范化的临床试验，才能保证研究工作的客观、科学和高效。因此，如同其他临床试验一样，需要遵循以下原则。

（一）安全性原则

化妆品配方中的各种原料需符合《化妆品卫生规范》要求，被测试化妆品应经过实验室物理化学、卫生、毒理学以及微生物安全性评估，验证产品对人体无害，才能进入临床人体试验。

所有人体试验必须由训练合格的、有经验的专业人员进行操作，且必须符合1964年《赫尔辛基宣言》的基本原则及1989年《世界医协修正案》的要求，要求受试者签署知情同意书并采取必要的医学防护措施，最大程度地保护受试者的利益。

（二）伦理学原则

① 所有受试者应告知年龄、民族和性别等相关信息，应按照入选标准和排除标准选择；

② 所有受试者或家属应被如实告知测试目的、背景、方法、预期效果、性质以及研究过程中所有可预见的风险，所有受试者在测试前应签署知情同意书；

③ 在志愿者使用测试样品前，该样品及其成分的所有相关安全信息须已经评价；

④ 所有测试步骤须符合该国法律法规要求，且应获得独立的伦理委员会的许可；

⑤ 伦理委员会应包括医界和业外的专家，数目一般为5名或5名以上的奇数，应就试验相关信息考虑伦理学通则，确保受试者在测试过程中的安全和完整；

⑥ 须采取所有合理的保护措施以避免受试者在测试过程中产生皮肤过激反应；

⑦ 须有意外/不良反应的医疗处理和应对措施；

⑧ 志愿者可按时间和劳动获适当报酬，但此报酬不应过高以防志愿者的参与是受利益诱惑；

⑨ 志愿者有权在试验的任何阶段不需要任何理由退出研究，研究者应对志愿者的一般资料、具体病情及其他隐私情况保密，不得向他人透露。

（三）受试者的选择要求

（1）选择18～60岁符合试验要求的志愿者作为受试对象。针对特殊年龄的产品可以适当调整年龄构成。

（2）设计调查问卷，排除对化妆品不耐受志愿者，像有下列情况者就不能选择作为受试者：

① 近一周使用抗组胺药或近一个月内使用免疫抑制剂者；

② 近两个月内受试部位应用任何抗炎药物者；

③ 受试者患有炎症性皮肤病临床未愈者；

④ 胰岛素依赖性糖尿病患者；

⑤ 正在接受治疗的哮喘或其他慢性呼吸系统疾病患者；

⑥ 在近6个月内接受抗癌化疗者；

⑦ 免疫缺陷或自身免疫性疾病患者；

⑧ 哺乳期或妊娠妇女；

⑨ 双侧乳房切除及双侧腋下淋巴结切除者；

⑩ 在皮肤待试部位由于瘢痕、色素、萎缩、鲜红斑痣或其他瑕疵而影响试验结果的判定者；

⑪ 正在参加其他的临床试验研究者；

⑫ 体质高度敏感者；

⑬ 非志愿参加者或不能按试验要求完成规定内容者。

（四）科学性原则

为了使研究结果和结论更真实可靠，确保研究结果免受各种已知或者未知的混杂因素干扰，减少偏倚，经得起临床实践的检验，要注意做到以下几点。

1. 试验方案设计

首选临床随机对照试验方案。先按照标准统一选取合格的志愿者，按照随机化的方法将入选者分为试验组和对照组，2组分别接受包装和外观性状一致，配方成分不同的化妆品，同步观察试验皮肤的反应，对试验结果进行统计学处理，比较2组试验结果的差异。

有时皮肤状况的改善可能是由于休息、环境、季节变化造成的，或是配方基质本身的效果而不是干预措施引起的，这个方案要求以机会均等的原则将纳入的每个个体随机地分配到各组，以保证试验中非干预因素均衡一致，在试验组和对照组影响得到抵消，使资料处理和统计推断的结论能反映客观真实情况，保证试验结果的准确性。

对照产品可能是配方基质（空白对照），也可以是目前市场上认可有功效的产品（阳性对照品或称为“竞品”）。由于化妆品使用的特殊性，试验组和对照组可以是2组人群，也可能是左右半脸或左右肢体对照。

但有时会因为难以做到产品外观一致、达不到双盲等，不能采用随机对照设计方案，可以选择非随机同期对照研究、自身前后对照研究等方案，操作相对容易，但易导致研究结果的偏差。

2. 培训志愿者

要求参与试验人员具有基本的使用化妆品后皮肤的感觉判别能力，能够区分产品外观在视觉和嗅觉方面的基本差异，且试验前要培训志愿者按照规定方法正确使用样品。

无创性皮肤测量的受试者本身的皮肤状况对试验结果也有很大影响，应该根据研究目的和产品类型，选择合适的志愿者。见表3-5。

表 3-5　无创性皮肤测量受试者选择建议

因素	特点	建议
年龄	年轻人皮脂分泌多，中老年皮脂分泌少	应根据研究的目的，纳入不同年龄的受试者。因此对控油类产品应多纳入年轻志愿者；对抗衰老类产品，则应多纳入中年志愿者
性别	男性皮肤粗糙，多油腻；女性皮肤偏干性的比例高，尤其是中年以后	应根据待验产品的特点，选择适当的性别构成比例
种族	由于种族不同，人的皮肤颜色、同年龄段的皮肤细腻度、皮肤角质层含水量都有差异	如不涉及种族差异化比较，最好选择同一种族的人群作受试者
部位	不同部位的皮肤，皮肤生物学参数有较大的差异。曝光部位的皮肤颜色更深，皮肤更粗糙，衰老速度更快。面部“T”区（额部和鼻周皮肤）、前胸后背皮脂分泌旺盛，而四肢皮肤分泌低下，掌跖和唇红无皮脂分泌	应根据产品的功能诉求，选择试验部位
季节	皮肤表面的生物学特性随季节变化而发生改变：秋冬季节皮肤干燥；夏天环境湿度大，人容易出汗，皮肤受日光照射时间长，紫外线强度大	保湿产品的功效评价应在秋冬季进行；美白产品和抗皱产品的功效评价一定要考虑季节因素的影响

3．盲法试验

实验时受试者和研究者都不知道哪一组是对照组或试验组，直到数据录入和统计分析完成后才揭盲，即为盲法试验。盲法能够有效地避免研究者或受试者的测量性偏倚和主观偏见。

4．样本量

样本量的确定是由以下因素决定的。

① 显著性水平，即 α 值的大小，通常取 0.05 或 5%，其意义是估计犯假阳性错误的概率，即把无效判为有效的概率，所以可以认为是消费者的风险。

② 把握度，即 $1-\beta$ 值的大小，一般定为不小于 80%，其中 β 是犯假阴性错误的概率，也就是把有效判为无效的概率，被认为是生产企业的风险。

③ 个体变异。一般以参数指标的标准差、方差或变异系数来测量。

④ 试验品和对照品参数指标的差值及设定的等效限值。一般来说，差值越大，样本量要求越大；等效范围越窄，样本量要求越大。

在使用条件严格控制下，化妆品临床试验样本量可略低，一般设置在 20 例左右，如防晒剂功效评价。受试者带产品回家使用，每组样本量以不低于 30 例为宜。

5．试验周期

非特殊用途化妆品的皮肤不良反应在 24～72h 可见效果，但宣称有延缓衰老、减淡色素等功效的，需要较长时间的使用才能出现临床可见的效果。一般而言，控油、舒缓等产品一般 1 个月以上；美白祛斑产品多数情况需要 3 个月以上；抗衰老产品至少应观察 3～6 个月，甚至 1 年。

6．统计分析方法

依据观察值是计量资料、计数资料还是百分率，分别应用 t 检验、秩和检验、卡方检验等进行统计分析，包括意向治疗分析和完成治疗分析。

意向治疗分析是所有随机纳入的志愿者，无论其是否完成试验，在最后资料分析中都应被包括进去，可以防止排除效果较差的受试者，保留随机化的优点；完成治疗分析则只有按方案完成试验的志愿者才被包括到最后的分析中去，能反映实际按方案完成治疗的结果，减少因干扰或沾染造成的影响。这两种分析结果越接近，失访的比例越少，研究的质量越高，结果越可信。

三、化妆品人体功效性评价

（一）人体功效半定量评价

1. 志愿者感官评价

通过志愿者实际使用化妆品后的感觉进行统计分析，用以评价化妆品的临床功效。

（1）志愿者要求　一般筛选年龄在18～60岁的健康男女作为试用者人群，针对特殊年龄的产品可适当调整年龄构成。设计相关皮肤类型问卷，排除对化妆品不耐受的志愿者。要求参与试验的人群具有对化妆品基本的感觉判别能力，能够区分产品外观在视觉和嗅觉方面的基本差异。在此基础上，培训受试者正确使用化妆品，以便按照规定方法正确使用样品。

（2）选择评价指标　包括一般观察指标和特殊观察指标。

一般观察指标是对产品的共性评价，又称为感官评价，即通过受试者的视觉、嗅觉和触觉对产品的质地、颜色、香味、延展性、使用感等做出评价。清洁产品还包括清洗后的皮肤感觉；毛发产品应包括产品是否容易取出涂抹、洗涤中泡沫丰富和细腻度、产品是否容易清洗、有无残留、洗后头发质地等指标。

特殊观察指标是针对不同产品所宣称的功能，如保湿、抗皱、美白等，设定的相应的保湿、抗皱、美白等特殊观察指标。

（3）观察指标的量化　一般采用等级量化方法。语言评价量表（verbal rating scale，VRS）是将效果用无效、有效、显效和痊愈表示，对每一等级用语言文字做相应的描述，使受试者或研究者明确每一等级的具体含义。也可采用视觉模拟评分法（visual analogue scale，VAS），用一条长10cm的标尺，两端分别表示无效（0）和痊愈（10），被测者根据其自身感受，在直线上的相应部位做记号，记号从0到10的距离即是评分分数。评价时，受试者面对无刻度的一面，将游标放在当时最能代表自己感受的部位；研究者面对有刻度的一面，记录受试者感受的分数。

2. 研究者评价

采用语言评价量表，观察受试者皮肤在使用前后发生的变化。主要针对产品的功能进行评价，如保湿、抗皱、美白等，设定相应的保湿、抗皱、美白等特殊观察指标；同时对产品引起的皮肤不良反应，如红斑、鳞屑等进行评价。

在使用产品前后对皮肤进行摄影，以对比不同试验阶段的照片，获得产品在改善人体皮肤质地、颜色等方面的信息。

（二）化妆品人体功效定量评价

半定量评价方法尽管简单易行，但由于受主观因素的影响，难以在不同的研究者和研究机构间比较，使学术交流受到限制。随着现代生物物理学、光学、电子学、信息技术和计算机科学的发展，近 30 年来，一部分皮肤科医师、化妆品企业科研人员和大专院校科研机构致力于活体皮肤无创性测量技术的研究，不断研发出新仪器设备，可无创、动态地测量活体皮肤表面的细微结构、机械力学规律、颜色变化、分泌代谢等生理学特点，测定皮脂分泌、角质层含水量、经皮失水、pH 等参数，使化妆品的护肤功效得以定量测量和分析。

由于这些技术具有可动态地观察活体皮肤变化规律，观察指标数字化，较少受主观因素影响，便于不同研究者之间交流，对皮肤无创伤等优势，现已在化妆品人体功效评价中得到广泛应用。随着这一领域研究的不断深入，可使对看似浅表的皮肤有更进一步的理解，能对皮肤的细微变化进行精准测量，这必将推动化妆品人体功效评价的发展。

思考题

1. 皮肤无创性检测包括哪些生理参数的测定？

2. 人体皮肤表面酸碱度受什么影响？大概范围是多少？

3. 哪些方法可以分析皮肤类型？

4. 封闭型皮肤斑贴试验的目的是什么？重复开放涂抹试验的目的是什么？

5. 皮肤油脂含量、TEWL、皮肤水分测定值 MMV、表皮细胞更新时间测试原理是什么？

6. 通过不同人体皮肤无创性测试实验，你是否能归纳出一些皮肤水分测试结果和 TEWL 值的规律性？如何据此来说明不同化妆品对皮肤保湿效果的差异性？

第二篇 化妆品的安全性评价

第四章 化妆品的人体不良反应与监测

第一节 化妆品的人体不良反应

近年来，在我国乃至全世界因使用化妆品而引起皮肤及附属器的不良反应或全身系统损害的例子逐渐增多，主要有害作用是局部刺激、过敏和全身毒性。随着美容美发、美甲、纹眉以及医疗美容等项目的开展，各种类型、各个部位的不良反应均可见到。

一、化妆品皮肤病

我国卫生部组织以皮肤科医生为主的专家队伍对化妆品引起的人体不良反应进行调查研究，认为化妆品引起的人体不良反应主要是皮肤不良反应。化妆品品种繁多，所致皮肤病临床表现各异，应根据具体情况做全面分析。

（一）常见化妆品皮肤病的类型与表现

1. 化妆品接触性皮炎

化妆品接触性皮炎指化妆品引起的刺激性或变应性接触性皮炎，是人体皮肤接触某种化妆品后，其含有的酸、碱、盐、表面活性剂等化学成分使皮肤或黏膜因过敏或强烈刺激而发生的一种皮肤病变，多数急性发作，如反复接触可演变成慢性。这类皮炎是化妆品皮肤病的主要类型，占我国化妆品皮肤病的60%～90%，其发病机制包括原发刺激和变态反应两种。

（1）刺激性接触性皮炎　刺激性接触性皮炎（ICD）是最常见的一种皮肤损害，是由化妆品直接刺激使用部位引起的任何人接触后均较快出现的表浅性炎症反应。

① 临床表现　皮损形态呈急性或亚急性皮炎，病情轻者可有局部的皮肤红斑、肿胀、丘疹，重者发生水疱、大疱，破溃后可有糜烂、渗液、结痂，甚至坏死。自觉局部皮损瘙痒、灼热或疼痛。如果皮肤损伤发生在皮肤薄软的部位，如眼睑、口唇、颈前、耳后等处，肿胀明显而且边界不清楚；发生在口唇黏膜时可有干燥、脱

屑、局部刺痒或灼痛等。如果处理不当，有些患者可以转变成慢性、亚急性皮炎，使皮肤形成苔藓样增厚，经久不愈还容易复发。

② 发生机制　这种不良反应严重程度与接触化妆品的刺激强度、浓度、接触时间、使用方法、皮肤耐受性等有明显联系，可以在初次使用后或多次使用后皮肤状况变差或出现生物蓄积后产生，去除病因后很快痊愈。患有特应性皮炎、干性湿疹或神经性皮炎者，其皮肤角质层受损，任何化妆品均可对其造成刺激性接触性皮炎。指甲油含有机溶剂，可溶解皮肤脂肪层，增加对皮肤的刺激性，不仅损害指甲周围皮肤，还可损害眼睑、面颊、口、颈、生殖器等处皮肤。

(2) 变应性接触性皮炎　变应性接触性皮炎（ACD）是指接触化妆品中的变态反应原后，皮肤通过免疫机制引起的炎症反应，也是很常见的一种皮肤不良反应。

① 临床表现　皮损形态多样，边界不清楚，自觉瘙痒，可表现为皮炎、红斑、丘疹、鳞屑，有时伴有头面部红肿、眼周皮炎伴发结膜炎、手掌手指汗疱疹样以及接触性荨麻疹样表现。严重者有表皮脱落、溃烂、渗出、结痂。口唇黏膜可表现为红肿、渗出、结痂、糜烂等，病程较长时可有浸润、增厚等慢性皮炎改变，皮损常迁延不愈。如果是由染发、焗油造成的，可出现头皮瘙痒、红肿、糜烂，有不同程度的头发脱落，有些严重的病例可以引起发热及全身性毛发脱落、皮肤脱屑。

② 发生机制　发生变应性接触性皮炎同患者是否为过敏体质及对致敏物是否过敏有关。由于此型皮炎的接触物质往往不具有强烈刺激性，仅是过敏体质的人接触才发病，所以只发生于少数的敏感者，而大多数人并不用担心。变应性接触性皮炎一般分为两个阶段，第一阶段当致敏原渗入皮肤后，经细胞传递，使机体处于致敏状态，这一过程称为诱发阶段；第二阶段是当致敏原信号再次刺激机体，激发细胞释放免疫因子，构成了皮肤浸润、红斑等湿疹性皮炎，这一阶段称为激发阶段。变应性皮炎有一定的潜伏期，皮损严重程度同化妆品的使用量、持续时间、接触频率有一定关系。

表 4-1　刺激性接触性皮炎与变应性接触性皮炎的临床鉴别

项目	刺激性接触性皮炎	变应性接触性皮炎
发病	急，使用后短期内出现	慢，使用数天后缓慢出现
病程	短，停止接触后皮损减轻	长，停止接触后皮损可持续
病因	化妆品含有的刺激物	化妆品含有的变应原
多发人群	同样条件下，一般较多接触者发病	多为过敏体质
临床表现	皮肤损害的位置及范围与化妆品接触部位一致，边界清楚，有红斑、丘疹或疱疹等，自觉瘙痒、灼热或疼痛	原发部位局限接触部位，但可向周围或远隔部位扩散，边界不清楚，呈湿疹样样变，形态多样，瘙痒明显

2. 化妆品痤疮

化妆品痤疮是指经一定时间接触化妆品后，由化妆品引起堵塞和炎症反应而在皮肤局部发生的痤疮样皮损。

（1）临床表现　化妆品痤疮是指在接触部位出现与毛孔一致的黑头粉刺、炎性丘疹及脓疱等。合并感染时还出现粉刺头红肿扩大、脓性分泌物、脓疱或硬结。挤破后可流出分泌物或出血，留下瘢痕。化妆品痤疮占化妆品皮肤病的4%～10%。

（2）发生机制　化妆品痤疮多因不正确选用化妆品或使用了微生物超标、有毒物质超标、不纯化工原料（如含有杂质的凡士林、卤素）等质量低劣油性或粉质化妆品，接触部位毛囊皮脂腺导管受到机械性堵塞，导致皮脂排泄障碍而形成黑头粉刺及炎症丘疹或继发感染形成脓疱性损害。若原先已有寻常痤疮存在，则症状会明显加重，也称为化妆品痤疮。

3. 化妆品毛发损害

（1）临床表现　化妆品毛发损害指应用染发剂、洗发护发剂、生发水、发胶、发乳、眉笔、睫毛膏等产品后引起的毛发干枯、脱色、变脆、分叉、断裂、失去光泽、变形或脱落（不包括以脱毛为目的的特殊用途化妆品）等病变，占化妆品皮肤病的3%～8%。

（2）发生机制　引起毛发损害的化妆品与其化学成分有关，劣质化妆品损害毛发的程度更严重，缺少油性的毛发也容易被其损害，停用后毛发损害可逐渐恢复正常。例如碱性强的洗发剂可以使头发失去光泽和弹性、变脆；冷烫剂中的巯基乙酸可以使头发脱色、易折断；脱毛剂中的氢硫化物属于强碱性物质，可以引起刺激性皮炎或毛囊炎，同时对汗毛的毛囊也产生损伤；睫毛液中的树脂虫胶和染料有时可以导致过敏，引起睫毛的损伤。

4. 化妆品甲损害

化妆品甲损害是指长期应用甲化妆品所致的甲本身及甲周围损伤及炎症改变。化妆品甲损害占化妆品皮肤病的0.5%左右。

（1）临床表现　当应用甲化妆品（如甲油、染料、甲清洁剂等）之后，指（趾）甲的角化层可能被造成不同程度的损伤，表现为甲板粗糙、变形、软化、剥离、脆裂、失去光泽，有时也可伴有甲周皮炎症状，如皮肤红肿甚至化脓、破溃，自觉疼痛。停用化妆品后，甲可逐渐恢复正常，甲周皮炎不再复发。

（2）发生机制　应与其他原因引起的甲损害（如真菌、物理损伤、内脏疾病、高原气候、营养性甲改变等）区别，像仿纤维甲、丝绸甲、彩绘甲及艺术嵌甲等操作不当会破坏甲板及刺激甲沟而引起甲损伤。

5. 光感性皮炎

化妆品光感性皮炎是指使用化妆品后又经过光照而引起的皮肤炎症性改变，它是化妆品中的某些能增强皮肤对光的敏感性的物质和光线共同作用引起的皮肤黏膜的光毒反应或光变态反应，占化妆品皮肤病的0.5%～1.5%。

（1）临床表现　皮损主要发生于曾使用化妆品后的光照部位，形态多样，可出现红斑、丘疹、小水疱等，自觉症状瘙痒；慢性皮损可呈浸润、增厚、苔癣化等。发生在口唇黏膜时可表现为肿胀、干裂、渗出等，下唇发病多见或较重。病程可迁延，停用化妆品后仍可有皮疹发生，再接触光敏物质后再发病。需要通过化妆品光斑贴试验排除非化妆品引起的光感性皮炎。

（2）病因　在日光的照射下，如果存在合适波长足够的光能，化妆品中又有足够浓度的光敏感性物质，几乎每个人都会发生不同程度的光毒性反应或光变态反应。

① 光毒性反应　由于化妆品中的某些成分（如含香豆素类的某些植物提取物、染料、硫化镉等）能增强皮肤对紫外线和（或）可见光的敏感性，对皮肤产生刺激作用而导致皮肤损伤，为非免疫性反应。

② 光变态反应　指使用含有光变应原物质（如指甲油和唇膏的某些染料类物质，如蒽醌、曙红等；含有共轭结构的防晒剂，如对氨基苯甲酸衍生物；香料中的硫氯酚等）的化妆品后，在光照部位出现皮肤炎症反应，而在不接触光的皮肤则不出现此种反应，属于T细胞介导的湿疹样病变，并伴有脱屑、结痂，慢性阶段可出现苔藓样皮肤增厚。长期接触含煤焦油染料的化妆品还可出现色素沉着。

光毒性皮炎和光变应性接触性皮炎常常是同时发生的，很难严格地区分。

6. 化妆品皮肤色素异常

化妆品皮肤色素异常是指应用化妆品引起的皮肤色素沉着或色素脱失，占化妆品皮肤病的10%～50%，是接触化妆品的局部或其邻近部位发生的慢性色素异常改变，或在化妆品接触性皮炎、光感性皮炎消退后局部遗留的皮肤色素沉着或色素脱失。

（1）临床表现　在接触化妆品的皮肤部位发生色素异常，多表现为青黑色不均匀的色素沉着，少数表现“白斑”样色素减退，且常伴有面部皮肤过早老化现象。色素斑边界不清，呈浅而深褐色且逐渐播散，色素沉着处有轻度充血，日光照射后症状更明显。常见眼睑和颧颈部。

黑变病多出现在面部，有的斑块比较大，呈片状，可以伴有皮疹、干燥、脱皮，皮损表面有弥漫细薄的鳞屑，可有轻度萎缩及毛囊角化过度现象。有些人在上肢的肘部、腕部也出现病变。

化妆品色素异常多因某些化妆品直接染色或刺激皮肤色素增生造成，亦可因应用含有感光物质的化妆品经日晒后发生，或继发于化妆品接触性皮炎、光感性皮炎之后，在皮损过程中黑色素细胞的结构和分布改变引起。如化妆品接触性皮炎患者中大约有1/3的人同时发生色素紊乱。有些人初次使用某种化妆品时可能感到皮肤不适、红斑或轻度瘙痒，逐步发展为大片色素沉着，有的是在原有面部黄褐斑基础上使用化妆品后再次加重引起的。

（2）病因　该病的病因有多种，其中有一部分患者与使用劣质的化妆品有关。目前认为，化妆品中的铅、汞、砷、致敏物质、防腐剂、表面活性剂、某些染料和感光的香料等，均可通过干扰皮肤色素代谢而导致此类病变。

（3）诊断　诊断化妆品色素异常主要靠病史和临床表现，必要时做组织病理学和斑贴试验或光斑贴试验以协助寻找病因，排除非化妆品引起的其他皮肤色素异常改变，应注意和非化妆品所致的黄褐斑、女子颜面黑斑、色素型扁平苔藓、瑞尔黑变病、阿狄森病、白癜风、单纯糠疹等鉴别。

7. 化妆品唇炎

化妆品唇炎是指由于接触口红、唇膏类彩妆品、药物、漱口水、食物等的直接刺激或过敏反应引起的唇部损伤。一般在接触特殊物质后几个小时或几天后出现病变，少数患者在接触数年后发生。急性患者出现唇部红肿、水疱、糜烂、结痂；慢性患者可以出现唇部干燥、糠状鳞屑、变厚、皲裂，日久出现组织弹性减退形成皱褶，也可以出现白斑、疣状物。唇部形成慢性顽固性病变时，应进行组织病理学检查，警惕癌变；必要时可通过冷冻、激光、手术去掉病变。

8. 化妆品接触性荨麻疹

化妆品接触性荨麻疹是指接触化妆品后包括液洗类产品数分钟至数小时内发生、通常在几小时内消退的皮肤黏膜红斑、水肿和风团改变。化妆品接触性荨麻疹可分为 2 种亚型，即免疫介导反应型和非免疫介导反应型。

（1）临床表现　皮损主要发生在化妆品的接触部位，接触化妆品后数分钟至数小时内发生红斑、水肿和风团，自觉瘙痒、刺痛或烧灼感。迅速出现的风团在数小时消退，当停止使用该化妆品后风团不再出现，如果再次使用该化妆品后又出现风团，且既往有类似的发作情况。由于发病机制的不同，并不是所有患者皮损的严重程度都同化妆品的使用量和使用频率有关。

（2）常见原因　易引起化妆品接触性荨麻疹的化妆品成分有苯甲酸、山梨酸、肉桂酸、醋酸、秘鲁香脂、甲醛、苯甲酸钠、苯甲酮、二乙基甲苯酰胺、指甲花、薄荷醇、苯甲酸酯类、聚乙二醇、聚山梨糖醇酯 60、水杨酸、硫化碱、过硫酸铵、对苯二胺等。

（3）诊断　应排除其他原因引起的类似风团病变。

9. 激素依赖性皮炎

激素依赖性皮炎是指因长期反复使用违规添加糖皮质激素等的化妆品以控制皮损症状却逐渐加重的一种皮炎。

化妆品禁止添加激素，消费者使用合格化妆品不应该出现激素依赖性皮炎。但是少数不法生产商和个别美容院为了牟取利益，在某些伪劣化妆品中违规添加糖皮质类固醇激素。消费者使用这类化妆品后，短期快速出现皮肤红润有光泽，看似这类化妆品有使皮肤白嫩细腻的效果，然而一旦停用，患者即感皮肤刺痒，灼热不适，面部出现红斑、鳞屑，严重时出现丘疹、毛细血管扩张等症状。为缓解症状，患者又继续使用此产品，如此周而复始，恶性循环，使症状越来越重。

对由化妆品引起的激素依赖性皮炎，主要是提高警惕、预防为主，教育消费者不要盲目追求化妆品的短期作用，一旦发生要及时到皮肤科就诊。

（二）化妆品皮肤病的诊断

1. 化妆品所致皮肤病的诊断原则

化妆品皮肤病需要通过皮肤测试分析产生的原因和协助诊断，根据检测目的的不同采用不同的试验方法，同时应紧密结合病史和临床表现综合判断，必要时进行其他相关检查。

① 患者起病前有明确的使用或多次使用化妆品的接触史。

② 皮损的原发部位是使用该化妆品的部位。

排除非化妆品因素引起的相似皮肤病。化妆品痤疮目前主要靠病史及症状来诊断，必要时，需要排除非化妆品引起的寻常痤疮、类固醇性痤疮和月经前痤疮。

应排除其他原因引起的毛发损害如头癣、发结节纵裂、管状发、斑秃、男性型秃发等。必要时对毛发化妆品及受损毛发形态进行分析检查以协助确定病因。

③ 必要时对所用化妆品进行质量分析和进行可疑化妆品的皮肤斑贴试验或光斑贴试验或皮肤开放试验验证。

对一时无法确诊者，可以暂停使用化妆品，进行动态观察。

其他实验室检查如显微镜观察可帮助诊断或确诊，单次开放性涂抹试验也有很高的诊断价值，也可通过体内试验（如挑刺试验、皮内试验等）来协助诊断接触性荨麻疹。但要注意体内试验的危险性，如发生意外，需立刻按过敏性休克进行抢救。

2. 诊断依据

为加强对化妆品人体皮肤不良反应的监测和管理，提高诊断的科学性、公正性和规范性，卫生部根据化妆品皮肤不良反应的具体特点，制定了7项化妆品皮肤病诊断的强制性国家标准，并于1997年发布，见表4-2。对化妆品皮肤病进行最后诊断时，应严格按照下列标准做分型诊断。

表4-2 化妆品皮肤病诊断标准

序	标准号	标准名称
1	GB 17149.1—1997	《化妆品皮肤病诊断标准及处理原则 总则》
2	GB 17149.2—1997	《化妆品接触性皮炎诊断标准及处理原则》
3	GB 17149.3—1997	《化妆品痤疮诊断标准及处理原则》
4	GB 17149.4—1997	《化妆品毛发损伤诊断标准及处理原则》
5	GB 17149.5—1997	《化妆品甲损害诊断标准及处理原则》
6	GB 17149.6—1997	《化妆品光感性皮炎诊断标准及处理原则》
7	GB 17149.7—1997	《化妆品皮肤色素异常诊断标准及处理原则》

标准发布后，在化妆品人体皮肤不良反应的监测管理和化妆品不良反应有关法律纠纷的仲裁上发挥了积极作用。2006年卫生部化妆品标准委员会又立项修订这7

项诊断标准，并增加了2个新的病变类型，即化妆品接触性唇炎和化妆品接触性荨麻疹，使我国化妆品皮肤病诊断标准体系不断完善。

3. 诊断实施流程

不同类型化妆品皮肤病的诊断和处理必须严格按照国家强制性标准，由经过专业培训的、具有执业医师资格的皮肤科医生来完成。

通常来讲，任何具有皮肤科医疗资质的医疗机构均可按国家标准进行诊断，但只有经卫生部认定的化妆品皮肤病诊断机构出具的诊断书具有仲裁意义，在法庭上采信度最高。

化妆品皮肤病诊断机构需指定主治医师以上的专职医生负责患者的接诊工作；接诊医师必须按照化妆品皮肤病调查表进行问诊和检查，并按照登记表要求逐项填写。完成化妆品皮肤病登记表后，应由法人代表或受其委托的业务负责人审核、签字；妥善保存已完成的化妆品皮肤病登记表，定期汇总、上报至我国化妆品不良反应监测系统。

当发生或有可能发生法律诉讼时，消费者应尽快到卫生部认定的化妆品皮肤病诊断机构去就诊。就诊时要带上正在使用的化妆品，应声明怀疑为化妆品引起的皮肤病，以便工作人员安排符合资格的人员来处理。消费者要配合医务工作者采集病损的图像、照片及相关资料，并做相应的检查或皮肤试验，同时应配合诊断机构对其化妆品皮肤病的治疗，最后要求诊断机构出具化妆品皮肤病诊断证明书。

（三）化妆品皮肤病的处理

1. 处理原则

① 立刻停用引起病变或可疑引起病变的化妆品，并彻底清除皮肤上存留的化妆品，保持清洁卫生。皮肤油性大者可以用偏碱性的清洗剂局部清洗；甲及甲周残留的化妆品可用汽油或酒精或洗甲水清除。

② 避免对患处的搔、抓或其他刺激（如热水、肥皂等）；注意尽量避免再次接触已经明确的刺激性或过敏性物质，包括有关化妆品；避免食用鱼、虾、海鲜等，尽量避免用易致过敏的药物；必要时减少日晒。面部轻微的刺激反应常在停用后很快消失，皮损明显改善或消退，症状轻者可在一周左右自愈。

③ 如果患者全身症状较重时或出现大面积皮疹，应该及时带上可疑化妆品去医院就诊，在皮肤科医师指导下根据皮肤损伤的不同类型及病情确诊和对症治疗。

④ 对于因容貌受到影响而情绪低落的青年女性，应注意心理治疗，因为心理因素会影响到皮肤的正常恢复。

2. 对症治疗

按照不同类型的皮肤病对症治疗，基本原则见表4-3。

表 4-3　化妆品皮肤病对症治疗原则

序	皮肤病类型	对症治疗原则
1	刺激性接触性皮炎	按照皮炎-湿疹的治疗原则
2	痤疮	局部按消炎、抗菌和角质溶解等原则
3	皮肤色素异常	按一般色素沉着或色素脱失皮肤病治疗原则进行治疗。外用3%氢醌霜也可收到一定效果。小范围且顽固的色素沉着，可以使用激光祛斑、磨削祛斑治疗
4	甲损伤	按照甲周皮炎对症治疗，利于甲生长
5	光感性皮炎	病情对症治疗，可口服B族维生素、天然胡萝卜素、烟酰胺等，当损伤消退后可使用防晒剂，防止复发
6	毛发损害	一般对人的生理并无大的影响，可做一般的护发处理，不需特别治疗。但影响心理和情绪，必要时可以剪去受损毛发，让其重新长出
7	接触性荨麻疹	轻者可口服抗组胺药物和维生素C，重者可口服或静脉注射糖皮质激素
8	激素依赖性皮炎	用抗过敏、修复皮肤屏障等方法进行处理

（四）我国化妆品皮肤病的发病特点

2005～2007年卫生部组织13家化妆品皮肤病诊断机构对化妆品皮肤病发生情况进行了监测（表4-4），发现几点发展趋势。

表 4-4　2005～2007年化妆品引起的皮肤病汇总（13家监测医院统计）

皮肤病类型	2005		2006年		2007年	
	病例数	所占比例/%	病例数	所占比例/%	病例数	所占比例/%
接触性皮炎	789	74.9	1210	80.9	1352	86.1
痤疮	18	1.7	60	4.0	39	2.5
皮肤色素异常	23	2.2	38	2.6	25	1.6
毛发损害	9	0.9	6	0.4	12	0.7
光感性皮炎	3	0.3	4	0.3	3	0.2
甲损害	—	—	2	0.1	1	0.1
激素依赖性皮炎	—	—	24	1.6	35	2.2
其他	211	20	151	10.1	67	4.3
总计	1053	100.0	1496	100.0	1571	100.0

注：化妆品类型是根据病人提供化妆品包装或病人描述来判断的。

1. 化妆品皮肤病呈逐年增加的态势

从2003年的565例到2007年的1571例，化妆品皮肤病总例数呈逐年上升趋势。化妆品皮肤病成为皮肤科常见疾病之一，以化妆品接触性皮炎最为常见，且化妆品引起的激素依赖性皮炎呈上升趋势。

化妆品引起的不良反应中的大部分病变比较局部、反应轻微，但造成难以恢复或不可逆皮肤损害的严重病例也在增多，未发现由化妆品引起的群体伤害事件。

2. 总体不良反应的例数不多

从以上对化妆品不良反应的监测结果可以看出，相对于数量较大的化妆品消费量，其不良反应报告数量较少。其可能的原因很多：许多不良反应比较温和，消费者通常只是停用该产品或自行诊断和用药，而很少求医；医生可能漏报；有些医生不了解化妆品不良反应的鉴别诊断等。

3. 化妆品皮肤病所涉及的产品种类多样、来源广泛

引起皮肤不良反应的化妆品以护肤类、抗皱、防晒和祛斑类为多（表 4-5）。同时使用多种化妆品或套装产品后发生皮肤病的情况增多。

表 4-5 引起化妆品皮肤病的化妆品类型（2005～2007 年）

项目		2005 年（国产/进口）		2006（国产/进口）		2007（国产/进口）	
化妆品类型		例数	合计	例数	合计	例数	合计
普通类	护肤类	692/331	1039/826 共 1856	1091/685	1456/1299 共 2755	1024/604	1401/1050 共 2451
	抗皱类	82/156		58/168		51/124	
	保湿类	67/118		61/136		64/105	
	彩妆类	42/31		45/53		60/30	
	其他	156/190		201/257		202/187	
特殊类	防晒类	57/50	162/71 共 233	72//69	228/92 共 320	84/73	217/87 共 304
	祛斑类	73/13		82/10		70/9	
	其他	32/8		74/13		63/5	
不明来源化妆品		197	197	200	200	366	366
合计		2295	2295	3276	3276	3121	3121

注：化妆品类型是根据病人提供化妆品包装或病人描述来判断的。

4. 病例年龄构成和职业分布基本一致

近几年监测情况基本一致，病例年龄集中在 20～40 岁之间（表 4-6），中高学历为主，女性占比较高。

表 4-6 化妆品皮肤不良反应病例年龄分布

年龄构成/岁	人数	比例/%	年龄构成/岁	人数	比例/%
<15	11	0.7	41～45	150	10.0
16～20	96	6.4	46～50	69	4.6
21～25	365	24.4	51～55	56	3.7
26～30	298	19.9	56～60	15	1.0
31～35	215	14.4	60	26	1.7
36～40	195	13.0			

5. 致病化妆品来源更加广泛

除传统购买渠道如商场、超市、专卖店外，美容院和自制化妆品所占比例增多，且所造成的病变通常较为严重，尤其是电视购物、网络平台销售的化妆品的安全性引起人们注意。

目前很多电视购物、网络销售渠道所销售的化妆品是未经许可即上市销售的，且宣传疗效、夸大和虚假宣传问题比较严重，极容易误导消费者并造成其人身损害。

二、其他化妆品人体不良反应

（一）致病菌感染性伤害

1. 损害表现

微生物污染是当前化妆品卫生质量的主要问题之一，而消费者使用这些污染化妆品可能会引起人体皮肤致病菌感染性伤害，危害健康，见表 4-7。

表 4-7 微生物污染化妆品对人体健康危害

类别	常见致病微生物举例	健康危害
化脓性细菌污染	如金黄色葡萄球菌、铜绿假单胞菌、蜡样芽孢杆菌等	引起皮肤、眼部、耳、鼻、喉咙等处感染，严重时能引起败血病
非病原菌或条件致病菌	如白色念珠菌	引起皮炎、毛囊炎和疖肿
微生物代谢产物	如金黄色葡萄球菌、黄曲霉素菌、真菌等	可能引起面部、头部藓症，具有毒性和致癌性
霉菌污染	如交链孢霉菌属、芽枝霉属、青霉属、曲霉属、毛霉属、根霉属等	引起皮肤癣，更严重的感染化脓
	如绿脓杆菌	可引起角膜化脓性溃疡，病情严重者发展迅速，1～2d 可使角膜大片坏死，角膜穿孔，严重病例会进一步发展成全眼球膜炎；痊愈后留下疤痕或角膜葡萄肿或白斑

被污染化妆品对破损皮肤和眼睛周围等部位损害更大，有时甚至是致命性的。例如在美国，某医院护士使用了肺炎克雷白杆菌污染的护手霜，在给病人输液时引起病人感染，致使六人败血症，其中一人死亡；新西兰发生过破伤风杆菌污染爽身粉事件，致使四名使用该爽身粉的婴儿死亡。

2. 原因分析

发生损害的主要原因是由于受污染的化妆品在人体皮肤表面停留时间较长，所含有的微生物特别是致病菌可从皮肤、毛发、黏膜、眉眼和口唇等接触部位进入体内引起感染。

即使这些致病菌马上被杀灭，其残存的菌酶仍然会引起产品腐败变质，变质时分解的某些组分对皮肤依然产生刺激作用；而且微生物代谢过程中还会产生毒素或其他代谢产物，均可作为变应原或刺激原对施用部位产生致敏或刺激作用，发生炎症。

（二）眼刺激反应

有许多化妆品都是在眼部周围使用的，如眼影、眼线及洗发香波、染发剂等，这些产品中含有的刺激性化学物质很易误入眼内。眼睛是人体最敏感的部位，易受到刺激而致损伤，受到损害后，其后果是非常严重的。随着眼部化妆的人不断增多，造成眼部损伤的病例也逐年增多。

1. 临床表现

怕光、泪液增多、眼痛、局部痒、眼睑皮肤红肿、球结膜充血、角膜水肿或上皮脱落、局部有烧灼感、角膜溃疡，严重者可出现慢性结膜炎、角膜炎、眼睑炎、虹膜炎，部分患者有视力下降。有时还可以发现在睑缘、睫毛根处有色素颗粒。

2. 常见病因

人的泪道上口位于眼睛靠鼻侧的上角处，一般看不见，其下口在鼻腔内开口，是眼睛分泌的液体和眼泪排出的路径。如果睫毛油、眼影、眼线膏的碎片、细颗粒或纤维落入泪道，在泪液的溶解下形成糊状物质而造成泪道堵塞，眼睛的分泌物不能排出，可引起单边或双边眼睛炎症。含苯胺类染发用品可造成角膜的损伤；被铜绿假单胞菌污染的眼部化妆品可以引起结膜炎、虹膜炎等。

3. 治疗

一旦出现症状，要到眼科检查，并接受泪道冲洗和疏通泪道治疗。不能在一般美容院做治疗，因为泪道是个隐蔽的组织，治疗要求精细，并需要专门的器械，否则容易造成眼部的其他并发症。

（三）化妆品不耐受

化妆品不耐受是指面部皮肤对多种化妆品不能耐受，严重时甚至不能耐受一切护肤品。

1. 临床表现

部分人群的不耐受多以主观不耐受为主，自觉应用化妆品后出现或加重皮肤烧灼、瘙痒、刺痛或紧绷感，无皮疹或仅有轻微的红斑、干燥、脱屑和散在丘疹。由于惧怕使用化妆品及皮肤屏障功能进一步损伤，受损的皮肤对产品更加不能耐受，形成恶性循环，甚至出现面部严重炎症。

2. 发病机制

化妆品不耐受的发病机制尚未完全清楚，可能是一种或多种外源性和（或）内源性因素综合引起的临床表现。

① 有些患者原本是敏感性皮肤，皮肤屏障功能比正常人脆弱，易于对多种产品不耐受。

② 另一些患者并不是敏感性皮肤，但长期使用劣质产品（如 pH 过高或过低）、美容护肤不当、频繁按摩去角质等使本来完整的皮肤屏障功能受到损伤，皮肤长期处于亚临床炎症状态，也造成化妆品不耐受。

③ 还有一些脂溢性皮炎、痤疮等皮肤病患者，在治疗的过程中，过度使用了抑制皮脂分泌的产品，尽管原发病得到了控制，但正常的皮脂膜受到破坏，使外源性物质易于激惹皮肤而产生不适感。

3. 诊断

化妆品不耐受不是一种疾病，大多数体征不明显，易于被忽略，直到出现严重炎症才到医院就诊。因此，关于化妆品不耐受的科普知识宣传很有必要。对临床疑诊为化妆品不耐受的患者，可检测皮肤屏障功能相关的参数以辅助诊断。目前常用TEWL反映皮肤屏障状况，角质层含水量、皮肤鳞屑等参数也有助于了解皮肤屏障功能。乳酸试验可以观察皮肤的耐受性，详细内容参见舒缓类化妆品相关章节。

4. 处理

化妆品不耐受者长期处于面部不适的亚临床状态，受影响的人群较广，值得关注，如果处理不当还会演变成严重的面部皮炎，应及时治疗。

化妆品不耐受的处理原则是恢复皮肤屏障功能。对严重化妆品不耐受者，可用生理盐水或活泉水冷喷或湿敷，每天数次，也可使用不刺激皮肤的橄榄油。待皮肤屏障略有恢复时，小心使用成分单纯的婴幼儿护肤品或针对敏感性皮肤的产品。在使用任何产品前，一定要先在耳前皮肤小面积试用，无刺激再使用到全面部。一旦出现反应立即停用，再小心选用其他舒缓类产品。

对已经产生严重急性炎症的患者按面部皮炎治疗，如使用抗组胺药、他克莫司、他卡西醇等。炎症缓解后要尝试选用能够耐受的舒缓类或保湿类护肤品，维持正常的角质层屏障。需要注意的是停用化妆品会使皮肤屏障得不到修复而加重症状，不能因为皮肤不耐受化妆品就停用一切护肤措施。

（四）换肤综合症

1. 换肤术简介

“换肤术”指一类美容技术，如皮肤磨削、激光、强脉冲光、化学剥脱等，采用化妆品或物理、化学方法使表皮角质层强行脱落，以促进新的细胞更替，可使皮肤外观白里透红、光滑细腻并富有光泽，治疗前后皮肤看起来焕然一新。但是，这类技术对皮肤有创伤，一般在医院实施，要控制治疗的强度、频率，并及时处理可能发生的不良反应。

2. 换肤综合征的表现和病因

换肤术的美白祛斑效果比较快，但若长期用此方法过度换肤或术后护理不当则对皮肤产生刺激，出现皮肤发红、脱屑、紧绷感，会引起皮肤慢性炎症、色素沉着、皮肤屏障功能受损、毛细血管扩张、皮肤敏感、老化等后遗症，即出现临床所谓的换肤综合征，对各种化妆品均不耐受。

有一类患者常有持续使用某类产品的病史，在不知不觉中出现换肤综合征，主要原因是这类化妆品违规添加具有剥脱作用的化学制剂，尤其是少数宣称具有快速祛斑和快速除皱作用的产品。

某些不法美容院在给顾客美容护理时，使用自制的不合格化妆品暂时改善皮肤外观，但皮肤对日光、风、热等环境的不耐受接踵而至，消费者自觉皮肤灼热、刺痒等，检查发现皮肤变薄、干燥、毛细血管扩张、色素沉着等。

3. 发生机制

换肤综合症的发生机制尚不清楚，可能与表皮基底层细胞更新周期节律被打乱、皮肤屏障功能被破坏有关。角质层强行剥脱产生的刺激信号早期可能促进基底细胞的增殖，但频繁的刺激使表皮更新功能失代偿，难以弥补角质层剥脱的损伤，角质层结构受到破坏，皮肤屏障难以为继。健康状态下受阻的环境因素，如灰尘、生物抗原长驱直入，皮肤产生亚临床的炎症，毛细血管充血、新生，发展到一定程度，引起明显的临床体征，患者才到医院就诊。

4. 换肤综合征的治疗和预防

换肤综合征治疗较为困难，疗程长，需要患者树立信心，以促进表皮修复、保湿舒缓以及减轻色素等各类对症治疗为主，同时注意防晒，禁服光敏物质，避免再受各类物理性或化学性刺激。

换肤综合征重在预防，应该加强对消费者的宣传教育，使其了解化妆品基本的科普知识，对不科学的化妆品虚假宣传广告有识别能力，摒弃浮躁、急功近利的化妆品美容心理。

（五）全身毒性反应与癌症

合格的化妆品一般不会导致全身毒性反应，但个别商家违法生产的化妆品中添加了禁止使用的有毒组分或含有超出规定允许限量的对人体不安全的原料。化妆品在生产过程中也可能受到有毒化学物质的污染。其中，有毒重金属对化妆品的污染是最普遍的问题之一，最常见的重金属元素有铅、汞、砷等。消费者开始使用这些化妆品时无任何症状，长期使用，重金属及其化合物都可以穿过皮肤的屏障进入机体内的器官和组织，造成人体重金属蓄积，甚至中毒，危及生命。

1. 汞中毒

(1) 临床表现　汞超标化妆品的早期危害是导致色素沉淀，出现褐色斑点，虽无明确的汞中毒症状，但尿中汞含量增加。严重的可在体内蓄积，会造成皮肤重金属中毒、细胞氧化产生大量自由基，加速细胞老化甚至使细胞癌变，导致神经性中毒，尤其是对肾脏、肝脏和脾脏的伤害最大，甚至危及生命。汞可通过血脑屏障进入脑组织，并在脑中长期蓄积，且以小脑及脑干中最多，也易通过胎盘进入胎儿体内并蓄积致病。

轻度汞中毒症状有轻度的神经系统症状、肾功能改变或口腔黏膜炎等；中度汞中毒症状有明显的情绪紊乱、性格异常、手指震颤或肾功能改变等；重度汞中毒有明显精神异常、突出的肢端震颤、中毒性脑病或中毒性肾病等症状。

北京市朝阳医院曾连续收治了数名因做增白美容治疗而导致汞中毒的女性患者。患者均有以下特点：首先是接触含汞产品时间长，多为接受定期美容服务 3～

6个月；其次是汞中毒患者的临床症状表现为乏力、多梦等，随着病情发展，逐渐出现头晕、失眠、性情烦躁、记忆力减退等症状。还有一部分患者由于没有意识到汞的危害性，没能及时去医院就诊，延误了治疗。

(2) 汞中毒的治疗与预防　慢性汞中毒的驱汞治疗须小剂量、间歇性、长期用药。驱汞药物包括二巯基丁二酸钠、二巯基丙磺酸钠等。

预防汞中毒的关键是谨慎选用染发剂、祛斑美白产品等可能与汞有关的化妆品。

2. 砷中毒

(1) 临床表现　过量的砷会造成皮肤重金属中毒，损害表现包括角化过度（蜕皮）、湿疹、色素高度沉着（棕黑或灰黑色弥漫性斑块）或脱失（白斑）、头发变脆易脱落等，严重时导致感染、坏死、溃疡、癌变等。

砷在人体内有蓄积性，急性中毒的症状是口腔有金属味，口、咽、食道有烧灼感，恶心、剧烈呕吐、腹泻，体温和血压下降，重症病人烦躁不安，四肢疼痛；慢性中毒表现为疲劳、乏力，心悸、惊厥。砷如果在人体内达一定的量，可以造成肝脏病变，还可以导致周围神经病变，出现肢体麻木、运动障碍或肢体瘫痪。

(2) 砷中毒的治疗　疑诊为慢性砷中毒时，可测定尿液、毛发、指甲中砷的含量。首先需停用可疑含砷的化妆品，并避免其他含砷物质的摄入。驱砷治疗可使用二巯基丙磺酸钠或二巯基丁二酸钠，并联合补硒、维生素C等对症支持治疗。

3. 铅中毒

(1) 临床表现　铅及其化合物对人体的影响主要是神经系统、肝肾脏和血液，还会影响到胃肠道、生殖系统、心血管、免疫与内分泌系统等，高浓度铅可能诱发恶性肾脏肿瘤。

化妆品引起的铅中毒多表现为慢性中毒，早期出现头痛、头晕、记忆力减退、乏力、关节酸痛、贫血、胃肠炎等症状，口腔有金属味，食欲不振，加重后可以发生中毒性肝病、慢性肾功能衰竭、多发性周围神经病。孕妇和哺乳期妇女更敏感，可引起流产、早产、死胎及婴儿铅中毒。

儿童对铅中毒较成人敏感，与母亲朝夕相处的孩子就成了这种染发剂的受害者。2002年某儿童医院发现，部分儿童血铅含量超标与母亲染发相关。

(2) 驱铅治疗　一旦疑诊为铅中毒，应行血铅检查。确诊后需停止使用含铅的化妆品以及避免其他铅污染，并进行驱铅治疗。一般使用络合剂，如依地酸二钠、二巯基丁二酸钠等药，同时对各系统相应症状予以对症处理。如果治疗及时，一般预后良好。

4. 皮肤癌

紫外线是皮肤的主要致癌因素，鳞状细胞癌和表皮基底细胞癌通常与慢性或过量的UV暴露有关。部分化学物质也能诱发皮肤癌，如多环芳烃和无机砷等还参与UV致癌作用的调控。

三、化妆品人体不良反应的主要原因分析

通过临床和实验室证实，化妆品所引起的皮肤不良反应既源自所用的产品成分本身，也与消费者使用习惯以及使用者皮肤表面结构等因素有关。

（一）产品

2012年全国消协受理涉及化妆品的投诉1.2万件，其中质量低劣成为化妆品投诉的主要问题。

1. 原料

引起刺激性接触性皮炎的化妆品以护肤品居多，其他还包括毛发用品、彩妆、香水、个人卫生用品、剃须用品、口腔卫生用品、沐浴用品及婴儿用品等，主要原因是化妆品原料中有些成分对人体会产生危害或构成潜在伤害。如常用酸碱、表面活性剂、矿物油、合成的色素、合成香料、防腐剂等化学成分具有直接刺激性；某些成分对有过敏体质的人或有皮肤病变的人，极易引起过敏反应和光敏反应，导致皮肤干涩粗糙、脱屑，影响美观，甚至还会引发一系列炎性反应，如常用化学合成物质表面活性剂、防晒剂、防腐剂、漂白剂等，还有生物活性物质羊胎液、天然提取香料、染发剂中的对苯二胺、护肤霜中羊毛脂等都是能引起过敏性皮炎的致敏源。有的原料如防晒剂、抗氧化剂等暴露在阳光下可能出现光敏反应或光毒反应。研究表明，防腐剂、香料和乳化剂是易引起变态反应的三类原料，因此，最常引发变应性接触性皮炎的化妆品是香水。

一般情况下，常见化妆品原料毒性指的是由于产品中含有超出规定允许限量的有毒性物质或违规添加了禁止使用的有毒性成分。如矿物油中的间苯二酚、矿物质粉料中的重金属杂质（如铅、砷、汞、镉、镍等）、表面活性剂中的二噁烷、滑石粉中的石棉等，这些有毒有害杂质在化妆品中的含量超过人体可接受范围就会损害人体健康，引起人体慢性中毒甚至危及生命。

化妆品生产和放置过程中也可能产生有毒物质，如很多含有胺类物质的原料和含有潜在的可被亚硝化的胺的辅料，在中性或碱性环境中缓慢发生亚硝化反应，尤其是在某些防腐剂释放的甲醛催化下更容易发生。

2. 技术的局限性

由于化妆品组分的复杂性以及人类对化妆品使用经验积累的不完整性，人类对化妆品潜在威胁认识存在局限性。例如到底哪些原料容易引发敏感体质消费者过敏反应或皮肤刺激性；单一原料中杂质成分的种类、含量和风险以及混合后可能会产生哪些新的物质和风险；储运过程中会发生哪些变化，等等，人们对此类问题的认知程度都非常有限。

虽然有些物质已经列入禁限用名单中，但随着化妆品的发展，许多在用物质也可能不断暴露出安全问题，新配方所用的新添加物质安全性也有待验证，客观上造成了化妆品使用的安全风险将持续存在。

中国目前处于经济建设的快速发展期，有关行业的规范管理还在不断完善之

中。有些化妆品厂家技术落后，在原料配方、制备过程、操作设备、生产控制、检验方法、环境卫生或包装等一个或多个方面很难达到国家标准要求，人员流动性大、素质低下等诸多因素造成产品质量不稳定，带来化妆品使用风险。

3．微生物污染

化妆品中的各类原料如油脂、淀粉、蛋白质、无机盐、保湿剂、增稠剂、维生素、水分等为微生物的生长和繁殖提供了丰富的营养。虽然人们通过添加防腐剂来防止化妆品中微生物增殖，但是由于化妆品的生产和使用过程不是无菌的环境，如果未能采取严格的控制措施，在适宜的温度、湿度条件下，微生物很容易污染化妆品致使其腐败变质，主要表现与原因见表4-8。

表4-8　变质化妆品表现与原因

表现	主要原因
色泽变化	微生物在代谢或者增殖过程中产生色素并溶解到化妆品中，如铜绿假单胞菌可产生绿色的绿脓菌素，类蓝色假单胞菌可产生蓝色的水溶性色素
气味变化	微生物的作用产生挥发性胺、硫化物等，如大肠埃希氏菌能将氨基酸脱羧生成有机胺
形状、功能变化	由于淀粉、蛋白质等成分的水解而使化妆品水分析出、分层，致使效果下降

化妆品种类不同，其成分也不同，受到微生物污染的情况也不同，见表4-9。

表4-9　各种化妆品的产品特点及常见污染微生物

类别	常见产品举例	产品特点	常见污染微生物
护肤类	雪花膏、营养霜、护肤乳等	含有一定量水分、碳源和氮源，多数为中性、酸性或微碱性，适合微生物生长。据查此类化妆品微生物污染率最高	粪大肠菌群、铜绿假单胞菌、金黄色葡萄球菌、蜡样芽孢杆菌、克雷伯氏菌、沙雷氏菌、肠杆菌属、哈夫尼亚菌、枸橼酸杆菌、假单胞杆菌、链球菌、黑曲霉菌等
发用类	洗发香波、护发素	含有大量水分和营养物质，还含有大量表面活性剂	粪大肠菌群、铜绿假单胞菌、金黄色葡萄球菌、变形杆菌和荧光假单胞菌，霉菌、酵母菌
美容修饰类	粉饼、眼影、胭脂、唇膏类	干燥粉体或制造过程经过高温熔融，因此污染率较低，但所用滑石粉、高岭土容易受到来自土壤的微生物污染	蜡样芽孢杆菌、金黄色葡萄球菌、白喉杆菌、链球菌及黄曲霉菌等
芳香类	香水、花露水	以酒精溶液为基质，可有效杀灭或抑制微生物，不容易被污染	—

消费者使用这些受污染的化妆品后，可能会引起皮肤的感染化脓。

4．生产者非法添加

虽然我国对化妆品的有毒物质（如汞、铅、砷、甲醇、激素等）均有明确的法律规定，但仍有少数不法企业藐视国家法律，为牟取经济利益，根本不重视产品的安全性，使用一些有质量问题原料生产出不合格的“三无”产品。

随着生活水平的提高，化妆品由简单的美容修饰作用向祛斑、嫩肤等特殊功能性方面扩展，随着这类化妆品市场的不断扩大，也出现了不良生产厂家利用消费者盼望快速见效的心理，非法添加禁用物质或超量使用限用原料等，如在祛痘类产品中添加抗生素、美白祛斑类产品中添加激素等，虽可能产生短期效果，但长期使用会造成人体激素变化或破坏皮肤表面的正常菌群，危害消费者的身心健康。

近年来，与国内化妆品企业经营状况一样，全球多家跨国化妆品行业巨头的多种高端产品被曝出存在质量安全问题，更是引发了行业信任危机，见表4-10。

表4-10　近年来化妆品中含有的违禁物质汇总

时间	产品	违禁物质	备注
2005	国内祛痘、除螨及祛皱类化妆品（抽检9省）	抗生素、糖皮质激素、雌激素	卫生部
2006	世界多国多种化妆品	重金属铬和钕	—
2006	宝洁公司旗下SK-Ⅱ系列9种化妆品	重金属铬和钕（4.5mg/kg）	国家质检总局
2006	葡萄籽抗敏平抚液晶化妆品	糖皮质激素	《每周质量报告》
2007	7款面霜和润肤乳液	丙烯酰胺单体	香港消费者委员会
2007	迪奥、雅诗兰黛、兰蔻和倩碧四大知名品牌化妆品的6种粉饼	重金属铬和钕	香港标准及鉴定中心
2007	63种去皱功能的护肤类化妆品	地塞米松（3.2%）	卫生部网站
2009	婴幼儿卫浴产品	致癌物甲醛、二噁烷	境外媒体
2009	“霸王”洗发类产品	二噁烷	媒体
2009	NUK品牌爽身粉	致癌物石棉	境外媒体
2009	欧莱雅口红	铅超标	
2009	126种祛痘类产品	甲硝唑（13.5%）、氯霉素（7.1%）、甲硝唑和氯霉素（4.8%）	卫生部网站
2009	“一洗黑”洗发水	致癌物间苯二胺	《每周质量报告》
2009	韩国“露香”化妆品4款产品	含有石棉的滑石粉	
2010	防脱发洗发水“章光101”	西药成分米诺地尔	
2011	北京地区香水	致癌物邻苯二甲酸酯类	
2012	香奈儿香水	树苔	产品未下架处理
2013	日本佳丽宝系列化妆品	杜鹃醇	未在中国销售

（二）消费者

1. 自身的过敏体质

事实上，目前大多数的化妆品皮肤病的产生与消费者自身先天性的遗传敏感体质或原发疾病使皮肤处于敏感状态有关，前者不仅对化妆品有反应，对其他物理、化学刺激也会出现刺激反应或变态反应；后者则属于病理状态。因此，对有敏感体质的个体，在使用新的化妆品前做好皮肤的敏感性试验很重要。

2. 选择化妆品类型不当

人的皮肤可分为干性、中性、油性以及混合性几类，化妆品的品种有很多，而不同个体的肤质是不一样的，因此化妆品的选择首先应考虑皮肤类型，同时要考虑到季节、气候的因素，因人而异、因时而异、因地而异。如果消费者对自身皮肤不了解，选择化妆品类型不当，可能会适得其反。例如油性皮肤的人使用了油性很大的产品，会出现皮脂溢出增加和促进粉刺形成。

3. 化妆品使用不当

人的皮肤是具有多种生理功能的器官，消费者未按使用说明正确使用化妆品会导致皮肤伤害。

例如过度的化妆（尤其是彩妆）会导致产品中的微细粉末进入毛囊孔，如不及时认真清洗，也会导致堵塞毛囊孔而诱发皮疹。再如有些面膜要求15min后除去，但有些消费者为了增加效果而任意延长使用时间，结果导致皮肤的刺激反应。

4. 使用前没有详细阅读产品说明书或使用前没有做相应的皮肤敏感试验

有些产品的说明书上注明了初次使用时必须先做皮肤敏感性试验，但有些消费者没有按要求去做，结果出现严重的过敏反应。

5. 出现不适时没有及时停用并到正规医院就诊

如有些消费者使用某种产品而出现皮肤的刺激或过敏反应后，因为怕造成浪费，还继续使用已经引起问题的产品，结果使皮肤的损害进一步加重，给治疗带来困难。

（三）产品流通

多种因素导致化妆品流通环节成为化妆品安全风险的高危环节。

1. 假冒化妆品猖獗

在化妆品批发市场、博览会、农村及城乡结合部等低端市场时常出现假冒化妆品，涉及各种档次产品和知名品牌。据统计，2014年以来全国食品药品监管系统共查处涉案金额超千万元制售假冒国际知名品牌化妆品案重大案件8件，其中部分案件涉案金额超亿元。不法分子多在网上开设化妆品专卖店，以极低价格从化妆品制假黑窝点购进包装高度仿真的假冒国际知名品牌，如香奈儿、欧莱雅等化妆品，再以不足正品价格1/10的售价公开售卖到全国20多个省（区、市）。

假冒化妆品猖獗对消费者的身心健康造成很大伤害，主要原因是经营单位法律意识薄弱和为了牟取暴利。

2. 美容服务行业违法经营

由于我国目前监管体制问题，对美容专业线产品和服务业的监管形成了一定的盲区，化妆品不良反应投诉比例较高。

美容院的违法经营问题较复杂。化妆品进货渠道不规范，美容院包括宾馆饭店、美容美发场所、洗浴中心等提供化妆品的质量问题严重，许多美容院使用的有可能是重金属、氢醌、激素等禁用物质严重超标的假冒劣质化妆品；个别美容院购买的是正规产品，但过期还在给顾客使用，有的甚至自行再往正品里添加一些违禁物质以达到快速见效的效果；有些美容师缺乏基本的化妆品和皮肤知识，胡乱自行配制不合格化妆品，再加上对消费者施用不当，给消费者造成严重的身心伤害；部分美容院为避免因退货造成的经济损失和顾客流失，在消费者使用化妆品出现不良反应时，擅自为消费者提供治疗服务，处理不当和延误就诊是导致消费者不良反应进一步恶化的重要因素之一。

3. 产品宣传问题

（1）标签标识不规范　有些化妆品标签标识说明书不规范，使用方法表述不清，有些特殊化妆品缺乏必要的警示语等，造成消费者选择化妆品不当或使用不当。如有些染发剂没有按要求书写初次使用时要做皮肤敏感性试验的警示语等，使一些有过敏体质的消费者直接使用产品而造成了严重的接触性皮炎。有些不法企业使用与知名品牌近似名字或同音字，制造“山寨”化妆品品牌或产品，欺骗消费者。

（2）虚假宣传　化妆品市场上一些生产经营企业为招揽顾客、吸引消费者以牟取暴利，采用各种明示或暗示的方式误导、欺骗消费者。例如在印制化妆品标签和说明书时，宣传配方中实际不含有的成分或普通化妆品宣传具有特殊用途；或利用报刊、电视等媒体的广告大肆夸大产品功效，甚至违法宣称疗效和使用医疗术语，故意混淆与药品的界限等。2012 年 8 月美国数家企业包括著名防晒产品生产商就因夸大产品的防晒功能和作用时间被告上了法庭。

4. 政府管理不足和质量标准滞后

目前，我国化妆品监管法规对化妆品经营环节规定比较抽象，操作性不强及基层的监管能力不到位，而且由多个部门协调配合完成化妆品的管理工作，相关机构之间的职能分配存在交叉和相互制约，都给监管工作增加了一定的难度。

我国对于化妆品产品的功效性的评估以及新物质的评价体系都还不够完善，现有产品标准、质量检验方法和制度比较落后，影响了流通过程中质量监督和检测的有效进行，间接带来安全风险。

（四）化妆品人体不良反应的责任分担

综合以上内容，我们发现，无论配方师如何将实际经验和专业技能结合，即使他能做到在产品开发中最严格挑选可用原料，深入分析各种安全数据和安全评价结果，严格控制生产过程和保证产品质量以及上市前完成充分的消费者测试，等等，都无法避免上市后出现意想不到的情况。消费者因为个体存在年龄、皮肤敏感、接触史、环境条件、化妆和生活习惯等诸多差异，因此，使用前应该学会了解产品性能和成分是否适合自己的皮肤状况，详细阅读使用注意事项，做好皮肤试用。

如果是伪劣、假冒、过期、变质等产品质量问题引起的化妆品人体不良反应，责任全在生产或销售这些产品的一方。所以生产和经营企业都需要加强自律精神。

但化妆品发生人体不良反应不全是企业责任，我国化妆品生产、经营、准入、监管尚存在漏洞，国家监管不到位和检验检测能力不能满足市场需求也有部分责任，因此，国家监管部门正在不断完善监管体制和现有的质量标准体系，加强化妆品不良反应监测和安全管理。

第二节　化妆品安全风险控制与管理

一、基本概念

（一）危害、风险与安全性

1. 危害

危害（hazard）指某种物质对机体引起的有害作用，是物质引起伤害的潜在能力，与剂量或暴露无关。潜在危害指如不加预防，将有根据预期发生的危害；显著危害指如不加控制，将有可能发生并引起疾病或伤害的潜在危害。

我国化妆品监管机构将化妆品的危害分为三个等级。

（1）化妆品不良反应　是指人们在日常生活中正常或合理可预见条件下使用化妆品所引起的皮肤及其附属器的病变，如瘙痒或刺痛、红斑、丘疹、脱屑、黏膜干燥、色素沉着、毛发及甲损害等，以及人体局部或全身性的损害。一般指与使用化妆品目的无关的或意外的有害反应，不包括职业性接触化妆品及其原料（如生产化妆品的工厂）所引起的病变或非正常使用化妆品（如将指甲油当唇膏使用等）或使用假冒伪劣产品所引起的损害。

（2）化妆品严重不良反应　是指因使用化妆品所引起的皮肤及其附属器大面积或较深度的严重损伤，以及其他组织器官等全身性损害。包括以下损害情形之一即为严重不良反应：

① 危及生命、导致死亡；

② 全身性损害，如败血症、肾衰竭等；

③ 致癌；

④ 导致显著的或者永久的人体器官变形、损伤，如残疾、毁容、失明等；

⑤ 导致其他重要医学事件需要住院治疗，如不进行治疗可能出现上述所列情形的。

（3）化妆品群体不良事件　是指在同一地区同一时间段内，使用同一种（同一生产企业生产的同一类型或同一批号）化妆品的健康人群出现的对多人（一般反应10人及以上，严重反应3人及以上）身体健康或者生命安全造成损害或者威胁，需要予以紧急处置的事件。

我们把造成或可能造成严重损害的重大化妆品质量事件、化妆品严重不良反应事件、重大制售假劣化妆品事件及其他严重影响公众健康的化妆品相关事件称为化妆品安全事件。

2. 风险

风险（risk）又称危险度，是指危害性物质或某一因素在一定的剂量或具体暴露条件下，对机体、系统或人群产生有害作用的概率及特征，也指从事某种活动所引起的有害作用的发生概率，例如刺激性发生率、疾病发生率、死亡率等。危害不等于风险，危害导致对人体的健康损害，取决于风险的严重性。

风险基本的核心含义是未来结果的不确定性或损失。风险是独立于人们的主观意识之外的客观存在，具有偶然性和不确定性。只要风险存在就一定有发生损害的可能，但在一定条件下具有可转化的特性。风险渗入到社会、企业和个人生活的方方面面，具有普遍性和社会性。

风险无处不在，明显的风险如死亡、癌症、腐蚀、出身缺陷等；易忽视的风险如学习和记忆下降、个体的敏感性等。

化妆品风险是指某种物质以一定水平存在于化妆品中时，导致人体健康损害的可能性，包括化妆品原料、化妆品包材、化妆品终产品在内，涉及化妆品生产、储运、销售到使用等全过程中的安全风险。

化妆品所含原料种类繁多以及人们认识的局限性，从客观上造成化妆品使用风险；由于化妆品市场竞争导致不法生产者超量使用或非法添加禁限用原料，主观上加大了化妆品对消费者的健康风险。

并不是同一安全风险要素会导致所有使用者出现同样的不良反应，如安全合格的产品在使用过程中会导致个别消费者出现过敏，这也说明了化妆品风险的不确定性。

每一件安全事件都会在不同程度上造成人体的伤害，也会给经营者带来一定的经济损失，还给社会带来负面影响。化妆品已成为社会广泛使用的日常消费品，因此化妆品风险已成为社会公共安全的突出问题。

3. 安全性

安全性（safety）是机体在建议使用剂量和接触方式的情况下，该外源化学物不存在可预见的危害的可能性，不致引起损害作用的实际可靠性，即危险度（风险）达到可忽略的程度。实际零风险及获得对人的绝对安全是不可能的，应尽力将风险降至最低限度或可以接受的程度。

化妆品在按照预期用途进行制备和（或）涂擦使用时，不存在可预见的损伤或仅存在没有实际意义的可被忽视的危害的危险性，可认为是安全的。由于化妆品使用人群广泛，而且终生的大部分时间都要使用，因此不仅要关注化妆品局部使用的安全性，而且更应关注其长期使用的安全性。

（二）化妆品风险分析

风险分析是系统地运用相关信息（包括历史数据、理论分析、基于可靠信息的简介以及利益相关者的关注）来确认风险的来源，并对风险进行估计。

风险分析通常包括风险评估、风险管理和风险交流三个组成部分（见图 4-1）。

1. 风险评估

图 4-1 风险分析

是系统性科学地分析因接触危害因素或条件而引起的对健康有害作用的过程。包括危害识别、危害描述、暴露评估和风险描述四个程序。

风险评估一般指在风险事件发生之前或之后（但还没有结束），对该事件给人们的生活、生命、财产等各个方面造成的影响和损失的可能程度进行量化评估的工作，以此来决定风险严重性或风险等级。

化妆品风险评估就是全面考虑化妆品终产品和所有单个组成成分的毒理学资料、化学和/或生物学相互作用、人体拟使用的途径或其他可能的途径暴露的资料，对化妆品原料及产品进行安全性风险评估，将化妆品的使用风险（危险度）降到最低，防止化妆品对人体产生近期和可能潜在的长期危害。

2. 风险管理

就是对已评估的风险选择并采取适当管理措施，以尽量降低或减少其对消费者身体健康危害的政策权衡过程。以风险分析为原则制定的监管措施，是对化妆品中可能存在的生物性、化学性、物理性危害进行预防，从而有效地控制和降低化妆品安全事故的发生和发展，实现化妆品安全危害早发现、早控制的目标。

3. 风险交流

就是风险管理者和风险评估者，以及他们和其他有关各方之间保持公开交流，为风险评估过程中应用某项决定及相应的政策措施提供指导，以改善决策的透明度，提高对各种结果的可能的接受能力。

4. 三者关系

在进行风险分析时，各部分作用应避免混淆和利益的冲突。

风险评估是风险管理的基础，是科学技术人员进行分析研究的科学过程，强调所引入的数据、模型、假设以及情景设置的科学、真实。

风险管理也叫安全监管，则是由政府部门管理者根据风险评估和其他有关的评价结果进行的决策过程，注重所做出的风险管理决策的实用性。通常认为风险评估是科学活动，而风险管理是对采取的具体行动做出选择，所做出的审议和决策不仅需要考虑风险评估程序推测的潜在不良反应信息，而且还需考虑所设想决策或行动的社会政治和经济影响。

风险交流强调在风险分析全过程中的信息互动，是风险评估、分析管理决策的基础，同时又受到评估和管理的引导和影响。

风险评估、风险管理、利益相关方和其他公众间的信息交换是相互的和多边的。普通消费者的风险认知水平，群体内或群体间的文化和宗教差异，种族、性别和社会经济因素等发挥着重要作用。

因此三者之间相辅相成、互为基础、互为目的。

化妆品安全风险分析，就是对化妆品中对人体健康有害的因素以及主要风险来源进行分析评估，根据风险严重程度，确定相应的风险管理措施以控制或降低化妆品安全风险，并且在风险评估和风险管理中，保证风险利益相关方风险交流的顺畅、有效。

化妆品安全风险分析将化妆品生产、销售和使用各环节的物理性、化学性和生物性危害均列入风险评估的范围，定性或定量地描述风险特征，考虑评估过程的不确定性，权衡风险与管理措施的成本效益，不断检测管理措施的效果并及时利用发现的各种化妆品安全信息进行交流，从而有效地控制和降低化妆品安全事故的发生和发展，实现化妆品安全危害早发现、早控制的目标。

（三）化妆品风险控制与风险监测

风险控制是指风险管理者采取各种措施和方法，消灭或减少风险事件发生的各种可能性，或者减少风险事件发生时造成的损失。

化妆品风险监测是对化妆品风险要素的跟踪和记录，即按规定或监测计划要求，对化妆品安全风险要素的一个或多个参数进行连续或间断地反复采样、定量测量或观测。化妆品风险监测的目的是积累对化妆品安全事件的认知，为风险评价、风险管理奠定基础。

化妆品风险监测评价是指依据风险监测数据（包括不良反应信息），对化妆品风险各因素作用进行分析，预测损失程度的过程。评价的范围包括化妆品生产、流通和美容服务各环节，评价内容包括化妆品原料及相关产品、化妆品产品和化妆品的标识。

化妆品风险监测评价结果有助于评估化妆品安全问题的性质和程度，可提供剂量反应的有关信息，确定风险评估的结果，并应用于风险管理。因此，化妆品风险监测评价是化妆品风险评估的基础和前提，也是实施化妆品安全预警的主要信息来源。

图 4-2 为化妆品风险控制体系。

【化妆品安全风险分析与控制实例】

1. 案例回放

2013 年 7 月 4 日，日本日化集团花王旗下佳丽宝化妆品公司宣布，其所生产销售的含有杜鹃醇成分的美白化妆品被用户投诉称“皮肤变成不均匀的白色”（白

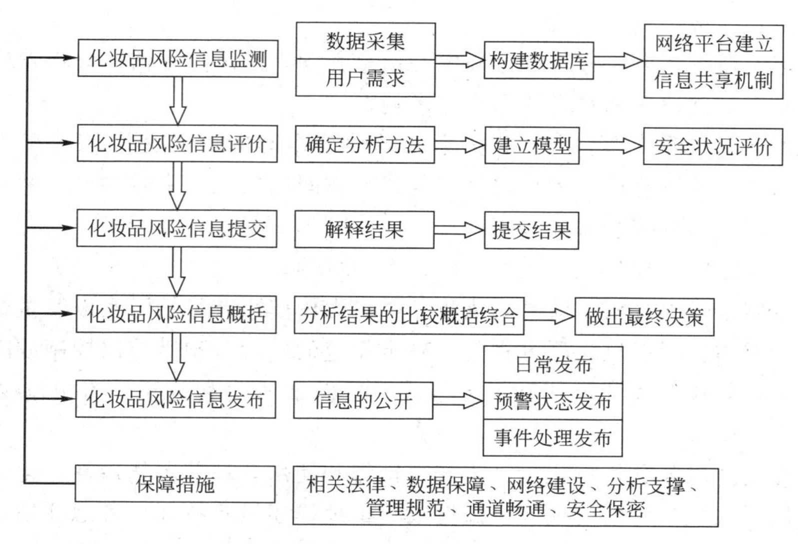

图 4-2 化妆品风险控制体系

斑)。截至 9 月 29 日，使用该公司美白化妆品后出现“白斑”症状的受害者增至 1.4 万人，其中，“重症状者”约占 35%。佳丽宝同时称，有部分人的症状已经出现减轻迹象。

这是一起典型的美白成分在实际使用过程中出现安全问题的突发事件。

2. 风险评估

成分介绍：杜鹃醇，化学名称为 4-(4-羟苯基)-2-丁醇，是源于树木丁白桦及日光槭等包含的天然成分，为佳丽宝开发的药妆美白成分，其抑制黑色素合成的作用比熊果苷更强，可预防色斑及雀斑。在投入市场之前，杜鹃醇通过了各种安全性试验，是由日本厚生劳动省根据药事法予以认可的医药部外品有效成分。

3. 风险监测

消费者自诉主要人体不良反应：脸部及颈部出现红肿和发痒并一直蔓延到手臂；脸部脱皮或出现湿疹；发际线出现白斑或褪色。

消费者自述严重不良反应：虽然去了医院但还是无法治愈，已经放弃治疗；在两三个地方的皮肤科接受了诊断，都没有弄清原因。

佳丽宝化妆品公司认定“重症状者”：脸部手部出现大范围明显“白斑”或身体出现 3 处以上超过 5cm“白斑”者。

4. 风险控制

① 日本佳丽宝公司高层向社会发布信息，并公开向消费者道歉。

② 由于杜鹃醇有可能与上述症状具有关联性，因此，从 7 月 5 日开始，公司决定对相关产品进行自主召回；台湾、香港的销售代理公司也开始回收相关产品。

③ 公司与日本皮肤科学会合作，于 7 月 17 日成立了杜鹃醇特别委员会，为出

现白斑的消费者提供相关的治疗诊断。

④ 在日本国内 8 个地方安排了共 1000 人，长期受理相关咨询，防止出现症状的患者不能及时接受有效诊断及治疗，并教有症状者如何通过化妆掩盖白斑。

5. 风险交流

日本佳丽宝公司此次扩大召回涉及日本、英国，以及韩国、中国台湾、香港等十大亚洲市场，不包括中国大陆。因为杜鹃醇属于中国化妆品法规规定的新原料成分，目前该成分以及含有该成分的产品尚在申请阶段，所以由佳丽宝中国子公司进口的在中国大陆地区佳丽宝正规专柜销售的产品一律不含杜鹃醇成分。

但是日本佳丽宝公司依然在上海设立处理部，针对那些可能从海外购买并使用相关化妆品的消费者的投诉和善后处理。

6. 案例启示

启示一：在中国销售的不含“杜鹃醇”的相关产品没有对消费者造成皮肤损害，说明对化妆品原料的监管控制是预防人体不良反应的有效措施。

启示二：日本的化妆品法规管理严谨，日本企业对产品质量要求非常严格，佳丽宝这种正规企业用的也是经过批准的“安全原料”，为什么还会有这些事情发生呢？说明化妆品原料虽然能通过现有安全性评估测试并被政府批准使用，也不能代表终产品就是“绝对安全”的，消费者使用环境比实验室研究环境要复杂得多。

启示三：要对化妆品终产品开展完整的风险评估，风险交流也要贯穿始终。

随着对化妆品认知水平的提高，化妆品的安全性越来越受到全世界生产企业和消费者的重视。为了确保化妆品的使用安全，各国政府有关部门制定了一系列的政策、法规、条例及标准，通过控制、监督化妆品的原料和产品质量来确保化妆品的安全性。化妆品的安全监管是指针对风险，覆盖从原料到终产品全过程，建立在科学基础上的预防和控制措施。

二、我国化妆品安全监管概况

（一）实施化妆品卫生监督制度

为了保证化妆品的卫生质量和使用安全，保障消费者健康，我国实行化妆品卫生监督制度。

1. 基本原则

（1）企业主体责任原则　化妆品生产经营者承担化妆品质量安全主体责任，应当依照法律、法规和标准从事生产经营活动，加强管理，诚信自律，保证化妆品质量安全，并对因化妆品质量安全问题给消费者造成的损害承担民事赔偿责任。

（2）行业自律原则　化妆品行业协会应当加强行业自律，督促引导化妆品生产经营者依照法律法规和标准从事生产经营活动，推动行业诚信建设，宣传普及化妆品质量安全知识。

（3）社会监督　任何组织和个人有权举报化妆品生产经营者违反本条例的行为，有权对化妆品监督管理工作提出意见和建议。有关化妆品质量安全的举报经调查属实的，食品药品监督管理部门根据相关规定给予奖励。

（4）信息公开　管理部门应当通过统一信息平台依法及时公开化妆品监督管理信息。

2. 法律法规依据

《化妆品卫生监督条例》为主要监管法规依据，《化妆品卫生规范》和《化妆品生产企业卫生规范》为主要技术依据。1990年施行至今的《化妆品卫生监督条例》及《化妆品卫生监督条例实施细则》是建国后我国第一个化妆品卫生监督法规，分别对化妆品生产、经营、监督机构以及行政处罚做了明确规定，目前仍然是我国实行化妆品卫生监管的最高专业法规，对规范我国化妆品市场、保护消费者健康、促进我国化妆品行业的快速健康发展起到了至关重要的作用。由于《化妆品卫生监督条例》颁布实施已20多年，对很多新问题的监管存在盲点，因此，经过广泛征求社会各界意见，深入调研论证，2014年国家食品药品监督管理总局启动了《化妆品卫生监督条例》修订工作。

迄今为止，已经有上百部涉及化妆品安全监管的法规、规章、规范性文件、条例以及技术标准等发布实施，主要见表4-11。

表4-11　主要化妆品安全管理相关法规、规章和规范

名称	发布单位	发布日期	实施日期
《化妆品卫生监督条例》	卫生部	1989-11-13	1990-1-1
《化妆品卫生监督条例实施细则》	卫生部	1991-3-27	1991-3-27
《化妆品广告管理办法》	国家工商行政管理局	1993-7-13	1993-10-1
《化妆品生产许可证实施细则》	全国工业产品生产许可证办公室	1994-8-24	1994-8-24
《化妆品产品生产许可证换（发）证实施细则》	全国工业产品生产许可证办公室	2001-8-16	2001-8-16
《直销管理条例》	商务部	2005-8-23	2005-12-1
《健康相关产品国家监督抽检规定》	卫生部	2005-12-27	2005-12-27
《化妆品卫生规范》	卫生部	2007-1-25	2007-7-1
《化妆品生产企业卫生规范》	卫生部	2007-5-31	2008-1-1
《化妆品标识管理规定》	国家质量监督检验检疫总局	2007-8-27	2008-9-1
《化妆品行政许可申报受理规定》	国家食品药品监督管理局	2009-12-25	2010-4-1
《化妆品命名规定》《化妆品命名指南》	国家食品药品监督管理局	2010-2-5	2010-2-5
《化妆品行政许可检验管理办法》	国家食品药品监督管理局	2010-2-11	2010-2-11
《国际化妆品原料标准中文名称目录》	国家食品药品监督管理局	2010-12-14	2010-12-14
《进出口化妆品监督检验管理办法》	国家质量监督检验检疫总局	2011-1-13	2012-2-1
《化妆品新原料申报与审评指南》	国家食品药品监督管理局	2011-5-12	2011-7-1

续表

名称	发布单位	发布日期	实施日期
《消费品使用说明　化妆品通用标签》(GB 5296.3—2008)	国家质量监督检验检疫总局、国家标准化管理委员会	2008-06-17	2009-10-01
《化妆品安全技术规范》	国家食品药品监督管理局	制定中	
《化妆品监督管理条例》	国家食品药品监督管理局	制定中	

3. 化妆品安全监督制度简介

我国实行的是事前行政许可和事后监督检验相结合的安全监督制度。

(1) 行政许可　化妆品的行政许可是有效阻止不安全产品进入市场的重要环节，有利于保障消费者身体健康。除了从事化妆品生产应当取得食品药品监督管理部门的生产许可外，化妆品新原料的使用、特殊用途化妆品的生产经营必须经国务院行政部门进行产品检验和安全性评价，取得许可批准文号后方可生产、上市；非特殊用途化妆品则实施备案制。国家将对未领取卫生行政许可批件而在中国市场上销售的特殊用途化妆品进行处罚。

(2) 日常监督检验　我国依法对化妆品生产企业和经营单位实施日常监督检查，发现不符合要求情形的，应当责令立即改正，并依法予以处理；生产企业不再符合生产许可条件的，应当依法撤销相关行政许可。

每年两次到生产企业或者不定期有针对性地到经营单位抽取化妆品进行监督抽验，并公布化妆品质量安全监督抽验结果，定期发布化妆品质量安全公告。对投诉举报反映或者日常监督检查中发现问题较多的化妆品进行重点监督抽验。

4. 化妆品安全监管体系

多年来，我国逐步建立了化妆品的法规体系、监督执法体系、检验检测体系以及标准和技术规范体系。由于历史的原因，我国的化妆品安全管理特点是“多头监管”，形成了由国务院食品药品监督管理部门总负责、多个政府机构部门对化妆品质量安全共同负责的监管局面（表 4-12）。

表 4-12　我国化妆品安全监管体系

管理机构	行政职能
国家食品药品监督管理总局	制定化妆品安全监督管理政策、规划并监督实施
	参与起草相关法律法规和部门规章
	对化妆品引起的重大事故进行技术鉴定
	负责化妆品新原料、特殊用途化妆品及进口化妆品卫生行政审批和卫生质量监督管理工作
	批准发放化妆品生产企业卫生许可证、生产许可证
	负责全国化妆品不良反应监测的管理
	组织查处化妆品研制、生产、流通和使用方面的违法行为

续表

管理机构	行政职能
国家质量监督检验检疫总局	管理和指导化妆品质量监督检查
	实施产品质量监控和强制检验，发放生产许可证(2014年4月前)
	负责进出口化妆品标签审批及口岸检验检疫管理；制定和实施《进出口化妆品监督检验管理办法》
	组织依法查处违反标准化、计量、质量等法律、法规的行为
国家工商行政管理总局	监督市场经营活动中的违规行为；打击假冒伪劣违法行为
	规范营业执照、商标、广告等行为；制定和实施《化妆品广告管理办法》
中国海关	负责化妆品进出口通关检验、征收关税、打击走私
国家环境保护部	负责环境评价、环境监督

（二）我国化妆品安全风险控制的主要措施

化妆品安全风险控制是系统工程，除了具备科学、有效的运行机制外，还应有相应的措施作为保障。

1. 建立包括安全指标在内的化妆品标准体系

化妆品具有品种多、批量少、产品更新快等特点。为了保证化妆品达到较高的产品质量和安全水平，建议成立化妆品安全国家标准审评委员会，按照化妆品的产品品种和生产阶段，在整合现有标准的基础上，建立包括安全指标在内的强制性的化妆品标准体系。

2. 落实企业作为化妆品安全第一责任人的责任

在化妆品及原料生产经营过程中，企业要加强内部管理，确保生产经营过程安全可控。

① 鼓励化妆品生产企业引入GMP管理模式。

② 强化化妆品原料及化妆品生产经营者的社会责任。

企业在创造利润、对股东利益负责的同时，还要承担对员工、社会和环境的社会责任，包括遵守商业道德，保证生产安全和职业健康，保护劳动者的合法权益，节约资源，保护环境等。企业的社会责任在化妆品生产经营中的主要体现就是为消费者提供安全、丰富、优质的产品，满足广大消费者的需求。

3. 国家对化妆品生产实行许可制度

没有取得化妆品生产企业许可的单位和个人，不得从事化妆品生产。

4. 加强对化妆品原料的管理

化妆品原料的选择直接影响化妆品的卫生安全，因此，我国与世界大部分发达国家和地区一样均对化妆品原料采取严格的管理措施。

5. 建立化妆品召回制度

化妆品生产企业发现其生产的化妆品存在质量缺陷或者其他原因可能危害人体

健康的，应当立即停止生产，召回已经销售的化妆品，通知相关经营者和消费者，并记录召回和通知情况。化妆品生产企业应当对召回的化妆品采取补救、无害化处理、销毁等措施，并将化妆品召回和处理情况向食品药品监督管理部门报告。

化妆品经营者发现其经营的化妆品不符合化妆品安全标准的，应当立即停止经营，通知相关生产经营者和消费者，记录停止经营和通知情况，并报告食品药品监督管理部门。化妆品生产企业认为应当召回的，化妆品经营者应当协助召回。

化妆品生产经营者未依照本条规定召回或者停止经营不符合化妆品安全标准的化妆品的，化妆品监督管理部门可以责令其召回或者停止经营。

6. 积极发挥行业协会、新闻媒体、社会团体、消费者个人在化妆品安全风险控制中的作用

行业协会在政府、企业、消费者之间起着桥梁和纽带作用。一是与政府沟通，将化妆品行业信息传递给政府，为政府完善化妆品安全管理制度提供服务；二是通过行业自律加强化妆品行业内部管理；三是与消费者沟通，根据消费者的需求不断完善化妆品行业内部管理制度。

要发挥新闻媒体在化妆品公益宣传和舆论监督方面的积极作用。

化妆品安全有赖于社会公众的积极参与和努力。社会团体、基层群众性自治组织是群众的组织，具有来自群众的优势，应鼓励他们开展化妆品安全普法宣传工作，对化妆品安全进行社会监督。

消费者对化妆品安全具有知情权，对化妆品安全监督管理工作具有建议权，也对化妆品生产经营违法行为具有举报权。发挥他们的作用，对快速、有效发现和控制化妆品安全风险具有重要意义。

7. 鼓励和支持开展与化妆品安全有关的基础研究、应用研究、先进技术和管理规范

基础研究是指对新知识、新理论、新原理的探索；应用研究是把基础研究发现的新知识、新理论应用于特定目标的研究；先进技术则是指化妆品生产经营过程中使用的先进技术；先进管理规范则是指管理过程中关于使用设备工序，执行工艺过程以及产品、劳动、服务质量要求等方面的准则和标准。鼓励和支持开展与化妆品安全有关的基础研究、应用研究、先进技术和管理规范，对提高我国的化妆品安全科技水平，建立符合我国国情的化妆品安全科技支撑体系，保证化妆品安全，保障人民健康都具有十分重要的作用。

8. 建设化妆品安全风险监测预警平台

依照现行法律法规，基于食品药品监管系统组织机构框架及保健食品化妆品监管、研究和监测检验资源基础，以建立和完善我国化妆品安全风险控制体系为最终目标，充分利用现代信息技术，建立化妆品安全风险监测预警平台系统，以开发具备数据信息填报、汇总整理、模板式自动综合分析、风险交流、预警报告和信息发布等基础功能的风险监测和预警信息平台软件系统为主要工作内容。同时建立和不

断完善风险监测预警工作机制和相关规章制度及技术规范，形成完备的风险监测预警工作组织管理体系，为保健食品化妆品安全监管决策提供科学依据和重要技术手段。

三、我国化妆品生产与经营的安全管理

通常把化妆品从原料到成品的过程称作生产，而把成品进入市场再到消费者手中的整个过程称作销售、经销或者经营，经营的单位和个人，称作经营者。为了保证化妆品的安全性，保护消费者，世界各国包括我国都制定了严格的法律法规去管理化妆品原料和产品，特别要求新化妆品添加成分必须经过安全性评价后方可使用。

（一）化妆品原料安全管理

1. 化妆品原料名单制度

化妆品原料命名应符合国际化妆品原料命名法（international nomenclatrue cosmetic ingredient，INCI）要求。

为了进一步规范化妆品原料命名，以加强管理，国家食品药品监督管理局还组织对美国化妆品盥洗用品及香水协会2008年出版的《国际化妆品原料字典和手册》（第12版）中所收录的原料命名进行了翻译，完成出版了《国际化妆品原料标准中文名称目录》（2010年版）。药监局同时规定：生产企业在申报化妆品行政许可时，申报材料中涉及的化妆品原料名称属《国际化妆品原料标准中文名称目录》中已有的原料，应提供该目录中规定的标准中文名称；生产企业在化妆品标签说明书上进行化妆品成分标识时，凡标识目录中已有的原料，应当使用该目录中规定的标准中文名称。

为了便于使用和查询，使消费者了解个人所用化妆品中含有的原料，避免不良反应的发生，也为了进一步加强化妆品原料监督管理，指导化妆品许可及日常监管工作，继卫生部2003年整理出版《中国已使用化妆品成分名单》（2003年版）之后，国家食品药品监督管理总局对我国上市化妆品已使用原料开展了收集和梳理，于2014年6月编制发布了《已使用化妆品原料名称目录》，共计8783种化妆品原料。化妆品生产企业在选用出现在目录中的原料时，应当符合国家有关法规、标准、规范的相关要求，要对原料进行安全性风险评估，并承担产品质量安全责任，因为国家并未组织对目录所列原料的安全性进行评价。

2. 规定化妆品禁限用物质名单

在我国，禁用物质是指不能作为化妆品生产原料即组分添加到化妆品中的物质；限用物质指在一定限制条件下可作为化妆品原料添加到化妆品中的物质。我国《化妆品卫生规范》（2007年版）规定禁限用物质名单（表4-13），要求生产化妆品所需的原料、辅料等必须符合规范所列要求，严格遵守不使用化妆品组分中禁用物质，选用限用原料必须满足适用及（或）使用范围、限制条件和最大允许浓度等限制要求。

表 4-13　我国《化妆品卫生规范》（2007 年版）规定化妆品中禁用、限用物质

原料种类	数量	举例	备注
禁用物质	1208	二氯酚、汞及其化合物、斑蝥素、对苯二酚单苄基醚、硫双二氯酚、异狄氏剂等	化妆品禁用组分包括但不仅限于表中物质；天然放射性物质和人为环境污染带来的放射性物质未列入限制之内
	78	卜芥、蟾酥、铃兰、补骨脂、槟榔、含羞草等	禁用植(动)物组分包括其提取物及制品；无明确标注禁用部位的，所禁为全株植物
其他限用物质	73	过氧苯甲酰、硼酸、水杨酸、麝香酮、氢氧化钾、氨等	均有使用范围、浓度等限制和要求
限用防腐剂	56	2-氯乙酰胺、4-羟基苯甲酸及其盐类和酯类、三氯叔丁醇、苯氧乙醇等	化妆品中其他具有抗微生物作用的物质，如某些醇类和精油，不包括在本表之列
限用防晒剂	28	水杨酸-2-乙基己酯、3-亚苄基樟脑、二苯酮-3、4-氨基苯甲酸、奥克立林、胡莫柳酯等	仅仅为了保护产品免受紫外线损害而加入到非防晒类化妆品中的其他防晒剂可不受此表限制，但其使用量须经安全性评估证明是安全的
限用着色剂	156	云母、硫酸钡、焦糖、溴甲酚绿、氧化铁、甜菜根红等	所列着色剂与未被包括在禁用组分表中的物质形成的盐和色淀也同样被允许使用
暂时允许使用的染发剂	93	1-萘酚、2-甲基雷琐辛、4,4′-二氨基二苯胺等	在产品标签上需标注警示用语

结合我国化妆品行业发展和监管实际，国家食品药品监督管理总局药化注册司根据技术必要性和化妆品安全风险评估结果，于 2014 年组织对《化妆品卫生规范》（2007 年版）中化妆品禁限用物质成分名录的品种、使用范围、用量的标准进行了修订，并于 2015 年 8 月 12 日公开征求意见，鉴于目前国家对化妆品监管工作目标与要求更加侧重于保障产品的安全性，同时将《化妆品卫生规范》的名称修改为《化妆品安全技术规范》，目录可参见本教材附录。

【小知识】《欧盟化妆品指令 76/768》包括：一个禁用清单（附录Ⅱ）；一个限用清单（附录Ⅲ）；三个准用清单，包括着色剂清单（附录Ⅳ）、防腐剂清单（附录Ⅵ）和防晒剂清单（附录Ⅶ）。

3. 实行化妆品新原料审批制度

化妆品新原料是指在国内首次使用于化妆品生产的天然或人工原料（包括在国外已使用的化妆品原料）。我国法律规定，使用化妆品新原料生产化妆品，应当报国务院食品药品监督管理部门审查批准。

化妆品新原料应当经过风险评估证明安全可靠，方可列入允许使用的范围。国家食品药品监督管理部门应当结合新原料的研究历史、理化特性、定量构效关系、功效特点等情况，制定分类审查标准，科学开展新原料的审评审批工作。根据保护公众健康的要求，对审查批准的化妆品新原料设立观察期。观察期为 4 年，从准予使用之日起计算。观察期内，申请人应当定期报告使用新原料产品的安全状况。观

察期满后，未发现存在安全风险的，该原料纳入已使用原料管理。化妆品监管部门根据技术必要性和化妆品安全风险评估结果，及时对化妆品原料的品种、使用范围、用量的标准进行修订。

为加强化妆品新原料行政许可工作，确保化妆品产品质量安全，依据《化妆品卫生监督条例》及其实施细则等有关规定，国家食品药品监督管理局制定了《化妆品新原料申报与审评指南》。表 4-14 为我国申请化妆品新原料行政许可的资料。

表 4-14　我国申请化妆品新原料行政许可的资料

项目	具体要求
研制报告	原料研发的背景、过程及相关的技术资料。天然原料还应包括该原料化学成分、功能、毒理等研究的文献资料或试验资料
	原料的来源、分子量、分子式、化学结构式、理化性质
	原料在化妆品中的使用目的、范围，基于安全的使用限量及依据
生产工艺简述及简图	应说明化妆品新原料生产过程中涉及的主要工艺参数，如使用原料、反应条件（温度、压力等）、催化剂、稳定剂、中间产物及副产物、精制过程等。若为天然提取物的，应说明其加工、提取方法，包括加工、提取条件，使用溶剂、可能残留的杂质或溶剂等
原料质量安全控制要求	规格：包括纯度、杂质及其含量及其他理化参数，保质期及储存条件等。若为天然提取物的，应明确其质量控制指标；若为聚合物，应说明单体及其含量
	检测方法：原料的定性和定量检测方法、杂质的检测方法等
	可能存在安全性风险物质及其控制措施
毒理学安全性评价资料	包括原料中可能存在安全性风险物质的有关安全性评估资料；按规定提交毒理学试验资料

（二）化妆品生产安全管理

1. 我国实行化妆品生产许可制度

为规范化妆品生产企业的卫生条件、保证产品安全，卫生部于 1996 年下发了《化妆品生产企业卫生规范》，统一了化妆品生产企业的规范性要求，同时也为化妆品生产企业考核、验收、颁发许可证提供了依据。申请化妆品生产企业许可的企业，其生产场地、设施设备、专业技术人员条件、厂房和生产设施、环境卫生、管理制度等应当符合此卫生规范的要求。

化妆品生产企业应当向省、自治区、直辖市人民政府食品药品监督管理部门提出开办申请，提交相关资料，并保证资料的真实。省、自治区、直辖市人民政府食品药品监督管理部门应当依照行政许可法的规定，审核申请人提交的材料，组织现场检查。符合规定条件的，决定准予许可并颁发许可证明；不符合规定条件的，决定不予许可并书面说明理由。

2. 企业的生产质量管理

① 国务院食品药品监督管理部门制定化妆品生产质量管理规范。化妆品生产

企业应当按照化妆品生产质量管理规范的要求组织生产，建立并执行供应商遴选、原料验收、生产过程及质量控制、设备管理、产品检验、不合格产品管理等管理制度。

② 化妆品生产企业应当对生产质量管理规范执行情况进行自查，每年向所在地县级人民政府食品药品监督管理部门提交自查报告。化妆品生产企业的生产条件发生变化，不再符合化妆品生产质量管理规范要求的，应当立即采取整改措施；可能影响化妆品安全的，应当立即停止生产活动，并向所在地县级人民政府食品药品监督管理部门报告。

③ 健康要求。化妆品生产企业应当建立并执行从业人员健康管理制度。化妆品从业人员应当每年进行健康检查。患有传染病或者其他可能污染化妆品的疾病的人员，不得直接从事化妆品生产活动。

④ 用于生产化妆品的原料、辅料以及直接接触化妆品的容器和包装材料都应当符合国家有关卫生标准和要求。化妆品生产企业不得使用禁用原料；不得超量或者超范围使用限用原料；不得利用超过使用期限、废弃、回收等不符合要求的化妆品或者原料、包装材料生产化妆品。

⑤ 委托生产化妆品，由委托方对所委托生产的化妆品质量安全负责。委托方应当对受托方生产行为和质量安全等进行管理，保证其按照法定要求进行生产。受托方应当是符合法律规定、具备相应生产条件的化妆品生产企业。

⑥ 化妆品生产企业应当建立原料、直接接触化妆品的容器和包装材料进货查验记录和产品检验制度。化妆品出厂前应当按照国家有关规定检验合格后方可出厂，并对产品留样。化妆品生产企业应当建立销售记录制度。进货查验和销售记录保存期限不得少于产品的保质期限；保质期小于2年的，不得少于2年。

3．产品的质量控制

生产是从原料到产品的过程，产品的质量是随着生产过程而形成的，质量控制就是为达到要求产品质量对关键工序所采取的作业方法和检验检测，主要以预防为主。

原材料的质量控制对保证成品质量至关重要，所以，生产企业首先要对原料供应商进行资格审查、建立档案和考核，并要求原料厂商提供原料的安全检测报告，所有原材料的性状、外观必须经过检验证明合格后方能投入生产。

半成品和成品的检验工作必须和生产过程密切配合，应紧随每道工序的半制品直到最后的包装形式，终成品必须进行全面质量检验。另外，灌装试验、包装材料的检验也非常重要。

产品流入市场后，需经常了解和及时掌握它的质量变动情况及消费者的反应，避免盲目生产带来的不良后果和巨大损失，包括定期对市场上销售的产品进行抽样检验、定期访问营业员及征求消费者对产品的质量意见和检验退货产品。

（三）化妆品产品安全管理

1. 化妆品产品标准

GB 7916—87《化妆品卫生标准》和《化妆品卫生规范》比较详细地规定了化妆品使用的原料和各项卫生指标，是我国现行的化妆品安全限量标准和法规，为保障化妆品人体使用安全性，必须强制执行。

《化妆品卫生规范》是根据欧盟化妆品规程 76/768/EEC 及其在 2005 年 11 月 21 日以前修订内容为基础编写的，实际是对《化妆品卫生标准》内容和完善与补充，详细规定了化妆品使用的原料和各项毒理学、卫生化学、微生物、人体安全性和功效性评价指标的检验方法，主要用于化妆品产品的许可、监管，偏重于产品安全要求。

随着化妆品行业的发展、科学认识的提高，结合近期国际和国内化妆品安全监管的要求及变化，国家食品药品监督管理总局对《化妆品卫生规范》进行了第三次修订，以满足指导化妆品生产企业从事研发与生产活动、消费者科学理性使用产品以及监管部门全过程安全监管等各方面的需要，为突出本规范作为技术标准的定位，同时更名为《化妆品安全技术规范》。《化妆品安全技术规范》在《化妆品卫生规范》基础上补充和完善内容，重点增加了化妆品产品技术要求内容、通用检测方法、毒理学试验、人体安全性试验等与化妆品质量安全密切相关的技术标准与要求，增设了附录等技术指导性内容，有效促进化妆品安全监管技术支撑水平的进一步提升。

目前现行的化妆品标准以产品标准为多，包括国家标准和行业标准，见表 4-15。化妆品产品标准对产品的定义、分类、要求、包装、运输、储存、质量指标和检验方法所做的技术规定，是保证产品质量的主要依据。

表 4-15 我国现行化妆品产品标准目录（截至 2013 年）

类别	部位			
	皮肤	毛发	指(趾)甲	口唇
清洁类化妆品	GB/T 29680《洗面奶(膏)》、QB/T 2654《洗手液》、QB/T 1994《沐浴剂》、QB/T 2744《浴盐》	QB/T 1974《洗发液(膏)》		GB 8372《牙膏》、QB 2966《功效型牙膏》、QB/T 2932《发粉》、QB/T 2945《口腔清洁护理液》
护理类化妆品	GB/T 29665《护肤乳液》、QB/T 1857《润肤膏霜》、QB/T 2286《润肤乳液》、QB/T 1861《香脂》、QB/T 2874《护肤啫喱》、QB/T 2660《化妆水》、QB/T 2872《面膜》、QB/T 4079《按摩膏基础油、按摩油》、GB/T 26516《按摩精油》	QB/T 1975《护发素》、QB/T 2835《免洗护发素》、QB/T 4077《焗油膏(发膜)》、QB/T 1862《发油》、QB/T 2284《发乳》、QB/T 4076《发蜡》		GB/T 26513《润唇膏》

续表

类别	部位			
	皮肤	毛发	指(趾)甲	口唇
美容/修饰类化妆品	GB/T 27575《化妆笔》、QB/T 1976《化妆粉块》、QB/T 1858《香水、古龙水、花露水》、QB/T 1859《香粉、爽身粉、痱子粉》	QB/T 1978《染发剂》、QB 1643《发用摩丝》、QB 1644《定型发胶》、QB/T 2873《发用啫喱(水)》、QB/T 4126《发用漂浅剂》、GB/T 27574《睫毛膏》、QB/T 2285《头发用冷烫液》、GB/T 29678《烫发剂》	QB/T 2287《指甲油》、QB/T 4364《洗甲液》	QB/T 1977《唇膏》、GB/T 27576《唇彩、唇油》

2. 化妆品终产品的质量安全控制要求

化妆品作为广大消费者的日常用品，其质量优劣直接关系到消费者的身心健康。人体的表面皮肤及其衍生的附属器官（毛发、指甲等），具有其特殊的生理特点，能否适应和接受使用的化妆品与它的物理化学性质有直接联系。因此，每批投放市场的各类型化妆品的质量必须符合国家规定的感官、理化、卫生及微生物等安全控制要求。表 4-16 为化妆品质量安全控制指标和检测方法。

表 4-16　化妆品质量安全控制指标和检测方法

序号	评价指标	评价内容	检测方法
1	感官	外观 香气 色泽 涂展性	参见化妆品标准中的方法 参考本教材后续章节
2	理化	耐寒 耐热 pH 值 黏度 离心实验 微观结构照片	参见化妆品标准中的方法 图片比较
3	稳定性	外观稳定性(外观、色泽、香气) 理化指标稳定性(耐热耐寒、pH 值、离心、黏度) 活性成分的稳定 微观结构的稳定性	参见感官评价 参见化妆品标准中的方法 化学成分分析 微观结构照片对比
4	卫生指标	微生物实验 汞砷铅含量测试 禁限用成分分析	参见《化妆品卫生规范》(2007 年版) 化学成分分析
5	功效	九类特殊用途产品功效评价(防晒、祛斑、除臭、健美、染发、育发、脱毛、烫发剂美乳) 美白、保湿、祛皱、抗衰老、去屑、护发等功效成分分析	参见《化妆品卫生规范》(2007 年版) 参见本教材后续章节介绍
6	安全性	毒理学评价 人体斑贴试验 人体使用试验 危害性分析	参见《化妆品卫生规范》(2007 年版) 参考本教材后续章节介绍

【化妆品产品质量安全控制要求实例】

* * * 滋润乳

质量安全控制要求

执行行业标准《润肤乳液》QB/T 2286—1997，具体感官指标、理化指标、卫生化学指标、微生物指标、储存条件等要求如下：

	指标名称	指标要求	检验方法
感官指标	颜色	白色	
	性状	乳状	
	气味	果香	
微生物指标	菌落总数	≤1000 CFU/g	《化妆品卫生规范》(2007年版)“微生物检验方法”
	霉菌和酵母菌总数	≤100 CFU/g	《化妆品卫生规范》(2007年版)“微生物检验方法”
	粪大肠菌群	不得检出/g	《化妆品卫生规范》(2007年版)“微生物检验方法”
	金黄色葡萄球菌	不得检出/g	《化妆品卫生规范》(2007年版)“微生物检验方法”
	铜绿假单胞菌	不得检出/g	《化妆品卫生规范》(2007年版)“微生物检验方法”
卫生化学指标	汞	≤1mg/kg	《化妆品卫生规范》(2007年版)“卫生化学检验方法”中汞的检测方法第二法
	铅	≤40mg/kg	《化妆品卫生规范》(2007年版)“卫生化学检验方法”中铅的检验方法第一法
	砷	≤10mg/kg	《化妆品卫生规范》(2007年版)“卫生化学检验方法”中砷的检验方法第一法

储存条件：请置于室内阴凉干燥处，避免阳光直射。

保质期：3年(未开封)；12个月(开封后)

* * 公司在此承诺，所申报的 * * 滋润乳符合中国《化妆品卫生规范》(2007年版)的相关要求。

3. 化妆品的行政许可

(1) 国产特殊用途化妆品的审批制　申请人登录国家食品药品监督管理局化妆品行政许可网上申报系统，并填写相应的化妆品行政许可申请表。经过省级食品药品监督管理部门进行生产能力审核（主要是卫生条件审核）、产品检验、整理申报材料、申请、国家食品药品监督管理局保健食品审评中心组织专家进行技术评审等程序。表4-17为国产特殊用途化妆品所需申报资料。

表4-17　国产特殊用途化妆品所需申报资料

序号	资料名称	备注
1	国产特殊用途化妆品卫生行政许可申请表	网上填报
2	产品名称命名依据	
3	产品质量安全控制要求	
4	产品设计包装(含产品标签、产品说明书)	
5	经国家食品药品监督管理局认定的许可检验机构出具的检验报告及相关资料或境外实验室出具的防晒指数(SPF、PFA或PA值)检验报告	包含：产品使用说明、卫生安全性检验报告(微生物、卫生化学、毒理学)。如有以下资料应提交：①人体安全性检验报告(皮肤斑贴、人体试用试验)；②防晒指数SPF、PFA或PA值检验报告；③其他新增项目检测报告

续表

序号	资料名称	备注
6	产品中可能存在安全性风险物质的有关安全性评估资料	
7	省级食品药品监督管理部门出具的生产卫生条件审核意见	包含:产品配方、生产工艺简述和简图、生产设备清单、生产企业卫生许可证复印件
8	申请育发、健美、美乳类产品的,应提交功效成分及使用依据的科学文献资料	
9	可能有助于评审的其他资料。	
10	另附省级食品药品监督管理部门封样并未启封的样品1件	

(2) 非特殊用途化妆品的备案制　非特殊用途化妆品备案人应当在产品上市前向化妆品备案信息管理系统报送产品原料成分信息及产品安全评价资料相关信息。表4-18为国产非特殊用途化妆品备案资料要求。

表4-18　国产非特殊用途化妆品备案资料要求

序号	资料名称	相关要求
1	国产非特殊用途化妆品备案申请表	网上填报
2	产品配方(不包括含量,限用物质除外)	网上填报,符合《国产非特殊用途化妆品备案要求》
3	产品销售包装(含产品标签、产品说明书)	网上填报
4	产品生产工艺简述	存档备查
5	来源于动物脏器组织及血液制品提取物的原料	应当收集该原料的来源、质量规格和原料生产国允许使用的证明等资料存档备查
6	使用《化妆品卫生规范》对限用物质有规格要求的原料	应当收集该原料生产商出具的原料质量规格证明存档备查
7	产品技术要求	参照《关于印发化妆品产品技术要求规范的通知》(国食药监许〔2010〕454号)要求执行,存档备查
8	经省级食品药品监督管理部门指定的检验机构(以下称检验机构)出具的检验报告及相关资料	产品检验要求参照《关于印发化妆品行政许可检验管理办法的通知》(国食药监许〔2010〕82号)执行,存档备查
9	产品中可能存在安全性风险物质的有关安全性评估资料	参照《关于印发化妆品中可能存在的安全性风险物质风险评估指南的通知》(国食药监许〔2010〕339号)要求进行风险评估。风险评估结果能够充分确认产品安全性的,可免予产品的相关毒理学试验
10	委托生产协议复印件	如有委托生产的
11	宣称为孕妇、哺乳期妇女、儿童或婴儿使用的产品,配方设计原则(含配方整体分析报告)、原料的选择原则和要求、生产工艺、质量控制等内容	应当按照《儿童化妆品申报与审评指南》(国食药监保化〔2012〕291号)的要求编制,相关资料应当存档备查

（四）化妆品经营的安全管理

1. 化妆品经营的方式

化妆品经营的方式多种多样，随着市场经济的发展，直销、邮购、网店、展会等营销形式以及现场免费美容、赠送试用品等促销方式大量出现，化妆品经营渠道正产生巨大变革。

目前经营者根据经营场所和方式可分为以下几种类型：

① 化妆品批发部门；

② 大、中、小型商场（超市）零售；

③ 小商品批发市场；

④ 化妆品专卖店、经销店；

⑤ 个体零售商；

⑥ 美容美发场所；

⑦ 展会；

⑧ 电子商务（网络销售，如网店、微店等）；

⑨ 传销、直销（企业直销、电视直销、上门推销等）和邮购；

⑩ 旅店业及一些公共娱乐场所提供给客人用的客用化妆品，如宾馆、洗浴场、健身房、游泳场提供客人用的洗发露、沐浴露，照相馆（如婚纱摄影等）提供客人用的各种美容修饰类化妆品；

⑪ 散装化妆品及销售时提供的赠品；

⑫ 一些特殊情况下需要监督的产品，如直接进入工厂、单位的劳动保护用品，演员、戏剧用化妆品，医院、门诊、药店销售的化妆品及其他经营化妆品的领域。

2. 化妆品经营禁止性规定

化妆品经营单位和个人不得销售下列化妆品：

① 未取得《化妆品生产企业卫生许可证》的企业所生产的化妆品；

② 无质量合格标记的化妆品；

③ 标签、小包装或者说明书不符合规定的化妆品；

④ 未取得批准文号的特殊用途化妆品；

⑤ 超过使用期限的化妆品。

3. 化妆品经营的管理要求

（1）进货查验和索证索票制度　化妆品经营者应当建立进货查验和索证索票制度，查验供货者的许可证照、化妆品合格证明文件，并保存相关凭据，建立产品进货台账，如实记录化妆品的名称、规格、数量、生产日期、保质期、进货日期以及供货者的名称、地址及联系方式等内容。进货查验记录保存期限不得少于2年。

化妆品进货查验和销售记录应当真实、可追溯，可采用信息化手段进行产品追溯管理。

（2）储存运输　化妆品经营者应当按照化妆品标签的要求储存、运输和配送化妆品，定期检查，及时清理变质或者超过保质期的化妆品。

（3）化妆品经营者不得自行配制、分装化妆品　美容美发等经营者使用化妆品或者将化妆品提供给消费者使用的，按照化妆品经营进行管理，应当保证化妆品质量安全，并按照产品标签和使用说明要求使用。

（4）集中交易市场　集中交易市场的开办者、柜台出租者和展销会举办者应当审查入场化妆品经营者的资质，承担入场化妆品经营者的化妆品质量安全管理责任，定期对入场化妆品经营者进行检查，发现化妆品经营者有违反法律规定的行为的，应当及时制止并立即报告所在地食品药品监督管理部门。

（5）网络交易第三方平台　网络化妆品交易第三方平台提供者应当对入网化妆品生产经营者实行实名登记，并对入网的化妆品生产经营者承担管理责任。网络化妆品交易第三方平台提供者发现入网化妆品生产经营者有违反本条例规定的行为的，应当及时制止，并立即报告网络化妆品交易第三方平台提供者注册地食品药品监督管理部门。发现严重违法行为的，应当立即停止提供网络交易平台服务。

消费者通过网络化妆品交易第三方平台购买化妆品，其合法权益受到损害的，可以向入网化妆品生产经营者要求赔偿。网络化妆品交易第三方平台提供者不能提供入网化妆品生产经营者的真实名称、地址和有效联系方式的，由网络化妆品交易第三方平台提供者赔偿。网络化妆品交易第三方平台提供者赔偿后，有权向入网化妆品生产经营者追偿。网络化妆品交易第三方平台提供者做出更有利于消费者的承诺的，应当履行承诺。

网络化妆品交易第三方平台提供者没有履行管理责任，使消费者合法权益受到损害的，应当与入网化妆品生产经营者承担连带责任。

网络化妆品交易第三方平台提供者注册地食品药品监督管理部门负责对网络化妆品交易第三方平台提供者实施监督管理。

4. 进口化妆品的审批制

我国首次进口国外企业生产的化妆品必须由进口化妆品生产企业或备案的在华申报责任单位向国家食品药品监督管理局申请行政审批，如合格获颁《进口特殊用途化妆品行政许可批件》或《进口非特殊用途化妆品备案凭证》（简称卫生许可批件）。这是进口化妆品进入流通市场的准入证，未领取批件的进口化妆品不得在中国大陆市场上销售。

进口化妆品卫生许可批件主要申报资料包括：中文名称命名依据、产品质量安全控制要求、生产工艺简述和简图、经国家食品药品监督管理局认定的许可检验机构出具的检验报告及相关资料、产品中可能存在安全性风险物质的有关安全性评估资料、产品在生产国（地区）或原产国（地区）允许生产销售的证明文件。来自发生“疯牛病”国家或地区的产品，应按照要求提供官方检疫证书；对于申请育发、健美、美乳类等进口特殊化妆品产品的，应提交功效成分及使用依据。

四、化妆品不良反应监测

化妆品安全事件时有发生，安全问题必须持续予以高度关注。产品一旦出售，就需要对产品进行跟踪监控，以确定产品进入市场之前的风险评估即假定的不良反应预测的准确性，以及及时发现可能的特异性反应或者低概率事件；同时对收集到的相关的不良反应数据资料进行因果分析，评价症状是否因产品暴露所致或与产品暴露有关的可能性。

我国化妆品不良反应监测是指凡在中华人民共和国境内上市销售使用的化妆品所引起的不良反应发现、报告、评价和控制的过程，是化妆品安全管理不可分割的组成部分。化妆品不良反应监测的目的就是尽早尽快地收集化妆品对皮肤不良作用的所有信息，进行分析和解释，确定它们的来源并判定在产品使用和遇到的问题之间是否有一种因果联系。

（一）我国实行化妆品不良反应监测制度

随着化妆品监督管理逐渐走上法制化轨道，我国政府监督部门和生产企业在加强化妆品安全管理的同时，加强了对化妆品不良反应的监测和管理。

1. 我国化妆品不良反应监测制度

国家各级食品药品监督管理局负责制定化妆品不良反应监测的相关政策法规及技术标准并监督实施，对已发生严重或者群体性不良反应的化妆品，可以采取停止生产、经营的紧急控制措施。

化妆品生产经营企业应当监测其生产、经营的化妆品不良反应，发现可能与使用化妆品有关的不良反应案例应详细记录、调查、分析、评价、处理，并定期向所在地监测机构报告，重大群体性化妆品不良反应及时报告，积极采取有效措施，防止化妆品不良反应的重复发生。

鼓励消费者协会等社会团体和个人，发现化妆品不良反应案例可直接向所在地监测机构或国家监测机构报告。

2. 化妆品不良反应监测机构

卫生部于 2004 年 12 月于北京召开化妆品皮肤病诊断机构会议，建立了中国化妆品不良反应监测体系，包括卫生部、化妆品安全性专家委员会、卫生部化妆品不良反应监测中心（即中国疾病预防控制中心环境与健康相关产品安全所）、卫生部认定的化妆品皮肤病诊断机构。

化妆品不良反应监测哨点是指由食品药品监督管理部门认定的具备分析、评价化妆品不良反应能力的，承担化妆品不良反应报告和监测职责的医疗机构。这些机构为卫生部提供了大量、精确的化妆品皮肤病发病信息，使政府主管部门能够直观地了解市场上化妆品的安全性，为我国化妆品监管政策的制定提供了重要的背景材料。自 2003 年始，卫生部开始向社会公布化妆品不良反应监测的综合数据和结果分析。

2011 年开始国家食品药品监督管理局以建立完善化妆品不良反应监测哨点为

基础，充分利用现有优质资源，加快推进化妆品不良反应监测体系建设，逐步形成科学、系统、完善的化妆品不良反应监测与评价网络。

化妆品不良反应监测机构和监测哨点主要负责承担全国本行政区域化妆品不良反应监测技术支撑工作，接受就诊或咨询的化妆品不良反应案例的调查、信息的收集、分析、评价、反馈和报告；协助监管部门承担化妆品安全性评价等。经国家管理部门认定的承担化妆品不良反应监测和化妆品皮肤病诊断工作的监测机构数量由13家增至21家，分布在全国18个大中城市（见表4-19）。

表4-19　化妆品皮肤病诊断机构所在医院

医院名称	所在城市	确认年份
解放军空军总医院	北京	1992年
北京大学第一医院	北京	2009年
上海市皮肤病性病医院	上海	1992年
复旦大学附属华山医院	上海	2009年
天津市长征医院	天津	1992年
重庆市第一人民医院	重庆	1999年
中山大学附属第三医院	广州	1992年
中国医学科学院皮肤病医院(中国协和医科大学皮肤病医院)	南京	2004年
南京医科大学第一附属医院(江苏省人民医院)	南京	2004年
中国医科大学附属第一医院	沈阳	2004年
四川大学华西医院	成都	2004年
大连医科大学附属第二医院	大连	1992年
山东省皮肤病性病防治研究所(山东省皮肤病医院)	济南	2004年
福建医科大学附属第一医院	福州	2004年
第四军医大学第一附属医院(西京医院)	西安	2004年
武汉市第一医院	武汉	2009年
中南大学湘雅二医院	长沙	2009年
浙江大学医学院附属第二医院	杭州	2009年
安徽医科大学第一附属医院	合肥	2009年
昆明医学院第一附属医院	昆明	2009年
宁夏医学院附属医院	西宁	2009年

3. 我国化妆品不良反应监测和安全管理的针对性措施和要求

为了预防，国家卫生监督管理部门不断完善监管体制和现有的质量标准体系，对有毒有害物质做出明确的规范，加强化妆品不良反应监测和安全管理，同时提出针对性措施和要求。

① 加强化妆品皮肤病诊断机构同当地卫生监督（食品药品监督）部门的信息

沟通。对于引起严重皮肤病变或多例皮肤病的化妆品，主管部门要及时采取措施查清来源，并对其卫生质量进行检验。对于流通范围超出本省的要上报卫生部。

② 各地监督管理部门要加强对粉刺类化妆品和美容院自制化妆品的监督检查，并加大对自制产品和“三无”产品的查处力度。

③ 各地监督管理部门要加大对美容院的监管力度，加强对美容院从业人员的卫生知识和法规的培训，严格规范美容院的经营行为。

④ 化妆品生产企业要强调“自律”精神，选择符合《化妆品卫生规范》要求的原料，加强对现有原辅料质量的控制、新原辅料的开发，确保产品质量。

⑤ 化妆品生产企业和经营单位要向消费者如实介绍自己的化妆品，包括可能出现的不良反应、处理措施和禁忌人群，正确指导消费者选择化妆品，不得夸大宣传。

⑥ 消费者要主动了解一定的化妆品基础知识和法规知识，正确选用化妆品，提高自我保护能力，使用化妆品后出现不适时应及时停用，并到正规医院就诊。

⑦ 目前电视购物、网络销售渠道所销售的化妆品很多未经许可即上市销售，且宣传疗效、夸大和虚假宣传问题比较严重，各地监管管理部门要将此类化妆品作为监管重点，并协助工商行政部门做好对此类产品违法广告宣传的查处。

（二）国外对化妆品不良反应的监测

1. 美国对化妆品不良反应的监测

美国食品与药品管理局（FDA）主管化妆品和药品，美国食品与药品管理局食物安全和应用营养中心（the food and drug administration's center for food safety and applied nutrition，简称 CFSAN）负责收集、统计、分析包括化妆品在内的多种产品引起的不良反应，并于 2002 年建立了美国食品与药品管理局食物安全和应用营养中心不良事件报告系统（CFSAN adverse event reporting system，CAERS），2003 年 5 月正式运行。通过消费者、生产厂家等自发对化妆品等产品引起不良反应的报告，进行追踪、监测、统计和分析。

在美国，消费者是化妆品不良反应的主要报告人之一。为保障消费者的权益，FDA 提供了周到的服务和承诺，在官方网站为消费者及从业人员建立了链接，使他们非常容易地得到应知的任何信息，同时还有多种投诉方法，如通过拨打 FDA 的紧急电话，与当地 FDA 联系，将事件通知生产商、分销商或零售商来报告。CAERS 可迅速将报告事件交给专业人员进行分析。此类信息可通过电话、邮寄、电子邮件或传真送达 CAERS，并通过电子手段传送给 CFSAN 的安全评估专家，开展相应调查工作。

CFSAN 的工作人员调查不良反应事件，并研究其发展趋势，帮助相关机构确定产生不良反应的原因和应采取的必要措施。如果发现某种产品可引起多种不良反应，相关机构将会采取行动召回此产品，并为消费者提供咨询服务，或采取调整措施。CFSAN 最初会给该产品的生产公司发函（如引起消费者死亡，该函会在收到报告的 24h 之内发出)，并附有消费者或健康护理专家的报告。

当前，还没有强制要求公司将与其化妆品有关的不良反应向 FDA 报告，不过 FDA 建立了一个自愿性的不良反应报告系统 CAERS，用来鉴别新的和新出现的食品和化妆品的公共健康问题、不良反应模式和趋势。

美国对具有潜在危害的或缺陷的产品采取召回程序，这是由化妆品企业自动采用的一种召回行动。FDA 可以要求相关公司实施，并监督整个召回程序，还可以审阅公司报告、对零售和批发进行审计等措施，核实召回程序的有效性。如果生产或销售商不愿意发布通知，FDA 有权在每周一次的政府刊物上发布该公共通知和健康损害分类。

2. 欧盟化妆品的不良反应监测

1995 年《欧盟化妆品指令 76/768 第六次修正案》已经肯定化妆品不良反应监测的重要性，因为它规定：现有不良反应的数据是主管控制机构可随时访问的产品信息文件的重要组成部分。

《欧盟化妆品法规 1223/2009》第 23 条增加了新的义务要求，规定应该对“严重不良反应”进行及时的交流，不仅包括责任人，而且包括健康专家和最终消费者(如消费者和美容专业人士，诸如理发师或美容师)。

在发生严重不良反应时，责任人和经销商应当立即采取纠正措施并将有关信息上报给严重不良反应发生所在成员国的主管部门。随后，主管部门应立即将提及的信息发送给其他成员国的主管部门，这些信息可用于市场监管、市场分析、评价和消费者服务等目的。

3. 瑞典对化妆品不良反应的监测

瑞典医疗产品管理局 (medical products agency，MPA) 于 1989 年建立了化妆品监控系统 (包括进口商、生产商及其产品登记)。MPA 发布有关化妆品和化妆用具的规章，负责瑞典的进口商和生产者及其产品的注册，检查市场上的化妆品，并为公司、健康护理人士和消费者提供信息。为了促进可能有害的产品和成分的检测，MPA 设立了由化妆品及化妆用具引起不良反应的自愿报告系统，可由医生、消费者及其他人提出报告。

登记不良反应报告之后，MPA 将会给生产商发函要求提供该产品的成分清单，由毒理学家检测成分并确保其符合法律规定，如果该产品不符合法律规定或被认为是有害的，MPA 有权在瑞典市场上禁止其出售。之后由两位皮肤科医生做出医学评估，分析可能原因，最后 MPA 将评估结果反馈给提出报告的医师和生产商。

4. 法国对化妆品不良反应的监测

法国把化妆品不良反应分为化妆品不耐受、敏感性皮肤、不耐受性皮炎 (刺激性皮炎、过敏性皮炎)、光敏性皮炎几种。消费者使用化妆品后出现不良反应，可到医院皮肤科变态反应室就诊，由医院上报给专门监测部门，并提醒生产企业。监测部门得到信息后上报卫生部和专家委员会，并为医院提供反馈信息，由卫生部对生产厂家提出警告或停止其销售。

5. 日本对化妆品不良反应的监测

日本实施副作用报告制度，通过企业、医院等收集化妆品和医药部外品不良反应，有关单位在得知化妆品或医药部外品有可能发生有害作用的研究结果之日起，30d内必须向厚生劳动省报告。厚生劳动省根据不良反应报告，向出现不良反应报道的产品的责任单位发布警示通知，必要时要求责任单位在产品包装上标识警示用语。

综上所述，针对化妆品不良反应，大多数国家均以消费者或生产厂家等的自发报告为基础，而我国是以指定监测机构来报告的；各国虽建立了自己的监测体系，但监测内容仅限于生产链下游的化妆品。

思考题

1. 化妆品对人体的危害有哪些？主要原因是什么？
2. 我国化妆品皮肤病的定义和常见类型是什么？由哪些机构鉴定？
3. 化妆品所致皮肤病的诊断原则和处理原则是什么？
4. 我国化妆品的质量要求有哪些？
5. 我国如何要求化妆品全成分标注？
6. 我国化妆品不良反应如何监管？
7. 彩妆对人体有什么安全风险？
8. 任意选择自用一种或多种化妆品，要求外包装标识完整、生产日期或有效使用日期清楚，请根据各组分和产品本身特点进行安全风险预估。

第五章　化妆品安全性评价技术

生产企业的首要职责就是确保化妆品所用成分及其终产品在正常和可预见的条件下使用时是安全的，对化妆品原料及其终产品的安全性评价是保证化妆品安全性的关键措施和核心内容。

第一节　毒理学试验方法

一、毒理学研究简介

（一）毒性与毒理学研究

1. 外源化学物与毒性

外源化学物是指在人类生活的外界环境中存在、可能与机体接触并进入机体，在体内呈现一定的生物学作用的一些化学物质，又称为外源生物活性物质。任何一种外源化学物质在一定条件下都可能是对机体有害的。化妆品是由多种化学物质混合制备而成的，像其他的日用化学品一样，对人体皮肤来说属于外源化学物，存在着不可避免的毒性。

毒性是指某一种外源化学物（如化妆品或化妆品原料）接触或进入机体内部后，干扰或破坏正常的生理功能，对机体造成刺激性或腐蚀性损害甚至危及生命的能力。这种外源化学物称为有毒物质或毒物，对机体造成的危害越大，说明毒性越大。

2. 毒性大小的量化指标

毒性的大小是相对的，也可以说一个物质“有毒”与“无毒”也是相对的。因为物质的有毒与无毒，毒性的大小与该物质作用于机体的剂量（或浓度）有关，还与物质本身的理化性质及其与机体接触的途径有关。

剂量指直接与机体的吸收屏障（消化道、黏膜、皮肤等）接触可供吸收的外源化学物质的量（应用剂量），或在实验中给予机体受试物的量，以 mg/kg（体重）或 mg/m^3（吸入途径）表示。

剂量大小意味着生物体接触毒物的多少，是决定外来化合物对机体造成损害的最主要的因素。同一化学物质，不同的剂量对机体可产生不同性质和不同程度的毒性作用，因此剂量这个概念在毒性试验中是很重要的。

毒性大小的量化常以致死剂量或浓度表示，致死剂量或浓度是指某物质引起机体急性死亡的剂量或浓度，通常按照引起动物不同死亡率所需的剂量来表示。LD_{50}是指某实验中引起总体动物半数死亡的剂量或浓度，简称半数致死量，是一个统计数值，常用来表示急性毒性的大小。因死亡是毒物所引起的最严重的共同结果，易于观察和比较，与其他致死量相比，LD_{50}对受试物的个体感受性影响较小，有更高的重现性，结果较稳定，且一般有60%～70%死亡动物集中在LD_{50}附近，故它的代表性较大。LD_{50}数值越小，受试物的毒性越高，反之LD_{50}数值越大，其毒性越低。

3. 毒理学及其研究方法

毒理学是一门研究化学物质对生物体的全面有害作用（包括毒性反应、严重程度、发生频率和作用机理等）的科学，也是对毒性作用进行定性和定量评价的科学。毒理学的目的就在于研究外源化学物质的毒性和产生毒性作用的条件，阐明剂量-效应（反应）关系，为制定卫生标准及防治措施提供理论依据。毒理学在化妆品行业的应用是寻找高效低毒的日化原料，制备更安全的产品以及控制化学物质对人类健康引起的危害。

毒理学研究方法包括动物试验和人体试验，这些方法各自都有一定的特点和局限性，在实际工作中应主要根据实验研究目的和要求，采用最适当的方法，并且相互验证。

（1）动物试验　多采用哺乳动物，例如大鼠、小鼠、豚鼠、家兔、仓鼠、狗和猴等。在特殊需要情况下，也采用鱼类或其他水生生物、鸟类、昆虫等。包括体内试验和体外试验。

体内试验又称整体动物试验，是毒理学的基本研究方法，用来检测外源化学物的一般毒性。让试验动物按人体实际接触方式接触一定剂量的受试外来化合物，一定时间内观察动物可能出现的形态或功能变化，可严格控制接触条件，测定多种类型的毒作用。

由于哺乳动物和人体在解剖、生理和生化代谢过程方面有很多相似之处，其结果原则上可外推到人，为人类使用这些化学物质的安全性做出评价，但体内试验影响因素较多，难以进行代谢和机制研究。

体外试验是利用游离器官、培养的细胞或细胞器进行毒理学研究，多用于外源化学物对机体急性毒作用的初步筛检、作用机制和代谢转化过程的深入观察研究。体外试验系统缺乏整体毒物动力学过程，并且难以研究外源化学物的慢性毒作用。

（2）人群调查

① 根据动物试验结果和外来化合物本身的性质，选用适当的观察指标，采用流行病学的方法进行人群调查。

② 通过中毒事故的处理或治疗，可以直接获得关于人体的毒理学资料，这是临床毒理学的主要研究内容。

③ 有时可设计一些不损害人体健康的受控的实验，但仅限于低浓度、短时间的接触，并且毒作用应有可逆性。

人群调查的特点是可以取得在人体直接观察的资料，但易受许多其他混杂因素的影响和干扰；需与动物实验结果进行综合考虑分析，才能得出较为符合实际的结论。

（二）动物试验的缺点及替代试验

1. 毒理学动物实验的缺点

欧洲经济合作和发展组织（OECD）推荐的化学物质毒理学实验一体化方法已成为工业、政府管理部门以及科学研究单位共同参照的危险性评估实验指南。然而，在人们通过大量的动物实验进行生物医学、毒理学鉴定的同时，发现不同种动物对化学物质的体内代谢并不相同，在对某些动物实验设计上是否能准确地预示对人体的危害提出了质疑。

瑞士毒理学家指责用于确定急性毒性的 LD_{50} 测定，牺牲大量的实验动物获得的致死量经临床证明极少与人类相关；致癌性实验也并不能预示人类在日常低剂量暴露下引起癌症的危险性；而且动物种族对麻醉药和镇痛药的毒性分类不一致性也带来外推的不确定性。

传统的化妆品安全评价试验基本上基于动物实验，是不少国家验证化妆品安全性的一种举措，20 世纪 70 年代美国动物保护运动者抗议在化妆品行业使用动物进行试验，强烈抨击化妆品的毒性鉴定中的眼刺激试验和急性毒性试验使动物遭受痛苦、损伤甚至不正常死亡。

从科学角度和经济角度考虑，完成一种化学物质的全部毒理学实验影响因素多，需要大量的实验动物，实验期限长，饲养动物的环境设施、营养供给要求高，耗资大；从动物权益保护的角度而言，毒理实验使动物遭受不应有的痛苦和牺牲也是不人道的。

2. 动物替代试验研究的必要性

1970 年组织培养方法的重大进展，利用离体的动物和人的细胞、组织培养等新的技术已成为有价值的研究手段，发展和选择体外方法替代动物实验（alternative to animal testing，简称 AAT）成为可能，它不仅是动物权益保护的需要，也是科学进步、社会经济发展的需要。

ECVAM 认为替代实验方法研究的必要性在于：

① 替代实验与人体危险性评估的关系更直接，可依赖现代生物工程技术，科学性更好；

② 替代实验较动物实验经济、快捷；

③ 动物实验不符合伦理学要求，受动物保护组织和公众反对；

④ 随着人类对地球生态环境保护意识的增强，化妆品安全性检测和评价方法应尽可能优化试验，少用动物或不用动物，因此研究替代动物试验的方法势在必行；

⑤ 欧盟在其 76/768/EEC 指令第七次修正案（2003/15/EC）中发布了有关动物实验替代方法的规定，包括陆续禁止使用动物进行化妆品成品、化妆品原料等的试验禁令和销售禁令。这给欧盟以外的其他国家带来的不仅是化妆品贸易受阻和检

验技术壁垒，更多的是适应这一壁垒的技术进步和观念更新。专家建议全世界都应顺应这一趋势，提高化妆品安全评价技术的现代化水平，从进口和销售的角度禁止化妆品动物试验，这样才能更好地真正实现保护动物的目的，才能保障化妆品进出口贸易和安全检测技术的健康发展。

动物替代试验是一个新的研究热点，目前替代实验方法的研究和应用主要取决于有效性验证，在验证过程中，许多方法并不适合替代动物实验或有这样或那样的问题，最终只有少数方法获得通过。动物替代实验方法的科学性和有效性验证是一个较长期的研究过程，我国对体外实验方法的研究才刚起步，作为一个新的领域，应尽快加强国际间的交流和合作，争取尽早与国际接轨。

3. 动物替代试验的“3R”原则

正确的科学实验设计应考虑到动物的权益，尽可能减少动物用量，优化完善实验程序或使用其他手段和材料替代动物实验的“3R”原则，即减少（reduction）、优化（refinement）和替代（replacement）的简称。

减少（reduction）的含义是指在科学研究中，使用较少的动物获取同样多的试验数据或使用一定数量的动物能获得更多试验数据的方法。如果某一研究方案中必须使用实验动物，同时又没有可靠替代方法选择，则应考虑把使用动物的数量降低至实现科研目的所必需的最小量。

优化（refinement）是指通过改善动物设施、饲养管理和实验条件，精心设计技术路线、实验手段，精炼实验操作技术，尽量减少实验过程对动物机体的损伤，减轻动物遭受的痛苦和应激反应，使动物实验得出科学的结果。优化的内容是比较广泛的，简单概括就是实验设计科学化、动物试验规范化和标准化的过程。

替代（replacement）是指一项试验方法能减少动物使用数量，或能优化试验程序以减轻动物痛苦或增加动物福利；或者能用非动物系统或者系统发生学上比较低等的动物种类代替高等级动物进行实验，如用无脊椎动物代替哺乳类动物。

根据是否使用动物或动物组织，替代可分为相对替代和绝对替代。前者指使用脊椎动物细胞、组织及器官进行体外试验，或用低等动物替代高等动物的试验，而后者则是完全不使用动物，如采用培养的细胞或组织、计算机模型等。根据替代的程度，替代可分为部分替代和完全替代，前者指利用其他实验手段代替动物实验中的某一部分，后者指用新的非动物实验方法取代原来的动物实验方法。对于化妆品安全评价中替代方法，可以选择体外培养物（细胞、组织或器官的培养物）代替实验动物，低等动物代替高等动物，人群研究资料、数学和计算机模型的应用，以及物理和化学技术的应用（如皮肤功能的测定）。

3R原则作为系统的理论提出后，在世界范围内得到了广大科研人员的认同，美国和欧洲将3R原则作为制定动物福利法规的基础。1995年有关专家提议将3R中的“替代”提到首位，称为“替代方法的3R原则”。近年，替代动物试验逐步由原来的“3R原则”向“1R原则（replacement）”方向发展，即完全的体外替代试验。

4. 动物替代试验方法研究状况

虽然欧盟立法逐步禁止化妆品领域使用动物实验，但仍要求生产商保证其化妆品的安全性，这刺激了动物替代试验方法的研究。因为，如果他们找不到合适的动物试验替代方法，无法证明新成分的安全性，新成分将不可能用于化妆品研发。

到目前为止，化妆品安全性评价方面，已经通过有效性验证的动物替代方法有急性毒性试验、皮肤腐蚀性（刺激性）试验、眼刺激性（腐蚀性）试验、皮肤光毒性（光敏感性）试验、皮肤渗透试验和生殖毒性试验，有的方法已收入OECD化学物质试验指南中。例如皮肤腐蚀性评价的透皮电阻试验、体外隔膜试验等，都是将受试物加至底物（大鼠皮肤或者是培养的组织），测定不同时间的电阻的改变以及细胞毒性的改变。这样的体外试验方法在很多地方被认为是一种可预计的、有效的动物替代试验，见表5-1。

表5-1　已被认可、正在申请或在研的主要替代试验

试验目的	替代试验
急性毒性	固定剂量程序法(420)、急性毒性分类法(423)、上下程序法(425)
皮肤刺激性和腐蚀性试验	大鼠皮肤经皮电阻法(430)、人工皮肤模型法(431)、体外生物膜屏障法(435)、人重组皮肤模型(如Episkin™、Epiderm™、Corrositex™实验)、猪耳实验和离体小鼠皮肤功能实验
皮肤敏感性	小鼠局部淋巴结检测(LLNA)(429)、肽反应实验
皮肤光毒性	3T3中性红摄取光毒性试验(432)
皮肤/经皮吸收	体外皮肤吸收试验(428)、人类以及猪皮肤的扩散池法
眼刺激试验	牛眼角膜浑浊渗透法、离体鸡眼试验、离体兔眼试验、鸡胚-尿囊膜试验、红细胞溶血试验
基因毒性筛选试验	细菌回复突变试验(Ames)、体外哺乳类细胞基因突变试验或体外哺乳动物细胞染色体畸变试验、体外微核试验、大肠杆菌回复突变试验、体外哺乳动物染色体畸变试验(473)、体外哺乳动物细胞基因突变试验(小鼠淋巴瘤试验)(476)、酿酒酵母基因突变试验(480)、哺乳动物细胞姐妹染色单体互换试验(SCE)(479)、哺乳动物细胞程序外DNA合成试验(UDS)(482)、酿酒酵母有丝分裂重组试验(481)
生殖发育毒性	筛选试验422代替407和421；全胚胎培养(WEC)、微团实验(MMT)和胚胎干细胞实验(EST)
慢性/致癌试验	SHE细胞转移试验；利用肝、肾细胞联合培养的慢性试验；内分泌干扰试验
其他	定量构效关系(QSAR)、计算机模拟和毒代动力学实验

虽然替代实验方法研究有了很大进展，但就目前研究现状看还很难满足化妆品及其原料危险性评价的技术需求。因为这些替代实验多是针对个别毒理学观察终点的定性实验，多数只能用于化学物质的危害识别、代替化妆品成品个别指标的安全性检测。而化妆品原料的危险性评价关键需要的是系统的、具有一定定量评价能力

的评价方法，目前通过验证的方法大都还不能满足这一要求。

另外，即便是已经通过验证的替代实验也有一定的技术缺陷，并不能适用于所有类型化学物质的评价，不能完全代替动物实验在安全性评价方面的作用，也许更适合于作为以动物实验为主要评价手段的传统评价方法的有益补充。

5. 动物替代试验的验证机构

替代试验必须有可靠的科学背景，体外试验的结果必须同体内试验结果一致，这种方法需得到数家研究机构的认可，并可在实验室内重复试验。目前全世界建立有多家替代动物试验方法验证中心，我国在这方面的科研工作也正逐步开展。

① 欧洲替代方法验证中心（European Centre for the Validation Alternative Methods，ECVAM），根据86/609/EEC指令，成立于1991年，位于意大利Ispra的欧洲联合研究中心内。

② 美国替代方法验证部门协调委员会（Interagency Coordinating Committee on the Validation of Alternative Methods，ICCVAM）。

③ NICEATM，国家毒理学计划替代毒理学方法评价中心。

④ 日本替代方法验证中心JaCVAM，成立于2005年11月。

二、化妆品安全性评价毒理学试验方法

我国《化妆品卫生规范》（2007年版）详细介绍了16种毒理学试验方法，见表5-2。

表5-2 《化妆品卫生规范》规定化妆品安全性毒理学检测方法

方法名称	内容简介	适用检测对象
动物急性经口毒性试验	动物急性经口毒性试验的基本原则、要求和方法	化妆品原料
动物急性皮肤毒性试验	动物急性皮肤毒性试验的基本原则、要求和方法	化妆品原料
动物皮肤刺激性或腐蚀性试验	动物皮肤刺激性或腐蚀性试验的基本原则、要求和方法	化妆品原料及其产品
动物急性眼刺激性或腐蚀性试验	动物急性眼刺激性或腐蚀性试验的基本原则、要求和方法	化妆品原料及其产品
皮肤变态反应试验	动物皮肤变态反应试验的基本原则、要求和方法	化妆品原料及其产品
皮肤光毒性试验	皮肤光毒性试验的基本原则、要求和方法	化妆品原料及其产品
鼠伤寒沙门氏菌/回复突变试验	鼠伤寒沙门氏菌/回复突变试验的基本原则、要求和方法	化妆品原料及其产品
体外哺乳动物细胞染色体畸变试验	致突变性检测试验：体外哺乳动物细胞染色体畸变试验的基本原则、要求和方法	化妆品原料及其产品
体外哺乳动物细胞基因突变试验	致突变性检测试验：体外哺乳类细胞基因突变试验的基本原则、要求和方法	化妆品原料及其产品

续表

方法名称	内容简介	适用检测对象
哺乳动物骨髓细胞染色体畸变试验	遗传毒性检测试验：哺乳动物骨髓细胞染色体畸变试验的基本原则、要求和方法	化妆品原料及其产品
体内哺乳动物细胞微核试验	染色体畸变检测试验：哺乳动物红细胞微核试验的基本原则、要求和方法	化妆品原料
睾丸生殖细胞染色体畸变试验	遗传毒性检测试验：哺乳动物睾丸初级精母细胞染色体畸变试验的基本原则、要求和方法	化妆品原料
亚慢性经口毒性试验	啮齿类动物亚慢性经口毒性试验的基本原则、要求和方法	化妆品原料
亚慢性经皮毒性试验	啮齿类动物亚慢性经皮毒性试验的基本原则、要求和方法	化妆品原料
致畸试验	动物致畸试验的基本原则、要求和方法	化妆品原料
慢性毒性/致癌性结合试验	动物慢性毒性/致癌性结合试验的基本原则、要求和方法	化妆品原料

（一）急性毒性试验

急性毒性是化妆品安全性评价最基础的试验，通常包括经口和经皮途径，必要时对某些极端的暴露途径（如吸入）也应给予考虑。急性毒性的主要目的是观察化学物急性毒性效应、剂量-反应关系、靶器官病变及其可逆性等，既可检测受试物经皮吸收或经口染毒等短期作用所产生的毒性反应，试验结果也可作为化妆品原料毒性分级和标签标识以及确定亚慢性毒性试验和其他毒理学试验剂量的依据。

急性毒性试验是化妆品安全性评价最基础的试验，通常包括经口和经皮途径，必要时对某些极端的暴露途径（如吸入）也应给予考虑。一般分为两类，一类是以死亡为毒性终点的经典试验，可以确定受试物质的致死量范围，主要是求得 LD_{50}，可采用多种测定方法如一次最大限度试验、霍恩氏法、上-下法、概率单位-对数图解法和寇氏法等。另一类急性毒性试验不以死亡为观察终点，可观察受试物质的作用方式对机体形态、重要生理功能的影响，得到受试物靶器官毒性和非致死性不良反应的数据。试验期间死亡的动物要进行尸检，试验结束时仍存活的动物要处死并进行尸检。评价试验结果时，应将 LD_{50} 与观察到的毒性效应和尸检所见相结合考虑。

由于 LD_{50} 较正确反映受试化学物毒物的大小，我国化妆品安全评价标准中，将 LD_{50} 作为化学物质的急性毒性分级指标，见表 5-3。

表 5-3　我国化学物质的急性经口、经皮毒性分级

级别	大鼠经口 LD_{50}/(mg/kg)	兔经皮 LD_{50}/(mg/kg)
剧毒	<1	<5
高毒	≥1～50	≥5～44
中等毒	>50～500	>44～350
低毒	>500～5000	>350～2180
微毒(实际无毒)	>5000	>2180

LD_{50}数值的大小与急性毒性试验的动物种属、染毒途径等都很有关系，对于同一受试物和同一动物，吸收毒性快的染毒途径其LD_{50}值就比吸收毒性慢的染毒途径的LD_{50}值小。

1. 急性经皮毒性试验

急性皮肤毒性试验可确定受试物能否经皮肤吸收和短期作用所产生的毒性反应。

（1）动物的准备　选用两种性别健康成年大鼠、豚鼠或家兔均可，建议体重范围为大鼠200～300g，豚鼠350～450g，家兔2.0～3.0kg。

正式给药前24h，将动物背部脊柱两侧毛发剪掉或剃掉，注意不要擦伤皮肤，因为损伤能改变皮肤的渗透性，受试物涂抹处面积约占动物体表面积的10%，应根据动物体重确定涂皮面积。

（2）受试物的配制　若受试物是固体，应磨成细粉状，并用适量水或无毒无刺激性赋形剂混匀，以保证受试物与皮肤良好的接触。常用的赋形剂有橄榄油、羊毛脂、凡士林等。若受试物是液体，一般不必稀释。

（3）剂量和分组　将两种性别的实验动物分别随机分为5～6组，每组最好10只；受试物以不同剂量经皮给予各组实验动物，每组用一个剂量。若用赋形剂，需设对照组。各剂量组间要有适当的组距，以产生一系列的毒性反应或死亡率，最高剂量可达2000mg/kg。

（4）试验方法　将受试物均匀地涂敷于动物背部，并用油纸和两层纱布覆盖，再用无刺激性胶布或绷带加以固定，以防脱落和动物舔食。24h后，用温水或适当的溶剂清除残留的受试物。观察期限一般不超过14d。

给药后注意观察动物的全身中毒表现和死亡情况，除了动物皮肤、毛发、眼睛和黏膜的变化，还包括呼吸、循环、自主和中枢神经系统、四肢活动和行为方式等的变化，特别要注意观察震颤、抽搐、流涎、腹泻、嗜睡、昏迷等症状。死亡时间的记录应尽可能准确。

2. 急性经口毒性试验

急性经口毒性试验是通过一次或在24h内多次给予试验动物经口染毒可提供对健康危害的信息。虽然化妆品是经皮吸收的日化用品，但当化妆品成分的皮肤毒性低时，很难测得其经皮LD_{50}，为了了解该化学物质与已知毒物的相对毒性，以及由于婴幼儿误服化妆品的可能和存在，进行急性经口毒性试验就很必要，甚至认为该试验是评估化妆品原料毒性特性的第一步。

（1）动物的准备　分别选用两种性别的成年小鼠和或大鼠等敏感动物。小鼠体重18～22g，大鼠180～200g，试验前，一般禁食16h左右，不限制饮水。

（2）受试物溶液的配制　常用水或食用植物油为溶剂。若受试物不溶于水或油中，可用羧甲基纤维素、明胶、淀粉做成混悬液。每次经口染毒液体的最大容量取决于试验动物的大小，对啮齿类动物所给液体容量一般为1mL/100g，水溶液可至2mL/100g。

（3）剂量和分组　一般分为4～6个剂量组，每组动物5～10只，雌雄各半。各剂量组间距大小以兼顾产生毒性大小和死亡为宜，通常以较大组距和较少量动物进行预试。受试物的最高剂量可达5000mg/kg体重。

（4）试验方法　正式试验时，将动物称量并随机分组，然后用特制的灌胃针头将受试物一次给予动物。如果估计受试物毒性很低，一次给药容积太大，可在24h内分成2～3次给药，但合并作为一日剂量计算。给药后，密切注意观察并记录动物的一般状态、中毒表现和死亡情况，并进行LD_{50}的计算。观察期限一般不超过14d。

3. 急性毒性试验的替代试验

由于化妆品毒性成分的毒性低，其急性经口LD_{50}和经皮LD_{50}都较难测得，所确定的受试物对动物的LD_{50}和毒性研究结果外推到人类的有效性也很有限。因此，从20世纪70年代开始，LD_{50}试验受到科学界和动物福利主义者的广泛批评，此后，经典急性毒性试验方案经过了多次改进；2002年，经典的急性经口LD_{50}被OECD指南废除，被以下4项优化方法取而代之。

（1）固定剂量程序法　该试验不以动物死亡为观察终点，而是利用预先选定的或固定的一系列剂量（如5mg/kg、50mg/kg、300mg/kg和2000mg/kg）顺次进行经口染毒，从观察化学物的毒性反应体征作为终点来对化学物的毒性进行分级，使估计化学品急性经口毒性所需要的动物量达到最小。该法估计LD_{50}在一个限定的剂量间隔内，结果可按照GHS分级系统对化合物进行正确分类。

（2）急性毒性分类方法　该试验是以死亡为终点的分阶段试验法，试验分步进行，每一步使用单一性别（通常为雌性）的3只动物，确定动物的死活情况后再决定下一步试验。此法仅需2～4步即可判定急性毒性分类，所用大鼠不超过12只，有效地减少了动物的使用量，在欧洲约50%的经口毒性试验采用此方法。

（3）上下程序法　又称阶梯法、序贯法。该方法最大的特点是大大减少实验动物的使用（只需要6～9只），不但可以进行毒性表现的观察，还可以估算LD_{50}及其可信限，适合于能引起动物快速死亡的受试物。

（4）急性吸入毒性-急性毒性分类法　该法将急性经口途径的分类法应用于吸入途径，原理与试验过程与经口法相同。该试验能满足大多数法规监管的需要，提供一个对LD_{50}和GHS分类的范围估计。与传统的急性吸入毒性相比，替代方法使用了更少的动物。

4. 急性毒性的体外筛选方法

早在20世纪50年代，利用体外细胞系统预测体内急性毒性效应的研究就开始了，人们发现体外细胞毒性与动物急性毒性死亡剂量之间具有高度相关性，还有研究表明诱发体外细胞毒性的化学物浓度与人血液该物质的致死浓度之间存在相关性。体外细胞毒性的用途，首先是代替LD_{50}试验中的剂量确定试验用于预测急性经口毒性的开始剂量，其次作为系列组合试验的一部分，作为新化学物质分类和标识的依据，以减少或替代现行的动物实验，此外，还可用于毒性机制的研究中。

目前经过验证的可预测体内毒性的开始剂量的两项细胞试验方法分别为BABL/c 3T3成纤维细胞中性红摄取试验和正常人角质细胞（NHK）中性红摄取试验；可以预测急性毒性的细胞试验是采用3种人类细胞系由以下4个实验组合而成的：①HepG2细胞蛋白容量试验；②HL-60细胞ATP含量试验；③张氏肝细胞形态学试验；④张氏细胞pH改变试验。

5. 化妆品急性毒性预测模型

在目前急性毒性动物试验不可避免的情况下，建立科学合理的预测模型十分必要。由于化学物质的毒性效应主要受其化学结构的影响，因此，按照大多数基于结构或广泛已知的理化特性的数据，将每种结构明确的化学物分类建立的决策树分类系统能够直接从化学物质的结构预测其毒性，可避免大量急性毒性测试，通过最大化的利用现有的信息以预测其他化学物的可能效应。决策树的毒性评估可覆盖与化学品危险性评估相关的全部毒性终点，运用的方法包括体外试验和计算机方法。

目前已经开发出许多软件包用于预测人类健康的影响和相关的毒性，由于其使用方便和快速的特点，已经在实践中得到应用，如TOPKAT系统。

（二）亚慢性毒性试验

日常生活中，人们接触化学物质（包括化妆品）的浓度远低于急性致死浓度，但往往是长期而反复接触它们，产生的毒害性利用急性毒性试验资料难以预测，如长期使用重金属会引起慢性神经损伤，染发剂中的对苯二胺引起白血病，氢醌对骨髓造血功能有影响，肽酸酯类对内分泌和生殖的干扰等，必须对这些危害物质长期低剂量所产生的毒性效应深入研究。

1. 亚慢性毒性试验简介

亚慢性经皮/经口毒性是指在试验动物部分生存期内，每日反复经皮/经口接触受试物后所引起的不良反应。在估计和评价化妆品原料的毒性时，获得受试物急性经皮/经口毒性资料后，还需进行亚慢性毒性试验获得受试物在经皮/经口反复接触时的毒性作用资料。

（1）基本原则　以不同剂量受试物每日经皮涂擦或通过混入饲料或饮水、直接喂饲以及灌胃等给予各组试验动物，连续染毒90d，每组采用一个染毒剂量。染毒期间每日观察动物的毒性反应。

亚慢性毒性评估需要进行全面的临床症状观察和选择合适的检测指标，每天至少应进行一次仔细的临床检查。在染毒期间死亡的动物要进行尸检，染毒结束后所有存活的动物均要处死，并进行尸检以及适当的病理组织学检查。

（2）试验动物　可采用成年大鼠、家兔或豚鼠进行试验，也可使用其他种属的动物。当亚慢性试验作为慢性试验的预备试验时，则在两项试验中所使用的动物种系应当相同。

试验时至少要设三个染毒组和一个对照组，每一剂量组试验动物至少应有20只（雌雄各半）。若计划在试验过程中处死动物，则应增加计划处死的动物数。此外，可另设一追踪观察组，选用20只动物（雌雄各半），给予最高剂量受试物，试验期间试验动物每周7天每天染毒6h。全程染毒结束后继续观察一段时间（一般不少于28d追踪观察），以了解毒性作用的持续性、可逆性或迟发毒作用。

（3）结果评价　亚慢性毒性试验结果应结合前期试验结果，并考虑到毒性效应指标和尸检及病理组织学检查结果进行综合评价。毒性评价应包括受试物染毒剂量与是否出现毒性反应、毒性反应的发生率及其程度之间的关系。这些反应包括行为或临床异常、肉眼可见的损伤、靶器官、体重变化情况、死亡效应以及其他一般或特殊的毒性作用。

在综合分析的基础上得出90d经皮/经口毒性的LOAEL和（或）NOAEL，为慢性毒性试验的剂量、观察指标的选择提供依据。

未观察到有害作用的剂量水平（no observed adverse effect level，简称NOAEL）：在规定的试验条件下，用现有的技术手段或检测指标未观察到任何与受试物有关的毒性作用的最大剂量。

观察到有害作用的最低剂量水平（lowest observed adverse effect level，简称LOAEL）：在规定的试验条件下，受试物引起试验动物组织形态、功能、生长发育等有害效应的最低剂量。

亚慢性试验结果可在很有限的程度上外推到人，但它可为确定人群的允许接触水平提供有用的信息。

（4）亚慢性毒性试验的特点　亚慢性、慢性毒性试验并没有统一严格的时间期限，通常亚慢性为1～6个月，相当于啮齿类生命周期的1/8～1/4，相当于人的4年；慢性至少为6个月或1年；若将慢性毒性与致癌联合试验，试验期应进行2年。

亚慢性毒性试验对新原料或化学合成原料显得尤为重要，因为亚慢性毒性试验可能发现在急性毒性试验中未发现的毒作用，不仅可获得在一定时期内反复接触受试物后可能引起的健康影响资料，而且为评价受试物经皮渗透性、作用靶器官、体内蓄积能力资料和慢性皮肤毒性试验剂量选择提供依据，并可估计接触的无有害作用水平，后者可用于选择和确定慢性试验的接触水平和初步计算人群接触的安全性水平。

如果亚慢性试验结果表明受试物经皮吸收可能性甚微或几乎无可能性，则没有必要再进一步进行慢性经皮毒性和致癌试验。

急性、亚慢性和慢性毒性试验的优缺点对比见表5-4。

表 5-4　急性、亚慢性和慢性毒性试验的优缺点对比

毒理学试验类型	优点	缺点	补充说明
急性毒性试验	可以判断受试物的毒性强弱	不能全面反映受试物的毒性特点	是慢性毒性试验的基础，它们为慢性毒性试验的设计与进行提供了重要资料
亚慢性毒性试验	对受试物进行毒性研究的必要阶段，通过试验可了解受试物的毒性作用特点和作用部位及病理变化和靶部位等		
慢性毒性试验	可以深入了解受试物的毒性，对评定受试物的危害和确定受试物的最高允许浓度等具有重要意义	仅依据慢性毒性试验对受试物毒性做出全面的评价显然是不够的，因上述试验还不能反映受试物对生物遗传、生殖机能等的影响	对疑有特殊毒性的受试物还必须进行致畸、致癌和致突变试验，以观察受试物长远的危害作用

2. 体外试验系统评价重复毒性

用活性细胞检测外源物质急性毒性效应的体外模型相对比较成熟，这些方法也常用于研究靶器官特异性毒性，已经建立的靶器官毒性测试的体外模型有无细胞系统（QSAR）、细胞系统、组织和器官系统等，在评估毒性的种属差异、特殊化学物的毒性分类等方面起到了积极作用。

（1）肝（肾）毒性的体外替代方法　指采用某种试验技术从动物机体分离出肝（肾）、肝（肾）细胞或肝（肾）细胞的亚细胞结构，让其在体外与肝（肾）毒物接触一定时间，然后进行各种检测，这些方法周期短、灵敏度高、特异性强，可用于化合物毒性评价、优化筛选及毒性机制研究中。

（2）神经毒性实验　主要是检测在发育期或成熟期接触的化学物质是否会对神经系统造成结构性或功能性损害。这些体外评价模型可以预测外源化学物质的神经毒性，还可以用于神经生物学复杂的功能机制研究，是神经毒性现在和未来的研究热点。

（3）血液系统毒性的替代方法　长期使用不安全的化妆品，其中含有的有害成分可能通过皮肤屏障进入血液，有害物质除了主要对外周血和骨髓造血功能产生影响外，还随循环系统到达靶器官产生特异性损伤。传统动物实验主要依靠血细胞和生化指标的检测，通常特异性和灵敏度不高，常用的体外方法有骨髓细胞或始祖细胞长期培养、髓淋巴起始细胞试验、CFU-GM 试验等。

运用体外方法预测体内长期毒性效应在技术上是不断发展的过程，新的模型和新的方法将不断开发并得到应用。

（三）特殊毒性试验

通常化妆品在合法生产和正常使用的情况下，导致生殖、致癌等严重毒性损害的情况几乎不可能发生。但是化妆品是长期使用的，由于成分的复杂性、新原料的应用以及环境污染等的影响，化妆品中可能含有致突变/遗传毒性物质，如氧化型染发剂中的苯二胺类化合物、已经禁用的偶氮染料、硝基色素等，以及烷基汞化合

物、甲醛、苯、砷、铅、亚硝胺类等，这些毒物对机体的危害是长期的和潜在的，对人类健康的影响是多方面的，可引起体细胞病变如肿瘤、致畸、高血压、动脉硬化及细胞老化等，也可引起生殖细胞病变出现生育能力障碍或遗传性疾病，还可影响到子孙后代，后果严重，故将致突变、致畸和致癌的致毒作用称为特殊毒性，而对化妆品原料和产品选择性进行相应毒性试验是很有必要的，这也是保证化妆品安全的重要内容。

1. 致突变/遗传毒性试验

突变是指一种遗传状态的改变，化学物质引起生物体细胞的遗传物质发生可遗传改变的作用称为致突变作用。凡能引起生物体发生突变的物质统称为致突变物，致突变物可分为直接致突变物和间接致突变物。

致突变/遗传毒性试验的目的是确定受试物改变细胞内遗传物质的能力，确定其对哺乳动物的致突变影响，并对其危害性（遗传损伤、致癌性等）进行评价，基因突变、染色体畸形和断裂是试验的3个主要毒性终点，可以表明受试物是否具有致突变性/遗传毒性的可能性。

基因突变指通过复制而遗传的DNA（脱氧核糖核酸）序列的改变，这些改变既可以是单基因水平，也可以是一组基因的变化。染色体畸变指染色体结构的改变或异常，如缺失、重复、倒位、异位和断裂等。微核是指在细胞的有丝分裂后期染色体有规律地进入子细胞形成细胞核时，仍然留在细胞质中的染色单体或染色体的无着丝粒断片或环，通过观察微核的形成与否判断染色体畸变的发生情况。

至今，致突变/遗传毒性试验方法已有近百种，大体上可分为基因突变和染色体畸变两类，其中每类又可有体外试验和体内试验。由于致突变物的复杂性和试验方法的局限性，现仍无标准的试验系统，目前常规使用的有20种，见表5-5。

表5-5　OECD和EU检测遗传毒性/致突变的体外和体内方法

OECD TG		EU附录V	试验方法	终点
体外	471	B. 13/B. 14	鼠伤寒沙门氏菌回复突变试验(Ames)	细菌基因突变
	472		大肠杆菌回复突变试验	细菌基因突变
	473	B. 10	哺乳动物染色体畸变试验	染色体畸变
	476	B. 17	哺乳动物细胞基因突变试验(小鼠淋巴瘤试验)	基因突变
	479	B. 19	哺乳动物细胞姐妹染色单体互换试验(SCE)	DNA损伤
	480	B. 15	酿酒酵母基因突变试验	酵母基因突变
	481	B. 16	酿酒酵母有丝分裂重组试验	酵母重组
	482	B. 18	哺乳动物细胞程序外DNA合成试验(UDS)	肝细胞DNA损伤
	487		体外微核试验	体外细胞染色体结构、数量变化
		B. 21	叙利亚仓鼠胚胎细胞转化检测	体外细胞转化

续表

OECD TG		EU 附录 V	试验方法	终点
体外	474	B.12	哺乳动物骨髓多染红细胞微核试验	体细胞染色体结构、数量变化
	475	B.11	哺乳动物骨髓细胞染色体畸变试验	染色体畸变
	477	B.20	果蝇伴性隐性致死试验	体系中基因突变
	478	B.22	啮齿类显性致死试验	生殖组织染色体畸变和/或基因突变
	483	B.23	哺乳动物精原细胞染色体畸变试验	性染色体畸变
	484	B.24	小鼠点试验	致胚胎细胞突变性
	485	B.25	小鼠可遗传易位试验	遗传性染色体畸变
	486	B.39	哺乳动物肝细胞程序外 DNA 合成(UDS)	肝细胞 DNA 损伤

以上方法中，细菌回复突变试验即 Ames 试验是目前应用最广泛、最快速、最经济和操作简单的检测基因突变的常规体外方法，已建立试验结果数据库。但 Ames 试验使用的是原核细胞，与哺乳动物细胞在吸收、代谢、染色体结构及 DNA 修复过程上都有差异，所以体外试验无法完全模拟哺乳动物体内状况，因而不能提供受试物对哺乳动物产生致突变或致癌的可能性的直接信息，通常用于致突变物的初步筛选。

鉴于化学物质致突变机制复杂多样，一个试验通常只能反映一个或两个遗传学特点，所以采用体外检测与体内动物试验整合运用的策略可有效评估化妆品的遗传毒性。组合试验中既要检测体细胞也要检测生殖细胞，既有从分子水平检测，也有从细胞水平检测。

我国《化妆品卫生规范》(2007 年版) 选择了 6 个基本致突变试验，见表 5-2，在需对化妆品原料或产品进行致突变试验时，可从这 6 个试验中选择，至少包括一项基因突变试验和一项染色体畸变试验。

致突变试验结果和致癌性试验结果有一致性，故短期的致突变试验也可以认为是一种致癌试验，致突变试验也被用于预测受试物的致癌性。

2. 致畸/生殖毒性试验

(1) 生殖发育毒性试验　化学物的生殖发育毒性有两个显著的特点：一是生殖系统较机体的其他系统对化学物的毒作用更为敏感；二是损害作用不仅影响接触化学物质的母体生殖功能，还可影响其后代发育。鉴于哺乳类动物繁殖过程的复杂性，对繁殖过程的各个方面进行毒理学分析都是必要的，包括致畸性、内分泌干扰、母细胞突变、生育受损等。如邻苯二甲酸酯类就属于对生殖发育的各个阶段均有可能产生危害的一类化合物。

传统的生殖毒性检测以动物试验为主，包括分娩前发育毒性研究、一代动物毒性研究、二代动物毒性研究、生殖毒性/发育毒性筛选检测、重复剂量毒性研究结合生殖毒性/发育毒性筛选检测以及 Hershberger 试验和目前正在讨论的发育神经毒性试验。完整的生殖毒性研究应包括成年动物从受孕到子代性成熟的各个发育阶段接触受试物的反应。

（2）致畸试验　生物受孕后，在胚胎发育分化形成各个器官的阶段，若受到外来有毒物质的作用（影响），致使胎儿发育迟缓、结构畸形而出现胎儿畸形，这种现象称为致畸作用。这种具有致畸作用的外来的有毒物质称为致畸物质。与化妆品有关的物质如石棉、甲基汞就具有明显的致畸作用。

检验化学物质（受试物）是否是致畸物的试验称为致畸试验。试验目的是检测妊娠动物接触受试物后引起胎仔畸形的可能性。我国《化妆品卫生规范》中规定致畸试验的试验结果可用数理统计量化方法计算得到“致畸指数”和“致畸危害指数”，以此判定受试物是否具有致畸作用和致畸性的强弱及危害性的大小。

解释致畸试验结果时，必须注意种属差异。试验结果从动物外推到人的有效性很有限。

（3）致畸/生殖毒性试验体外替代方法的研究　鉴于哺乳类动物繁殖过程的复杂性，试图通过体外系统模拟整个繁殖周期来检测某种化合物的生殖毒性还不可能。因此，将整个繁殖过程分成数个连续的生物学部分，分别对其进行单独或联合研究，可最大化鉴定出某种物质的靶细胞、组织或器官。根据这一思路，已经建立了许多有前景的体外模型和方法，例如内分泌干扰物的筛查方法、报告基因检测方法、计算机辅助精子检测方法等。这些体外方法的组合应用有助于生殖毒性的安全性评价和机制研究。

已被 ECVAM 验证的生殖和发育毒性替代方法有：用于检测胚胎毒性的全胚胎培养试验（WEC）、微团培养试验（MM）和胚胎干细胞试验（EST）；用于内分泌干扰物筛查的雌二醇受体转录试验。这些方法不仅可用于筛选试验，还可用于发育机制的研究，或作为试验策略的组成部分，或与整体动物试验相结合，或与其他体外试验相结合，提供有价值的资料，减少试验动物数量。

3. 综合慢性毒性/致癌试验

癌症是严重威胁人类健康和生命的一种疾病，引起癌症的因素很多，化学有毒致癌物是其中一个重要因素。化学致癌物是指那些能引起机体细胞发生恶性转化并发展成为肿瘤的物质。

（1）基本原理　化学物质在体内的蓄积作用，是发生慢性中毒的基础。慢性毒性试验是使动物长期地以一定方式接触受试物引起的毒性反应的试验，在染毒试验动物的大部分生命期间观察动物的中毒表现，并进行生化指标、血液学指标、病理组织学等检查，以阐明此化学物质的慢性毒性。

化学致癌物的检出和鉴定需要从临床医学或流行病学调查得到线索、经过人群的流行病学调研获得证实和试验动物验证等几个阶段，当某种化学物质经短期筛选试验证明具有潜在致癌性，或其化学结构与某种已知致癌剂十分相近时，而此化学物质有一定实际应用价值时，就需用致癌性试验进一步验证。致癌性试验将受试化学物质以一定方式处理动物，在该动物的大部分或整个生命期间及死后检查肿瘤出现的数量、类型、发生部位及发生时间，与对照动物相比以阐明此化学物质有无致癌性，为人体长期接触该物质是否引起肿瘤的可能性提供资料。

慢性毒性/致癌结合试验是将两项试验结合起来同时进行。

（2）试验动物　为选择合适的动物（种类和品系），应该进行有关的急性、亚急性和毒物动力学试验。在评价致癌性时常用小鼠和大鼠，而进行慢性毒性试验常用大鼠和狗，对慢性毒性/致癌性结合的长期生物学试验，一般均采用对该类受试物的致癌和毒性作用敏感的大鼠，最好在6周龄之前，刚断奶和适应环境之后要尽快开始试验。

为了评价致癌性试验，至少要设三个剂量的试验组及一个对照组，每一个剂量组和相应的对照组至少应该有50只雄性和50只雌性的动物，不包括提前剖杀的动物数。如结合慢性毒性试验，需观察肿瘤以外的病理变化可设附加剂量组，两种性别各20只动物，其相应的对照组两种性别各10只动物。

（3）试验过程　经口、经皮、吸入是三种主要给受试物途径。选择何种途径要根据受试物的理化特性和对人有代表性的接触方式。给受试物的频率按所选择的给予途径和方式可以有所不同，一般每天给予受试物，如果所给的化学物质是混在饮水中或饲料中，应保证连续给予。如有可能，应按照受试物的毒代动力学变化进行调整。

至少每天进行一次动物情况的检查。及时发现、详细记录动物的症状包括神经系统和眼睛的改变，可疑肿瘤在内的所有毒性作用出现和变化的时间，以及死亡情况。对所有数据应采用适当、合理的统计学方法进行评价。

致癌性试验的期限必须包括受试物正常生命期的大部分时间。一般情况下，试验结束时间对小鼠和仓鼠应在18个月，大鼠在24个月；然而对某些生命期较长的或自发肿瘤率低的动物品系，小鼠和仓鼠可在24个月，大鼠可在30个月。

（4）结果评价　慢性毒性与致癌合并试验应结合前期试验结果，并考虑到毒性效应指标和解剖及组织病理学检查结果进行综合评价。结果评价应包括受试物慢性毒性的表现、剂量-反应关系、靶器官、可逆性，得出慢性毒性相应的NOAEL和（或）LOAEL。采用世界卫生组织提出的标准判断该受试物的致癌试验结果是否为阳性。

肿瘤的发生率是整个试验终了时患瘤动物总数在有效动物总数中所占的百分率。有效动物总数指最早出现肿瘤时的存活动物总数。必要时根据试验中动物死亡率来调整计算致癌率。

$$肿瘤发生率=\frac{试验结束时患瘤动物总数}{有效动物总数}\times 100\%$$

（四）皮肤刺激/腐蚀性试验

化妆品主要作用于人体皮肤及其附属器官（毛发、指甲等），因此，皮肤刺激/

腐蚀性试验是化妆品总体安全评价程序的一部分，适宜于化妆品原料及产品的毒理学检测，特别是对于可能引起皮肤刺激或腐蚀作用的化妆品特殊组分，更是有必要进行此项试验。

1. 定义

皮肤刺激性是指皮肤涂敷受试物后局部产生的可逆性炎症变化，典型表现是红斑或水肿。皮肤的腐蚀性（病变）是指皮肤涂敷受试物后局部引起的不可逆性组织损伤，典型表现是溃疡、出血和血痂，以及由于皮肤漂白出现的脱色、脱发和疤痕。

2. 分类

皮肤刺激试验有急性（一次）和多次皮肤刺激试验。一次皮肤刺激试验是将受试物以一次剂量或多次剂量涂（敷）于健康的无破损的皮肤上，经规定的时间间隔观察对动物皮肤局部刺激的状况，并给予量化评分，急性皮肤刺激试验的作用是反映受试物对皮肤的急性皮肤刺激；而多次皮肤刺激试验不仅可反映受试物对皮肤的急性刺激，还能反映受试物对皮肤的较长远期的慢性累积性刺激。故两者的试验综合结果，就较全面反映了受试物对皮肤的刺激作用。

3. 原则

每种受试物至少要用4只健康成年动物（家兔或豚鼠）；试验前先将试验动物背部脊柱两侧皮肤的毛剪掉或剃掉（去毛范围左、右各约3cm×3cm），不可损伤表皮；试验均采用自身对照；一般情况下，液态受试物采用原液或预计人体皮肤使用的浓度，固态受试物则用水或合适赋形剂（如花生油、凡士林、羊毛脂等）按1∶1浓度调制。此外，若受试物为强酸或强碱（pH≤2或pH≥11.5），或已知受试物有很强的经皮吸收毒性，可以不用进行皮肤刺激试验。

4. 试验方法

（1）急性皮肤刺激试验（一次皮肤涂抹实验） 取受试物约0.5mL(g)直接涂在皮肤上，然后用两层纱布（2.5cm×2.5cm）和一层玻璃纸或类似物覆盖，再用无刺激性胶布和绷带加以固定。另一侧皮肤作为对照。采用封闭试验，敷用时间为4h。对化妆品产品而言，可根据人的实际使用和产品类型，延长或缩短敷用时间。对用后冲洗的化妆品产品，仅采用2h敷用试验。试验结束后用温水或无刺激性溶剂清除残留受试物。

如怀疑受试物可能引起严重刺激或腐蚀作用，可采取分段试验，将三个涂布受试物的纱布块同时或先后敷贴在一只家兔背部脱毛区皮肤上，分别于涂敷后3min、60min和4h取下一块纱布，皮肤涂敷部位在任一时间点出现腐蚀作用，即可停止试验。

于清除受试物后的1h、24h、48h和72h观察涂抹部位皮肤反应，按表5-6进行皮肤反应评分，以受试动物积分的平均值进行综合评价，根据24h、48h和72h各观察时点最高积分均值，按表5-7判定皮肤刺激强度。

观察时间的确定应足以观察到可逆或不可逆刺激作用的全过程，一般不超过14d。

(2) 多次皮肤刺激试验　取受试物约0.5mL(g)涂抹在一侧皮肤上，当受试物使用无刺激性溶剂配制时，另一侧涂溶剂作为对照，每天涂抹1次，连续涂抹14d。从第二天开始，每次涂抹前应剪毛，用水或无刺激性溶剂清除残留受试物。1h后观察结果，按表5-6评分。

表5-6　皮肤刺激反应评分

皮肤反应	积分
红斑和焦痂形成	
无红斑	0
轻微红斑(勉强可见)	1
明显红斑	2
中度至重度红斑	3
严重红斑(紫红色)至轻微焦痂形成	4
水肿形成	
无水肿	0
轻微水肿(勉强可见)	1
轻度水肿(皮肤隆起轮廓清楚)	2
中度水肿(皮肤隆起约1mm)	3
重度水肿(皮肤隆起超过1mm,范围扩大)	4
最高积分	8

按下列公式计算每天每只动物平均积分，以表5-7判定皮肤刺激强度。

$$每天每只动物平均积分=\frac{\sum 红斑和水肿积分}{受试动物数}/14$$

依据一次皮肤刺激试验和多次皮肤刺激试验的量化积分最高分值和评价标准，即可断定受试物对皮肤刺激作用的有无或刺激的强弱，见表5-7。

表5-7　皮肤刺激强度分级

积分均值	强度
0～<0.5	无刺激性
0.5～<2.0	轻刺激性
2.0～<6.0	中刺激性
6.0～8.0	强刺激性

5. 试验结果的解释

急性皮肤刺激试验结果从动物外推到人的可靠性很有限。白色家兔在大多数情况下对有刺激性或腐蚀性的物质较人类敏感。若用其他品系动物进行试验时也得到类似结果，则会增加从动物外推到人的可靠性。试验中使用封闭式接触是一种超常的实验室条件下的试验，在人类实际使用化妆品过程中很少存在这种接触方式。

6. 已认证的皮肤刺激试验的体外替代方法

经过近20年的皮肤刺激试验体外替代方法的研究，目前，经过验证和认可的体外方法主要是人工皮肤模型法。

EpiSkin是一种三维人体皮肤模型，由法国里昂的EPISKIN-SNC公司开发。用于替代皮肤刺激试验时，直接将测试物质局部应用于皮肤表面，然后评价测试物对细胞活性的作用，以百分比细胞活性为检测终点区分皮肤刺激物和非刺激物。

EpiDerm™重建皮肤模型由位于美国马里兰州阿什兰德的MatTek公司研发并生产。由来源于人皮肤的角质细胞培养形成多层分化的人类表皮模型，模型由基底层、棘层、颗粒层和角化层组成，与人体皮肤结构类似。

SkinEthic™是由位于法国尼斯的SkinEthic公司开发的人工皮肤模型。

7. 已认可的皮肤腐蚀试验的替代方法

皮肤腐蚀试验体外方法的验证研究始于1994年，经过10多年的努力，到2004年，国际社会基本接受的皮肤腐蚀试验的体外方法，主要有3项。

（1）人工皮肤模型试验　包括EpiSkin试验和EpiDerm试验，求出样品的细胞相对活性百分比，根据判定标准判断受试物是否具有腐蚀性。

（2）大鼠经皮电阻试验　以经皮电阻值为检测终点，通过检测受试物对大鼠离体皮肤角质层完整性和屏障功能的损害能力评定受试物的腐蚀性。

（3）CORROSITEX试验　该体系由人造的蛋白大分子生物膜和检测系统两部分组成，通过检测由腐蚀性受试物引起的人工膜屏障损伤评价腐蚀性。

8. 未认可的体外皮肤刺激/腐蚀试验方法

（1）离体皮肤模型试验　利用离体兔、人类或猪皮皮肤进行化学物质的局部皮肤毒性试验，采用嵌入式培养模型，检测终点采用MTT法，通过定量测定受试物作用皮肤不同时间后的效应，可用于区分急性和迟发性毒性作用，延长培养时间至7d，还可以区分化学品的不可逆的有害作用。

（2）非灌注猪耳试验　将猪耳暴露于试验物质，通过检测皮肤表面经表皮水分丢失的绝对增加值，可用于区分受试物的刺激性和非刺激性。

（3）小鼠皮肤完整性功能试验　将小鼠皮肤暴露于受试物一段时间后，测经表皮水分丢失和经皮电阻评估角质层的完整性。

（五）急性眼刺激性试验

急性眼刺激性试验适用于化妆品原料及产品的毒理学检测，以保证化妆品对眼部的安全性。

1. 定义

眼刺激性是指眼球表面接触受试物后所产生的可逆性炎性变化；眼腐蚀性是指眼球表面接触受试物后引起的不可逆性组织损伤。

2. 试验原则

将受试物以一次剂量滴入每只试验动物的一侧眼睛结膜囊内，以未作处理的另一侧眼睛作为自身对照。动物出现角膜穿孔、角膜溃疡、角膜4分超过48h、缺乏光反射超过72h、结膜溃疡、坏疽、腐烂等情况，通常为不可逆损伤的症状，也应当给予人道的处死。在规定的时间间隔内，观察对动物眼睛的刺激和腐蚀作用程度并评分。观察期限应能足以评价刺激效应的可逆性或不可逆性。

受试物为强酸或强碱（pH≤2或pH≥11.5），或已证实对皮肤有腐蚀性或强刺激性时，可以不再进行眼刺激性试验。

3. 试验方法

首选动物为健康成年白色家兔；至少使用3只；有眼睛刺激症状、角膜缺陷和结膜损伤的动物不能用于试验。

液体受试物一般不需稀释，可直接使用原液，若受试物为固体或颗粒状，应将其研磨成细粉状，气溶胶产品需喷至容器中，收集其液体再使用。

将受试物0.1mL（100mg）滴入（或涂入）结膜囊中，使上、下眼睑被动闭合1s，以防止受试物丢失。另一侧眼睛不处理作自身对照。滴入受试物后24h内不冲洗眼睛。

在滴入受试物后1h、24h、48h、72h以及第4d和第7d对动物眼睛进行检查。如果72h未出现刺激反应，即可终止试验。如果发现累及角膜或有其他眼刺激作用，7d内不恢复者，为确定该损害的可逆性或不可逆性需延长观察时间，一般不超过21d，并提供7d、14d和21d的观察报告。除了对角膜、虹膜、结膜进行观察外，其他损害效应均应当记录并报告。在每次检查中均应按表5-8眼损害的评分标准记录眼刺激反应的积分。

对用后冲洗的产品（如洗面奶、发用品、育发冲洗类）只做30s冲洗试验，即滴入受试物后，眼闭合1s，至第30s时用足量、流速较快但又不会引起动物眼损伤的水流冲洗30s，然后按表5-8进行检查和评分。

对染发剂类产品，只做4s冲洗试验，即滴入受试物后，眼闭合1s，至第4s时用足量、流速较快但又不会引起动物眼损伤的水流冲洗30s，然后按表5-8进行检查和评分。

表5-8 眼损害的评分标准

眼损害	积分
角膜：浑浊（以最致密部位为准）	
无溃疡形成或浑浊	1
散在或弥漫性浑浊，虹膜清晰可见	1
半透明区易分辨，虹膜模糊不清	2
出现灰白色半透明区，虹膜细节不清，瞳孔大小勉强可见	3
角膜浑浊，虹膜无法辨认	4
虹膜：正常	
皱褶明显加深，充血、肿胀、角膜周围有中度充血，瞳孔对光仍有反应	0
出血、肉眼可见破坏，对光无反应（或出现其中之一反应）	2

续表

眼损害	积分
结膜:充血(指睑结膜、球结膜部位)	
血管正常	0
血管充血呈鲜红色	1
血管充血呈深红色,血管不易分辨	2
弥漫性充血呈紫红色	3
水肿	
无	0
轻微水肿(包括瞬膜)	1
明显水肿,伴有部分眼睑外翻	2
水肿至眼睑近半闭合	3
水肿至眼睑大半闭合	4

4. 结果评价

化妆品原料——以给受试物后动物角膜、虹膜或结膜各自在24h、48h和72h观察时点的刺激反应积分的均值和恢复时间评价，按表5-9眼刺激反应分级判定受试物对眼的刺激强度。

表5-9 原料眼刺激性反应分级

可逆眼损伤	2A级(轻刺激性) 2/3动物的刺激反应积分均值:角膜浑浊≥1;虹膜≥1;结膜充血≥2;结膜水肿≥2和上述刺激反应积分在≤7d完全恢复 2B级(刺激性) 2/3动物的刺激反应积分均值:角膜浑浊≥1;虹膜≥1;结膜充血≥2;结膜水肿≥2和上述刺激反应积分在＜21d完全恢复
不可逆眼损伤	① 任1只动物的角膜、虹膜和/或结膜刺激反应积分在21d的观察期间没有完全恢复 ② 2/3动物的刺激反应积分均值:角膜浑浊≥3和/或虹膜＞1.5

注：当角膜、虹膜、结膜积分为0时，可判为无刺激性，界于无刺激性和轻刺激性之间的为微刺激性。

化妆品产品——以给受试物后动物角膜、虹膜或结膜各自在24h、48h或72h观察时点的刺激反应的最高积分均值和恢复时间评价，按表5-10眼刺激反应分级判定受试物对眼的刺激强度。

表5-10 产品眼刺激性反应分级

可逆眼损伤	微刺激性	动物的角膜、虹膜积分=0;结膜充血和/或结膜水肿积分≤2,且积分在＜7d内降至0
	轻刺激性	动物的角膜、虹膜、结膜积分在≤7d降至0
	刺激性	动物的角膜、虹膜、结膜积分在8～21d内降至0
不可逆眼损伤	腐蚀性	①动物的角膜、虹膜和/或结膜积分在第21d时＞0 ②2/3动物的眼刺激反应积分:角膜浑浊≥3和/或虹膜=2

注：当角膜、虹膜、结膜积分为0时，可判为无刺激性。

急性眼刺激性试验结果从动物外推到人的可靠性很有限。白色家兔在大多数情况下对有刺激性或腐蚀性的物质较人类敏感。若用其他品系动物进行试验时也得到类似结果，则会增加从动物外推到人的可靠性。

5. 优化试验、体外替代试验

为了减轻动物遭受的痛苦和使受损组织更快恢复，研究者已经提出一些优化意见，OECD 还认可了一些替代眼刺激试验。

（1）牛角膜浑浊和渗透性实验（bovine corheal opacity and permeability，简称 BCOP） 恒温条件下，新鲜分离的封闭角膜将测试容器分为上下 2 个隔室，受试物添加于上隔室中，通过测量下室培养液的光密度评估角膜的渗透性。BCOP 可用于化妆品原料及成品的安全评估，也可用于日用和工业用清洁产品、盥洗产品、杀虫剂等相关化学品和配方。

BCOP 实验非常适合用于测试不同物理性状和溶解度范围较大的受试物，适用于鉴定中度、重度和极重度眼刺激性物质。但对区分轻度到极轻度的刺激物似乎不太敏感，后者更适合用上皮样组织结构或者细胞毒性方法进行检测。

（2）离体兔眼实验（isolated rabbit eye test，简称 IRE） 该试验通过检测接触刺激性物后兔眼眼球角膜透光值、角膜增厚（角膜肿胀）或荧光素渗透来评价受试物的眼刺激性，通常导致角膜水肿超过 15%的化学物可认为具有严重的刺激性。

IRE 实验适合检测大多数类型的受试物，特别是用来筛选严重刺激性的物质。IRE 实验主要用来预测角膜损伤，它不能提供受试物对结膜的作用或角膜损伤后的恢复。因此不能绝对认为 IRE 实验中未观察到损伤就代表在体内也无作用。

（3）离体鸡眼实验（isolated chicken eye，简称 ICE） ICE 是一种利用离体鸡眼球短期培养进行眼刺激检测的体外方法，眼损伤通过角膜水肿、通透性和荧光素渗透进行评价，其原理和具体操作过程类似于 IRE。ICE 可用于评价腐蚀物和严重眼刺激物，或作为组合试验的一部分用于特定化学物质的法规分类的标识，也可作为替代兔眼刺激试验的有效的常规检测试验。

6. 未验证的体外替代方法

① 胚绒毛膜尿囊膜试验（hen's egg test on the chorioallantoic membrane，HET-CAM）。鸡胚绒毛膜尿囊膜因结构与人结膜相似，可用于眼刺激物或腐蚀物的鉴定。HET-CAM 试验系统主要测定 3 种反应，即出血、血管溶解和凝血（有时充血也可作为观察指标）。该法可作为眼刺激性的筛选方法，用于配方/原料的安全评价中，确定可能的非刺激性或者轻度刺激物，有效减少了动物试验，但对于固体、不溶性或黏稠物质的测试在实验结果的重复性方面较差，色素和染料可通过对 CAM 染色而产生干扰。

② 绒毛膜尿囊膜血管试验（chorioallantoic membrane vascular assay，CAMVA）。通过观察受试物对血管的作用评价潜在的眼刺激性。取 10d 龄鸡胚，受试物直接接触 CAM 的小片区域，暴露 30min 后观察 CAM 血管变化，例如出血或充血（毛细血管扩张）、血管消失（鬼影血管），使 50%的受精卵出现这些损伤的受试物浓度被认为是毒性终点。该法适合作为化妆品和个人护理用品配方、醇类物质和表面活

性剂的刺激程度的筛选方法，最适合用于评价轻度到中度范围的刺激性物质，但不能用于严重刺激性物质的分类。

③ 毛膜尿囊膜苔盼蓝染色试验（chicken chorloallantoic membrane-trypan blue staining，CAM-TB）。该法是经过改进的 HET-CAM 方法。CAM-TB 试验克服了 HET-CAM 实验缺乏客观性和难量化的缺点，通过测定 CAM 吸收苔盼蓝的量来检测受试物损伤作用。

④ 中性红摄取（NRU）试验。细胞毒性试验也可用于检测眼刺激性，检测受试物抑制活性细胞摄取中性红染料的能力。对于轻度眼刺激物评价和分类，NRU 试验是一项特别有用的方法，但其单独作为区分中度和重度眼刺激物质的方法有其局限性。

⑤ 红细胞溶血试验（red blood cell haemolysis test，RBC）。该试验原理是根据化学物质能损伤细胞膜的原理设计的，通过测量标准条件下与受试物孵育的新鲜分离的红细胞中血红蛋白的渗漏量的吸光值来评估试验结果。RBC 试验作为序列组合试验的一部分用于常规筛选试验，主要适用于表面活性剂的检测，受试物可为水溶性和疏水性物质。如与其他替代方法联合使用，可提高其对眼刺激性的总体评估。

目前认为虽然没有单独体外试验可以覆盖 Draize 兔试验的损伤和炎症的标准范围，而且替代方法均有其局限性，但采用自上而下的方法或自下而上的方法，通过一系列替代方法的组合，可实现完全覆盖 Draize 兔试验所显示的刺激性范围。如从反应最轻微眼刺激性的方法（细胞法和鸡胚法），到筛查中等刺激试验的方法（人工角膜），到检测严重刺激性和腐蚀性的方法（牛角膜浑浊试验）。

（六）皮肤变态反应试验

使用化妆品所引起的变应性接触性皮炎是指当皮肤接触致敏原后，通过免疫机制而产生的皮肤变态反应，人体表现为瘙痒、红斑、丘疹、水疱、融合水疱等，在动物身上可能仅表现为红斑和水肿。

1. 动物皮肤变态反应

（1）试验原则　试验动物通过多次皮肤涂抹（诱导接触）或皮内注射受试物 10～14d（诱导阶段）后，给予激发剂量的受试物，观察试验动物并与对照动物比较对激发接触受试物的皮肤反应强度。诱导接触受试物浓度为能引起皮肤轻度刺激反应的最高浓度，激发接触受试物浓度为不能引起皮肤刺激反应的最高浓度。试验浓度水平可以通过少量动物（2～3 只）的预试验获得。

试验首选动物为白色豚鼠，将动物随机分为受试物组和对照组，按所选用的试验方法，选择适当部位给动物去毛，避免损伤皮肤。试验开始和结束时应记录动物体重。无论在诱导阶段或激发阶段均应对动物进行全面观察包括全身反应和局部反应，并作完整记录。

使用已知的能引起轻度/中度致敏的阳性物每隔半年检查一次试验方法可靠性。

局部封闭涂皮法至少有30%动物出现皮肤过敏反应；皮内注射法至少有60%动物出现皮肤过敏反应。阳性物一般采用2,4-二硝基氯代苯、肉桂醛、2-巯基苯并噻唑或对氨基苯酸乙酯。

(2) 局部封闭涂皮法（Buehler Test，简称BT） 试验组动物数至少20只，对照组至少10只。试验前约24h，将豚鼠背部左侧去毛，去毛范围为4～6cm^2。水溶性受试物可用水或用无刺激性表面活性剂作为赋形剂，其他受试物可用80%乙醇或丙酮等作赋形剂，并设溶剂对照。

诱导接触：将受试物约0.2mL（g）涂在试验动物去毛区皮肤上，以两层纱布和一层玻璃纸覆盖，再以无刺激胶布封闭固定6h。第7d和第14d以同样方法重复一次。

激发接触：末次诱导后14～28d，将约0.2mL的受试物涂于豚鼠背部右侧2cm×2cm去毛区（接触前24h脱毛），然后用两层纱布和一层玻璃纸覆盖，再以无刺激胶布固定6h。

激发接触后24h和48h观察皮肤反应，按表5-11评分。

表5-11 BT变态反应试验皮肤反应评分

皮肤反应	积分
红斑和焦痂形成	
无红斑	0
轻微红斑(勉强可见)	1
明显红斑(散在或小块红斑)	2
中度至重度红斑	3
严重红斑(紫红色)至轻微焦痂形成	4
水肿形成	
无水肿	0
轻微水肿(勉强可见)	1
中度水肿(皮肤隆起轮廓清楚)	2
重度水肿(皮肤隆起约1mm或超过1mm)	3
最高积分	7

当受试物组动物出现皮肤反应积分≥2时，判为该动物出现皮肤变态反应阳性，按表5-13判定受试物的致敏强度。如激发接触所得结果仍不能确定，应于第一次激发后一周，给予第二次激发，对照组作同步处理或按GPMT的方法进行评价。

(3) 豚鼠最大值试验（guinea pig maximinatim test，简称GPMT） 该试验采用完全福氏佐剂（Freund complete adjuvant，FCA）皮内注射方法检测致敏的可能性。试验组动物数至少10只，对照组至少5只。如果试验结果难以确定受试物的致敏性，应增加动物数，试验组20只，对照组10只。

诱导接触：将颈背部去毛区中线两侧划定三个对称点进行对应溶液的皮内注

射、进行第一次诱导接触，注射后第8d进行第二次诱导接触。将涂有0.5g(mL)受试物的2cm×4cm滤纸敷贴在上述再次去毛的注射部位，然后用两层纱布、一层玻璃纸覆盖，无刺激胶布封闭固定48h；对无皮肤刺激作用的受试物，可加强致敏，于第二次诱导接触前24h在注射部位涂抹10%十二烷基硫酸钠（SLS)0.5mL；对照组仅用溶剂作诱导处理。

激发接触（第21d)：将豚鼠躯干部去毛，用涂有0.5g(mL）受试物的2cm×2cm滤纸片敷贴在去毛区，然后再用两层纱布、一层玻璃纸覆盖，无刺激胶布封闭固定24h。对照组动物作同样处理。如激发接触所得结果不能确定，可在第一次激发接触一周后进行第二次激发接触。对照组作同步处理。

激发接触结束，除去涂有受试物的滤纸后24h、48h和72h，观察皮肤反应，(如需要清除受试残留物，可用水或选用不改变皮肤已有反应和不损伤皮肤的溶剂)。按表5-12评分。当受试物组动物皮肤反应积分≥1时，应判为变态反应阳性，按表5-13对受试物进行致敏强度分级。

表5-12 GPMT变态反应试验皮肤反应评分

评分	皮肤反应
0	未见皮肤反应
1	散在或小块红斑
2	中度红斑和融合红斑
3	重度红斑和水肿

表5-13 致敏强度

致敏率/%	致敏强度
0～8	弱
9～28	轻
29～64	中
65～80	强
81～00	极强

注：当致敏率为0时，可判为未见皮肤变态反应。

试验结果应能得出受试物的致敏能力和强度。这些结果只能在很有限的范围内外推到人类。引起豚鼠强烈反应的物质在人群中也可能引起一定程度的变态反应，而引起豚鼠较弱反应的物质在人群中也许不能引起变态反应。

2.体内替代试验

LLNA（鼠局部淋巴结试验，local lymph note assay）是用小鼠代替豚鼠对化学物致敏性进行检测的方法，该方法的原理是化学物在皮肤变态反应诱导阶段可以引起局部淋巴结内T细胞活化增殖，用能与正常核酸竞争形成DNA的放射性物质标记的核酸注射入受试组和对照组小鼠体内，淋巴细胞增生的越多，其中的放射性也就越强。以淋巴细胞中放射性的强度为观察终点，比较受试组和对照组淋巴细胞的增殖情况即可评估受试物的致敏性和致敏强度。

相对于豚鼠致敏试验来说，LLNA 周期短，每一剂量组最少只需 4 只动物，减少了动物的使用量；只需把受试物涂于动物耳背，优化了动物接触受试物的方法；只需要建立诱导阶段，不需要激发皮肤的致敏反应，不需用佐剂，减少了受试动物的痛苦；能辨别低分子量的致敏化学物；可以对受试物的致敏力进行半定量和分级，有助于受试物的定量风险评估。但 LLNA 不能很好地区分致敏物和刺激物，研究者们仍在不断进行改良。

3. 非动物体外替代方法

目前非动物替代方法有体外替代、离体和计算机毒理学等方法，它们的发展、评估和批准很大程度上决定于其辨别致敏化学物的灵敏度和准确度。许多体外实验致力于与接触性变态反应机制密切相关的特定的反应阶段，已采用的方法有基因标志物法、肽反应试验、细胞模型法、人工皮肤/重组表皮模型、结构活性关系分析等。

（七）皮肤光毒性试验

皮肤一次接触某种化学物质后，继而暴露于紫外线照射下，所引发的一种皮肤毒性反应，或者全身应用化学物质后，暴露于紫外线照射下发生的类似反应，被称为光毒反应，该化学物质称为光毒物质，或称该物质具有光毒作用。

1. 动物皮肤光毒性试验

（1）试验原则　首选动物为白色豚鼠和白色家兔，尽可能雌雄各半，每组动物 6 只。首先在动物背部去毛的皮肤上涂抹一定量受试物，经一定间隔后暴露于 UV 光线下，观察皮肤反应并确定该受试物是否具有光毒性。UV 光源为波长为 320～400nm 的 UVA，如含有 UVB，其剂量不得超过 $0.1J/cm^2$。

液体受试物一般不用稀释，可直接使用原液。若受试物为固体，应将其研磨成细粉状并用水或其他溶剂充分湿润，在使用溶剂时，应考虑到溶剂对受试动物皮肤刺激性的影响。对于化妆品产品而言，一般使用原霜或原液，所用受试物浓度不能引起皮肤刺激反应（可通过预试验确定）。

试验前需用辐射计量仪在试验动物背部照射区设 6 个点测定光强度并计算照射时间。为保证试验方法的可靠性，至少每半年用阳性对照物检查一次。阳性对照物选用 8-甲氧基补骨脂（8-methoxypsoralen，8-Mop）。

（2）步骤　进行正式光毒试验前 18～24h，将动物脊柱两侧皮肤去毛，试验部位皮肤需完好，无损伤及异常。备 4 块去毛区（见图 5-1），每块去毛面积约为 2cm×2cm。

将动物固定，按表 5-14 所示，在动物去毛区 1 和 2 涂敷 0.2mL(g) 受试物，30min 后，左侧（去毛区 1 和 3）用铝箔覆盖，胶带固定，右侧用 UVA 进行照射。

结束后分别于 1h、24h、48h 和 72h 观察皮肤反应，根据表 5-6 判定每只动物皮肤反应评分。

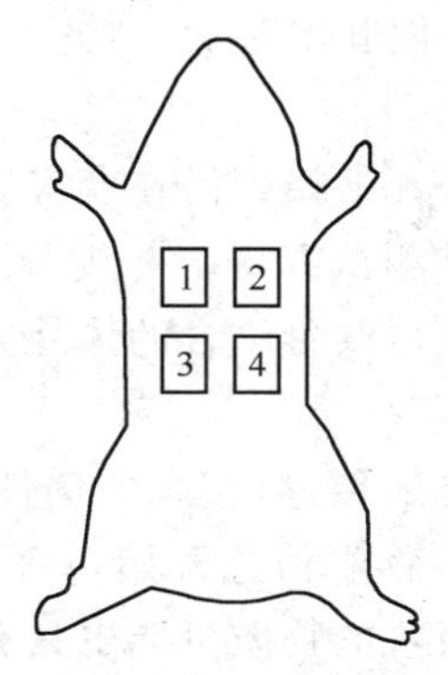

图 5-1　动物皮肤去毛区位置示意

表 5-14　动物去毛区的试验安排

去毛区编号	试验处理
1	涂受试物，不照射
2	涂受试物，照射
3	不涂受试物，不照射
4	不涂受试物，照射

单纯涂受试物而未经照射区域未出现皮肤反应，而涂受试物后经照射的区域出现皮肤反应分值之和为 2 或 2 以上的动物数为 1 只或 1 只以上时，判为受试物具有光毒性。

2. 急性光毒性试验的体外替代试验

对于大多数化妆品原料，只需测试是否具有急性光毒性就可以了。首先采用验证过的体外光毒性试验，如果检测不出潜在光毒性，下一步可进行人体临床试验，而不需要进行任何动物试验。

目前经过验证的体外光毒性试验方法有三项，分别是体外 3T3 光毒性中性红摄取试验（3T3-NRU-PT）、红细胞光毒性试验（RBC-PT）和重建人体皮肤模型光毒性试验（H3D-PT）。

3T3 成纤维细胞中性红摄取光毒性试验（3T3-NRU-PT）是目前国际标准和法规要求的光毒性测试的唯一方法，建立的基础是比较有或无非细胞毒性剂量的刺激性光照射情况下化学物的细胞毒性，细胞毒性是以受试物在光照射处理 24h 后，与受试物浓度相关的细胞摄取活体染料中性红的还原量来表示的。当某一化学物的潜在光毒性不能由此法获得足够的信息时，另外两种体外方法联合血红细胞光毒性测试（RBC-PT）和人体三维皮肤模型的体外光毒性测试（H3D-PT）是 3T3-NRU-PT 有效和重要的辅助方法。

其他未经验证的方法是厌氧啤酒酵母试验和光鸡胚试验。厌氧啤酒酵母是一种真核生物，具有对太阳光暴露或水溶性化学物长时间暴露相对不敏感的优点，不管水溶性受试物是油状还是膏体壮都可以检测，此方法相对简单和经济，可以快速进行定量和定性检测。利用鸡胚胎卵黄囊的血管系统，将非毒性浓度的受试物作用于鸡胚，在UVA照射下观察24h内胚胎存活、膜脱色和出血等毒性指标，可用于光敏剂的筛选。

对于光变态反应，由于体外无法模拟潜在变态反应复杂作用机理，目前还没有预测潜在光敏性反应的有效体外测试方法。与皮肤致敏剂体外多肽结合反应类似，一种模拟光致敏感物与人血清蛋白共价结合的体外方法有望成为筛选方法。

3. 光变态、光遗传毒性试验

目前尚无检测光变应性和光遗传毒性/光致癌性的体外或体内方法，可以从了解化学物的结构活性关系和光生物学信息开始，化学分析UV/可见光吸收光谱可用于预筛选，那些具有明显光吸收的物质可能也具有光化学反应，应当进一步采用3T3-NRU-PT法测试其光毒性。如果筛选试验结果为阳性，应进行蛋白光结合和光氧化的体外筛选试验。

第二节　人体安全性评价方法

化妆品的人体试验是化妆品安全性评价中至关重要的部分，是产品上市前保障产品安全的最后一道防线。我国《化妆品卫生规范》（2007年版）规定化妆品人体安全性评价的方法包括人体皮肤斑贴试验和人体试用试验，主要检测化妆品终产品及其原料引起人体皮肤不良反应的潜在可能性，如果试验表明受试物为轻度致敏源或刺激物，可以做出禁止生产和销售的评价。

化妆品的人体试验是化妆品安全性评价中至关重要的部分，是产品上市前保障产品安全的最后一道防线。化妆品人体试验必须遵循以下基本原则：符合国际赫尔辛基宣言的基本原则；应先完成必要的毒理学检验并出具书面证明，毒理学检验不合格的样品不再进行人体试验；选择一定例数的符合相应的人体试验标准的受试者；要求受试者签署知情同意书；采取必要的医学防护措施，最大程度地保护受试者的利益。

一、人体皮肤斑贴试验

人体皮肤斑贴试验包括皮肤封闭型斑贴试验和皮肤重复性开放型涂抹试验，适用于检验防晒类、祛斑类、除臭类化妆品及其他需要类似检验的化妆品。皮肤封闭型斑贴试验适用于大部分化妆品原物和少部分需要试验前处理的化妆品种类，皮肤重复性开放型涂抹试验适用于不可直接用化妆品原物进行试验的产品和验证皮肤封闭型斑贴试验的皮肤反应结果。

经多年来的实践证明，皮肤斑贴试验对化妆品皮肤病也有较为客观的诊断价值。

（一）皮肤封闭型斑贴试验

1. 试验步骤

(1) 按受试者入选标准选择合格的参加试验的志愿者，至少30名。

(2) 选用规范的斑试材料，通常采用芬兰斑试器（Finnehamber）或不同直径的 Hilltop 斑试器，一般面积不超过 $50mm^2$、深度约 1mm。

(3) 根据化妆品的不同类型，选择化妆品产品原物或稀释物进行斑贴试验。将受试物放入斑试器小室内，用量为 0.020～0.025g（固体或半固体）或 0.020～0.025mL（液体）。

受试物为化妆品产品原物时，对照孔为空白对照（不置任何物质），受试物为稀释后的化妆品时，对照孔内使用该化妆品的稀释剂。

(4) 将加有受试物的斑试器用低致敏胶带贴敷于受试者的背部或前臂曲侧，用手掌轻压使之均匀地贴敷于皮肤上，持续 24h。

(5) 分别于去除受试物斑试器后 30min（待压痕消失后）、24h 和 48h 观察皮肤反应。如有必要，可以增加随访次数，阳性受试者的随访应持续到反应程度小于“++”后才能停止。

2. 化妆品成品封闭型斑贴试验浓度及赋形剂

当试验物是化妆品成品时，试验浓度和赋形剂应根据实际使用浓度和方法而定。化妆品成品封闭型斑贴试验浓度及赋形剂见表 5-15。

表 5-15 化妆品成品封闭型斑贴试验浓度及赋形剂

种类	推荐浓度/%	赋形剂
护肤类膏霜类	50 或 100	白凡士林(W/O 型化妆品)或蒸馏水(O/W 型化妆品)
免洗类护发素	50 或 100	蒸馏水
洗面奶	1	蒸馏水
面膜	原物	—
香波	1	蒸馏水
沐浴液(泡沫浴剂、浴油、浴皂)	1	蒸馏水
清洁剂	1	蒸馏水
发胶	原物,自然干	—
发蜡	原物,自然干	—
清洗类护发素	1	蒸馏水
发用漂白剂	1	蒸馏水
染发剂	2	蒸馏水
剃须膏	1	蒸馏水
剃须皂	1	蒸馏水
须后水	原物,自然干	—
睫毛膏	50,自然干	—
眼线	原物,自然干	—
眼部卸妆水	原物,自然干	—
唇膏	原物,自然干	—
甲油类	原物,自然干	—
香水	原物,自然干	—
古龙水	原物,自然干	—
除臭剂	原物,自然干	—

注：烫发水和脱毛剂产品不宜进行封闭型斑贴试验。

3. 化妆品变应原封闭型斑贴试验浓度及赋形剂

如果不能直接用化妆品原物可用化妆品中常见变应原进行试验，较著名的有欧洲 TROLAB 标准筛选变应原系列、北美接触性皮炎研究组推荐的斑贴试验变应原系列、日本斑贴试验研究组 1986 年制定的标准筛选变应原系列。国内尚未有统一的筛选标准，目前皮肤科常用的有南京医科大学和北京医科大学分别提供的两种标准系列，常用的有以下 93 种：

季铵盐-15、甲基二溴戊二腈、甲酚曲唑、甲苯-2,5-二胺硫酸盐、2,5-二偶氮利定脲（双咪唑烷基脲）（German Ⅱ）、丁基化羟基甲苯、2-溴-2-硝基丙烷-1,3-二醇、氯乙酰胺、二苯酮-3、2-羟丙基甲基丙烯酸酯、2-硝基-*p*-苯二胺、苯氧乙醇、3-(二甲基氨基）丙胺、*m*-氨基苯酚、*p*-氨基苯酚、氯二甲酚、*p*-氯-*m*-甲酚、*p*-苯二胺、甲基氯异噻唑啉酮、氢化枞醇、过硫酸铵、巯基乙酸铵、戊基肉桂醛、妥鲁香脂、秘鲁香脂、苯甲醇、水杨酸苄酯、卡南加油、克菌丹、鲸蜡醇、肉桂醇、肉桂醛、椰油酰胺丙基甜菜碱、松香、泛醇、DMDM 乙内酰脲、十二烷醇棓酸酯、丙烯酸乙酯、甲基丙烯酸乙酯、乙二醇 HEMA 甲基丙烯酸酯、乙烯/三聚氰胺/甲醛混合物、丁子香酚、甲基二溴戊二腈、甲醛、芳香剂混合物、香叶醇、香叶天竺葵油、戊二醛、甘油巯基乙酸酯、硫代硫酸金钠、过氧化氢、羟基香茅醛、咪唑烷基脲、碘丙炔醛醇丁基氨甲酸酯、异丁子香酚、肉豆蔻酸异丙酯、素馨花油、合成素馨花、薰衣草油、蔺花香茅油、羟异己基-3-环己烯基甲醛、邻氨基苯甲酸甲酯、酮麝香、甲基丙烯酸丁酯、棓酸乙基己酯、对羟基苯甲酸酯类混合物、水杨酸苯酯、醋酸苯汞、PEG-3 失水山梨糖醇油酸酯、棓酸丙酯、丙二醇、间苯二酚、大马士革玫瑰花油、檀香油（印度）、倍半萜内酯混合物、苯甲酸钠、吡硫鎓钠、山梨酸、山梨糖醇甲酐单油酸酯、失水山梨糖醇倍半油酸酯、硬脂醇、甲基丙烯酸四氢糠醛酯、互生叶白千层（MELALEUCAALTERNIFOLIA）叶油、叔丁基氢醌、硫柳汞、对甲苯磺酰胺/甲醛树脂三氯生、三乙醇胺、三甘醇二甲基丙烯酸酯、三羟甲基丙烷三丙烯酸酯、羊毛脂醇、香兰素、吡硫鎓锌等。

化妆品变应原封闭型斑贴试验浓度和稀释剂参考国家标准《化妆品接触性皮炎诊断标准及处理原则》(GB 17149.2—1997）规定。

4. 结果判断

按照表 5-16、图 5-2 封闭型斑贴试验皮肤不良反应分级标准记录并判断反应结果。

表 5-16　封闭型斑贴试验皮肤不良反应分级标准

反应程度	评分等级	皮肤反应
－	0	阴性反应
±	1	可疑反应；仅有微弱红斑
＋	2	弱阳性反应（红斑反应）；红斑、浸润、水肿、可有丘疹
＋＋	3	强阳性反应（疱疹反应）；红斑、浸润、水肿、丘疹、疱疹；反应可超过受试区
＋＋＋	4	极强阳性反应（融合性疱疹反应）；明显红斑、严重浸润、水肿、融合性疱疹；反应超过受试区

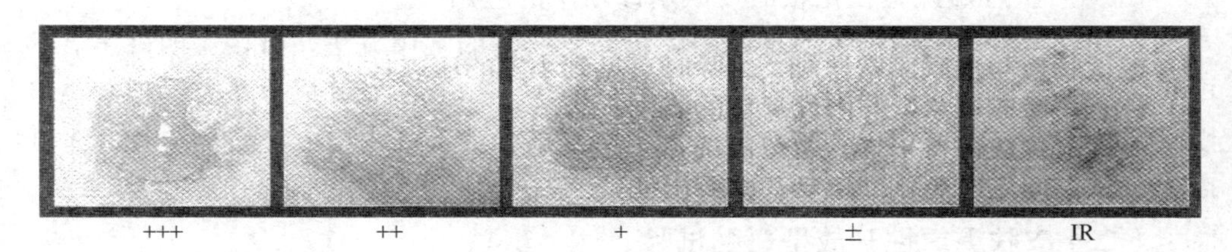

图 5-2　封闭型斑贴试验皮肤不良反应评判图

化妆品成品封闭型斑贴试验结果：若 30 例受试者中出现 1 级皮肤不良反应的人数多于 5 例，或 2 级皮肤不良反应的人数多于 2 例（除臭产品斑贴试验 1 级皮肤不良反应的人数多于 8 例，或 2 级反应的人数多于 4 例），或出现任何 1 例 3 级或 3 级以上皮肤不良反应时，判定受试物对人体有皮肤不良反应。

化妆品常见变应原封闭型斑贴试验结果："＋＋"以及超过"＋＋"的反应，且在第一、二次或以后数次观察时反应持续存在甚至加剧者，提示为阳性变态反应，说明患者对该试验物过敏，反之则考虑为试验物引起的刺激反应（IR）。正确判读斑贴试验结果必须鉴别变态反应与刺激性反应（见表 5-17）。

表 5-17　变应原封闭性斑贴试验皮肤不良反应鉴别

变态反应	刺激性反应
隆起性红斑、水疱、大疱	可与变态反应相同，表皮细小起皱
边界不清，扩至斑试器外	沿边界清楚
可沿淋巴管扩散	不沿淋巴管扩散
瘙痒明显	瘙痒少见，可有疼痛及烧灼感
皮疹持续时间长（4d 或更长）	皮疹持续时间短（到第 4d 多消退）
取下斑试器后皮疹可能加重	取下斑试器后皮疹逐渐减退

试验阳性者是诊断化妆品变应性接触性皮炎的重要依据。由于化妆品的抗原成分多为弱抗原，常常是反复刺激机体才可能致敏，故皮肤斑贴试验有时也可能不足以完全反映机体的敏感性，也就是说有可能出现假阴性结果。即使是阳性结果，也只能说明受试者对某化妆品有反应，并不能确定抗原成分；试验阴性者应结合病史、临床表现进行相关性分析，必要时进行重复开放涂抹试验。

5. 试验注意事项

夏季酷暑和皮炎急性期不宜做皮肤斑贴试验；对除臭、祛斑、防晒类化妆品要求先完成动物多次皮肤刺激试验，然后方可进行人体斑贴试验；试验期间受试者应避免服用抗炎性介质类药物，如皮质类固醇类激素、抗组胺药等。

斑试物应与皮肤紧密接触，去除时可见到小室的压迹；斑试期间要保持受试部位干燥，不宜洗澡，应避免剧烈运动，减少出汗；不要挪动斑试器，防止脱落，整个试验期间及斑试物去除后应避免在斑试区搔抓；如试验处感到重度灼烧或剧痒，可及时去掉斑试物；注意假阳性反应的鉴别。

6. 封闭型斑贴试验在化妆品皮肤病诊断中的应用

皮肤封闭型斑贴试验是协助诊断化妆品皮肤病的常用方法，可用来明确患者的皮肤病是否与化妆品引起的迟发型变态反应有关、试验物及其成分是否是引起患者皮肤病的原因等，适用于疑与化妆品有关的变应性接触性皮炎、化妆品色素异常性皮肤病、化妆品甲病、变应性接触性唇炎等。

（二）皮肤重复性开放型斑贴试验

具有刺激性的化妆品的安全性评价建议做皮肤开放型斑贴试验，也叫重复性开放涂抹试验。

1. 试验步骤

（1）按受试者入选标准选择参加试验的人员，至少 30 名。

（2）一般以前臂屈侧近肘窝处、耳后乳突部或使用部位作为受试部位，面积 5cm×5cm，受试部位应保持干燥，避免接触其他外用制剂。

（3）将试验物约 0.050±0.005g（mL）/次每天 2 次均匀地涂于受试部位，连续 7d，同时观察皮肤反应，在此过程中如出现 3 分或以上的皮肤反应时，应根据具体情况决定是否继续试验。因为反应多在使用 4d 内发生，少数反应慢者可于第 5 日至第 7 日出现反应。

2. 试验物的浓度和赋形剂

试验物的浓度应按化妆品实际使用浓度和方法而定，即皮肤和（或）发用类清洁剂应将其稀释成 5%水溶液。即洗类产品如进行稀释时，应将稀释剂或赋形剂涂于受试部位对侧作为对照。

3. 结果判断

每日观察局部皮肤情况是否出现不良反应，皮肤反应评判标准与封闭型斑贴试验皮肤反应评判有一些差异，参见表 5-18。

表 5-18 重复性开放型涂抹试验皮肤反应评判标准

反应程度	评分等级	皮肤反应
－	0	阴性反应
±	1	微弱红斑、皮肤干燥、皱褶
＋	2	红斑、水肿、丘疹、风团、脱屑、裂隙
＋＋	3	明显红斑、水肿、水疱
＋＋＋	4	重度红斑、水肿、大疱、糜烂、色素沉着或色素减退、痤疮样改变

4. 结果解释

30 例受试者中若有 1 级皮肤不良反应 5 例（含 5 例）以上，2 级皮肤不良反应 2 例（含 2 例）以上，或出现 1 例（含 1 例）以上 3 级或 3 级以上皮肤不良反应，判定受试物对人体有明显不良反应。

5. 开放型斑贴试验方法在皮肤病诊断中的应用

本实验可用来验证可疑的化妆品是否是引起化妆品皮肤病的原因，适用于怀疑与化妆品及其成分有关的刺激性接触性皮炎、光毒性皮炎、变应性接触性皮炎等皮肤病，但封闭型斑贴试验结果可疑或阴性反应者。

操作过程要由专业医生进行，将可疑致病原或致敏原按标准浓度反复涂抹在前臂屈侧或乳突部皮肤，或者直接将某种化妆品涂于前臂内侧靠近肘窝处。

每日观察局部皮肤反应，无反应者为阴性，出现皮炎者为阳性，有任何刺激现象发生则随时停止试验。结果出现1～4型皮肤反应者，结合临床资料即可诊断皮肤病是由该试验物引起；如果实验者自觉瘙痒、灼痛、刺痛等主观反应而无皮损，应加以重视，考虑是否进行其他试验。

6. 重复开放涂抹试验方法在预防染发剂过敏反应中的应用

许多国家规定染发产品必须标注警示说明并且指导消费者在使用染发剂之前进行皮肤斑贴实验，确定消费者对染发剂原料的敏感反应。

斑贴试验可在使用染发剂1～2周前进行，具体方法是将少量染发剂涂抹在比较隐秘的皮肤区域，通常选择薄而敏感的区域，如耳后或肘部内侧皮肤。在试验观察期间不能接触或使用发梳或眼镜等硬物滑磨该区域，因为皮肤角质层的损伤会增加机体对染发剂和其他化学品的敏感性。斑贴时间是24～48h。如果在观察期内斑贴区或周围出现皮肤红肿、烧灼感、瘙痒、疼痛或水泡，说明受试者对这种染发剂敏感，应避免使用。

一次斑贴实验未见不良反应并不能说明今后也不会对该种染发剂就不过敏，如果长期使用同一种染发产品，最好也定期进行斑贴试验。使用不同品牌染发剂或者生产厂商改变了配方，都要进行斑贴试验。

（三）皮肤病诊断中的光斑贴试验

1. 光斑贴试验目的

通过在人体皮肤表面直接敷贴受试物，并同时接受一定剂量适当波长紫外线照射的方法，检测诱发光毒性与光变应性皮炎的光敏剂以及检测机体对某些光敏剂的反应，常用来判定患者的皮肤病是否与化妆品引起的光变应性接触性皮炎有关，试验物及其成分是否是引起患者皮肤病的原因。适用于疑诊与化妆品有关的光变应性接触性皮炎和光变应性化妆品唇炎。

2. 光斑贴试验方法

（1）原理　在皮肤斑贴试验基础上再光照，若对斑贴试验物有光变应性，则光照后可产生皮肤迟发型光变态反应。

（2）试验物的浓度和赋形剂　应根据实际使用浓度和方法而定。如果不能用原物，可以用化妆品中常见光致敏物，现有29种：

地衣酸、二甲基PABA辛酯、甲氧基肉桂酸乙基己酯、二苯酮-4、二苯酮-3、4-甲基苄亚基樟脑、三氯卡班、对氨基苯甲酸、丁基甲氧基二苯甲酰基甲烷、6-甲基香豆素、秘鲁香油或香脂、氯己定二醋酸盐、氯己定二葡糖酸盐、双氯酚、盐酸苯海拉明、甲酚曲唑三硅氧烷、2,2′-硫代双（4-氯苯酚）、二（羟基三氯苯基）甲烷、胡莫柳酯、p-甲氧基肉桂酸异戊酯、氨基苯甲酸甲酯、奥克立林、水杨酸乙基己酯、乙基己基己酯、芳香混合物、苯基苯并咪唑磺酸、檀香（SANTALUM-ALBUM）油、硫脲、三氯生等。

化妆品常见光致敏物斑贴试验浓度和稀释剂参考国家标准《化妆品光感性皮炎诊断标准及处理原则》（GB 17149.6—1997）规定。

（3）操作程序　将3份被检物贴敷在患者背部或前臂屈侧，同时照射UVB和UVA，测定其最小红斑量（MED）。于24h后去除3处斑贴试验物，其中一处立即用遮光物覆盖，避免任何光线照射，作为对照；第2处用低于MED的亚红斑量照射（主要是UVB）；第3处用经普通窗玻璃滤过的光源照射（主要是UVA，时间为MED的20～30倍）。分别观察照射后24h、48h、72h结果，必要时作第5天、第7天延迟观察。

（4）结果判定　化妆品皮肤光斑贴试验皮肤反应评判见表5-19。

表5-19　光斑贴试验皮肤反应评判

反应程度	皮肤反应	反应程度	皮肤反应
0	无反应	Ph++	红斑、水肿、丘疹、水疱
Ph±	可疑反应	Ph+++	红斑、水肿、丘疹、大疱和糜烂
Ph+	红斑、水肿、浸润，可能有丘疹		

注：Ph是Photo的缩写。

若未照射区皮肤无反应，而照射区有反应者提示为光斑贴试验阳性。仅在亚红斑量照射处出现阳性反应可判定为光毒性反应；仅在窗玻璃滤过后光源照射处出现阳性反应可判定为光变应性反应，若后两者均出现阳性反应则说明既有光毒反应又有光变应性反应。

若三处均有反应且程度相同，则考虑为变应性反应。若三处均有反应但照射区反应程度大，则考虑为变应性和光变应性反应共存。

（5）结果解释　在皮肤光斑贴试验结果的判断中，需注意皮肤光斑贴试验物的异常敏感反应、使用不适当光源引起物理性损伤的假阳性反应；低敏感者所引起的假阴性反应；试验部位出现的持续性色素沉着等。

皮肤光斑贴试验是协助诊断化妆品光接触性皮炎的重要依据之一，试验阴性者应结合病史、临床表现综合判断，必要时进行其他相关的特殊检查。

二、人体试用试验

人体试用试验安全性评价适用于《化妆品卫生监督条例》中定义的特殊用途化妆品，包括健美类、美乳类、育发类、脱毛类、驻留类产品卫生安全性检验结果pH≤3.5或企业标准中设定pH≤3.5的产品及其他需要类似检验的化妆品。

（一）人体试用试验目的与应用

1. 主要目的

人体试用试验安全性评价主要检测化妆品在真实使用条件下引起人体皮肤不良

反应的潜在可能性，评价使用者正常使用化妆品过程中的皮肤耐受性、实际安全性，为行政许可提供试验依据。

人体试用试验不仅能检测化妆品的变应性，而且还能检测它们不同强度的刺激性，敏感性最高。在化妆品安全性评价过程中应首选。若该试验阳性，可再进行人体激发斑贴试验或诊断性斑贴试验来明确是变应性反应还是刺激性反应。

2. 其他应用

人体试用试验的同时，还可结合进行化妆品使用效果、感触的产品感官评估和皮肤生理参数等诸方面的检测，对受试物所宣传的功效进行初步评价。除防晒产品外，可依据受试者的试用记录和对受试物的评价（分为满意、基本满意和不满意三种）等原始资料，最终由试验负责人综合分析得出受试物的有效性结论。我国法律没有规定除防晒产品外其他化妆品功效必须经过人体试用才可以上市销售，一般是企业根据自身开发新类型化妆品和调查化妆品使用情况的需要自行进行试用实验。

（二）人体试用试验安全性评价方法

人体试用试验选择合适的志愿者作为试验对象，根据化妆品的类型和性质，让受试者按照产品说明书介绍的使用方法实际使用受试品。

1. 育发类产品

按受试者入选标准选择脱发患者30例以上，每周1次观察或电话随访受试者皮肤反应，按表5-20皮肤不良反应分级标准记录结果，试用时间不得少于4周。

表5-20 人体试用试验皮肤不良反应分级标准

皮肤不良反应	分级	皮肤不良反应	分级
无反应	0	红斑、水肿、丘疹、水疱	3
微弱红斑	1	红斑、水肿、大疱	4
红斑、浸润、丘疹	2		

2. 健美类产品

按受试者入选标准选择单纯性肥胖者30例以上，每周1次观察或电话随访受试者有无全身性不良反应，如厌食、腹泻或乏力等，观察涂抹样品部位皮肤反应，按表5-20皮肤不良反应分级标准记录结果，试用时间不得少于4周。

3. 美乳类产品

按受试者入选标准选择正常女性受试者30例以上，每周1次观察或电话随访受试者有无全身性不良反应，如恶心、乏力、月经紊乱及其他不适等，观察涂抹样品部位皮肤反应，按表5-20记录结果。试用时间不得少于4周。

4. 脱毛类产品

按受试者入选标准选择符合要求的志愿受试者30例以上，按照化妆品产品标签注明的使用特点和方法让受试者直接使用受试产品，试用后由负责医师观察局部皮肤反应，按表5-20记录结果。

5. 驻留类产品卫生安全性检验结果pH≤3.5或企业标准中设定pH≤3.5的

产品

按受试者入选标准选择自愿受试者 30 例以上，按照化妆品产品标签注明的使用特点和方法让受试者直接使用受试产品。每周 1 次观察或电话随访受试者皮肤反应，按表 5-20 皮肤不良反应分级标准记录结果，试用时间不得少于 4 周。

（三）人体试用试验安全性评价结果

1. 结果解释

育发类、健美类、美乳类、驻留类产品卫生安全性检验结果 pH≤3.5 或企业标准中设定 pH≤3.5 的产品 30 例受试者中出现 1 级皮肤不良反应的人数多于 2 例，或 2 级皮肤不良反应的人数多于 1 例，或出现任何 1 例 3 级或 3 级以上皮肤不良反应时，判定受试物对人体有皮肤不良反应。

脱毛类产品 30 例受试者中出现 1 级皮肤不良反应的人数多于 5 例，或 2 级皮肤不良反应的人数多于 2 例，或出现任何 1 例 3 级及 3 级以上皮肤不良反应时，判定受试物对人体有明显不良反应。

2. 影响人体试用试验安全性评价结果的因素

影响人体试用试验结果准确度的主要因素有：受试者选择不当；受试者管理不善；受试者的欺骗行为；操作人员技术不过关或责任心不强；试验方法选择不当；试验人员的诚信和职业道德问题以及产品本身的问题。针对这些影响因素，需要在试用前做好志愿者的筛选和培训工作，提高试验效果。

第三节　化妆品安全性评价程序

一、化妆品安全性评价的目的与原则

（一）化妆品安全性评价目的

安全性评价是安全风险评估的一部分，就是采用毒理学的基本手段，通过模拟引起人体中毒的各种条件，观察动物试验、替代试验或人体试用试验的毒性反应，结合对人群的直接观察，阐明某一化学物（如化妆品）的毒性及潜在的危害。毒理学试验方法及结果评判标准应符合国家法律规定。

一般情况下，新开发的化妆品产品在投放市场前，应根据产品的用途和类别确定其毒理学检测项目，安全的化妆品应该在长时间使用后不会对人体产生不良反应和危害。但是像香料中的成分异丁香酚一样，有很多原料既有独特的用处，也有刺激性和致敏性。安全性评价既可以确保化妆品有足够的安全进入市场，也可以阐明安全使用的条件，在尽可能小概率的损害下充分发挥其最大的功效，达到最大限度地减少其危害作用、保护消费者身体健康的目的。安全性评价还是协助政府部门进行科学决策，制定法规和标准的重要根据和基础。

（二）化妆品安全性评价基本原则

化妆品产品是由特定物质或其混合物组成的，一般而言，产品的安全性评价可

以通过评价组成成分的毒理学重点以及消费者局部和全身暴露来评价。国际化妆品监管合作组织（ICCR）的企业组阐述了关于化妆品安全性评价的基本原则。

1. 一般原则

（1）化妆品成分安全性评价不是一种标准程序，应使用最佳科学证据按个案逐个进行。

（2）化妆品成分安全性评价包括系统的步骤。

（3）化妆品成分安全性评价应基于法规要求，使用现有最新的方法。

（4）应使用全部现有信息，做到使用证据权重方法科学决策。

（5）就化妆品成分安全性评价而言，人体局部和全身暴露量是最重要的，暴露途径、量和性质也是关键要素。

（6）暴露评价应包括在正常、合理、可预见条件下使用产品。

（7）在进行新的动物试验前，对已有全部有关资料均应进行评价，当资料不足以支持化妆品成分的安全性或存在新的安全性问题时可能需要新的试验证据。

（8）当具有充分的化妆品成分毒性资料的情况下，应避免要求进行终产品的全身毒性试验或重复已有试验。

2. 其他原则

（1）关于动物试验的原则，在所有情况下均应减少动物试验，直至废除动物试验。

（2）毒理学终点的选用原则，需要考虑所有化妆品安全性评价成分的全部毒理学终点，但试验可以不用全做。

（3）特定人群安全性原则，除非产品有特别标明，否则化妆品产品对所有可能的脆弱人群都必须安全。

二、化妆品安全性评价机构

（一）美国的化妆品原料安全评估机构

美国的化妆品原料是由 CTFA 协会下设的专门的、独立的化妆品成分评价委员会（Cosmetic Ingredient Review，简称 CIR）完成安全评估的。

CIR 设立一个由临床医生、相关科学家、政府部门、化妆品生产企业和消费者代表组成的专家评审组，负责决定需要评价的化妆品原料名单，并对这些原料的安全性数据进行评估。为减少或避免重复工作，CIR 不对经其他专业机构或 FDA 规定评价的原料物质进行评价，如颜色添加剂、OTC 药物有效成分、食品香料、总体认为安全的食品添加剂、香水原料、新药申请原料等。

CIR 对化妆品原料的安全性评价是在完全开放的形式下进行的，通常考虑的终点包括皮肤刺激试验、皮肤变态反应、眼刺激试验、其他被评价的毒理学终点（急性经皮、经口毒性、亚慢性毒性、生殖和发育毒性）等。其评价结果也在《国际毒理学杂志》（International Journal of Toxicology）上公开发表。自 CIR 成立以来已对 2600 多种最为广泛使用的化妆品原料进行了评价，并将所评价的结果总结在《快速参照表》中，对每一种原料给出 5 种结论之一：

S：可安全使用的。原料在目前化妆品中使用的浓度下是安全的。

SQ：在限定条件下是安全的。原料在一定的使用条件下，如一定的浓度、某类别的产品如淋洗产品而不是驻留产品，或其他条件下可安全使用。

U：不安全的。原料已有不良反应资料证明在化妆品中使用不安全。

I：安全资料不足。没有特定的资料来证明可以安全使用该原料。

Z：安全资料不足，但未使用的原料。

截止到 2013 年 3 月已经评估通过的原料中，33%的成分被发现在限制条件下使用于化妆品中是安全的，58%的成分使用是安全的。

CIR 还对在一定条件下可安全使用的原料进行了分类，依据为确保这些原料的安全使用所必须采取的主要限制条件：限制使用浓度的原料；具有吸入问题的原料；限制使用条件的原料；在驻留或淋洗型产品中要求不同的原料；因亚硝胺问题而受到限制的原料。

（二）欧盟化妆品安全性评价机构

为保障化妆品的安全，欧盟要求按照 OECD 指南进行毒理学试验，应用风险评估原则进行安全性评价。

欧盟具有非常严格而完备的化妆品安全性评价体系，其中包括政府主动进行的原料安全性评价和企业上市前对产品进行的强制性安全性评价。原则上，政府的安全性评价主要集中在对指令和法规中（收录在附录Ⅱ、Ⅲ、Ⅳ、Ⅴ、Ⅵ中的禁限用原料进行安全性评价）；对于附录名单以外所有的化妆品成分，由企业的评价人员进行安全性评价。欧盟要求企业对每个产品的安全性评价数据建立完备的档案（product information file，PIF），该档案将是政府监督管理部门实行市场监督检查的主要内容。

欧盟主要借助化妆品科学委员会（Scientific Committee on Cosmetology，SCC）和毒物控制中心两个机构进行化妆品安全性评价。

化妆品科学委员会 SCC 成立于 1977 年，科学委员会独立于官方机构，主要为管理部门提供技术支持。委员会只负责审查化妆品原料成分的安全性，不对终产品进行安全性评估。

根据欧盟委员会的决定，2008 年重组成立了消费品安全科学委员会 SCCS，主要工作是对化妆品原料及其终产品和非食用消费品的健康和安全风险问题提出评价意见，还成立了风险评估科学顾问团帮助工作。

毒物控制中心不属于政府机构，其主要工作是提供与人体健康相关产品和物质方面的信息，特别是人体健康受损时的救助信息，如产品或毒物相关的鉴定、诊断、紧急处理的专业技术信息，并受一些企业委托，接受消费者对有关产品的投诉。

（三）我国化妆品安全评价机构

1. 化妆品安全专家委员会

国家食品药品监督管理局组建了化妆品安全专家委员会，下设化妆品安全风险评估专门委员会，是国家卫生管理部门对化妆品进行管理的技术咨询组织。它的主要任务是对进口化妆品、特殊用途化妆品和化妆品新原料进行安全性评审，对化妆品引起的重大事故进行技术鉴定，以及承担其他有关化妆品安全方面的任务。

该委员会的专家来自全国科研、医疗、工业、卫生监督管理等部门，涉及配方工艺、应用化学、分析化学、中药化学、药用植物、包装材料、毒理学、药理学、药物检验、微生物学、皮肤医学、儿科、卫生管理学、应急管理、法学、公共卫生和卫生监督等多专业。

2. 化妆品行政许可检验机构

依据《化妆品卫生监督条例》和《化妆品行政许可检验机构资格认定管理办法》等规定，国家食品药品监督管理局从2011年起陆续认定了27家化妆品行政许可检验机构，见表5-21。

表5-21 化妆品行政许可检验机构

编号	化妆品行政许可检验机构名称	承担检验项目
001	中国疾病预防控制中心环境与健康相关产品安全所①	化妆品行政许可卫生安全性检验机构：承担《化妆品行政许可检验规范》规定的全部微生物、卫生化学和毒理学检验项目
002	北京市疾病预防控制中心	
003	辽宁省疾病预防控制中心	
004	上海市疾病预防控制中心①	
005	江苏省疾病预防控制中心	
006	浙江省疾病预防控制中心	
007	广东省疾病预防控制中心①	
008	四川省疾病预防控制中心	
009	中国人民解放军空军总医院	化妆品行政许可人体安全性检验机构：承担《化妆品行政许可检验规范》规定的人体安全性检验项目和防晒效果人体试验项目
010	上海市皮肤病性病医院①	
011	中山大学附属第三医院	
012	四川大学华西医院	
013	中国医科大学附属第一医院	
014	北京市药品检验所	化妆品行政许可卫生安全性检验机构
015	上海市食品药品检验所	
016	广东省药品检验所	
017	中国医学科学院皮肤病医院	化妆品行政许可人体安全性检验机构

续表

编号	化妆品行政许可检验机构名称	承担检验项目
018	浙江省食品药品检验所	化妆品行政许可卫生安全性检验机构
019	山东省食品药品检验所	
020	福建省药品检验所	
021	广州市药品检验所	
022	深圳市药品检验所	
023	湖北省疾病预防控制中心	
024	中国食品药品检定研究院	
025	辽宁省食品药品检验所	
026	广西壮族自治区食品药品检验所	
027	福建省厦门市药品检验所	

① 这四家机构可开展仪器法测定化妆品抗长波紫外线（UVA）能力检测。

21家化妆品行政许可卫生安全性检验机构基本都是由政府主办的实施疾病预防控制、药品检验、公共卫生技术管理和服务的公益事业单位，承担《化妆品行政许可检验规范》规定的全部微生物、卫生化学和毒理学检验项目。

其中6家医院是化妆品行政许可人体安全性检验机构，主要承担人体安全性和防晒功效检测，这6家医院也都是卫生部认定的人体安全性与功效检验机构和化妆品皮肤病诊断机构。

三、化妆品生产企业的安全性评价人员

（一）安全评价人员的要求

化妆品生产企业的安全性评价人员应由毒理、化学、皮肤病学、配方人员等组成，要求有良好的专业知识和道德操守，能紧密跟踪安全性评价相关信息，不参与与产品有关的管理和商业活动。

（二）安全性评价人员负责确定的事项

（1）配方中的组成成分是否符合法规的所有要求（使用条件、浓度等），有否法规禁用的物质；

（2）对于评价的成分是否有特殊的问题需考虑，有否足够的使用经验，是否安全；

（3）可得到的资料是否是相关的和足够的；

（4）是否会出现相关毒理学效应的相互作用和/或改变透皮特性；

（5）是否需补充评价成分或终产品的资料。

（三）安全性评价人员应得出的结论

安全性评价人员应得出的结论可能包括以下内容：

（1）产品在建议的条件下使用，并且没有任何其他限制是安全的；

(2) 产品在一定类型的包装下使用或添加警告或定出使用方式和限用量条件下是安全的，在限制的条件下使用是安全的，可能需要标注特殊的警示或注意事项（减少风险的措施）；

(3) 在拟用条件下产品是不安全的；

(4) 已有的资料不足以确定产品是否安全；

(5) 需注明或不需注明特殊的安全性声明。

若安全性评价人员得出的结论是在正常或可预见条件下使用是不安全的，那么该产品不能上市。

四、我国化妆品安全性评价程序

（一）化妆品安全性评价五阶段

化妆品安全性评价程序分为五个阶段，这五个阶段分别介绍如下。

(1) 第一阶段：急性毒性和动物皮肤、黏膜试验。

① 急性毒性试验，包括急性皮肤毒性试验和急性经口毒性试验。

② 动物皮肤、黏膜试验，包括皮肤刺激试验、眼刺激试验、皮肤变态反应试验、皮肤光毒和光变态反应试验。

(2) 第二阶段：亚慢性毒性和致畸试验。

① 亚慢性皮肤毒性试验；

② 亚慢性经口毒性试验；

③ 致畸试验。

(3) 第三阶段：致突变、致癌短期生物筛选试验。

① 鼠伤寒沙门氏菌回复突变试验；

② 体外哺乳动物细胞染色体畸变；

③ 体外哺乳动物细胞基因突变试验；

④ 哺乳动物骨髓细胞染色体畸变试验；

⑤ 体内哺乳动物骨髓细胞微核试验；

⑥ 睾丸生殖细胞染色体畸变试验。

(4) 第四阶段：慢性毒性和致癌试验。

① 慢性毒性试验；

② 致癌试验。

(5) 第五阶段：人体斑贴试验和试用试验。

激发斑贴试验是借用皮肤科临床检测接触性皮炎致敏原的方法，进一步模拟人体致敏的全过程，预测受试物的潜在致敏原性。如人体斑贴试验表明受试物为轻度致敏原，可做出禁止生产和销售的评价。在产品最终进入市场之前，尚需在大量的人体志愿者身上进行相容性试验。

（二）新原料安全性评价检验项目与减免原则

1. 化妆品新原料毒理学试验项目

化妆品新原料行政许可中需要提交的安全性评价资料应当包括毒理学安全性评价综述、必要的毒理学试验资料和原料中可能存在安全性风险物质的有关安全性评估资料。毒理学试验资料可以是申请人的试验资料或科学文献资料，其中包括国内外官方网站、国际组织网站发布的内容。

一般需进行的毒理学试验项目包括：

① 急性经口和急性经皮毒性试验；

② 皮肤和急性眼刺激性/腐蚀性试验；

③ 皮肤变态反应试验；

④ 皮肤光毒性和光敏感试验（具有紫外线吸收特性的原料需做该项试验）；

⑤ 致突变试验（至少应包括一项基因突变试验和一项染色体畸变试验）；

⑥ 亚慢性经口和经皮毒性试验；

⑦ 致畸试验；

⑧ 慢性毒性/致癌性结合试验；

⑨ 毒物代谢及动力学试验。该试验目的是获得足够的有关受试样品在体内吸收、分布、生物转化以及排泄等过程随时间变化的动态规律信息，从而了解它的毒作用机制；

从试验所获得的受试样品的基本的代谢动力学参数，可以了解受试样品在组织和/或器官内是否具有潜在的蓄积性和诱导生物转化的作用。根据这些资料，可以估计，将动物试验的毒性资料（特别是慢性毒性和/或致癌性资料）外推到人时，是否具有充分性和相关性。

⑩ 根据原料的特性和用途，还可考虑其他必要的试验。

2. 减免原则

根据原料理化特性、毒理学试验数据、临床研究、人群流行病学调查、定量构效关系、类似化学物的毒性等资料情况，可以增加或减免试验项目。

如果该新原料与已用于化妆品的原料的化学结构及特性相似，以及结合该原料在化妆品中可能的使用范围和方式，例如含有至少 3 个单体单元的序列分子、其至少与 1 个额外单体单元或其他反应物通过共价键连接、平均分子量大于 500 的聚合物的化妆品新原料；无任何致癌、致突变的结构预警且全身暴露量（SED）低于 1.5μg/(kg·d) 的化妆品新原料；化学惰性或易挥发的新原料等，则可考虑减少某些试验。

不需列入《化妆品卫生规范》中的防腐剂、防晒剂、着色剂和染发剂以及从安全角度考虑不需要列入限用物质中的化妆品新原料可以考虑减少慢性、致癌性试验项目和毒物代谢及动力学试验。

如该新原料有安全食用历史的，如食品原料、国务院有关行政部门公布的药食两用物品等，或已有国外权威机构评价结论认为在化妆品或食品中使用是安全的，或在国外或地区批准的化妆品中允许使用的化妆品新原料，则只需进行皮肤刺激性、敏感性试验。

（三）各类化妆品安全性评价检验项目的选择

1. 化妆品安全性评价检验项目选择原则

我国《化妆品卫生规范》（2007年版）和《化妆品行政许可检验管理办法》《化妆品行政许可检验规范》当中规定，由于化妆品种类繁多，在化妆品安全性评价时，所需要的检验项目应根据化妆品的种类、使用特性和使用部位的不同进行选择。

① 两剂或两剂以上配合使用的染发类、烫发类等样品，毒理学试验项目应当按说明书中使用方法进行试验。

② 凡属于化妆品新产品必须进行动物急性毒性试验、皮肤与黏膜试验和人体试验，但是根据化妆品所含成分的性质、使用方式和使用部位等因素，应根据产品实际情况并结合产品的具体用途及类别增加或减少项目。

例如，育发香波属于育发类产品，但该类产品属于即洗类，根据实际应用情况，将应进行的皮肤多次试验改为急性皮肤刺激试验同时加做急性眼刺激试验。再如祛斑面膜，因产品施用于眼部周围，应增做眼刺激试验。如果面膜用后需要冲洗，祛斑类产品应进行的皮肤多次试验应改为急性皮肤刺激试验；如果用后不冲洗，则应做皮肤多次刺激试验。

③ 在某些情况下，为了做出更好的安全性评估，需要更多的有关化妆品终产品的信息，如对于特别消费者（如婴儿、敏感皮肤等）、添加有皮肤通透剂和/或皮肤刺激物（有机溶剂组分等）、单个组成成分间的化学反应而形成有较高毒理学意义的新物质、特殊制剂（脂质体和其他发泡剂）的化妆品应予以特殊关注。

④ 化妆品的使用对象是人体，由于人类的社会伦理、道德和法律等诸多原因，化妆品的安全性和功效性检验目前只有少部分在人体中进行，为了保证试验者的安全，化妆品在进行人体试验之前必须先完成必要的毒理学检验并出具书面证明，毒理学试验不合格的样品不能进行人体检验。

2. 非特殊用途化妆品的毒理学检验项目

非特殊用途化妆品产品毒理学检测项目的选择原则如下。

① 由于化妆品种类繁多，在选择试验项目时应根据实际情况确定。表5-22为原则性规定，可按具体用途和类别增加或减少检测项目。

表5-22　非特殊用途化妆品毒理学试验项目①②③⑦

试验项目	发用类	护肤类		彩妆类			指（趾）甲类	芳香类
	易触及眼睛的发用产品	一般护肤产品	易触及眼睛的护肤产品	一般彩妆品	眼部彩妆品	护唇及唇部彩妆品		
急性皮肤刺激性试验④	○						○	○
急性眼刺激性试验⑤⑥	○		○	○				

续表

试验项目	发用类	护肤类		彩妆类			指(趾)甲类	芳香类
	易触及眼睛的发用产品	一般护肤产品	易触及眼睛的护肤产品	一般彩妆品	眼部彩妆品	护唇及唇部彩妆品		
多次皮肤刺激性试验		○	○	○	○	○		

① 修护类指（趾）甲产品和涂彩类指（趾）甲产品不需要进行毒理学试验。

② 对于防晒剂（二氧化钛和氧化锌除外）含量≥0.5%（质量分数）的产品，除表中所列项目外，还应进行皮肤光毒性试验和皮肤变态反应试验。

③ 对于表中未涉及的产品，在选择试验项目时应根据实际情况确定，可按具体产品用途和类别增加或减少检验项目。

④ 沐浴类、面膜（驻留类面膜除外）类和洗面类护肤产品只需要进行急性皮肤刺激性试验，不需要进行多次皮肤刺激性试验。

⑤ 免洗护发类产品和描眉类眼部彩妆品不需要进行急性眼刺激性试验。

⑥ 沐浴类产品应进行急性眼刺激性试验。

⑦ 一个样品包装内有两个以上独立小包装或分隔（如粉饼、眼影、腮红等），且只有一个产品名称，原料成分不同的样品，应分别检验相应项目；非独立小包装或无分隔部分，且各部分除着色剂以外的其他原料成分相同的样品，应按说书使用方法确定是否分别进行检验。

② 每天使用的化妆品需进行多次皮肤刺激性试验，进行多次皮肤刺激性试验者不再进行急性皮肤刺激性试验。间隔数日使用的和用后冲洗的化妆品进行急性皮肤刺激性试验。

③ 与眼接触可能性小的产品不需进行急性眼刺激性试验。

3. 特殊用途化妆品的毒理学检验项目

一般情况下，对特殊用途化妆品应按表 5-23 所列项目进行检测，根据特殊用途化妆品产品的特点，可增加或减少试验。

表 5-23 特殊用途化妆品毒理学试验项目①②⑦

试验项目	育发类	染发类⑥	烫发类	脱毛类	美乳类	健美类	除臭类	祛斑类	防晒类
急性眼刺激性试验	○	○	○						
急性皮肤刺激性试验			○						
多次皮肤刺激性试验③	○				○	○	○	○	○
皮肤变态反应试验	○	○	○	○	○	○	○	○	○
皮肤光毒性试验	○							○	○
鼠伤寒沙门氏菌回复突变试验④	○	○⑤			○	○			
体外哺乳动物细胞染色体畸变试验	○	○⑤			○	○			

① 除育发类、防晒类和祛斑类产品外，防晒剂（二氧化钛和氧化锌除外）含量≥0.5%（质量分数）的产品还应进行皮肤光毒性试验。

② 对于表中未涉及的产品，在选择试验项目时应根据实际情况确定，可按具体产品用途和类别增加或减少检验项目。

③ 即洗类产品不需要进行多次皮肤刺激性试验，只进行急性皮肤刺激性试验。

④ 进行鼠伤寒沙门氏菌回复突变试验或选用体外哺乳动物细胞基因突变试验。

⑤ 涂染型暂时性染发产品不进行鼠伤寒沙门氏菌回复突变试验和体外哺乳动物细胞染色体畸变试验。

⑥ 染发类产品为两剂或两剂以上配合使用的产品，应按说明书中使用方法进行试验。

⑦ 一个样品包装内有两个以上独立小包装或分隔（如粉饼、眼影、腮红等），且只有一个产品名称，原料成分不同的样品，应分别检验相应项目；非独立小包装或无分隔部分，且各部分除着色剂以外的其他原料成分相同的样品，应按说明书使用方法确定是否分别进行检验。

4．特殊用途化妆品人体安全性许可检验项目

特殊用途化妆品人体安全性许可检验项目见表5-24。

表5-24　特殊用途化妆品人体安全性许可检验项目

检验项目	育发类	脱毛类	美乳类	健美类	除臭类	祛斑类	防晒类
人体皮肤斑贴试验①					○	○	○
人体试用试验安全性评价	○	○	○	○			

① 粉状（如粉饼、粉底等）防晒、祛斑化妆品进行人体皮肤斑贴试验，出现刺激性结果或结果难以判断时，应当增加开放型斑贴试验。

5．化妆品微生物检验项目

化妆品行政许可微生物检验项目见表5-25。

表5-25　化妆品行政许可微生物检验项目④

检验项目	非特殊用途化妆品①②	特殊用途化妆品								
		育发类②	染发类③	烫发类④	脱毛类③	美乳类	健美类	除臭类③	祛斑类	防晒类
菌落总数	○	○				○	○		○	○
粪大肠菌群	○	○				○	○		○	○
金黄色葡萄球菌	○	○				○	○		○	○
铜绿假单胞菌	○	○				○	○		○	○
霉菌和酵母菌	○	○				○	○		○	○

① 指甲油卸除液不需要测微生物项目。

② 乙醇含量≥75%（质量分数）者不需要测微生物项目。

③ 配方中没有微生物抑制作用成分的产品（如物理脱毛类产品、纯植物染发类产品等）需测微生物项目。

④ 一个样品包装内有两个以上独立小包装或分隔（如粉饼、眼影、腮红等），且只有一个产品名称，原料成分不同的样品，应当分别检验相应项目；非独立小包装或无分隔部分，且各部分除着色剂以外的其他原料成分相同的样品，应当按说明书使用方法确定是否分别进行检验。

6．化妆品卫生化学检验项目

根据化妆品使用原料及产品特性，对产品中可能存在并具有安全性风险的物质，经过安全性风险评估后，国家食品药品监督管理局可要求新增相关检验项目，见表5-26。如产品配方中含有滑石粉原料的样品，应当进行石棉项目检测。

表5-26　化妆品行政许可卫生化学检验项目和质量要求

检验项目	单位	限值	备注
汞	mg/kg	≤1	适用于非特殊用途和特殊用途化妆品
砷	mg/kg	≤10	
铅	mg/kg	≤40	
甲醇	mg/kg	≤2000	适用于乙醇、异丙醇含量之和≥10%（质量分数）的产品

续表

检验项目	单位	限值	备注
羟基酸			适用于宣称含α-羟基酸或虽不宣称含α-羟基酸，但其总量≥3%（质量分数）的产品
酒石酸	%（质量分数）	总量≤6	
乙醇酸	%（质量分数）		
苹果酸	%（质量分数）		
乳酸	%（质量分数）		
柠檬酸	%（质量分数）		
去屑剂			适用于宣称去屑用途的产品
水杨酸	%（质量分数）	≤3	
酮康唑	%（质量分数）	不得检出	
氯咪巴唑	%（质量分数）	≤0.5	
吡罗克酮乙醇胺盐	%（质量分数）	≤1 或 0.5	
防晒剂			适用于防晒类特殊用途化妆品和防晒剂（二氧化钛和氧化锌除外）含量≥0.5%（质量分数）的其他产品
苯基苯并咪唑磺酸	%（质量分数）	≤8（以酸计）	
二苯酮-4（二苯酮-5）	%（质量分数）	≤5（以酸计）	
对氨基苯甲酸	%（质量分数）	≤5	
二苯酮-3	%（质量分数）	≤10	
p-甲氧基肉桂酸异戊酯	%（质量分数）	≤10	
4-甲基苄亚基樟脑	%（质量分数）	≤4	
PABA 乙基己酯	%（质量分数）	≤8	
丁基甲氧基二苯酰基甲烷	%（质量分数）	≤5	
奥克立林	%（质量分数）	≤10（以酸计）	
甲氧基肉桂酸乙基己酯	%（质量分数）	≤10	
水杨酸乙基己酯	%（质量分数）	≤5	
胡莫柳酯	%（质量分数）	≤10	
乙基己基三嗪酮	%（质量分数）	≤5	
亚甲基双苯并三唑基四甲基丁基酚	%（质量分数）	≤10	
双乙基己氧苯酚甲氧苯基三嗪	%（质量分数）	≤10	
甲醛	mg/kg	≤2000	适用于除臭特殊用途化妆品
氢醌	mg/kg	不得检出	适用于祛斑类特殊用途化妆品
苯酚	mg/kg	不得检出	
氮芥	mg/kg	不得检出	适用于育发类、美乳类、健美类特殊用途化妆品
斑蝥素	mg/kg	≤1104	
巯基乙酸	%（质量分数）	≤8 或≤11	适用于烫发类特殊用途化妆品
		≤5	适用于脱毛类特殊用途化妆品
pH 值	—	7～9.5	适用于烫发类特殊用途化妆品Ⅰ剂
		7～12.7	适用于脱毛类特殊用途化妆品
		—	适用于祛斑类特殊用途化妆品、宣称含α-羟基酸或虽不宣称含α-羟基酸但总量≥3%（质量分数）的产品，以及烫发类特殊用途化妆品Ⅱ剂

续表

检验项目	单位	限值	备注
性激素			适用于育发类、美乳类、健美类特殊用途化妆品
雌酮	mg/kg	不得检出	
雌三醇	mg/kg	不得检出	
己烯雌酚	mg/kg	不得检出	
雌二醇	mg/kg	不得检出	
睾丸酮	mg/kg	不得检出	
甲基睾丸酮	mg/kg	不得检出	
黄体酮	mg/kg	不得检出	
染发剂			适用于染发类特殊用途化妆品
p-苯二胺	%(质量分数)	≤6	
p-氨基苯酚	%(质量分数)	≤1	
氢醌	%(质量分数)	≤0.3	
m-氨基苯酚	%(质量分数)	≤2	
甲苯-2,5-二胺	%(质量分数)	≤10	
间苯二酚	%(质量分数)	≤5	
邻苯二胺	%(质量分数)	不得检出	
p-甲基氨基苯酚	%(质量分数)	≤3	
抗生素			适用于宣称祛痘、除螨、抗粉刺等用途的产品
盐酸美满霉素	mg/kg	不得检出	
二水土霉素	mg/kg	不得检出	
盐酸四环素	mg/kg	不得检出	
盐酸金霉素	mg/kg	不得检出	
盐酸多西环素	mg/kg	不得检出	
氯霉素	mg/kg	不得检出	
甲硝唑	mg/kg	不得检出	
抗 UVA 能力参数——临界波长	nm	≥370	适用于宣称广谱防晒用途的产品

(四)化妆品安全性检验样品与时限要求

1. 检验样品的要求

非特殊用途化妆品和特殊用途化妆品检验样品数量要求分别见表 5-27、表 5-28。

表 5-27 非特殊用途化妆品检验样品数量①

检验项目	化妆品类别							样品独立包装净含量/g
	发用类	护肤类	彩妆类			指(趾)甲类	芳香类	
			一般彩妆品	眼部彩妆品	护唇及唇部彩妆品			
微生物检验	2	2	2	2	2	2	2	>8
卫生化学检验②	2	2	2	2	2	2	2	>10
急性皮肤刺激性试验	1					1	1	>10

续表

检验项目	化妆品类别							样品独立包装净含量/g
	发用类	护肤类	彩妆类			指(趾)甲类	芳香类	
			一般彩妆品	眼部彩妆品	护唇及唇部彩妆品			
急性眼刺激性试验	1	1		1				>5
多次皮肤刺激性试验		2	2	2	2			>25
留样	3	3	3	3	3	3	3	>10
共计	9	10	9	10	9	8	8	

① 样品独立包装净含量应满足检验项目要求，否则应增加样品数量，直到总量满足要求。

② 需测定甲醇、α-羟基酸指标时应分别增加 2 个样品；测定 pH 值时应增加 1 个样品。

表 5-28 特殊用途化妆品检验样品数量①

检验项目	化妆品类别									样品独立包装净含量/g
	育发类	染发类	烫发类	脱毛类	美乳类	健美类	除臭类	祛斑类	防晒类	
微生物检验	2				2	2		2	2	>8
卫生化学检验②	6	4	4	4	4	4	4	4	4	>10
抗 UVA 能力(仪器测定法)③										>10
急性皮肤刺激性试验			1							>10
急性眼刺激性试验	1	1	1							>5
多次皮肤刺激性试验	2				2	2	2	2	2	>25
皮肤变态反应试验	2	2	2	2	2	2	2	2	2	>25
皮肤光毒性试验	1							1	1	>25
鼠伤寒沙门氏菌回复突变试验	1	1			1	1				>25
体外哺乳动物细胞染色体畸变试验	1	1			1	1				>25
人体皮肤斑贴试验							2	2	2	>25
人体试用试验安全性评价	a④			4	a④	a④				>25
防晒效果人体试验⑤									4	>25
留样	4	4	4	4	4	4	4	4	4	>25
共计	20	13	12	14	16	16	14	17	21	

① 样品独立包装净含量应满足检验项目要求，否则应增加样品数量，直到总量满足要求。如果只承担特殊用途化妆品检验项目中的一部分，应根据实际检验项目减少检验样品数量。

② 需测定甲醇、α-羟基酸指标时应分别增加 2 个样品；测定 pH 值时应增加 1 个样品。

③ 宣称广谱防晒的化妆品应加测抗 UVA 能力（仪器测定法），并增加 2 个样品。

④ a 表示 30 人 1 个月用量。

⑤ 表中所列样品数量为防晒类化妆品测定防晒指数（SPF 值）所需样品数量；标签上标识“防水防汗”“适合游泳等户外活动”等内容时，需要测定防水性能，并增加 4 个样品；标签上标识或宣传 UVA 防护效果或广谱防晒效果，并标注 PFA 值或 PA+～PA+++时，需要测定长波紫外线防护指数（PFA 值），并增加 4 个样品。

2. 检验时限的要求

化妆品检验时限是从正式受理样品之日至出具检验报告之日的时限。检验机构受理样品时应将出具报告日期及相关事宜通知检验申请单位。特殊情况（例如检验期内含长假）下，由检验机构与检验申请单位协商确定检验时限，并事先通知检验申请单位。检验机构应向检验申请单位公布检验时限。

（1）单项指标检验时限见表5-29。

表5-29 单项指标检验时限

检验项目		检验时限/d
微生物检验		25
卫生化学检验		25
pH值测定		7
抗UVA能力(仪器测定法)		25
毒理学试验	急性眼刺激性试验	35
	急性皮肤刺激性试验	25
	多次皮肤刺激性试验	50
	皮肤变态反应试验	60
	皮肤光毒性试验	40
	鼠伤寒沙门氏菌回复突变试验	60
	体外哺乳动物细胞染色体畸变试验	60
人体评价	人体皮肤斑贴试验	25
	脱毛类人体试用试验安全性评价	25
	育发类人体试用试验安全性评价	120
	美乳类人体试用试验安全性评价	120
	健美类人体试用试验安全性评价	120
	防晒效果人体试验SPF值测定	60
	防晒效果人体试验防水性能测定	60
	防晒效果人体试验长波紫外线防护指数测定	60

（2）非特殊用途化妆品检验时限见表5-30。

表5-30 非特殊用途化妆品检验时限①

化妆品类别		检验时限/d
发用类	一般发用产品	35
	易触及眼睛的发用产品	35
护肤类	一般护肤产品	60
	易触及眼睛的护肤产品	60

续表

化妆品类别		检验时限/d
彩妆类	一般彩妆品	60
	眼部彩妆品	60
	护唇及唇部彩妆品	60
指(趾)甲类		25
芳香类		25

① 因 pH≤3.5 而需要进行人体试用试验安全性评价的检验时限未计在内。

(3) 特殊用途化妆品检验时限见表 5-31。

表 5-31　特殊用途化妆品检验时限①

化妆品类别	检验时限/d	化妆品类别	检验时限/d
育发类	150	健美类	150
染发类	80	除臭类	80
烫发类	60	祛斑类	80
脱毛类	80	防晒类①	140
美乳类	150		

① 防晒效果人体试验防水性能测定和长波紫外线防护指数测定时限未计在内。

思考题

1. 我国化妆品安全性评价程序和方法是什么?
2. 人体试用试验的基本原则是什么?如何确保化妆品人体试验的科学性?
3. 化妆品新原料需要经过哪些毒理学实验项目才能安全使用?
4. 染发类产品上市前需要经过哪些安全实验项目的检验?
5. 洗发水上市前需要经过哪些毒理学实验项目的检验?
6. 动物替代实验的“3R”原则是什么?
7. 人体斑贴实验在化妆品应用中有什么作用?
8. LD_{50}是什么?毒理学试验方法有哪些?

第六章　化妆品（原料）安全性风险评估

化妆品的安全是由原料的安全性决定的，既要考虑原料的含量和浓度，也要考虑化妆品类别、使用方法、使用量、使用频率、和人体接触部位、皮肤面积等。

第一节　化妆品安全性风险评估程序与管理

一、风险评估基本程序

风险评估由危害识别（hazard identification，也称危害性的鉴别）、剂量-反应关系评估（dose-response assessment，也称危害特征描述）、暴露评估（exposure assessment）和风险表征（risk characterization，也称风险特征描述）四个步骤组成（图 6-1）。

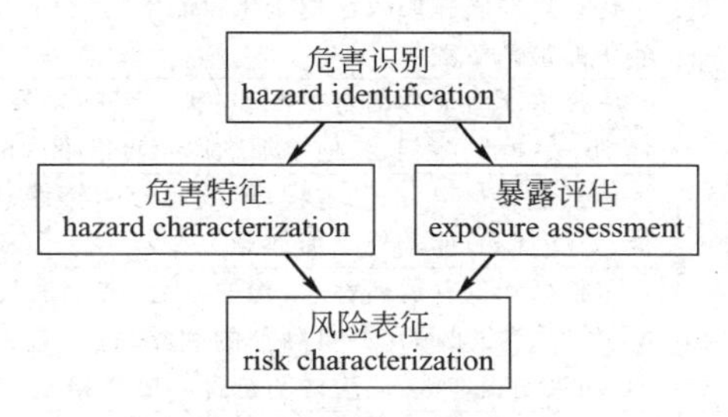

图 6-1　风险评估四步骤

（一）危害识别

危害识别或危害性的鉴别是风险评估的定性阶段。危害识别的目的是鉴定一种产品或物质的内在或固有毒性。通常，人体使用化妆品的安全性风险评估是通过考虑化妆品中的各个成分的“危害性”来评价的。

危害识别过程的第一步是从理解化妆品成分的物理和化学特性开始，这些成分包括潜在的杂质和降解产物。这些信息预示着可能会出现的危险或毒性，可以帮助避免额外的危害试验。如视黄醇，因为是维生素 A 的类似物，被认为具有与维生素 A 同样的一般性毒理特性。尽管许多天然成分的理化性质并不是很清楚，但鉴别受试物的理化性质还是相当重要的。

根据待评估化妆品原料的理化性质、毒理学试验数据、人体安全性试验资料、QSAR 资料及人群流行病学资料，判定该原料对人体健康产生危害的潜力。

1. 理化性质资料

化妆品成分的理化性质可预测其毒理学性质，故被认为是关键信息（表 6-1）。

比如，小分子疏水化合物比大分子亲水化合物更易透过皮肤，挥发性强的化合物涂抹皮肤时可致明显的吸入暴露。理化性质也与组成成分的物理性危害（如爆炸、可燃）相一致。

表 6-1　化妆品成分的理化性质资料

项目	具体内容
原料的名称	包括通用名、别名、商品名、INCI 名、CAS 号或 EINCES 号等
原料的物理性状	如固体、液体、挥发性气体，以及其颜色、气味、熔点、沸点、燃点等
化学结构式、分子式及相对分子质量	对于不能确定其结构式的原料，应提供充分的制备方法和制备过程中所用物质以得到该化合物可能的结果和特性
纯度	应明确原料的纯度以及纯度测定的方法。如原料中含有杂质或残留物，应提供原料中所含有的杂质/残留物的浓度或含量或提供原料的质量控制要求
溶解性	水溶性、脂溶性以及溶剂种类等
脂水分配系数	$\lg P_{ow}$
其他理化性质	如相对密度、闪点、pK 值等；对于紫外线吸收剂还应提供紫外线吸收的波长及紫外吸收光谱
原料拟在化妆品中应用情况相关资料	包括该原料拟用或已用于化妆品中的使用目的或功效、化妆品中拟或已使用的最高浓度等
复配原料相关资料	应提供所有成分的含量配比资料，包括主要成分、防腐剂、抗氧化剂、螯合剂、缓冲剂、溶剂、其他添加剂以及可能带入的污染物等
矿物来源原料相关资料	包括起始材料，加工过程，组成成分的特性、物理和化学规格，微生物数量，防腐剂和/或其他添加剂等
植物来源的原料相关资料	包括植物的普通名称，植物的学名（属名和种名），原料使用的植物的部位（如叶、花、果等），原料制剂的种类（提取液、汁、油等），加工和纯化过程等，如果是提取液，还应说明包含的溶剂和有效成分的含量
动物来源原料相关资料	包括来源动物的名称，原料所使用动物的器官或部位、加工过程，所含溶剂和稀释液等
生物工程来源原料相关资料	应提供制备过程，所用微生物的种类、毒性，及可能产生的毒素或污染等

这些资料既源于资料库、发表文献，也来源于内部经验及原料供应商的资料、构效关系的结构变化资料，还包括同类化合物的相关资料，等等。

2. 毒理学资料

危害识别的绝大多数毒理学数据来自动物试验，试验方法采用国际认可的标准试验方法。危害识别用来理解化妆品成分可能呈现的各种潜在危害，这些危害包括不同的安全终点范围以及与产品暴露相关的局部耐受性。

需要指出的是，除皮肤腐蚀、皮肤吸收、光毒性和体外致突变性试验外，目前多数方法仍需使用试验动物。但在动物福利的压力下，随着科学技术的进步，越来越多的体外试验方法被开发和验证，以往只能通过动物体内试验才能获得试验数据的方法，逐渐被无需活体动物的体外试验方法或组合试验方法所替代。更加符合人道主义和更加科学合理的组合式或阶梯式的方法应用于化妆品的风险评估过程中。

用于化妆品原料和终产品危害识别的毒理学试验资料见表6-2。

表6-2 危害识别的毒理学试验资料

项目	具体内容
急性毒性试验资料	包括急性经口和/或经皮和/或吸入毒性试验资料等。可根据原料的用途及可能的暴露途径提供相应毒性资料
刺激性/腐蚀性试验资料	包括一次性皮肤刺激性/腐蚀性试验和/或多次皮肤刺激性/腐蚀性试验、急性眼刺激性/腐蚀性试验等
皮肤变态反应试验资料	包括局部封闭涂皮试验或豚鼠最大值试验资料，也可提供小鼠局部淋巴结试验资料
致突变试验资料	至少应包括一项基因突变试验和一项染色体畸变试验资料
重复染毒试验资料	包括28d或90d或24个月经口或经皮重复染毒试验资料等。可根据原料的用途及可能的暴露途径提供相应毒性资料
发育及生殖毒性资料	包括致畸试验、两代生殖毒性试验等
致癌性试验资料	如长期暴露后对组织和靶器官所产生的功能和/或器质性改变或发生肿瘤的类型、部位、发生率等的慢性毒性/致癌性综合试验资料
光诱导的毒性资料	如紫外线照射后产生的光毒性试验、光致敏性试验资料等
透皮吸收试验资料	应提供原料的透皮吸收试验资料。对于聚合物，如果其相对分子质量超过1000，该部分资料可免于提供
毒物代谢动力学试验资料	必要时应提供原料的毒物代谢动力学试验资料
其他毒理学试验资料	必要时可提供其他有助于表明原料毒性的毒理学试验资料，如QSAR资料等

3. 人体安全性资料

化妆品是与人体皮肤直接接触的产品，很容易发生皮肤致敏，曾经有过因为致敏而使某一品牌从市场消失的先例。因此，最直接的危害识别就是评价化妆品对皮肤是否具有致敏性。可通过临床试验、人群数据调查、相似化学结构推测方式和大量证据方法获得相应安全数据。

化妆品上市前的人体志愿者资料和上市后的人群不良反应资料对于化妆品安全检验和品质监控都是必要的。化妆品可能引起的局部反应包括刺激、过敏性接触性皮炎、接触性荨麻疹和紫外线诱发的副作用等。人体志愿者测试还可以用于化妆品的皮肤适应性或相容性评估，以证实化妆品用于皮肤或黏膜是无害的。

人体安全性试验资料包括人体斑贴试验、人体试用试验资料等。

人群流行病学资料包括人群流行病学调查、人群监测以及临床不良事件报告、事故报告等相关资料。

4. 危害识别的判定

① 主要根据原料的毒理学试验结果来判定，确定该原料的主要毒性特征及程度。

② 根据所提供的化妆品原料的人群流行病学调查、人群监测以及临床不良事件报告等相关资料，判定该原料可能对人体产生的危害效应。

③ 根据原料的结构特征、生物学特性或根据原料的定量构效关系（QSAR），利用计算机辅助系统对该原料的毒性特点，包括急性和慢性毒性、刺激性、致敏性、致突变性、致癌性等进行预测。

④ 在对原料的危害识别进行判定时，还应考虑到原料的纯度和稳定性、其可能与化妆品终产品中其他组分发生的反应以及透皮吸收的能力等，同时还应考虑到原料中的杂质或生产过程中不可避免带入原料中的成分的毒性等。

⑤ 对于复合性原料，应对其中所有组分的危害效应进行识别。

5. 智能测试策略

智能测试策略（intelligent/integrated testing strategy，ITS）是人们对大量化学品进行危害评价和风险评估过程中发展起来的一种优化的获取缺口数据的策略，主要目的是为了避免大量的动物测试，降低数据获取的成本，以及加快评价的进程。

通常，智能测试策略由以下六部分组成：

① 化学品分类和数据借读；

② 定量构效关系；

③ 毒理学关注阈值；

④ 基于暴露信息的豁免；

⑤ 体外试验方法；

⑥ 优化的体内试验方法。

简而言之，智能测试策略可以分为两类：使用试验方法获得数据以及使用非试验方法获得数据。

（二）剂量-反应关系评估

剂量-反应关系评估用于确定原料或化妆品中可能存在的安全性风险物质的毒性反应与暴露剂量之间的关系，也称危害特性描述，是危险性评估的定量阶段。目的是通过理解已鉴别的潜在的危害性，建立一个人体可接受的暴露量。

毒理学的一个根本原则是每一种物质在特定剂量水平和暴露途径条件下都可能是有害的，正是剂量把有害作用和有益作用区别开来。一种成分在不同试验条件下可能有数种有害作用。基于风险评估的目的，引起有害作用的最低剂量被认为是关键终点和关键研究。

1. 相关专业术语

定量结构-活性关系（quantitative structure-activity relationship），是用数学和统计学手段定量研究化学物的分子结构与其生物活性之间的关系。ECB/ECVAM对定量构效关系（QSAR）的研究已开发了3000多个软件等待验证。

基准剂量（benchmark dose，简称BMD）是在基线水平基础上，引起特定外加风险发生的剂量95%可信限的下限值，可利用PROAST和BMDS等软件获得。

实际安全剂量（virtual safe dose，简称VSD）又称可接受危险性剂量，为无阈值的致癌物引起致癌率低于可忽略不计的或可接受的危险性的剂量水平。

可接受风险度指为社会公认并能为公众接受的不良健康效应的风险概率，通常为 10^{-6}，可因时间、地点、条件和公众的接受能力而不同。

T_{25}指在对自发突变进行校正后，某种动物某部位有25%的试验动物发生肿瘤的剂量。可由慢性毒性/致癌性试验得出。

阈剂量是指化学物开始产生毒效应的剂量，低于阈剂量时效应不发生，达到阈剂量时效应将发生。

未观察到有害作用的最高剂量水平（no observed adverse effect level，简称NOAEL），指在规定的暴露条件下，通过实验和观察，一种物质不引起机体可检测到的有害作用的最高剂量或浓度。

观察到有害作用的最低剂量水平（lowest observed adverse effect level，简称LOAEL）指在规定的暴露条件下，通过实验和观察，一种物质引起机体损害的最低剂量或浓度。

有阈值化合物指已知或假设在一定的暴露剂量以下，对动物或人不发生有害作用的化合物，包括非致癌物和非遗传毒性的致癌物。

无阈值化合物指遗传毒性的致癌物，是已知或假设其作用是无阈的，即大于零的所有剂量都可以诱导出致癌反应的化合物。这两种化合物的剂量-反应关系评估采取以下不同的方式进行。

2. 有阈值化妆品原料的剂量-反应关系评估

① 确定原料的NOAEL值。根据重复染毒试验结果，确定该原料未见毒副作用的剂量（NOAEL）。

② 如重复染毒性试验未确定该原料的未见毒副作用的最高剂量（NOAEL），也可以通过确定其可见毒副作用的最低剂量（LOAEL）或基准剂量（BMD）进行剂量-反应关系评估。

③ 未观察到有害作用的剂量水平NOAEL是重复剂量毒性试验（如28d、90d大鼠、小鼠、兔或狗毒性试验、慢性毒性试验、致癌试验、致畸试验、生殖毒性试验等）的一项结果，是指未观察到与染毒处理有关的有害作用的最高剂量。在计算安全边际时，为了考虑最敏感的种属以及在最低剂量可能出现的相关作用，使用NOAEL的最低值，以mg/[kg(体重)·d] 表示。

④ 观察到有害作用的最低剂量水平LOAEL是长期毒性试验（如28d、90d大鼠、小鼠、兔或狗毒性试验、慢性毒性试验、致癌试验、致畸试验、生殖毒性试验等）的一项结果，是指观察到有害作用的最低剂量。计算安全边际时，当不具有NOAEL时，使用LOAEL的最低值，以mg/[kg(体重)·d] 表示。

⑤ NOAEL试验的替代方法是所谓的基准剂量法（BMD），这种方法是基于在可观测范围内，建立适当的实验数据的数学模型，由此估计使某种效应增加到一个特定反应水平的剂量，一般选择发生率高出对照5%或10%的剂量。

经过统计求得 NOAEL 或 LOAEL，以此作为后续风险特征描述和暴露评估的依据。但是这两个数据是实验时所测得的两个具体剂量，而不是理论上的真正用量，而且试验获得的数据本身就有很大的不确定性。

3. 无阈值化妆品原料的剂量-反应关系评估

对于无阈值化妆品原料的致癌性，可通过剂量描述参数 T_{25} 的确定来进行剂量-反应关系评估。

对于无阈值的致癌物，应确定暴露量与实际安全剂量（VSD）之间的差异，可根据试验数据用合适的剂量-反应关系外推模型来确定该物质的实际安全剂量（VSD）。

（三）暴露评估

暴露评估是化妆品总体风险评估的限定性因素，指通过对化妆品原料或化妆品中可能存在的安全性风险物质暴露于人体（包括可能的高危人群，如儿童、孕妇等）的部位、强度、频率以及持续时间等的评估，确定其暴露水平，可以根据化妆品使用面积或化妆品使用量来计算。

1. 暴露评估应考虑的影响因素

化妆品的安全性评价与化妆品的使用方法有很大关系。大多数情况下，化妆品的暴露局限于接触的皮肤部位，而相当部分的原材料的皮肤透过性是十分有限的，在暴露评价时除了产品类型、形式和功能外，还需要分析消费者行为数据（表 6-3），这些数据来源于习惯或者经验。

表 6-3　暴露评价时应考虑的有关事项

暴露评价	举例	暴露评价	举例
剂量	体重(mg/kg)和表面积(mg/cm^2)	持续时间	间断使用或每日重复使用
暴露频率	间隔使用抑或每天使用、每天使用的次数	浓度	原料百分比
暴露量	每次使用量及使用总量	皮肤透过性	用于全身剂量的计算
暴露途径	经皮、经口、吸入	产品类型	如洗发香波与护肤霜剂相比
暴露对象	婴幼儿、儿童、孕妇、哺乳期妇女	产品形态	如气溶胶与洗剂或乳剂相比
使用部位	如腋下与全身使用相比;皮肤或黏膜相比	功能	如治疗粉刺、粉底功能相比
其他因素	误用或意外情况下的暴露		

2. 全身暴露量的计算

全身暴露量（systemic exposure dosage，SED），即化妆品组成成分经口或被皮肤吸收，估算每天每千克体重进入血液的量，以 mg/[kg(体重)·d] 或 mg/(kg·d) 表示。人的平均体重被视为 60kg。

由于大部分化妆品是局部给予的，全身利用度在很大程度上取决于化合物的经皮吸收百分率。估算评价成分的全身生物利用度需知道每种产品类型在皮肤上的终产品使用量、皮肤表面积等数值。

通常模拟人体正常暴露的体外试验的给予量：固体为 1～5mg/cm²，液体可达 10μL/cm²。但氧化型染发剂通常是给予 20mg/cm²，持续 30～45min。经验表明，在体外试验中使用量少于 2mg/cm² 在技术上是不可行的，而化妆品的实际使用量通常不超过 1mg/cm²，因此，体外试验用量超过实际使用量，如果使用试验剂量所获得的经皮吸收百分率来计算 SED，可能就高估了全身暴露量。

受试物的经皮吸收结果有两种计算方式：

① 根据化妆品原料的使用面积，按以下公式计算：

$$SED=\frac{DA_a \times 10^{-3} \times SSA \cdot FR}{60}$$

式中 SED——全身暴露量，mg/(kg·d)；

DA_a——经皮吸收量，μg/cm²；

SSA——暴露于化妆品的皮肤表面积，cm²，其估计值见表 6-4；

F——化妆品使用频次，d^{-1}，估计值参见表 6-5；

R——驻留系数，这是由于考虑到化妆品使用于湿的皮肤或头发上致使化妆品被冲洗或稀释，仅有少部分残留在皮肤上而设的残留比例；

60——默认的人体体重，kg。

若使用次数不同于实际的标准使用范围，则应采用相应调整的 SED。

表 6-4 各种化妆品平均皮肤暴露面积估计值

化妆品种类	相关表面积(RIVM)		EPA 估算的相应表面积/cm²
	表面积/cm²	参考使用部位	
护发类			
香波	1440	双手面积+1/2 头部面积	1430
头发调理剂	1440	双手面积+1/2 头部面积	1430
发用喷剂	565	1/2 头部面积(女性)	555
定型啫喱	1010	1/2 双手面积+1/2 头部面积	1010
定型摩丝	1010	1/2 头部面积	1010
头发喷染产品	580	1/2 头部面积	590
永久性染发剂	580	1/2 头部面积	590
头发漂白剂	580	1/2 头部面积	590
头发永久性洗剂	580	1/2 头部面积	590
头发固定洗液	580	1/2 头部面积	590
沐浴类			
液体洗手皂	860	双手面积	840
固体洗手皂	860	双手面积	840
液体沐浴皂	17500	全躯体面积	19400

续表

化妆品种类	相关表面积(RIVM)		EPA 估算的相应表面积/cm^2
	表面积/cm^2	参考使用部位	
固体沐浴皂	17500	全躯体面积	19400
泡沫浴产品	16340	躯体面积+头部面积	
浴盐	16340	躯体面积+头部面积	
浴油	16340	躯体面积+头部面积	
护肤类			
面霜	565	1/2 头部面积(女性)	555
护体液	15670	躯体面积+头部面积(女性)	
护手霜	860	双手面积	840
去皮/擦洗胶	565	1/2 头部面积	555
面部套装	565	1/2 头部面积	555
护体套装	15670	躯体面积+头部面积(女性)	
皮肤美白霜	565	1/2 头部面积	555
彩妆品和指甲护理产品			
面部彩妆品	565	1/2 头部面积(女性)	555
面部卸妆品	565	1/2 头部面积(女性)	555
眼影	24		
染眉产品	1.6		
眼线	3.2		
卸眼妆产品	50		
指甲抛光	4		
指甲抛光卸除	11		
除臭类			
除臭棒/滚子	100		
除臭喷剂	100		
足部护理			
足部抑汗霜	1170	双脚面积	1120
足部抗真菌霜	1170	双脚面积	1120
香水类			
化妆香水	200		
香水喷剂	100		
男士化妆品			
剃须膏	305	1/4 头部面积(男性)	325
须后水	775	1/4 头部面积+1/2 双手面积(男性)	820

续表

化妆品种类	相关表面积(RIVM)		EPA估算的相应表面积/cm^2
	表面积/cm^2	参考使用部位	
防晒化妆品			
防晒液	17500	全身面积	19400
防晒霜	17500	全身面积	19400
身体护理			
护体霜	189		
护体油	189		
护体粉	189		
多用途类			
脱毛霜	5530	双腿面积(女性)	5460
按摩精油	16340	全身面积+头部面积	
沐浴精油	16340	全身面积+头部面积	
儿童绘脸颜料	475	1/2儿童头部面积(4.5岁儿童)	496
成人绘脸颜料	580	1/2头部面积(男性)	650

表6-5 化妆品日暴露量估算值

种类	化妆品使用量	使用频率	驻留因子	日暴露量估算
护发类				
香波	8.0g	1次/d	0.01	0.08g/d
头发调理剂	14.0g	0.28次/d	0.01	0.04g/d
头发定型产品	5.0g	2次/d	0.1	1.00g/d
永久性染发剂	100mL	1次/月(30min)	0.1	使用频率太低，无法计算
半永久性染发剂(和液体)	35mL	1次/周(20min)	0.1	使用频率太低，无法计算
洗浴类				
淋浴啫喱	5.0g	2次/d	0.01	0.1g/d
护肤类				
面霜	0.8g	2次/d	1.0	1.6g/d
常见护肤体霜类	1.2g	2次/d	1.0	2.4g/d
护肤沐浴液	8.0g	1次/d	1.0	8.0g/d
彩妆类和指甲修护类				
卸妆产品	2.5g	2次/d	0.1	0.5g/d
眼妆品	0.01g	2次/d	1.0	0.02g/d
睫毛膏	0.025g	1次/d	1.0	0.025g/d

续表

种类	化妆品使用量	使用频率	驻留因子	日暴露量估算
眼线膏	0.005g	1次/d	1.0	0.005g/d
唇膏类	0.01g	4次/d	1.0	0.04g/d
除臭类				
除臭棒/滚子	0.5g	1次/d	1.0	0.5g/d
防晒化妆品				
防晒乳液				18g/d

注：1. 驻留因子是SCCP根据不同类型产品的使用方式考虑产品使用时是否被冲洗和因使用在湿露的皮肤毛发上而被稀释而给出的估算。

2. 防腐剂按17.79g/d计。

② 根据化妆品原料的使用量，按下式计算：

$$SED=\frac{A\times 1000C/100\times DA_P/100}{60}$$

式中　SED——全身暴露量，mg/(kg·d)；

A——化妆品每天使用量，g/d，其估计值见表6-5；

C——原料在化妆品中的浓度，%；

DA_P——经皮吸收率，%，在无完整动物透皮吸收数据时，以100%计；

60——默认的人体体重，kg。

有些化妆品不是每天使用而是间断使用，用每月使用一次的暴露量与每天染毒所获得的NOAEL进行比较，显然高估了风险，因此，SCCS认为，应该基于个案情况，考虑欲评价物质的一般毒理学概貌、毒代动力学特性和使用目的等来决定计算MoS值。

（四）风险特征描述

在危害识别、剂量-反应评价和暴露评估的基础上，综合分析化妆品（原料）对人体健康产生不良作用的可能性及其损害程度，同时应当描述和解释风险评估过程中的不确定性，进而确定所使用的特定成分和配方是否存在足够的安全边际。

典型的风险特征描述步骤是将暴露评估、危害识别的信息整合为适用于决策或风险管理的建议。

有阈值的化合物和无阈值的化合物应采用不同的风险表征方法进行描述。

1. 有阈值化妆品原料的风险表征

(1) 对于有阈值的化合物，可以通过计算其安全系数（margin of safety，MoS）进行评估，即从合适的试验得到的实验性NOAEL除以可能的全身暴露量。

计算公式如下：

$$MoS=\frac{NOAEL}{SED}$$

式中　MoS——安全系数；

NOAEL——未见毒副作用的最高剂量；

SED——全身暴露量，mg/(kg·d)。

如不能获得 NOAEL 值，也可以用 LOAEL 或 BMD 值代替，但用 LOAEL 值时应增加相应的不确定系数。

(2) 风险性的判定原则。

通常情况下，化妆品原料的 MoS 应大于 100，可以认为这个物质可被安全使用。但在评估致敏性风险时，其增加至 300，对于局部刺激效应，应根据相应的刺激指数进行判定。

如化妆品原料的 MoS<100，则认为其具有一定的风险性，对其使用的安全性应予以关注。

2. 无阈值化妆品原料的风险表征

对于无阈值的化妆品原料，可通过计算其终生致癌风险度（lifetime cancer risk）进行风险程度的评估，计算步骤及公式如下：

① 首先按照以下公式将动物试验获得的 T_{25} 转换成人 T_{25}（HT_{25}）：

$$HT_{25}=\frac{T_{25}}{[BW(人)/BW(动物)]^{0.25}}$$

式中 T_{25}——诱发 25%检验动物出现癌症的剂量；

HT_{25}——由 T_{25} 转换的人 T_{25}；

BW——体重。

② 根据计算得出的 HT_{25} 以及暴露量按以下公式计算终生致癌风险：

$$LCR=\frac{SED}{4HT_{25}}$$

式中 LCR——终生致癌风险；

SED——终生每日暴露平均剂量，mg/(kg·d)。

③ 风险性的判定原则。

如果该原料的终生致癌风险度少于 10^{-6}，则认为其引起癌症的风险性较低，可以安全使用。

如果该原料的终生致癌风险度大于 10^{-6}，则认为其引起癌症的风险性较高，应对其使用的安全性予以关注。

二、化妆品原料的风险评估

化妆品是由多种成分复合而成的，部分成分可以透过皮肤或黏膜进入血液中，成分的安全性在很大程度上决定了最终产品的安全性。从科学的角度出发，任何化学成分的安全性都是相对的，即使是水，如果不恰当的使用也有可能对人体造成伤害。因此，化妆品的安全性与化妆品中各种成分的相互作用以及使用量、使用方式、使用部位密切相关。

（一）化妆品原料风险评估报告

虽然目前我国还没有法规硬性要求对化妆品原料进行风险评估，但中国化妆品法规相关部门正逐渐重视化妆品原料的安全性监管。中国疾控中心环境与健康相关产品安全所发布的《化妆品原料风险评估技术指南》适用于化妆品原料和化妆品终产品中由原料或生产过程中带入的杂质的风险评估，要求应对评估过程和评估结果进行描述，并以报告的形式呈现。

一份完整的化妆品中的安全性风险物质评估应该包括：原料的理化性质及应用情况的描述、其可能引起的健康损害效应、暴露情况的分析、风险评估结果的分析等，必要时可提出适宜的风险控制措施和建议，以供风险管理机构在制定政策或做出相应决定时参考（见表 6-6）。

表 6-6　我国化妆品原料风险评估报告体例

化妆品原料风险评估报告
题目：××××××××风险评估报告 申请单位：×××××××× 申请日期：××××年××月××日 评估单位：×××××××× 评估日期：××××年××月××日
评估摘要：
原料特性描述： 名称：化学名： 通用名： 商品名： INCI 名： CAS 号： EINCES 号： 分子式及结构式： 性状： 溶解性： 稳定性： pH 值： 分配系数： 纯度： 杂质及含量： 其他： 使用目的或功效： 使用浓度：
风险评估过程： 危害识别： 剂量-反应关系： 暴露评估： 风险表征： 风险评估结果的分析：包括对风险评估过程中资料的完整性、可靠性、科学性的分析，数据不确定性的分析等。 风险控制措施或建议： 特殊说明： 参考文献：

（二）化妆品原料安全通用要求

《化妆品安全技术规范（修订中）》对化妆品原料安全一般要求、技术要求、包装存储要求及标签要求等方面做出了相关规定，见表 6-7。

表 6-7 《化妆品安全技术规范（修订中）》中对化妆品原料安全通用要求

项目	要求
安全	化妆品原料在正常以及合理使用条件下，不得对人体健康产生危害
	化妆品原料及其来源、组成、加工技术或方法应符合国家有关法律、法规的规定
	化妆品中禁用物质、一般限用物质和允许使用的特定物质应符合本规范附录二的规定
原料技术	内容包括化妆品原料名称、登记号、使用目的、适用范围、规格（纯度或含量）、检测方法（原料的定性和定量检测方法、杂质的检测方法）、可能存在的安全性风险物质及其控制措施等内容
	对于本规范附录已收载化妆品用原料技术要求的原料，在化妆品生产时应遵守其相关要求
	化妆品原料质量安全要求应符合国家相应规定，并与生产工艺和检测技术所达到的水平相适应
包装储存	化妆品原料包装所用材料应当安全，直接接触原料的容器材料应当无毒，不得与原料发生化学反应，不得迁移或释放对人体产生危害的有毒有害物质
	对有温度、相对湿度或其他特殊要求的化妆品原料应按规定条件储存
	化妆品原料包装破损后的处置应符合国家有关规定和相关要求，保证原料使用的质量安全
标签	应标明原料基本信息（包括原料标准中文名称、INCI 名称、CAS 号、商品名、EINECS 号、分子式或结构式，天然原料还应提供拉丁学名）、生产商名称、纯度或含量、生产批号或生产日期、保质期等中文标识
	属于危险化学品的化妆品原料，其标识应符合国家有关部门的规定
	进口的化妆品原料应当加贴相应的中文标签
其他	动植物来源的化妆品原料应明确其来源、使用部位等信息
	动物脏器组织及血液制品或提取物的化妆品原料，应明确其来源、质量规格，不得使用未在原产国获准使用的此类原料
	使用化妆品新原料应符合国家有关规定

三、化妆品终产品的风险评估

（一）化妆品中可能存在的安全性风险物质

1. 杂质与污染物

杂质是指在物质或原料中存在的很小量的成分，来源于原料本身或者制备过程，可能是化学合成的或在正常储存条件下在产品内部发生的相互反应产物，也可能是从包装材料迁移至产品中的，还有可能是产品不稳定状态下与最终包装容器接触时引起化学变化的产物。

污染物是指不是有意加入到产品中去的物质。

2. 化妆品中可能存在的安全性风险物质

在国家食品药品监督管理局组织制定的《化妆品中可能存在的安全性风险物质风险评估指南》中，化妆品中可能存在的安全性风险物质（SRSs）是指由化妆品原料带入、生产过程中产生或带入的，可能对人体健康造成潜在危害的物质，一般是指不希望存在的微量杂质和（或）污染物，包括不允许添加但可能被企业违法添加到化妆品中去的禁用成分，像重金属物质汞、铅、砷，有毒有害物质石棉、甲醇、二噁烷，以及《化妆品卫生规范》（2007年版）规定的1208种禁用组分和78种禁用植物来源原料等；或者国内外官方/权威机构的相关规定、文献等提及的风险物质；此外还有未列入以上清单，但是企业知晓的对人体可能造成危害的风险物质如农药残留等。

化妆品生产企业不仅要掌握原料的性能、规格，选择可靠诚信的原料供应商，选用符合规定的原料；更应注意原料的实际质量，原料不纯无法保障产品质量，如常用的脂肪酸二链烷醇酰胺及三链烷醇胺中的杂质二链烷醇胺，往往是引起皮肤不良反应的主要原因；同时要关注生产容器和包装材料的卫生质量，如合成塑料中含有的聚合物单体、稳定剂、增塑剂、色料，不锈钢容器的某些杂质，都可能引发化妆品质量问题，影响化妆品的卫生安全。

（二）关键管理原则

任何化妆品风险评估的目标都是要确保消费者使用是安全的，无论是在指导下使用，还是在合理可预见的错误使用条件下使用。化妆品生产企业、经销商和（或）进口商在化妆品终产品安全性评价中必须考虑可能存在的安全性风险物质的安全性问题，应根据产品实际使用情况对化妆品中可能存在的安全性风险物质和化妆品原料在化妆品中最大允许使用浓度进行必要的安全性风险评估分析，以保证产品在正常以及合理的、可预见的使用条件下，不会对人体健康产生安全危害。

ICCR建议的关键管理原则如下：

① 考虑配方中所有成分，通过分析原材料的质量规格和检验报告以及原材料供应商问卷等充分了解产品中所使用原材料的来源（如合成的、天然的或其他来源）、组成、杂质等情况，评定是否可能带入安全性风险物质。

② 分析生产过程（如合成途径、提取过程、溶剂等），鉴定是否可能产生或带入可能的风险物质。

③ 对于已经鉴别出来的微量杂质和（或）污染物应该进行相关毒理学评价，确定其对消费者的危害性大小。

④ 确定允许少量存在的微量杂质和（或）污染物在不同类别化妆品产品中的最合适的安全水平，如最大可接受暴露水平，并根据消费者使用习惯等制定安全限值。由于消费者使用和暴露的不同，对于不同产品类别的微量杂质和（或）污染物的安全限值可能不同，可以按不同组别（如淋洗类、驻留类、气溶胶类）等进行制定。

⑤ 确定风险物质在产品的可能含量是否超出安全限量，是否需要对所关注的物质采取管理措施进行控制。

⑥ 每一个企业都应该确保产品中微量杂质和（或）污染物低于认可的安全限

值，并符合相应法规的要求，而且，“尽可能低到合理的可达到的水平”。

（三）化妆品终产品的安全通用要求

化妆品使用的原料安全必须符合通用的要求，如果技术上无法避免禁用物质作为杂质带入化妆品时，则化妆品成品必须符合《化妆品卫生标准》和《化妆品卫生规范》（2007 年版）规定对化妆品的一般要求，即“在正常及合理的、可预见的使用条件下，化妆品不得对人体健康产生危害”。

例如天然放射性物质和人为环境污染带来的放射性物质未列入限制之内，但这些放射性物质的含量不得在化妆品生产过程中增加，而且也不得超过为保障工人健康和保证公众免受射线损害而设定的基本界限。化妆品终产品必须使用安全，不得对施用部位产生明显刺激和损伤且无感染性，通用要求见表 6-8、表 6-9。

表 6-8 《化妆品安全技术规范（修订中）》对化妆品终产品的安全通用要求

项目	要求
安全	在正常以及合理的、可预见的使用条件下，化妆品应当保证使用安全，不得对人体健康产生危害
	化妆品研发过程中应进行安全性风险评估
	化妆品应有相应的产品质量安全控制要求，检验合格后方可出厂
配方	根据化妆品的剂型、功能和性质来确定化妆品的组方；不得使用本规范中所列的化妆品禁用物质； 若技术上无法避免禁用物质作为杂质带入化妆品时，则化妆品应当符合安全要求
	如属于本规范附录二一般限用物质表中所列的限用物质，使用要求应符合相关规定
	所用防腐剂、防晒剂、着色剂、染发剂应是本规范附录二允许使用的着色剂表中所列物质，使用要求应符合相关规定
有害物质限量	结合化妆品安全风险检测和安全性风险评估情况，参考国外有关法规要求，对产品中铅、砷的残留限量进行了调整，并增加了二噁烷和石棉的限值要求，见表 6-9
包装材料	直接接触化妆品的容器材料应当使用安全，不得含有或释放可能对使用者造成伤害的有毒物质； 凡化妆品中所用原料在本规范附录内容中对包装材料有要求的，则直接接触化妆品的容器材料也应符合相应的规定
命名	化妆品命名应简明、易懂，符合中文语言习惯； 化妆品命名不得误导、欺骗消费者
标签	化妆品标签内容应真实科学、清晰完整、易于辨认和阅读
	化妆品标签不得标注适应证，不得宣传疗效，不得使用医疗术语，不得欺骗和误导消费者
	凡化妆品中所用原料按照本规范要求需在标签上标印使用条件和注意事项的，应按相应要求标注
	化妆品标签应标注生产日期和保质期或生产批号和限期使用日期
	凡涉及国家有关法律法规和规章标准要求，或根据化妆品特点需要安全警示用语的，应在标签中予以标注
特殊用途化妆品	应符合化妆品一般要求中的规定；符合相关理化、微生物学、毒理学和人体安全性等试验项目的要求；应有相应的产品功效性评价资料
非特殊用途化妆品	应符合化妆品一般要求中的规定；应符合相关理化、微生物学、毒理学等试验项目的要求

续表

项目	要　　求
特定人群用化妆品	应从产品配方、生产工艺、质量安全控制等方面保证产品的安全性，应在标签中明确适用对象，不得宣称专为孕妇、哺乳期妇女等特定人群使用
	儿童(含婴幼儿)化妆品还应在标签上标注"适用于儿童(含婴幼儿)，应当在成人监护下使用"等警示用语
出口化妆品	应符合进口国家(地区)产品质量安全控制标准和要求；拟同时在我国境内销售的，应符合相关要求

表 6-9　化妆品中有害物质限量要求

物质名称	限量/(mg/kg)		备注
	化妆品卫生规范(2007 年版)	化妆品安全技术规范(报送稿)	
汞	1	1	含允许使用的有机汞防腐剂的眼部化妆品除外
铅	40	10	—
砷	10	2	—
镉	—	5	
甲醇	2000	2000	—
二噁烷	—	30	—
石棉	—	不得检出	—

四、《化妆品中可能存在的安全性风险物质风险评估指南》

(一)行政许可对安全性风险评估资料的要求

根据我国行政法规要求，在首次申报行政许可的国产或进口特殊用途化妆品和进口非特殊用途化妆品备案的技术审评中，应提交产品中可能存在安全性风险物质的有关安全性评估资料。但对于我国化妆品相关规定中已有限量值的物质，不需要提供相关的风险评估资料；国外权威机构已建立相关限量值或已有相关评价结论的，申请人可以提供相应的安全性评价报告等资料，不需要另行开展风险评估。

有关安全性风险评估资料应根据化妆品使用原料及产品特性提出，并包括下列内容：

① 化妆品中可能存在的安全性风险物质（包括原料中带入的、生产过程中产生的物质）的来源及概述，包括物质名称、理化特性、生物学特性等。

② 化妆品（或原料）中可能存在的安全性风险物质的含量及其相应的检测方法，并提供相应资料。

③ 国内外法规或文献中关于可能存在的安全性风险物质在化妆品和原料以及

食品、水、空气等介质（如果有）中的限量水平或含量的简要综述。

④ 毒理学相关资料。化妆品中可能存在的安全性风险物质的毒理学资料简述，至少包括是否被国际癌症研究机构（IARC）纳入致癌物；参照现行《化妆品卫生规范》毒理学试验方法总则的要求，提供相应的毒理学资料摘要；根据可能存在的安全性风险物质的特性，可增加或减少某些相应项目的资料。

⑤ 风险评估应遵循风险评估基本程序（危害识别、剂量-反应关系评估、暴露评估、风险特征描述），结合申报产品的特点进行。风险评估报告应包括具体评估内容及其结论。

⑥ 配方中含有植物来源原料的，对于仅经机械加工后直接使用的植物原料，应当说明可能含有农药残留的情况；对于除机械加工外，需经进一步提取加工的植物来源原料，必要时，也应说明可能含有农药残留的情况。

⑦ 在现有技术条件下，能够降低产品中可能存在的安全性风险物质含量的有关技术资料，必要时提交工艺改进的措施。

上述风险评估的相关参考文献和资料包括申请人的试验资料或科学文献资料，其中包括国内外官方网站、国际组织网站发布的内容。

（二）评估资料的提交形式

申请人可按以下两种形式提交化妆品中可能存在的安全性风险物质评估资料。

① 申请人通过危害识别，原料不带入、化妆品生产过程中不产生且不带入、产品中不含可能存在的安全性风险物质的，可以提交相应的承诺书，承诺“所申请的产品不含安全性风险物质，不会对人体健康造成危害”。承诺书应当陈述申请人对产品进行危害识别的分析过程及简述相关理由。

② 经危害识别后申请人认为产品中含有可能存在的安全性风险物质的，则应当提交所申请产品中可能存在安全性风险物质的风险评估报告并附包括毒理学在内的相关资料。可分三种情况提交相应的风险评估资料，另用原料规格或检测报告作证明资料。

第一种情况是经识别含有《化妆品卫生规范》中有规定限量的安全风险物质，如铅、汞、砷、甲醇等。应提交能够证明虽含有安全风险物质，但在法规规定的限量下，能够保证人体安全性的资料。

第二种情况是经识别含有《化妆品卫生规范》中无规定限量的安全风险物质，如苯酚等，应提交国外法规或权威证明，在一定的限量下能够保证人体安全性的资料；并且能提供在该限量下的证明资料。

第三种情况是经识别含有《化妆品卫生规范》中无规定限量的安全风险物质，且无任何法规或权威资料证明其安全性，所有原料经识别后，需提交整套完整的安全风险评价资料。

（三）化妆品安全性承诺书示例

1. 范例：产品安全性承诺书

产品安全性承诺

产品中文名称：×××

本产品生产企业按照《化妆品中可能存在的安全性风险物质风险评估指南》的要求，对化妆品原料带入、生产过程中产生或带入的风险物质进行了危害识别分析（见附件），并提供了《化妆品中安全性风险物质危害识别表》（见附件），表明本产品不存在危害人体健康的安全性风险物质。如有不实之处，本企业承担相应的法律责任，对由此造成的一切后果负责。

附件1：化妆品中安全性风险物质危害识别表
附件2：危害识别分析

生产企业（签章）　　　　　　　　　　　　　法定代表人签字

年　月　日

附件1：化妆品中安全性风险物质危害识别表

产品中文名称：×××

原料序号	原料标准中文名称	是否可能存在的安全性风险物质	备注
1	水	×	
2	水 椰油酰胺丙基甜菜碱 苯甲酸钠	×	
3	月桂醇聚醚硫酸酯钠 水	√（二噁烷）	危害识别分析参见附件
4	水 月桂酰两性基乙酸钠	×	
5	PEG-150二硬脂酸酯	√（二噁烷）	危害识别分析参见附件
6	柠檬酸	×	
7	苯甲酸钠	×	符合《化妆品卫生规范》限用防腐剂表规定限量要求
8	（日用）香精	×	
9	*p*-茴香酸	×	
10	CI 42090	√（铅、汞、砷）	符合《化妆品卫生规范》限用着色剂表规定限量要求，危害识别分析参见附件

注：1. 危害识别表应有产品名称，进口产品应有中文（译）名；

2. 原料序号和原料标准中文名称与申报产品配方相一致；

3. 以复配形式申报的原料，填写一个评价结论；

4. 如某种原料不含安全性风险物质的，则在表格的相应位置中打“×”表示，含有安全性风险物质的打“√”；

5. 相关附件在备注栏中予以说明。

附件 2：危害识别分析

1. 二噁烷

——根据分析，配方中可能含有二噁烷杂质的原料有：3、5 号原料。

——原料中可能含有二噁烷的危害识别通过以下对成品中二噁烷的分析进行。

——本产品在上海市疾病预防控制中心检测成品中二噁烷含量的检测结果为＜2.5mg/kg。

终产品中二噁烷的危害评估

——根据国家食品药品监督管理局关于化妆品中二噁烷限量值的公告(第 4 号)，化妆品中二噁烷限量值暂定为不超过 30mg/kg。

——根据检测结果，实际上成品中二噁烷含量为＜2.5mg/kg，远低于国家食品药品监督管理局公告暂定的二噁烷限量值 30mg/kg。可以认为产品中二噁烷在目前的水平下，产品是安全的，不会由此给产品的使用带来可预见的安全风险。

2. 铅、砷、汞

——根据分析，配方中可能含有铅、砷、汞杂质的原料有：危害识别表中序号为 10 号的原料。

——上述原料中可能含有的铅、砷、汞的危害识别将通过以下成品中的铅、砷、汞杂质含量分析进行完成。

——本产品在上海市疾病预防控制中心的检测结果(见附件《经省级食品药品监督管理部门指定的检验机构出具的检验报告及相关资料》)如下表所示。

终产品中铅、汞、砷的危害评估

杂质	产品检测结果	《化妆品卫生规范》(2007 版)总则中表 1 对化妆品中有毒物质限量的要求	评估结果
铅	＜5mg/kg(方法检出限：5mg/kg)	≤40mg/kg	符合要求
汞	0.030mg/kg(方法检出限：0.020mg/kg)	≤1mg/kg	符合要求
砷	＜0.4mg/kg(方法检出限：0.4mg/kg)	≤10mg/kg	符合要求

——鉴于产品中非常低的铅、砷、汞含量，远低于中国《化妆品卫生规范》中对化妆品中铅、砷、汞的限量值，可以认为不会由此给产品的使用带来可预见的安全风险。

2. 范例：化妆品中安全性风险物质危害识别表

范例：化妆品中安全性风险物质危害识别表

序号	原料标准中文名称	是否可能存在的安全性风险物质	备注
1	水	×	经识别不含安全性风险物质
2	双丙甘醇	×	经识别不含安全性风险物质
3	乙醇	√(甲醇)	甲醇残留量符合《化妆品卫生规范》(2007 年版)的要求，详见乙醇的原料规格
4	丁二醇	×	经识别不含安全性风险物质
5	聚二甲基硅氧烷	×	经识别不含安全性风险物质
6	矿油	×	矿油 CAS. 8042-47-5 经识别不含安全性风险物质
	生育酚(维生素 E)		

续表

序号	原料标准中文名称	是否可能存在的安全性风险物质	备注
7	甘油聚醚-26	×	经识别不含安全性风险物质
8	日本川芎（CNIDIUM OFFICINALE）根水	√（二噁烷、苯酚）	二噁烷残留量符合国家食品药品监督管理局于2010年7月6日发布的《国家食品药品监督管理局通报化妆品含二噁烷有关情况》中提出的“二噁烷的理想限值是30mg/kg，含量不超过100mg/kg时，在毒理学上是可以接受的”这一结论。详见产品检测报告。 苯酚残留量符合《化妆品卫生规范》（2007年版）的要求，详见产品检测报告。 经识别不含其他安全性风险物质
	丁二醇		
	苯氧乙醇		
9	山嵛醇	×	经识别不含安全性风险物质
10	氢化油菜籽油甘油酯类	×	经识别不含安全性风险物质

（四）安全审评原则

对于申请人提交承诺书的，应对产品中是否含有与《化妆品卫生规范》规定的禁用物质等相关的可能存在的安全性风险物质及其依据进行审评。对于申请人提交风险评估资料的，应对其完整性、可靠性、合理性、科学性和数据不确定性进行审评。

经审评认为承诺书存在问题的，审评专家应根据化妆品监管相关规定提出具体意见及其相关依据。申请人应当在规定的时限内提供不含可能存在的安全性风险物质的依据或相应的风险评估资料。

随着科学认识的发展，国家食品药品监督管理局可对已经批准或备案的化妆品中可能存在的安全性风险物质有关的风险评估资料进行再审评。

第二节　化妆品原料的安全性风险与评估

目前世界上大约有万余种化学物质可作为化妆品的原料，除原料本身具有一定的毒性和刺激性之外，在加工的过程中，还可能产生新的有毒物质。另外，化妆品中还有相当一部分辅助添加剂，如防腐剂、香料、生化制剂、草药添加剂等，它们的加入一方面改善了化妆品的性能和用途，另一方面，也增加了化妆品的毒副作用。

一、常用基质原料的安全风险

（一）油性原料的安全风险

理想的油性原料应是无色液体或者是白色固体，而且要求无臭且不易氧化。

油脂和蜡类物质刺激性与其化学结构如碳原子数、基团等有关。十四碳的脂肪族化合物刺激性最强，相对来说刺激性弱的为芝麻油、花生油、蓖麻油、茶油、橄榄油、杏仁油、可可脂、大豆磷脂、猪油、液体石蜡、角鲨烷、凡士林等。表 6-10为化妆品中常用油性原料的安全风险。

表 6-10 化妆品中常用油性原料的安全风险

原料	特性	安全风险
天然植物油性原料	来源于植物油脂，与皮肤相容性好，容易被皮肤吸收，营养价值高	不饱和键很容易氧化而发生酸败变质，产生低级脂肪酸、醛、过氧化物等，不仅发出异味，可能使化妆品变色，影响化妆品的质量，还会刺激皮肤，引起炎症
动物油性原料	色泽、气味等比植物油脂略差，需要加入香精掩盖	
矿物油性原料	以石油、煤为原料加工精制而成，来源丰富，性能稳定，价格便宜，但不易被皮肤吸收，较难清洗，一般常与动植物来源油脂调配使用	长期使用矿物油会造成毛孔粗大，皮脂腺分泌紊乱，阻止营养物质的吸收；还会吸附空气中的灰尘，导致汗腺口和毛囊口被堵塞，造成细菌繁殖，引起毛囊炎、痤疮等，还可能出现黑皮和皱纹
合成油性原料	综合动植物油脂与矿物油脂优点，用途很广泛，再结合各种高级脂肪酸(醇)使用，可赋予产品特殊性能	在储存过程中受温度、湿度、空气、阳光、微生物等作用的影响而变质，对皮肤产生刺激性和过敏性
聚乙二醇	高分子	对皮肤有明显的刺激作用，如果进入体内还能导致肝脏、肾脏损伤
凡士林	封闭性	质量不好的凡士林含卤素物质，容易引起痤疮
石蜡	阻隔皮肤水分蒸发	精致石蜡油属于比较温和的物质，危害性较小，但粗制的石蜡油则是致癌物质
羊毛脂	价格较贵、气味特殊	有潜在变态反应性
硅油	不油腻、基本无味	较少引发过敏及痤疮

（二）粉体原料的安全风险

1. 粉体原料的常见风险

粉体原料主要用于制造香粉类化妆品，长期使用这类化妆品可能堵塞人体皮肤毛孔，造成皮肤粗糙，因此对它的安全性有较高的要求。

理想的粉体原料要求粉质均匀细腻，无杂质及黑点，对皮肤安全无刺激，且具有较好的配伍性。

由于粉体原料，如钛白粉、滑石粉、氧化锌、高岭土等，一般都来自天然矿物，故应严格控制其所含有毒物质铅、砷等不得超过《化妆品卫生规范》中规定的限量。另外，需要用到滑石粉时，还要控制石棉的残留量。

2. 滑石粉中石棉的安全风险

(1) 滑石粉的性质特点　滑石粉的主要成分是含水的硅酸镁，外观为白色粉状固体，是滑石矿石经机械加工磨成一定细度的粉体产品，广泛应用于粉状化妆品中。滑石粉具有润滑、吸收、填充、抗结块、遮光等功能，广泛应用于各种润肤粉、美容粉、痱子粉、香粉、爽身粉、面膜、胭脂、眼影、唇膏和剃须膏等化妆品中，尤其常用在一些3岁以下儿童用的粉状产品（如爽身粉、痱子粉）配方中，滑石粉的添加量可达90%以上。

化妆品一般不会添加石棉，我国在婴幼儿爽身粉检测出的石棉来源于原料滑石粉。因为滑石是矿物质中的一种，与含有石棉成分的蛇纹岩共同埋藏在地下，因此，滑石粉中可能含有石棉成分。化妆品级滑石粉中滑石粉含量大于98%，医药级滑石粉中滑石粉含量大于99%，可能含有的石棉则被作为杂质带入到化妆品中。

（2）石棉的危害　石棉分为天然石棉和人造石棉，是由二氧化硅与钾、铝、铁、镁和钙等元素以不同组合形式组成的硅酸盐。石棉有抗拉性强、不易断裂、耐火、隔热、耐酸碱和绝缘性等特点，被广泛地应用于建筑材料、电器制品、汽车等行业。石棉的类型见表6-11。

表6-11　石棉的类型

中文名称	英文名称	化学分类号
温石棉	chrysotile	12001-29-5/132207-32-0
透闪石石棉	tremotile	77536-68-6
阳起石石棉	actinolite	77536-66-4
直闪石石棉	anthophyllite	77536-67-5
青石棉	crocidolite	12001-28-4
铁石棉	amosite	12172-73-5

石棉最大危害来自于它极其微小的纤维被吸入和经口摄入后进入人体内，但石棉不可能经皮肤吸收。石棉的毒性作用取决于累积剂量、接触时间、石棉纤维的物理和化学性质。吸入或经气管滴注的石棉可在动物诱发肺纤维化，长期吸入石棉粉尘可引起人体出现以肺部弥漫性纤维化改变为主的疾病，称为石棉沉着病（旧称石棉肺）。人群流行病学表明，与石棉有关的疾病症状，往往会有很长的潜伏期，可能在暴露于石棉10～40年才出现。国际癌症研究机构IARC指出，所有种类的石棉均为明确的人类致癌物，易导致石棉沉着病、间皮瘤、肺癌、喉癌和卵巢癌等。中国、欧盟、韩国、东南亚等国家和地区都将石棉列入化妆品禁用成分（表6-12）。

表6-12　石棉的禁用规定

依据	石棉类型	限值规定/(mg/kg)	备注
《化妆品卫生规范》	序号250，CAS：12001-28-4	石棉为化妆品禁用组分	
欧盟化妆品指令	编号762，CAS号为12001-28-4	石棉为化妆品禁用组分	
化妆品原料数据库	编号762，包括阳起石石棉、铁石棉、直闪石石棉、温石棉、透闪石石棉、青石棉、石棉纤维(asbestos fibers，CAS：1332-21-4)	石棉为化妆品禁用组分	以上成分未在欧盟官方杂志中公布

续表

依据	石棉类型	限值规定/(mg/kg)	备注
国际卫生组织的国际癌症研究机构(IARC)	阳起石石棉、铁石棉、直闪石石棉、青石棉、透闪石石棉和温石棉	石棉为一类致癌物质，即对人体有致癌性	
	含有石棉的天然矿物，如滑石	对人体具有致癌性	

(3) 滑石粉中杂质石棉的安全性评价及管理规定　有充分证据显示，含石棉纤维的滑石粉为明确的人类致癌物，可引起肺癌和间皮瘤；含石棉纤维的滑石粉的动物致癌性和不含石棉纤维的滑石粉的吸入致癌性证据不足。但是，有限的证据表明，妇女外阴部使用不含石棉纤维的滑石粉与患卵巢肿瘤的风险增加有关。

鉴于此，我国、美国、欧盟等均要求作为化妆品原料的滑石粉中不得含有石棉。目前，我国《化妆品卫生规范》（2007 年版）的表 2 中规定青石棉为禁用组分，没有对化妆品中的滑石粉使用限量做出要求，但要求含有滑石粉原料用于三岁以下儿童使用的粉状化妆品中要备注：应使粉末远离儿童的鼻和口。

国家食品药品监督管理局发布了粉状化妆品及其原料中石棉的暂定测定方法，并要求凡申请特殊用途化妆品卫生行政许可或非特殊用途化妆品备案的产品，其配方中含有滑石粉原料的，申报单位在产品申报或备案时，应提交具有计量认证资质的检测机构出具的该产品中石棉杂质的检测报告。

（三）溶剂的安全风险

1. 常用溶剂的安全风险

水是化妆品原料中价格低廉且性能优良的溶剂，常用的溶剂还包括乙醇、苯等，涉及产品有香水、花露水、发胶、摩丝、指甲油等，常用溶剂的安全风险见表 6-13。

表 6-13　常用溶剂的安全风险

原料	特性	安全风险
水	去离子水，且不允许有微生物的存在	微生物可能使化妆品产生变色，氧化，产品变稀甚至分层；使透明类化妆品透明度降低，甚至变浑浊，也可使洗发液等产品变稀，甚至发生沉淀。而铁、铜等离子可以加速化妆品氧化，使产品变色及变味等
乙醇	注意级别和纯度	无毒但对皮肤具有一定的刺激性，可能引起某些消费者过敏。工业乙醇中含有甲醇
乙酸乙酯	储存时应该远离火源	对黏膜的刺激强，能引起角膜浑浊，具有麻醉作用；易燃易爆，储存时应该远离火源
二甲苯	储存时应该远离火源	有毒性，对皮肤和黏膜的刺激性较大，可能引起某些消费者过敏，而且易燃易爆
丙酮	储存时应该远离火源	影响神经系统。对眼、鼻、喉有刺激性，对中枢神经系统有麻醉作用，重者发生呕吐甚至昏迷，皮肤长期反复接触可致皮炎，用于清洁甲板的有机溶剂如丙酮造成甲损害
甲醇	储存时应该远离火源	具有明显的麻醉作用，长期使用甲醇含量超标的化妆品，甲醇就会渗入皮肤，可引起神经萎缩，对皮肤造成损伤

续表

原料	特性	安全风险
甲苯	用于指甲油	会损及神经系统，可能致癌。释出的甲苯的咪唑衍生物是引起化妆品过敏的物质之一
丙二醇	黏滞度较小	刺激性与毒性亦较低，在化妆品中可与甘油合用，或代替甘油作为保湿原料，还可作为色素、香精的溶剂

2. 乙醇的安全风险

乙醇可作为化妆品中的溶剂，应用领域很广，且在香水类产品中浓度较大，国际多个相关机构（如：OECD，IARC，CIR 等）都对乙醇的安全性进行过评价。

（1）乙醇的基本性质　俗称酒精，常用作化妆品溶剂、消泡剂、收敛剂等，以谷物、薯类、糖蜜或其他可使用农作物为原料经发酵、蒸馏精制而成，常可食用。

（2）乙醇的毒理学资料　乙醇是许多食物的天然成分，天然存在于人体内。世界卫生组织（WHO）推荐的乙醇每日可接受摄入量（ADI）为 7g。美国 FDA 将乙醇归为通常认为是安全的（GRAS）可直接食用的物质。经皮吸收率低（2.3%），几乎无毒，无诱变性；不致敏，有眼刺激性，在化妆品中的使用是安全的。

（3）乙醇中可能存在的安全性风险物质及限量要求见表 6-14。

表 6-14　乙醇中可能存在的安全性风险物质及限量要求

项目	甲醇①	乙醛③
可能来源	制备乙醇的中间产物	乙醛是乙醇制备过程中产生的杂质，乙醇制备工艺不同，所产生乙醛的情况也不尽相同
毒理学资料	甲醇有中度的皮肤刺激性和眼刺激性，在体内氧化和排泄均缓慢，有明显蓄积；在神经细胞和某些器官产生毒作用；甲醇代谢转化为甲醛、甲酸，引起酸中毒；不能完全排除甲醇有致突变的可能性	乙醛经皮吸收率为 5%，在高浓度下有皮肤刺激性和眼刺激性，有致敏性、致突变性和致畸性的报道
国际上限量要求	美国 CIR 规定甲醇作为乙醇的变性剂的最大允许使用浓度为 5%	世界卫生组织（WHO）规定乙醛每日可接受摄入量为 0～2.5mg/kg
我国限量要求	《化妆品卫生规范》规定为禁用组分，在化妆品中甲醇不得超过 2000mg/kg。将乙醇中甲醇的限量要求定为≤0.2%（mL/mL）（以 95.0%浓度计）②	众多实验中暴露途径多与化妆品施用途径不符，以及人体内源性代谢生成乙醛的因素，现有文献中大部分实验结果难以证明乙醛通过化妆品施用途径对人体产生的危害

① 国际多个相关机构（如 OECD，CIR 等）都对甲醇的安全性进行过评价。

② 不同浓度的乙醇应按浓度比例进行换算后对比。

③ 国际多个相关机构（如 SCCNFP，EPA）都对乙醛的安全性进行过评价。

（四）表面活性剂的安全风险

1. 常用表面活性剂的危害

离子型表面活性剂对皮肤具有较明显的脱脂作用。其中，阳离子表面活性剂有较高毒性，阴离子居中，非离子和两性普遍较低，比较安全。

阴离子型表面活性剂月桂基硫酸盐有刺激性，常引发皮肤干燥；烷基苯磺酸钠有一定毒性，动物试验表明它可以引起小鼠死亡。一些含有这类物质的洗涤用品可以使人手部产生湿疹。特别是那些用作消毒杀菌剂的季铵盐类表面活性剂，刺激消化道，影响动物健康发育。

各类表面活性剂被长期应用或高浓度使用，均可出现皮肤或黏膜损害，使皮肤变粗糙，不仅会损伤皮脂膜和表皮层，甚至基底细胞也会受到损伤，见表 6-15。

表 6-15　表面活性剂的皮肤不良反应

阶段	皮肤不良反应
1	引起红肿、干燥或粗糙化，越来越暗哑
2	角质层变薄，甚至出现大面积的缺损和空洞
3	皮肤变得十分脆弱，任何轻微的刺激都有可能导致严重的敏感反应
4	变薄的皮肤透明度自然增加，于是红血丝逐渐外露
5	渗透到皮肤的深层，将皮肤内脂质水解分离导致基质失去原有功能
6	皮肤内水分重新成为游离状态，大量丧失
7	细胞周围的内环境紊乱，皮肤出现更严重的问题……

目前对表面活性剂的选取原则逐渐趋向于首先满足保护皮肤、毛发的正常、健康状态，在对人体产生尽可能少的毒副作用的前提条件下，才考虑如何发挥其最佳功效。

2. 月桂醇聚醚硫酸酯钠的安全风险与管理

(1) 月桂醇聚醚硫酸酯钠安全性评价资料　月桂醇聚醚硫酸酯钠具有去污、润湿、发泡、增溶、黏度调节等作用，广泛用于化妆品中，特别是香波、浴液、洗手液、洁面乳等清洁产品。月桂醇聚醚硫酸酯钠理化性质见表 6-16。

表 6-16　月桂醇聚醚硫酸酯钠理化性质资料

项目	具体内容
原料的名称	月桂醇聚醚硫酸酯钠
INCI 名称	SODIUM LAURETH SULFATE
化学系统命名法名称	sodium 2-(2-dodecyloxyethoxy)ethyl sulphate;2-(2-十二烷氧基乙氧基)乙基硫酸钠
CAS 登记号	1335-72-4;3088-31-1;9004-82-4(generic)
常见俗名	乙氧基化烷基硫酸钠、聚氧乙烯醚月桂醇硫酸酯钠、聚氧化乙烯十二烷基醚硫酸钠、脂肪醇聚氧乙烯醚硫酸钠
常见缩写	SLES(sodium lauryl ether sulfate)
化学通式	$CH_3(CH_2)_{11}(OCH_2CH_2)_nOSO_3Na$

美国化妆品原料评估（CIR）专家组对包括月桂醇聚醚硫酸酯钠在内的系列乙

氧基化烷基硫酸盐（AES）的安全性进行评估，认为月桂醇聚醚硫酸酯钠在化妆品和个人护理产品中使用是安全的，在包括急性经口毒性、亚慢性和慢性经口毒性、生殖和发育毒性、致癌性和光敏研究的毒性试验中均未表现出不良反应。乙氧基化烷基硫酸盐有可能产生皮肤刺激，但如果化妆品配方合理，很少看到刺激性。

我国现没有化妆品中月桂醇聚醚硫酸酯钠的使用限量要求。

（2）月桂醇聚醚硫酸酯钠中二噁烷限量要求　月桂醇聚醚硫酸酯钠是以环氧乙烷和月桂醇为原料生产制得的，在合成过程中，环氧乙烷基团会裂解生成微量的二噁烷残留物，这是目前技术上不可避免的。

监测数据显示，原料中的二噁烷含量差别较大，最高含量曾达到928mg/kg，最低含量＜2mg/kg，但未发现有原料中二噁烷残留与相应化妆品产品中二噁烷检测关联的研究。以目前的资料看，世界各国的法规规章均未对化妆品原料月桂醇聚醚硫酸酯钠或相关原料中的二噁烷含量做出限量规定，甚至对化妆品中的二噁烷残留限量也没有明确的说明。

3. 椰油酰胺丙基甜菜碱的安全风险与管理

椰油酰胺丙基甜菜碱是一种刺激性较小的两性离子表面活性剂，可作为抗静电剂、头发调理剂、皮肤调理剂、清洁剂、稳泡剂以及黏度调节剂等使用，广泛用于化妆品中。

（1）椰油酰胺丙基甜菜碱理化性质　椰油酰胺丙基甜菜碱理化性质见表6-17。

表6-17　椰油酰胺丙基甜菜碱理化性质资料

项目	具体内容
原料的名称	椰油酰胺丙基甜菜碱
INCI名称	COCAMIDOPROPYL BETAINE
化学系统命名法名称	椰油酰胺丙基二甲胺乙内酯
CAS登记号	61789-40-0;83138-08-3;86438-79-1
常见别名	椰子油脂肪酰胺丙基二甲基氨基醋酸甜菜碱
常见缩写	CAPB(cocamidopropyl betaine)
结构式	$R-C(=O)-NH-(CH_2)_3-N^+(CH_3)_2-CH_2-COO^-$ 其中R为$C_8 \sim C_{18}$的烷基或烯烃基
性状及理化常数	无色或浅黄色透明液体，几乎无气味，溶于水、乙醇和异丙醇，不溶于矿物油。本品由椰油制备得来，为多种脂肪酰胺丙基甜菜碱的混合物，以月桂酰胺丙基甜菜碱为主。市场产品多为水溶液，相对密度1.05，活性物（椰油酰胺丙基甜菜碱）含量多为28%～32%

（2）椰油酰胺丙基甜菜碱毒理学资料　美国CIR安全性评价认为椰油酰胺丙

基甜菜碱是一种比较温和的两性离子表面活性剂。

急性经口毒性白鼠 LD_{50} 为 4.9g/kg（活性物含量 30%），短期（28d）重复毒性试验未发现病变现象（活性物含量 30%），亚慢性经口毒性研究经计算 NOAEL 值为 250mg/(kg·d)，皮肤刺激性中经单面封闭斑贴进行皮肤刺激试验分析有轻度水肿（活性物含量 10%），眼刺激试验中在未冲洗给药眼出现轻微结膜发炎（活性物含量 4.5%），没有致突变性的资料，有产生轻微迟发性接触过敏（活性物含量 3.0%）的报道。虽然缺少经皮吸收的相关资料，但其相对分子质量较大，可以认为椰油酰胺丙基甜菜碱难于被人体吸收。

OECD 的评价中也称，椰油酰胺丙基甜菜碱的经口毒性低，刺激性小，没有资料证明具有遗传毒性，没有致癌性研究的资料。有动物试验的致敏性资料，但结果不甚清晰，认为是由其中的杂质所造成的，而椰油酰胺丙基甜菜碱本身不具有致敏的作用。

(3) 化妆品中椰油酰胺丙基甜菜碱使用限量要求　《化妆品卫生规范》中没有椰油酰胺丙基甜菜碱在化妆品中的使用限量要求。美国 CIR 对椰油酰胺丙基甜菜碱的安全性评价报告的结论为："在目前情况下淋洗类产品中所使用的椰油酰胺丙基甜菜碱是安全的。非淋洗类化妆品配方中使用椰油酰胺丙基甜菜碱的最大活度不应超过 3.0%。后者表示为 30%活性物含量椰油酰胺丙基甜菜碱的 10%（体积分数）稀释液。"

(4) 椰油酰胺丙基甜菜碱中椰油酰胺丙基二甲胺的限制要求　椰油酰胺丙基二甲胺是合成椰油酰胺丙基甜菜碱的中间产物，CIR 评价资料讨论中称，椰油酰胺丙基二甲胺的残留是影响椰油酰胺丙基甜菜碱过敏性的主要因素。2010 年 CIR 通过定量风险评估（QRA）分析表明椰油酰胺丙基二甲胺含量为 0.5%的椰油酰胺丙基甜菜碱在应用于化妆品产品时，可能会在部分产品中（如：腋下除臭剂）引起皮肤刺激性反应。

(5) 椰油酰胺丙基甜菜碱中单氯乙酸的安全风险　单氯乙酸是合成椰油酰胺丙基甜菜碱的原料，是常用的化工原料和中间体，从已知的化工资料可知，吸入高浓度单氯乙酸会造成急性中毒，几小时后即可出现心、肺等多器官及中枢神经的损害。其酸雾可致眼部刺激症状和角膜灼伤。氯乙酸液或粉尘直接接触皮肤可出现红、肿、水疮，伴有剧痛，水疱吸收后出现过度角化，经数次脱皮后痊愈。具有腐蚀性、刺激性，可致人体灼伤。

通过检索相关资料，未检索到 CIR 以及其他相应机构对单氯乙酸在椰油酰胺丙基甜菜碱中安全性的评估资料。《脂肪酰胺丙基二甲基甜菜碱》（QB/T 4082—2010）行业标准中对椰油酰胺丙基甜菜碱中单氯乙酸明确了限量规定。

(6) 椰油酰胺丙基甜菜碱中亚硝胺类的安全风险　CIR 评价资料讨论内容中提及，椰油酰胺丙基甜菜碱是季铵类化合物，本身不会与亚硝基化体系反应生成亚硝胺类化合物，但为避免椰油酰胺丙基甜菜碱中可能存在的仲胺类物质与亚硝基化体系反应生成亚硝胺类物质，因此禁止椰油酰胺丙基甜菜碱和亚硝基化体系一同使用，以降低对人体健康产生危害的潜在风险。但在CIR正式结论中并未进行限制规定。

考虑到亚硝胺为《化妆品卫生规范》规定的禁用组分，有潜在的致癌性风险，也是国际上比较关注的安全风险性物质。因此，若椰油酰胺丙基甜菜碱与亚硝基化体系一同使用，应对配方进行必要的安全性风险评估分析。

二、常用辅助原料的安全风险

（一）香精香料的安全风险

从临床效果来看，大部分香精香料对皮肤和黏膜有一定的刺激，易引起皮肤瘙痒、神经性皮炎等。香料蒸气对人眼睛、鼻黏膜及皮肤有刺激性，还能抑制中枢神经系统，经口可引起呕吐、腹泻等消化功能障碍；动物试验会引起食欲下降，体重增长受抑制，肝、肾、脾增大。因此，有些香料如双香豆素、黄樟素油、秘鲁浸膏及醚等均可致大鼠及狗肝细胞损伤或癌变，被列为化妆品的禁用物质。

精油里含有大量香料成分，因此也是一类常见的致敏物，易引起皮肤的变态反应。

理想的化妆品用香精要求无刺激，不致敏。在化妆品引起的皮肤反应中，很多病人是对香精香料产生过敏。在紫外线的作用下，化妆品用部分香精香料有光毒反应，会对皮肤形成不良刺激，出现过敏或色素沉着，应避免将芳香类产品或香水直接喷洒或涂抹在暴露部位皮肤上，或者做好防晒，避免阳光直射。表6-18为部分香精香料的安全风险。

表6-18 部分香精香料的安全风险

原料	性质	安全风险
乙酸乙酯	合成香料	对鼻黏膜刺激强烈，并有眼角膜损伤；浓度超过400μg/L，将对皮肤产生强烈刺激；长期闻能引起嗅觉障碍及皮肤、黏膜过敏症
乙酸异戊酯	合成香料，具有香蕉味	如果人暴露在950μg/L的环境中，一小时之后，将产生头痛、胸闷，黏膜受刺激甚至昏迷。吸入蒸气时会引起咳嗽、眼睛灼热、耳鸣、发抖等情形
紫罗兰酮	玫瑰型香料	接触不同浓度的紫罗兰酮后，小鼠出现肝脏肿大，达到一定剂量可使其死亡
柠檬油、檀香油	光敏物质	增强日光对皮肤照射损伤
双香豆素	禁用物质	致癌
香豆素	草香味	易与紫外线产生作用而变质，在动物试验中发现有肝脏损害
合成香料	含苯化学物质	光毒性，导致毒性反应、敏感，产生色斑

若在化妆品中添加的香精质量低劣（如调香时选用的香料为《化妆品卫生规范》中的禁用或限用物质），不仅影响化妆品的气味、颜色、剂型的稳定性，增加化妆品对人体的刺激性、致敏性，还可能影响消费者的喜好度。因此现在提倡使用

低香型化妆品或无香型化妆品。

（二）抗氧化剂的安全风险

在化妆品的生产、使用和储存过程中，空气、水分、光、热、微生物及金属离子等均可加速油脂类原料自氧化反应酸败变质，因此需要加入抗氧化剂。

理想的抗氧化剂应该安全无毒，稳定性好，与其他原料配伍性好，低用量就具有较强的抗氧化作用。常用抗氧化剂的安全风险见表6-19。

表6-19　常用抗氧化剂的安全风险

原料	性质	安全风险
维生素E	不溶于水，对热、酸稳定，对碱不稳定，对氧敏感	比较安全
BHA	不溶于水，对热稳定，在弱碱条件下不易被破坏	有效浓度时没有毒性
BHT	茴香的衍生物，具抗氧化、防腐作用	能引起皮肤过敏及功能障碍，会腐蚀皮肤；在250mg/kg之下，会使动物出现肝脏细胞肥大、胃溃疡等症状，可能导致畸形甚至死亡
二丁基羟甲苯	抗氧化作用较强	毒性也相对较大，如果浓度超标，可以引起皮肤受损或过敏；导致试验动物的大脑受到损害

（三）酸度调节剂的安全风险

用作酸碱度调节剂的氢氧化钠，具有强烈刺激性，会引起皮肤过敏，长期使用皮肤变薄，老化速度加快，皮肤抵抗紫外线能力下降，感染病毒的机会上升。

1. 三乙醇胺安全性评价资料

三乙醇胺是化妆品中常用的有机碱，具有胺和醇的性质，可与脂肪酸反应生成皂，与各种硫酸酯中和而成各种阴离子铵盐类表面活性剂。三乙醇胺既可以用作酸碱度调节剂，也可以在化妆品中用作乳化剂、保湿剂、增稠剂、稳定剂等。

三乙醇胺有轻微的皮肤刺激性和眼刺激性，长期接触对试验动物的肝、肾等器官有所影响，在指标规定的使用浓度内，可视为安全。

《化妆品卫生规范》规定最低纯度99.0％的三乙醇胺在非淋洗类化妆品中最大允许使用浓度2.5％，其他产品中三乙醇胺的使用浓度没有使用限制要求。

2. 三乙醇胺中杂质的安全风险

（1）二乙醇胺的安全风险　二乙醇胺是合成三乙醇胺的中间产物，急性经口毒性属于中等毒性，急性经皮毒性较低，有严重的眼刺激性，有皮肤刺激性，没有致敏性、致突变性和致癌性的资料，高剂量接触有潜在的致畸性，长期接触会导致试验动物肝、肾器官的损害，为《化妆品卫生规范》规定的禁用物质。另外，二乙醇胺可与亚硝基化体系生成亚硝胺类物质。因此，三乙醇胺中杂质二乙醇胺的残留限量≤0.5％，与《化妆品卫生规范》规定的仲链烷胺要求保持一致。

（2）亚硝胺的安全风险　在三乙醇胺合成过程中，并没有产生亚硝胺的条件，但为了避免因储存和运输等原因对三乙醇胺产生的污染，因此建议限定三乙醇胺中杂质亚硝胺的残留限量≤50μg/kg。

为避免三乙醇胺接触亚硝基化体系物质反应生产亚硝胺，在化妆品配方体系中三乙醇胺不能和亚硝基化体系物质（如 2-溴-2-硝基丙烷-1,3-醇等）配合使用，同时应存放在无亚硝酸盐的钢桶或内有防护层的钢桶内，且应密封避光。

（四）着色剂的安全风险

着色剂是通过溶解或者分散作用赋予化妆品色彩的原料，也叫色素。着色剂既可以调整某些原料对产品色调的影响，改善产品外观，同时是唇膏、粉底、眼影、唇线笔等彩妆化妆品中的主要原料，起到美化作用。

1. 不同着色剂的性质特点

着色剂有各种类型，特点各异，决定了它们应用领域上的差别，见表 6-20。

表 6-20　着色剂分类

<table>
<tr><th>依据</th><th colspan="2">主要类型</th><th>应用特点</th><th>常见原料举例</th></tr>
<tr><td rowspan="2">溶解性</td><td colspan="2">染料</td><td>能溶于水或有机溶剂使溶液着色</td><td>水溶性靛蓝、油溶性苏丹红</td></tr>
<tr><td colspan="2">颜料</td><td>不溶于水或有机溶剂，通过分散在化妆品基质原料中使产品着色</td><td>石墨</td></tr>
<tr><td rowspan="4">来源</td><td colspan="2" rowspan="2">天然
着色剂</td><td rowspan="2">安全性高，色调鲜艳而不刺目；但产量小，原料不稳定，纯度低，与其他制剂的配伍性也不好，在化妆品的应用中有较大限制</td><td>植物性叶绿素及其衍生物、胡萝卜素、胭脂红、靛蓝、藻类等</td></tr>
<tr><td>动物性、矿物性</td></tr>
<tr><td rowspan="2">合成
着色剂</td><td>焦油类</td><td>以煤干馏的副产品（如苯、蒽等）为原料制得，色彩鲜艳、价格便宜。但或多或少对人体都有不同程度的伤害</td><td>偶氮系、蒽醌系、靛系、三苯甲烷系、呫吨系、喹啉系、吡唑啉酮系、硝基系、芘系</td></tr>
<tr><td>其他</td><td>荧光类、染发类</td><td>荧光增白剂</td></tr>
<tr><td rowspan="2">结构</td><td colspan="2">无机颜料</td><td>耐晒、耐热、耐溶剂，遮盖力强；但色谱不十分齐全，着色力低，色光鲜艳度差，部分金属盐和氧化物毒性较大</td><td>金属和合金粉末、白色颜料和着色颜料</td></tr>
<tr><td colspan="2">珠光颜料</td><td>使化妆品产生珍珠般色泽效果，广泛应用于膏霜、乳液、乳化香波、彩妆等</td><td>鸟嘌呤、氯氧化铋和覆盖云母等</td></tr>
</table>

2. 着色剂的安全风险

天然染料一般比较安全，人工合成的色素主要是以煤焦油中分离出来的苯胺类染料为原料制成的，容易含有有害物质，是导致人们对化妆品过敏的重要原因之一。常常引起瘙痒、表皮剥脱、轻微疼痛等过敏症状，有时还伴有皮肤潮红、丘疹等炎症现象。如苏丹红 3 号易刺激皮肤，产生湿疹、花粉热、哮喘等过敏症；刺激眼睛、口腔、鼻腔和唇部黏膜导致发炎。某些含焦油成分、含硝基的色素等对皮肤有刺激性，如常见于肥皂、牙膏、男性香水中的焦油色素蓝色 1 号；部分调色剂具有光毒性，长期使用易导致皮肤过敏，产生色斑。

无机颜料是美容化妆品的重要原料，白色氧化锌对皮肤黏膜有刺激性；绿色氧化铬中还有铬，对人体皮肤黏膜有刺激性并有致敏性；黑色炭黑外用无毒，动物吸入试验可造成炭尘肺。

迄今尚未发现着色剂对人体健康有什么益处，相反，不仅对皮肤或黏膜有一定的刺激，若长期过量使用还会造成各种累积性伤害。如口红配方中的30多种原料中，就有15种色素，其中焦油色素达60%，并包含对人体有很强的毒性、易引起癌变的色素，如玫瑰红和曙红、油溶黄AB、绿色6号。

另外，偶氮类染料氧杂蒽环类物质用于洗面奶、化妆水、口红、洗发液中，其中的部分色素对遗传因子有害，有些物质可以导致动物畸胎和细胞癌变，如红色2号、4号等。

因此，化妆品中色素的安全性是非常重要的。理想的着色剂要求安全无刺激，无异味，对光和热稳定性好，低用量即起作用，与其他原料配伍性好。化妆品基质、颜料的浓度、暴露时间及包装材料都会影响着色剂的稳定性导致产品变色。

各国政府对化妆品中着色剂的要求都比较严格，但在允许使用的种类方面，各国规定有所差别。我国《化妆品卫生规范》（2007年版）规定允许使用的有156种限用着色剂。随着人们对化学合成品的不安全感增加，人们越来越重视天然着色剂。

三、其他原料的安全性风险与评估

（一）甘油的安全风险

甘油是动物和植物脂肪和油的组成部分，可以来自于天然，也可以合成，可作保湿剂、降黏剂、变性剂等，广泛应用于化妆品、食品和药品中。甘油纯度要求：含$C_3H_8O_3$不得少于95.0%。国内外现没有化妆品中甘油的使用限量要求，应对甘油中二甘醇含量进行必要的安全性风险评估分析。

1. 二甘醇的毒理学资料

欧盟消费品科学委员会（SCCP）于2008年对二甘醇（DEG）的安全性进行了全面评估。动物试验表明二甘醇对膀胱、呼吸道、肝脏、肾脏、中枢神经系统和胃肠道有影响，但不能排除作为杂质在二甘醇中存在的乙二醇也许影响到了结果，见表6-21。

表6-21　二甘醇的毒理学资料

试验项目	具体说明
皮肤刺激性	眼/黏膜刺激为阴性
透皮吸收率	估计为10%
经口毒性	中等，少量吞食，正常处理可能不会造成伤害。吞咽数量较大，能引起恶心、呕吐、腹部不适、腹泻和/或严重伤害，甚至死亡。摄入过量的二甘醇可能会影响中枢神经系统，影响心肺功能，导致肾衰竭
亚慢性试验	NOAEL为50mg/[kg(体重)·d]
慢性动物试验	1500mg/(kg·d)和3000mg/(kg·d)二甘醇处理两年的雄性大鼠中，发生了膀胱肿瘤，大部分是良性的。肿瘤与在相应剂量下发生的膀胱结石刺激有关联。其他结果表明，不含乙二醇的二甘醇基本上不引起膀胱结石

续表

试验项目	具体说明
体外致突变性/基因毒性	阴性
致畸试验	对胎儿具有毒性,胎儿出现一些先天缺陷(对母体有毒的剂量)。其他动物试验,即使更高的剂量,也没有出现先天缺陷
生殖毒性试验	二甘醇不影响生殖,除非剂量非常高
人体反复暴露	影响人类的肾脏和胃肠道
其他	严重烧伤的病人或肾功能受损的人,可能不适合局部使用含有二甘醇的产品

2. 甘油中二甘醇的限值规定

2008 年 6 月 4 日，欧盟消费品科学委员会 SCCP（Scientific Committee on Consumer Products）发布了二甘醇的评审意见，对于化妆品最终产品中，作为甘油和聚乙二醇类原料杂质带入的最高浓度为 0.1%二甘醇，认为是安全的。

欧盟于 2009 年 2 月 4 日修订了《欧盟化妆品规程 76/768/EEC》，在通知（COMMISSION DIRECTIVE Official Journal of the European Union 2009/6/EC）中，化妆品中禁止使用二甘醇作为原料，并规定作为原料的杂质，二甘醇在化妆品终产品的含量应≤0.1%。国外对二甘醇的限值规定见表 6-22。

表 6-22　国外对二甘醇的限值规定

国家	法规	限值规定/(mg/kg)	备注
欧盟	《欧盟化妆品规程 76/768/EEC》	作为原料杂质的二甘醇≤100	禁止使用二甘醇作为原料
日本	《医药部外品原料规格 2006》	甘油中的二甘醇及类似物≤100	
美国	《美国药典 USP30-NF25》	甘油中的二甘醇应≤100	
澳大利亚	竞争与消费者委员会 ACCC 规定	牙膏和漱口水成品中的二甘醇含量应≤250	

因此，参考 SCCP 对二甘醇的评价，结合二甘醇的毒理学性质及毒理学分析，并综合考虑国外及我国法规、标准对二甘醇和甘油中二甘醇的限制规定，我国发布《化妆品用甘油要求》规定（表 6-23）。

表 6-23　我国法规对二甘醇的限制规定

法规依据	名称	限值规定/(mg/kg)	备注
国家标准	GB 22115—2008《牙膏用原料规范》	牙膏中作为杂质带入的二甘醇和乙二醇≤100	牙膏产品中不得故意添加二甘醇
国家标准	GB 22114—2008《牙膏用保湿剂　甘油和聚乙二醇》	牙膏用甘油中的二甘醇和相关化合物含量应≤1000	指二甘醇和相关杂质含量总和,其他单一杂质的含量分别≤0.1%
药典	2010 年版《中国药典》(二部)	甘油中二甘醇应≤25	
国家质检总局发布法规	《关于禁止用二甘醇作为牙膏原料的公告》	牙膏生产企业不得使用二甘醇作为原料	

（二）果酸的安全性风险及控制

果酸是一类有机酸的统称，广泛存在于自然环境中，具有促进细胞更新及去角质作用，还能增加真皮弹性，改善光老化引起的皮肤损伤，可以在短时间内解决皮肤干燥、老化、皱纹、黑斑、暗疮等问题，在化妆品中常用作 pH 调节剂、缓冲剂、螯合剂、保湿调理剂等。高浓度果酸还可用作“化学剥脱剂”，受到医药界和美容界极大的关注，在 20 世纪 90 年代初期被喻为最神奇的护肤美容圣品，作为美容重要原料得到了广泛应用。

1. 各类果酸的应用特性

果酸在化妆品中的研发也经历了由传统果酸向第二代、第三代果酸的演变过程，向着更强功效性和更低刺激性的方向逐步发展，但是由于受技术和成本限值，目前第二代、第三代果酸在化妆品中的使用不能替代传统果酸（表 6-24 与表 6-25）。

表 6-24　化妆品中传统果酸相关信息

中文名称	INCI 名称	常见别名	LD_{50}/(mg/kg)	相对分子质量
乙醇酸	glycolic acid	羟基乙酸、甘醇酸	1950(大鼠经口)	76.05
乳酸	lactic acid	丙醇酸	3543(大鼠经口)	90.08
柠檬酸	citric acid	枸橼酸	3000(大鼠经口)	192.12
苹果酸	malic acid	2-羟基丁二酸	1600(小鼠经口)	134.09
酒石酸	tartaric acid	2,3-二羟基丁二酸	—	150.09

表 6-25　不同种类果酸的特性及安全风险比较

种类	代表原料	性质特点	功能与应用	安全风险
传统果酸	一系列 α 位有羟基羧酸的统称（简称 AHA），最初是从苹果、甘蔗、柠檬等水果中提取的，又俗称果酸	这组酸分子结构简单，相对分子质量小，水溶性好，具有强渗透性，可迅速被皮肤吸收并降低皮肤 pH 值，主要应用于抗衰老、保湿、祛皱产品	高含量可引起角质脱落和角质溶解、刺激真皮新陈代谢，对皮肤细微皱纹、斑点等有显著改善作用	低毒，经皮吸收后无系统毒性，但有刺激性、光毒性，可以显著提高皮肤对紫外线的敏感程度，造成皮肤灼伤
第二代果酸	葡萄糖酸内酯可以与皮肤美白成分结合减轻色素沉着，进入皮肤内转变为多羟基果酸	是一种有效、无刺激的、抗氧化的保湿剂，并有抗氧化作用，同时还兼具抗老化、增加皮肤屏障等功能，能被单独应用于皮肤护理和局部药物辅助治疗皮肤疾病	更适用于敏感肌肤。适合联合应用于美容治疗，如激光重塑、微磨削术、强脉冲激光治疗和化学剥脱等，有助于皮肤光滑	低刺激性甚至无刺激性
第三代果酸	乳糖酸，比葡萄糖酸羟基多一倍的多羟基果酸	最先进的果酸，集保湿、修护、抗老化、抗氧化、促进机体更新等多种功效于一身	在美容行业有非常广阔的应用前景。但由于其合成成本较高，目前还没有广泛应用	安全无刺激

2. 果酸的活性和皮肤刺激性的影响因素

果酸活性即表皮细胞更新能力和皮肤刺激性与果酸的浓度及 pH 值大小有关系。

（1）浓度　在一定范围内，果酸浓度越高，pH 值越小，皮肤吸收越快，对皮肤角质细胞的脱落作用越强，刺激性也越大。在要求的 pH 值下，皮肤刺激性大小随着浓度的增加而增大。极低浓度的果酸只有保湿效果，浓度提高后才具有显著的促进老化皮屑脱落和新细胞再生能力，浓度过高时会使皮肤发红有烧灼感，一般 2～3 周后才会自然消退，严重时可出现皮炎、皮肤潮红、水肿、流水、起鳞屑等。初次使用低浓度果酸也可能会出现刺激及灼烧感。

在化妆品中添加的果酸浓度一般不超过 10%。使用高浓度果酸的产品可能在短期内会使皮肤变白变细腻，但是长期使用可造成皮脂膜的损坏，会使皮肤角质层变薄，屏障功能被破坏，使皮肤对外界不良因素的抵抗能力减弱，变得敏感，被日光照射后反而变得更黑。

（2）pH 值　酸性环境下有利于果酸的作用及保存，在偏碱性环境下，果酸会被解离而失去作用。例如 15%浓度的 AHA，如在 pH 值大于 5 的溶液中，会失去果酸的活性。在果酸产品中，调和酸碱度的缓衡溶液系统，稳定平衡比果酸的浓度还重要。

果酸产品的 pH 值在 2.5～3 的酸性范围护肤功效最好，但刺激性也最大。所以大多数化妆品其果酸浓度都在 5%以下，pH 值都在 3 以上，功效主要着重在去角质及保湿作用，对于除皱美白没有明显效果。在给定的浓度条件下，皮肤刺激性的大小随着 pH 值的降低而增大。

由表 6-26 看出，果酸刺激性与促进细胞更新能力极其有关，二者都随着 pH 值提高而减弱，pH 值为 3 时，各种酸的刺激性和表皮更新能力都最大；当 pH 值大于或等于 6 时，几乎无促进作用，这也提示研发人员必须准确研究和选定含果酸化妆品中果酸浓度及 pH 值。

表 6-26　不同羟基酸的刺激性、表皮细胞更新能力与 pH 值的关系

中文名称	pH	表皮细胞更新时间/d	刺激性
4%乳酸	3	13	2.8
	5	24	2.1
	7	25	1.2
4%乙醇酸	3	10	2.9
	5	23	2.1
	7	24	1.1
4%水杨酸	3	12	3.0
	5	28	2.3
	7	42	1.0

续表

中文名称	pH	表皮细胞更新时间/d	刺激性
5%柠檬酸	3	8	2.3
	5	14	2.1
	7	18	1.1

注：表皮细胞更新时间通过丹磺酰氯荧光标记技术测定；刺激性可根据鼻皱襞所受的刺激作用的主管感觉进行评估，或者用 Minolta 色度仪测定面颊皮肤的变红程度确定刺激作用的强弱，评分越高刺激性越大。

（3）作用时间　皮肤有一种天然的耐受能力，果酸对皮肤的作用效果不会太持久。

表 6-27　使用不同时间羟基酸（含果酸）后表皮细胞再生率的变化情况

试验材料	表皮细胞再生率/%		
	使用开始	10 周后	20 周后
对照样	4.7	4.9	4.8
3%乳酸	28.6	17.3	10.3
3%(pH3)乙醇酸	29.3	16.8	11.6
3%(pH3)水杨酸	33.2	26.7	17.2

从表 6-27 看出，表皮细胞再生率随着时间的持续不断下降，20 周后减少到不足最开始的 40%。但这并不表示含果酸的护肤品的作用是随着时间增加而下降的，相反，皮肤的水合作用、弹性、皱纹改善和皮肤厚度都是随着时间推进而逐渐提高的。

（4）功效指数　Smith 采用功效指数比较和确定系列果酸的相对效果，功效指数定义为促进表皮细胞再生能力与刺激作用的比值。如表 6-28 所示，非果酸类的三氯醋酸的功效指数最小，因为它对皮肤刺激性较大，不宜用在化妆品中；乳酸、乙醇酸功效指数相当，在护肤化妆品中应用最广。从蜂蜜和浆果发酵法获得的天然乳酸功效指数高于合成乳酸，很可能是天然果酸中存在一些降低刺激性而又不影响其促进皮肤细胞再生能力的物质。

表 6-28　各种羟基酸（含果酸）的功效指数

试验材料	功效指数	试验材料	功效指数
5%乳酸	12.7	3%丙酮酸	9.9
3%乳酸	12.0	0.5%三氯醋酸	7.7
5%乙醇酸	12.6	3%醋酸	11.1
3%乙醇酸	11.9	5%蜂蜜提取乳酸	16.2
3%水杨酸	13.1	3%蜂蜜提取乳酸	15.1
0.1%水杨酸	12.1	5%生物发酵乳酸	15.9

续表

试验材料	功效指数	试验材料	功效指数
3%苹果酸	10.1	5%甘蔗提取乙醇酸	12.4
5%柠檬酸	8.7	5%苹果提取苹果酸	11.1
1%羟基辛酸	9.6	5%热带水果提取乳酸	9.9
3%羟基辛酸	11.6	5%果浆提取乳酸	15.9

3. 果酸化妆品的安全风险管理

大多数国家都通过相应法规或技术规范规定化妆品中各类果酸特定的浓度和pH值条件，在很大程度上保障了消费者的使用安全，还建议消费者在使用果酸化妆品的同时要采取适当的防护措施（表6-29）。

表6-29　各国关于果酸化妆品的限量及标注

规定	欧盟	美国	德国	中国
限量（α-羟基酸及其盐类和酯类）	乙醇酸：≤4%，pH≥3.8；乳酸：≤2.5%，pH≥5.0	个人消费品（化妆品）：≤10%，pH≥3.5；美容院专业护肤品：≤30%，pH≥3（配有防晒保护措施，不连续使用且对皮肤有彻底冲洗时）	≤12%，pH≥3	总量（以酸计）≤6%，pH≥3.5（淋洗类除外）
标注	强制贴上标签：消费者应注意避免与眼接触并采取适当防晒措施	标注“与防晒剂同时使用”或配合有防晒保护措施	—	非防晒类护肤化妆品，且含≥3%的α-羟基酸或标签上宣称α-羟基酸时，应注明“与防晒化妆品同时使用”

（三）熊果苷的安全风险评估

1. 熊果苷的理化性质

熊果苷常作为美白剂使用，也可作为抗氧化剂、皮肤调理剂等使用。广泛应用于护肤类化妆品中，特别是美白化妆品，见表6-30。

表6-30　熊果苷理化性质资料

项目	具体内容
原料的名称	熊果苷
INCI名称	ARBUTIN
分子式、相对分子质量及结构式	$C_{12}H_{16}O_7$ 272.25 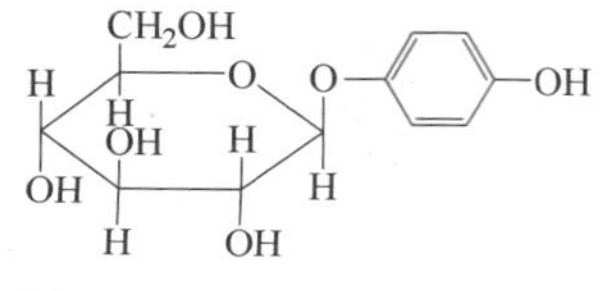

续表

项目	具体内容
CAS登记号	497-76-7
常见别名	β-熊果苷
性状及理化常数	本品为白色至浅灰色粉末，易溶于水和乙醇，熔点 199.0～201.0℃，比旋光度$[\alpha]_D^{20}$（水，$C=3$）$=-66°\sim-64°$

2. 化妆品中合成熊果苷使用限量要求

合成熊果苷是较为常用的一种皮肤美白剂，通过检索，NTP 曾对合成熊果苷有过安全性论述，SCCP 于 2008 年公布的针对化妆品中使用 7%的合成熊果苷评价资料，其评价结论为在化妆品中使用 7%的合成熊果苷存有安全隐患。

综合相关毒理学资料，合成熊果苷透皮吸收率低（0.214%），仅表现出较低的毒性情况，没有皮肤刺激、眼刺激和光敏性，没有致突变和致癌的资料，生殖毒性体现于母体毒性。韩国允许熊果苷作为化妆品的美白成分，从安全性和功效性考虑，规定使用限量为 2%～5%。我国台湾规定熊果苷在化妆品中最大使用浓度为 7%，其他地区没有相关要求。

3. 氢醌的危害

祛斑、美白化妆品中经常有企业违规添加氢醌，因为氢醌能抑制黑色素小体形成，并促进其分解，具明显脱色、漂白作用，可减轻色斑。浓度越高效果越好，用 2%氢醌配 0.05%～0.1%维甲酸或氢醌和羟基乙酸治疗黄褐斑有满意效果。

氢醌虽然也有很好的美白祛斑作用，但副作用很大，对皮肤有强烈的刺激性和一定的毒性，从而影响人体健康。国际上相关机构（如 IARC，NTP，CIR 等）对氢醌进行过安全性评估。相关毒理学资料表明氢醌具有致癌（IARC 评价结论属 3 组物质）和致敏的潜在风险，且与黄褐病、白血病等有潜在关联，氢醌的用量超过 5%，有可能导致“白斑”现象，并可致敏。氢醌的急性毒性主要是引起血细胞减少，长期使用致皮肤癌。

我国明确规定氢醌禁用于美白祛斑化妆品，仅供专业使用在染发和人造指甲系统，且使用时浓度不超过 0.02%。在《化妆品卫生规范》中作为护肤品的原料。

4. 合成熊果苷中氢醌的管理要求

氢醌是合成熊果苷的原料，同时，合成熊果苷被皮肤的酶分解作用后可形成微量氢醌。许多微生物体内含有 β-葡萄糖苷酶，如在正常可预见的条件下使用含有 β-熊果苷的美白化妆品，β-熊果苷可被人表皮微生物和 β-葡萄糖苷酶水解为氢醌，且酸性环境和人工汗液可促进这种水解。

合成熊果苷纯度是影响原料安全性的重要指标，根据氢醌毒理学情况，应对合成熊果苷中氢醌含量进行必要的安全性风险评估分析，以保证产品在正常以及合理的、可预见的使用条件下，不会对人体健康产生安全危害。

（四）聚合物的安全风险与评估方法

聚合物的一个分子中含有多个功能基团，是一类重要而且多元化的化妆品成分，为控制产品特性提供了独特的途径，可作为增稠剂、流变改进剂和乳化稳定剂被应用于护肤品、防晒、彩妆、剃须护理品、清洁用品和护发产品等。

1. 常用聚合物特性及安全风险

大部分聚合物具有惰性，其经皮吸收性可忽略不计，因此，在大多数情况下，不会引起任何明显毒性，也都不是接触性致敏剂。随着相对分子质量的增加，经皮吸收减少，全身暴露的可能性变得越来越小，直至其可被忽略不计。在许多国家和地区，包括中国、欧盟和美国，高相对分子质量聚合物可以简化安全试验项目，甚至不需要进行安全试验。

聚合物在化妆品中的限制要求，并不是因为聚合物的毒性，而是因为残留单体的危害。表 6-31 为常见聚合物特性及安全风险。

表 6-31　常见聚合物特性及安全风险

原料	特性	安全风险
聚乙二醇	环氧乙烷的缩聚物，根据相对分子质量的不同，它们在化妆品中发挥着各种不同的功能，如保湿剂、增稠剂和稳定剂	CIR 专家组认为目前在化妆品中使用的相对分子质量大于 200 的聚乙二醇类化合物具有的全身毒性较低，其皮肤致敏性也很低，没有遗传毒性或致癌性。经过修饰的大豆固醇聚乙二醇类在现有使用方法和浓度条件下，应用于化妆品是安全的
聚丙烯酸酯	一组种类繁多的聚合物，常用作黏合剂、成膜剂、悬浮剂和增稠剂等	经皮或经口染毒具有极低的全身毒性和生殖毒性，不具有致突变性
聚丙烯酰胺	这类聚合物分子量范围非常广，可用作成膜剂、黏合剂、润滑剂和发用定型剂等，广泛用于化妆品中，使用浓度从 0.05%～2.8%不等	急性、亚慢性和 2 年慢性经口毒性研究表明聚丙烯酰胺本身没有明显毒性，由于聚丙烯酰胺无刺激性和过敏性，而且由于其相对分子质量大无法穿透皮肤，所以在化妆品配方中无使用限量要求
环聚二甲基硅氧烷及其特定链长度的环硅氧烷、聚烯基甲醚（PVM）/丙烯酸甲酯（MA）（PVM/MA）共聚物及其相关盐类和酯类		有关的动物和人类数据表明，这些成分在化妆品中的用法和用量是安全的

2. 聚合物中残留单体的安全性风险评估要求

为了确保化妆品中使用的聚合物的残留单体的安全性，必须做到：

① 全面定性聚合物中的残留单体，并确认单体的毒性；

② 进行单体风险评估，以及评价化妆品特定使用条件下认为安全的聚合物浓度；

③ 根据产品的使用条件（如驻留型和冲洗型产品等）建立残留单体限值。

3. 单体安全风险评估过程

单体风险评估按照化合物风险评估原则进行，同时应当考虑单体的毒性，以及消费者经由使用含聚合物产品而暴露于残留单体的潜在性。

① 确立容许的单体安全暴露水平。大多数反应性单体在公共现有管理、安全数据库和文献中有大量数据，有的已经建立了容许的安全暴露水平；有的可利用查到的毒理学数据来建立容许的安全暴露水平。

② 评价产品和产品类别中单体的安全性。聚合物中残留单体安全性应基于消费者使用习惯条件下的暴露来进行评价，并对消费者暴露水平与容许安全暴露水平进行比较。由于消费者使用习惯和接触方式的不同，同一单体在不同产品类别中的安全暴露水平则不同，如驻留型的化妆品中的丙烯酰胺浓度为0.1mg/kg，而其他化妆品中的丙烯酰胺浓度为0.5mg/kg。

使用皮肤渗透数据：因为化妆品的主要暴露途径是经皮暴露，预期大部分的化妆品成分或者杂质是不能100%穿透皮肤的，如果有相应的单体皮肤穿透数据则应更改经皮吸收率来准确计算全身暴露量。

③ 根据产品类别建立单体质量标准限值。

4. 聚丙烯酰胺的安全性风险评估

（1）聚丙烯酰胺单体的毒理学资料　丙烯酰胺单体是生产聚丙烯酰胺的原料，在化妆品中由于使用聚丙烯酰胺类原料而有痕量存在。丙烯酰胺单体不仅具有刺激性、致敏性，还能够通过皮肤、胃肠道引起各种各样的全身反应。经国家毒理规划中心测试丙烯酰胺可损伤雄性生育力，在体外和体内试验中均具有遗传毒性。国际癌症研究机构（IARC）将丙烯酰胺列为CMR 2A类致癌物质（可能对人体致癌）。

聚丙烯酰胺及其单体丙烯酰胺的毒性数据对比见表6-32。

表6-32　丙烯酰胺和聚丙烯酰胺毒性数据对比

参数	单体	聚合物
相对分子质量	71	＞1000
局部毒性 ——皮肤刺激性 ——眼刺激性	有 刺激物 刺激物	无 无刺激(高达5%) 无刺激
经皮吸收	有	无
全身毒性 ——急性经口、经皮毒性 ——遗传毒性 ——亚慢性经口和经皮毒性	有 刺激，谷胱甘肽消耗 在动物体外、体内均有致癌性 有，神经毒性	无 高达4g/kg无毒性 动物慢性研究中无毒性 食物中浓度高达5%，为期两年，无不良反应

（2）聚丙烯酰胺中丙烯酰胺单体的限量要求　我国《化妆品卫生规范》规定，丙烯酰胺单体是化妆品中的禁用组分，不得作为原料添加到化妆品中。作为聚丙烯酰胺类原料中的杂质带入化妆品时，在驻留类护肤产品中，丙烯酰胺单体最大残留量为0.1mg/kg；在其他产品中，丙烯酰胺单体最大残留量为0.5mg/kg。

1991年，CIR专家小组对聚丙烯酰胺的安全性进行了评估，认为尽管缺少聚丙烯酰胺的人体数据，但是由于其相对分子质量大，含有聚丙烯酰胺的化妆品不会被皮肤稳定吸收，因此未对聚丙烯酰胺的用量进行限定；1991年的CIR评估结论认为，丙烯酰胺单体残留量不超过0.01%的聚丙烯酰胺，用于化妆品中是安全的。

2005年，CIR专家小组审议聚丙烯酰胺和丙烯酰胺的新数据，重新对其进行了安全性评估。评估小组承认丙烯酰胺对人体有神经毒性，在动物试验中表现出致癌性，但是不会由于使用化妆品而达到产生神经毒性的水平。基于基因毒性和致癌性的研究，专家小组认为丙烯酰胺不是一种通常的基因毒性致癌物，几个风险评估方法高估了人类风险。

专家小组再次确认在现有化妆品使用方法和浓度范围内，丙烯酰胺单体在化妆品和个人护理产品中不超过5mg/kg时，聚丙烯酰胺用于化妆品中是安全的。

（五）植物原料的安全性风险

随着人们对化学原料刺激的顾虑，对动物提取物安全的质疑，植物原料因其作用温和和多效，已经在化妆品市场上占有了越来越重要的地位。世界各国根据本国实际情况对化妆品用的植物原料予以规定，2003年经中国卫生部批准的《已使用化妆品成分名单》中列出植物原料（含中药）计563种，2010年版《国际化妆品原料标准中文名称目录》收载的植物提取物多大4549种，约占总收载原料的1/3。

天然植物提取物由于其化学成分复杂，提取分离方法可以多种多样，从严格意义上讲，大多提取物都没有进行过安全性、有效性及质量的评价，更没有深入了解这些植物成分的透皮吸收及与皮肤的作用机制，可以说植物原料的使用也是构成化妆品安全隐患的一个重要方面。

1. 植物原料的危害

有资料显示，全球大约有一万多种植物可能会引起过敏性接触性湿疹或接触性皮肤炎，其中大约有两百多种以上的菊科植物会引起接触性过敏，包括观赏植物、药草、药用植物和野生植物，如紫菀、菊花、矢车菊、甘菊、蒲公英、雏菊、艾蒿等。许多化妆品中含有的自菊科植物的萃取物，对于有过敏史的人体，若接触到仅含有微量菊科植物的成分也可能导致过敏性湿疹。像按摩精油、晚霜等化妆品和皮肤接触的时间较长，更容易发生这种情况。

天然并不等于安全，随着医学科学技术的发展和基础研究的深入，已经证实有些植物包括草药对人体会有潜在的危害，其使用受到严格的限制，我国《化妆品卫生规范》（2007年版）禁用于化妆品的植物原料有78种。

2. 植物原料本身所含的毒性成分

每一种植物在恒定的环境条件下，具有制造一定的化学成分的生理生化特性。植物原料的功效和毒性与其所含化学成分密切相关，由于植物中所含成分众多，其中不可避免地存在安全风险成分。

3. 影响植物原料可能产生安全风险的外在因素

（1）植物来源　由于生产过程中外界环境所引入的污染物，包括植物种植土壤、运输和储存过程。

（2）使用部位　同一植物，不同使用部位（如叶子、根部、果实、茎、枝、皮、花等）化学组成也会有差异，如石榴树皮中含有石榴皮碱，而石榴果中没有。有些植物某个部位可以使用，但其他部位未必可以使用，如苦参根可以使用，但苦参果实在化妆品中禁用。因此，植物原料的使用必须明确其使用部位，对于首次使用的植物新原料，还要提供其产地、采集期等信息。

（3）制备工艺和提取条件　不同提取工艺和条件，植物提取物的化学成分会不同，反映出的功效和毒性也不同。某些植物如苦参，《中国药典》中无毒性记载，但经过提取富集了生物碱后就产生了毒性。

提取方式及温度的不同，会影响到植物的化学组成，像鞣质、多酚类成分在光照、高温下会聚合、氧化而发生结构改变。有些植物提取物中可能存在溶剂残留。

（4）农药残留、重金属及微生物污染　少量农药残留对人体没有明显损害，但如果在人体内富集导致残留量越来越高就会产生危害。

植物提取物中环境毒物（如苯并芘、二噁英）、有害元素（如重金属）的来源主要还是植物原料本身受生长过程中土壤和空气污染造成的，也有可能是植物原料仓储和提取过程中容器或辅料的污染。

环境毒物是以空气、水、土壤为媒介的，被植物吸收后的环境毒物一般转移至叶、花、果实等特定器官，在一定条件下进入人体后，能在体内发生生物化学或生物物理作用，干扰或破坏人体的正常生理功能，引起暂时性或持久性的病理状态。

（六）纳米材料的安全风险评估

1. 纳米材料在化妆品中的应用

欧盟化妆品法规 EC1223/2009 中给出的化妆品行业的纳米材料定义为：不可溶的或具有生物稳定性的，并且是专门制造出来的材料，在一维或多维外部结构或内部结构上，尺寸范围为 1～100nm。

应用于化妆品中的纳米材料有以下几种。

① 微乳剂、纳米乳液或不稳定的脂质体。粒径在 30～80nm，界面厚度 2～5nm，一般为透明或半透明，具有长期的储存稳定性。但这些材料施用到皮肤上后完全分裂成分子组分，所以从化妆品角度，有国际组织认为不应算是纳米材料。

② 银（Ag）的纳米颗粒。应用包括抗菌剂、化妆品、日用品、衣物添加剂等。

③ 富勒烯（C60）。应用包括抗真菌剂、抗细菌剂、皮肤调理剂，还可以作为抗氧化剂添加在抗衰老化妆品中。

④ 纳米级二氧化钛（TiO_2）、纳米级氧化锌（ZnO），用作物理防晒剂。纳米二氧化钛亦称纳米钛白粉，主要有锐钛型和金红石型两种结晶形态，金红石型比锐钛型稳定而致密，吸收紫外线能力高，遮盖力和着色力也较高。

2. 纳米材料的毒理学特征

化妆品中使用纳米材料，或者纳米材料的改变，都可能影响产品的质量、安全性、功效性，毒理学评价是非常必要的。但是，由于纳米材料独特的物理化学性质

（如小尺寸效应、量子效应和巨大比表面积等），纳米材料在进入生命体后，与生命体相互作用所产生的化学特性和生物活性，与化学成分相同的常规物质有很大不同。因此，纳米毒理学研究非常复杂，如果选择不同观察对象、不同的靶器官，可能得到完全相反的结论，这很容易误导纳米材料的安全性评价。

相关研究表明，纳米尺寸与体内的毒理学效应直接相关。某些纳米材料在一定的尺度有较高的毒性，而在另外的尺度却是安全的；在某些情况下，颗粒尺寸的变化甚至可完全逆转其毒理学行为。

目前还缺少纳米材料的生物效应与毒性的研究数据，也没有全球公认的统一的安全性评价程序和原则。

3. 化妆品中纳米材料的安全性评价

2012年美国FDA和欧盟先后发布的《化妆品中纳米材料行业安全指南》《化妆品中纳米材料安全性评价指南》均认为，适用于普通物质安全性评价模式的基本框架即危害识别、剂量-反应评价、暴露评价和风险特征描述等仍然适用于纳米材料安全性评价。

但是，确定纳米材料的特性时，必须考虑其在终产品中实际使用时的状态，应该包括其作为化妆品原料时的状态、在产品中的状态，以及在毒理学评价时暴露的状态。另外，需要修改和建立新的方法用以说明影响纳米毒性特征的理化性质及理化性质对化妆品功效的影响。新方法必须考虑纳米材料的理化性质、聚集和成团、粒径分布、稳定性、吸收和摄取途径、生物可利用度、毒性、浓度、密度和倾注密度、水悬浮液的pH值、对紫外线的吸收和反射性质以及可能影响安全的各种问题，能够揭示纳米材料的急性毒性和长期毒性，并对可能存在的成分和成分之间的相互作用，以及成分和包装材料之间的相互作用提供帮助。表6-33为纳米材料的基本理化性质。

表6-33　纳米材料的基本理化性质

项目	基本信息	适宜的其他信息	杂质
说明	作为任何化妆品原料都应全面描述的内容	为了确定用纳米技术生产的物质是安全的，应进行广泛评价	评价杂质对终产品安全性的全面影响
主要内容	——名称 ——CAS号 ——结构式 ——元素组成（包括纯度、杂质和添加剂）	——粒子大小和分布的确定 ——聚集和团聚的特性 ——表面化学信息：Zeta电位、被修饰、催化活性等 ——形态信息：外形、比表面积、拓扑结构、晶体结构 ——溶解性、密度、稳定性、孔隙率、多孔性	——定性评价 ——定量评价

4. 纳米 TiO_2、ZnO 的毒理学特点

从目前的研究来看，大部分纳米颗粒对藻细胞的生长存在明显的抑制作用，可使细

胞中叶绿素和蛋白质的合成受阻，破坏细胞的抗氧化能力，从而对藻类的生长状况、生理功能等产生影响。在纳米金属氧化物中，以纳米 TiO_2 和纳米 ZnO 毒性较强。

纳米 TiO_2 是化妆品中应用最为广泛的纳米材料。TiO_2 属于化学惰性纳米材料，进入生物机体后，很难和周围的生物环境发生直接的化学反应，很难诱导各种病理学的毒性反应。

FDA 自己进行的动物试验表明当防晒化妆品用于健康皮肤时，纳米 TiO_2 是不能穿透表皮层的。也有试验表明纳米 TiO_2 进入皮肤的方式只能是通过毛孔，并且不会深入到皮下组织。

但是目前也确实有少数研究持不同观点。Menzel 等采用猪背部的皮肤研究了 TiO_2 纳米颗粒的穿透性，观察到 TiO_2 是通过角质层的间隙而不是通过毛囊孔进入皮下颗粒层的。当纳米 TiO_2 尺寸从 155nm 减少到 80nm 或 25nm 时，TiO_2 纳米颗粒引起了一系列毒性反应：①肝脏毒性；②肾脏毒性；③心肌受损等。

最近也有研究报道，TiO_2 颗粒吸入毒性随尺寸的减小而急剧增加。在长期毒性研究中，大鼠分别吸入约 250nm 和 20nmTiO_2 颗粒，即使吸入 20nm 颗粒的质量浓度比 250nm 颗粒的低 10 倍之多，仍能诱发相同程度的肿瘤。与大尺寸相比，吸入的小尺寸纳米颗粒还可以显著增加引起炎症的程度。

5. 各国对化妆品中纳米材料的监管

虽然纳米材料的安全性是热点问题，但是从全球来看，针对化妆品中纳米材料出台具体法规的国家并不多（表 6-34）。

表 6-34　各国和组织对化妆品中纳米材料的监管

地区	依据	监管要求
欧盟	《欧盟化妆品法规 1223/2009》	纳米化妆品上市前需备案；化妆品全成分标识时，必须在使用的纳米材料成分后面标注“纳米(nano)”字样
俄罗斯	系列关于纳米技术的法规	含纳米材料的化妆品必须提交有关安全性资料，并且在产品包装上标识所采用的纳米技术信息
中国台湾	《化妆品广告审查原则》	生产或进口纳米化妆品，必须提交相关技术、安全性以及稳定性资料；宣传“含有纳米成分”，需经过审核
美国	《化妆品中纳米材料行业安全指南》	只是征求意见稿，未正式公布

四、限用原料的安全性风险评估

（一）防腐剂的安全风险

防腐剂不但抑制细菌、霉菌和酵母菌的新陈代谢，而且能抑制其生长和繁殖。防腐剂与消毒剂不同之处是：消毒剂要使微生物在短时间内很快死亡，而防腐剂则是根据其种类，在通常使用浓度下，需要经过几天或几周时间，最后才能达到杀死所有微生物的状态。防腐剂抗微生物的作用，只有在以足够浓度与微生物细胞直接接触的情况下，才能产生作用。

1. 常用防腐剂的安全风险及限值规定

我国获准使用的限用防腐剂有56种，这些防腐剂对抑制和杀灭化妆品中各种微生物有良好效果，在产品中使用量很少（0.001%～1.0%），但对人体有一定刺激性，还是引起皮肤过敏的诱导因素。化妆品中如果违规或超量使用防腐剂，不仅会破坏皮肤表面的正常菌类，降低皮肤抵抗能力，还会产生自由基加速皮肤老化，并导致皮肤正常生理功能的衰退引发皮肤病，甚至可能会对人体健康造成不同程度的危害，所以必须限定最大的允许使用浓度或使用范围等。表6-35为常用防腐剂的安全性风险。表6-36为常用防腐剂在各国化妆品中的限量。

表6-35　常用防腐剂的安全性风险

原料名称	应用特点	安全性风险
苯甲醇	天然存在于许多食物中，被作为香精成分、防腐剂、溶剂和增黏剂等应用到婴儿化妆品类、涂眉剂、染发剂和护肤产品等化妆品中	有微弱刺激和一定的发育毒性；特定浓度下可引起大鼠肝细胞DNA双链断裂；可引起非免疫性接触性荨麻疹和接触性反应，表现为疹块、红斑和瘙痒。美国CIR：当浓度不超过5%、在染发剂中使用浓度不大于10%时是安全的；如果暴露的主要途径是吸入则现有资料不足以支持其在化妆品产品中使用是安全的
苯氧乙醇	一种低沸点、低挥发溶剂，在水、白矿油、棕榈酸异丙酯等化妆品组分中均有良好的溶解性，防腐杀菌高效、广谱，被广泛应用	动物试验显示大鼠体重减轻，肝肾、甲状腺质量增加；未稀释的苯氧乙醇对眼睛具有强烈的刺激性，但2.2%的水溶液却没有刺激性；2.0%的苯氧乙醇溶液对白兔皮肤有轻微的刺激性，但对豚鼠皮肤既无刺激性也无致敏性；可能含有残留苯酚或苯氧乙醇二乙氧基化合物。美国CIR：在当前的实际使用条件和浓度下是安全的
苯甲酸及其盐类	常以游离酸、酯或其衍生物的形式存在于自然界，作为pH调节剂和防腐剂被广泛使用在化妆品中	苯甲酸对皮肤有轻度刺激性，蒸气对上呼吸道、眼和皮肤都有刺激；苯甲酸盐类的含量高于1%时会引起试验动物的摄食量减少、生长抑制以及产生毒作用；临床资料证明苯甲酸及其盐可引起疹块、红斑和瘙痒。美国CIR：苯甲酸和苯甲酸钠不大于5%；如果暴露的主要途径是吸入，则现有资料不足以支持其在化妆品产品中使用是安全的
对羟基苯甲酸酯类	一系列结构类似的化学物，常混合使用提高防腐功效，应用广泛	不同途径的急性、亚慢性和慢性毒性试验证明，低浓度下毒性很低，对正常人皮肤很少引起刺激性和过敏性；但用于儿童洗发精中曾引起恶心、呕吐、瘙痒、发疹的症状
氯苯甘醚	具有热稳定性的防腐剂和灭菌剂	皮肤耐受性良好，具有弱的眼刺激性，可能会导致婴儿呼吸急促
三氯生	高效抗菌、消毒、防腐、除臭剂，广泛应用于香皂、沐浴液、牙膏、漱口水等	具有中度皮肤刺激性，并与浓度有关；有研究认为它是内分泌干扰物；大量动物试验表明规定浓度下不产生经口毒性，无致癌、致突变性，无皮肤刺激、致敏性，无生殖毒性。但三氯生与经氯消毒的水接触后，会产生三氯甲烷，长期使用会导致抑郁、肝损伤，甚至可以致癌

续表

原料名称	应用特点	安全性风险
异噻唑啉酮类	以甲基异噻唑啉酮(MIT)、甲基氯异噻唑啉酮(CMIT)混合物为主的商品凯松是一类广泛使用的防腐剂	MIT/CMIT 急性试验对大鼠具有中等到高毒性，对兔具有高毒性；虽然 MIT/CMIT 在动物试验中有致敏性，但化妆品中引发人体致敏的浓度尚存在一定争议
山梨酸及其盐类	pH<6.5 的条件下，主要应用于面部和眼部化妆品的防腐剂	山梨酸对皮肤有轻微刺激性，损害黏膜，山梨酸钾对皮肤几乎无刺激性；美国 FDA 将山梨酸及其钾盐纳入“一般认为安全的物质”范围，并可以直接添加到食物中
脱氢醋酸及其盐类	脱氢醋酸和脱氢醋酸钠常作为洗浴品、护肤产品、防晒产品、香水、护发、彩妆等的防腐剂	经口或经皮动物试验均能迅速被吸收，为低毒；亚慢性和慢性试验引起食欲缺乏和体重减轻；脱氢醋酸钠对眼有轻度刺激性；我国和欧盟都允许将脱氢醋酸及其盐作为化妆品防腐剂，但禁用于喷雾产品
碘丙炔醇丁基氨甲酸酯	具有广谱抗菌活性，尤其对霉菌、酵母菌及藻类有很强的抑杀作用	对皮肤、眼部有刺激性，但未见致敏证据；慢性经口毒性试验中观察到大鼠体重降低
聚氨丙基双胍	理想的绿色环保抗菌剂，能快速杀灭各类细菌、真菌和病毒；活性高被广泛应用	25%以上的聚氨丙基双胍有急性眼刺激性，对皮肤微循环有刺激作用，但是未见致敏性；毒性低、刺激性低

表 6-36　常用防腐剂在各国和组织化妆品中的限量

原料名称	急性毒性 LD_{50}/(mg/kg)	欧盟/%	美国/%	日本/%	中国/%
苯甲醇	>1500(小鼠经口)；>1040(兔经口)	≤1	≤5	—	≤1
苯氧乙醇	>13000(大鼠经口)	≤1	≤1	≤1	≤1
苯甲酸	>2000(大鼠经口)；>1996(小鼠经口)	≤0.5[苯甲酸(盐)]	≤5	≤0.2	≤0.5[苯甲酸(盐)]
苯甲酸钠(盐)	>2100(大鼠经口)；>2000(兔经口)			≤1	
氯苯甘醚	>3000(大鼠经口)	≤0.3	≤0.3	≤0.3	≤0.3
三氯生	>3700(大鼠经口)；>9000(兔经皮)	≤0.3	≤0.3	≤0.1	≤0.3
甲基异噻唑啉酮	>105(雌性大鼠经口)；>274(雄性大鼠经口)	≤0.01	≤0.01	≤0.01	≤0.01
山梨酸	>7360(大鼠经口)；>8000(小鼠经口)	≤3	(含盐)≤0.6	(含盐)≤0.5	(含盐)≤0.6
山梨酸钾	>5900(大鼠经口)	≤7			
脱氢醋酸及其盐(以酸计)	>1050(脱氢醋酸钠，小鼠经口)	≤0.7	≤0.6	—	≤0.6

续表

原料名称	急性毒性 LD_{50}/(mg/kg)	欧盟/%	美国/%	日本/%	中国/%
碘丙炔醇丁基氨甲酸酯	＞1470(大鼠经口)；＞2000(兔经皮)	按类型规定①	≤0.1	未使用	按类型规定②
聚氨丙基双胍	＞5000(大鼠经口)	—	—	—	≤0.3

① 在化妆品使用含量≤0.1%的条件下是安全的，不能用于气溶胶产品。

② 在化妆品中的最大允许使用浓度为0.05%，不能用于口腔卫生和唇部产品；标签上必须标注的使用条件和注意事项方面规定，用后驻留在皮肤上的产品，当浓度超过0.02%时，需要注明警示语“含碘”。

化妆品中的防腐剂通常都不单独存在，而是根据化妆品的结构性能，由几种防腐剂和助剂复配而成，利用协同效应增加其抗菌活性，改变相容性，防腐效率更高，应用范围更广，如杰马、凯松系列。

2. 对羟基苯甲酸及其酯类和酯盐类中苯酚的安全风险

对羟基苯甲酸及其酯类和酯盐类是用途广泛的化妆品原料，是化妆品配方中常见的防腐剂。苯酚是对羟基苯甲酸及其酯类和酯盐类的合成前体，因可能存在原料生产工艺残留带入等情况，从而使化妆品产品中含有苯酚。

苯酚作为消毒防腐药主要用于治疗皮肤癣、湿疹及止痒等，同时具有一定的渗透力和美白作用。苯酚对皮肤、黏膜有强烈的腐蚀作用，也可抑制中枢神经系统或损害肝、肾功能。

欧盟、日本、美国等规定苯酚为化妆品产品中禁用物质，我国《化妆品卫生规范》(2007年版)也规定苯酚属于禁用物质，不能作为化妆品原料使用。

3. 甲醛及甲醛释放剂的安全风险分析

(1) 甲醛及甲醛等同物　甲醛是一种重要的化学物质，还是各种有机体的正常代谢产物，被广泛应用于各行业。甲醛具有表面活性和杀菌防腐作用，被少量用于化妆品和卫生用品中。甲醛水溶液统称为福尔马林，一般含水量为40%～60%。亚甲二醇是甲醛在水中与水分子通过氢键结合而成的稳定的水化形式，进一步聚合形成多聚甲醛。人们把福尔马林和亚甲二醇统称为甲醛等同物。

(2) 甲醛的危害　甲醛的广泛分布和使用使人们不可避免地处在过量暴露的危险之中。大量研究表明，甲醛具有高度的水溶性和很强的化学反应性，可导致皮炎、黏膜和呼吸道多种刺激等急性毒性反应，也可导致皮肤过敏、过敏性哮喘；长期低剂量接触，会出现呼吸、心血管、泌尿和免疫等多个系统的慢性毒性，甚至会导致鼻咽癌和白血病等。甲醛在2006年被国际癌症研究机构确定为1类致癌物。

(3) 含甲醛化妆品的安全风险与限值　对于含有甲醛等同物的化妆品来说，在雾化和加热的情况下，实际上就是气体甲醛的毒性。目前各国公认，化妆品和个人护理用品中游离甲醛的含量在不超过0.2%的情况下是安全的(表6-37)。但也规定，*当成品中游离甲醛含量超过0.05%*时，必须标有“含有甲醛”的字样和/或“要用油脂保护皮肤”的标注，提醒消费者注意。

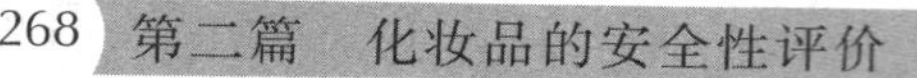

表 6-37　含甲醛化妆品的安全风险与限值

<table>
<tr><th rowspan="2">产品类型</th><th rowspan="2">可能产生的急性毒性反应</th><th colspan="3">甲醛含量限值规定(以游离甲醛计)/%</th></tr>
<tr><th>美国</th><th>欧盟</th><th>中国</th></tr>
<tr><td>除了雾化产品之外的其他化妆品</td><td>变应性过敏反应(斑贴试验阳性)</td><td>≤0.2</td><td rowspan="2">≤0.2</td><td rowspan="3">0.2</td></tr>
<tr><td>头发理顺、拉直产品</td><td>眼部、鼻子刺激症状，呼吸问题和头疼或头发脱落</td><td>考虑浓度、用量、局部环境温度和通风状况等因素</td></tr>
<tr><td>口腔卫生用品</td><td>口腔、喉部的烧灼感甚至呼吸困难</td><td>≤0.2</td><td>≤0.1</td></tr>
<tr><td>指甲硬化剂</td><td>指甲床和暴露皮肤不适和烧灼感、严重的手指疼痛，指甲下结痂、指甲干燥和剥落</td><td>≤0.2</td><td>≤0.2</td><td>≤5</td></tr>
<tr><td>喷雾类</td><td>甲醛蒸气的刺激、毒性</td><td>禁用</td><td>禁用</td><td>禁用</td></tr>
</table>

(4) 可释放甲醛防腐剂的危害　有些防腐剂包括咪唑烷基脲、双咪唑烷基脲、Q-15、DMDM 乙内酰脲，以及溴硝丙二醇（在 pH 极端改变的情况下）等既有内在的抗菌活性，也有溶于水后缓慢持续释放的微量游离甲醛的抑菌防腐效果。尽管释放的甲醛的浓度非常低，但若反复应用于破损皮肤也可能致敏，并可能引起过敏性接触性皮炎。表 6-38 为常见可释放甲醛防腐剂的安全性风险。

表 6-38　常见可释放甲醛防腐剂的安全性风险

原料名称	性质特点	安全性风险
2-溴-2-硝基丙烷-1,3 二醇(BNPD)	比较稳定，应用在多种化妆品中特别是洗发香波、面霜、护肤液、染发剂和眼部化妆品，这些化妆品被用到体表的不同部位，包括眼睑等敏感和易吸收的部位，并且一天可能要用到几次	浓度高时有明显皮肤、眼刺激性。BNPD 在体外的主要降解产物为甲醛和亚硝酸盐，溶液 pH 值和温度的增加会加速这种降解，而且在体外有亚硝基化作用，可和化妆品中的二乙醇胺、三乙醇胺和吗啉等分子形成亚硝胺类致癌物，人们同样担心其在人体内也会有类似的作用
咪唑烷基脲(IU)	在化妆品中试使用最为广泛的防腐剂之一，常用于护肤液、面霜、洗发香波、护发素和除臭剂等产品中	其对革兰氏阴性和阳性菌均有杀灭作用，并能与同时存在的其他防腐剂起协同增效作用。含有 IU 的化妆品被用到身体的频繁程度可一天多到几次，也可少到一个月仅一两次，每次用后在皮肤上存留的时间也可由几分钟到几天不等
双咪唑烷基脲(DU)	被广泛地用于包括婴儿护理品、眼部化妆品、面部化妆品和与护发、剃须、美甲、洗浴及皮肤护理等有关的产品中	含 DU 的化妆品被使用的频率一天可有数次，每次用于皮肤后会与皮肤接触数小时。DU 在化妆品中可与多数成分相容存在，不被表面活性剂或蛋白质灭活。DU 是接触性致敏物质，对皮肤有轻微刺激作用

续表

原料名称	性质特点	安全性风险
DMDM乙内酰脲	为白色晶体，易溶于水、甲醇、乙醇等。市售产品多为水溶液，呈无色至淡黄色透明液体，具有轻微臭味；作为释放甲醛防腐剂用在多种化妆品中，具有广谱的抗菌作用	含DMDM的产品会用在皮肤和头发上，有可能与眼睛、鼻黏膜和身体的其他部位接触，每次使用后，其与皮肤接触的时间会在15～30min不等，并且在几年之内人们会反复使用含有该防腐剂的化妆品。大鼠急性经口染毒会引起胃膨胀、腹部皮下出血等症状，对白兔皮肤有轻度到中度的刺激作用
聚季铵盐-15（Q-15）	在水质制品中释放甲醛，在含聚季铵盐-15为0.1%或2.0%的面霜中，也分别含有0.01%或0.2%的甲醛，被吸收进入血循环的Q-15会被代谢为甲酸	Q-15有中等程度的刺激性。CIR认为可以安全地用于喷发产品中，因为喷发产品中的Q-15颗粒在35μm以上，而可吸入颗粒一般在10μm以下
乌洛托品（MN）	依靠酸性条件下水解释放出的甲醛分子，MN常被用在睫毛膏和其他眼部化妆品中，也用在除与剃须有关制品外的其他多种身体、面部和手的化妆品中	一种已知的皮肤致敏剂，其蒸气或溶液均可导致人体皮肤出现刺激症状。建议不要在喷雾化妆品中使用

（5）可释放甲醛防腐剂在化妆品中的限量规定　见表6-39。

表6-39　释放甲醛防腐剂的限量规定

序号	原料名称	INCI名	急性毒性LD_{50}/(mg/kg)	欧盟/%	中国/%
1	咪唑烷基脲	imidazolidinyl urea	＞5200（大鼠经口）；＞8000（兔经皮）	≤0.6	≤0.6
2	双咪唑烷基脲	diazolidinyl urea	＞2600（大鼠经口）；＞3700（小鼠经口）	≤0.5	≤0.5
3	DMDM乙内酰脲	DMDM hydantoin	＞3720（大鼠经口）；2000（大鼠经皮）	≤0.6	≤0.6
4	乌洛托品	methenamine	＞10000（大鼠经口）；＞200（大鼠注射）	≤0.15	≤0.15
5	2-溴-2-硝基丙烷-1,3-二醇	2-bromo-2-nitropropane-1,3-diol	＞400（大鼠经口）；＞200（大鼠注射）	≤0.1	≤0.1（避免形成亚硝胺）
6	聚季铵盐-15	quaternium-15	＞2800（鸡经口）；＞565～605（兔经皮）	≤0.2	≤0.2

（二）防晒剂的安全风险评估

1. 常用防晒剂的安全风险与管理规定

理想的紫外线吸收剂应该能吸收所有波长的紫外线辐射、光稳定性好、无毒不致敏、无臭、与其他化妆品原料配伍性好。但防晒剂与普通化妆品原料不同，具有较高的光化学或物理活性，易刺激皮肤和产生接触致敏和光致敏，引起红疹、皮肤发炎、变黑等。到目前为止，国际上已经研究开发的有机防晒剂有60多种。常用防晒剂的安全风险见表6-40。

表 6-40 常用防晒剂的安全风险

原料	安全风险
对氨基苯甲酸(PAPB)	5%PABA人体能很好耐受，对皮肤相容性很好，但是部分个体出现接触性过敏反应
胡莫柳酯	在化妆品作为UV过滤剂有很长历史，无毒、无刺激、无致敏性，可以在皮肤上安全使用，但不要用于喷雾产品
二乙胺基羟基甲酰基苯甲酸己酯	急性经口毒性低，对兔眼有短暂刺激性
水杨酸乙基己基酯(辛基水杨酸盐)	未稀释时对家兔皮肤有轻度刺激性
4-甲基苄亚基樟脑	毒性低、刺激性小，无光致敏和致突变性，皮肤吸收少，重复染毒试验发现对大鼠甲状腺有轻度作用，通过吸入途径(气溶胶、喷雾等)的暴露或者经口途径(如唇部护理产品)可能存在风险
聚硅氧烷-15	无毒、无刺激、无致敏性，在头发压力喷雾产品中只要产生的粒子在尾部大于可吸入粒子(>15μm)，预期使用聚硅氧烷-15不会带来风险
二苯酮及其衍生物	未经稀释时，二苯酮类化合物对眼睛与皮肤有轻微刺激作用，在化妆品与个人护理产品的使用浓度下无刺激；二苯酮类无致突变性，考虑到光毒性问题，一般含有羟苯甲酮的产品需要在外包装上标注警示用语
氧化锌(ZnO)	无毒、安全性好，但目前对微粒化氧化锌的透皮吸收率无可靠数据，存在安全性的不确定性
二氧化钛(TiO_2)	安全性高，无毒无刺激无光敏感。我国规定在化妆品中作为防晒剂的最大使用浓度为25%，如果作为着色剂使用，则可使用于各种化妆品中，且无其他限制和要求

出于安全性考虑，各国都制定了允许使用的防晒剂清单，严格规定了防晒剂的限值用量、限用范围、使用条件和标签上必要说明等（表6-41、表6-42）。

表 6-41 防晒剂在不同国家和组织的使用情况

地区	发布年份	允许使用防晒剂数量
美国	1993年	14种有机防晒剂、2种无机防晒剂
欧盟	2000年	24
日本	2001年	27
中国	2007年	26种化学防晒剂、2种物理防晒剂

表 6-42 部分常用防晒剂的限量规定

序号	原料名称	急性毒性 LD_{50}/(mg/kg)	欧盟/%	美国/%	日本/%	澳大利亚/%	中国/%
1	对氨基苯甲酸	>6000(大鼠经口)；>3000(狗经口)	—	≤15	—	≤15	≤5
2	胡莫柳酯	>5000(大鼠经口、兔经皮)	≤10	≤15	≤10	—	≤10
3	二乙胺基羟基甲酰基苯甲酸己酯	>2000(大鼠经口)	≤10	—	—	—	≤10

续表

序号	原料名称	急性毒性 LD_{50}/(mg/kg)	欧盟/%	美国/%	日本/%	澳大利亚/%	中国/%
4	水杨酸乙基己基酯	＞5000(大鼠经口)；＞5000(兔经皮)	≤5	≤5	≤10	≤5	≤5
5	4-甲基苄亚基樟脑	＞10000(大鼠经口)；＞2000(大鼠经皮)	≤4	—	—	—	≤4
6	聚硅氧烷-15	＞2000(大鼠经口、经皮)	≤10	—	—	—	≤10
7	氧化锌	＞5000(大鼠经口)；＞2000(大鼠经皮)	≤25①	≤25	未设定	≤20	≤25
8	二氧化钛	＞2150(大鼠灌胃)；＞10000(兔经皮)	≤25	≤25	未设定	≤25	≤25
9	苯基苯并咪唑磺酸及其盐	＞1600(大鼠经口)；＞3000(大鼠经皮)	≤8	≤4	≤3(非黏膜使用)	—	≤8

① 欧盟要求提供的氧化锌颗粒粒径大于100nm。

2. 二苯酮类防晒剂的安全风险评估

二苯酮类包括二苯酮-1～二苯酮-12 (benzophenones-1 to benzophenones-12)，是2-羟基二苯甲酮的衍生物，其结构中均含有以下共同结构：

取代基包括羟基、甲氧基、辛氧基、磺酰基、甲基、氯等。二苯酮及其衍生物对UVA、UVB兼能吸收，在化妆品中被用作防晒剂、光稳定剂。

(1) 二苯酮类防晒剂的安全性评估资料　二苯酮类防晒剂的安全性评估资料见表6-43～表6-48。

表 6-43　二苯酮类的简况

二苯酮类	别名	外观	溶解度	化妆品中最高使用浓度/%
二苯酮-1	2,4-二羟基二苯酮,苯酰间苯二酚	浅黄色粉末	溶于有机溶剂,不溶于水	≤1
二苯酮-2	2,2′,4,4′-四羟基二苯酮	黄色固体结晶	溶于有机溶剂,微溶于水	≤5
二苯酮-3	2-羟基-4-甲氧基二苯酮,羟苯甲酮	浅米色粉末	溶于有机溶剂,不溶于水	≤1
二苯酮-4	2-羟基-4-甲氧基二苯酮-5-磺酸,磺异苯酮	苍白象牙色粉末	溶于水,溶于乙醇甲醇	≤10
二苯酮-5	2-羟基-4-甲氧基二苯酮-5-磺酸钠	资料缺	资料缺,推测水溶性强	≤0.1
二苯酮-6	2,2′-二羟基-4,4′-二甲氧基二苯酮,双(2-羟基-4-甲氧基苯基)甲酮	浅黄色固体	溶于有机溶剂,不溶于水	≤1
二苯酮-7	5-氯-2-羟基二苯酮,2-羟基-5-氯二苯酮	资料缺	资料缺	基本不用

续表

二苯酮类	别名	外观	溶解度	化妆品中最高使用浓度/%
二苯酮-8	2,2′-二羟基-4-甲氧基二苯酮,二羟苯酮	黄色固体结晶,纯度93%	溶于有机溶剂,微溶于水	≤1
二苯酮-9	2,2′-二羟基-4,4′-二甲氧基-5-磺基二苯酮钠	浅黄色粉末	溶于水,微溶于甲醇、乙醇,不溶于乙酸乙酯和苯	≤1
二苯酮-10	2-羟基-4-甲氧基-4-甲基二苯酮,甲克酮	资料缺	资料缺	基本不用
二苯酮-11	—	黄色或褐色粉末	溶于有机溶剂,不溶于水	≤5
二苯酮-12	2-羟基-4-(辛氧基)二苯酮	资料缺	资料缺	基本不用

表 6-44 二苯酮类的急性经口毒性数据

二苯酮类	大鼠数量	浓度/%	溶剂	剂量	LD_{50}	评判意见
二苯酮-1	50	25	玉米油	8～32mL/kg	24.4mL/kg	相对无害
二苯酮-1			橄榄油		8.8g/kg	实际无毒
二苯酮-2	100	5	玉米油	1～3.5g/kg	1.22g/kg	低毒(高剂量抽搐并立即死亡)
二苯酮-3	25	25	玉米油	6.25～16g/kg	11.6g/kg	实际无毒
二苯酮-3	14	15	甲基纤维素	4.5～6g/kg	>6g/kg	肝肾苍白,胃肠道刺激
二苯酮-3			橄榄油		7.4g/kg	实际无毒
二苯酮-4	30	5	水	0.2～6.4g/kg	>6.4g/kg	实际无毒
二苯酮-4	20	20	琼脂、吐温	1.25～10g/kg	3.53g/kg	低毒
二苯酮-6	25	25	玉米油	1～16g/kg	>16g/kg	实际无毒
二苯酮-8	10	0.2g/mL	水	10g/kg	>10g/kg	实际无毒
二苯酮-9	25	26.8	水	6.14～16g/kg	9.0g/kg	实际无毒
二苯酮-11	100	5	玉米油	1.5～3.75g/kg	3g/kg	低毒

表 6-45 二苯酮类防晒剂的亚慢性与慢性经口毒性数据

二苯酮类	动物数量与种属	剂量	染毒天数(日常饮食)/d	死亡动物数	无作用剂量	评判意见
二苯酮-1	40只白兔	0,0.19,0.6,1.9(g/kg)	90	0	0.19g/kg	生长抑制,0.6g/kg和1.9g/kg剂量出现肝肾损伤
二苯酮-3	40只白兔	0,0.01,0.1,1(%)	27	0	>1.0%	无毒性作用
二苯酮-3	120只白兔	0,0.02,0.1,0.5,1(%)	90	0	0.1%	生长抑制,白细胞增多、贫血,器官减重

续表

二苯酮类	动物数量与种属	剂量	染毒天数（日常饮食）/d	死亡动物数	无作用剂量	评判意见
二苯酮-8	40只白兔	0，2.5，5.0，10（%）	36	0	2.5%	在5%和10%剂量出现肉眼血尿
二苯酮-12	40只白兔	0，0.19，0.6，1.9（g/kg）	90	0	0.6g/kg	生长抑制，在1.9g/kg剂量出现肝肾损伤

表6-46　二苯酮类防晒剂的眼和皮肤刺激性、光毒性以及皮肤致敏性试验数据

试验	动物数量与种属、位置	样品处理	方法	持续时间或次数	剂量	评判意见
急性皮肤刺激	白兔完整去毛，皮肤		封闭性斑贴试验	原位保留24h后移除评分，24h再评分	4%～100%	无刺激
多次皮肤刺激	6只新西兰白兔脱毛，背部皮肤	乙醇溶液	每24h评分	5周内16次染毒	10%	中刺激性
					1%	无刺激
眼刺激性	家兔，眼睛	稀释或原液	不冲洗或4s冲洗	—	5%～100%	轻刺激、无刺激
光毒性、光致敏性	豚鼠、白兔，背部去毛皮肤	稀释或原液	暴露在UVA下24h	24h或每周重复5次持续两周	3%，6%	无光毒性、无光致敏性
皮肤致敏性	10只雌性白豚鼠，背部去毛	玉米油溶液	最大值法	注射诱导7d，局部封闭贴敷48h，两周后激发	10%～50%	无致敏性

表6-47　二苯酮类防晒剂的致突变性试验数据

二苯酮类	方法	其他条件	剂量	评判意见
二苯酮-1	Ames鼠伤寒沙门氏菌回复突变、哺乳动物微核试验	有/无代谢活化	—	无致突变性
二苯酮-2	Ames鼠伤寒沙门氏菌回复突变、哺乳动物微核试验	有/无代谢活化	200μg，75μg	一定致突变性
二苯酮-3	Ames鼠伤寒沙门氏菌回复突变、哺乳动物微核试验	有/无代谢活化	—	无致突变性
二苯酮-4	Ames鼠伤寒沙门氏菌回复突变、哺乳动物微核试验	有/无代谢活化	—	无致突变性
二苯酮-6	Ames鼠伤寒沙门氏菌回复突变	代谢活化	100～300μg	潜在致突变性
二苯酮-8	Ames鼠伤寒沙门氏菌回复突变	代谢活化	32μg，2μg	一定致突变性
二苯酮-9	Ames鼠伤寒沙门氏菌回复突变、哺乳动物微核试验	有/无代谢活化	—	无致突变性
二苯酮-11	Ames鼠伤寒沙门氏菌回复突变、哺乳动物微核试验	有/无代谢活化	—	无致突变性

表 6-48 二苯酮类防晒剂人体安全试验数据

二苯酮类	皮肤刺激性与致敏性	光毒性与光致敏性	防晒功效试验
二苯酮-2	高于化妆品中使用浓度，无	0.1%～3.5%，无光毒性，但有轻微刺激	2%～10%，无刺激或光毒性
二苯酮-3	高于化妆品中使用浓度，无	0.1%～3.5%，无光毒性、无光致敏性，但有轻微刺激、过敏	1%～10%，无刺激或光毒性
二苯酮-4	高于化妆品中使用浓度，无	0.1%～3.5%，无光毒性，但有轻微刺激	—
二苯酮-8	高于化妆品中使用浓度，无	—	2%～10%，无刺激或光毒性
二苯酮-10	高于化妆品中使用浓度，无	—	0.5%～10%，无刺激或光毒性

(2) SCCP 对二苯酮-3 的安全性风险评估过程　通过毒理学和人体安全风险评估后，再计算二苯酮-3 安全边际。

① 二苯酮-3 作为防晒剂中的紫外过滤剂，含量高至 6%时：

经皮吸收率（6%配方）：9.9%；

涂皮剂量（防晒剂）：18g/d；

典型人体体重：60kg；

未观察到毒性作用水平 NOAEL(大鼠致畸试验)：200mg/(kg・d)；

全身暴露剂量(SED)＝(18×1000mg/d×6%×9.9%)÷60kg＝1.78mg/(kg・d)。

因此，MoS＝NOAEL/SED＝112(＞100)。

② 二苯酮-3 作为紫外过滤剂，含量为 0.5%，用于提高化妆品配方对日光的稳定性时：

经皮吸收率(2%配方)：8.0%；

涂皮剂量(所有化妆品产品)：17.79g/d；

典型人体体重：60kg；

未观察到毒性作用水平 NOAEL(大鼠致畸试验)：200mg/(kg・d)；

全身暴露剂量(SED)＝(17.79×1000mg/d×0.5%×8.0%)÷60kg＝0.119mg/(kg・d)。

因此，MoS＝NOAEL/SED＝1686(＞100)。

③ 基于以上评价结果，SCCP 认为，在不考虑二苯酮-3 可能具有的接触过敏及光致敏毒性前提下，二苯酮-3 浓度不高于 6%作为紫外过滤剂使用时，以及二苯酮-3 浓度不高于 0.5%作为所有化妆品中光稳定剂使用时，对消费者的健康不会造成危害。

(3) 二苯酮类防晒剂在化妆品中的限值规定　不同国家或地区对于二苯酮类化合物作为紫外吸收剂在化妆品中的使用管理有不同的限值要求，见表 6-49。

表 6-49　二苯酮类防晒剂在化妆品中限值规定

原料	欧盟	美国	日本①	中国
二苯酮-1	不允许	不允许	允许使用	不允许
二苯酮-2	不允许	不允许	允许使用	不允许
二苯酮-3	允许使用，限量≤10%	允许使用，限量≤6%	允许使用，限量≤5%	允许使用，限量≤10%
二苯酮-4	允许使用	允许使用	允许使用	允许使用，限量≤5%
二苯酮-5	允许使用	不允许	允许使用	允许使用，限量≤5%
二苯酮-6	不允许	不允许	允许使用	不允许
二苯酮-8	不允许	允许使用，限量≤6%	不允许	不允许
二苯酮-9	不允许	不允许	允许使用	不允许

① 日本厚生省允许最高使用量在不同类型的化妆品产品中（如香皂、洗面奶、护肤霜以及沐浴产品等）有详细规定。

（三）染发剂的安全风险

染发剂中的化学物质必须穿过毛发的表层进入毛发的内层才能改变头发的颜色，这样不可避免的会改变毛发的内部结构，造成毛发的损害。

永久性染发剂中含有对苯二胺、对氨基苯酚和对甲基苯二胺等芳香族化合物和过氧化氢、氨水、过硫酸铵等物质，对皮肤有明显的刺激、毒性和致敏性等，甚至可引起某些敏感个体急性过敏反应，如皮肤炎症、哮喘、荨麻疹等，严重时会引起发热、畏寒、呼吸困难，若不及时治疗可导致死亡。

染发产品中被广泛使用的芳香胺类化合物在动物体内具有致癌作用，例如对苯二胺类及其氧化产物明显使细胞遗传物质发生突变；HC 蓝二号呈强致突变性；HC 蓝一号诱发小鼠肝脏肿瘤、染色体畸变；邻苯二酚和联苯二酚为强致癌物，间苯二酚和对苯二酚明显抑制苯并（a）芘诱导小鼠皮肤癌变过程。但是各国对染发剂原料的动物致癌试验研究结果并不一致，难以得出明确结论，可能与动物品系、接触剂量和接触途径不同有关。

表 6-50 为主要染发剂组分及其安全风险。

表 6-50　主要染发剂组分及其安全风险

原料	性质特点	安全风险	《化妆品卫生规范》的要求
对苯二胺及其衍生物	一种氧化染料，它对毛发中的角蛋白有极强的亲和力，是永久和半永久染发剂中的最主要的功效成分，其氧化过程就是染发时颜色的固着过程	对苯二胺可经皮肤吸收，在体内生成苯酸二亚胺，不仅损伤皮肤，还可引起接触性或过敏性皮炎，而且长期接触有一定的致癌作用。据统计，在正常人群中，对苯二胺的致敏率为 4%；在皮肤病患者中，致敏率为 10%	间苯二胺、对苯二胺用量不超过 6%（游离），甲基苯二胺类不超过 10%（游离）

续表

原料	性质特点	安全风险	《化妆品卫生规范》的要求
过氧化氢(H_2O_2)	水溶液俗称双氧水，是一种强氧化剂，在常温下可以发生分解反应生成氧气和水(缓慢分解)，决定了染料中间体在染发过程中氧化反应的完全程度	浓度高则染发效果更明显，但将大大增强对头发角蛋白的破坏力，加剧头发的损伤程度，易使头发枯燥、变脆、分叉、脱落	化妆品中氧化剂最大允许浓度为4%～7%
过硫酸铵	提高漂白剂的性能	引起接触性荨麻疹和过敏反应	

第三节　化妆品中可能存在的风险物质的安全性风险评估

化妆品中可能存在的常见的一些风险物质既包括原料中杂质（如二噁烷、苯酚、丙烯酸单体等），也包括非法添加的禁用物质（如激素、抗生素等），均需按照规定程序和方法进行安全风险评估。

一、化妆品中可能存在的禁用物质的来源及危害

（一）化妆品禁用物质名单

在我国2007年版的《化妆品卫生规范》中规定了化妆品组分中禁止使用物质有1286项。这些物质对人体组织、器官及生理功能会有强烈影响，可以分为以下几类。

① 神经性毒物。毒物作用于神经系统后，引起功能与形态改变，造成精神活动与行为异常，全身神经系统损害。包括金属与类金属（如汞、铅、砷、铊、碲）及其化合物；工业毒物，如丙二腈；药物，如麻醉药氯乙烷、中枢兴奋药洛贝林、中枢抑制药羟嗪、植物神经系统药肾上腺素等；农药，如滴滴涕、对硫磷等；天然毒素，如天仙子的叶、种子、粉末和草药制剂等；以及一些其他毒物，如尼古丁及其盐等。

② 肺损伤毒物。包括氯化苦、铍及铍化物、氯乙烯等。

③ 肝损伤毒物。包括四氯化碳、黄樟素、双香豆素等。

④ 抗肿瘤药物。包括环磷酰胺及其盐类、氟尿嘧啶等。

⑤ 激素类。包括孕激素、雌激素、糖皮质激素类。

⑥ 其他药物。包括抗生素类、山道年、保泰松、磺胺类药及其盐类。

⑦ 疫苗、毒素及血清、放射性物质。

表6-51为美国禁止或限制在化妆品中使用的成分。

表 6-51　美国禁止或限制在化妆品中使用的成分

成分	禁止或限制的原因
硫双二氯酚	光接触过敏
汞化合物	体内蓄积，可能会引起皮肤刺激、过敏反应和神经毒性
氯乙烯	作为气溶胶产品的成分，有人类以及动物致癌性的怀疑
卤代-*N*-水杨酰苯胺	光接触过敏
雾化锆复合物	作为气溶胶产品的成分，对肺部有毒性作用，包括产生肉芽肿
三氯甲烷	有动物致癌性，并可能危害人体健康
二氯甲烷	有动物致癌性，并可能危害人体健康
含氯氟烃的抛射剂	气溶胶抛射剂，可消耗臭氧
六氯苯	神经毒性

（二）化妆品中重金属的来源及危害

2007 年香港标准及鉴定中心曝光，国际四大知名品牌“倩碧”“兰蔻”“迪奥”“雅诗兰黛”的粉饼中都被检出铬和钕超标。到目前为止，化妆品中曾被检出或者是生产厂家可能添加的有危害的禁用物质主要是重金属，重金属主要来源于粉质原料，包括滑石粉、膨润土、高岭土、云母、钛白粉、锌白粉等。

汞及其化合物在化妆品中的主要来源是原料残留，有些化妆品中的颜料、染料是用含汞的化合物合成的。由于其具有优良的美白功效，也会被一些不良制造商非法添加到增白、美白和祛斑的化妆品中，使色斑脱色，让产品暂时达到快速美白祛斑美容效果，然而，有些祛斑类化妆品中违规添加的 1%～3%氯化氨基汞，让消费者险些毁容。

化妆品中砷主要来源于化工原料，长期使用砷含量超标的化妆品，不但起不到美容的作用，反而会损害皮肤健康，涉及的产品有美白祛斑类化妆品、染发类产品、中药面膜等。

化妆品中铅主要来源于原料携带，也不排除人为蓄意添加到化妆品中，因为铅具有良好的上色性，可能被添加至染发剂中；铅有使色斑脱色的美白效果，曾出现在速效美白和速效祛斑产品中。

一般化妆品不会刻意添加铬和钕这样的重金属成分，因为这两种金属没有美容功效。化妆品中铬和钕的存在，一种可能是由于生产化妆品所使用的矿物性原料不纯，含有这两种重金属的氧化物或盐类物质杂质，涉及清洁用品、沐浴类和彩妆品等；另一种可能就是，生产化妆品的生产设备使用不锈钢、合金钢材料里含有铬和钕，导致铬和钕残留在粉饼产品中。

常见重金属杂质的危害见表 6-52。

表 6-52　化妆品中常见重金属杂质的来源与危害

重金属	原料来源	危害
铅(Pb)	铅化合物作为颜料用在涂料、染料、彩妆类化妆品中	慢性或蓄积性毒性物质，含量过高导致铅中毒，主要损害神经系统、消化系统、造血系统和肾脏
砷(As)	由天然矿物原料、在含砷土壤中生长的植物原料、动物原料、合成原料等因为技术上不可避免的原因由原料带入	砷能引起动物和人的不同器官系统受损，包括皮肤、呼吸系统、心血管系统、免疫系统、泌尿生殖系统、胃肠系统和神经系统。砷及其化合物被认为是致癌物质
汞(Hg)	存在于自然界中，每个人都可能通过空气、食物和饮水摄入汞	汞及其化合物属于剧毒物质，对人体危害最大的是有机汞如甲基汞，具有脂溶性、高蓄积和高神经毒性
铬(Cr)	广泛存在于自然界的岩石、动物、植物和土壤中；生产化妆品的矿物性粉体原料中可能含有铬和钕杂质；化妆品的生产过程使用的金属材料可能微量带入	长期接触铬化合物可引起过敏性皮炎或湿疹；六价铬致皮肤过敏和溃疡、鼻中隔穿孔和支气管哮喘，可能引起癌症
钕(Nd)		钕对眼睛和黏膜有很强的刺激性，对皮肤有中度刺激性，吸入还可导致肺栓塞和肝损害
镉(Cd)	镉在自然条件下以化合物的形式与硫镉矿、锌矿、铅锌矿等伴生用来制合金和光学玻璃	镉在人体蓄积容易造成肾脏损害，进而造成骨质软化、疏松，慢性镉中毒会损害神经、免疫和生殖系统，易发肿瘤
锑(Sb)	人们每天不可避免地通过食物、水和空气暴露于低水平的锑，各种化妆品原料会带入	经口摄入可溶性锑盐后对胃肠黏膜有很强刺激性，导致呕吐、腹泻和心脏毒性；慢性呼吸系统摄入锑尘引起呼吸道刺激以及心肌和肝脏损伤
镍(Ni)	镍广泛分布于地壳中，主要用于生产不锈钢和镍合金；各种化妆品原料会带入	可诱发接触性过敏性皮炎，镍化合物可能影响生殖系统；镍化合物和镍金属的混合物可引起肺、鼻和鼻窦癌症

重金属杂质在化妆品中的限量的规定见表 6-53。

表 6-53　重金属杂质在化妆品中的限量的规定

物质	国家、机构、组织、文件名	限量/(mg/kg)	备注
铅	中国《化妆品卫生规范》(2007年版)	≤40(终产品)	铅及铅的化合物为禁用化妆品组分
	联邦德国政府	≤20(终产品)	不是根据风险评估而是根据技术上可以达到的水平
	加拿大卫生部草案	≤10(终产品)	根据采样调查的最低水平，保护敏感人群
砷	中国《化妆品卫生规范》(2007年版)	≤10(终产品)	砷及砷化合物为禁用化妆品组分
	联邦德国政府	≤5(终产品)	不是根据风险评估而是根据技术上可以达到的水平
	加拿大卫生部草案	≤3(终产品)	根据采样调查的最低水平，保护敏感人群

续表

物质	国家、机构、组织、文件名	限量/(mg/kg)	备注
汞	中国《化妆品卫生规范》(2007年版)(以汞计)	≤1(终产品)	汞及汞化合物为禁用化妆品组分(附表4中除外)
		苯汞的盐类,包括硼酸苯汞:70	如果同本规范其他化合物混合,Hg的最大浓度仍为0.007%;仅用于眼部化妆品和眼部卸妆品;标签上必须标注含苯汞化合物(硫柳汞)
		硫柳汞:70	
	联邦德国政府	≤1(终产品)	不是根据风险评估,而是根据技术上可以达到的水平
	加拿大卫生部草案	≤3(终产品)	根据采样调查的最低水平,保护敏感人群
	美国FDA	≤65(硫柳汞)	用于眼部化妆品防腐剂
镉	中国《化妆品卫生规范》2007年版	—	镉及镉的化合物为禁用化妆品组分
	联邦德国政府	≤5(终产品)	根据技术上可以达到的水平,高于此水平技术上是可以避免的
	加拿大卫生部草案	≤3(终产品)	
锑	中国《化妆品卫生规范》2007年版	未规定(终产品)	锑及锑化合物为禁用化妆品组分
	联邦德国政府	≤10(终产品)	不是根据风险评估,而是根据技术上可以达到的水平
	加拿大卫生部草案	≤5(终产品)	根据采样调查的最低水平,保护敏感人群
铬	中国《化妆品卫生规范》2007年版	—	铬、(+6价)铬酸及其盐类是禁用原料;允许使用氧化铬绿和氢氧化铬绿作着色剂,要求无游离铬酸盐离子
镍	中国《化妆品卫生规范》2007年版	未规定(终产品)	镍、碳酸镍、二氢氧化镍、二氧化镍、一氧化镍、硫酸镍和硫化镍为化妆品禁用成分

(三)激素的来源与危害

激素是一种量微而生理活性很强的有机化合物，添加于美容化妆品中有促进毛发生长、防止老化、除皱、增加皮肤弹性的功效。如果用法不当或在用量或配制、储运等各环节稍有不慎，让消费者长期外用激素，可能引起人体内激素水平变化，造成内分泌混乱等症状，也会给皮肤和全身带来病变，极有可能造成危及生命、损害健康的严重后果。

有些化妆品厂家为了使化妆品达到短时快速的美容效果，甚至违法生产和销售含有雌激素、糖皮质激素的化妆品。注明“速效美白”“有抗过敏作用”或“敏感肌肤适用”的一些非正规途径销售的化妆品中往往添加了激素。虽然有短期的效果，但长期使用，对皮肤无益，可能对皮肤产生各种激素的副作用。

例如女性外用雌激素可以刺激真皮组织产生酸性黏多糖（糖胺聚糖）和透明质酸，加上表皮增厚，从而使皮肤保持水分性能良好，但长期外用雌激素会引起血中催乳素增加。儿童若使用含雌激素化妆品能引起儿童性早熟发育症状。有些丰乳“药”，实际上含有雌激素，如乙烯雌酚等，长期使用可引起月经不调、色素沉着、黑斑、毛孔粗大等。眼部长期大量应用激素，可引起血压升高，导致视神经损害、视野缺损、后囊膜下白内障、继发性真菌或病毒感染。

短时间内使用性激素可使皮肤保湿，恢复弹性，减少皱纹或治疗粉刺，促进毛发生长，长期使用含有性激素的化妆品会导致多毛、皮肤色素沉积、萎缩变薄，甚至具有致癌性，引发乳腺癌、卵巢癌等疾病。

糖皮质激素外用可降低毛细血管的通透性，减少渗出和细胞浸润，具有抗炎、抗过敏、抗休克、免疫抑制等多种作用，临床应用广泛。长期使用含糖皮质激素的化妆品导致毛细血管扩张，皮肤变薄、敏感、发红、发痒，出现血糖升高、高血压、骨质疏松、胎儿畸形、免疫功能下降等现象，导致“上瘾”，出现激素依赖性皮炎。

（四）邻苯二甲酸酯类的来源与危害

1. 邻苯二甲酸酯类的种类

邻苯二甲酸酯类又称酞酸酯类（简称 PAEs），是一类人工合成的有机化合物，通常是由邻苯二甲酸酐与醇类酯化而成的。见表 6-54。

表 6-54　常见的邻苯二甲酸酯类

序号	中文名	简称	英文名	中国规定
1	邻苯二甲酸二异壬酯	DINP	di-*iso*-nonyl ortho-phthalate	
2	邻苯二甲酸(2-乙基己基)酯	DEHP	bis(2-ethylhexyl)ortho-phthalate	禁用
3	邻苯二甲酸二正丁酯	DBP	di-*n*-butyl ortho-phthalate	禁用
4	邻苯二甲酸二异葵酯	DIDP	di-*iso*-decyl ortho-phthalate	
5	邻苯二甲酸二异丁酯	DIBP	di-*iso*-butyl ortho-phthalate	
6	邻苯二甲酸丁基苄酯	BBP	benzyl-*n*-butyl ortho-phthalate	禁用
7	邻苯二甲酸二正辛酯	DNOP	di-*n*-octyl ortho-phthalate	
8	邻苯二甲酸二异辛酯	DIOP	di-*iso*-octyl ortho-phthalate	
9	邻苯二甲酸二甲酯	DMP	dimethyl ortho-phthalate	
10	邻苯二甲酸二戊酯	DNPP	di-*n*-phenyl ortho-phthalate	禁用
11	邻苯二甲酸二乙酯	DEP	diethyl ortho-phthalate	
12	邻苯二甲酸二环已酯	DCHP	di-cyclo-hexyl ortho-phthalate	
13	邻苯二甲酸二正已酯	DNHP	di-*n*-hexyl phthalate	
14	邻苯二甲酸二(2-甲氧基乙基)酯	DMEP	bis(2-methoxyethyl) phthalate	禁用
15	邻苯二甲酸二癸酯	DNDP	di-*n*-decyl phthalate	

2. 邻苯二甲酸酯类的来源

PAEs 为无色透明的油状黏稠液体，难溶于水，易溶于有机溶剂，在工业生产中有着广泛应用，主要用作塑料增塑剂，被普遍用于橡胶、清洁剂、润滑油、涂料油墨等数百种产品中。随着时间推移，PAEs 容易从产品中释放进入周围环境，污染空气、土壤乃至食物。

PAEs 会被人们非法添加进化妆品产品中，因为它特殊的功效，体现在使指甲油降低脆性避免碎裂，使香水香精香料的挥发速度减慢，增加皮肤的柔顺感，使发胶在头发表面形成柔韧的膜从而避免头发僵硬；增加洗涤用品对皮肤的渗透性等。邻苯二甲酸酯类存在于大多数化妆品中，会干扰机体内正常的内分泌功能，存在潜在危害。人们认为邻苯二甲酸酯类会加大女性患乳腺癌的概率，还会危害到她们未来生育的男婴的生殖系统。

3. 邻苯二甲酸酯类的危害

PAEs 是一类环境内分泌干扰素，它可模拟或拮抗内源性激素的作用而干扰机体内正常的内分泌功能，存在潜在危害。PAEs 的急性毒性较小，但是其亚急性毒性和慢性毒性中的生殖毒性、胚胎毒性、致畸、致癌和致突变作用等引起了人们的高度关注。人群流行病学研究显示，PAEs 是呼吸系统综合征的重要刺激物，可能对体内甲状腺和体外甲状腺组织产生拮抗作用，还具有神经毒性和免疫毒性。

人群对 PAEs 的暴露是普遍存在的。美国人均暴露于 DEHP 的总量为 0.27mg。相对分子质量较小的 PAEs 可通过呼吸道和皮肤渗入人体，而相对分子质量较大的 PAEs 则以消化为主要进入人体的方式。

动物研究表明 PAEs 在体内可以被代谢成邻苯二甲酸甲酯等具有雌性雄性生殖毒性的物质。美国疾病控制及预防中心、哈佛大学医学院及欧洲的一些机构纷纷发表报告称：动物试验显示，PAEs 有损动物健康，可致动物尿道下裂，并影响肝、肾及睾丸，还可造成雌性动物的胚胎畸形；还发现 DEHP 染毒可致大鼠和小鼠的恶性肝细胞肿瘤。

4. 邻苯二甲酸酯类的限量规定

许多国家政府和管理机构都对 PAEs 进行了安全性评价并对其使用制定了严格规定。我国规定了 9 种禁用在化妆品中的 PAEs，其他成分未做规定；欧盟规定了 7 种禁用在化妆品中的 PAEs，但认为 DEP 在化妆品中使用是安全的，目前无需建议制定警示或限制条件，并且对于禁用的 DEHP、DBP 和 BBP，当它们在化妆品中的总量达到 100mg/kg 或者单种物质的量达到 100mg/kg 均不会对人体造成健康危害；美国 CIR 通过安全性评价认为 DBP、DEP 和 DMP 在化妆品中的使用是安全的，目前尚无足够证据表明 PAEs 在化妆品中存在安全性问题，对这类物质的使用未做限制要求。

随着对这类物质毒性的全面和深入认识，国际上对 PAEs 安全限值的认识可能还会发生变化，以更好地保证人民群众的健康。

（五）药用成分的来源与危害

含药物化妆品处于药品与化妆品之间，它是在化妆品中按照国家限量要求添加了某种药物成分，使之具有一定的预防保健和辅助治疗作用。某些特殊用途化妆品中可能含有限制使用的药用成分，如治疗腋臭的花露水中含有氯化铝、氧化铅、苯磺酸锌、甲醛等止汗剂，以及含有硼酸、安息香酸、洗必泰等除臭剂；治疗雀斑、黄褐斑的祛斑霜中含有氢醌（对苯二酚）；防晒霜内含有对氨基苯甲酸；治疗粉刺的粉刺露中含有水杨酸、过氧苯甲酰、维甲酸等；促使毛发增生，外用治疗脱发症的米诺地尔等。

这些药用物质不是过敏原就是原发刺激物，其使用方法和用量均应遵循药品安全管理法规，绝不能每日随便涂用，应有适应证和疗程，一旦有所偏失，就会出现毒副反应。如果厂家为提高其产品的效果，加入了超过化妆品规定所允许的最高含量，这时，化妆品变成了药品。值得提出的是，皮肤对物质的吸收能力是很弱的，所以这类化妆品的治疗作用也是有限的。

长期使用含药物的化妆品对人体的危害是很大的。人体皮肤表面有多种常驻菌，对人体皮肤起着防止其他细菌和霉菌过度繁殖和侵入的作用，如果过度使用这些药效化妆品，就会破坏皮肤表面的常驻菌，导致其他细菌或霉菌入侵，破坏皮肤健康。有时甚至致使细菌产生抗药性，给治疗增加一定的难度。比如米诺地尔又名“敏乐定”或“长压定”，是一种降压药，长期外用的副作用包括刺激皮肤，可能导致皮肤红疹、痕痒等。

因此，药效化妆品不可滥用，应根据产品说明书慎重使用，如发现皮肤过敏、红肿、发痒等现象，应立即停止使用。

1. 抗生素

抗生素类药物属于处方药物，必须在医生指导下方可使用。如长期使用违规添加抗生素甲硝唑的祛痘类化妆品，可能引起接触性皮炎等不良反应，表现为红斑、水肿、糜烂、脱屑、渗出、瘙痒、灼热；氯霉素还会使白细胞减少，抑制骨髓，造成肝损害。长远看，抗生素容易造成细菌耐药性增强，使得药效降低而延误治疗，导致严重的社会问题。

规定抗生素类（成分）为化妆品禁用组分是化妆品管理中的国际惯例，目的是避免抗生素的滥用。那些宣传医疗效果或者宣传在几天内皮肤问题得到迅速“改善”承诺“快速见效”的产品，都有可能是在化妆品中违法添加抗生素，属于违法行为。

2. 中药

近年来含有中药的化妆品越来越多，某些草药的合理使用对人们的美容、皮肤的健康起到了很好的作用，但随之而来的是它们的安全性、毒害性也引起人们的注意。例如，多年来白芷是一种最常用于美容的中药，认为此药具有美白皮肤、使皮肤细腻的作用。随着现代科学研究的进步，发现白芷含有花椒毒酚、异欧芹属素乙等有光毒活性的物质，当受到日光照射时可致使受照射的皮肤发生瘙痒、红肿、色素沉着、角化过度等光毒性或光敏性皮炎损害。砒霜、红信石、朱砂、雄黄、红升丹等矿物性药材中的汞、砷、铅的含量高，对人体有害，也应注意。

根据《化妆品卫生标准》的规定，禁止用或慎用的草药有：细辛、积雪草、马钱子、附子、乌头、洋金花、麻黄、桂皮、桉叶油、石菖蒲、藜芦、大黄、半夏、南星、藤黄、千金子、夹竹桃、甘遂、闹羊花、斑蝥等。这些中药含有生物碱类等对皮肤有强烈刺激性作用的化学成分。

二、化妆品中二噁烷的安全性风险评估

（一）二噁烷的毒理学资料

二噁烷（1,4-dioxane），分子式 $C_4H_8O_2$，别名二氧六环，一种无色易挥发液体，混溶于水、乙醇等多数有机溶剂，是生产香波、浴液等化妆品中使用的表面活性剂的副产物，用作含氯溶剂的稳定剂，还可用作乙基纤维素、油漆、染料等的溶剂。

对人体肝细胞有致癌活性，是《化妆品卫生标准》和《化妆品卫生规范》中规定的禁用物质。目前的生产技术只能是最大限度地降低化妆品中二噁烷的含量而无法完全避免。

二噁烷经口、经皮和经呼吸道毒性均为低毒，有麻醉和刺激作用。人体接触大量二噁烷蒸气可引起眼和上呼吸道刺激，伴有头晕、头疼、嗜睡、恶心、呕吐等，在人体会因不断积蓄而致肝、肾损害，甚至发生尿毒症。

二噁烷经口毒性能引起大鼠和小鼠的肝脏和鼻腔癌症。经大鼠消化道染毒致肝脏肿瘤的 NOAEL 为 10～40mg/(kg・d)。

因为二噁烷的化学结构与硝基类化合物相似，有一定的致癌作用，可对肝脏和肾脏有损伤，被国际卫生组织的国际癌症研究机构（International Agency for Research Cancer，IARC）列为对试验动物有足够证据的化学致癌物，属于 CMR 2B 类物质。

（二）化妆品中二噁烷的来源

由于二噁烷的使用范围广、易挥发和不易降解等特性，容易污染大气、土壤和水体等，使人们有可能受到二噁烷的暴露影响。人体可以通过皮肤、呼吸道和消化道等途径接触二噁烷。

1. 化妆品中二噁烷含量调查

表 6-55 与表 6-56 分别为澳大利亚与我国公布的二噁烷检测数据。

表 6-55　澳大利亚公布 1987～1996 年二噁烷检测数据

产品类别	二噁烷含量/(mg/kg)	产品类别	二噁烷含量/(mg/kg)
洗发香波	<50～300	洗发香波	11～45
洗发香波和泡沫浴液(荷兰)	≤200	泡沫浴液	22～41
日用消费产品	<1～96	婴儿啫喱	16

续表

产品类别	二噁烷含量/(mg/kg)	产品类别	二噁烷含量/(mg/kg)
餐具洗涤剂	<2～65	护发露	47～108
保湿露	4	液体香皂	7
婴儿露	11	各种化妆品(包括膏霜、洗护发和洗面产品)	≤4

表 6-56　我国公布 1998～2000 年二噁烷检测数据

产品类别	件数	检出(≥2μg/g)率/%	95%位数/(μg/g)
国产香波	122	63.9	173.42
进口香波	64	56.2	34.68
国产浴液	51	47.06	111.6
进口、合资浴液	33	42.4	14.02
餐具、果蔬清洁剂	24	79	14.9

2. 含有二噁烷残留的主要原料和产品

在由环氧乙烷制备聚乙二醇及含聚乙二醇结构的非离子、阴离子表面活性剂时，通常会伴有副产物二噁烷的生成。在化妆品中常用的此类原料包括聚乙二醇类、聚乙二醇脂肪酸酯类、脂肪醇聚氧乙烯醚类、脂肪醇聚氧乙烯醚硫酸盐类、聚山梨糖醇酯类等，涉及的化妆品产品包括香波、浴液、洗手液、洁面乳等清洁类产品以及部分膏霜、乳液、润肤水等护肤产品。不过，由于添加量与使用原料品种的差异，香波、浴液、洗手液、洁面乳等清洁类产品中残留二噁烷的概率和数量较高。

在生产洗发香波、浴液时，要使用大量表面活性物质，而二噁烷往往是生产表面活性物质的副产物，如果生产技术不规范，二噁烷可随原料进入到香波、浴液中。因此生产设备和生产的各环节都要符合国家的标准，才能予以避免。

（三）化妆品中微量二噁烷的风险评估

根据使用情况不同，化妆品被分为即洗类（如洗发香波、沐浴液），以及驻留类［如面霜（膏）、体霜（膏）］。由于使用方式的不同，会造成使用时暴露情况有很大差异。

1. 使用沐浴液和香波类化妆品的暴露评定

由于二噁烷具有挥发性，在洗发和沐浴时，沐浴液和香波中二噁烷溶解在水中，与水形成共沸化合物，沸点降低，很快挥发至空气中，因此，吸入暴露是使用沐浴液和香波类化妆品的主要暴露途径。

一般浴室体积 V 为 $10m^3$，使用 Colipa 资料计算的沐浴液每日使用量为 10g（每日 2 次，每次 5g），洗发香波每日使用量为 8g（每日 1 次，每次 8g）。

假设二噁烷全部蒸发，浴室中二噁烷含量计算公式如下：

$$M=X_1K_1+X_2K_2$$

式中　X_1——香波中二噁烷含量；

X_2——沐浴液中二噁烷含量；

K_1——香波平均使用量；

K_2——沐浴液平均使用量。

按照产品中二噁烷检测出的最高含量计算，X_1 为 174.4μg/g，X_2 为 111.6μg/g，浴室空气中二噁烷含量：

$$C=M/V=(174.4\times8+111.6\times10)/10000=0.25\mu g/L$$

通常一个成年人体重 60kg，每日呼吸 2 万多次，24h 平均可吸入 10～12m^3 空气。

假设每天沐浴时间为 30min，可吸入 250L 空气；那么沐浴时人群二噁烷的全身暴露量为：(0.25μg/L×250L) ÷60kg＝1.04μg/(kg・d)。

2. 使用面霜或体霜（膏）类化妆品的暴露评定

面霜或体霜（膏）的每日使用量为 16g（每日 2 次，每次 8g），洗发香波每日使用量为 8g（每日 1 次，每次 8g），按照产品中二噁烷含量为 100mg/kg 计算，体重 60kg 的成年人每日皮肤接触量为 0.027mg/(kg・d)，由于蒸发的影响，经皮吸收率按照 3％计算，那么使用面霜或体霜（膏）类化妆品时，人群二噁烷的全身暴露量为 0.8μg/(kg・d)。

(1) 安全边际法评价　按欧盟化妆品和非食品科学委员会公布的安全边际计算公式进行计算。

根据二噁烷的试验资料，大鼠 2 年慢性饮水给予二噁烷的试验得出的最小 NOAEL 值为 10mg/(kg・d)（选用了安全系数最大的值），根据人体使用不同种类化妆品暴露评定，沐浴时人群二噁烷的全身暴露量为 1.04μg/(kg・d)，使用面霜或体霜（膏）类化妆品时人群二噁烷的全身暴露量为 0.8μg/(kg・d)，计算得：

沐浴液和香波的安全边际＝10000÷1.04＝9615；

面霜或体霜（膏）的安全边际＝10000÷0.8＝12500；

远大于 100，认为是安全的。

(2) 致癌物危害的评价　二噁烷为可疑人类致癌物，因此可根据动物致癌试验结果，利用生理药代动力学模型评价接触低剂量二噁烷人群的致癌风险。结果表明，人类暴露于二噁烷的安全剂量为 0.8mg/(kg・d)。

沐浴时人群二噁烷的全身暴露量是实际安全剂量的 0.13％；使用面霜或体霜（膏）类化妆品时人群二噁烷的全身暴露量是实际安全剂量的 0.10％。从上述评价看出，在通常化妆品使用条件和使用量下，微量二噁烷也不会对消费者产生健康危害，二噁烷作为杂质是可以容许一定量存在于原料中的。

（四）化妆品中二噁烷限值与风险管理

二噁烷在我国的《化妆品卫生规范》（2007年版）、欧盟的《欧盟化妆品规程》（Directive 76/768 EEC）等各国和组织法规文件中均被列为禁用物质，即不能作为化妆品生产原料即组分添加到化妆品去。化妆品中广泛存在的二噁烷是作为一些化妆品原料中无法避免的杂质而被带入化妆品的。

从20世纪70年代起，美国FDA就通过精密的定量分析方法对化妆品和个人护理用品的产品和原材料中的二噁烷进行了监测，确定它达到能构成对使用者危害的限量，取决于产品的使用状况及产品在使用时人体的暴露程度。

美国OSHA规定，按照每天工作8h计算，工作环境中空气里的二噁烷含量应不超过100mg/kg的浓度，这一暴露量远远超过人类通过化妆品的二噁烷暴露量。

1998年，澳大利亚国家化学品通报和评估计划（NICNAS）对二噁烷进行了评估，认为消费品中二噁烷含量不超过30mg/kg是理想的，而100mg/kg在毒理学上是可以接受的。同时该报告认为如果产品的使用条件发生变化或消费品中的二噁烷含量超过100mg/kg时，需要进行公共健康方面的重新评估。

各国对化妆品中二噁烷的限值见表6-57。

表6-57　各国化妆品中二噁烷限值

国家	二噁烷限值/(mg/kg)	备注
美国	≤100	工作环境中
澳大利亚	≤30～100	日常消费品中(食品和药品除外)
中国	≤30	在通常化妆品使用条件和使用量下，不会对消费者产生健康危害，可以安全使用

随着人们生活水平的提高以及科学技术的进步，要进一步加强化妆品中二噁烷的风险评估和风险控制。化妆品生产企业在生产化妆品时，要严格控制原料尤其是含有有害杂质的原料的质量检验与品质控制工作，应该采取必要的纯化工艺来除去此类原料中的二噁烷杂质，然后再将它们应用于化妆品中。

三、洗发水中残留单体丙烯酸的安全性风险评估步骤

（一）步骤1：使用已有数据确定丙烯酸的安全暴露水平

欧盟有害物质指令和全球化学品分类与标签、包装协调系统并未将丙烯酸分类至致癌物、致突变物或者生殖毒性物质类别之中。IARC认为不可将其分入人类致癌物质之中，未对化妆品中的单体设定剂量限制。

经过一项为期十二个月的大鼠饮水染毒试验，欧盟风险评估报告已经评价了丙烯酸经口途径的全身毒性数据，获得未观察到有害作用的剂量水平即NOAEL为40mg/(kg·d)。

如果本研究的容许安全边际（MoS）为100，那么任何化妆品的暴露应当低于NOAEL至少100倍以上，丙烯酸的容许暴露水平可用下式计算：

$$容许暴露水平=NOAEL[40mg/(kg·d)]÷安全边际(100)$$

(二)步骤 2：评价洗发水中的丙烯酸安全性

假设聚丙烯酸酯聚合物中丙烯酸的最大浓度剂量为 100mg/kg，且洗发水配方中含有 2%的聚合物。

1. 计算产品中丙烯酸浓度

——聚丙烯酸酯聚合物中丙烯酸浓度：0.01%（100mg/kg）。

洗发水中使用的聚合物浓度：2%

$$产品中丙烯酸单体的浓度=0.01\%\times\frac{2}{100}=0.0002\%$$

2. 判断消费者使用洗发水的暴露水平

——洗发水中丙烯酸浓度（CP）：0.0002%。

消费者每次使用的洗发水剂量（AP）：8.0g。

使用频率（F）：每天一次。

系数（RF）：1%。

皮肤吸收率（ABS）：100%（保守估计）。

一生暴露时间（ED）：100%。

体重（BW）：58kg。

从 g 转换到 mg 的换算系数（CF）：1000。

$$皮肤暴露剂量\ [mg/(kg\cdot d)]=\frac{CP}{100}\times AP\times F\times\frac{BF}{100}\times\frac{ABS}{100}\times\frac{ED}{100}\times\frac{CF}{BW}$$

洗发水中丙烯酸暴露水平的保守估计=0.000003mg/(kg·d)。

3. 评价洗发水中 100mg/kg 丙烯酸的安全性

——丙烯酸的 NOAEL（见步骤 1）：40mg/(kg·d)。

消费者使用洗发水的暴露水平：0.000003mg/(kg·d)。

$$安全边际\ (MoS)=\frac{NOAEL}{消费者暴露剂量}=\frac{40}{0.000003}=13300000$$

安全边际远大于 100，认为洗发水中的丙烯酸安全。

四、化妆品中微生物的安全风险与评估

化妆品中微生物的安全风险是指某种化妆品中微生物生长和致病的可能性，以及在化妆品中是否检出标准中明确规定不得检出的微生物。

(一)化妆品微生物污染的危害现状

微生物种类繁多，生命力强，繁殖快，容易散布。从各种化妆品中检出的微生物包括粪大肠杆菌、绿脓杆菌、金黄色葡萄球菌、蜡样芽孢杆菌、克雷伯氏菌、沙雷氏菌、荧光假单胞菌、枯草杆菌、类白喉杆菌以及其他革兰氏阳性球菌。

微生物污染的化妆品是指化妆品被检出超过标准规定以上的微生物或检出致病微生物。化妆品常见的几种现象包括膨胀、气泡、酸败、色泽改变、霉斑、剂型改

变和异味等，提示有微生物污染。

这种受污染的化妆品的使用质量和特性被破坏或严重降低，消费者将其涂到皮肤上会十分危险，因为变质的化妆品成分可以直接刺激皮肤，微生物及其代谢成分都可能成为新的致敏原而增加皮肤过敏的机会，所含的大量细菌会感染皮肤，引起感染性皮肤病，尤其是用于危险三角区和眼睑，严重时可因这些部位的静脉无瓣膜而引起海绵窦血栓和颅内感染，常导致死亡。

随着技术的进步，化妆品的质量有了很大的提高，但是，通过我国有关部门对国内化妆品市场微生物状况的调查也证明，微生物污染问题仍然存在，见表 6-58。

表 6-58　国内化妆品市场微生物污染状况调查

年份	地区	抽检批次	合格率/%	不合格情况
2010 年	北京	308	99.3	3 例微生物检测不合格
2011 年	北京	305	95.74	10 例微生物检测不合格
2011 年	河北	241(批发市场)	53.94	菌落总数超标
2006～2009 年	湖南	197	97.5	—
2010 年	广东	6601(进口)	99.73	18 份菌落总数超标；1 份霉菌超标；2 份检出铜绿假单胞菌

（二）化妆品微生物污染的原因与控制

各种化妆品的微生物污染情况不同，可发生于化妆品的生产、加工、运输、储存和使用的各个环节，从多个方面进行有效的控制微生物污染才能保证化妆品的使用安全。

1. 合理使用防腐剂

化妆品的多种原料尤其是天然动植物成分、矿产粉剂、色素、离子交换水等原料易受微生物污染。而且化妆品的生产和使用过程不是无菌环境，因此在化妆品中加入适量的防腐剂是消除和控制化妆品微生物污染的主要手段。

防腐剂的作用机理是选择性作用于微生物新陈代谢的某个环节，使其生长受到抑制而致死。但是同时，防腐剂是引起皮肤变应性接触性皮炎的主要因素之一，还会降低皮肤的免疫功能，加速皮肤老化。因此，如何合理使用防腐剂是目前许多研究者普遍关注的问题。

2. 一次污染及控制

一次污染（生产过程污染）指化妆品生产过程中引起的微生物污染，包括原料、容器、设备、生产及包装过程等引起的微生物污染，尤其是冷却灌装过程易受污染。一级污染的微生物可源于原料本身，也可在生产过程中被引入。

原料是重要的微生物污染源，因此在制造前对动植物原料尤其是蛋白质、淀粉等原料应进行预防。有些液体性的化妆品在原料配用过程中，在没有严格的灭菌措施保障下，就直接进入冷制工艺阶段，这是细菌超标的常见原因。

为了确保化妆品终产品的微生物学质量，化妆品生产商要严格遵循产品生产质量管理规范（GMP）和微生物质量管理要求，应制定出并遵循特定的清洁、卫生和控制规程来保持所有的器械和材料的清洁和无病源性微生物。这些规程也包括对原料、批量产品和终产品、包装材料、个人、设备、制备和储存房间的微生物控制。化妆品生产过程中微生物污染及控制见表6-59。

表6-59 化妆品生产过程中微生物污染及控制

环节	污染因素	控制对策
原材料	原材料种类多、营养丰富为微生物提供了所需要的营养物质，如水、动物组织提取物、草药提取物等	生产用水达到纯水要求；进行除菌和灭菌处理；严格把好原料关，对原材料进行检测和灭菌等前处理
生产设备	搅拌设备、输送设备之间的接头处	彻底清洗、灭菌
生产环境	厂房的空气质量、生产工艺要求的灭菌情况、工作人员的身体健康情况、消毒状况、卫生习惯等	严格执行GMP规定，空气洁净度要求10000～100000级别；操作工人健康状况和卫生状况良好；添加防腐剂
灌装过程	灌装设备接头处及灌装环境	清洗、灭菌，在无菌或半无菌车间进行
包装容器	包装容器的材料以及包装方式，包装容器清洗不干净	采用合格包装材料、先进的包装技术，包装容器消毒

3. 二次污染及控制

二次污染（使用过程污染）主要是指化妆品启封后，使用或存放过程中产生的污染，包括消费者手部接触化妆品后将微生物带入，或开封后空气中的微生物落入而使化妆品被污染。化妆品使用过程中微生物污染及控制见表6-60。

表6-60 化妆品使用过程中微生物污染及控制

环节	污染因素	控制对策
包装容器	包装容器的密封性	采用按压式包装容器；使用后盖回瓶盖并旋紧
	交叉感染	适宜的取用工具，如消毒化妆棒或取样棒等
储存	空气中的微生物	添加防腐剂；在保质期内用完
	潮湿的环境使含有蛋白质、脂质的化妆品中的细菌加快繁殖，发生变质	应常温存放在干燥、清洁卫生环境中
消费者	使用习惯	正确使用化妆品，不要在化妆品中掺水；大包装化妆品打开后分出一部分装在容积小的器具中，其他部分重新封存
	个人卫生状况	用前要洗手，不要把接触过的化妆品重新放回瓶内，不要和别人共用口眼等彩妆品

（三）化妆品的相关微生物检测

为了确保化妆品终产品的高质量和消费者的安全性，有必要对即将投放市场的每批化妆品进行日常微生物分析，包括进行定量和定性检测。

化妆品产品开发阶段的防腐效果也需用试验来检测，以保证在储存和使用过程中微生物的稳定性及防护效果。可用攻击试验，包括对终产品的人为感染，接着对污染降至第1、2类的微生物限制水平进行评价，生产商必须保证其产品在攻击试验中的防护效果。

为了保证化妆品质量，还应注意对化妆品原料、生产用水、生产车间空气、生产设备、环境物体表面、包装材料及生产人员等定期进行微生物检验。

表6-61为常用化妆品中微生物污染控制指标。

表6-61　常用化妆品中微生物污染控制指标

微生物种类	特性	意义
菌落总数	指化妆品检样经过处理，在一定条件下培养后(如培养基成分、培养温度、培养时间、pH值、需氧性质等)，1g(mL)检样中所含菌落的总数	通过测定菌落总数便于判明样品被细菌污染的程度，推测致病菌污染的可能性，是对样品进行卫生学总评价的综合依据
粪大肠菌群	来源广泛，主要来源于人和温血动物的粪便，随粪便排出体外，可直接或间接污染环境、食物、饮用水、原料及化妆品甚至人体皮肤	可作为粪便污染指标来评价化妆品的卫生质量状况，推断化妆品中是否有肠道致病菌污染的可能
铜绿假单胞菌	革兰氏阴性杆菌，在自然界分布广泛，在潮湿环境中可长期生长，含水分较多的化妆品易受其污染，浴室也是容易被污染的地方	有报道称被该菌污染的化妆品引起了使用者角膜化脓性溃疡，因此，应严格控制铜绿假单胞菌污染化妆品，以防止对使用者造成危害非常重要
金黄色葡萄球菌	一种致病菌，可引起许多严重感染。在外界分布较广，抵抗力也较强，出现在人体皮肤上，易引起化妆品变质，导致皮肤疾病，如感染、化脓等。严重感染时曾导致儿童患金黄色葡萄球菌烫伤样皮肤综合征，后果严重	检测金黄色葡萄球菌，避免对化妆品尤其是儿童用化妆品的污染非常重要
霉菌和酵母菌总数	化妆品从原料到成品生产过程各环节都可能存在霉菌、酵母菌污染源，化妆品中具备霉菌、酵母菌生长需要的营养，有的还含有人参、蜂蜜、蛇油等营养丰富的物品。一般化妆品的pH值在4～7之间、储藏温度20～30℃范围内都非常适于霉菌、酵母菌生长	测定化妆品检样在一定条件下培养后所污染的活的霉菌和酵母菌的总数，借以判明化妆品被污染程度及一般卫生状况
白色念珠菌	一种真菌，广泛存在于自然界中，一般在正常机体中数量少，不引起疾病，为条件致病性真菌。当机体免疫功能或一般防御力下降或正常菌群相互制约作用失调时，则白色念珠菌会大量繁殖并引起疾病	对于化妆品这种日常使用的消费品，不得检出白色念珠菌是很有必要的

世界各国对化妆品的微生物菌落总数以及不得检出的特定菌都制定了严格的标准，但是各国的限值也有不同之处(表6-62)。

表 6-62 各国和组织规定化妆品产品中微生物限值

微生物种类	中国	美国	日本	ISO
菌落总数	眼部、唇部以及婴儿和儿童用化妆品：≤500CFU/g；其他化妆品：≤1000CFU/g	眼部及婴儿化妆品：≤500CFU/g；其他化妆品：≤1000CFU/g	其他化妆品：≤1000CFU/g	眼部及婴儿化妆品：≤100CFU/g；其他化妆品：≤1000CFU/g
粪大肠菌群	不得检出	—	不得检出	不得检出
铜绿假单胞菌	不得检出	—	不得检出	—
金黄色葡萄球菌	不得检出	—	不得检出	不得检出
霉菌和酵母菌总数	不得大于 100CFU/mL 或 100CFU/g	—	—	—
白色念珠菌	—	—	—	不得检出

（四）化妆品中微生物的安全风险评估

1. 化妆品中微生物安全风险评估的意义

化妆品中微生物风险评估是指化妆品中微生物污染的风险分析和风险评估的整体过程，其中风险分析包括微生物检出情况分析、消费者使用分析、产品保存与包装分析、产品生产分析与市场反馈分析，其中微生物检测应根据各国标准严格执行。

当综合评价以上因素后，企业安全评估人员应对产品的风险等级做出评价，从而明确该产品为高风险或低风险产品，应起到监督化妆品生产企业对化妆品原料、生产设备以及生产用水进行微生物检测和彻底消毒的作用。

应积极教育和培养广大消费者在产品使用过程中养成良好习惯，防止二次污染的产生，保障化妆品安全性和功效性。

2. 化妆品的微生物风险评估

化妆品的微生物风险评估最终要确定该产品是低风险性产品还是高风险性产品。低风险性产品的构成成分和理化条件不利于微生物生存，甚至有杀灭作用，并且该产品的包装能够预防微生物的污染，常见产品见表 6-63。

表 6-63 微生物污染低风险化妆品举例

类别	主要成分
香水类化妆品（香水、古龙水、花露水）	酒精（浓度在 70%以上可杀菌）和香料
染发化妆品	对苯二胺（不适于微生物生长繁殖）、氧化剂（本身就是杀菌剂）
除臭化妆品	抑菌剂和抑制汗腺分泌的收敛剂（不适宜生长）
烫发化妆品	巯基乙酸、碱化剂（较强碱性，不适宜微生物生长）
脱毛化妆品	强碱性（不适宜微生物生长）
指甲油	丙酮（抑菌杀菌）

以上化妆品的主要成分均不适宜微生物的生长繁殖，有的甚至有抑菌作用，故在通常情况下可不做微生物检验。除上述几种特殊用途化妆品及某些化妆品的特殊规定外，其余的化妆品均需检验微生物。

高风险性产品的构成成分和理化条件有利于微生物生长繁殖，并且这种产品的包装不能预防微生物的渗入，如添加有氨基酸、蛋白质或滋补品的营养物质的化妆品。

3. 化妆品生产过程中微生物风险评估

对化妆品生产过程中微生物污染的风险进行分析时，应综合考虑多种因素，见表 6-64。

表 6-64 化妆品生产过程中微生物污染的风险分析

因素	分析过程
产品构成	分析微生物易感性(决定是否使用防腐剂)、影响微生物生长和影响防腐剂效能的因素,包括水分活度、湿度、天然增菌物质的存在、天然抑菌物质的存在、乳化系统、pH 值、渗透压、物质形态、香料、添加剂等
产品防护	化妆品生产和填充过程中一定温度范围对微生物生长的影响,超出适宜温度,微生物被抑制或杀灭
产品用于人体的部位	微生物含量高(唇部)还是低(眼部);湿润(沐浴)还是干燥
产品的取用工具及方式	是否有随化妆品产品配备使用的粉扑、刷子及衬垫;是否会滋生细菌或传播细菌;人体是否直接接触产品;取用工具是否抗菌,是否放在产品内并与产品直接接触;有无说明书;使用频率
产品检测	防腐效能检测:不达标时应重新设计产品包装,重新设计所添加防腐剂,重新设计该产品;消费者退回产品检测:常规微生物及调查问卷(产品使用频率、首次使用时间、使用量)
产品生产环境	环境湿度、原料中微生物的含量以及添加天然原材料的顺序
产品包装	独立或复合包装、包装体积、配发模式如何、预期消耗率、消费者是否可以直接接触包装、包装是否耐压、明确使用介绍

第四节 化妆品生产过程的安全性风险评估

化妆品的生产工艺同样会对产品的安全性产生重要影响。比如，一些热敏性的原料，在冷配或者常规制备时加入体系中不会有问题，但是，如果应用到需要高温处理时间长、甚至要高温灌装的产品中，会导致热敏原料分解，甚至产生不安全物质，进而威胁到终产品的安全。

在工艺设计与操作控制上，应尽量避免在生产过程中产生和/或带入有害成分，需要通过及时清洗设备和生产过程风险分析加以避免。对于有些由于不可避免的原因由原料带入的风险物质，应考虑在生产过程中予以去除。比如通过将相关物料加热到一定温度、采用真空脱气的方式等即可有效去除原料聚乙二醇中残留的二噁烷和环氧乙烷等有害杂质。

本节参照《进出口化妆品 HACCP 应用指南》，分析从原料到成品生产过程中存在的安全风险。

（一）相关定义

（1）生产过程的危害　指化妆品中所含有的对健康有潜在不利影响的生物因素（包括细菌、病毒及其毒素、寄生虫和其他有害生物因子）、化学因素［天然化学物质、有意加入的化学品（香精香料、防腐剂、色素、禁限用物质）和生产过程中所产生的有毒有害化学物质］或物理因素（如玻璃、金属、塑料或化妆品存在的状态）。

（2）HACCP（hazard analysis and critical control point system）　对产品安全有显著意义的危害加以识别、评估和控制的体系。

（3）危害分析　是收集和评估有关的危害以及导致这些危害存在的资料，以确定哪些危害对化妆品安全有重要影响因而需要在HACCP计划中予以解决的过程。

（4）关键控制点　能够进行控制并且该控制对防止、消除某一产品安全的危害或将其降低到可接受水平是必需的某一步骤。

（二）生产过程危害分析实施步骤

① 组建对化妆品的生产技术、加工工艺、产品特性、质量控制及安全管理了解的HACCP工作小组。

② 首要任务是对实施HACCP系统管理的特定产品进行描述。内容包括产品名称、原料及主要成分、理化性质、生产工艺、预期用途及消费人群（包括进口国家/地区，以及进口国对该化妆品的法规要求）、包装方式、标签内容、储存和运输要求等，必要时，提供有关化妆品安全性评估资料。

③ 绘制并验证流程图（图6-2）。应对原辅料及包装材料采购验收、加工到产

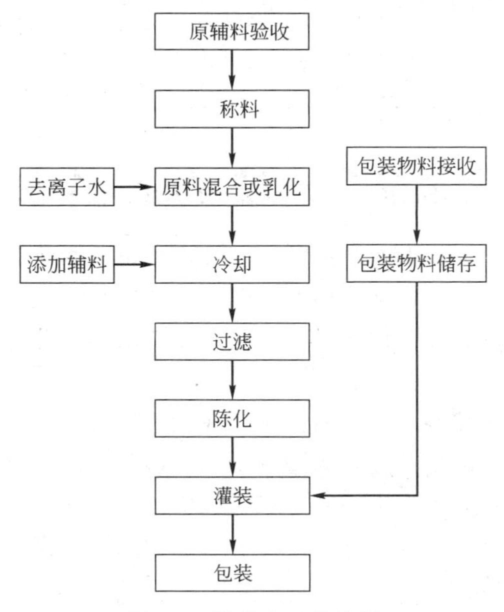

图6-2　洗发水工艺流程

品销售、运输的各个步骤做出完整、简明、清晰的描述，并为评价可能出现、增加或引入的危害提供基础。

④ 危害分析。列出危害工作分析单，并考虑对每一危害可采取哪种控制措施。

⑤ 危害识别。在对产品成分、加工工艺和使用设备、最终产品及其储存和销售方式、预期用途和消费人群进行审查的基础上，列出每一步骤可能引入的潜在危害。

⑥ 危害评价。对潜在危害进行评价，确定显著危害。要考虑该危害在未予控制条件下发生的可能性和潜在后果的严重性。

⑦ 列出用于控制危害的措施并确定关键控制点。

（三）实例：洗发水危害分析工作单

公司名：×××公司　　产品描述：乳白色不透明液体。

公司地址：×××　　储藏和分销的方法：常温通风、干燥、阴凉储存。批发。

预期用途和消费者：液洗类化妆品

签名：　　日期

(1) 加工步骤	(2) 确定潜在危害	(3) 是显著危害吗？ （是/否）	(4) 对(3)的判断的依据	(5) 采用什么预防措施来防治显著危害	(6) 这步是关键控制点吗？ （是/否）
原料验收	生物危害 致病菌、寄生虫	否	可能带有有害微生物	混料及乳化过程中加入防腐剂，可抑制微生物生长	否
	化学危害 农药、重金属	是	原料中可能存在农药残留、重金属超标的风险	查验原料来源是否为既定的合格供方，并对原料进行定期检验	是
	物理危害 杂质	是	可能掺有土块、金属、塑料玻璃等颗粒杂质	对原料品质加以控制，杂质不超1%。后序过滤工序可除去颗粒杂质	否
包装物料接收	生物危害 致病菌	是	包装材料在加工和运输过程中可能被微生物污染	严格包装材料的采购程序，确定合格供应商，采购合格的内包装材料。并加强验收	否
	化学危害 有害化学成分、重金属	是	加工材料不合格可能导致有害化学成分、重金属溶出	采购合格的包装材料	否
	物理危害 杂质	是	可能有金属、塑料、玻璃等碎屑脱落	加强包装材料验收可以防止该问题的发生	否

续表

(1) 加工步骤	(2) 确定潜在危害	(3) 是显著危害吗？ （是/否）	(4) 对(3)的判断的依据	(5) 采用什么预防措施 来防治显著危害	(6) 这步是关键 控制点吗？ （是/否）
包装物料贮存	生物危害 致病菌	是	可能在储存过程中受到微生物污染	储存地点应保持清洁、干燥，具有防虫、防霉、防鼠措施	否
	化学危害 无				
	物理危害 无				
称料	生物危害 无				
	化学危害 重金属、禁限用物质	是	原辅料称量不准确，易造成产品重金属、禁限用物质超标	严格按照产品技术要求添加色素、香料、防腐剂等辅料	是
	物理危害 无				
去离子水添加	生物危害 致病菌	是	水中微生物超标可以对产品造成污染	对生产用水进行灭菌处理，并检验合格后使用	否
	化学危害 重金属	是	水质好坏可对产品质量稳定造成重要影响	对生产用水进行去离子处理，检验合格后使用	是
	物理危害 杂质	是	水中杂质过多可对产品质量稳定造成重要影响	对生产用水进行过滤处理	否
原料混合或乳化	生物危害 致病菌	是	添加防腐剂量不当，或灭菌温度控制不当，可能不能彻底杀灭细菌，造成杂菌生长风险	严格按照技术要求添加防腐剂，温度达70℃以上，确保抑菌效果	否
	化学危害 无				
	物理危害 杂质	是	可能有金属、塑料、玻璃等杂质	后序过滤工序可除去颗粒杂质	否
冷却	生物危害 无				
	化学危害 无				
	物理危害 无				

续表

(1) 加工步骤	(2) 确定潜在危害	(3) 是显著危害吗？ (是/否)	(4) 对(3)的判断的依据	(5) 采用什么预防措施来防治显著危害	(6) 这步是关键控制点吗？ (是/否)
过滤	生物危害 无				
	化学危害 无				
	物理危害 杂质	是	可能有金属、塑料、玻璃等杂质	采用合格的过滤装置可除去颗粒杂质	否
陈化	生物危害 无				
	化学危害 无				
	物理危害 无				
灌装	生物危害 微生物	是	封口不严，可能有微生物污染的风险	选择性能良好的灌装装置，由受过培训的操作人员检查产品灌装情况	否
	化学危害 无				
	物理危害 无				
包装	生物危害 微生物				
	化学危害 无				
	物理危害 无				

思考题

1. 化妆品风险评估和安全性评价的关系是什么？
2. 化妆品的风险评估程序是什么？危害识别需要哪些资料？
3. 我国对化妆品中可能存在的安全性风险物质是如何管理的？
4. 二噁烷常存在于哪些化妆品中？有什么危害？
5. 石棉常存在于哪些化妆品中？有什么危害？
6. 甲醛常存在于哪些化妆品中？有什么危害？
7. 洗发水中可能存在哪些安全性风险物质？
8. 化妆品中使用纳米材料存在哪些安全风险？
9. T_{25}是什么？在安全风险评估中有什么用？
10. 选取不同种类的化妆品配方，学习如何进行安全风险评估。

第三篇

化妆品的感官评价

第七章　化妆品的感官评价

化妆品是生理和心理综合效果的消费品，其外观、气味及良好的使用感、舒适感和它被消费者接受的程度有很重要的关系，因此感官评价也是化妆品行业产品研发及质量控制中越来越重要的工具。

第一节　感官评价基本知识

一、感官评价基本概念

（一）感官评价的定义与目的

感官评价是一门采集有效、可靠数据的定量科学，主要通过人的视觉、嗅觉、触觉、味觉和听觉来唤起、测量、分析和解释感知到的物质的特征或者性质，并建立合理的、特定的联系的一种科学方法，为正确合理的决策提供依据。通俗地说，感官评价就是利用人的感觉器官评价产品优劣。

感官评价的主要目的是判断产品差异或描述产品性状，还可以估计出某种产品配方或工艺的微小变化能够被分辨出来的概率，或者推理出目标消费群喜爱某种产品的人数比例。

（二）感官评价的指标

感官评价的指标多种多样，产品不同指标也有不同。但一般涉及以下几个方面：色泽、外观、质地、气味、声音或者肤感。

以护肤品为例，感官评价的指标包括

① 外观：颜色、透明度、稀稠度；

② 气味：香味类型、浓度；

③ 质地：黏度、颗粒度、轻薄/厚重感、延展性、流动性、光滑度；

④ 肤感：吸收性、黏腻感、皮肤光滑度、油腻感等。

（三）影响感官评价的主要因素

理想状态下，经过专业训练的感官评价人员要像“仪器”一样给出可靠的、可重复的不受人的主观因素影响的信息，而实际感官评价过程中存在许多局限性。

首先人作为感官检验的“仪器”有着不稳定性、容易受到干扰等特点，比如参与者的情绪和动机、对感官刺激的先天生理敏感性、他们过去的经历以及他们对类似产品的熟悉程度等各种生理和心理因素会造成人对同一事物的反应“数据”通常具有很大的不一致性。

生理因素包括人长期反复暴露在同一个或类似的事物上所产生的敏感度降低或改变、第1种物质的遗留效应增强或减弱第2种物质的感知效应等影响因素；心理因素包括预期错误、习惯性错误、激发性错误、逻辑错误、评估样品出现的顺序、从众心理、缺乏动力、激进及保守等。

为了得到客观真实的评估结果，研究人员要尽量排除这些因素对评估人员的影响。虽然一些对参评者的筛选程序可以控制这些因素，但只能部分控制，我们需要有好的实验设计和合适的统计分析方法。

二、感官评价方法与分析

（一）评价方法

感官评价方法主要来自于行为研究的方法，这种方法观察人的反应并对其进行量化，目前已经基本形成了比较完善的理论和实践体系，公认的研究方法有三类。

① 区别检验法，解决的核心问题是比较两种或多种产品之间是否存在差异，借此可以用来进一步确定成分、工艺、包装及储存期的改变是否对产品带来影响；还可以靠此法筛选和培训检验人员，以锻炼其发现产品差别的能力。

② 描述分析法，解决的核心问题是产品的某项感官特性如何。

③ 情感试验，解决的核心问题是综合评价对产品的喜爱程度或对比评价喜爱哪种产品。

每一类研究方法中又包含许多具体方法，如按照测试方式不同可以分为单一产品测试、配对测试、循环测试、三角检验、两点检验等；按照是否给出详尽的产品信息分为盲测和明测等。

感官评价前，需要严格遵守对照和随机的原则进行试验方案设计。

（二）结果分析

合理的数据分析是感官检验的重要部分，研究人员不仅要有能力对获得的数据进行合理解释，还要能根据数据对试验提出一些相应的合理措施。

首先通过统计结果分析各个评判者之间的一致性，剔除一致性差的评判者。对具有显著差异的样品，如果检验人员没有正确区分，说明该检验人员辨别化妆品感官差异的能力较差，需要进一步培训和锻炼。

再比较不同产品或者使用产品前后某项感官的特性，并在具有统计学差异时，可以判定该样品特性是否差异明显或者该产品是否具有某种感官效果。

假设12人一组按照三角检验法进行感官评价试验，将 α 设为0.05（5%），统计作出正确选择的人数为“9”，大于表7-1查得临界值“8”（$n=12$），可以得出结论：该组产品差异性明显。

同理类推，每一组人数不同，作出正确选择的临界值也不同，在表 7-1 中数据形式为：$X_{a,n}$，a 为显著水平，n 为参加试验的人数。如果正确回答的人数大于表中所查临界值，则表明样品组具有显著差别，差异明显。

表 7-1 三角检验中正确回答的临界值（部分）

n	a						n	a					
	0.30	0.20	0.10	0.05	0.01	0.001		0.30	0.20	0.10	0.05	0.01	0.001
3	2	3	3	3	—	—	33	13	14	15	17	18	21
4	3	3	4	4	—	—	36	14	15	17	18	20	22
5	3	4	4	4	5	—	42	17	18	19	20	22	25
6	4	4	5	5	6	—	48	19	20	21	22	25	27
7	4	4	5	5	6	7	54	21	22	23	25	27	30
8	4	5	5	6	7	8	60	23	24	26	27	30	33
9	5	5	6	6	7	8	72	27	28	30	32	34	38
10	5	6	6	7	8	9	84	31	33	35	36	39	43
12	6	6	7	8	9	10	96	35	37	39	41	44	48
14	7	7	8	9	10	11	108	40	41	43	45	49	53
16	7	8	9	9	11	12	120	44	45	48	50	53	57
18	8	9	10	10	12	13	132	48	50	52	54	58	62
21	9	10	11	12	13	15	144	52	54	56	58	62	67
24	10	11	12	13	15	16	156	56	58	61	63	67	72
24	11	12	13	14	15	17	168	60	62	65	67	71	76
30	12	13	14	15	17	19	180	64	66	69	71	76	81

三、感官评价的实施要求

（一）测试环境的控制

感官评价者通常应在单独的感官检验室中进行，尽量使试验环境清洁、安静、舒适，有温湿度及光线控制、没有气味、没有噪声，并给测试者一定的时间来适应环境，这样他们得出的结论就是他们自己真实的感受，而不会受周围其他人的影响。

ISO 9000 对感官评价的环境给出了标准化规定，当前常用的测试房间有两种：

① 进行差异评估和一些描述性评估时，为了避免评估人员相互影响，采用带有试验台的隔开的单间。

② 用于培训和另一些描述性评估，需要互动、分享意见的时候就采用中间部分可以转动的会议圆桌，在上面摆放用来统一标准的参考资料。

（二）样品的准备

在感官评价中，被评估产品准备的质量决定评估结果的准确性。因此，在感官检验中要建立标准的准备程序，包含使用仪器的校正、盛装产品的容器、取样及预处理等，这样才能降低误差，提高测试精确度。

被检验的样品还要进行随机编号，避免他们受编号的影响；使样品以不同的顺序提供给受试者，以平衡或抵消由于一个接一个检验样品而产生的连续效应；准备样品和呈送样品都要在一定的控制条件下进行，包括环境温湿度、样品体积和呈送的时间间隔等，以最大限度减低外界因素的干扰。

例如，三角区别检验过程中，需要每次随机提供给 12 个感官检验人员 3 个样品（两个相同，一个不同），一共要准备 36 个样品，新旧产品各 18 个，分两组（A 和 B）放置，这新旧两种样品可能的组合是 ABB、BAA、AAB、BBA、ABA 和 BAB。为保证每种组合被呈送的机会相等，不混淆，需要给新旧产品各设三个编号，每个号码准备 6 个容器，准备人员要记录好小组号码、样品编号、摆放顺序和代表类型，见表 7-2、表 7-3。

表 7-2 样品编号示例

样品	编号(2 个 A 时)	编号(2 个 B 时)
A	959、257	448
B	723	539、661

表 7-3 三角检验样品摆放顺序示例

组号	摆放顺序	编号		
1	AAB	959	257	723
2	ABB	448	539	661
3	BBA	539	661	448
4	BAA	723	959	257
5	ABA	959	723	257
6	BAB	539	448	661
7	AAB	959	257	723
8	ABB	448	539	661
9	BBA	539	661	448
10	BAA	723	959	257
11	ABA	959	723	257
12	BAB	539	448	661

最好给每份组合配有一份问答卷（表 7-4），受试者按要求找出不同，并将相应的小组号码和样品号码直接写在问答卷上，也可以要求评价者将主要不同点写出来，便于进一步研究。

表 7-4 区别检验问答试卷示例

组别________ 姓名________ 日期________

在你面前有 3 个带有编号的样品，其中有两个是一样的，而另一个和其他两个不同。请从左至右依次观察和试用 3 个样品，然后在与其他两个样品不同的那一个样品的编号上画圈。你可以多次比较，但不能没有答案。谢谢！

编号________ 编号________ 编号________

（三）感官评价人员的要求

感官检验方法操作起来简单迅速、不需检验仪器和试剂，有时用照片和标准板作比较。但感官评价主观性较强，只有对产品的生产过程或质量要求比较了解后，才能准确而迅速地鉴别出来。因此，感官评价人员的能力直接影响产品开发的效率及成功率。

① 要对承担评价工作人员进行筛选，要求具有一定生产知识和经验、责任心强，并且按照不同实验目的和要求选择符合要求者。化妆品的感官评价对参评人员要求更为严格，如果身体不适像感冒或高烧、患有皮肤系统疾病、精神沮丧或工作压力过大等都不宜参加感官评价工作；另外，感觉特别迟钝的人也不宜做评价。

② 要减少环境、产品及评估流程对评估人员的影响带来的测试偏差，需要对感官评价人员进行有目的的培训，让参评人员熟悉实验程序、评价方法、问卷和时间安排，理解所要评定样品的每一项指标。

③ 每次试验尽量使用多个评价者，不同试验方法对试验人数有不同要求。一般要求参加感官评价试验人数在20～40之间；如果产品之间差异非常大，很容易被发现时，12个评价人员就足够；而如果试验目的是检验两种产品是否相似时(是否可以相互替换)，要求的参评人数为50～100。

④ 培训和正式试验都要重复多次进行，降低“仪器”和操作误差，使结果接近真实值。

⑤ 最好采取“双盲”形式，即评价人员不知道被测产品的真实信息，也不了解其他感官评价者的感受。

第二节　化妆品感官评价方法

不同类型化妆品的作用特点和使用方法不同，不同年龄和肤质的消费者对化妆品的使用目的和感觉也会有差异，因此，化妆品的感官评价很难有统一的标准。作为一种与人体皮肤直接接触的化学合成产品，消费者在选用化妆品时，常常是“一看，二闻，三涂抹”的方式，其实就是通过眼、鼻、手的辨别力对产品实施感官评价。

一、“看”色泽

多数化妆品都对颜色和光泽有一定要求，色泽要鲜艳，包括均匀度、柔和度、与肤色配合融洽度等。首先就是要看化妆品的颜色是否暗淡无光泽，如果质地细腻，而色泽无光泽，其原因可能是制造时添加的色素不当、失真，没有进行配色。无色粉状、固状、乳液膏霜状化妆品应洁白有光泽，液状应清晰透明，无沉淀、浑浊现象；有色化妆品应色泽纯正均匀，无变色。

检验时用目视在室内无阳光直射处进行观察，色泽应符合规定要求；或者将化妆品涂抹在手腕上，在光线充足的地方看颜色是否鲜明，同时可以看看与肤色是否相称。

二、“闻”气味

化妆品一般具有幽雅芬芳的香气，有的必须郁香持久，均不得有强烈的刺激性气味和异味（愉悦或刺鼻）。

化妆品的气味不需要很浓，但需要纯正、无异味，符合规定的香型。气味纯正的化妆品，其香气优雅，给人愉悦感觉。香味过重，常常是由于加入过量的香料所致；化妆品存放时间太久，也会由于化学变化而使质地、色泽和香味发生变化。

香味是配制时添加的香精所致，一般涂抹化妆品后再用嗅觉鉴定。有些化妆品的气味很淡，涂抹在皮肤上几乎闻不到香味，这时可以把化妆品包装盒的盖子打开，靠近鼻子，注意绝对不能使鼻子触及样品。

通常化妆品闻起来芬芳优雅，让人心情愉悦；如果太香或有异味，就使人不舒服。当然，现在市面上也有专门为那些不喜欢香味或者对香料过敏的消费者提供的无香型化妆品，这种化妆品没有任何香味，但也要求没有刺鼻的怪味。

三、比较外观质地

包装或者产品的外观一般对于消费者决定购买或尝试一个产品是非常重要的，外观还会影响对其他指标的评价。化妆品的包装应整洁、美观，封口严密；商标、装饰图案、文字说明应清晰，色泽鲜艳。不同种类的化妆品对产品外观的要求不同，先取出少量于表面皿、纸巾上，查看料体应均匀一致，检验时在非阳光直射下目测检验，单纯用肉眼直接观察化妆品膏霜质地是否细腻是不容易做到的，必要时需要用食指、中指和拇指拈取一些产品触摸或反复碾揉；或者用手指蘸上少许，均匀地涂一薄层在手腕关节活动处，然后手腕上下活动几下，几秒钟后，可利用指尖触摸皮肤表面或直接目测，如果化妆品会均匀而且紧密地附着在皮肤上，且手腕上有皮纹的部位没有条纹的痕迹时，便是质地细腻的化妆品；反之，如果出现或者有粗糙感或者有微粒状，这种化妆品质地就不那么细致。不同剂型化妆品的外观质地要求见表 7-5。

表 7-5　不同剂型化妆品的外观质地要求

剂型	外观质地要求
粉状	粉质细腻、均匀、滑爽，无粗粒、无结块
块状	软硬度适宜；常温下不变形、不发汗、不干裂
膏状	外观应光洁柔滑、稠度适当，料体细腻均匀，不得有结块，发稀，均匀无杂质、无粗颗粒，更不得有剧烈干缩等现象
棒状	膏体软硬适度，应能牢固地保持棒状外形，表面光洁细腻、油润性好，不应有明显的划伤、裂纹，无气泡
乳剂	具有一定的流动性且表面光滑、乳化均匀、无杂质，无乳粒过粗或油水分层现象
水(油)剂	清澈透明，无任何沉淀，无明显分层，无浑浊，无明显杂质和黑点
凝胶	透明不流动，均匀、细腻、无结块，在常温时保持胶状，不干涸或液化状态
混悬剂	颗粒应分散均匀，不应下沉结块

四、评价“使用”感觉

各类化妆品无论选择什么样的包装材料和形式，首先要方便取用、容易涂抹，然后要考虑消费者在涂敷于皮肤、头发后是否感觉舒适、享受。虽然有些感觉可能和化妆品中活性成分的作用有一定联系，有些感觉几乎不影响产品功效，但这些感觉是使用者的直接感受，会让他感觉舒适或不舒适、喜欢或不喜欢。

（一）皮肤用化妆品的使用感觉及其评价方法

护肤产品在使用过程中的感官效果一般指使用感（“滑爽”、“润滑”、“黏稠”、“干燥”或“油腻”）、“延展性”（是否容易涂敷，涂布层均匀度）、“清爽度”、“渗透性”等，清洁产品还包括清洗后的皮肤感觉（“光洁度”、“滑爽感”和“清洁感”）等。

1. 护肤膏霜

任何一种护肤化妆品均要求质地越细越好，因为质地细腻，其附着在皮肤上的能力也越大，涂抹在皮肤上匀贴自然，维持和发挥作用的时间也越长，感觉也舒服。

同是乳液膏霜，用后的感觉有很大不同，如普通的乳液不油腻、冷霜有油赋感、护肤抗皱霜稍有油腻感、营养霜则无明显的油腻感，传统雪花膏则外观洁白而有光泽、涂抹在皮肤上虽有雪花状但很快融合、无油腻感。

2. 化妆水

可取少量倒于掌心，双手拍打至面部或手背（含酒精的即有凉爽感），待稍干后用纸巾吸去多余部分，用指肚接触皮肤，营养护肤类应使皮肤变得柔软细腻有弹性，收敛类应使毛孔有所收缩，皮肤有滑爽、清爽感。

3. 洁肤类

可以取适量膏体涂布于手背上，感觉料体是否易于涂抹；待手背上形成一层敷层，2～3min 后感觉皮肤是否有收敛感、凉爽感；然后用纸巾抹去敷层，再用水过洗，观察皮肤是否光洁、有弹性、有滑爽感和清洁感等等。

4. 面膜

取适量产品均匀连续涂敷于施用部位上，形成一厚层，让其自然晾干，皮肤有明显的紧绷收敛感，待干燥成有一定的撕片韧性膜后，15min 或 20min 剥去膜，皮肤有明显的滑爽、清洁感。

（二）洗发香波的使用感觉及其评价指标

洗发香波（包括洗发育发各类香波）的使用性能除要求“清洁能力”和“泡沫细腻性”外，还要考虑“涂布性”、“漂洗性”和洗后头发质地是否“易梳理”、“光泽”、“飘逸”、“无枯燥感”，手感是否“滑爽”、“柔软”等感觉。

1. 涂布性

正确地洗发应采用二次清洗法。

① 取洗发产品 3～5g 于手心，用双手研开至头上各部位并伴以按摩、涂敷来

清洗。手感应明显感到涂布时产品容易均匀分散于全头，无产品结团现象。香波需要保持适当的黏度。黏度太低，放在手里会流走，不易控制。黏度太高，不易均匀地涂抹于头发上。

② 第二次清洗在上述操作用水洗一次后进行。用量为1～2g。因第一次的清洗，此次涂布极易，泡沫明显增多，手指清洗操作应由原来抓洗调整为搽抹按摩。

2. 漂洗性

好的香波产品不但易清洗干净，更应容易漂洗干净，过水漂洗2～3次应基本无泡、漂洗干净、无残留、手感不黏。

3. 湿梳性

洗好之发用干毛巾擦干，用梳子进行梳理，手感应适顺，不应有明显打结、难梳通的感觉。

4. 干梳性

头发干燥状态时或起身梳理时，手感应顺利，无不易梳通的感受。

5. 洗后发质感觉

洗后头发光泽、飘逸、但不可太蓬松给人有凌乱的直觉，手感滑爽、柔软，无枯燥感。

（三）按泵型发胶的使用感觉及其评价指标

使用时用气压泵将瓶中液体泵压喷雾到头发上，或挤压于手上，涂在头发所需部位。

(1) 喷雾效果　雾状均匀施于一定距离内头发上。

(2) 泡沫持续性　经摇动挤出产品的泡沫，不可消泡迅速，应能持续稳泡约1min。

(3) 成膜速率　在涂布时，成膜干燥速率太快会导致涂布不均匀，太慢成型差，适中的挥发成膜能确保涂布均匀和成型较快。

(4) 成型效果　涂膜干燥后，使发质定型。手感应软硬适中，太硬不自然，太软定型效果差。成型后不可有发白感，更不可造成梳理时有头屑状的脱落物。

（四）遮瑕类化妆品的使用感觉及其评价指标

遮瑕类化妆品进行使用性评价的皮肤最好与正常部位相同，为了便于观察，一般选择前臂内侧，此部位的皮肤与面部皮肤最为接近。在使用前，可先在使用部位涂上一些滋润乳，用手指沾取少许粉底点于皮肤上，然后用手指将其均匀抹开成一薄层，与未抹妆部位进行对比。

① 遮盖力　良好的遮盖力是调节和修饰皮肤的色调、质感和瑕疵的关键，如肤色不佳、毛孔粗大、瘢痕、局部色素沉着等。

② 吸收性　吸收汗液和皮脂，减少面部油光，使妆面持久不易脱妆。

③ 滑爽性　能平滑地在皮肤上扩散且保持较好的光滑感和流动性，使用时容易上妆且妆面均匀分布，不会聚集在皱纹和毛孔内；使用后能感到皮肤柔软爽滑、

有光泽、无颗粒凝集现象。

④ 附着感　粉剂在皮肤表面均匀铺展和能长时间地黏附于皮肤上，使妆面贴合自然、不易脱妆。

⑤ 绒膜感　在皮肤表面形成有微细粒子的天鹅绒般的质感，使妆面更完美。

（五）色彩类化妆品的使用感觉及其评价指标

1. 唇膏

将嘴唇上原有的唇膏用纸巾擦去，也可以加一些清洁乳或滋润乳帮助清洁，最好是在早晨还未使用过唇部产品时进行使用感评价。

将唇膏完全旋出，在上下唇上一次性涂满两层唇膏，观察和感觉唇膏的遮盖性、色泽均匀性、涂布性和软硬度，此时整个唇膏的色泽应均匀一致；无明显色斑，涂布时感觉平滑流畅，应无明显的黏滞阻涩感，软硬适中；随后将两唇上下开闭，应无明显的黏合和不适感，但也不能太滑腻；不与水分融合乳化而脱落，有较好的附着力，能保持较长的时间，但又不至于很难卸妆。

将唇膏完全旋出，观察唇膏与外管应基本成直线，可如此反复进行多次，然后观察唇膏应无明显弯曲或倾斜。

2. 指甲油

将指甲油摇匀，用刷子蘸取指甲油，在指甲上均匀涂布一层，应从指甲根部刷到尖端，先涂中间再涂两边，观察指甲油的“涂布性”、“流平性”和“遮盖性”。

① 涂布性　黏度适当，容易涂布形成湿润、均匀、无气泡液膜，不产生浑浊和“发霜”，无针孔。

② 流平性　有较快的干燥速率，通常3～5min。

③ 遮盖性　涂膜色泽均匀，表面光洁平滑，无明显色斑和刷子痕迹，有一定的硬度和韧度，耐摩擦、不开裂，卸妆时容易除去且不会使指甲变色。

这种使用性能的感官测试对研制人员来说，是经验累积的延伸，对使用者来说是对产品使用时的最直接感受，最终影响产品的被接受程度和被喜好程度。因此，对这类使用性能的感官测试人员的要求就非常高，要求他们不仅掌握化妆品的正确使用方法，还要对目标消费群的使用习惯有一定认识和了解。

五、乳液膏霜类护肤产品的感官评价练习

化妆品感官评价人员不仅要熟悉产品的使用要求，还要能对产品性质有准确的描述。

（一）外观

方法：将样品以螺旋形倒入表面皿中，把一个一分硬币大小的圆环，用样品从边缘到中心将其涂满。

A. 形状的完整性样品保持形状的程度。

[完全失去形状 ………………………………………………… 保持形状]

B. 10s之后形状的完整性：样品保持其完整性的程度。

[完全失去形状 ………………………………………………………… 保持形状]

C. 光泽度：样品反射的光的程度。

[暗淡 ……………………………………………………………………… 有光泽]

（二）摩擦

方法：用自动移液器将 1mL 的样品滴在大拇指或食指的指尖上，将拇指和食指摩擦一次，评价下列指标。

A. 坚实度：将样品在拇指和食指指尖充分摩擦所需要的力。

[不费力 ………………………………………………………………… 很费力]

B. 黏性：将手指分开所需要的力。

[不黏 ……………………………………………………………………… 很黏]

C. 黏着性：手指分开时样品呈丝而不是完全断开的程度。

[没有丝 ………………………………………………………………… 很多丝]

D. 出峰情况：样品在指尖上呈现尖峰的程度。

[没有峰 ………………………………………………………………… 有尖峰]

（三）涂抹

方法：用自动移液器将 0.05mL 的样品在前臂内侧滴成一个直径大约 5cm 的圆。用食指或中指在圆内轻轻涂抹，速度大约 2 下/s。涂抹 3 次之后，评价下列指标。

A. 湿润性：涂抹过程中感到的含水情况。

[没有 ……………………………………………………………………… 大量]

B. 分散性：样品在皮肤上运动的难易程度。

[困难/有拖曳感 ………………………………………………… 容易/滑]

涂抹 12 次以后，评价下列指标。

C. 黏性：皮肤和手指间感受的产品的量。

[几乎没有产品 ……………………………………………… 产品量很高]

涂抹 15～20 次以后，评价下列指标。

D. 含油情况：在涂抹过程中感受的样品中的含油情况。

[没有 ……………………………………………………………………… 极高]

E. 含蜡情况：在涂抹过程中感受的样品中的含蜡情况。

[没有 ……………………………………………………………………… 极高]

F. 含脂情况：在涂抹过程中感受的样品中的含脂情况。

[没有 ……………………………………………………………………… 极高]

继续涂抹，评价下列指标。

G. 收敛性：样品失去湿润性，不能继续涂抹的涂抹次数。

[20 ……………………………………… 120]（最多涂抹次数 120 次）

（四）涂抹之后的效果（即刻评价）

A. 光泽度：皮肤反射的光的量或者程度。

[暗淡 ………………………………………………………… 有光泽]

B. 黏性：手指上沾有样品的程度。

[不黏 ……………………………………………………………… 很黏]

C. 光滑程度：手指在皮肤上移动的难易程度。

[困难/有拖曳感 ……………………………………… 容易/光滑]

D. 残余量：皮肤上产品的量。

[没有 ……………………………………………………………… 大量]

E. 残余物类型

油状物、蜡状物、油脂、粉末状物。

（五）乳液膏霜类产品的感觉评价指标及其强度标度（0～10）

见表 7-6。

表 7-6　乳液膏霜类产品的感觉评价指标及其强度标度

标度值	产　　品	生产厂商
1. 形状的完整性		
0.7	婴儿用护肤油	Johnson&Johnson
4.0	治疗用护肤液	Westwood Pharmaceut
7.0	凡士林强化护肤品	Chesebrough-Pond's
9.2	Lanacane 护肤液	Combe Inc.
2. 10s 之后形状的完整性		
0.3	婴儿用护肤油	Johnson&Johnson
3.0	治疗用护肤液	Westwood Pharmaceut
6.5	凡士林护肤品	Chesebrough-Pond's
9.2	Lanacane 护肤液	Combe Inc.
3. 光泽度		
0.3	吉利剃须液	Gellette Co.
3.6	Fixodent	Richardson Vicks
6.8	Neutrogena 护手霜	Neutrogena
8.0	凡士林强化护肤品	Chesebrough-Pond's
9.8	婴儿用护肤油	Johnson&Johnson
4. 坚实度		
0	婴儿用护肤油	Johnson&Johnson
1.3	玉兰油	Olay Company, Inc.
2.7	凡士林强化护肤品	Chesebrough-Pond's
5.5	旁氏 Cold 面霜	Chesebrough-Pond's
8.4	凡士林	普通原料
9.8	羊毛脂蜡	Amerchol

续表

标度值	产　　品	生产厂商
5. 黏度		
0.1	婴儿用护肤油	Johnson&Johnson
1.2	玉兰油	Olay Company，Inc.
2.6	凡士林强化护肤品	Chesebrough-Pond's
4.3	Gergens 芦荟羊毛脂	Jergens Skin Care Laboratories
8.4	凡士林	普通原料
9.9	羊毛脂蜡	Amerchol
6. 黏着性		
0.2	Noxema 护肤品	Noxell
0.5	凡士林强化护肤品	Chesebrough-Pond's
5.0	Gergens 芦荟羊毛脂	Jergens Skin Care Laboratories
7.9	氧化锌	普通原料
9.2	凡士林	普通原料
7. 出峰性		
0	婴儿用护肤油	Johnson&Johnson
2.2	凡士林强化护肤品	Chesebrough-Pond's
4.6	Curel 护肤品	S. C. Johnson£Johnson
7.7	氧化锌	普通原料
9.6	凡士林	普通原料
8. 湿润性		
0	滑石粉	Whitaker, Clark Daniels, Inc. A
2.2	凡士林	普通原料
3.5	婴儿用护肤油	Johnson&Johnson
6.0	凡士林强化护肤品	Chesebrough-Pond's
8.8	芦荟胶	Nature's Family
9.9	水	—
9. 分散性		
0.2	AAA 羊毛脂	Amerchol
2.9	凡士林	普通原料
6.9	凡士林强化护肤品	Chesebrough-Pond's
9.7	婴儿用护肤油	Johnson&Johnson
10. 黏性		
0.5	异丙醇	普通原料
3.0	凡士林	普通原料
6.5	凡士林强化护肤品	Chesebrough-Pond's
8.7	Neutrogena 护手霜	Neutrogena
11. 残余量含量		
0	未处理的皮肤	—
1.5	凡士林强化护肤品	Chesebrough-Pond's
4.1	治疗用 Keri 护肤品	Westwood Pharmaceut
8.5	凡士林	普通原料

第三节　化妆品感官评价的应用

化妆品感官是产品的“卖相”，直接影响消费者的第一感受，如果感官评价没有达到要求，很难激起消费者第一次购买，即使产品效果再好，也难以启动销售。因此，掌握感官评价的简易方法，不仅对化妆品企业进行产品开发有帮助，也有助于开展消费者试用试验进行新品上市前销售预测，还有助于消费者自行对化妆品的质地进行比较和判别。最客观的感官评价方法还是有目的进行的志愿者试用试验。

化妆品感官评价人员应该清楚化妆品是与人的皮肤感觉关系非常密切的产品，感官评价结果对于产品来说不仅意味着些微的差异性、消费者的喜好度，更重要的是它还与产品的安全性、功效性有直接和间接的关系。

一、化妆品感官评价的应用范围

一般来说，可根据不同目的和适用范围选择进行化妆品感官评价。

① 新产品开发。产品开发人员希望了解产品各方面的感官性质，以及与市场中同类产品相比，消费者对新产品的接受程度。

② 产品匹配。目的是证明新产品和原有产品之间没有区别。

③ 产品改进。第一，确定哪些感官性质需要改进；第二，确定试验产品同原来产品的确有所差异；第三，确定试验产品比原产品有更高的接受度。

④ 工艺过程的改变、降低成本/改变原料来源。确定不存在差异；如果存在差异，可以使用描述分析以对差别有明确认识，确定消费者对该差异的态度。

⑤ 产品质量控制。在产品的制造、发送和销售过程中分别取样检验，以保证产品的质量稳定性；培训程度较高的品评小组可以同时对许多指标进行评价。

⑥ 储存期间的稳定性。在一定储存期之后对现有产品和试验产品进行对比，明确差别出现的时间，使用受过高度培训的评价小组进行描述分析，适用情感试验以确定存放一定时间的产品的接受性。

⑦ 产品分级/打分。通常在政府监督下进行或者在第三方检验机构进行，具有一定权威性。

⑧ 消费者接受性/消费者态度。在经过实验室阶段之后，将产品分散到某一中心地点或由消费者带回家进行评价，以确定消费者对产品的反应；通过接受性试验可以明确该产品的市场所在及需要改进的方面。

⑨ 消费者喜好情况。在进行真正的市场检验之前，通过感官评价进行消费者喜好试验；员工的喜好试验不能用来取代消费者试验，但如果通过以往的消费者试验对产品的某些关键指标的消费者喜好有所了解时，员工的喜好试验可以减少消费者试验的规模和成本。

⑩ 评价人员的筛选和培训。对任何一个评价小组都必要的一项工作，通常包括面试、敏感性试验、差别试验和描述试验。

⑪ 感官检验同物理、化学检验之间的联系。这类试验的目的通常有两个，一是通过试验分析来减少需要评价的样品数量；二是研究物理、化学因素同感官因素之间的关系。

二、常见化妆品质量优劣的感官鉴别

无论是企业质量检验人员还是国家化妆品监管人员，都既可以通过对化妆品外包装、标签标识、说明书和生产日期、批号等信息识别，也可以通过感官评价来判断各类化妆品的合格性。尤其消费者在选购一种以前从没有用过的化妆品时，更应注意对化妆品质地的鉴定，判断其是否假冒伪劣。

（一）膏、霜、乳液类化妆品的质量问题

1. 雪花膏

雪花膏中如果配方不合理，会出现粗颗粒或出水等严重破乳现象，使用时尤其经过严重冰冻后容易出现“起面条”现象。乳化剂硬脂酸碘价过高，易氧化变色；香精成分不稳定，时间过长或日光照射后会变黄变色，还会变味。

雪花膏含水量在70%左右，如果包装容器密封性不好，经过一段时间的储存后，会因水分蒸发而严重干缩。

2. 冷霜

常见质量问题是出现渗油、变色及变味等。冷霜受生产时设备、操作条件和主要原料品质的影响，制成乳剂后的耐热性能（48℃，24h或数天）会出现油水分离现象。如果选用了容易变色的原料、单体香料，储存若干时间后，乳剂色泽泛黄。如果乳化生产工艺控制不好，乳剂中还会混入细小气泡。霜类化妆品中加入各种营养性原料还容易繁殖微生物。

3. 乳液类化妆品

乳液类化妆品常见质量问题是膏体变粗，出现分层、变色及变味等。乳剂稳定性差、内相颗粒的分散度不够或乳液产品的黏度低，水油两相的密度相差大，都会使乳剂趋于不稳定。

在储存过程中，采用不合适乳化剂的乳液化妆品的黏度容易增加。如果香精内有醛类、酚类成分或选用的原料性能不稳定，日久或日光照射后乳液会泛黄。

（二）粉类化妆品的质量问题

粉类化妆品中如果硬脂酸镁或硬脂酸锌用量不够或质量不纯，含有其他杂质，粉质颗粒会粗、香粉黏附性差，不够贴肤；碳酸镁或碳酸钙用量不足会导致香粉吸收性差。

加入香粉中的乳化剂油脂含量过多或烘干程度不够，使香粉内残留少量乙醇或水分，就会使加脂香粉成面团、结块。

有色香粉色泽不均匀其原因是在混合、磨细过程中，采用机器的效能不好，或混合、磨细时间不够。

粉类化妆品常见质量问题还有储存环境潮湿或不注意粉扑、粉刷的卫生清洁导

致二次污染使得产品微生物超标等。

（三）香水、化妆水类化妆品的质量问题

香水、化妆水类制品大多是以酒精为溶剂的透明液体，给人以美的享受并起到保护皮肤的作用。这类产品如果静置陈化时间不够或冷冻温度不够，会出现浑浊和出现头屑状沉淀物；香精中不溶物如浸胶和净油中的蜡分过高，都会使产品浑浊。包装容器不够密封会使产品严重干缩，甚至瓶内香精析出分离。

包装瓶有碱性、香精香料中含有变色成分或不稳定成分（如葵子麝香、洋茉莉醛），日久或日光照射会使水剂类产品色泽变黄、变深；所用油脂碘价过高或含有酚类等，使产品氧化变色，甚至变味。

（四）发类化妆品的质量问题

1. 香波

香波类同样存在上面所提到的化妆品相同的质量问题（如变色变味、稳定性差），由于香波是单纯的物理性混合，因此某种原料规格的变动即能在成品中表现出来。

2. 发油

发油属于无水混合产品，如果白油或包装玻璃瓶中含有微量水分，或香精的溶解度差，产品的透明度会变差、变浑浊。如果香精用量过多或香精在白油中溶解度差，储存数月后还有香精析出。

3. 发乳

配方中选择乳化剂的亲水亲油平衡值（HLB值）不合适或者生产发乳过程冷却温度、搅拌速度控制不好以及原料本身的问题都会使发乳不稳定，水包油型发乳经冷冻稳定试验后发乳变粗，或热天在瓶子底部有水析出；油包水型发乳表面渗出油分，外观发粗或冷天渗水。

发乳中的白凡士林用量过多，香精配方中含有容易变色的单体香料，经阳光照射后容易使发乳颜色泛黄。选用某些单体香料不适当或某些香料质量差，纯度不够，发乳的香气变淡、变味。选用原料和“乳化剂对”不够恰当，敷用于头发上梳理时会出现“白头”现象。

三、化妆品的喜好度评价

随着市场的变化，化妆品越来越多元化，消费者的要求也越来越高，广大生产企业和研发部门非常重视消费者对化妆品的喜好度或接受度。

（一）喜好度评价目的与分类

喜好度评价的目的有多种，主要是了解消费者或潜在用户的个人喜好及接受度，可以针对产品、服务或创意。

消费者喜好度测试已经被证明是大众消费品、大众服务或高端产品开发过程中非常有效的工具，市场调研人员会跟踪调研进行“使用态度、认知度及使用习惯测

试”，来定期监测消费者的喜好及行为变化，为制定市场营销策略、新产品开发、竞品分析提供依据。例如，确定消费者喜好方向可为某项新产品开发做准备；将新旧配方产品进行各项或某项感官指标的喜好度对比确认产品改进或优化是否成功；比较即将上市的新产品和竞争产品是否有足够的接受度等等。

消费者喜好度测试通常是以消费者测试会的形式，一般招募300～500个目标人群代表，在3～4个城市进行大规模市场调研。对于一般产品来说，由原材料和工艺流程的改变而需要进行的评价指标太多了，全部由消费者来进行是不现实的，有时候可以采用内部工作人员进行喜好度评价。

喜好度测试的方法多种多样（表7-7）、费用也较昂贵。

表7-7　喜好度测试方法分类

序号	依据	类型
1	测试方式	座谈会(8～10人)、快速反应、一对一面谈、小型座谈会
2	性质	定性、定量
3	地点	实验室测试、集中点测试
4	测试者	消费者测试、小范围当地居民测试、内部员工测试
5	招募及访问方式	传统测试、互联网测试、电话访问

互联网测试是一种很好的接触目标消费者的方式，优点是耗时少、易执行、无地域限制、节省费用、容易找到大量目标消费群、有效性跟传统调研一样甚至更高等，而且可以直接形成数据库，但缺点是消费者容易忽略测试邀请。

（二）化妆品喜好度评价的实施

1. 基本流程

首先要明确目的，认真设计方案，根据产品特点和调查目的设计好感官评价问卷，内容包括需要测试的所有指标。

再准备好产品并编上号，产品可以是试验前自行生产的，也可以是市场上购买的同类其他厂家样品。

然后挑选合适的评价人员，一般是目标消费群，也可以是产品研发人员或销售人员，要求精神状态正常，无身体不适，尽量覆盖不同肤质、不同年龄。

同时专门培训有关化妆品使用方面的知识，准备好后，要求志愿者按照正确使用方法分别试用各种样品，并统一评定尺度，按照问卷中列出的各项感官指标分别进行评价，将使用时和使用后的感觉填写在评价表中，最后汇总分析数据，得出最终评价。

如果测试方案不合理，问卷设计不专业，消费者招募出了问题，或者因为测试产品错误，抑或是在不合适的时间进行测试等都会造成测试结果错误。

2. 感官指标的量化

一般采用9点打分法，记录受试者感受的分值：打分范围从1到9（表7-8）。

每一项指标只能选择一个分值，并直接在对应分值下打“√”。

表 7-8 分值与对应感受

分值	感受	分值	感受
1	非常不喜欢(非常不好)	6	有点喜欢(有点好)
2	很不喜欢(很不好)	7	一般喜欢(一般好)
3	一般不喜欢(一般不好)	8	很喜欢(很好)
4	有点不喜欢(有点不好)	9	非常喜欢(非常好)
5	无所谓(既不喜欢也不不喜欢)		

也可以采用语言评价量化表，通过受试者的视觉、嗅觉和触觉比较化妆品对皮肤的效果，用“无效”、“有效”、“显著效果”等表示，对每一等级用语言文字做相应的描述（表 7-9），使受试者或研究者明确每一等级的具体含义。

表 7-9 感官指标与对应描述用语

指标	描述用语
产品的质地	柔滑细腻、颗粒感或粗糙
颜色	均匀度、柔和度、与肤色配合融洽度
香味	愉悦、刺鼻
延展性	是否容易涂敷、涂布层均匀度
使用感	滑爽、干燥或油腻
清洗后的皮肤感觉	皮肤光洁度、滑爽感和清洁感
清洗后的毛发产品	是否容易涂抹、洗涤中泡沫丰富和细腻度、产品是否容易清洗、有无残留、洗后头发质地(顺滑易梳理、有光泽、飘逸、手感滑爽、柔软、无枯燥感)等指标

研究者还可以对受试者使用化妆品前后的皮肤进行摄影，以对比不同试验阶段的照片，获得产品在改善人体皮肤质地、颜色等方面的真实信息。

3. 化妆品喜好度评价注意事项

① 产品必须在有效使用期内。

② 所有样品都用玻璃瓶包装。

③ 感官评价试验在单独的感官检验室内进行，样品用 3 位随机数字编号，多种样品同时呈送，评价顺序随机。

④ 感官评价人员要求精神状态正常，无身体不适。试验前将手洗干净，每人每次试用和评价一种产品。

⑤ 取样后立即盖好瓶盖，防止样品暴露空气中过长。

⑥ 感官评价室环境温度 20～25℃，湿度 60%～80%。

（三）护肤化妆品喜好度评价实例

以一种新护肤膏霜为例，要与市场上的竞争对手进行喜好度比较，研究其被消费者接受程度的差异性。

1. 试验方案

① 试验由感官评价人员进行，重复2次，分两天进行。

② 分别试用各种样品，按照表7-10中列出的各项感官指标分别进行打分，打分范围从0到9，每一项指标只能选择一个分值，并直接在对应分值下打“√”。

③ 产品可以是试验前自行生产的，也可以是市场上购买的同类其他厂家样品。

④ 感官评价室环境温度20～25℃，湿度60%～80%。

2. 设计喜好度评分表

见表7-10。

表7-10 单一产品的各项指标的喜好度评分表

产品名称				品牌/公司全称					
生产批号				评价人					
样品来源				年龄					
销售价格				性别					
评估日期				皮肤类型					
形状描述	膏霜□ 乳液□ 啫喱□ 油液状□ 其他________								
喜好度评分	程度分值								
	9	8	7	6	5	4	3	2	1
1. 外观喜好度									
2. 气味喜好度									
3. 质地延展性									
4. 瞬间保湿性									
5. 持久保湿性									
6. 吸收柔软性									
7. 肌肤滋润性									
8. 本产品你是否愿意购买？	一定会买		可能会买		很可能不会买			一定不会买	
9. 试用完这款产品，你有什么心得要和大家分享？（请在下方填写）									

注：每一种样品需要完成一份同样的调查问卷，将结果进行对比。

3. 个人喜好度评价结果

经过上面的评价，请将样品按照你喜好进行排序：________________

你最喜欢哪一个样品的外观：________________

你最喜欢哪一个样品的香气：________________

包括外观、香气、质地等因素，你最喜欢的产品是：________________

4. 小组喜好度评价结果统计

本组共有________名品评人员，其中男性________名，女性________名，本组评分结果统计见表7-11。

表7-11 喜好度结果统计表

<table>
<tr><td colspan="2" rowspan="2">平均分 / 评分项目</td><td colspan="5">样品编号</td></tr>
<tr><td>1</td><td>2</td><td>3</td><td>4</td><td>5</td></tr>
<tr><td colspan="2">1. 外观喜好度</td><td></td><td></td><td></td><td></td><td></td></tr>
<tr><td colspan="2">2. 气味喜好度</td><td></td><td></td><td></td><td></td><td></td></tr>
<tr><td colspan="2">3. 质地延展性</td><td></td><td></td><td></td><td></td><td></td></tr>
<tr><td colspan="2">4. 瞬间保湿性</td><td></td><td></td><td></td><td></td><td></td></tr>
<tr><td colspan="2">5. 持久保湿性</td><td></td><td></td><td></td><td></td><td></td></tr>
<tr><td colspan="2">6. 吸收柔软性</td><td></td><td></td><td></td><td></td><td></td></tr>
<tr><td colspan="2">7. 肌肤滋润性</td><td></td><td></td><td></td><td></td><td></td></tr>
<tr><td colspan="2">8. 愿意购买人数</td><td></td><td></td><td></td><td></td><td></td></tr>
<tr><td rowspan="4">9. 最喜欢该产品人数统计</td><td rowspan="2">人数</td><td>男</td><td>男</td><td>男</td><td>男</td><td>男</td></tr>
<tr><td>女</td><td>女</td><td>女</td><td>女</td><td>女</td></tr>
<tr><td rowspan="2">占比/%</td><td>男</td><td>男</td><td>男</td><td>男</td><td>男</td></tr>
<tr><td>女</td><td>女</td><td>女</td><td>女</td><td>女</td></tr>
<tr><td colspan="7">结论：</td></tr>
</table>

思考题

1. 化妆品感官评价如何实施？

2. 常见化妆品的质量优劣怎么通过感官评价进行鉴别？

3. 各类化妆品喜好度如何评价？你能设计一份彩妆喜好度调查问卷吗？

4. 化妆品研发人员想知道新开发的美白洁面乳与市场上的竞争产品相比有没有竞争力，他应该从这类产品的哪些方面进行评价？可以采取哪些简便易行的试验方法？

第四篇

各类化妆品的作用特点与评价

第八章 非特殊用途化妆品的作用特点与评价

第一节 洁肤类化妆品的作用特点与评价

洁肤类化妆品是清洁皮肤、除去皮肤表面污垢、保护皮肤美观和健康，在日常生活中应用最广泛的一类化妆品，如清洁霜（蜜、水、面膜）、磨面膏、洗面奶等。

一、洁肤类化妆品的作用特点

（一）皮肤污垢与清除方法

1. 皮肤污垢的组成

皮肤污垢是指附着在皮肤或黏膜表面的垢着物，主要包括：

① 人体皮肤每时每刻都在脱落的毛发、死亡的角质形成细胞和黏膜上皮细胞。

② 皮肤表面寄生着大量的微生物，如细菌、真菌、病毒、螨虫等。

③ 皮脂腺分泌的皮脂和汗腺分泌的汗液形成的皮脂膜，虽然是皮肤表面最理想的保护层，但是长久停留极易腐败变质；汗液蒸发后的残留成分（如盐、尿素和蛋白质降解物质等）会留在皮肤表面，过多堆积后，当气温增高时，微生物将在体表大量繁殖。

④ 直接暴露在外界环境中的皮肤黏附的灰尘、煤烟颗粒和化妆品残留粉末、油脂、蜡状物、颜料等。

2. 皮肤污垢的危害

皮肤污垢如果不及时清除，不仅会散发异味，还会影响皮肤和黏膜正常生理功能，阻碍腺体以及毛孔的通畅，导致皮肤粗糙，加速衰老。

正常情况下微生物大都不致病，但在一定条件下可以成为致病菌，侵入皮肤引起局部或全身感染，对人体造成伤害；同时化学污染物会刺激皮肤，生物活性物质还可能作为抗原引起皮肤变态反应，与微生物一起引发痤疮、湿疹、疖肿、夏季皮炎、毛囊炎等各种皮肤疾病。

所以，必须及时清除皮肤污垢，保证皮肤卫生健康，为下一步护理美容做准备。

3. 清除皮肤污垢的方法

正常人体皮肤具有自然清洁的功能，如死细胞自然脱落、皮脂的抗菌功能等，然而，很多污垢仅靠皮肤自身的洁净功能是清除不掉的，必须使用外力和清洁剂。由于污垢不同与皮肤表面结合力牢固程度不同，被清除的过程和方法也有很大不同。一般情况下，靠重力作用在皮肤表面沉降堆积的污垢附着力很弱，较容易从表面上去除；靠静电吸引力附着在皮肤表面的污垢，在水中很容易从表面解离；靠化学吸附作用结合于皮肤表面的污垢吸附力很强，用通常的清洗方法常很难去除。不同污垢的清除方法见表 8-1。

表 8-1　不同污垢的清除方法

污垢种类	清除方法
泥垢	常采用酸碱等使其溶解而去除
可溶于水的食盐和蔗糖等亲水性强的污垢	用水作溶剂加以去除
矿物油等亲油性污垢	利用有机溶剂溶解或用表面活性剂乳化分散加以去除
食物残渣、动植物油	常利用氧化分解或乳化分散的方法从皮肤表面去除

只要方法合适，清除那些来自环境并且与皮肤表面存在明确分界面的附着污垢，一般不会造成皮肤表面的损伤。

（二）洁肤类化妆品的性能要求

1. 洁肤类化妆品的组成

洁肤类化妆品的主要原料是表面活性剂，尤以阴离子表面活性剂常见，它既能将各种污渍清除掉，还可以帮助形成泡沫达到更好的清洗效果。表面活性剂的缺点是要用大量水才能冲洗干净，而且脱脂力和刺激性较大，会不同程度地损伤皮脂膜，使皮肤屏障功能减弱、容易变得干燥粗糙。为了减少皮肤表面损伤，洁肤类化妆品中除含有微量的防腐剂、香料和着色剂外，常常加入具有保湿和修复皮脂膜功能的原料，如甘油、乳酸等保湿剂，还包括一些润肤剂。洁肤类产品中常用表面活性剂见表 8-2。

表 8-2　洁肤类产品中常用表面活性剂简介

种类	常用原料	应用特点
阴离子表面活性剂	脂肪醇硫酸盐，如十二烷基硫酸钠、乙醇胺盐等	优良发泡性、去污力和良好的水溶性，但去脂力强、刺激性大，常用于油性皮肤或男性专用洗面乳、香波中；不能用于敏感性皮肤和干性皮肤
	聚氯乙烯烷基碳酸钠	去脂力较强，刺激性稍小，应用广泛，除用于面部清洁剂外，还大量用于沐浴乳和洗发精的配方中

续表

种类	常用原料	应用特点
阴离子表面活性剂	聚氧乙烯脂肪醇醚硫酸盐	优良的发泡性和去污力，刺激性较小，与多种表面活性剂和添加剂相容性好，易调节稠度，且生物降解性极好，适宜于配制液状香波
	琥珀酸酯磺酸盐类	良好的洗涤性和发泡性，对皮肤和眼睛温和，刺激性小，且有良好的渗透性能。与其他表面活性剂混合使用，可配制各种不同性能香波
	酰基肌氨酸及其盐类	温和、泡沫丰富，调理性能好，并有抗静电效应，有很好的相容性，应用广泛
	酰基磺酸钠	优良的洗净力，刺激性低，洗后肤感好，pH 通常控制在5～7，适合正常皮肤使用
两性表面活性剂	甜菜碱、氧化铵、咪唑啉型衍生物	良好的去污、发泡、杀菌和柔软等性能，耐硬水，对酸、碱和各种金属都比较稳定，对皮肤刺激性低，具有良好的生物降解性，且起泡性能好，去脂力属中等，适用于干性皮肤和婴儿清洁剂配方
	氨基酸型	可以调整为弱酸性，对皮肤刺激性较小，亲肤性特别好，高级洗面乳清洁成分，但成本高
阳离子表面活性剂	十二烷基二甲基苄基氧化铵、十二烷基甜菜碱	调理剂、抗静电、消毒、灭菌
非离子表面活性剂	烷基醇酰胺	多功能：清洁、增稠、稳泡等
	聚氧乙烯失水山梨糖醇脂肪酸酯	透明剂、增溶剂、乳化剂，耐硬水，刺激性低，毒性小，应用广泛
	烷基聚葡萄糖苷	对皮肤和环境没有任何的刺激和毒性，清洁力适中，低敏性
天然表面活性剂	茶皂素和绞股蓝	从植物或动物组织通过物理过程或物理化学的方法得到，复合功能

2．洁肤类化妆品的性能要求

洁肤类化妆品清洗的对象为人体皮肤，因此优良洁肤产品需具备以下性能：

① 一定去污效果，能迅速除去皮肤、黏膜表面和毛孔污垢。

② 外观悦目；无不良气味；结构细致，稳定性好；使用方便，容易涂布均匀，无拖滞感；使用后感觉皮肤光泽润滑，不紧绷、不干燥、不油腻。

③ 产品的去污力和脱脂性不应过强，对皮肤、眼睛刺激性要小，不破坏皮肤表面脂膜，温和、安全，配方设计时必须充分考虑到不同类型皮肤的耐受程度。

④ 虽然泡沫与洗涤去污能力并无直接关联，但很多消费者非常喜爱泡沫丰富细腻的洁肤化妆品，因此发泡性能也经常被作为产品的一项重要感性指标。

⑤ 有些洁肤类化妆品中还添加多种天然动植物提取物及生物活性成分，清洁皮肤的同时起到营养、美白祛斑、抗皱、祛痘、芳香、清凉止痒等多重功效，使得清洁类化妆品有了更广阔的市场。但是要注意的是，清洁类产品在皮肤上停留的时

间短，发挥的功能作用有限。

洁肤类化妆品按照功能和作用部位可以分为洁面类、卸妆类和沐浴类，按照组成及作用特点可分为皂类、复合型和抗菌型，消费者可以根据自身需求和皮肤情况选择。表 8-3 为不同洁肤类化妆品的作用特点。

表 8-3　不同洁肤类化妆品的作用特点

种类	常用组分	作用特点
皂类清洁剂	由脂肪酸盐组成，pH 为 9.5～10	易破坏皮肤角质层及 NMF 丢失，使皮肤水分减少，皮肤屏障功能破坏，增加皮肤 pH 及敏感性
复合型清洁剂	由阴离子、阳离子、两性离子、非离子及硅酮类表面活性剂以及保湿剂、防腐剂等组成	性质温和，刺激性较肥皂明显减小；清洁皮肤同时可维持皮肤表面 pH 值维护皮肤屏障功能，防御细菌的侵袭，还能保湿、润肤、降低皮肤敏感性，对于敏感性及免疫功能低下的皮肤有益
抗菌型清洁剂	含有抑菌成分	常为酸性，清洁皮肤或黏膜的同时还可预防皮肤或黏膜继发感染，但不能经常使用，否则容易导致革兰氏阴性毛囊炎

3．洁肤类化妆品使用注意事项

洁肤类化妆品如果使用不正确不仅会引起皮肤损害，还会增加清洁后使用其他化妆品时引起不良反应的危险。在保湿化妆品的临床试验中发现，许多引起皮肤不良反应的案例不是保湿化妆品本身引起的，而是由于之前所使用的清洁类化妆品所致的。因此，要注意：

① 不要使用去污力强、碱性大的洁肤产品，不要过度使用去角质产品，这些产品会改变皮肤弱酸性的环境，破坏皮脂膜和削弱皮肤屏障功能。泡沫过多的洗面奶往往含阴离子表面活性剂成分较多，碱性较大，刺激性较大，不宜选用。

② 不要同时使用多种洁面产品，因为不当的混用容易导致皮肤缺水、干燥、失去光泽。

③ 要根据不同皮肤类型选择合适的洁肤产品。中性皮肤可采用洗面奶或其他清洁制品；油性皮肤（皮脂分泌较多或患有粉刺者）可采用香皂或控油型洗面奶；干性皮肤（皮肤干燥或患湿疹者）宜选用温和型洗面奶，也可采用清洁霜、蜜等产品；敏感性皮肤建议选用舒敏洗面奶。

④ 如果对正在使用的洗面奶感觉良好则不需要经常更换，因为不同肤质的酸碱度是不同的，同一品牌的洁面产品常常使用相同的表面活性剂、增稠剂等原料，因此它的 pH 值比较接近。皮肤对每种洁面产品都需要一个适应过程，如果频繁更换洁面产品容易导致皮肤短暂的刺痛、脱皮或缺水，不过间隔一段时间尝试一些新产品也是可取的。

⑤ 青春期人群应该使用控油兼具保湿功效的洗面奶；30 岁以后，皮肤水油状态会比较平衡，适合选用保湿类洁面化妆品。

⑥ 使用清洁化妆品的频率依个人生活工作环境、季节、皮肤代谢情况而异，一般每天 1～2 次。皮肤敏感者可适当减少。

（三）洁面类化妆品的作用机理与正确使用

1. 洗面奶的作用机理与正确使用

（1）洗面奶的主要成分及其作用机制　洗面奶是以清洁面部皮肤为目的的专用产品，一般为弱酸性或中性白色乳液，因有优良的洗净力、滋润保护功能，使用优质洗面奶后的皮肤不紧绷，具有用香皂洁肤无可比拟之优点，深受消费者的青睐。同类产品还有洁面露、洁面皂、洁面啫喱、洁面摩丝等。

洗面奶主要成分及其主要作用机制见表 8-4。

表 8-4　洗面奶原料组成与作用机制

<table>
<tr><th colspan="2">原料组成</th><th>作用机制</th></tr>
<tr><td colspan="2">表面活性剂</td><td>具有润湿、分散、发泡、去污、乳化五大作用，是洁面化妆品的主要活性物，可清除污垢</td></tr>
<tr><td colspan="2">水相物</td><td>去除汗渍，溶解脸面上水溶性污垢</td></tr>
<tr><td rowspan="2">油相物</td><td>矿物油脂</td><td>用作溶剂溶解面部油溶性的脂垢和化妆品残迹等</td></tr>
<tr><td>动植物油脂</td><td>用作润肤剂，清洁后在皮肤表面形成保护膜，降低皮肤敏感性及维护皮肤屏障功能，使面部皮肤柔嫩光洁、爽滑</td></tr>
<tr><td colspan="2">保湿剂、营养成分</td><td>去除皮肤污垢的同时能防止皮肤过度脱脂，能于清洁后在皮肤表面形成保护膜，兼有对皮肤的护肤、保湿、营养功能</td></tr>
</table>

洗面奶可分成各种类别，不同类型产品的应用特点见表 8-5。

表 8-5　不同类型洗面奶的应用特点

<table>
<tr><th>依据</th><th>分类</th><th>应用特点</th></tr>
<tr><td rowspan="4">剂型</td><td>泡沫型</td><td>在硬水中具有很好的发泡性，使用过程中可产生大量的细腻泡沫，增加愉悦感，日常最常用</td></tr>
<tr><td>洁面膏</td><td>多为珠光膏状，去污力较乳液型要强，故皮肤洗后感觉清爽，质量好的产品不应有明显的紧绷感</td></tr>
<tr><td>无泡型</td><td>结合了以上两种类型洗面奶的特点，既使用了适量油分也含有部分表面活性剂</td></tr>
<tr><td>凝胶型</td><td>含有胶黏质或类胶黏质，外观清澈透明或半透明，显得纯净、晶莹，与其他产品相比，活性成分较易被皮肤吸收</td></tr>
<tr><td rowspan="2">皮肤性质</td><td>中性、干性、敏感性皮肤适用</td><td>柔和，含有温和表面活性剂和滋润油相成分，适合中性、干性、敏感性皮肤</td></tr>
<tr><td>油性皮肤适用</td><td>不含油脂、蜡或任何其他脂质，除了能去除油脂和污垢，还能控制油脂的再分泌，有的加入一些抗菌抑菌成分避免痤疮的产生。中性或干性皮肤选用可能会导致皮肤干燥缺水</td></tr>
</table>

续表

依据	分类	应用特点
主要成分	脂肪酸盐（皂基）型	皂基为主，丰富细腻的泡沫，较强的洗净度、清爽的洗后感觉
	表面活性剂（非皂基）型	表面活性剂为主，比皂基型温和、刺激小
	混合式	除了皂基还有表面活性剂，泡沫丰富、去污能力优良，还能营养皮肤
使用目的	普通型	对皮肤温和，刺激性小，有油性但无油腻感。使用后应感觉清爽、滋润。适宜于混合性和干性肌肤使用
	磨砂型	加入磨砂颗粒，深层去污
	疗效型	营养皮肤、祛斑、美白、抗粉刺、抗衰老等

（2）洗面奶的正确使用　洁面时，首先用清水润湿面部，取少量产品置于掌心，并均匀地由里向外、由下到上涂抹于面部，根据皮肤肌肉、纹理走向，运用手指（中指、无名指）适度地按摩打圈1～2min，再用清水冲洗，将浅层污垢清洁掉，最后用柔软面巾或纸巾轻轻地擦净。洗面奶用后用水洗掉非常重要，因为将洗面奶留在皮肤表面没有滋润的作用，残留的表面活性剂反而会对皮肤有损害。

双手洁面时一定不要用力搓洗，因为过度清洗会破坏皮肤自身的屏障，危害很大，皮肤不但留不住水分，还会使皮肤松弛，时间一长，对涂擦在脸上的任何化妆品都容易出现不耐受。

2. 皂类洁肤剂的作用特点

皂类洁肤剂分为肥皂、香皂、洁面皂，主要利用表面活性剂脂肪酸钠的作用降低污渍表面张力，乳化皮肤表面污垢物质而达到一定的洗净力。

肥皂所用的脂肪酸钠主要来源于动物油脂，去污力强、碱性大（pH约10），而人体皮肤表面为弱酸性，如果使用肥皂清洁会引起皮肤干燥、表面pH值上升，因此不推荐用肥皂来清洁皮肤。

香皂是肥皂的改良品，以橄榄油、椰子油等植物油脂为主，质地细腻，加入了香料和着色剂更令人愉悦，还添加了保湿剂、润肤剂，对皮肤的刺激小于肥皂，可用来沐浴、洗手，有些还有杀菌、消毒和防治某些皮肤病的功效。洗浴时，一般都应将香皂冲洗干净，由于皮肤本身的恢复能力，人体皮肤表面在洗后15～30min内可恢复原有的pH值。

偏碱性香皂去污力强，适用于油性皮肤；中性香皂对皮肤刺激性小，适用于中性和干性皮肤；偏酸性香皂去污力较差，但具有一定的护肤作用，适合于儿童使用；进一步改良后的浓缩皂包括多脂皂、美容皂由于添加了羊毛脂、甜杏仁油及甘油等，可减轻皮肤干燥症状。普通香皂不适用于婴幼儿，可能因油脂纯净度不高、香精品质不佳或用量偏多以及皂基碱性过大等原因，容易使婴幼儿娇嫩皮肤发生刺激和过敏反应。婴儿皂要选用优质的油脂制成，避免含有刺激性成分，香料、防腐剂尽量少加或不加，或加限量规定的杀菌剂。

3. 清洁霜的作用特点

清洁霜又称洁肤霜，是一种半固体膏状的洁肤化妆品，多用来卸妆，刺激性小，可以在皮肤表面留下一层滋润性的油膜，令皮肤光滑柔软，但有时还要用其他洗面产品清洗清洁霜残余。

理想的清洁霜应该具备以下性能：安全、无刺激；外观细腻、光泽感强；使用清爽柔软，易于涂展，并能依赖皮肤体温迅速软化；渗透作用快，能够彻底清洁毛孔内部污垢；易于擦除和洗去，使用时肤感舒适；洗后无油腻感。

清洁霜多采用干洗的方式，先将其均匀涂敷于面部皮肤，使清洁霜的油性成分充分渗透、溶解和乳化皮肤表面的化妆品油性成分及油性污垢（如香粉、皮屑等异物）；同时辅以轻柔的按摩可以促进面部皮肤血液循环，清除毛孔内部污垢，提高清洁效果；然后用软纸、毛巾或其他易吸收的柔软织物将溶解和乳化了的污垢等随清洁霜从面部擦除。

表 8-6 为清洁霜种类与作用机理。

表 8-6　清洁霜种类与作用机理

产品类型	常用配方特点	作用机理	适用对象
油包水型（W/O）	含油量多，油腻感较强	利用表面活性剂的润湿、渗透、乳化作用进行去污；利用油相、水相的溶剂作用，浸透和溶解污垢、彩妆、色素以及毛孔深处油污等	适用于干性皮肤或秋冬季天气干燥时使用，卸除浓妆
水包油型（O/W）	含油量中等；较为清爽，使用舒适		适用于中性和油性皮肤以及夏季使用，卸除淡妆
无水型	全油性组分混合制成，使用时将其涂抹在皮肤上，随皮肤温度而液化流动	油相将皮肤上的油性污垢和化妆品残留油渍等溶解	卸除戏剧妆或浓妆

4. 磨砂膏、去死皮膏的作用特点与正确使用

(1) 磨砂膏的作用特点　磨砂膏在清洁霜的基础上结合按摩营养霜的要求，除含有保护皮肤的营养成分外，还添加了直径为 0.1～1.0mm 的固体微粒，是一种颗粒型分散体的乳液膏体。磨砂膏属于深度清洁的洁面产品，一般来讲，适用于皮肤较为粗糙、油脂分泌较多者。

磨砂膏中的颗粒成分在高倍显微镜下呈圆形或椭圆形，绝不可以有明显棱角感，以免在摩擦面部时损害皮肤。通常采用的摩擦颗粒分为天然和合成磨料两类。天然磨料包括植物果核颗粒（如杏核壳粉、桃核壳粉、橄榄仁壳的精细颗粒等）、天然矿物粉末（如二氧化钛粉、硅石粉等），常用的合成磨料包括树脂粉末聚乙烯、尼龙微细粉末以及石英精细颗粒等。这些固体粉末一定要保证卫生安全，根据使用者皮肤状况不同，磨砂颗粒的大小和种类的选择也相应有所不同。

先将皮肤湿润后，取适量磨砂膏膏体在皮肤上适当按摩，时间不宜太长，然后用水过洗。在发挥制剂中油分、水分及表面活性剂清洁作用的同时，通过杏壳粉、

聚乙烯粉等微小颗粒的摩擦作用，可以帮助皮肤表面衰老死亡的角质细胞快速脱落，更有效地清除毛孔深处污垢，使皮肤柔软、光滑、细腻；摩擦还能刺激皮肤血液循环与新陈代谢，促进皮肤吸收营养物质、自我更新，可以减少皮肤微细皱纹。另外，这种摩擦可以挤压出皮肤毛孔中过剩的皮脂，使毛孔通畅，预防痤疮。

(2) 去死皮膏的作用特点　新型磨砂膏也有不加入磨砂剂的，如去死皮膏、无砂型磨砂膏等，见表8-7。

表8-7　磨砂膏与去死皮膏的对比

项目	磨砂膏	去死皮膏(液)
配方特点	含杏壳粉、聚乙烯粉等颗粒	微酸性海藻胶、润滑油脂和胶合剂等
主要作用机理	机械性作用;微细颗粒的摩擦	化学性和生物性作用;对角质层中的蛋白质成分有软化溶解作用
适用皮肤类型	抑制油脂分泌,主要针对油性皮肤;不宜长期使用,干性皮肤慎用,且按摩时轻重要适度,以免造成皮肤损伤	针对中性、混合性或干性皮肤,对皮肤的刺激小于磨面膏

(3) 磨砂膏、去死皮膏的正确使用方法　取拇指大小磨砂膏分别置于面部5个位点，均匀抹开，结合洁面方法，注意避开眼眶周围皮肤，使用双手无名指由内向外画小圈轻揉按摩，鼻窝处改为由外向内画小圈，持续数分钟；若用去死皮膏(液)，则将产品均匀涂抹于皮肤表面，待产品八成干后，向下、向左右将产品搓去，注意去死皮液使用时间不能过长，一般不超过10min。

另外要注意磨砂膏、去死皮膏（液）等这两种产品不宜同时使用。

根据皮肤类型的不同，使用磨砂膏和去死皮膏的方法和频率也有所不同。对于油性皮肤，因为油脂分泌旺盛，可以每1～2周使用1次；而对于中性或混合性皮肤一般每2～3周使用一次；干性皮肤者使用磨砂洗面奶的频率应该较低，每月使用1次，可以只在较油或者较粗糙的“T”字部位使用，同时要避开眼周；而对那些受损的皮肤或有炎症的部位，如严重痤疮、有炎症、创伤或毛细血管扩张等问题的皮肤，应禁止使用，以防感染；过敏性皮肤也要谨慎使用。

5. 剃须用品的作用特点与正确使用

(1) 剃须用品的产品特点　剃须用品是一种成年男性专用清洁化妆品，它通常多为水包油型的乳化膏体，具有一定的黏稠度，可以软化、膨胀胡须并且对皮肤安全、无致敏性。为提高皮肤的舒适度，某些配方中添加甘油、丙二醇、羊毛脂以及衍生物、脂肪醇和卵磷脂等润肤剂、保湿剂或者清凉剂薄荷醇和收敛剂金缕梅提取物，清洁的同时减轻剃须引起的疼痛和舒缓肌肤，甚至为防止可能出现的细小损伤炎症，剃须膏中还常常添加有抗菌剂（如尿囊素等）消炎抗感染。但这类剃须产品偏碱性，配方中的乙醇、收敛剂、薄荷脑、消毒杀菌剂、香料等对皮肤和眼睛有刺激性，敏感皮肤慎重选择。

泡沫剃须用品采用脂肪酸盐乳化剂，会产生丰富细腻的泡沫并在整个剃须过程中保持稳定，这些泡沫贴敷在皮肤和胡须上，使须毛快速润湿，起到良好的润滑作用，以便剃须刀平滑地在皮肤上移动。现在也很流行气雾剂形式的剃须摩丝，可以直接喷在面部使用，非常方便。

(2) 剃须用品的正确使用

① 湿式剃须用品　使用时先用温水将胡须润湿，取适量湿式剃须用品置于胡须部，顺着胡须生长的方向剃，剃完后用水清洗干净。泡沫剃须膏可用毛刷蘸剃须膏涂抹，起泡后再剃须；无泡沫剃须膏可直接用手掌取适量抹开；剃须摩丝先摇匀后，取适量摩丝涂在胡须处并按摩，直至摩丝产生丰富泡沫后，便可以开始剃须。

② 干式剃须用品　使用前先摇匀电动剃须液（摩丝），取适量涂搽在面部，待剃须液干后（或摩丝的泡沫消失）开始剃须。

③ 剃须后护理　立即将适量的护理用品倒于手掌中，以剃须部位为中心，轻拍于整个面部。

6. 面膜的种类与正确使用

(1) 面膜的类型　常规面膜是用粉末、成膜剂等制成的泥浆状到透明流动状的胶状物，涂敷在皮肤上，经过一定时间干燥，随着其中水分的蒸发能形成紧绷在脸上的一层薄膜，所以称其为面膜。常用粉末基质有高岭土、淀粉、滑石粉、钛白粉、氧化锌、碳酸钙、硅藻土，也用含黏土的火山灰、海底泥等；常用成膜剂有高分子聚合物，如聚乙烯醇、海藻酸钠、羧甲基纤维素、果胶等。另有一些产品涂敷面部水分蒸发后不能成膜，无法整块地揭起，只能用水将其冲洗掉，因为操作方法和效果与面膜基本一致，也统称面膜。

根据形式不同，面膜分为剥脱型、水洗/干擦型、贴布式；根据使用部位，分为面膜、眼膜、鼻膜、手膜、颈膜、唇膜及肩部专用“膜”，也都统称面膜；根据理化性质不同分为硬膜和软膜。

无论哪种形式，作为面膜制品都应具备以下几个主要特性：与皮肤贴敷紧密；能够快速干燥和固化；易于从面部剥离或洗去；对皮肤具有足够的清洁作用；对皮肤无刺激，无不良气味。目前最受欢迎的是贴布式面膜，将调配好的面膜胶状物吸附到制成人面部图形的面膜载体如无纺布、棉布上，使用更方便。

(2) 面膜的作用　面膜是一种集清洁、护肤和美容为一体的多用途化妆品，按照基本功能分为以清洁为目的的和以美容保养为目的的两类。

由于面膜对皮肤表面物质的吸附作用，在剥离或洗去面膜时，可以将皮肤上的污垢和附在毛孔里的污垢一同除去，达到较为彻底清洁肌肤的效果，因此，清洁皮肤是面膜产品的主要功能。敷面膜之前可以用热毛巾或热蒸气熏蒸，使毛孔扩张，有利于清洁皮脂和污垢。

更多人们使用面膜是缘于其良好的美容功效。使用之前先清洁皮肤，再用面膜紧密覆盖在皮肤表面将之与外界环境隔绝，既能减少水分蒸发，达到软化表皮角质层、扩张毛孔和汗腺口的效果，又能使局部皮肤表面温度上升、血液微循环加强，从而更有利于营养物质的渗透和吸收。随着薄膜的形成与表面张力的作用，致使松弛的皮肤绷紧，有利于消除和减少面部细纹，产生美容效果。

保湿面膜使用后用纸巾把过多的精华素或残留物轻轻擦去即可，偏油性皮肤可以不再涂抹其他滋润品，而偏干性皮肤则需要再涂抹一层霜剂来封闭角质层水分。水洗式面膜中还可以直接添加一些对粒径和相容性要求不如膏霜那么严格的植物粉末如芦荟粉、海藻粉等，增加美容效果。

在医疗美容机构和美容院里，面膜常与许多功能性原料、天然植物提取物、草药等配伍使用，使营养成分更有效地渗入到皮肤深层，针对性地达到保湿、美白、抗皱、祛斑等特殊护理和保养目的，尤其适合对问题性皮肤患者进行辅助治疗。

面膜的特性与作用机理见表 8-8。

表 8-8　面膜的特性与作用机理

产品类型		配方特点	作用机理	适用范围
硬膜（倒模）	热膜	关键组分是成膜剂，主要基质是石膏；热渗透促进吸收	涂敷于皮肤自行凝固成坚硬的膜体，形成厚厚的成型“模”	主要用于油性皮肤、雀斑、黄褐斑等问题性皮肤，也可用于身体局部的护理，如健胸、减肥等
	冷膜	加入少量的清凉剂使受施者感到皮肤有凉爽感；冷渗透镇静皮肤		用于暗疮皮肤、敏感皮肤、混合性皮肤及干性皮肤，常常在夏季美容院做皮肤护理使用
软膜		关键组分是成膜剂，主要基质为淀粉（50%～60%），内含多种营养性药物	膜体不形成壳，而是形成柔软的膜，对皮肤没有拉紧感	质地柔软细腻、性质温和、无刺激性、使用方便，能达到治疗和美容的双重效果

（3）面膜的正确使用

① 粉状面膜　粉状面膜是一种细腻、均匀、无杂质的混合粉末状产品。使用时用水、化妆水、果汁等将适量面膜粉调成糊状，用刷子或压舌板将面膜糊均匀地涂敷于面部，注意避开眼周及口唇周围的皮肤。经过 20～30min 水分的蒸发，在皮肤表面形成一层较厚的膜状物，用水洗净干膜或自下而上将黏性软膜剥离，皮肤上的皮脂、汗液和污垢随着黏附的面膜一起被清除。

注意事项：粉状面膜调和至糊状为宜，不宜太稀；涂于面部时面膜厚度应适宜，0.5cm 左右，太薄达不到营养、治疗的预期效果，太厚造成不必要的浪费；根据不同肤质选择不同的粉状面膜，一般情况可以 1～2 周 1 次。

② 干擦式/水洗式面膜　按其形状和成分分为膏状、泥状和凝胶状，膏状比较容易涂抹。洁面后，将膏状面膜如熟石膏面膜涂敷在脸上，因水合反应发热、固化，10～15min 后将固化的石膏除去即可，这个过程中产生的热量可充分扩张皮肤毛孔，起到深度清洁的效果，待用清水洗净，再涂护肤化妆品。

注意事项：一般各种皮肤类型、各个季节都可以使用。对于含较多黏土成分或添加有吸油成分的面膜，因其能够发挥吸附油脂的作用主要用于油性皮肤。不含特殊吸油成分的膏状面膜对中、干、油性皮肤都适用。使用不宜过度频繁，油性皮肤每周1～2次，中干性皮肤每2～3周1次即可。敏感皮肤使用时注意，最好先在皮肤较薄的部位，如耳后等试用，以了解是否有刺激或过敏反应。

③ 剥脱（撕拉）式面膜　剥脱式面膜通常为膏状或透明凝胶状产品，具有良好洁肤功效，主要针对面部过多的油脂以及过厚的老化角质。洁面后，将其均匀连续涂敷于皮肤上，尤其要注意避开眼眶、眉部、发际及嘴唇周围的皮肤。自然晾干，皮肤应有明显的紧绷收敛感；待15～20min形成有一定的撕片韧性膜后自下而上撕除，皮肤有明显的滑爽、清洁感，防止撕剥时动作粗糙损伤皮肤。

注意事项：这种面膜使用时，量不能太多，涂太厚水分难以挥发，不能形成均匀的薄膜；但用量也不能太少，否则可能会断裂，不能使皮肤维持在密闭的状态，影响使用效果。可在T区等油脂分泌旺盛部位适当敷厚一些，面颊两侧敷薄一些。

油性皮肤及皮肤油脂分泌旺盛的部位可以使用，根据油脂的分泌量选择使用间隔期，如油性皮肤每周1次，油脂分泌特别旺盛过度油腻的皮肤每周1～2次，一般情况可以2～3周1次。其他类型的皮肤不建议使用。

④ 贴布式面膜　洁面后，将面膜展开贴敷在面部，将眼、鼻和唇部暴露出来，15～20min后，将面膜贴自下而上揭起，用温水清洗，使用后的湿布不可重复再使用。一般情况可以每周1～2次。

注意事项：湿布状面膜不要用热水或微波炉加热，可能会破坏其营养成分。可以在敷面膜后，盖上干毛巾增加密闭性，增强吸收效果；敷面膜时间不宜过长；面膜剪裁尽量与脸的轮廓相符，能贴合面部曲线，通常无纺布面贴膜按照脸部曲线裁剪8～12刀，伏贴感更好；面膜载体的质地影响舒适度和使用效果，一般来说蚕丝面膜、纯生物制膜最好，天然纯棉膜布其次，合成纤维次之。

（四）卸妆类产品的特点与正确使用

面部皮肤的清洁在以下两种情况下都一定要使用卸妆品：一是擦了粉底、口红、眼影、腮红等，不论是浓妆或淡妆；二是使用了防晒用品、隔离霜（尤其是具有修饰肤色功能的产品）等。

1. 卸妆类产品的作用特点和选择

卸妆类产品包括各种卸妆油、卸妆水、卸妆乳和卸妆霜等，各有不同的性质和用途（表8-9）。

表8-9　各种卸妆类产品的作用特点

类型	特性	作用机理	应用特点
卸妆水	不含油分	水性成分溶解脸面上水溶性的汗渍污垢	适合油性皮肤和卸淡妆，易使皮肤干燥，干性肌肤不宜长期使用

续表

类型	特性	作用机理	应用特点
卸妆乳/霜	涂抹容易，使用后很容易就能用纸巾或水洗干净	相似相溶原理：油性成分溶解面部油溶性的彩妆脂垢，水性成分溶解脸面上水溶性的汗渍污垢	乳液状适合中性皮肤和只用蜜粉、粉底液的妆面；霜状适合中至干性皮肤的中浓妆面或者特殊情况临时使用
卸妆油	基本成分包括矿物油、合成酯或植物油，还有乳化剂	将油性污垢溶解，还能深层清洁毛孔；遇水可以乳化、产生泡沫，使用后感觉滋润不油腻	适合卸除浓妆，适合中至干性皮肤和用蜜粉、粉底液、持久型粉底液、持久型粉底霜的妆面
卸妆凝胶	无香精、清晰透明	能有效去除眼部的彩妆，同时无刺激性、痒痛、流泪等不良反应	适合娇嫩眼部皮肤

不同类型和不同部位皮肤在选择卸妆及清洁产品时要充分考虑功效性和安全性，最好是配备有柔软的辅助卸妆用品卸妆棉或消毒棉片，多效一体、使用方便，尤其适合出差时使用。见表 8-10。

表 8-10　不同皮肤状况正确选择卸妆产品

皮肤状况	正确选择卸妆产品
偏油	选择能彻底清洁又具控油效果的卸妆及清洁产品，然后用卸妆棉擦拭污垢，最后要用大量水冲洗干净
偏干	应选用有润泽效果的卸妆及清洁产品，并注意使用保湿产品
眼周皮肤	非常脆弱，需要用专门的卸妆产品还要配合温柔的卸妆技巧；将卸妆产品倒在消毒棉上轻轻按摩再用水冲洗；卸除睫毛膏需将消毒棉片垫在下眼睑上，棉签蘸眼部卸妆液由睫毛根部向睫毛梢边滚边擦拭
双唇皮肤	格外娇嫩，容易引起刺激或过敏，眼部卸妆品也可用于唇部或用唇部专用的卸妆品；用卸妆棉沾清洁霜或洗面奶擦拭唇部

2. 卸妆注意事项

彩妆越浓越厚重，越需要油脂比例高的卸妆品来卸除；卸妆工作最好在 1～3min 内结束，时间不要太长，然后立刻用大量水（以微温的水为佳）冲洗干净，如果卸完妆后将残余物长久停留在脸上会增加对皮肤的刺激和伤害，必要时用普通洁面产品再洗一遍；避免使用于伤口、红肿及湿疹等皮肤异常部位，避开眼、唇敏感部位；若不慎流入眼睛，立即以大量清水冲洗干净；使用时若皮肤出现红斑、瘙痒、水肿、刺痛或其他不适症状，立即停止使用。

3. 各类卸妆产品的正确使用方法

（1）卸妆水（液）使用方法　首先取化妆棉一片，用卸妆水（液）完全浸湿，然后在脸上轻轻按摩 2min 左右，力量不要太大，否则容易把溶解的残妆按到毛孔里堵塞毛孔，此时应该可以感觉到彩妆浮在皮肤表面了，再用温水洗掉。

（2）卸妆乳（膏/霜）使用方法　先保持手、脸干燥，潮湿的环境会减弱卸妆乳的清洁效力；用双手预热卸妆乳，若卸妆乳的温度比皮肤低，会令毛孔收缩而达不到好的清洁效果；接着再用手指指腹轻轻揉开，由内而外轻轻按摩，能帮助卸妆乳油性成分充分渗透，溶解肌肤毛孔中的油污、彩妆；用化妆棉轻轻擦拭掉面部妆容，最后用大量的水冲洗干净。注意卸妆乳（霜）不能当按摩霜使用。

(3) 卸妆油的正确使用　在涂抹卸妆油前，双手及面部需保持干燥。将约1元硬币大小的卸妆油均匀地涂抹在面部，用中指、无名指指腹以螺旋式画圆的动作由下而上、由内向外轻轻按摩全脸皮肤约1min，溶解彩妆及污垢；接着用手蘸取少量的水，同样重复在脸上画圆动作，将卸妆油乳化变白，再轻轻按摩约20s；然后使用大量的清水冲洗干净，最后再以洁面乳清洗即可。

使用卸妆油既要注意避免先用潮湿的双手直接蘸取卸妆油，还没使用卸妆油就先行乳化，也要注意避免直接用干的面纸将卸妆油擦拭掉，不加水乳化。

(五) 沐浴类产品的特点与正确使用

1. 沐浴类产品的作用特点

(1) 沐浴露（液）　沐浴露（液）一般是液态或呈现透明外观的凝胶状，具有丰富的泡沫和一定的清洁能力，黏度适当，便于使用，是目前最为常用的替代香皂的身体用清洁产品。

沐浴露（液）配制工艺与香波基本相同，配方结构也很简单，主要组分是具有良好发泡性的表面活性剂，有很好的洁净去污、改善人体气味的作用，要求香味纯正、持久、清新，易于清洗，不会在皮肤上残留。同时，沐浴露（液）中还添加有对皮肤具有滋润、保湿和杀菌止痒功效的成分，使用后不会产生皮肤干燥和紧绷感，对皮肤更加温和、安全、无刺激。沐浴露（液）主要组分与作用特点见表8-11。

表8-11　沐浴露（液）主要组分与作用特点

主要组分	作用特点
表面活性剂	产生泡沫，润湿皮肤，乳化清除污垢和油脂
润肤剂、保湿剂	有效减低表面活性剂引起的皮肤脱脂问题，使皮肤滋润、光泽，具有一定的增稠和增溶作用
抗菌剂	祛除不良体味和维持皮肤表面卫生状态，减缓皮肤瘙痒

沐浴露（液）的品种很多，按组成大致可分为弱酸性温和型和弱碱性皂基型两类，前者对皮肤刺激性低，但有不易冲洗干净的滑腻感觉；后者易冲洗干净，感觉清爽，但皮肤干燥者慎用。

沐浴露（液）按其使用对象分成人型和儿童型，儿童沐浴液比成人沐浴产品的洗净力要求更加温和，易于冲洗，泡沫丰富，肤感良好，对眼黏膜不能有刺激性；按状态分透明、乳状、泡沫、固体、凝胶等；按添加的活性成分的特殊功效可分为清凉、止痒、营养、美白、杀菌、保健等类型。

(2) 浴盐的作用特点　浴盐指以盐为主要原料，添加一定量的辅料和添加剂经过加工而成的粉状或颗粒状沐浴产品，通常具有软化硬水、软化角质、促进血液循环和帮助清洁的作用。

浴盐中主要成分为从无机矿物盐类或者为天然卤水和岩盐矿床中的井盐，大多采用未经过处理的粗盐，这种盐颗粒大，使用时溶化较慢，在皮肤上轻轻揉搓有一定的按摩作用。浴盐因为未经过精加工，含有丰富的天然矿物成分如硫酸镁、硫酸钠、氯化钠、氯化钾等，具有消炎抑菌、促进血液循环、消除疲劳等功效；还富含人体所需的铁、钙、硒、镁等多种微量元素，长期使用可使皮肤细白、嫩滑、有弹性。

(3) 浴油的作用特点　浴油是一种油状的沐浴产品，主要成分为液态的动植物油脂、碳氢化合物、高级醇以及作为乳化分散剂的表面活性剂等。洗浴后皮肤表面会残留一层类似皮脂的油性薄膜，可以保持皮肤水分，防止皮肤干燥，赋予皮肤柔软、光滑、亮泽的外观，同时赋予皮肤清香的气味，浴油中油分不能太多，否则会产生油腻感。

浴油在洗浴的水中以不同的方式溶解或分散在水中，如以油滴的形式浮在水的表面或以成膜的油层在水面扩散，还有透明溶解或发泡等。依据油分在浴水中的状态，浴油可分为乳化型和漂浮型。乳化型浴油又分为可溶浴油、可分散浴油和泡沫性浴油，其中以分散性浴油较为流行，配方中添加了聚氧乙烯油醇醚作为分散油分的分散剂。

2. 沐浴清洁产品的正确使用

(1) 香皂、沐浴液、沐浴啫喱等　洗澡时将其涂抹在浴花或者毛巾上，揉搓至泡沫丰富，再涂于全身，或直接涂抹全身，最后用水冲净即可。

(2) 浴盐　先在手臂柔软部位做皮肤测试。依部位不同而选用不同大小的盐粒，在皮肤较粗糙的部位宜使用如砂糖般大的颗粒，在较柔软的部位则使用如细沙般小的颗粒，注意使用时力度不可过大，以免损伤皮肤。在肘、膝、脚后跟画圆涂抹，其他部位采用来回反复涂抹法。身体充分温热再抹盐才有效。涂抹盐以后，使其停留在皮肤上几分钟，等盐充分溶解直到出汗为止，才能产生效果，然后冲净。浴盐如果每天使用对皮肤会产生刺激，建议每周使用1～2次。

(3) 使用沐浴清洁产品的注意事项

① 为了最大限度减少刺激，最好将揉搓出的泡沫涂于皮肤上，而不要直接把香皂用于皮肤。另外泡沫停留在皮肤上的时间最好控制在1～3min内，随后用水冲洗干净。

② 洗澡较频繁，或者长期使用碱性过强的洗浴用品，则会伤害皮肤角质层，加速细胞内水分的蒸发，除了使皮肤干燥、瘙痒外，严重的还会使毛囊过度角化。因此，如皮肤不是很油腻，最好选择中性的浴液和香皂，碱性过强的洗浴用品对皮肤有刺激，会引起皮肤病。使用过程中，应尽量减少浴液和皂类在身体上停留的时间，尽快将泡沫冲洗干净。

③ 洗浴用品最好选用含香料或色素较少的产品，避免皮肤长期受香料或色素刺激而发生过敏反应或光敏反应。

④ 香皂中的不饱和脂肪酸很容易被氧化、酸败，不宜存放太久。

⑤ 婴幼儿最好选用专用沐浴清洁剂，且不宜经常使用，否则会损伤婴儿幼嫩的皮肤。

⑥ 使用药物香皂必须选用具备对皮肤刺激性低的产品，且不可长期使用，如硫黄皂等。

二、洁肤类化妆品的安全与功效评价

洁肤类化妆品的效果评价包括对去污能力、泡沫能力和皮肤刺激性的评价。

（一）去污效果评价

1. 微生物效果测试

皮肤污垢中伴有各种微生物，可通过去微生物效果测试，观察清洁产品的抑菌杀菌作用，评价去污效果。

具体操作方法：清洁皮肤前后，分别用已灭菌的取样器刮取同一皮肤表面样品少许，置于盛有 5mL 液体培养基的试管中，37℃、100r/min 振荡培养 12h。观察比较试管中清洁皮肤前后盛有培养液试管菌液浑浊程度。同时将上述试管中菌液分别稀释至 10^{-5} 倍、10^{-6} 倍、10^{-7} 倍、10^{-8} 倍，取 100μL 菌液涂布于固体培养基上，37℃恒温培养 12～16h。观察平板上菌落的生长密度、形态，判断该清洁类化妆品的去微生物效果。

2. 人体法

一种方法是用具有黏度的载玻片或透明胶带，黏附清洁前后人体皮肤脱落的死皮细胞，将细胞染色后在显微镜下观察，根据死皮数量变化比较产品的清洁效能。

另外一种方法是先在人体皮肤上涂上彩色美容化妆品作人造污垢，取一定量清洁产品按照使用说明清洗皮肤后，通过肉眼判断彩妆污垢的颜色变化或者残留量来了解产品的去污能力；使用清洁类化妆品前，可在手背皮肤上预先涂上一些粉底、眼影或胭脂等，将清洁产品倒少许在手背上，按摩一会儿，用纸巾擦拭乳液，可以比较洁肤卸妆的效果。

也可通过测量使用清洁产品前后皮肤污渍颜色的变化来比较去污效果，或者拍摄皮肤照片，对比分析照片灰阶变化，判断污垢被清除程度。

（二）泡沫能力评价

清洁皮肤和毛发类化妆品的起泡能力和稳泡能力一般用罗氏泡沫仪进行测定。本方法也可用来评价某些产品的消泡能力。

罗氏泡沫仪由滴液管、刻度量筒及支架部分组成，见图 8-1。为了控制刻度量筒内温度恒定于（40±0.5)℃，还需配备 1 套带有循环水泵的超级恒温水浴装置。

操作流程：将样品用一定硬度的水配制成一定浓度的试验溶液。在恒定温度下，使 200mL 配制溶液从 900mm 高度流到预先加入的 50mL 的相同溶液的液体表

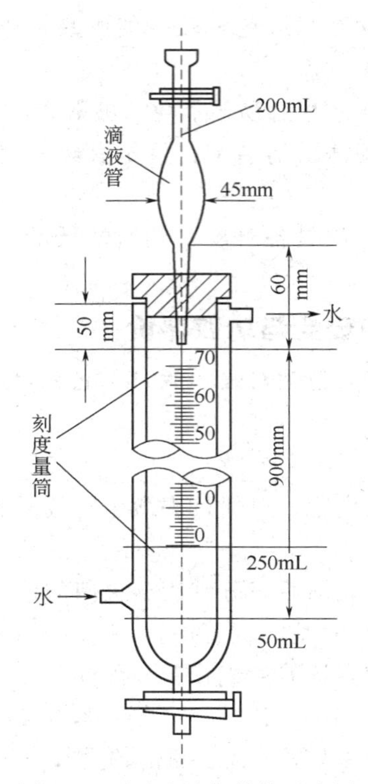

图 8-1　罗氏泡沫仪结构示意图

面之后，产生冲击搅拌作用从而产生泡沫，测量得泡沫体积越大，说明样品产生泡沫的效能即起泡力越强。在液流停止一段时间后，再次记录泡沫体积，根据泡沫体积的变化情况，评价样品稳定泡沫能力。

注意：每个样品需重复试验多次、取算术平均值为最后结果；每次试验之前必须将管壁洗净；每次都要配制新鲜溶液。

（三）刺激性评价

优质的清洁类化妆品对皮肤的刺激性要小，刺激性评价可以采用动物进行一系列的毒理学试验，也可在人体进行安全性测试，以下介绍人体方法。

1. 皮肤斑贴试验

经典的斑贴试验可以评价清洁产品对皮肤的刺激性和致敏性，通过受试部位皮肤的不同反应，如红斑、脱屑和皲裂的状况来评估样品对皮肤的刺激程度。由于清洁类产品多为暂时停留在皮肤上，做斑贴试验时，要按一定的比例稀释。

然而单纯的斑贴试验不能确定皮肤清洁类产品可能导致的其他更多反应。为了更灵敏地观察到产品的刺激性或致敏性，可以采用多次累积刺激试验、重复斑贴试验和最大化斑贴试验，甚至将完整皮肤用针刺破或用黏胶带多次粘贴皮肤，破坏皮肤屏障后再做斑贴试验。

2. 皮肤生理参数无创性检测

皮肤过度清洁可能会刺激皮肤发生脱脂、脱皮等生理变化，引起一系列皮肤生理参数诸如表面 pH 值、角质层含水量、经表皮水分散失量等的改变，可通过无创性技术测量洁肤产品使用前后皮肤的生理参数变化比较判断产品的温和性。

（1）皮脂测量　清洁产品的重要功能之一就是能清除皮肤表面的油污，但过多清洗又会破坏皮肤表面固有的皮脂膜，降低皮肤屏障的功能。通过皮脂分泌测量可评价清洁类化妆品的去油脂效果。

（2）角质层含水量测试　皮肤水分的含量会影响皮脂膜的形成。优良的清洁剂，在清洁的同时，应该保持正常的角质层含水量。同一部位，洁面前后皮肤的水分含量有一定的变化，不同受试者的变化幅度不同，一般 1～2h 内能恢复表皮原始水分含量。

（3）皮肤酸碱度（pH）测试　保持皮肤正常的弱酸性状态可以保护皮肤免受细菌的侵害。对于同一部位，优良的产品在清洁前后皮肤的 pH 变化不大。

（4）经皮失水（TEWL）测量　使用清洁化妆品后，如果 TEWL 值异常升高，意味着皮肤屏障功能遭到损坏，这在一定程度上反映了所用产品的刺激性。

（5）皮肤颜色测量　如果皮肤受到刺激，毛细血管会扩张，局部的血流量就会增加或者局部出现红斑，故可通过测量使用产品前后毛细血管血流情况或者通过比色仪比较皮肤颜色的细微变化，来了解该清洁产品对皮肤刺激的程度。偏光照相或录像是检测受刺激皮肤早期表现的最敏感、最实用的一种方法，可以检测出肉眼观察不到的刺激反应，但不能对皮肤反应的严重程度进行量化，窄谱简易反射分光光度计比较好。

3. 其他刺激试验

包括肥皂盒试验，最为严格的是小室划破试验，就是用一个细小针头刮擦破坏皮肤角质层的屏障；随后将被试验样品溶液涂抹在受试者皮肤表面，并将其包敷封闭。这个试验虽然能够预测某种产品是否会对皮肤产生潜在刺激性和比较评估多种产品的皮肤受刺激状况，但最大不足之处是会损害皮肤。

第二节　护肤类化妆品的作用特点与功效评价

护肤化妆品是施用于人体皮肤表面，达到滋润、保护或（和）营养皮肤目的的化妆品，品种多、用途广，受到消费者的青睐。相比于美容类化妆品，护肤类产品更强调使用的舒适感。

一、护肤化妆品作用机理与正确使用

（一）皮肤保湿的生理基础与保湿化妆品作用机理

一般情况下，皮肤角质层含水量在 10%～20%时，皮肤处在最理想的生理状态。当角质层水分在 10%以下时，皮肤干燥呈粗糙状；若水分再少，皮肤则会皲

裂。保持皮肤适当的湿润度对维持皮肤弹性、柔润、光泽都很重要。

1. 皮肤组织结构的保湿性能

人体皮肤各层组织结构中对皮肤的保湿性能有不同的作用（表 8-12）。

表 8-12　皮肤的组织结构与保湿功能

<table>
<tr><th colspan="3">组织结构</th><th>保湿功能</th></tr>
<tr><td colspan="3">皮脂膜（皮肤表面保护膜，由皮脂、汗水、表皮的角质细胞组成）</td><td>呈弱酸性，pH4.5～6.5。保持皮肤水分，保持皮肤光滑，防止细菌等异物侵入以及碱性的伤害，并决定皮肤的种类</td></tr>
<tr><td rowspan="11">皮肤</td><td rowspan="7">表皮</td><td rowspan="3">角质层（成熟区）</td><td>角蛋白：保持皮肤的含水量，抵御外来侵入，吸收养分</td></tr>
<tr><td>细胞间脂质：防止体内水分渗透和散发</td></tr>
<tr><td>NMF：天然保湿因子，保持皮肤水分，以及调节水分</td></tr>
<tr><td>透明层</td><td>角质蛋白和磷脂：防止水分和电解质透过皮肤</td></tr>
<tr><td>颗粒层（成长区）</td><td>皮肤防护带，防止水分渗透，储存水分</td></tr>
<tr><td>有棘层</td><td>淋巴液，供给皮肤营养</td></tr>
<tr><td>基底层（新生区）</td><td>角质细胞新陈代谢，分化成各层细胞</td></tr>
<tr><td rowspan="2">真皮</td><td>乳头层</td><td>使皮肤具有弹性和张力</td></tr>
<tr><td>网状层</td><td>含有胶原纤维和弹性蛋白，具有缓和来自体外的物理刺激的作用。氨基聚糖如透明质酸：可结合大量水</td></tr>
<tr><td rowspan="2">皮下组织</td><td>皮脂腺</td><td>分泌皮脂，润滑皮肤，防止体内水分蒸发</td></tr>
<tr><td>汗腺</td><td>分泌汗液，调节体温，软化角质，使皮肤保湿，防止皮肤干燥</td></tr>
</table>

2. 皮肤内主要的保湿成分

（1）表皮的脂质和 NMF　皮肤生理学家认为，皮肤保湿的机理是基于包覆于皮肤表面的皮脂抑制水分经皮肤蒸发以及存在于角质细胞内的水溶性吸湿成分 NMF 两种作用的结果。

神经酰胺约占表皮角质层脂质含量的 50%，与角质形成细胞表面蛋白质通过酯键连接起到黏合细胞增强表皮细胞的内聚力的作用，能改善皮肤保持水分的能力及维持和修复角质层的结构完整性。它不仅有优越的保湿性，还可避免或减少因紫外线照射而引起的表皮剥脱，从而有助于皮肤抗衰老。

天然保湿因子 NMF 占角质层细胞基质的 10%，对保持皮肤的结合水量十分重要。研究 NMF 的保湿机理和应用对保湿类化妆品开发有重要价值。

（2）真皮内的透明质酸　真皮中最丰富的氨基聚糖是透明质酸、肝素硫酸盐、肝素和硫酸软骨素等，虽然占皮肤干重不足 1%，却可结合 1000 倍相当于自身质量的水，其中透明质酸含量最多，是真皮组织中重要的保湿成分。

透明质酸多以自由状态存在，是一种不定形的胶体物质，在细胞生长、膜受体功能和黏附上具有重要的作用。透明质酸分子中含多个羟基、羧基，其形成的螺旋柱空间构型可与水形成氢键而结合大量的水分，可在细胞间基质中保持水分。

3. 影响皮肤水分缺失的原因

皮肤含水量充足与否不仅与皮肤内部组织结构有关，环境温度、湿度、药品和化妆品等外部因素也都能决定和改变皮肤中的水分含量。

（1）皮肤组织结构　角质层结构致密，既能防止各种各样外源物被皮肤吸收，还能防止内源性物质包括水从表皮丢失，构成了天然的屏障。如果皮肤角质层的完整性受到破坏，NMF 将会受到损失，皮肤的保湿作用就会下降。角质层保持水分能力还会受到皮肤出汗及皮脂膜组成的影响。若真皮基质中透明质酸减少、黏多糖（糖胺聚糖）类变性，真皮上层的血管伸缩性和血管壁通透性减弱，就会导致真皮内含水量下降。

（2）年龄　婴儿角质层的含水量高于成人，随着年龄的增长，皮肤新陈代谢减缓，角质层中天然保湿因子 NMF、真皮层中透明质酸等成分合成减少，皮肤的水合能力降低同时汗腺和皮脂腺数目减少，影响皮肤表面的油脂和水分混合膜的形成，致使皮肤保水能力下降；皮肤屏障功能下降，角质层损伤后其自行修复的速度也变慢，容易形成裂口，加重了皮肤干燥的程度；而且老化的皮肤多有皱纹，使皮肤的表面积增加，水分丢失增多。

（3）季节及环境因素　当人体暴露在相对湿度为 10%～30% 的环境中 30min 后，角质层含水量就明显减少。故空调房、暖气房以及干燥的冬季都会让夏季角质层含水量正常的人的皮肤变得干燥。气候变换、环境温湿度的变化等都会使 TEWL 增多，加重干燥。

（4）生活习惯和精神压力　正确的饮水习惯可保持皮肤水分，也有研究表明精神压力过大会延缓角质层脂质的合成，导致皮肤经皮失水增加，加重皮肤干燥程度。

（5）物理及化学性损伤　用外力反复摩擦或粘剥皮肤，可以破坏角质层的完整性。经常进行热水浴、过度使用清洁剂也容易破坏皮肤表面正常的脂质，洗掉水溶性的天然保湿因子，破坏皮肤屏障功能，皮肤的保湿功能会下降，加重干燥。

（6）疾病和药物因素　维生素缺乏（包括烟酰胺、维生素 A、维生素 D 等）、蛋白质缺乏或代谢异常及一些干燥性皮肤病（特应性皮炎、湿疹、银屑病、鱼鳞病）、内科疾病（如糖尿病）等，会因皮肤屏障功能的缺陷而导致患者皮肤干燥。局部使用糖皮质激素等药物可以抑制角质层脂质合成，同样会影响皮肤的屏障功能。

4. 保湿化妆品的作用机理

保湿化妆品中添加了可以用来增加皮肤表层水分含量的原料保湿剂，不同种类保湿剂的保湿机制是不一样的。

（1）补充和吸取水分　一类具有亲水特性的是甘油、山梨糖醇、1,3-丁二醇、丙二醇、乳酸钠、尿素、聚乙二醇等这类物质具有从皮肤深层和外界环境吸取水分的功能，可防止皮肤水分的散失达到保湿效果，也被称为吸湿剂。但是只有在皮肤周围相对湿度至少达到70%时，才易达到保湿效果。另一类具有亲水特性的是天然生物大分子物质，如透明质酸、硫酸软骨素、胶原蛋白、弹力蛋白及DNA等，它们是将皮肤中游离自由水分结合在自己的网状结构内使之不易蒸发散失，即使在低浓度条件下、低湿度环境下都具有高吸湿性。

(2) 封闭和锁水　一些不溶性油脂，例如凡士林、白油、硅油、动植物油脂、蜡类等，在皮肤表面形成一层封闭的油膜保护层，减少或阻止水分从皮肤表面蒸发到空气中去，促进深层扩散而来的水分与角质层进一步水合，达到保湿效果。这类物质又称封闭剂，其中封闭效果最好的是凡士林，许多医疗用药膏及极干皮肤用的保湿滋润霜中都含有。

(3) 维护皮肤屏障功能　干燥的皮肤无论用何种保湿护肤品，其效果总是短暂且有限的，要达到理想的保湿效果最好从提高皮肤屏障功能着手。吡咯烷酮羧酸钠、乳酸、乳酸钠等天然保湿因子以及芦荟、体内必需脂肪酸和各种维生素等被皮肤吸收后，可渗入表皮甚至到真皮层内，起到保护细胞膜、促进细胞再生、增加皮肤弹性和厚度等作用，最终维护和加强角质细胞的吸水性和屏障功能，阻止皮肤内水分蒸发散失，这类物质也被称为深层保湿剂。

有些保湿原料同时具有美白、舒缓等多重功效，同时发挥其多种功能需要人体生物系统的参与，不同人对同一原料产生的反应和效果可能会不同。从天然物质中提取具有良好的保湿和营养双重性能的保湿原料取代化学合成的保湿原料，符合人们回归大自然的要求，也是未来保湿剂发展的趋势。

保湿剂一般按化学结构和来源分为3类，各自应用特点不同（表8-13）。表8-14为常用保湿剂应用特点。

表8-13　保湿剂的分类

类型	结构特点	常用原料举例
多元醇类	多个醇羟基结构，挥发性低，吸湿性强	丙二醇、甘油、丁二醇、山梨糖醇
高分子	分子量大，吸水性强	透明质酸、胶原蛋白、葡聚糖
天然保湿剂	存在于生物体内是可以起保湿作用的物质，过去是从动植物中提取经化学处理而得，现在可直接从工业发酵、合成得到	吡咯烷酮羧酸钠、丝肽、甲壳素衍生物、丝胶蛋白、灵芝提取物、芦荟提取物、海藻提取物、角鲨烷、蜂蜜、霍霍巴油

表8-14　常用保湿剂应用特点

种类	特　点
甘油	高浓度的甘油具有强吸湿性并不适合用在皮肤上，因为当它从空气中吸收不到足够的水分时，就会从皮肤真皮层中吸取水分，然后通过表皮蒸发，从而使皮肤更加干燥甚至脱水
透明质酸	保水能力比其他任何天然或合成聚合物都强，高达500mL/g且不易流失
凡士林	不会被皮肤吸收，可长久附着在皮肤上，不易被冲洗或擦掉，具有较好的保湿功效
矿物油	能改善皮肤的主观质感，但降低TEWL值的能力有限

续表

种类	特　点
角鲨烷	化学稳定性高、使用感极佳，有高度的滋润性和保湿性，对皮肤有较好的亲和性，用后感觉非常厚实，滋润而不油腻；不易引起过敏和刺激，并能促进其他活性成分渗透；具有较低的极性和中等的铺展性，还可抑制霉菌的生长
吡咯烷酮羧酸钠	在同等温度、浓度下，的黏度远低于其他保湿剂，无黏腻厚重感，且安全性高，对皮肤、黏膜几乎无刺激性，对亲水性物质的促渗作用大于亲脂性物质，其促渗作用的强弱取决于进入角质层的速度和累计时间，促渗机制可能与角蛋白的结构变化有关
类神经酰胺	与角质层细胞膜和细胞间隙脂质相同或类似，可以渗入角质层内直接补充脂质；有生物调节作用，低温时吸潮，高温时吸潮性自然下降，从而使皮肤组织的湿度保持最佳状态；还具有良好的修复表皮屏障、增加角化细胞之间的黏着力、抗衰老、抗过敏、止痒等多重作用

5. 保湿化妆品种类及作用特点

配方工程师常常选择不同作用机制的保湿剂复配在一起，有针对性地开发不同剂型的保湿化妆品，满足多种需要。表 8-15 为不同剂型保湿化妆品作用特点。

表 8-15　不同剂型保湿化妆品作用特点

产品类型	常用配方特点	作用特点	适用对象
保湿洗面奶	清洁剂、甘油、丁二醇、乳酸、透明质酸钠等成分	温和清洁后留下一层保湿膜，但无法长久停留在皮肤上，需要在后续步骤中配合使用其他产品	所有皮肤类型
保湿化妆水	水、植物精华、甘油、透明质酸、氨基酸等保湿、滋润成分	直接补充角质层水分，达到保湿、平衡皮肤表面 pH 值的作用，但水会蒸发，维持在皮肤上的时间很短，需要与其他保湿产品配合	适用于所有皮肤类型
保湿精华素	含浓缩高营养物质如微量元素、植物萃取物、细胞因子和胶原蛋白等的水剂、油剂	保湿剂浓度高，易被皮肤吸收，补水效率高，且触感清爽，但维持在皮肤上的时间仍然有限，依然需要再用锁水产品，通常用于化妆水之后，护肤霜之前	适用于所有皮肤类型
保湿凝露、凝胶、啫喱	成膜剂、赋形剂、水溶性保湿成分、锁水保湿剂、溶剂及紫外线吸收剂	功能与膏霜乳液类似	水性凝胶含有较多水分，适合夏季和油性皮肤；油性凝胶含有较多的油分，适合冬季和干性皮肤
保湿面膜	赋形剂、高效能保湿剂、恢复皮肤屏障功能的植物提取物等	通过在皮肤上的密封作用，促进角质层的水合，延长水分停留在皮肤上的时间	适用于所有皮肤类型
保湿乳液	水包油型，含水量在 10%～80%，具有一定的流动性，肤感清爽	迅速地为皮肤补充水分，还能为皮肤构建一层人工皮脂膜防止水分流失，使皮肤柔软	适合干性皮肤或干燥环境下的中性皮肤；适用于除重度油性外的其他皮肤类型
保湿霜	保湿剂及比乳液更多的油分	在皮肤表层形成人工皮脂膜，保湿效果好，肤感滋润	适合皮脂分泌不足或极干性皮肤；冬天适用

（二）皱纹的影响因素与抗皱化妆品作用机理

随着我国社会逐渐步入老龄化，预防皱纹和延缓皮肤衰老越来越受到人们的重视。

1. 皱纹产生的原因

面部皮肤老化最明显的标志为皱纹的出现，自然老化、地心引力、日光、习惯性表情等是导致皱纹产生的四大“元凶”，而其中的“罪魁祸首”则是年龄的增大以及日光中紫外线辐射。

（1）内源性因素　皮肤结构中与皱纹的形成直接有关的是真皮。年轻人的真皮中丰富的胶原蛋白、弹性蛋白使皮肤柔软有弹性、光滑润泽；老化皮肤的真皮中的氨基聚糖的含量逐渐降低，含水量明显下降，影响弹性纤维和胶原纤维的弹性。胶原蛋白、弹性纤维还会受到紫外线和自由基损害而硬化断裂，导致网状结构疏松、形成凹陷，致使皮肤出现干燥、无光泽、松弛、皱纹等老化现象。

当表情肌收缩时，皮肤会受到牵拉而出现皱纹。年轻人的皮肤具有一定的弹性和张力，因此当表情肌松弛后皱纹会很快消失；中年人的皮肤张力和弹性降低，皮肤不能很快复原，久之则使皱纹“凝固”下来。

眼睑部位皮肤非常脆弱，厚度只有0.5mm，皮脂分泌少，滋润不够，该处皮肤干燥速度比其他部位快2倍；再加上眼睛每天眨动逾10000次，肌肉在不停运动，因此面部第一个皱纹和幼纹总是发生在眼角皮肤。

嘴唇周围皮肤缺乏皮脂腺，特别薄，也异常脆弱；嘴唇不停地运动，如大笑、微笑、撅嘴、拉下脸及伴鬼脸，这些动作都会加深皱纹。

随年龄增大，皮肤和皮下组织更加松弛，加上面部支持组织的萎缩或缺失以及肌肉的松软，皮肤将会在重力的作用下发生松垂，形成更深的皱纹。

（2）外源性老化　皮肤外源性老化主要指日晒、恶劣环境等因素导致的衰老，这些外部因素都会引起胶质层水分减少、角质层肥厚和表皮萎缩，造成皮肤的弹性和伸缩性降低而形成皱纹。眼袋、双下巴的出现则是地心引力的影响。

日光中紫外线对真皮胶原纤维束的退化的影响比自然老化大，紫外线照射还会使弹力纤维变形，纤维增粗、扭转、分叉，弹性和顺应性则随之丧失，皮肤出现松弛，过度伸展后出现裂纹。

风吹与寒冷气候、有害化学物质等对皮肤的刺激会使皮肤失水，吸烟、饮酒、空气污染等也可加速皮肤衰老。

（3）生活习惯等　皮肤保养不当如使用热水、碱性肥皂、洗烫、滥用化妆品和皮肤病治疗药物等都容易诱发皱纹；再加上面部表情过度夸张，如挤眉弄眼、愁眉苦脸等，都会使部分皱纹在面部表情肌肉的牵拉下，变深变大，而且用一般的方法是很难恢复的。

2. 皱纹的类型

（1）按照皱纹的性质分类　浅皱纹属于暂时性的小皱纹，绷紧皮肤可使之消失，是由角质层缺水、表皮变薄、胶原纤维和弹力纤维减少以致皮肤松弛造成的，如常位于腹、臀等非曝光部位的表皮层细纹和在眼睛周围、下巴、嘴角附近的干燥纹。

深皱纹也称真皮层皱纹，位于眼角附近、脸颊、脖子等曝光部位，由浅逐渐变深，绷紧皮肤并不能使之消失，这种持久型的大皱纹一般是在皮肤松弛的基础上，因为皮肤下的肌肉长期收缩得不到缓解形成的。

皮肤衰老早期，肌肉运动时会出现浅细皱纹，肌肉静止时消失；到皮肤衰老中期，肌肉静止时皱纹依然存在，但牵拉、伸展或紧绷皱纹两侧的皮肤能使之消失；皮肤衰老后期，当真皮胶原纤维、弹力纤维断裂，皮肤出现深大的皱纹，牵拉也不能使其消失。

（2）按照皱纹出现的部位和形状分类　眼部皱纹由浅至深分为三种：由角质层缺水引起的干燥纹；因表皮变薄及被动牵拉而产生的眶外侧的线状纹（通常称鱼尾纹）；由真皮层纤维老化所产生的深皱纹。

由于我们经常要说笑、动怒、抽鼻子等，唇部周围容易在上唇人中部位出现明显的一道道垂直细纹，鼻翼两旁至鼻根部的“八”字形表情肌起牵引上唇与鼻翼的作用，也十分容易产生皱纹。

最早出现皱纹的部位是面上 1/3 处。首先出现的皱纹是鱼尾纹；其次是额头纹和眉间纹，前额在抬头和向上看的时候也很容易因被动牵拉出现横向的皱纹；再次为面下部的鼻唇沟纹和唇上纹；然后出现的是颈部伸侧的颈阔肌纹，俗称老人颈，因它形态上像火鸡，故又称火鸡脖：最后是手部及身体。暴露在外的面颈部皱纹比较受人关注。

（3）按照皱纹形成的原因分类

① 固有性皱纹　自然老化引起，被覆全身皮肤，它们源于真皮网状层及真皮下部结缔组织中胶原纤维和弹性纤维的萎缩。主要表现为细小、几乎相互平行的皱纹，当受到横向拉力时，皱纹可消失。这些皱纹可以因体位的不同而轻易改变其形状与方向。

② 重力性皱纹　因重力作用导致双下颌、颈部皮肤褶皱或下垂，提拉皮肤可以使其消失。

③ 光化性皱纹　发生在某些皮肤日晒区，如面颊、唇上方及颈部，主要表现为日益增多且持久存在的线条。垂直于皱纹轴的拉力不会使这些皱纹消失。

④ 动力性皱纹　指因表情动作所产生的皱纹，最先仅仅在肌肉运动时才出现，随皱纹的加深变粗，在肌肉静止时也持久存在，如面部最先出现的眼角鱼尾纹，皱眉和皱额导致的眉间纹和额头纹，哭、笑、咀嚼导致的鼻沟纹（法令纹）、笑纹和口周纹。

图 8-2 为各种皱纹的分布。

3. 影响皱纹的因素

皱纹的形成固然是内在生理性衰老和紫外线作用造成的，但皱纹出现的早晚因

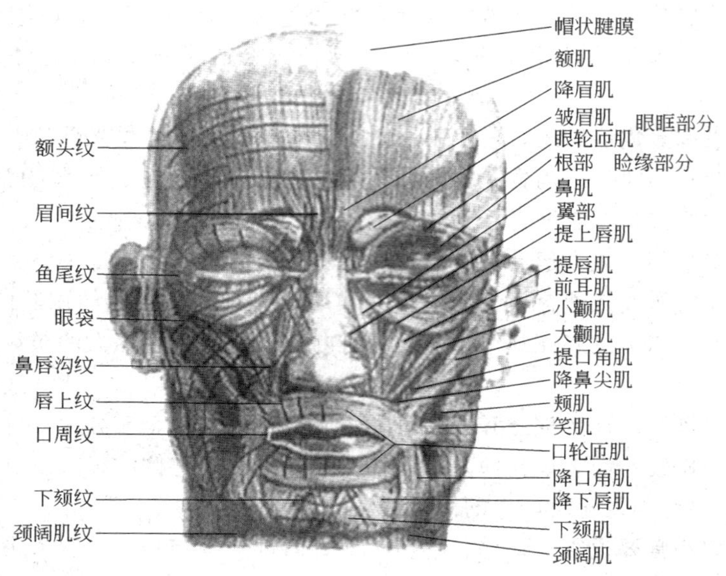

图 8-2 各种皱纹的分布

人而异，和人们的生活环境、生活方式、皮肤的保养、气候等因素有关。不同人种、生活习惯差异等也或多或少地影响皱纹的严重程度。

（1）种族与遗传　一般来讲女性 30～35 岁开始出现皱纹，男性在 35～40 岁开始出现皱纹。不同种族的人、不同遗传背景的个体出现皱纹的年龄不同，同样年龄的人，有的显得更为年轻或更加老态。欧洲成年女性眼角皱纹程度比亚洲女性严重 5～10 年。但绝经期后，逐渐趋向一致。

（2）激素　雌激素可能因参与皮肤胶原代谢减缓皱纹的进展速度。一旦停经，缺乏雌激素保护，皱纹迅速加重。激素替代疗法可减少绝经妇女面部皱纹的进展。

（3）吸烟　国外一些研究显示，吸烟是面部皱纹过早发生的独立危险因素，可能是香烟中的毒性成分参与了皮肤老化，加速了皱纹发展的进程。

（4）其他影响因素　包括酗酒、睡眠姿势、长期睡眠不足、精神压力、系统性疾病以及外在因素（如高热高寒环境、空气污染等）。

4. 抗皱方法

皱纹的出现明显让人感到了衰老已经降临，给人们带来了精神压力。科学上认为可以针对引起衰老的原因和衰老所引起的病理变化采取相应的措施来达到延缓衰老的目的。皮肤自然老化是不可抗拒的规律，皱纹一旦形成，极难去除，因此重点应放在预防和保养上，人们可以借助多种手段推迟皱纹的产生，并将已经产生的皱纹减轻到不引人注目的程度。

（1）皱纹的预防

① 首先要及时发现全身性疾病，特别是慢性消耗性疾病，并且要积极治疗；要纠正各种不良习惯，如吸烟、面部夸张性表情等。

② 注意防晒。日晒与皱纹的产生息息相关，要利用太阳镜、草帽、阳伞和各种遮光剂防止日晒。

③ 锻炼身体，多呼吸新鲜空气。运动能加快血液循环，升高皮肤温度，使皮肤获得更多的营养物质，排出更多的废物。

④ 饮食要注意营养均衡，不过多饮酒、咖啡、浓茶等，切忌偏食，饮水量要足，多吃新鲜的蔬菜、水果，加强毛细血管壁的强度，使皮肤润泽而有弹性，从而不易产生皱纹。

⑤ 注意皮肤的护理。应选用合适的洗面产品，洗面次数不宜过多，时间不宜过长；白天外用保湿剂后，需要使用防晒剂；晚上再在前额、眼周、口周等易产生皱纹的部位局部使用嫩肤抗皱或营养类化妆品，帮助改善皮肤生理状况，延缓皮肤衰老。

⑥ 有效按摩眼部周围小皱纹、嘴部周围小皱纹以及脸部与颈部松弛处。

（2）皮肤老化程度与祛皱方法　有人根据皮肤损伤的程度和皱纹深浅将皮肤的老化分为三级，建议采取祛皱方法见表 8-16。

表 8-16　皮肤老化程度与祛皱方法

<table>
<tr><th>老化程度</th><th>特征</th><th>延缓皮肤衰老和祛皱方法</th></tr>
<tr><td>Ⅰ度</td><td>皮肤的轻度损伤，面部肌肉活动时可见浅细皱纹，活动停止后皱纹也消失</td><td>采用药物及含生物活性物质的化妆品进行皮肤细胞生物活性的调控，需要持之以恒，通常需要使用 3～6 个月才能出现可检测到的效果</td></tr>
<tr><td>Ⅱ度</td><td>皮肤的中度损伤和老化，面部活动静止时仍可以见到皱纹，但是牵拉、伸展皮肤时皱纹消失；属于皮肤组织不可逆损伤</td><td rowspan="2">保守的药物疗法效果不好，只有通过医学美容方法结合手术、软组织填充、激光等方法才能取得较好的效果</td></tr>
<tr><td>Ⅲ度</td><td>损伤表现为粗、深的皮肤皱纹，牵拉时也不会消失，真皮胶原纤维、弹力纤维断裂；属于皮肤组织不可逆损伤</td></tr>
</table>

常用的医学美容除皱的方法有冷冻、皮肤磨削、化学剥脱、皮下胶原注射、肉毒素注射、脂肪注射和种植体植入、面部皮肤上提手术、骨筋膜系统悬吊手术等。上面部的皱纹经注射肉毒素，可立即缓解肌紧张，有助于这些皱纹消失；但下面部消除肌肉紧张后会影响咀嚼活动，一般不用肉毒素治疗。

5. 抗皱化妆品作用机理

目前各化妆品生产厂家宣称缓解皮肤衰老问题的抗皱嫩肤化妆品一般从以下几个方面研究。

① 补充营养，促进和修复组织细胞的生长代谢。

自然衰老的实质是细胞的分裂、增殖与细胞的老化、死亡之间的平衡失调，因此世界知名化妆品品牌比较成熟的抗皮肤衰老（祛皱）的途径之一就是采用许多细胞修复类活性成分和一些动植物提取物，促进表皮细胞分裂和增殖、加快角质细胞脱落速度等延缓衰老、改善皮肤外观。表 8-17 为细胞修复类抗衰老活性成分简介。

表 8-17 细胞修复类抗衰老活性成分简介

类别	常用原料	特性	功能
重组(人)细胞生长因子	表皮生长因子(EGF)	有丝分裂原,动物来源的 EGF 用在人体可能产生抗体	能够促进细胞分裂分化、表皮创伤愈合,有效刺激表皮生长
	角质形成细胞生长因子(KGF)	成纤维细胞产生的细胞生长因子	KGF 在调节表皮角质细胞增殖和创伤愈合过程中具有重要作用
	成纤维细胞生长因子(FGF)	包括酸性成纤维细胞生长因子(aFGF)和碱性成纤维细胞生长因子(bFGF)	促进细胞分裂增殖和创伤愈合;促进新生血管形成
动植物提取物	羊胎素	从怀孕 3 个月母羊胎盘中直接抽取并提炼而得	促进细胞分裂和增殖,修复皮肤屏障功能
	海洋肽	从栉孔扇贝中提取的多肽,相对分子质量 800～1000	促进成纤维细胞分裂及其合成和分泌胶原蛋白与弹性蛋白
	红景天素	景天科景天属的野生植物的活性成分	促进成纤维细胞的分裂并促使其合成和分泌胶原蛋白,使胶原纤维的含量增加
果酸类	从天然果酸到第三代果酸		促进表皮细胞的生长,加速细胞更新速度和死亡细胞脱落;使真皮黏多糖、胶原纤维增多,弹力纤维密度增加,增加真皮弹性,改善皮肤的光损伤以达到清除皮肤色斑、除皱目的
维 A 酸类		维 A 醛或维 A 酯是由维 A 酸经结构修饰而得到的新型化合物	可促进表皮的代谢,使表皮和结缔组织增生,消除皱纹,增加皮肤弹性
核酸类原料		脱氧核糖核酸、小分子 DNA	活化细胞,加快细胞更新速度,从而起到抗皱和抗衰老作用
β-葡聚糖		酵母细胞提取物	刺激皮肤细胞活性,增强皮肤自身的免疫保护功能,高效修护皮肤,减少皮肤皱纹产生,延缓皮肤衰老

② 补充胶原蛋白和弹性蛋白。胶原蛋白和弹性蛋白作为一种结构蛋白,广泛存在于动物的皮肤、肌腱以及其他结缔组织中。衰老的皮肤中由于胶原蛋白和弹性蛋白的流失,导致皮肤弹性下降,松弛,皱纹增多。因此补充皮肤中的胶原蛋白和弹性蛋白是抗衰老的又一重要途径。

原料胶原蛋白、弹性蛋白多是相对分子质量在 30 万以上的大分子物质,不能被人体直接吸收,现在主要采取从外界补充小分子量的多肽,增加其合成。如胶原蛋白肽是胶原或明胶经蛋白酶降解处理后制成的,能促进表皮细胞活力、增加营养、有效消除皮肤细小皱纹。

然而化妆品的吸收量仍有限,很难满足衰老肌肤的需要,如果能够抑制基质金属蛋白酶的活性或者提升其抑酶的活性,则可以从根源上减少胶原蛋白和弹性蛋白的降解和流失,防止产生皱纹,延缓皮肤衰老。目前这些途径研究应用得还很少,有待进一步的开发。

③ 清除自由基与抗氧化损伤。随着年龄的增长，体内超氧化物歧化酶（简称SOD）水平下降，自由基增加。自由基会损伤血管，破坏真皮结构组织，皮肤表现无光泽、干燥、没有弹性、皱纹增加甚至出现老年斑。抗衰老化妆品中添加维生素C（vitamin C，VC）、维生素E（vitamin E，VE）、辅酶Q10等活性成分可捕获和清除衰老过程中产生及外界污染导致的过量自由基达到抗衰老、祛皱目的，这已经是为大家证实有效的方法。此外，人们正在不断地开发、研究新型的自由基清除剂和抗氧化剂，最近备受推崇的植物提取原料如黄芩苷、芦丁、石榴、绿茶、咖啡果提取物等均有显著生物活性。

表8-18为常用清除过量自由基的活性原料。

表8-18 常用清除过量自由基的活性原料

类别	常用原料	特性	功能
抗氧化酶	超氧化物歧化酶	生物抗氧化酶，广泛分布于从细菌到人类的各种高等动物体内	具有调节体内的氧化代谢和延缓衰老、抗皱效果，还具有一定的抗炎和减缓色素沉着的作用
	辅酶Q10	组成细胞线粒体呼吸链的成分之一	抑制脂质过氧化反应，减少自由基的生成；显著地抗氧化、延缓衰老
	木瓜巯基酶	来源于天然鲜嫩木瓜中，具有高生物活性的抗氧化因子	有效地清除体内的超氧自由基和羟自由基，防止机体细胞老化，延缓皮肤衰老
	谷胱甘肽过氧化酶(GTP)	以谷氨酸、甘氨酸和半胱氨酸为主的过氧化氢酶，主要存在于含线粒体的细胞中	保护皮肤的不饱和脂质膜，治疗脂质过氧化物引起的炎症，减轻色素沉着
维生素类	维生素E(α-生育酚)和维生素E酯	脂溶性，易被氧化；需联合其他抗氧剂	生物学上最重要的抗氧化剂；还有防晒作用
	维生素C(抗坏血酸)	水溶性，皮肤吸收度好，极易被氧化	抗氧化剂，能够促进胶原的合成，抑制黑素生成；与维生素E具有协同效应
	B族维生素	外用极易被皮肤吸收，不产生刺激	通过增加真皮胶原合成和减低真皮中的黏多糖改善皮肤纹理
天然植物提取物	芦丁	从芸香、槐角、荞麦等天然植物中提取的成分	显著地清除细胞产生的活性氧自由基，防紫外线辐射和祛红血丝
	表没食子儿茶素没食子酸酯	来源于中国绿茶	相对分子质量小，极易被人体皮肤吸收，活性稳定、安全可靠，有非常强的抗氧化活性
	黄芩苷	从黄芩根中提取分离出来的一种黄酮类化合物	具有显著的生物活性，可吸收紫外线、清除氧自由基，抑制黑素的生成
金属硫蛋白(MT)		从动物器官中分离出的金属蛋白质	超强清除自由基能力，具有很强的抗氧化活性，能防止机体细胞的衰老

④ 抵抗紫外线。

皮肤的光老化是指由于长期的日光照射导致皮肤衰老或加速衰老的现象。日光中的紫外线可引起皮肤红斑和延迟性黑素沉着，破坏皮肤的保湿能力，使皮肤变得粗糙、起皱，还会增加细胞膜中磷脂的过氧化作用，改变弹性纤维性质，促进皮肤老化，降低自身免疫力，严重者可引发皮肤癌。参见防晒类化妆品相关章节。因此，一些大品牌已经开始在抗衰老化妆品中加入防晒剂保护皮肤细胞免受紫外线刺激，可减轻因日晒引起的皮肤老化和损伤。大量流行病学资料表明，SPF 值为 15 的防晒品证实可以防止严重的弹力纤维变性，并保护胶原不受损伤。

⑤ 保湿和修复皮肤屏障功能。

自然老化首先表现为皮肤干燥，而皮肤充足含水量是维护皮肤屏障功能和保证其他活性成分发挥功效作用的前提，因此，保湿也是延缓皮肤衰老的途径之一。目前几乎所有的抗衰老化妆品如抗皱霜、营养霜和眼用啫喱等都添加了具有保湿功能的活性成分，通过多种途径起到滋润皮肤、修复皮肤屏障的作用，可以有效缓解由于干燥造成的皮肤细纹。如低分子透明质酸可渗入表皮层，促进皮肤新陈代谢，改善皮肤生理条件，为真皮胶原蛋白与弹性蛋白的合成提供合适的环境，并能促进表皮细胞增生分化，清除氧自由基，减少自由基生成。

保湿剂与润肤剂和封闭剂复配使用，可使皮肤富有弹性、光滑、延缓老化。常用的润肤剂通常是酯或长链醇的油性物质，如二异丙基二油酸、蓖麻油、霍霍巴油、聚二甲基硅氧烷和异丙基棕榈酸盐等。这类物质虽然对皮肤 TEWL 没有太多影响，但涂抹后能填充在干燥皮肤角质细胞间隙脂质中，使皮肤表面纹理更光滑，产品的感官性状更完美。

6. 抗皱化妆品种类

由于衰老的机理比较复杂，依据某个单一机理研制的抗衰老化妆品总体效果欠佳，因此，综合运用多种抗衰老途径，多角度、全方位地延缓皮肤衰老已逐渐成为抗衰老化妆品发展的必然趋势。表 8-19 为不同类型抗皱化妆品的作用特点。

表 8-19　不同类型抗皱化妆品的作用特点

产品类型	常用配方特点	作用功能
洁面类	有抗氧化成分，如维生素 E 等；去角质成分，如 β-羟基酸；有保湿剂	温和清洁同时促进细胞生长和抗刺激，并长效保湿
爽肤水类	有透明质酸、尿囊素等修复皮肤屏障的保湿剂；促进细胞新陈代谢的营养成分；抗氧化原料；舒缓成分	促进皮肤新陈代谢正常化，具有调整皮肤酸碱值平衡以及修护的效果，保养及抗氧化，改善皮肤粗糙现象
面霜或乳液	抗氧化、促进细胞增殖和代谢、深层保湿等成分	修复皮肤屏障功能、抗自由基、滋润、保湿
眼霜	原料要求严格，既要含丰富的抗衰老功效成分，又要保证对眼睛无刺激或不致敏	滋润、保湿、抗氧化、促进细胞代谢能力

续表

产品类型	常用配方特点	作用功能
精华素	活性成分高的动植物萃取物或以合成的生物制剂为原料	促进细胞新陈代谢,保湿,促进胶原蛋白、弹力纤维和透明质酸合成
面膜类	营养物质、保湿剂、促进表皮细胞分化增殖等成分	封闭作用促进保湿、增加营养物质吸收,有效去角质、促进细胞更新,减少皱纹

一些大的国际品牌已推出了复合多种抗衰老活性成分的产品，见表8-20。

表8-20 几款抗衰老化妆品作用机理及主要活性成分举例

品牌	产品	作用机理	主要活性成分
资生堂	防皱精华液	促进表皮新陈代谢,预防和改善皱纹	VA-VE脂质胶囊
靓妃	活性金祛皱养颜精华露	促进成纤维细胞再生,激活衰老皮肤细胞,延长其寿命,防止皱纹出现,让肌肤保持柔嫩光滑富有弹性	纯24K金铂和多种科学生物生长因子、植物抗衰老因子
娇韵诗	花样年华修护素	活化细胞新陈代谢,增加胶原蛋白合成,淡化细纹,使肌肤紧致光滑;提供肌肤天然植物荷尔蒙,刺激胶原蛋白产生	葛根中提取的异黄酮素、不列塔尼海藻
雅诗兰黛	弹性紧实活颜柔肤霜SPF15	加速肌肤夜间的新陈代谢,利用肌肤本身的复原能力,令肌肤自然生成胶原蛋白,令肌肤更柔滑有弹性;预防UVA、UVB对皮肤胶原蛋白的损伤	BioSync Complex细胞同步生化复合精华;紫外线散射剂和吸收剂
纪梵希	完美抗皱修护眼霜	促进胶原纤维的自我合成,促进胶原母细胞向皱纹部位迁移并增殖	海洋胶原蛋白、胶原纤维合成素
雅芳	新活再生霜	抗氧化,减轻肌肤黯沉、发黄,防止细纹和粗糙	海洋原生质
FANCL	祛皱嫩肤精华露	有助改善细纹、粗糙、暗沉及松弛等老化问题;高效保湿、有效渗透真皮层维持皮肤弹性	紫兰精华、桑白皮精华、高分子透明质酸
蝶翠诗DHC	紧致焕肤乳液	抗氧化能力强,防止肌肤出现干燥、粗糙等现象	辅酶Q10
欧莱雅	复颜抗皱紧肤霜SPF18	能够有效抵御UVA和UVB的侵害,预防光老化和色斑出现	Mexoryl SX防紫外线成分
欧珀莱	抗皱精萃霜	解决肌肤干燥缺水,增加角质层含水量,促进透明质酸产生	维生素A醋酸酯

（三）舒缓化妆品作用机理

护肤化妆品通过补充水分和活性成分，可参与修复受损的皮肤屏障，舒缓类化妆品就是针对受损皮肤或敏感性皮肤开发出来的一类性质温和产品，可用于过敏性、接触性皮炎、慢性干燥性皮肤病等的辅助护理作用，甚至还可以帮助减少药物或激光治疗的部分副作用。

舒缓类产品配方设计的基本原则：

① 不能包含常见的变应原和刺激物，若要添加，也需要降低其浓度；

② 应选择高质量的、纯净的、不含杂质的原料，如果无法避免强变应原的物质，则应配对使用其他物品以降低其致敏性；

③ 运用抗氧化产物如维生素 E、丁基羟基茴香醚、丁基羟甲苯以避免产品的自氧化；

④ 避免使用产生薄荷脑的挥发性载体或物质；

⑤ 因乙醇、丙二醇等溶剂能增加皮肤通透性，应避免使用。

敏感性皮肤者选择化妆品要非常谨慎，根据目的和需要选择合适的舒缓产品类型。

表 8-21 为舒缓类化妆品种类及配方特点，表 8-22 为舒缓类化妆品常用活性原料简介。

表 8-21　舒缓类化妆品种类及配方特点

类别	关键原料	配方特点
洁肤类	表面活性剂、乳化剂；添加天然抗炎植物成分及修复成分	选用性质温和的表面活性剂如两性表面活性剂，虽不能完全避免由反复冲洗引起的屏障相关参数受损，但可将其刺激性降低；可选择不含皂基成分及去角质成分或微酸性洁面乳；液体洁肤产品比固体产品对皮肤刺激小
活泉水	天然活泉水、天然植物提取物	多是喷雾剂，可用于敏感性皮肤、红斑、酒渣鼻、痤疮、湿疹、瘙痒及皮肤外科手术后，有明显的补充水分、镇静、舒缓作用，还有助于卸妆和固妆
保湿类	保湿剂、天然植物提取物	形成保湿膜，增强角质层的水合作用；霜剂比乳液或其他剂型的保湿作用更强
防晒类	氧化锌或二氧化钛、天然植物提取物	主要是反射紫外线的物理性防晒剂，对皮肤刺激小；膏霜乳液为主
面膜类	天然植物提取物如洋甘菊、甘草提取物等	防敏感；多用油包水型，减少香精用量

表 8-22　舒缓类化妆品常用活性原料简介

类别	常用原料	组成/特点	功能
天然成分原料	积雪草提取物	化学成分包括三萜类成分、挥发油、多种微量元素、多糖、氨基酸等	减轻炎症反应，并能促进胶原蛋白Ⅰ和Ⅲ的合成，同时也能促进黏多糖的分泌(如透明质酸的合成)，增加皮肤的水合度，减轻痛觉敏感性
	洋甘菊提取物	蓝香油薁及其合成衍生物	有消炎、抗氧化作用，可改善血管破裂现象，修复血管，恢复与增强血管弹性，改善皮肤对冷热刺激的敏感度
	芦荟提取物	含有丰富的蒽醌类物质、黏多糖、多肽、氨基酸、有机酸、维生素、生物活性酶、矿物质及蛋白质	除具有良好的防晒、保湿功能外，还具有减轻炎症、抑菌及加快伤口愈合等作用，广泛作为皮肤舒缓剂

续表

类别	常用原料	组成/特点	功能
天然成分原料	马齿苋提取物	L-去甲肾上腺素、多巴明及少量多巴、挥发油、氨基酸、维生素、黄酮和多糖等，维生素C、维生素E及微量元素	抗过敏，对多种细菌都有强力抑制作用，有"天然抗生素"的美称；还具有防止皮肤干燥、老化，增加皮肤的舒适度以及清除自由基等性能
化学合成原料	羧甲基β-葡聚糖	溶于水而且不破坏它原来的螺旋形结构	可使朗格汉斯细胞活化，诱发其局部或系统的免疫和修复功能，同时具有保湿、抗氧化、降低皮肤对清洁剂和紫外线过敏程度以及提高角质层再生速率等功能
B族维生素	维生素B_3（泛酸）	水溶性小分子成分，稳定性好，易于渗透进入角质层	保湿剂，改善皮肤干燥、脱屑症状，有止痒、减轻皮肤红斑、镇静和抗炎作用
	维生素B_3（烟酰胺）		减少经皮失水，修复皮肤屏障
其他	保湿润肤原料	神经酰胺、尿囊素、红没药醇和泛酰醇等	促进表皮水合作用，预防或最小化皮肤屏障损伤，能增进表皮细胞凝聚力、修复皮肤屏障

（四）护肤化妆品的作用特点

1. 护肤化妆品的基本功能

（1）保湿、滋润　保湿是护肤类化妆品的基本功能，因为护肤化妆品基本组成成分是水和油，可以直接给皮肤最外层角质层补充水分和油脂，保持皮肤油水平衡。含油量丰富的膏霜和添加保湿剂的护肤品能润泽皮肤，让粗糙的皮肤变得光滑、柔软，在冬天使用可防止皮肤干燥、脱屑、皲裂等。

（2）保护皮肤　当涂抹在皮肤上的化妆品中的水分逐渐挥发后，会在皮肤表面留下一层在物理化学性状上很接近皮脂膜的薄膜，既可保持住皮肤水分，也可阻挡外界的空气污染、紫外线辐射及冷暖温差、地理环境变化对皮肤的影响，起到保护皮肤免受外界环境的刺激，维护皮肤的健康状态和护肤品的美容功效。

（3）抗皱防衰老　皮肤的弹性与皮肤水分的含量成正比，适宜的油脂可增加皮肤表面柔软、滋润和平滑性，达到减缓细纹效果。如果适当补充促使皮肤细胞新陈代谢的活性成分，可进一步防止皮肤衰老。

（4）其他特殊功效　护肤化妆品中最常用的剂型是将水和油乳化而成的乳液膏霜类，可作为多种水溶性及脂溶性活性成分和营养物质的载体，能使这些活性成分更易于被皮肤所吸收，调理和营养皮肤，达到美白、祛斑、抑汗除臭、美乳、健美等特殊功效。

2. 护肤化妆品的种类与应用特点

护肤类化妆品形态多样、功能多样、应用特点和使用感觉也各有不同，适合不同需求的消费者。比如不同剂型保湿产品中，化妆水、精华液、凝露、凝胶、啫喱及面膜更注重补充水分，乳液膏霜同时注重补充皮肤脂质和水分。表8-23为护肤化妆品的分类及作用特点。

表 8-23　护肤化妆品分类及作用特点

分类		作用特点
依据	类别	
剂型	润肤膏霜	滋润人体皮肤的具有一定稠度的水包油型或油包水型乳化型化妆品，膏体均匀细腻、香味纯正，使用时不起白条，有较好的渗透性
	润肤乳液	滋润人体皮肤的具有流动性的水包油乳化型化妆品，又叫奶液或润肤蜜，具有一定的流动性，延展性好，易涂抹，使用较舒适、滑爽，有滋润保湿作用且无油腻感，尤其适合夏季使用
	化妆水	稳定性好的清晰透明或者不透明黏稠液状化妆品，包括营养水、收敛水或紧肤水及均衡保湿露等，一般是在清洁皮肤后、使用乳液膏霜前使用，具有补水、保湿、柔软、收敛和营养功能
	精华素	为了强调产品中的活性成分含量高，更有针对性效果而特以“精华”命名，通常是萃取的天然动植物或矿物质等成分的浓缩品，对皮肤应有较明显的保湿、抗皱、紧肤、营养等作用，料体均匀细腻，极易被皮肤吸收，价格也较为昂贵
	护肤啫喱（凝胶）	外观完全透明而又稠厚的膏状体，给人以清爽鲜嫩、不油腻感；功能和膏霜乳液类相仿，但工艺要求更高，价格也高，所以其用途和品种较少
	面膜	用于涂或敷于人体皮肤表面，经过一段时间后揭离、擦洗或保留，起到集中护理或清洁作用；贴布式面膜浸润用的乳液与一般护肤乳液配方工艺都相似，营养成分含量可能更高一些
建议使用时间	日霜	适合日间室内工作或外出活动时所使用，阻止或减少日光、冷空气、风雨等外界因素对皮肤的侵害，保护皮肤起到滋润、保湿和防晒的作用
	晚霜	专用于夜间就寝前涂敷于面颈部，作用温和，具有良好的滋润、保湿作用
使用部位	面霜	针对个体差异明显的面部皮肤类型，补充必要的水分和油脂，调节油水平衡
	眼霜	刺激性要小，一般采用无矿油或少矿油配方，加很少甚至不加香精；还会添加胶原蛋白、植物萃取液等营养物质，既能保湿、滋润和营养薄而娇嫩的眼周皮肤，促使其恢复弹性，又不加重脂肪颗粒的沉积，对预防衰老和减轻皮肤细小皱纹有较好的作用，还能帮助消除眼袋和黑眼圈，眼霜的使用要求很高，涂布性非常好，涂抹时滑爽不发涩
	颈霜	添加了能使皮肤紧致的果酸和能营养皮肤细胞的辅酶 Q10、胶原蛋白等，促使皮肤恢复弹性，改善松弛下垂情况
	护手霜	手部皮肤皮脂腺分泌少、皮脂膜薄，使用频繁及过度洗涤容易粗糙、皲裂；添加硅油和凡士林的护肤品帮助形成皮脂膜、保持皮肤水分、舒缓干燥，或加入尿囊素防止和改善脱脂、皲裂
	身体乳	富于油性，常添加尿囊素、尿素和表皮细胞生长因子，软化和改善角质层很厚的肘关节和膝盖处等部位皮肤的粗糙性

3. 护肤化妆品的正确选用

（1）护肤化妆品的安全风险　护肤类的化妆品一般多为 O/W 乳剂，膏体容易失水，微生物容易污染滋生，发酵产酸产气，久存或保存不当都可能引起变质，从而造成对皮肤刺激性的加强。

有人发现正常皮肤长期外用保湿剂可能增加皮肤对刺激物的敏感性，如志愿者每天三次外用保湿剂，四周后用斑贴实验检测皮肤对SLS的敏感性明显增加；也有研究发现对镍过敏的志愿者外用保湿剂后再以二氯化镍做斑贴实验，反应较未用保湿剂部位增强。

保湿性化妆品较为常见的不良反应为刺激性或过敏性接触性皮炎，引起过敏的因素主要是香料、防腐剂、乳化剂、羊毛脂及其衍生物等。活性成分使用不当也会对皮肤产生不良影响，含有乙醇及药剂的化妆水，婴幼儿和乙醇过敏者都不宜擦用。

一些不法商家为了迎合消费者急于求成的浮躁心理，常常在产品中添加违禁原料或添加超过规定浓度的原料，很容易导致皮肤刺激，出现不良反应。如果长期使用汞、铅、砷、二甲苯等超标的质量低劣的护肤化妆品，对人体有强的毒性作用，甚至可以引起中毒或致癌作用。

（2）护肤化妆品的使用原则

① 对于油性皮肤，避免使用含封闭作用的油性原料，以减少使用产品后皮肤的油腻感；对于干性皮肤，由于油性成分保湿效果好，涂抹后也不会产生油光感，可以选择含较高油性原料的产品。

② 营养丰富的化妆品，由于添加成分可能是多肽或蛋白质成分，可以作为抗原或半抗原刺激皮肤过敏，有过敏史的人在换用新产品时需要更加小心，详细阅读产品配方成分，不要选择含有曾导致过敏原料的产品。

③ 祛皱抗衰老产品需要连续使用3～6个月才能出现可检测的效果。对于儿童和青少年，不建议使用抗衰老产品，因为他们的皮肤本身就含水量丰富，过多的营养反而会加重皮肤的负担。

④ 眼霜的选择和使用更要慎重，不仅要注重营养成分，还要选择不易导致眼睛和眼周围薄嫩的皮肤受到刺激的产品。

⑤ 在使用水分高的产品如化妆水时，15～20s后，应用纸巾吸干剩余的水分，否则，残留过多的水分会增加TEWL值，反而使皮肤变得更干燥。

⑥ 舒缓类化妆品最好使用前进行斑贴实验，确保无皮肤不良反应。还要减少蒸脸、按摩和去角质等美容措施。

（3）面霜的正确使用

① 使用方法　自下而上、自外向内、均匀地涂抹，同时加以轻柔的按摩，这种逆面部血液循环走向的按摩方法，可促进化妆品中的营养成分向皮肤表层渗透，不仅可达到营养皮肤的作用，还可减少皱纹的产生。

② 注意事项　面霜中一般含有丰富的营养物质，使用时如不注意卫生，会引起化妆品污染而变质。因此使用时不宜用手指直接取用化妆品，宜从瓶口中挤出或用小勺挑出来。瓶口切忌与不洁物碰触，使用后要把容器口擦拭干净。

（4）精华素的正确使用　精华素一般在皮肤清洁后或均匀涂抹柔肤水后使用，柔肤水能让皮肤毛孔从清洁后的紧缩状态重新张开，有利于精华素深入到深层营养皮肤。

取2滴精华素滴至掌心，先由面部的中间开始，向两面颊边“按”边“推”开；再从两颊部由下至上，边“托举”边“按揉”；额头部分单方向由下往上涂抹并按揉。通过这种按摩手法，可促进脸部的轮廓紧致。轻轻拍打可促进精华素吸收，配合超声波或电离子导入皮肤，均可促进营养物质的渗透。

注意事项：精华素的营养成分比较高，通常使用一种精华素即可，过多地应用反而会增加皮肤负担；特殊情况下如需使用2种不同的精华素时，一般是根据精华素的质地来决定精华素的使用顺序，先用质地较薄的，后用较浓稠的。

（5）果酸化妆品的正确使用　果酸具有优良的抗衰老、美白、祛斑等功效，在祛皱化妆品及医学美容中应用都很广，但果酸的抗老化作用与添加的浓度有很大关系。

注意事项：含果酸护肤品的pH值为酸性，易刺激皮肤，可出现发红、烧灼等不适感觉，因此使用果酸化妆品时应该避开黏膜及眼睛周围、口唇附近皮肤薄弱部位；不要过度按摩，洗脸动作应尽量轻柔，避免刺激到皮肤；果酸本身具有去除角质作用，不需要再使用去角质的产品，还要避免同时使用维A酸、水杨酸等酸性成分的化妆品；白天用含果酸的化妆品时要注意防晒，尽量不要让皮肤受到紫外线刺激；建议敏感性皮肤不要用果酸。

使用高浓度果酸化妆品发生皮炎症状时，应该立刻停用，用冷水敷脸10～20min加以镇静，并使用修复乳霜增加滋润保养。再次使用时，从低浓度用起，再慢慢增加浓度及使用次数，通过一段时间适应后皮肤的耐受性会逐渐增加（表8-24）。

表8-24　果酸的浓度范围与功能

果酸浓度	范围	功能特点
低浓度	$<6\%$	化妆品限用成分，可使堆积的角质层易于脱落，作用于真皮浅层，毛细血管扩张，皮肤变得亮丽有光泽，细小皱纹可以消退
中等浓度	20%	可以改善皮肤粗糙、干燥、皲裂现象，促进毛细血管扩张，消除面部色素沉着
高浓度	$>70\%$	化学剥脱剂，可使表皮层从真皮上完全剥脱下来，可用以除皱、祛老年疣和各种色素斑，起到化学剥脱术的效果

二、护肤化妆品保湿功效评价

评价化妆品对皮肤的保湿效果，实际上就是测试和评价化妆品对皮肤水分的保持作用。人们通过长期的研究，开发了许多皮肤保湿功能的评价方法，其中有主观评判的临床评价法，也有借助各种仪器的人体测量方法，包括电子的、微波的、机械的、热力学的、利用扫描电镜和光谱学的，等等。

（一）人体试验方法

人体试验法是根据被评价化妆品的使用特点，选择志愿者的脸、手等固定皮肤部位作为实验区域，模仿日常使用状况涂敷化妆品，主观判断皮肤干燥程度有无改善来评价化妆品的保湿效果，尤其适合于对干燥性皮肤病患者的临床评价。人体测试法不仅受测试者年龄、皮肤类型、皮肤老化程度等因素影响，还受测试环境、使用仪器等影响。

1. 测量指标与方法

（1）角质层水分

① 直接测量法　在人体皮肤使用化妆品前后的一定时间内，由于皮肤含水量的变化，某些红外特征吸收峰的强度和比例会发生改变，通过直接测定红外光谱吸光度能够反映皮肤角质层含水量的变化情况，从而对化妆品的保湿功效进行评价。

② 间接测量法　利用皮肤角质层的电生理特性可间接测量皮肤角质层含水量，该法简便。最常用的无创伤性测量皮肤含水量的仪器有高频电导装置和电容装置。

直接测量方法比间接方法更准确，但价格昂贵、操作烦琐，应用有限。

（2）TEWL　在一定范围内，角质层水含量与皮肤表面水分散失量 TEWL 值有一定的相关性。TEWL 值是反映皮肤屏障功能的重要标志，干燥性皮肤的病理特点是皮肤屏障受到破坏，TEWL 值增加。化妆品保湿效果越好，皮肤保护层越完好，水从皮肤表面的流失量就越少，皮肤水分散失测试仪测得的 TEWL 数值就越低。因此 TEWL 值也是评价化妆品保湿功效的一个重要参数。

（3）皮肤弹性和粗糙度　人体表面皮肤弹性的大小、拉伸量和回弹性等的好坏，皮肤细腻程度、纹理等外观状态，不仅可以直接地反映出皮肤的护理情况，也可间接说明皮肤水分保持状态，更可用于抗衰老的测试研究。皮肤水分保持得好，皮肤的弹性就好，充满活力，皮肤就会光滑，皱纹细、浅。因此，可以通过皮肤弹性测试仪、皮肤皱纹定量测试仪分别测定皮肤弹性和粗糙度的变化来比较化妆品保湿效果。

（4）其他指标　通过特殊设备观察单个水滴与皮肤表面形成的夹角，可检验皮肤的湿润度。干燥性皮肤是疏水性的，与水滴的夹角大；而具有充足水分的角质层可保持良好的润泽度，与水滴的夹角缩小，由此提供角质层水合度的信息。

还可以通过一种特制的胶带粘取角质表层细胞，分析这些细胞的形态和生化成分，通过计算机图像分析法计算鳞屑参数，从而分析皮肤的干燥性，对干燥性皮肤的评估有一定价值。

2. 评价方案设计

理想的功效评价方案必须考虑到仪器的不稳定性、测试部位皮肤状况、空白对照区域选择、外界环境、季节、性别和年龄等影响因素。应尽可能做到设计方案标准统一，使各研究者和研究机构之间的数据有更好的可比性。化妆品保湿功效评价常采用单次使用保湿化妆品的短期研究和重复使用化妆品的长期研究 2 种评价方案，短期效果研究受环境因素的影响更少，但只能评估几小时的保湿效果；而长期研究能够提供产品持续3～4周作用的更多信息。

（1）短期研究方案设计　Barel和Clarys在考虑到各种混杂因素后设计出以下推荐方案，详见表8-25。

表8-25　保湿化妆品短期功效研究的推荐方案

项目		描述
		随机、双盲、处理和未处理区对照设计
具体方法	部位	前臂屈侧或下肢胫前
	范围大小	4cm×4cm
	使用量	$1\sim2mg/cm^2$
	使用方法	轻轻将保湿产品擦在受试部位
测量时间	基线	在应用产品之前读数10～30min
	使用后	每10～15min记录使用和未使用区测量值
	持续时间	60～180min

注：也可以在皮肤上选择几处直径为5cm大小的圆形区域，试验区域间隔1cm，按照正常使用方法涂抹几种化妆品，然后同时进行检测和记录数据。

有研究者对单次用于正常皮肤保湿化妆品功效评价的方法做了改进，获得如下几种方案：①在一段时间内多次使用于正常皮肤；②用于实验性的一次性重大刺激的皮肤；③用于实验性的在一段时间内反复轻微刺激的皮肤；④临床用于不同的干燥性皮肤病患者。

（2）长期研究方案设计　对于重复使用化妆品的方案研究，常用的有Kligman设计的回归试验：将试验产品应用于小腿，每日使用1～2次，连续3周；停用之后随访观察，直到小腿恢复到原来的干燥水平。该试验不仅可用于干性皮肤中产品的评估，也可用于产品组分的效果评估。

或者在起床时和就寝前（入浴后）在面部、手部等实验部位涂抹适量化妆品，每天重复使用，持续涂抹4周至2个月，每隔一段时间测定角质层水分含量，可以比较化妆品的长期保湿性能（也叫长效保湿性能）。

3. 数据计算与处理

（1）及时保湿率　通过测定单次使用保湿化妆品涂抹前、后短时间内的角质层水分含量变化，来比较化妆品的短期保湿性能。一般以涂擦30min后的皮肤含水量增长率作为保湿效果的比较依据，数值越低表明化妆品的“及时保湿效果”越差。

在正常室温条件下（温度20℃，相对湿度40%～60%），手臂内侧所测得的皮肤含水量MMV数据一般在35～50，前额、脸部和颈部得到的MMV数据会高一点，一般在50～60。水分越充分，MMV值越高；皮肤越干燥，MMV值越低。

（2）增长率的计算　增长率是指涂擦后各时段皮肤含水量的变化比值。

$$增长率=(MMV变化值/MMV空白值)\times100\%$$

该时段 MMV 变化值＝各时段检测到的 MMV 平均值－MMV 空白值

（没有涂擦化妆品时的皮肤含水量）

（3）持久保湿率　为了比较单次涂抹化妆品后的持久保湿效果，需要延长检测时间至 1h、4h、8h、12h 甚至 24h，比较各时刻的皮肤含水量增长率。

有些化妆品及时保湿效果好，但是不能持久，时间一长，水分增长率就会下降甚至负增长。

（4）曲线图　绘制测试时间与不同时间点检测的 MMV 值及其增长率的曲线图，据此来对比不同化妆品样品的保湿效果。

（5）闭塞性指数　同时检测皮肤 TEWL 值，计算出闭塞性指数，作为评价化妆品保湿功效的参考指标。

$$闭塞性指数=(TEWL_{ch}/TEWL_{co})\times 100\%$$

式中　$TEWL_{ch}$——已经涂擦化妆品之后不同时段检测到的皮肤水分流失量平均值；

$TEWL_{co}$——没有涂擦化妆品之前的皮肤水分流失量。

闭塞性指数表示原料或产品对皮肤水分丢失的防御效果，值越小，锁水、保湿效果越好。

（二）体外试验方法

1. 保湿活性成分的检测和分析

常通过高效液相色谱、气相色谱、液质联用、气质联用等仪器方法，根据不同物质吸收峰的特点及高度，对化妆品中保湿活性成分的种类和含量进行检测和分析，能够间接地说明化妆品可能具有的保湿效果。但化妆品的组成成分复杂，对工艺过程也有一定的要求，单独一种或几种保湿成分并不能代表终产品的保湿效果。

2. 称量法

（1）基本原理　利用仿角质层、表皮等的生物材料做成的胶带，模拟人体皮肤涂抹化妆品的过程，在上面直接均匀涂布保湿剂或化妆品。将涂好的胶带在恒定温湿度的条件下放置一段时间后，称量样品放置前后的质量差，求出样品量的损失（增加），即为样品中水分的损失量（吸湿量），这种方法常用来比较各种不同的保湿成分吸收水分、保持水分性能的差异。对水分结合力强，表明吸湿性和保湿性好；封闭性好、水分散失量少，保湿性就强。也可以利用此方法比较保湿化妆品失重或增重的差异来评价其保湿效果，数据结果可与人体皮肤保湿效果实验互相验证和补充。

（2）操作步骤　用万分之一精度的天平精确称量被测原料或终产品，称样量约为 $2mg/cm^2$，充分均匀涂抹在覆盖有医用透气胶带的玻璃板上，称重（M_o）后置于恒温恒湿箱或能调节温湿度的其他设备中。放置一定的时间（4h、8h 或 24h）后，称量覆盖有样品的玻璃板质量（M_t）。数据记录见表 8-26。

表 8-26　化妆品保湿性能试验（称量法）的数据记录

测试时间＼项目	样品			对照品		
	4h	8h	24h	4h	8h	24h
放置前质量 M_o/g						
放置后质量 M_t/g						
水分损失量(M_t-M_o)/g						
保湿率/%						
相对保湿率/%						

过程中要如实记录环境温度、湿度。一般温度控制在20℃或25℃，相对湿度控制在30%～60%之间，最好在30%～40%，因为在低湿的情况下才能真正反映出产品保湿性能的好坏。

可以同时设定对照品，进行保湿效果的横向比较。

（3）数据处理　样品中水分的损失量，即样品放置前后质量的损失量。

$$保湿率=M_t/M_o\times100\%$$

如果 $M_t>M_o$，又称吸湿率，如果 $M_t<M_o$，则称失水率。

$$相对保湿率=(样品保湿率/对照品保湿率)\times100\%$$

此方法简单可行，观察了相对湿度对吸湿和保湿效果的影响，但其受温度、阳光等环境条件的影响，结果不稳定，也不能完全反映活体皮肤使用状况。

（三）国家行业标准《化妆品保湿功效评价指南》简介

1. 测试环境要求

测试环境温度20～22℃，湿度40%～60%，并且进行实时动态监测。

2. 志愿者要求

① 年龄在18～60岁（妊娠或哺乳期妇女除外）；

② 前臂测试区域电容法皮肤水分测定仪的基础值在15～45（Corneometer Unit，CU）之间，其他电容法测定仪器可用Corneometer校正；

③ 无严重系统疾病、无免疫缺陷或自身免疫性疾病者，受试部位没有接受过皮肤治疗、美容以及其他可能影响结果的测试；

④ 无活动性过敏性疾病者；

⑤ 无体质高度敏感者；

⑥ 近一月内未曾使用激素类药物及免疫抑制剂者；

⑦ 现在或最近三个月受试部位未参加其他临床试验者；

⑧ 有效人数20～30人。

3. 测试步骤

（1）测试前的准备　受试部位测试前2～3d不能使用任何产品（化妆品或外用药品），1～3h不能接触水。试验前，受试者需要统一清洁双手前臂内侧。清洁方法为用干的面巾纸擦拭干净。

受试者双手前臂内侧（手肘和手腕间）应做好测量区域标记，试验区域面积至少 3cm×3cm，同一手臂可同时标记多个区域，每个测试区域之间间隔至少 1cm。

正式测试前应该在符合标准的房间内静坐至少 20min，不能喝水和饮料。前臂暴露，呈测试状态放置，保持放松。

（2）涂样　产品涂抹区和空白对照区应随机分布于左右手臂标定区域，确保所有产品和空白区域位置在统计学上达到平衡。测试样品按照（2.0±0.1）mg/cm^2 的用量进行单次涂布，使用乳胶指套将试样均匀涂布于试验区内，并记录实际涂样量。

（3）测量　按电容法皮肤水分测试仪使用说明书调整仪器后，进行产品区域和对照区域的测量，每个区域测定至少 3 次。先测量各测试区域的初始值（样品使用前），然后在设定时间后测定受试区域和对照区域的皮肤水分含量。设定时间应大于 1h，可根据产品评价需要设定 2h、3h 等多个测定点，通常不超过 24h。

同一个受试者的测试必须使用同一仪器由同一个测量人员完成，两次测量之间应清洁测量探头，产品使用期间如志愿者皮肤出现不良反应，应立即终止测试，并对志愿者进行适当医治，对不良反应予以记录。

（4）数据分析　对各测试区域的测量值进行统计，包括数量、均值、标准差、最小值、中值和最大值等。计算各测试区域初始值与其他时间点测定值之间的差值，然后利用此差值，统计分析不同时间点产品区和空白对照区的差别。

如测试数据为正态分布，则采用 t 检验方法进行统计分析；如测试数据为非正态分布，则采用秩和检验方法进行统计分析。统计方法均采用双尾检验（检验水准 $a=0.05$）。

（5）结果判定　产品使用前后的测试区域角质层水分含量如果呈显著性差异，表示该受试样品具有保湿效果；如果无显著性差异，表示该受试样品不具有保湿效果。

（6）试验报告　包括试验产品所有资料、试验所采用的方法、试验结果和试验结论，以及试验中的异常现象。另外，报告后附试验房间温度、湿度动态记录。

三、护肤化妆品防衰老抗皱功效评价

抗衰老化妆品的功效评价可以采用多种检测仪器和技术，如可以系统分析和检测化妆品抗衰老作用相关的挥发与不可挥发成分、可溶与不可溶成分等的含量，或通过直接检测原料或产品的抗氧化、体外细胞增殖、清除自由基、酶反应等能力，也可通过面部皮肤质地、纹理和皱纹临床改善状况进行体内评价。

（一）体外评价

1. 抗氧化能力评价

化妆品中活性成分的抗氧化能力通常通过生化检测的方法进行评价。当特定自由基产生源与指示剂反应，系统中产生的自由基会使指示剂的信号减弱。抗氧化测试方法测定的是活性成分保护指示剂的能力。氧自由基吸附能力（ORAC）测试法是常用的测定 AAPH 产生的过氧化自由基的方法。

还有一种类似的方法是测定暴露在紫外线中的细胞在抗老化活性成分的保护下被氧化程度，以此评价活性成分的抗氧化能力。如北京首都医学院对 50 多种中药的提取物进行体外抗脂质过氧化作用的研究，观察各种药物对亚油酸空气氧化过程的抑制作用，筛选出具有较强抗氧化性能的中药。

2. 细胞培养体系

建立角质形成细胞或成纤维细胞培养体系，将待测的功效原料或化妆品添加到细胞培养体系中，观察细胞的形态、增长曲线、酶活性以及细胞新陈代谢产物，测试成纤维细胞体外增殖能力或清除自由基的能力从而判断其抗衰老功效的强弱。如王耀发等通过此方法观察到黄芪等天然有效成分可以增强表皮细胞内自身 SOD 等抗氧化酶系的活力。

3. 真皮基质成分的测定

采用酶联免疫吸附实验（ELISA）测定使用化妆品前后模拟人工皮肤中胶原蛋白、弹性蛋白的量的变化，或胶原蛋白调节酶、弹性蛋白调节酶的活性，或基质成分透明质酸的量的变化比较原料或产品对老化皮肤的改善情况。

4. 透皮吸收能力

抗衰老活性成分需要通过细胞间隙穿透或经附属器官包括毛囊、皮脂腺、汗腺的通道进入皮下毛细血管中，透皮吸收问题一直是抗衰老化妆品有效性评价的前提。采用放射性同位素示踪技术进行离体皮肤试验可了解活性成分的吸收和分布情况，但效果常受到有效成分与基质的理化特性、剂型、浓度、使用方法、用量、作用部位、接触面积、使用持续时间、透皮剂性质以及机体状况等因素的影响。

（二）人体评价

皮肤老化的临床表现以色素失调、无光泽、表面粗糙、皱纹形成和皮肤松弛为特征，因此通过观察比较抗皱化妆品使用前后皮肤各种综合指标的改善情况可客观地评价抗衰老功效。一般选择 20 例以上符合要求的志愿者，选择眼角区、前臂内侧或根据产品特点选择身体其他测试部位，进行长期皮肤生物学状况监测。

1. 皮肤各层厚度

人体皮肤在超声波下显示表皮与真皮间有一透明带，其宽度与衰老程度正相关。可用高频超声波测量皮肤各层厚度。

2. 角质细胞代谢率

角质细胞代谢率随着年龄的增加而降低。一般用荧光剂染色角质层，然后追踪荧光消失所需的时间，以此检测表皮新陈代谢情况，推断出皮肤老化状态。

3. 皮肤水分和弹性

皮肤角质层含水量或皮肤经皮失水率 TEWL 值可以间接评价抗皱化妆品的润肤性能和皮肤屏障功能的修复能力，从而反映出其抗衰老功效。

化妆品使用前后皮肤的弹性、黏弹性变化可说明抗衰老活性成分对皮肤的柔软作用。测定皮肤黏弹性的方法、仪器很多，皮肤弹性测试仪通过测试人体表面皮肤弹性的大小、拉伸量和回弹性等的好坏，可以直接反映皮肤的健康状况，也可间接说明皮肤水分保持状态。

4. 皮肤粗糙度和皱纹

皮肤纹理与皱纹的测定，一直是皮肤衰老与抗衰老研究的一个重要手段，也是目前抗衰老祛皱产品效能评估较客观的方法之一。

在已经建立的皮肤粗糙度、皮肤纹理和皱纹测定的方法中，非创伤性检测技术颇受生物医学与化妆品科学家的青睐。一般皱纹测定指测定某区域内的皮纹平均深度，利用照片或直接对皱纹进行目测观察评价皮肤表面纹理深浅和粗糙度，或用显微镜、放大镜进行评价。这类方法简便易行、经济快捷，但主要用于观察粗大皱纹且易受观察人员主观因素影响。

更精确的测定方法是扫描皮肤表面纹理和皱纹并进行客观量化数据处理，过去采用硅胶复制皱纹结合图像分析系统，近年采用皮肤轮廓仪评价化妆品抗皱功效。

5. 皮肤色斑

紫外线照相术是近年来发展起来的一种无创性检测技术。它采用现代数码成像技术和日光模拟光源，直观显示皮肤中色素的分布及沉着情况，在检测皮肤光老化的程度以及判断抗皱产品的功效方面具有重要价值。

（三）评价实例：果酸对人体表皮细胞更新速率的影响

1. 试验方法

将丹磺酰氯在使用前用液体石蜡配制成5%的使用液，果酸样品涂布液用乳酸配制，以水、乙醇和丙醇（8∶7∶4）混合液作溶剂。用丹磺酰氯对受试者前臂内侧皮肤进行荧光染色，24h后除去丹磺酰氯斑贴物，用水清洗过量染液，在紫外灯下（波长300～400nm）检测皮肤表皮角质层是否完全被荧光标记。结果表明染色次日，清晰可见受试部位上的荧光标记。

随后进行样品涂布，在每名受试者的双前臂内侧各选定4个受试部位，各相隔2cm，其中两个部位让受试者每天早晚两次涂布6%和12%的果酸膏霜。另外6个部位，隔天一次，涂布不同浓度的果酸溶液，浓度分别为6%、12%、20%、35%和50%以及对照溶剂，每次4min，然后用清水洗掉，用盲法继续在紫外灯下检测荧光消退的情况，直到该部位不再有荧光标记为止。丹磺酰氯荧光消退时间就是表皮细胞更新时间。

2. 表皮细胞更新速率与果酸浓度的关系

增快速率=(对照组消退时间－实验组消退时间)/对照组消退时间×100%

由表8-27结果可知表皮更新速率随着果酸（乳酸）的浓度增加而加速，尤其当果酸浓度≥20%时，更新速率增快。

3. 表皮细胞更新速率与使用者年龄的影响

表 8-27 果酸浓度与表皮更新时间关系

果酸含量/%	表皮更新时间/d	增快速率/%
0(对照)	24.00±3.32	—
6	21.97±2.27	10.02
12	22.10±2.29	9.69
20	20.37±2.65	16.76
35	20.00±2.59	18.27
50	18.33±2.02	25.09

如果按照年龄对受试者进行分组，这种剂量-反应关系仍然存在，见表 8-28，但不同的是年轻者表皮更新速率较年长者为快，提示年龄越低对果酸的作用越敏感。

表 8-28 果酸涂布后表皮更新时间在年龄组间的比较

果酸含量/%	表皮更新时间/d		
	<30 岁($n=7$)	30～40 岁($n=14$)	>40 岁($n=9$)
0(对照)	25.14±3.16	24.14±4.01	24.11±2.02
6	22.00±3.31	21.71±2.67	22.78±1.86
12	21.29±1.70	22.00±2.51	22.33±1.73
20	19.28±2.87	20.50±2.94	20.88±1.76
35	19.85±2.26	19.64±3.02	20.33±2.0
60	17.42±1.40	18.50±2.44	18.60±1.58

而每天早晚两次使用含 6%或 12%果酸膏霜的受试者，其表皮更新时间分别为 23.87d 和 20.17d，其结论足以表明以果酸霜形式存在的果酸也可以提高皮肤表皮的更新速率，并存在剂量-反应关系。

四、护肤化妆品舒缓效果评价

敏感皮肤表面的水分容易流失，油脂分泌出现异常，水油平衡也会随之改变。如果不能及时护理，重建与修复皮肤屏障功能，则可能由敏感转变为慢性皮炎，加速皮肤衰老进程。

（一）舒缓化妆品功效评价

近十多年来，有大量宣称可以修复皮肤屏障、有抗炎或抗过敏作用的针对敏感性皮肤的抗敏、舒敏化妆品销售，但抗敏概念仍然很模糊且其真实效果有待进一步考证。目前，尚未有公认的试验方法和流程验证该类产品的安全性和功效性。

目前，可通过体内临床试验如主观症状的缓解与客观体征的改善，以及皮肤生物学指标的恢复情况来评价舒缓功效性，而体外评价尚无可靠的生物学方法，有待进一步研究。

1. 主观评价

主观评价是在使用产品后的一定时间内，针对受试者的皮肤瘙痒感、紧绷感、刺激感、针刺感、发红、总体敏感性、干燥度、光滑度、柔软度和整体外观等以调查问卷的形式进行自我评价。

2. 半主观试验

半主观评价使用的方法是皮肤化学探测试验，包括乳酸试验（lactic acid test)、十二烷基硫酸钠（sodium lauryl sulfate，SLS）试验、氯仿-甲醇混合液试验、二甲基亚砜试验、乙酰胺试验以及水洗激发试验。此外，诊断敏感性皮肤的一种新方法——辣椒素试验，也可以尝试用于舒缓类产品的功效评价。

下面介绍两种广泛的试验方法，现通常作为敏感性皮肤的评判依据或者作为皮肤耐受性指标，但也可根据产品使用前后的分值变化来进行产品舒缓性评价。

（1）乳酸试验　代表性的试验方法，运用广泛，试验方法多样。

① 涂抹法　10％乳酸水溶液在室温下用棉签抹在鼻唇沟和面颊部。

② 桑拿法　让受试者在42℃、相对湿度80％的小室内，充分出汗，接着涂5％乳酸水溶液在鼻唇沟和面颊部。在2.5min和5.0min时用4分法评判刺痛程度(0分为无刺痛，1分为轻度刺痛，2分为中度刺痛，3分为重度刺痛)，取其平均值进行评估。

（2）十二烷基硫酸钠试验　运用非常广泛的一种方法。SLS可以调节皮肤表面的张力，增加皮肤血流量和皮肤表面通透性。

测试方法很多，常用的是将1.0％SLS置于直径为12mm的Finn小室于前臂屈侧进行封闭斑贴试验，24h后去除斑试物，分别于24h、48h、96h观察结果，按斑贴试验的方法评分。

3. 客观评价

客观评价是借助于无创性测量技术测量皮肤生理参数的改变评价化妆品舒缓性，以增加试验的客观性。常用的检测指标如下。

（1）经皮失水量　敏感性皮肤常有皮肤屏障功能障碍，TEWL值增高，皮肤更加容易受到刺激，使用产品后TEWL值降低，差值越大，说明屏障功能恢复越好。

（2）皮肤角质层水分含量　敏感性皮肤面部角质层含水量较正常皮肤低，产品若能滋润皮肤、保持皮肤表面的水分，使皮肤表层的水合程度升高，达到水油平衡，可降低敏感性。

（3）皮肤血流量　皮肤表面红斑的产生本质上是皮肤血流量增加。皮肤色度检测仪通过检测皮肤表面红斑程度，从而判断血流情况。还可以用检测皮肤微循环的仪器，如多普勒血流仪、毛细血管显微镜等监测皮肤血供变化。

4. 热感受试验

敏感性皮肤是高反应皮肤，易受到温度变化的影响，出现刺痛、瘙痒等症状，热感受试验是心理-生理的感受器定量试验系统，评价传递温度、痛觉、瘙痒、烧灼感受的细小神经纤维功能，测定温觉和冷觉的阈值以及引起热痛觉和冷痛觉的阈值。

测量方法：

① 限定法，试验对象暴露于强度不断改变的刺激下，直到受试者觉察到该刺激。然后由受试者控制按钮来终止刺激强度的增加。连续施予多个刺激，其平均值即为阈值。

② 连续刺激，刺激逐步地增加，受试者回答“是”或“否”来表达是否感受到刺激。

5. 其他方法

还可以测定皮肤 pH 值以及评价皮肤二维或三维表面结构，检查表皮、真皮和皮下组织的厚度改变等，或根据产品宣称的功效选择其他无创性皮肤生物学检测技术。

（二）评价实例：舒缓化妆品对银屑病患者和健康人群的影响

1. 方法简介

（1）选用 30 名年龄 18～70 岁银屑病患者，每日使用某种舒缓类保湿润肤霜 2 次，不使用其他药物，分别在初始基线（首次涂抹产品之前 30min 的清洁皮肤状况）、第一周、第二周、第四周进行评估。

（2）选择 10 名健康志愿者进行问卷调查、皮肤生理学检测和图像分析测试，同时，志愿者根据个人皮肤状况，分别使用舒缓类化妆品如洗面奶、润肤乳或者组合使用，使用一段时间后（一周、两周或一个月），再次进行对应的问卷调查、皮肤生理学检测和图像分析测试。

2. 结果显示

（1）银屑病患者　4 周后，脱屑得到改善，皮肤耐受性增强，敏感性降低，见图 8-3。

（2）健康人群　通过仪器检测结合主观评价比较皮肤水分、皮肤弹性、皮肤皱

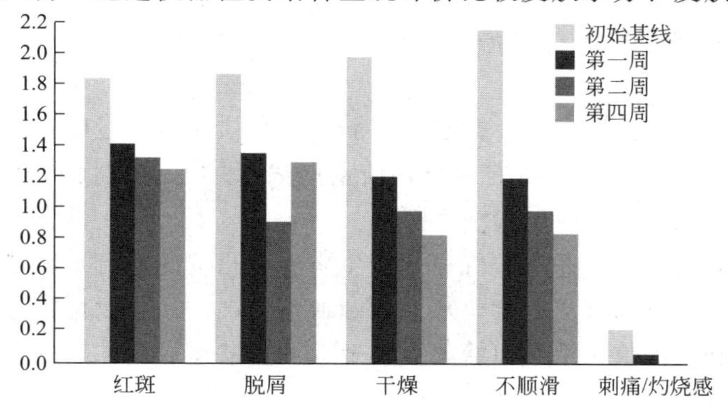

图 8-3　银屑病患者使用舒缓类化妆品效果评估

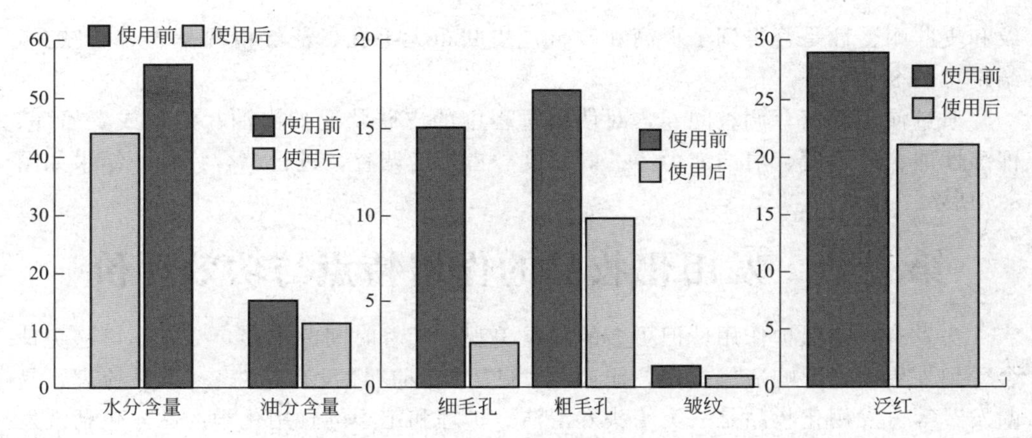

图 8-4　健康人群使用舒缓类化妆品前后仪器检测结果

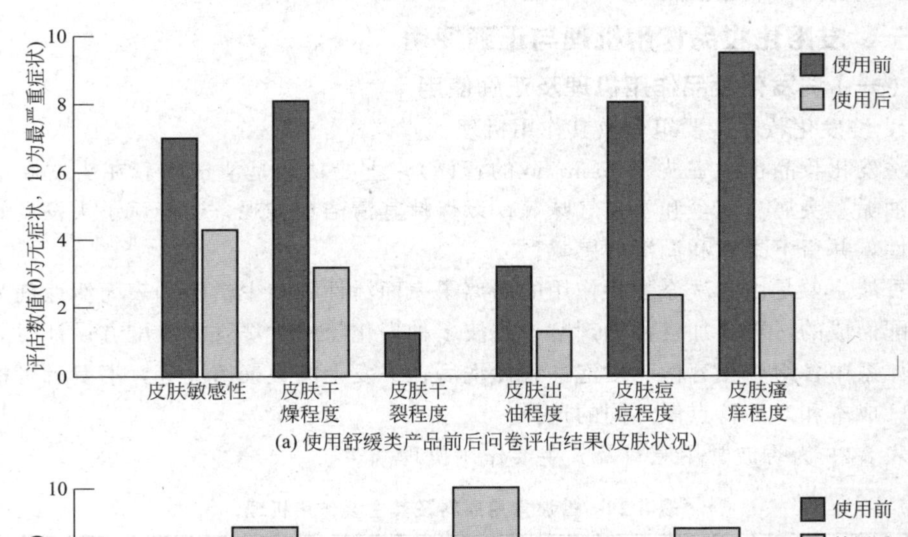

(a) 使用舒缓类产品前后问卷评估结果(皮肤状况)

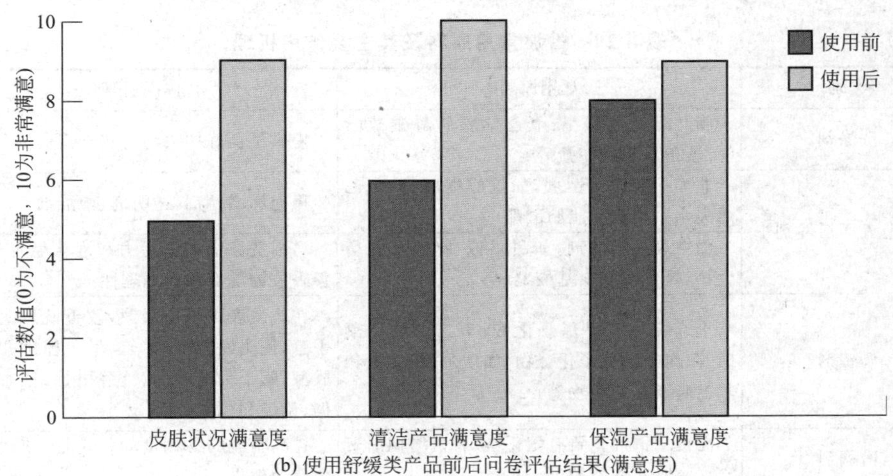

(b) 使用舒缓类产品前后问卷评估结果(满意度)

图 8-5　健康人群使用舒缓类化妆品前后问卷评估结果

纹和皮肤耐受性是否得到了提高和改善，皮肤粗大毛孔、泛红情况是否有所减少，结果见图 8-4。

通过使用者填写调查问卷，对使用过程中的皮肤状况如出油、痘痘或者瘙痒、保湿性能、舒适度、清洁能力等的满意度、喜好度调查，进行综合评估，结果如图 8-5 所示。

第三节　发用化妆品的作用特点与功效评价

头发有一定保护作用，但更多的却是美观。随着时间的推移，头发不可避免地会受到外界因素影响造成损伤，比如“发硬”“粗糙”“没有弹性”“不易梳理、易断发”等。发用化妆品是一类给头发清洁、护理和定型的日用化学产品，包括洗发用品、护发用品和整发用品。

一、发用化妆品作用机理与正确使用

（一）洗发化妆品作用机理及正确使用

1. 洗发化妆品主要组分及其作用机理

洗发化妆品也叫香波（shampoo 的音译），主要功能是清洁附着在头发和头皮上的油垢、头屑、灰尘和不良气味等，以保持其清洁和美观，还能赋予头发良好的梳理性，并留下柔软和润滑的感觉。

香波主要是由具洗涤去污作用的阴离子表面活性剂和少量辅助表面活性剂为主体复配而成的，再添加各种助剂赋予香波多种理化特性。洗发香波配方设计时必须考虑体系中各组分相容性、发泡性和冲洗后在头发上的集聚情况等，消费者可根据需求、成本和产品特点做不同的选择。

表 8-29 为香波常用原料及其主要作用机理。

表 8-29　香波常用原料及其主要作用机理

类别	常用原料	作用机理
洗涤剂	脂肪醇硫酸盐、聚氧乙烯脂肪醇醚硫酸盐、琥珀酸酯磺酸盐等	提供了良好的去污力和丰富的泡沫
辅助表面活性剂	非离子表面活性剂，如烷醇酰胺、聚氧乙烯失水山梨糖醇脂肪酸酯	稳泡和增稠剂、透明剂、增溶剂
	两性表面活性剂，如甜菜碱、咪唑啉型衍生物、氧化胺和氨基酸型	增强洗涤剂的去污力和泡沫稳定性，改善香波的洗涤性和调理性
调理剂	十八烷基三甲基氯化铵、十二烷基甜菜碱、阳离子高分子化合物（如瓜尔胶、硅油和羊毛脂及其衍生物等）	在头发表面易被吸附，改善洗后头发的手感，使头发光滑、柔软、易于梳理并且易成型；赋予头发光泽、抗静电性；使香波增稠、悬浮和稳定
增稠剂	无机增稠剂主要有氨化钠；有机增稠剂聚乙二醇脂肪酸酯类	提高香波的黏稠度和稳定性，获得理想的使用效果
珠光剂	乙二醇单硬脂酸酯和乙二醇双硬脂酸酯	使液状香波产生悦目的珍珠般光泽，提高产品视觉效果

续表

类别		常用原料	作用机理
澄清剂		丙三醇、丁二醇和壬基酚聚氧乙烯醚等	保持和提高香波透明度
螯合剂		柠檬酸、酒石酸、乙二胺四乙酸及其钠盐	防止或减少在硬水中洗发时生成钙、镁皂而黏附在头发上，增加去污力和洗后头发光泽性
酸度调节剂		柠檬酸、酒石酸、磷酸及乳酸	调节香波的酸度，弱酸性香波对头发护理、减少刺激性是有利的，有些组分需在一定的 pH 条件下才能稳定或发挥其特定的作用
特殊添加剂	维生素类	维生素 E、泛酸（维生素 B_5）	赋予头发光泽，保持润湿，修补头发的损伤，增加头发的营养成分
	氨基酸类	丝肽、水解蛋白等	营养和修复受损头发，同时也具有一定的调理作用
	天然植物提取液	人参提取液	营养作用，能促进皮肤血液循环，促进头发生长，使头发光泽而柔软
		何首乌提取液	乌发和防止脱发的功效，洗后头发具有光泽、乌黑、柔顺等效果
		芦荟提取液	杀菌、消炎

2. 洗发化妆品种类及其应用特点

近年来，洗发用化妆品发展很快，品种越来越多，按形态分为洗发液和洗发膏或者透明型和非透明型；按适用的对象分为干性、中性、油性或受损发质用；按照功能分，已从单纯的清洁作用向兼具营养、护理、去屑止痒等多功能方向发展，甚至有企业推出防晒香波，针对日光中的紫外线会使头发干燥、颜色变淡，通过添加防晒剂起到减少紫外线晒伤的目的。

目前，兼有洗、护作用的“二合一”调理型、去屑止痒型、防脱育发型、婴幼儿专用香波还有免洗香波等，已经成为人们日常生活的必需品。表 8-30 为主要香波类型及其应用特点。

3. 洗发香波的正确使用

质量低劣洗发产品和不正确的洗发方式都会损伤头发甚至出现断裂和缠结的现象

（1）首先，在使用洗发香波前，先用温水冲洗头发，让头发和头皮完全浸湿，让污垢或发用定型剂等溶解于水中，令头发更容易清洁，以便减少香波洗发对头发的局部损伤。

（2）再将适量香波倒入掌心揉搓后（用量标准是能让泡沫布满整个头发）均匀涂于润湿的头发上（不要直接将香波放于干发上洗发）。从头皮开始，逐渐涂满全部头发，用手指由发根向发梢轻轻按摩搓揉头发数分钟，再用温水洗净。若有需要，可重复一遍，用指肚按摩全部发根及头皮。

表 8-30　主要香波类型及其应用特点

类型	配方特点	应用特点
通用型透明香波	选用浊点较低的原料，以便产品即使在低温时仍能保持透明清晰	外观清澈透明的液体，具有泡沫丰富、易于清洗、使用方便、制备简单等特点；作用持久温和，刺激性小
“二合一”调理香波	通用型香波的基础上加入头发调理剂，其洗发、护发一次完成	在清洗的过程中调理剂被释放出来并存积在头发上形成一层薄膜，从而起到一定程度的护发或调理双重效果。调理效果与头发所吸附调理剂的量及调理剂的类型有密切关系
儿童香波	对原料的使用要求较为严格，特别强调香波温和的脱脂作用以及安全性和低刺激性	专为儿童设计。为满足儿童的心理需求，香波的外观设计应柔和、纯净、卡通
干洗香波	即免水洗香波，主要由挥发性油或表面活性剂、低碳醇、添加剂等组成	对头发中的污垢和角质头屑有较好的浸透力和软化作用，并与头发相容性好，不发黏，易清除，达到清洁头发和调理头皮油脂平衡的目的。适用于不方便湿洗发者，特别是患有头部病症、卧床的患者，以及旅行、出差、长期野外作业者等

(3) 之后要用清水反复冲洗头发 3～5 次，直到完全冲洗干净。头发在潮湿状态下，毛鳞片容易脱落，所以不要用毛巾使劲摩擦头发，以避免引起头发表面的毛鳞片受损。

干洗香波的使用方法：将干洗香波涂抹或喷涂在头发上，充分润湿头发，再用手轻轻搓擦头发，使头发和头皮上的污垢、头屑等显露于外面，然后用梳子梳理，用毛巾擦干，即可将头发清洁干净。

4. 洗发注意事项

洗发用水应选用软水（如自来水、河水、湖水等），不宜选用硬水（如井水、泉水等）。如果使用硬水洗发，须将硬水煮沸，使其含有的矿物质沉淀，待水温合适再清洗。洗发的水温以 40℃为宜。

洗发香波类产品中含有表面活性剂、香精等致敏性原料，不良产品会刺激皮肤和眼睛，应避免香波进入眼睛，如不慎入眼，即用清水洗净；洗发后应将香波的泡沫冲净，否则会影响头发的光洁度；对于干性头发或干性皮肤的人，洗发时以达到清洁为目的，避免频繁洗头或过多使用洗发产品。

（二）去头屑洗发香波作用机理及正确使用

1. 头皮屑过多的表现与原因

(1) 头皮屑　皮肤的表皮细胞从基底层逐渐成熟往上移，最后会变成无核的角质层而脱落，头皮部位表皮细胞的新陈代谢、自我更新过程也是一样。一般来说，头皮细胞的更替时间为 28 天，当表皮细胞角化过程完成时，最外层细胞逐渐死亡，不断脱落而离开人体成为头屑。所以说头皮屑是头皮细胞新陈代谢的产物。

(2) 头皮屑过多的表现　在正常的生理状况下，脱落头皮屑常随着正常的梳洗而被清除，并不容易被觉察。当头皮受到过多的刺激或肌体及身心健康发生改变时，头皮屑过多堆积而被肉眼看到，则视为头屑过多。秋冬季节比较容易出现头皮屑过多，开始时可为小片，随后可大片或整个头皮遍布灰白色细小而油腻性的鳞屑，犹如糠秕状或麸皮，洗头后很快又产生新的鳞屑。

(3) 头皮屑增多的两种情况　一种是头皮上皮组织代谢加快，表皮细胞的更替周期缩短而引起角质层异常剥离造成过多脱落的头皮屑，也称干性头皮屑；另一种是内分泌异常引起的皮脂分泌过剩造成的头皮屑，又称湿性头皮屑。

2. 头皮屑增多的原因与危害

头皮屑增多受到许多因素的影响，高热量、高脂肪、刺激性的食物以及喝酒都可能使头皮屑的情况恶化。工作上的压力、情绪的紧张及不稳定、睡眠不足或熬夜都是诱因。

清洁不良，头皮上细菌异常繁殖致使霉菌感染，也会导致头皮屑增加。最常见的微生物叫作糠疹癣菌，它以皮脂为食，分解后产生的产物的刺激作用能加快头皮细胞新陈代谢速度，导致干性头皮屑增多。当头屑大量积累，又为微生物的生长和繁殖创造了有利条件，加速表皮细胞的异常增殖，刺激头皮引起瘙痒和炎症，重者可形成头部秕糠状鳞屑和秕糠性脱毛症。

除此之外，人体疾病如糖尿病、肥胖症、内分泌失调、巴金森氏症等，都可引起脂溢性皮炎的恶化，产生过多头皮屑。一些用于头皮上的化学物质，如染发剂、烫发剂、发油、含酒精成分的整发剂等，若使用不良，刺激头皮也会使头皮屑恶化。

头皮屑不会直接参与头发的正常生长，但有研究证明头皮屑严重程度与毛干表面异常成正相关，出现头皮屑也说明了头发并不是很健康。而且常感瘙痒，严重者可出现接触性皮炎症状，日久引起头发逐渐稀疏，甚至可能使头发掉落，直至秃头，造成很大痛苦。头皮屑还会影响一个人的外在形象，给人在生活中增添额外的心理压力。因此，对待头皮屑增多的现象不可轻视，应积极防治。

3. 头皮屑的防治

防治头皮屑的产生，需要寻找可能的病因，对因处理。像秋冬季节头皮屑增多，大部分是因为清洁不良使皮脂屑干燥脱落，因此首先要选择合适的洗发香波防止头皮屑过多，还要做到：

① 改善饮食结构，均衡饮食，以保证有充足的维生素摄入；

② 保持心情愉快，注意劳逸结合，避免过度焦虑；

③ 经常梳头或做头部按摩，以促进血液循环；

④ 适宜的洗头。

4. 去头皮屑香波作用机理

去头屑香波是在香波的基础上加入了去屑止痒原料，在保持头皮清洁的同时有效控制头皮屑。如果在调理香波的基础上添加去屑止痒原料，就构成了洗发、调理和去屑“三合一”香波。

常用的去屑止痒原料有吡啶硫酮锌（ZPT）、十一碳烯酸衍生物、吡啶酮乙醇胺盐（OCT）、氯咪巴唑（商品名甘宝素）、酮康唑和天然植物提取物等。这些原料对皮肤有一定的刺激性，属于限用物质，虽然从多方面起到去头屑作用，但不能经常使用。

（1）角质溶解或剥离　常用原料有水杨酸、硫黄、间苯二酚和硫化硒等成分，这一类物质抑制头皮表层细胞角化速度从而降低表皮新陈代谢的速度，具有溶解角质、剥离角质作用，能阻止将要脱落的细胞积聚成肉眼可见的块状鳞片或使其分散成肉眼不易察觉的细小粉末。

（2）抗脂溢性皮炎　对于皮脂分泌过剩的情况可以使用维生素 B_6 及其衍生物，对脂溢性皮炎有效，也有活化皮肤细胞的作用。

（3）抑菌杀菌　在香波中添加一些抑菌和杀菌功能的活性物质，可以抑制头皮微生物产生的脂肪酶分解皮脂产生游离脂肪酸，从而防止瘙痒和减少头屑的产生。

（4）其他　有的香波添加薄荷醇、辣椒酊等原料，洗发后赋予头皮清凉和舒适感。为防止瘙痒性炎症的恶化，可以配合消炎剂和止痒剂。

表 8-31 为常用去屑止痒剂原料及应用特点。

表 8-31　常用去屑止痒剂原料及应用特点

原料名称	应用特点
吡啶硫酮锌(ZPT)	高效、安全的去屑止痒剂和广谱杀菌剂，可以延缓衰老，减少脱发和白发。单独加入香波基质中，易形成沉淀而产生分离现象，故须配加一定的悬浮剂或稳定剂才能使之形成稳定体系
十一碳烯酸衍生物	具有良好的去污性、泡沫性和分散性；与皮肤黏膜等有良好的相容性，刺激性小；与其他表面活性剂配伍性好，是一种强有力的去屑、杀菌、止痒剂，还能抑制脂溢性皮炎的产生
吡啶酮乙醇胺盐(OCT)	水溶性去屑止痒剂，具有广谱的杀菌抑菌性能，以及良好的溶解性、复配性、增稠作用，刺激性小，性能温和
天然植物提取物	富含各种活性成分，具有去屑、抗菌消炎、提供营养等功效，且作用温和持久，刺激性小，具有极大潜在应用价值，如胡桃油、积雪草、甘草、山茶等的提取物

5. 去头屑洗发香波的正确使用

去头皮屑洗发香波种类繁多，使用者可以通过产品标签了解其活性成分，同时亲自使用体验找出最适合自己的。

首先用温水将头发浸湿，倒取适量的洗发香波于手掌中再抹到发上。洗发时，先用去头屑香波洗一次头，把头发冲洗干净；然后再洗第二次，此时不要马上冲掉洗发香波，最好让泡沫留在头发上 1～2min（严重患者可适当延长时间），让成分完全发挥作用，去屑效果会更好。洗头时应用指腹按摩头皮，切勿以指甲抓、搔头皮。水温也不宜太高，以免过度刺激头皮。

有些人因体质关系，需连续使用去头皮屑洗发香波一星期以上才会有明显效果，因此要有耐心，不要半途而废。

（三）护发化妆品作用机理及其正确使用

护发类化妆品是指能使头发保持天然、健康和美观的外表，并使头发损伤（机械、烫发、染发等带来的）得到一定程度的修复，达到滋润和保护头发、兼有修饰和固定发型之目的的化妆品。

1. 护发产品种类及应用特点

常用的护发化妆品有护发素、发油、发蜡、发乳、焗油发膜等品种。护发产品今后的发展趋势是追求产品的速效性与持久性，更多地着眼于保养和护理而不是受损后再修补，为了满足消费者的不同需要，产品更趋于多样化、细分化、系列化。

（1）护发素的作用机理　护发素是一种洗发后使用的能调理和保护头发健康的护发用品。

① 护发素类型　见表 8-32。

表 8-32　护发素的类型

依据	类型
使用对象	正常头发用、干性头发用、受损头发(烫发及染发)用
功能	防晒、去头屑
形态	透明状、乳液状、凝胶状、气雾剂型
使用方法	用后需冲洗干净的、免冲洗的(多数为气雾剂或凝胶型)、焗油型

② 护发素组成　护发素由表面活性剂、发用调理剂、油脂和特殊添加剂组成。护发素主要原料及功能见表 8-33。

表 8-33　护发素主要原料及功能

类型	常用原料	主要功能
阳离子表面活性剂	季铵盐类、阳离子瓜尔胶	中和香波洗后残留在头发表面上的阴离子表面活性剂，吸附于毛发上形成单分子膜，这种膜可赋予头发柔软性及光泽，使头发富有弹性，并防止产生静电，使头发变软、变滑易于梳理
调理剂	季铵盐水解蛋白	柔软、抗静电、保湿和调理作用
水溶性胶黏剂	阿拉伯胶、聚乙烯吡咯烷酮	增稠、增黏或成膜作用，有助于护发定型
保湿剂	丙二醇、山梨糖醇、聚乙二醇等	保湿、调理、调节黏度作用
增脂剂	白油、植物油、硅油、高级脂肪醇等油性成分	补充头发油性成分，改善头发营养状况，使头发光亮，易梳理，并对护发素起增稠作用

续表

类型	常用原料	主要功能
乳化剂	聚氧乙烯脂肪醇醚（酯）等非离子表面活性剂	乳化兼有护发、滋润、柔软等作用
特殊添加剂	去屑止痒活性成分、防晒活性成分、水解蛋白、维生素 E、泛酸、芦荟胶和啤酒花提取物等	增强或提高护发素的使用价值和应用范围，赋予护发素各种功能

③ 护发素的作用原理　护发素将油脂或发用调理剂附着在头发纤维表面，保护头发表面，增加头发光泽，无论是干发还是湿发，都会变得润滑、易于梳理而不会缠结，减少头发受损伤的概率，使头发保持整洁和一定形状，有很好修饰效果。图 8-6 为护发原理示意图。

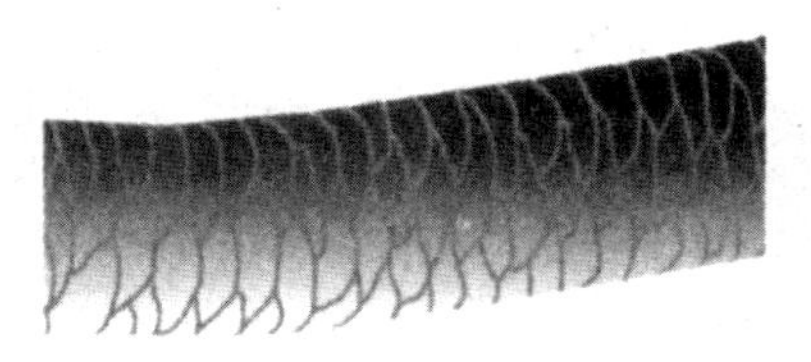
(a) 未经护发素处理的头发

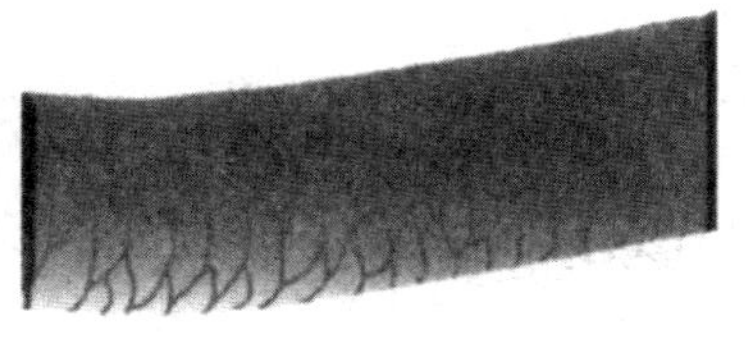
(b) 护发素在头发上形成保护膜

图 8-6　护发原理示意图

调理剂形成的保护膜可以使头发保持一定的水分，防止过度干燥，这有助于减少头发静电，使头发不会飘拂、乱发及飘发等。而对于干枯的、受损的头发或经烫发和染发等化学处理过的头发来说，使用护发素可以改进受损发质、防止头发继续变坏。图 8-7 为使用护发素前后的对比。

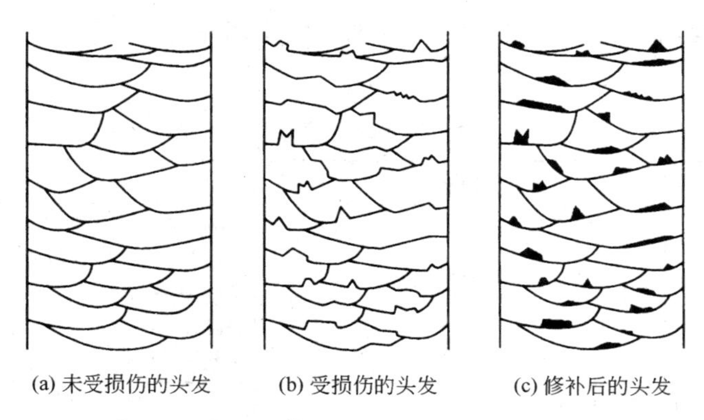
(a) 未受损伤的头发　(b) 受损伤的头发　(c) 修补后的头发

图 8-7　使用护发素前后对比

（2）发油的应用特点

① 发油的组成　发油也称头油，呈无色或浅黄色透明油状物，有适度香味。发油一般多采用凝固点较低的纯净植物油或精制矿物油为主要成分，加入少量油溶

性色料、抗氧剂和香精制成，使用感应光滑，无黏滞感，是一类古老而又重新焕发活力的化妆品。

② 发油的作用特点　发油的作用是补充头发的油分，增加光亮度，有一定的整形功效。发油可恢复洗发后头发失去的光泽与柔软性，还可以防止头发及头皮过分干燥，起到滋润、养发的作用。因发油含油性较大，油性头发或患脂溢性皮炎的人群忌用。

③ 发油的正确使用　将头发洗净，待头发干后，将适量发油涂抹于头发上并轻轻按摩，使发油在头发上涂抹均匀。

(3) 发蜡的应用特点　发蜡是油、脂和蜡的半固体混合物，外观为透明或半透明软膏状，均应具有一定的稳定性，在保质期内无分层、变色等现象出现。发蜡利用油和蜡类成分来滋润头发，油感较强使头发具有光泽并保持一定的发型，但应少黏腻、易于清洗去除。

发蜡常用于短发，用时应先将发蜡搽在手指上，再涂到头发上。浓密的头发，可将手指伸到头发内搽，不可只搽表面。油性头发或混合性头发，只在头发梢轻轻地搽一些，头顶勿搽或少搽。

发蜡根据原料来源和产品外观，分为 3 种类型（表 8-34）。

表 8-34　发蜡的类型与应用特点

类型	主要原料	应用特点
植物性发蜡	植物油(如橄榄油、蓖麻油等)、蜂蜡、地蜡、抗氧剂和香精等	有适当的硬度和黏性,较易清洗
矿物性发蜡	凡士林、白油、石蜡等矿物油,适量的色素、香精等	具有留香持久、高黏性,适用于硬性头发,具有用后易梳理成型、头发光亮等特点
水溶性发蜡	橄榄油、高级醇、液状石蜡、表面活性剂、去离子水、香精、色素、抗氧剂	透明的凝胶状膏体,使用感觉不黏,用后头发柔滑,护发效果好,可保持头发的自然光泽

(4) 发乳的应用特点　发乳是一种乳化型护发化妆品，配方组成与一般水包油型乳液膏体相近，主要成分有油、水、乳化剂、抗氧剂、防腐剂、螯合剂、香精和色素等，优质的发乳要求膏体稳定、稠度适当、香气持久。

发乳的水分易被头发吸收，油脂留在头发上，用于补充头发油分和水分的不足，使头发柔软、光亮，使用时感觉滑爽、无黏腻感，易被清洗。发乳中还可根据需要添加水解蛋白、人参活性成分提取液等营养成分，以补充头发营养和修复受损头发；或加入药性成分，制成药性发乳。

发乳应在洗净头发后，头发稍干不黏手时涂搽，刚洗完头就搽，水分不能正常挥发；头发太干了搽，就会失去光亮；搽上发乳后，要用木梳多梳几次，才不会使头发上留下一层白色。

(5) 焗油的应用特点　焗油膏主要成分是渗透性强、不油腻的动植物油脂（如貂油、霍霍巴油等）、对头发有优良护理作用的硅油、季铵盐或阳离子聚合物，还常加入一些皮肤促渗剂成分（如薄荷醇、冰片等）。

焗油膏具有抗静电、增加头发自然光泽、滋润柔软、使头发易梳理的作用。对损伤性头发，特别是对经常染发、烫发或风吹日晒造成的干枯、无光、变脆等发质有修复功能。

2. 护发产品的正确使用

(1) 一般护发产品的正确使用　在洗发后，将护发素等适量护发产品倒在掌心中揉开，后用双手掌轻轻均匀涂抹在头发上，轻揉一分钟左右。与洗发水的使用方法相反，首先从头发最干燥的发梢部分开始用手指夹住头发轻轻按摩均匀，让这部分头发得到最多的油分，然后再慢慢涂抹至整个发部。按摩后不要立即冲洗，等待数分钟后再清洗干净（免冲洗护发素可不必冲洗）。使用量根据头发的长短程度、发量和发质而定：一般短发每次使用4～5mL，中长发6～8mL，长发12～15mL甚至更多，头发有严重受损、分叉现象可适当增加使用量，并对发梢进行加强护理。

(2)“焗油”的正确操作　使用时，先用香波将头发洗净，擦干或吹风机吹干后，将焗油膏均匀涂抹在头发上，梳理均匀。然后用热毛巾或者焗油帽加热15～20min，通过蒸气让油分和各种营养成分渗入发质内和发根，起到养发、护发的作用，其效果优于一般护发素。待完全冷透后用清水洗净头发，并整理出理想的发型。若是免蒸焗油膏，则不需要加热。其他类同。

（四）整发化妆品作用特点及正确使用

整发化妆品是指增加头发光泽、梳整头发、保持发型的化妆品，常用的有喷发胶、发用摩丝、发用凝胶、定型发膏等品种。

1. 喷发胶的组成和作用特点

喷发胶是将化妆品原液（含有成膜剂、溶剂、增塑剂和香精等）和推进剂一同注入耐压密闭容器中制成的。使用时以喷射剂的压力将化妆品原液以喷雾形式将内容物附着在头发上，能立即在头发表面形成一层柔软、光滑、有韧性的黏附性薄膜，起到良好的调理性和定型作用，并赋予头发自然亮泽，以满足各种发型的需要。表8-35为喷发胶的原料组成及其作用特点。

表8-35　喷发胶的原料组成及其作用特点

组分	主要原料	作用特点
成膜剂	合成高分子物，常用的是高聚物树脂，如聚乙烯吡咯烷酮/乙酸乙烯酯共聚物及聚丙烯酸树脂类等	固定头发，又能使头发柔软（黏度不高，易于定型，易形成较细的喷雾）
溶剂	乙醇或乙醇/水混合体系	喷在头发上后，乙醇立即挥发，树脂则在头发上形成薄膜，起到定型作用
增塑剂	高碳醇类、羊毛脂、硅油、蓖麻油	使形成的薄膜柔软、可塑并有韧性
推进剂	液化或压缩气体，如丁烷、丙烷、异丁烷、异丁烷/丙烷和二甲醚等	常温下在密闭耐压容器内产生一定的压力，当开启喷射装置的阀门时，则可将醇溶性物质一起喷射出

2. 发用摩丝的作用特点

发用摩丝是指泡沫型、气溶胶型润发、定发产品，使用时可喷出洁白、易消散、具有弹性的泡沫，容易在头发上涂敷，便于护发和保持头发的卷曲度、定型等，其主要成分是原液（成膜剂、表面活性剂、溶剂、保湿剂等）和喷射剂等（表8-36）。理想的摩丝要求罐体平整、卷口平滑，盖与瓶配合紧密，无滑牙、松脱、泄漏现象，挤出的摩丝是白色或淡黄色均匀泡沫，手感细腻具有弹性。

表 8-36　摩丝的原料组成及作用特点

组分	主要原料	作用特点
成膜剂	以高聚物树脂为主	有一定黏度，具有调理、稳泡作用
表面活性剂	聚氧乙烯油醇醚、聚氧乙烯失水山梨糖醇脂肪酸酯等	具有泡沫基质和发泡剂的作用
溶剂	水/乙醇体系	同喷发胶
保湿剂	脂肪酸酯、羊毛脂衍生物、硅油	改善摩丝的滋润、可塑及护发性能
推进剂	同喷发胶	作用原理同喷发胶，用量一般少于喷发胶，且具有较高的挥发性

3. 发用凝胶的作用特点

发用凝胶的作用和喷发胶、发用摩丝类同，只是其黏着力较弱，较易用水清洗掉。其缺点是干燥较慢。发用凝胶主要类型有无水透明发膏、啫喱膏和啫喱水三种。表8-37为发用凝胶的配方组成和作用特点。

表 8-37　发用凝胶的配方组成和作用特点

类型	外观	主要组成	作用特点	特点
无水透明发膏	透明、均匀的无水凝胶	硬脂酸金属皂等作为凝胶剂	赋予头发较高的光亮度，使用时无拉丝或发脆等缺点，涂敷均匀、无黏腻感	油性较强，易沾上灰尘，定型能力较低
啫喱膏	透明、非流动性或半流动性凝胶体	成膜剂、凝胶剂、中和剂、稀释剂、调理剂、光稳定剂	易于均匀涂抹在头发的表面，形成的薄膜不黏，易于梳理，可保持定型效果	方便携带和使用
啫喱水	透明半流动的凝胶	与啫喱膏相似	成膜修饰和固定发型，用后头发柔润、光泽且无油腻感	可用于湿发或烫发后使用

4. 定型发膏的作用特点

定型发膏多为O/W型乳状液，主要组分为油性成分、乳化剂、助乳化剂、珠光剂等。定型发膏具有易涂布均匀、无油腻黏滞感、定型效果良好、用后易清洗等特点。

5. 整发化妆品的正确使用

消费者可根据个人的习惯选用不同类型的整发定型化妆品，如习惯于早上做发型的人可使用发用凝胶；习惯于在洗完头后直接做发型的人可选择发用摩丝或喷发胶。

在使用发膏和发用凝胶时，先蘸些在手指上，然后从发根向发梢方向涂抹。使用发用摩丝时，先将摩丝摇匀，挤出鸡蛋大小的一团泡沫，轻轻敷在头发上，用梳子或刷子抹匀，然后可将头发随意梳理成型，干发、湿发均可使用，摩丝产品中使用的树脂对皮肤、眼睛有刺激，避免进入眼睛。

喷发胶一般在洗完头吹风定型后使用，头发前区的刘海处可多喷一些。在使用喷发胶时，应于20～30cm的距离喷涂全体或局部头发，产品中含有乙醇（甲醇），应注意避免喷向眼睛，避免烟火。

二、发用化妆品的功效评价

（一）洗发效果评价

性能优异的洗发香波应满足以下要求：

① 具有适当的洗净力，可除去头发上的沉积物和头屑，又不会过分脱脂；

② 能形成丰富而持久的泡沫；

③ 对头皮、头发和眼刺激性小、无毒，安全性高。

1. 洗净力

洗净力既是洗发香波主要的功效要求，也是最重要的质量指标。通过测定头发在使用洗发产品前后的质量变化，计算出除污率，便可知道洗发产品的清洗效果。

目前已开发了多种去污能力检验方法，见本章第一节，可结合实际使用效果进行综合评价。

2. 漂洗性

洗发香波如果漂洗不净会令人十分恼火，这方面目前尚无仪器可以代替人的感觉，通常的评价方法是请一定数量的消费者试用或有经验的专家来评定，然后统计分析他们的意见。

3. 泡沫能力

起泡能力和稳泡能力一般用罗氏泡沫仪进行测定，具体方法请参见本章第一节。

（二）去头皮屑效果评价

1. 自体对照法

去头屑效果测试一般通过“半头评价法”，即将使用者的头发分成左右两部分，一部分使用去头屑香波，一部分不使用，比较两区域头屑的减少量。

由于是自体对照，受试者两边头发生理基础一致，因此结果较为客观可信，也容易被消费者接受。然而，由于需要在他人的协助下方能完成洗发过程，并且给受试者日常生活带来不便，因此较为广泛采用的人体试用试验评价法是小组试验法。

2. 小组试验法

（1）志愿者选择　选择年龄在18～50岁、头皮无疾病者作为受试者，随机分成两组，按照双盲法确定一组为对照组，另一组为受试组。

（2）试验样品　两组均同意试用无去头皮屑功效成分的洗发水一个月，作为试验准备，之后进入为期 4 个月的试验期。在试验前期和试验期，受试者使用所提供的样品洗发水洗发，使用的其他护发或整发用化妆品均不得具有去头皮屑的功效。

（3）采集头皮屑　试验期每月的第四周作为头皮屑采集周，头皮屑采集从周二至周五共 4d。头皮屑采集周受试者必须每天洗发一次，且在指定的地点进行，洗发时不得以毛巾用力擦拭头发。非采集周洗发频次、地点随意自定。试验者收集洗发后方布，干燥后采集头皮屑。

（4）测定与分析　测定氮总量并换算成蛋白质的量，以此作为头皮屑量。将每月采集 4 次的头皮屑量的平均值作为该月每一日的头皮屑量。比较对照组与受试组的头皮屑量，进行统计学分析，即可获知被评洗发水去头皮屑的功效。

3. 其他试验方法

小组试验法避免了人为观察带来的主观误差，比较准确，但是过于烦琐，有时也会考虑其他方法。比如直接用光学显微镜测定头皮屑中有核细胞数，可以作为头皮屑量的代用特性值。或者连续 20d 观察涂抹在头皮上的丹磺酰氯的残存情况，以丹磺酰氯消失所需日数作为头皮增生日数。由于头皮屑由头皮表皮增生亢进引起，可以预见头皮增生日数少的人体头皮屑产生会较多。

（三）护发效果评价

香波、护发素等发用化妆品的护发效果的好坏具体可以体现在以下几个方面：

① 头发是否易于梳理；

② 头发是否柔软、顺滑、湿润；

③ 头发是否不干枯、没有静电；

④ 头发是否强壮有弹性，不易断裂；

⑤ 头发是否有光泽；

⑥ 头发是否没有飘发及乱发，易于整理及成型。

1. 感官评价法

这是最常用也是最直接的方法，和去头屑效果评价一样，也常采用“半头评价法”，即将应试者的头发分成左右两个区域，分别用不同的香波洗发或用不同护发产品处理，比较不同产品改善头发的不同效果。一般由专门的实验人员通过制订的感官评价系统对干、湿头发进行评分，主要评价指标包括：清洗时湿发手感，包括顺滑性、柔软性、梳理性和清洁效果；洗后头发的梳理性、柔软性、飘散性、光泽度和是否容易造型、丰满程度等。5 分最好，表示头发易梳理、柔顺、手感好；1 分最差，表示梳理时缠结严重，头发粗糙、干涩。

另外比较实用的感官评价方法是消费者试用试验。通常让消费者领回测试产品和对照产品回家自行试用，有条件也可以采用半边头发试用测试品、半边头发试用对照品，试用一段时间后，填写统一制订的调查问卷来评价。

2. 仪器测定法

国外发用品行业常通过各种仪器和机械设备测定头发性质来比较化妆品的护发效果（表 8-38），其中，头发的拉伸强度、光泽度、静电等物理参数都是反映头发护理状态的重要标志，头发表面的摩擦力及头发本身的刚度可用来衡量头发柔软、顺滑性。

表 8-38　常用评价护发功效的头发物理参数和仪器

护发性能指标	测量参数	测量仪器	功效性能说明
头发梳理性	梳理力	张力计梳理性测定器	梳理力越小，梳理性越好
头发柔软、顺滑性	摩擦力	张力计摩擦力测试仪	摩擦力越小越顺滑
	弯曲刚度	纯弯曲试验机	弯曲刚度越小越柔软
头发静电	电位、放电速度	电位计	静电越少护发效果越好
头发拉伸强度	拉伸应力	张力计	拉伸强度与头发受损程度及护发效果有关
头发光泽	光泽度	光泽计、测光角计	越有光泽说明护理越好；没有光泽说明受损严重
头发飞发、毛躁	飞发、毛躁占比	图像分析仪	护发效果越好，飞发毛躁比例越小

（1）头发拉伸强度的测定　头发的拉伸强度与其受损的程度及护发化妆品的护发效果有很大的关系。广泛应用的是测量单根发丝的抗拉性能，通过张力计对头发进行拉断实验，以最大力（头发拉断所需的力）等指标参数评价头发机械张力的变化，或者用循环拉伸试验机对头发进行多次的拉伸实验，记录头发应力等参数。

此法使用单根头发试样，因此在测试中需要一定的采样数，以保证测试的精确度。同时在一定数量的头发中，对于头发之间粗细不同而引起的偏差，必须加以校正和排除。另外，由于环境的温度和湿度对头发的力学性能有很大影响，此项测试工作应在恒温恒湿实验室内进行。

（2）头发弯曲刚度的测定　毛发的硬度是指其抵抗弯曲的能力，可以通过测定头发的弯曲刚度来评价其柔软性。

本法使用纯弯曲试验机，方法是取两只并列间隔 1.1cm 的夹子夹住断面几乎近圆形的头发 100 根，按 0.5mm 的间隔平行排列，用固定夹头夹住头发的一端，用移动夹头夹住另一端，以每秒 0.5cm 的速度弯曲至最大曲率 2.5cm 处，同时连续测定弯曲力矩。弯曲至最大曲率后，反转移动夹头直到回复到原来位置，得到曲率-弯曲力矩曲线后可求出滞后幅度。

（3）头发摩擦力的测试　测量干发和湿发的摩擦力都可用张力计摩擦力测试仪来进行（图 8-8）。原理是将一滑片与张力计的可动部分相连接，测试时将一定规格的头发束平置于试样台上，将滑片置于头发上，然后用张力计拉动滑片使其滑过头发表面，测定拉动时所需要的平均力。

（4）头发静电的测量　毛发静电的多少是评价护发效果的一个很基本的要素，其测定方法有测定发束样品的电位及施加一定电压后测定头发放电速度两种方法

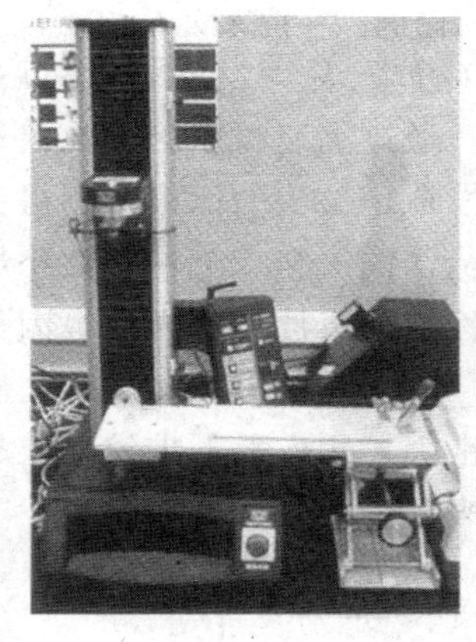

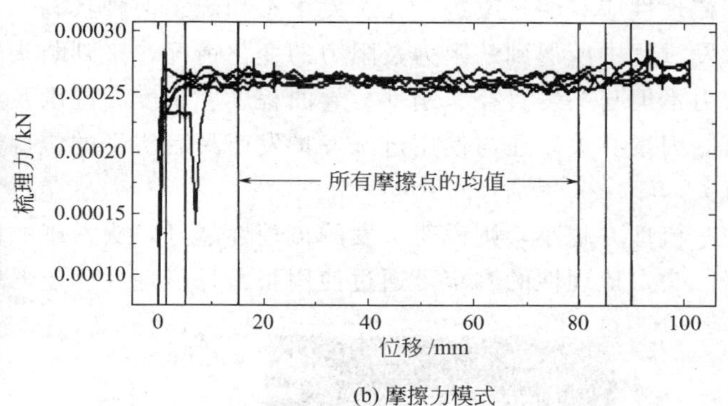

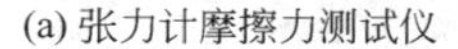
(a) 张力计摩擦力测试仪

(b) 摩擦力模式

图 8-8 头发摩擦力的测定

（图 8-9）。其中使用振动容量型电位计来测定电位比较方便。

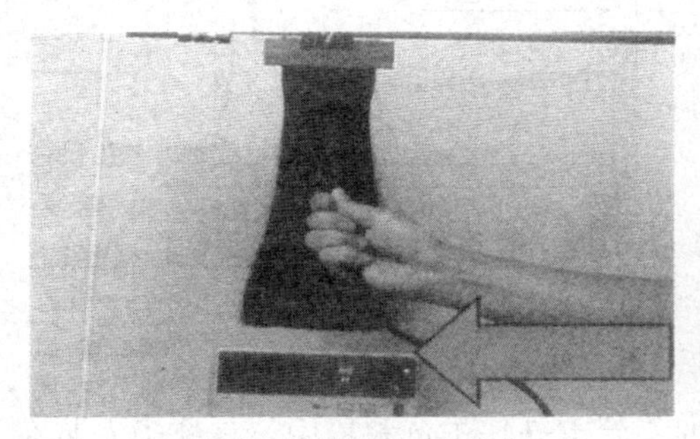

(a) 使用电位计测定头发的静电

(b) 经洗发香波处理的发束(左);
护发素处理的发束(右)

图 8-9 头发静电的测定

（5）头发光泽度的测量　头发光泽可使用光泽计通过测量头发表面反射光的强度来进行粗略的评价测定。光泽计由光源和受光器组成。测试时用光以一定角度对头发试样表面进行照射，由受光器在同样角度对光进行捕捉。然后，仪器根据反射光的强度自动推测出光泽度。但此种光泽计本是为了在表面平整规则的表面上评价涂料的光泽度而设计的，而头发表面却呈圆筒状并不平整，它从不同角度对光反射进行反射，在单一角度上对光的捕捉是有限的，大部分的光不能够检测出来。因此，光泽计的可应用性是有限的。

与光泽计不同，测光角计则能够在相当大的角度范围内对光进行检测。这是因为它的可动式检测器可以按照事先设计好的路线而移动，从而比较完整地反映头发表面对光的反射。在检测范围内的反射光量的增加代表头发光泽的改善。通过对未经处理和经护发品处理的头发样品的比较，就可评价该产品对头发光泽的改善效果。

（6）头发梳理性的测定　头发在使用了二合一香波或护发素等发用化妆品后，其梳理性应有明显改进。在头发干态和湿态两种状态下，通过测定机械梳子在梳理头发过程中所遇到的阻力及阻力的变化情况，来判断头发梳理性能的优劣。测得梳理力不但与头发直径、刚性、卷曲程度、长度、湿度及梳子的材料、疏密和大小性质等因素有关，还与使用过洗发护发产品后头发的飘拂性、滑爽性及润泽性等因素有关。

梳理力越小，则说明头发的梳理性越好，头发越顺滑，发用产品的护发功效越好。头发梳理性的测定可通过使用张力计梳理性测定器来完成（图 8-10）。

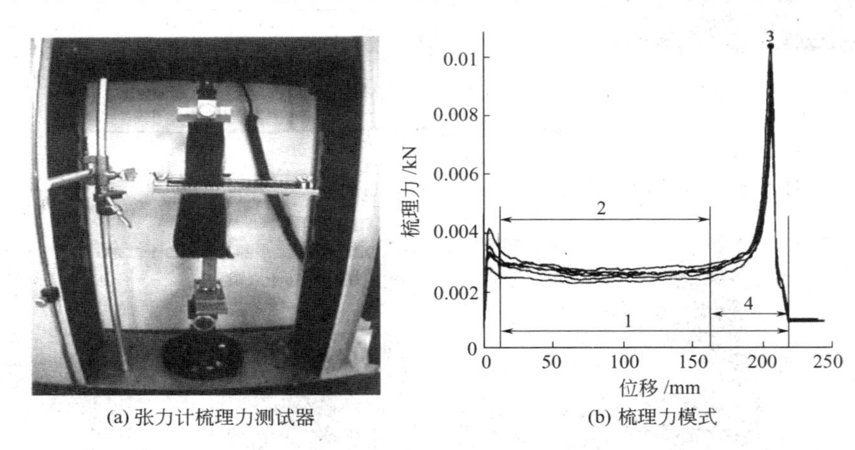

(a) 张力计梳理力测试器　(b) 梳理力模式

图 8-10　头发梳理性的测定

基本原理：测试时将一定长度和质量的头发束悬挂于负载槽中，将梳子安装在张力计的可动部分，然后测定其从上到下移动时所产生的力。

测试后所得梳理力模式图可得四类有用的数据，即：

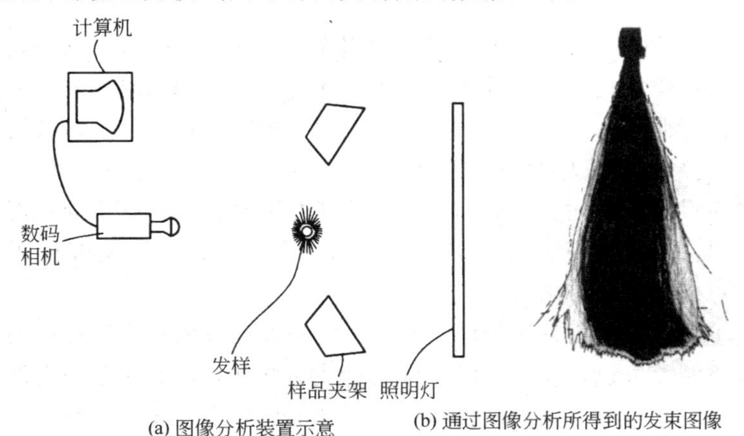

(a) 图像分析装置示意　(b) 通过图像分析所得到的发束图像

图 8-11　头发的图像分析

① 头发束的整体平均梳理力；

② 除发梢外的发束主体平均梳理力；

③ 发梢处的峰值力；

④ 发梢处的平均力。一般来说，头发束的整体平均梳理力及发梢处的峰值力有较为广泛的应用。

(7) 头发飞发、毛躁的测定　可通过由白色背景板、照明灯、样品夹架、高分辨率数码照相机和计算机组成的图像分析系统来完成测定（图 8-11）。

测试时先对头发样品拍照，然后将所得图像输入计算机，并使用相应的软件进行图像分析。通过此法可测出飞发、毛躁在整体头发中所占的比例。一般来说，护发效果越好，头发中飞发和毛躁的比例越小；反之则说明头发受损严重。

第四节　美容/修饰类化妆品作用特点与功效评价

五官端正、比例适度、均衡协调是容貌美的标准。美容/修饰类化妆品用于脸面、眼部、唇及指甲等部分，能掩盖缺陷、赋予色彩、改善肤色或增加立体感、修饰容貌，同时也能起到护肤等其他功能，令女性更加年轻、美丽、充满活力。国际上通常将此类化妆品称为色彩化妆品（简称彩妆），传统狭义的化妆品即指此类。

一、美容/修饰化妆品作用特点与正确使用

（一）美容/修饰类化妆品类型和基本性能要求

1. 美容/修饰类化妆品的分类

美容/修饰类化妆品常用原料包括凡士林、液状石蜡、羊毛脂及其衍生物、植物油、硅油等油性原料，乙醇、甘油、丙二醇等水性原料及表面活性剂，还有滑石粉、钛白粉、金属皂等粉体原料及颜料、染料等。原料特性多样化使美容/修饰类化妆品种类非常丰富，根据使用目的分为遮瑕类和色彩类，根据使用部位可分为面部彩妆、眼部彩妆、唇部彩妆和美甲制品等类型（表 8-39）。

表 8-39　美容/修饰类化妆品按照使用部位分类

类别	产品举例	应用特点
面部彩妆	粉底、香粉、胭脂	在皮肤表面形成平滑的覆盖层，用来遮盖面部瑕疵，调整皮肤质地、颜色和光泽，应易于涂抹、分布均匀，具有自然的外观
眼部彩妆	眼影、睫毛膏、眉笔、眼线笔	使眼睛变得突出明亮，且有活力，使眼睛更加传神。面部整个妆容的成败全系与眉目之间
唇部彩妆	口红、润唇膏、亮唇油和唇线笔、唇彩	滋润、修饰、美化唇部，赋予嘴唇有诱人的色彩和美丽的外观，掩盖其各种缺陷、调整口形，甚至改变整个面部的外形等；防止嘴唇干裂
美甲类	指甲油、指甲抛光剂、指甲油清除剂、指甲修补剂等	修饰指甲形状，增加光泽，美化和保护指甲

2. 美容/修饰类化妆品的基本性能要求

（1）色泽宜人　外观色泽鲜艳、均匀一致、光亮度好，外观色和涂布色目测与标样不应有明显的色泽差异，不应因光源种类不同而发生显著变化；附着性好。珠光产品会有珠光引起的条状或丝光状花纹，此属正常。

（2）化妆效果良好　着色力强，透明性或遮盖力好；涂膜的黏附性好，具有良好的色泽稳定性、不易褪色；粉底应有良好的遮盖皮肤缺陷和调整肤色的功效，增强彩妆的立体感和持久性。

（3）使用感良好　外观和包装材料应美观、灵活方便，有适合于制品性能的涂敷用具；产品软硬适中，容易涂抹，且涂布层厚薄均匀；各组分相容性好、分散性好，涂敷后无异感，无色条出现；方便卸妆。

（4）稳定性良好　有较长的货架寿命；不易受气候条件变化的影响；不会因光照、日晒而变色褪色或失去光泽；在使用期限内无渗油（不出汗）、不起霜、不成片、不结块、不断裂、不沉淀分离，不发生酸败霉变、变性等变质现象；配备具有能维持制品质量不变的包装容器。

（5）香气适宜　没有不良的味道和气味；一般使用食品类香料，令人有舒适感或清爽感，即使长期使用，也不致有厌恶感；没有异味，与标样一致。

（6）安全性高　对皮肤、黏膜、指（趾）甲等无刺激或致敏等不良反应；不含有毒有害物质；不容易酸败或因微生物污染而变质。

（二）遮瑕类化妆品的应用特点及正确使用

（1）遮瑕类化妆品的组成及应用特点　遮瑕类化妆品主要由极细颗粒的粉体原料和分散粉体原料的基质组成，通常用白色、黄色、深棕色和黑色的氧化铁颜料配制出接近肤色的不同深浅色调，还可带有珠光粒子。除深浅外，皮肤色调也有冷色和暖色之分，冷色需要在粉底基质中添加蓝色，冷色调主要有 2 种：蓝和蓝-红；暖色需要添加黄色颜料，也有 2 种暖色：黄-棕和黄-红。这类产品涂于面部可形成平滑的覆盖层并具有自然外观，可遮盖、弥补面部雀斑、痤疮、瘢痕等瑕疵，调和肤色，也可用来修饰、减轻已形成的皱纹，还可以消除面部油光、吸收汗液和皮脂并产生滑嫩、细腻、柔软的肤感，如遮瑕膏、粉底、粉条、粉饼、香粉等。

遮瑕类化妆品常用的粉体原料中二氧化钛、氧化锌、高岭土等遮盖力较好，但会因吸收皮肤的水分和皮脂而下降，如二氧化钛用水润湿后遮盖率只有原来的 51%。常用的具有良好吸收性的粉体原料包括胶态高岭土、沉淀碳酸钙、碳酸镁、硅藻土、改性淀粉、多孔性的二氧化硅微粒和纤维素微粉等，一般说来，粉体颗粒越细吸收性越强；滑爽性较好的粉体原料有滑石粉、云母、高岭土、金属皂等；还可使用微细沉淀碳酸钙、改性淀粉等获得绒膜质感外观。

遮瑕类产品因基质体系的不同可分为水性粉底、散粉和粉饼等，产品性质和应用上也存在一些区别，见表 8-40，可根据不同的妆面要求和皮肤特点加以选择。

表 8-40　粉类化妆品的配方组成与应用特点

产品类别	配方组成	应用特点	适用范围
水性粉底	将粉质颜料悬浮在水和甘油中形成的；静置时粉体会沉降分层，使用时需要振荡混匀	紧贴皮肤，透明感强，遮盖力较弱；配方轻柔有一定滋润作用	一般供肤色好的人敷用，有自然感；适合中性、油性、干性皮肤
油性粉底	由粉体分散在油、油脂及蜡等混合油性基质中制成，还有少量亲油性乳化剂；静置时油层析出，使用前摇匀	在皮肤上的铺展性和附着性能好，形成的涂膜具有耐水性，化妆后不易溃散，油性成分相当高	适合于浓艳的晚会妆和舞台妆打底用；预防皮肤干燥，适于干性皮肤和秋冬季节使用
乳化型粉底、修颜液	将粉体（颜料）均匀地分散或悬浮于油脂、蜡类、乳化剂和水的霜状乳化分散体系中制成，可分为 W/O 或 O/W 型	触变性、流动性好，容易在皮肤上分散铺展，清爽舒适无油腻感，黏着性好能使彩妆亲贴脸部，适合油性皮肤使用	油性皮肤使用但易与汗液、皮脂融合，妆后保持性不太强，易于卸妆
修颜膏		铺展性和附着性能好，涂抹耐水，化妆后不易溃散，有很强遮盖力；具有滑爽性，容易涂敷均匀；以掩饰先天性或后天外形缺陷和色素沉积缺陷为目的	接触的皮肤都是不同程度上不正常的皮肤，对其安全性和刺激性方面应特别注意
粉饼	用油和表面活性剂处理颜料表面与足量胶合剂压缩成型的制品；质地较软的，注入浅型容器中成型的软膏状制品称为粉饼，质地较硬的，注入金属模可上下旋动的棒状制品称为粉条	具有适度的机械强度，使用时不会碎裂或崩溃，较容易附着在粉扑或海绵上，不会结团，不感到油腻，可快速完妆，节省时间，携带方便；但滋润度不强，较干燥，且易吸收脸部油脂，故光泽度不够	可调整肤色，使皮肤滑嫩、细腻，或者美容化妆前打底；适合油性皮肤和夏季用
粉条		具有很强的遮盖力	适用于掩盖皮肤缺陷
香粉	由粉体基质、香精等原料配制而成，几乎无水分和油分	颗粒细小、滑腻，具有护肤、遮蔽面部瑕疵、调整肤色、芳香等功能	用于固定粉底和定妆，可以减少粉底霜对皮肤的油光感，固定妆面使不易脱妆
凝胶粉底	高分子化合物	呈透明状，易于铺展于皮肤上，外观诱人	—
摩丝型粉底	泡沫型	携带方便，泡沫柔软，易于铺展于皮肤表面	—

（2）粉类化妆品的正确使用

① 粉底　于日常护肤步骤之后使用，为彩妆的第一步。选择与肤色接近的粉底液，注意要适量，取少量均匀涂抹于面颊、鼻子、额头、下颚等部位，使用时可借助手指、海绵或专用粉底刷，在全脸、耳朵及脖子上由内向外、由上往下，配合涂抹或拍打的手法，获得均匀自然妆面。最后用海绵均匀拍打整个面部提高粉底附着力。干湿两用粉底上妆，干用时先从“T”字部位开始，由内往外推抹均匀，也

适合补妆用；湿用时遮盖力较强，可用湿水海绵拧干至不滴水状态，先用海绵一角蘸取少量粉涂于面部，再用海绵干净部分将粉均匀推开。

② 粉饼　粉饼的外观应色泽均匀一致，无明显色斑、油斑及杂质，粉面花纹清晰，无缺损。用所附粉扑均匀地轻轻抹去粉饼表面的花纹，抹下的粉屑应均匀细小，用手指指肚轻擦粉面，体会粉块的软硬及粉块的均匀细腻度，应摸不到明显的硬块，将手指上的粉捻开抹开，应感觉粉质细腻滑爽。将粉扑在粉面上一次性抹取粉，均匀涂抹于手臂内侧，观察取粉量是否合适，且粉应易于涂抹均匀。

干湿两用粉饼与粉底相同，海绵粉扑用水浸湿后挤干用作湿用。

③ 香粉　可用粉扑或粉刷上粉，粉刷的取粉量小于粉扑。粉扑蘸取适量粉后轻轻按压在皮肤表面，可有效固定妆面；粉刷蘸取粉后均匀涂刷在面部，可获得清透自然的妆面。

香粉可吸收面部多余的水分和油脂，干性皮肤定妆香粉用量宜少，皱纹皮肤用量宜少，以免使皱纹更明显。珠光散粉不适用于光亮油腻的油性皮肤。

（三）色彩类化妆品的应用特点与正确使用

色彩类化妆品主要通过添加各类着色剂调配出丰富多彩的色调，用来强调或削弱面部的五官及轮廓，使其更加生动、柔和、自然、富有立体感，可增加魅力、改善容颜，如胭脂、眼线液（笔）、睫毛膏、唇彩、唇膏、眼影、眉笔和指甲油等。见表 8-41。

表 8-41　彩妆中常用着色剂一览

种类		常用原料	主要功能
白色颜料		钛白粉、氧化锌、滑石粉、高岭土、碳酸钙、碳酸镁	增白、遮盖性
着色颜料	天然	（类）胡萝卜素、胭脂红、叶绿素、红花素、靛蓝、藻类	着色性
	有机	食品、药品及化妆品用合成色素，单偶氮，双偶氮，色淀，蒽醌系，靛蓝系，酞菁，喹吖啶酮及稠环颜料	
	无机	红色氧化铁、黄色氧化铁、黑色氧化铁、锰紫、群青、氧化铬、氢氧化铬绿、赫石、炭黑	
珠光颜料		鱼鳞箔、鸟嘌呤、氯氧化铋、云母钛、铝粉、珠光片	光泽性

1. 胭脂

(1) 胭脂的种类和作用特点　胭脂是一种古老的美容化妆品，可以调整面颊肤色，使其呈现健康的红润和立体感，并且当涂于适当的部位时，还可以有调整脸形的视觉。胭脂在诸多方面几乎与粉底完全相同，但其遮盖力比粉底弱，色调较粉底深。

目前市售的胭脂有块状、液状、膏状、棒状等各种形态，使用起来，效果不甚相同，粉质胭脂用于化妆完成后修容，油质胭脂打粉底时即可揉入。由于胭脂是涂于粉底上的，因而必须较易与粉底融合在一起，色调容易调匀且颜色不会因出汗和皮脂分泌而变化，较易卸妆不会使皮肤染色。

表 8-42 为胭脂的种类与应用特点。

表 8-42　胭脂的种类与应用特点

类型	配方组成	应用特点
固形胭脂	以粉料和颜料为基体，添加胶合剂、香精和水，压缩成饼状固体	最易控制，质地变得更加幼细，可以营造出更贴肤及自然的效果来，一般可用毛刷或粉扑等用具进行涂敷
膏状胭脂	把颜料分散在油性基剂中的制品，可分为软膏状胭脂和棒状胭脂	色调明亮、疏水性强，使用方便、涂展性好，适合干性皮肤使用
乳化型胭脂	把颜料分散在膏霜中	最通透，可以迅速渗透肌肤表层，带出更剔透自然的红润效果。不过，使用时切忌点上太多的分量，否则就会难于抹开

（2）胭脂的正确使用　在散粉和粉饼定妆之前，利用附有的扫头末端或指头，在两颊颧骨对下的位置，轻力点上4～5点适量的液态、膏状或凝胶型胭脂，用指头轻轻印开至均匀，或者利用化妆海绵将之推抹均匀。若觉分量不够，可以再多画一下或用指头蘸上多些胭脂涂抹，但如色泽过浓，就可以利用无名指或食指，将多余的胭脂抹走。粉状胭脂标准画法是由颧骨向太阳穴方向斜向外上方刷；气雾剂型胭脂使用前轻摇，按下阀门即可喷出细腻泡沫；固体胭脂用于定妆粉之后，用专用刷具均匀涂刷。

2. 眼部彩妆

眼部彩妆色彩丰富，通常包含不同颜色（如黑、红和黄）的氧化铁、群青、炭黑等无机颜料和一些稳定性较高的天然色素，以及滑石粉、高岭土等。

眼部彩妆品施用部位贴近眼睛，尤其应该注意其制品的安全性。因此，眼部彩妆在生产原料的选择、制造的工艺过程及包装容器的设计等方面都应进行严格管理，其中所用的基质原料、颜料和色淀的消毒杀菌极为重要，一般采用简便的辐射灭菌或允许在眼部彩妆品中使用杀的菌力强的防腐剂（如硫柳汞、苯基汞盐等）。眼部彩妆在保存和使用过程中均应严加注意其卫生安全，可使用卫生棉签或辅助工具，或采用计量泵式阀门等，以减少污染机会。

表8-43为眼部彩妆常见种类及性能。

（1）睫毛用产品　好的睫毛用产品要求容易均匀涂刷于睫毛上并能在眼睫毛上迅速干操、结成光滑的薄膜，同时能防止睫毛之间相互粘接；防水、持久性好，不会在眼睛周围渗开；干后不太硬，卸妆时容易抹掉。

睫毛膏（油）多数为管装，可用管中附带的螺旋刷从睫毛根部向尖部均匀涂刷，睫毛刷在拔出时应与管口有一定阻力，原因之一是保证密封性良好，原因之二是使刷杆上不会沾有大多的睫毛膏，防止使用时弄脏使用者。睫毛饼使用时用水润湿涂刷在睫毛上。

（2）眼线笔（液）　眼线笔容易控制力度，适合初学者使用。可直接用笔芯沿睫毛根部描画精细线条，之后用手指或棉棒晕开，创造自然的阴影感觉。硬度过大的笔芯可对睫毛根部造成物理性刺激而引起睫毛脱落或折断，因此应选择软性笔芯。

表 8-43 眼部彩妆常见种类及性能

类型	配方组成	性能
睫毛膏	膏霜基质中加入颜料制成，可加入少量天然或合成纤维制得防水型、增长型、浓密型	涂布在眼睫毛上，使睫毛变黑、变粗、修长、浓密、自然弯曲，用于美化眼睛；无毒、无刺激
眉笔	将颜料分散于油脂和蜡中	修饰调整眉形和眉色，烘托整个面部；使用方便、易于掌握；对皮肤柔软、无刺激、安全性好，色彩自然
粉质眼影	由粉体原料、胶合剂和较高含量着色颜料组成	涂敷于上眼睑（眼皮）及外眼角，产生阴影和色调反差从而产生立体美感，操作简便、容易掌握
眼影膏（液）	将颜料粉体均匀分散于油性基质或乳液型基质中	化妆持久性优于眼影粉，但晕染层次效果弱于眼影粉；眼影膏适合干性皮肤，眼影液适合油性皮肤
眼线液	液状（膏状）包括油性类和乳化类两种形式	沿上下眼睑勾画出细线，可扩大眼睛的轮廓，突出和增加眼睛的魅力；易于描绘、化妆自然
眼线笔	蜡类与适量油脂和颜料混合压条而成	作用同眼线液，涂抹黏附性好，但易污染眼睛周围

眼线液一般灌装于玻璃瓶内，瓶盖上附有笔型小笔刷，用笔刷蘸取适量眼线液描画线条，可不用晕开，等待其自然干燥。避免将眼线画在睫毛线以内过于靠近眼球表面的部位，不小心会伤害到眼睛。

（3）眼影　眼影使用方法与粉饼相同，应易于涂描，可用手指、眼影棒、眼影刷或海绵均匀涂抹，要求上妆时附着均匀，不会结块和粘连，也不会渗出、流失和沾污；涂抹后干燥速度适当，不会干得太快，干后不感到脆硬，有一定耐久性；干燥后不会被汗液、泪水和雨水等冲散；卸妆较容易。

3. 眉用彩妆

（1）眉笔　无论是眉笔还是唇线笔，笔芯应软硬适度，描画容易且不易断裂，但不可过硬，以免刺激皮肤。在实际使用部位均要求色彩自然、易于上妆，可直接在眉毛缺损或稀疏处描画。常用的铅笔式笔尖的外形皮尖而不利，将笔在白纸上画出一线条，观其颜色应与笔芯颜色相同；所用木质应无异味，用卷笔器卷削时笔芯及笔杆应无缺损和断裂。

（2）眉粉（膏）　可用专用眉刷沿眉毛走向轻刷，使粉体均匀附着在眉毛上，可使眉色加深。染眉膏直接用附带螺旋刷使眉毛均匀上色，干后可固定眉形。

4. 唇部彩妆

（1）唇部彩妆的组成及作用特点　唇部彩妆主要是唇膏、唇彩、唇线笔等产品，组成和性能见表 8-44。

唇部彩妆直接涂抹于口唇黏膜及口周皮肤黏膜交界处，极易随唾液或食物进入口腔，因此对其组成原料安全性的要求极高，应该是可食用的食品级原料（表 8-45）。

（2）唇部彩妆品的正确使用　唇膏管上下旋转应感觉用力均匀流畅，有锁定功能的锁定应有一定阻力，实际使用时不应将唇膏完全旋出。

表 8-44　常用唇部彩妆的种类和性能

类型	配方组成	性能
口红	由油、脂、蜡等基质和着色剂组成，具有不同程度的光泽。棒状唇膏最普遍，也有口红装于软管、带唇刷的塑料管或浅型容器中的，可用唇笔涂抹或直接涂抹	修饰、美化唇部，使唇部具有红润健康的色彩，修饰唇部的轮廓，对唇部起到滋润保护作用。附着力强，涂用时顺滑
唇彩、唇油	由可塑性物质、溶剂、增塑剂、着色剂组成，一般置于透明带唇刷的塑料管或滚珠式包装中	质地透明，可直接拿唇棒涂抹双唇，或直接用唇笔蘸取涂抹，不需要强调唇线，效果不持久
润唇膏	以油、脂、蜡为主要原料，经加热混合、成型等工艺制成的蜡状固体唇用产品	主要起滋润、保护嘴唇的作用。按照产品浇制成型工艺的不同，可分为模具型和非模具型
唇线笔	蜡类与适量油脂和颜料混合压条而成，色料以红色系为主	唇部边缘描画精细线条，修饰嘴唇轮廓，衬托脸部形象

表 8-45　常用唇膏原料及其作用

类型	作用
蓖麻油	赋予涂膜适当的黏力，提高黏附性
液体石蜡、棕榈酸异丙酯等合成酯、油醇和十六醇等高级液体酯	使唇膏有良好的延展性、触变性和滋润效果
羊毛脂及其衍生物	提高基剂的混合性，还有助于颜料的分散
合成树脂系	有利于提高唇膏棒的耐曲强度和防止涂膜外渗
白色颜料	提高制品遮盖力
珠光颜料	给予涂膜光泽，提高化妆效果
香精	适宜香气，能耐高温
防腐剂和抗氧剂	防止油脂、颜料及一些营养成分变质、失活

清洁唇部后，可用润唇膏或唇部隔离霜打底起隔离保护作用，再用唇线笔勾画唇部轮廓，注意所选用的唇线笔颜色要比唇膏色深一度。在画好的唇部轮廓线内以唇刷蘸取唇膏涂抹，填满唇部，力求平滑细致。棒状唇膏亦可直接涂抹。

5. 美甲类产品

美甲类化妆品包括修饰、美化指甲的多种产品（表 8-46）。

表 8-46　常用美甲类产品应用特点

类型	配方组成	应用特点
指甲油	由成膜成分、溶剂、着色剂、悬浮剂等组成	在指甲表面形成有美观色彩和光泽、耐摩擦的薄膜，起到美化、保护指甲的作用
指甲表皮清除剂	含碱的液体或膏体	可清洗指甲表面，去除老化表皮和污物
指甲抛光剂	含磨料和润滑剂	涂于指甲表面研磨，可使指甲表面平滑光泽，促进血液循环，并使之后指甲油的涂膜更加牢固有光泽

续表

类型	配方组成	应用特点
指甲强壮剂	含高分子聚合物、粉末类物质和尼龙粉末等	指甲油前的基础涂层，增加指甲强度，防止劈裂，增加指甲油持久性
指甲油清除剂	含有溶解硝酸纤维素和树脂的混合溶剂；为减少使用后指甲的干燥感觉，常添加少量的油、脂、蜡及保湿成分等	去除指甲上残余指甲油膜的专用剂，即指甲油的卸妆品，它与指甲油配套使用
指甲修补剂	由黏合剂、补强纤维材料和溶剂组成的混合物	可在受损指甲的破裂部位形成强力结合膜，以改善指甲外观，保持其完美外观，并防止指甲进一步受损

(1) 指甲油的组成　理想的指甲油应色泽鲜艳、符合潮流，不会损伤指甲，有一定的硬度和韧性，附着力强，涂膜质地滑而不黏。表 8-47 为指甲油常用原料与性能。

表 8-47　指甲油常用原料与性能

类型	常用原料	功能
主要成膜剂	硝酸纤维素、醋酸纤维素、乙基纤维素、聚乙烯化合物和丙烯酸甲酯聚合物等	在指甲表面形成附着性极佳的韧性硬质膜，涂膜干燥迅速，光亮透明；有良好的可涂刷性，不易形成纤维质；无毒，可透过水汽，成本较低
辅助成膜树脂	天然树脂（如虫胶）和合成树脂（如氨基树脂、丙烯酸树脂、醇酸树脂、聚乙酸乙烯酯树脂和对甲苯磺酰胺甲醛树脂）	加强指甲油的成膜性、附着力和光泽度
增塑剂	溶剂型增塑剂，如邻苯二甲酸二丁酯、邻苯二甲酸二辛酯、邻苯二甲酸二乙酯、三甲苯基膦酸酯、乙酰基三乙基柠檬酸酯等	增加指甲油成膜的柔软性，减少膜层的收缩和开裂
软化剂	蓖麻油和樟脑	与溶剂型增塑剂配伍使用，可进一步增加膜的柔韧性
溶剂	真溶剂（丙酮、丁酮、乙酸乙酯）、助溶剂（乙醇、丁醇）和稀释剂（甲苯、二甲苯）	溶解成膜成分，调节制品黏度而获得适宜的使用感觉，使挥发速度适当，通常混合使用
着色剂	不溶性色淀、二氧化钛、珠光颜料	产生不透明色调
磨料	微细粉体，如二氧化锡、二氧化硅、滑石粉、高岭土和沉淀碳酸钙等	抛光指甲

(2) 美甲产品的正确使用　按先后次序使用指甲表皮清除剂、指甲漂白剂及指甲抛光剂等修整指甲后，刷上指甲油，想要有轻柔的效果只需涂抹一层，若想要颜色更加鲜艳可涂抹两层，依涂抹的次数呈现出不同的色彩。

卸指甲油用的洗甲水，其中所含的丙酮成分会让指甲的角质层因干燥而变得粗糙及脆弱，所以当卸完指甲油时，记得一定要擦保湿乳，以保持指甲的健康。

（四）彩妆的安全风险与使用

1. 彩妆的安全风险

彩妆类化妆品是由颜料、染料、油脂、蜡、金属皂等原料配制而成的，大多为粉体。虽然针对这些原料我国有规定的安全标准，但是长期使用会对人体造成伤害。所以，我们在使用时还是要慎重。

（1）面部彩妆　面部彩妆含有的粉体原料和颜料较多，可能堵塞毛囊孔、汗孔。矿物性粉料和无机颜料如果质量差会使铅、汞、砷有害元素含量超标，致使人体重金属中毒。

以掩饰先天性或后天外形缺陷和色素沉积缺陷为目的的化妆品，如硬油彩、软油彩、粉饼、湿粉、粉底和胭脂等，接触的皮肤都是不同程度上不正常的皮肤，对其安全性和刺激性方面有特别要求，并要注意卸妆。

（2）唇部彩妆　唇部彩妆品用于对刺激敏感的口唇部黏膜，其可能引起的不良反应包括唇膏中所含香料、色素等成分可引起唇炎，如香料中的醛类和酮类成分可能会引起局部水疱或炎症，羊毛脂可引起变态性接触皮炎，而含酒精的液体唇膏会使口唇发生刺疼和干燥。另外，因长期接触唇膏制品促进角质过度增生还会使唇色暗淡。

涂于口唇的化妆品易经口或通过消化道进入体内，不仅要保证合格的法定色料，还应慎重选择温和无刺激的成分，着色剂的重金属含量也要低于其他类彩妆品，不然某些化学成分在体内的毒性长期蓄积存在致癌和致畸危险，如常用染料四溴荧光素是光敏剂，可引起唇部发炎和肠胃症状。

（3）眼部彩妆　眼用彩妆某些原料可能对眼睛产生刺激，使用时尽量避免入眼，如有不慎落入眼中，应立即彻底清洗。眼部周围的皮肤薄而脆弱，对外界刺激敏感，在使用眼部彩妆品过程中极易发生不良反应，主要表现为眼睑部的皮炎，包括刺激性接触性皮炎和变态反应性接触性皮炎，致敏源可能是眼影、眼线制品中的防腐剂、抗氧化剂、乳化剂、珠光剂、颜料、香料等。

此外，眼部彩妆品的污染率较高，尤其是含天然或合成聚合物成膜剂、增稠剂等的眼线液、睫毛液等，以及带有反复使用工具的产品，被微生物污染产品可直接或随泪液、汗液进入眼睛，造成局部感染而引起炎症反应，如麦粒肿等，因此眼部彩妆在保存和使用过程中均应严加注意其卫生安全。

（4）指甲油　指甲油中主要成膜剂通常使用含氮量为11.2%～12.8%的硝酸纤维素。硝酸纤维素属易燃危险品，储存、运输和使用过程中要严加注意。若残留酸含量高，硝酸纤维素可与铜、铁和某些颜料发生反应而褪色或降解。硝酸纤维素、溶剂、稀释剂除了有易燃易爆的安全问题外，还有致敏作用和不同程度的毒性，树脂类对某些使用者也有致敏作用，其他易引起过敏的物质有用于指甲化妆品的甲基丙烯酸酯、甲苯基类物质。

2. 掌握一定的化妆技巧

拥有了质量合格的化妆品，还要掌握一定的化妆技巧，才能真正发挥化妆品的功效而又不对皮肤产生危害。化妆是一门艺术，不仅要紧跟时尚潮流，还要因人因时因地而异。

（1）正确选择彩妆类型与颜色　应根据面部结构、皮肤颜色、皮肤性质、年龄气质、服饰、妆面、环境和场合要求选择不同类型、不同颜色的粉底、胭脂制品、眉笔、眼影等。

要塑造出理想的妆容需要三种不同颜色的粉底，即浅色、中间色与深色。

将中间色作为整个脸部的底色，这是上色的第一步，要尽量选择与脸色颇相近的中间色。用深色粉底修饰两颊与鼻侧，注意过渡，可塑造脸部的立体感。以浅色提亮是最后一步，在额头、鼻梁与下巴处分别点上浅色粉底，涂匀，脸色会马上精神起来。散粉和粉饼用于粉底之后，作定妆用。香粉基本不具备遮盖能力，皮肤有明显瑕疵时需在用香粉之前打好粉底和遮瑕。表 8-48 为粉底颜色与建议适用对象。

表 8-48　粉底颜色与建议适用对象

粉底颜色	适用肤色	功能
红色	脸色苍白	面颊红润健康；可以代替腮红赋予血色
黄色	亚洲人适用于表现自然的皮肤	肤色更细致柔和
橙色	古铜色	健康肤色
绿色	偏红，有疤痕、雀斑、红眼圈，斑点瑕疵多	遮盖肤色缺陷，使肤色白皙细嫩
蓝色	肤色偏黑色、泛红	肤色白皙
紫色	肤色偏黄、灰暗或有黑眼圈，适用于晦暗的肤色	可使脸色柔和、亮丽，富有生机
白色	扁平、立体感不太强的面部或者太阳穴及颊过于瘦削	提亮脸部 T 形区，使面部线条丰富、轮廓明显

胭脂所用的色调基本与唇膏相同，主要是红色系列，一般分红色系、橙色系和自然色系；近年来，还出现了修正脸型的阴影粉，因此青色、褐色的制品也增多了。

眉笔以黑、暗灰、暗褐色为主，一般黑发女性多采用炭黑为颜料的眉笔，棕黄色头发可选不同色彩的氧化铁颜料的眉笔。选择与眼影、腮红同一色系的唇线笔及唇膏。

眼影的色彩多种多样，有蓝、灰、棕等冷色调，亦有橙色、桃红等亮色，有时还加入一定量的珠光颜料，增加视觉效果。眼影可分为影色、亮色、强调色 3 类。影色是收敛色，用于制造阴影和凹陷，一般包括暗灰色、暗褐色等；亮色，也是突出色，用于需要膨胀凸起处，包括米色、灰白色、白色和带珠光的淡粉色等；强调色的选择没有特别限制，只需和唇色及服装色彩相协调，是眼妆色彩的主要表达，最吸引注意力。

（2）掌握化妆技巧

① 画眉前应先修整眉形，根据脸形设计眉形。修建眉形后，用眉笔把眉形淡淡勾出，注意色彩均匀，眉头最浅，眉尾稍深，但色泽深浅不要有明显的痕迹，这样眉毛才自然立体。

② 睫毛膏为增加浓密效果，可用Z字形手法。

③ 使用眼线或眼影或睫毛染液化妆时尽量远离眼睛内侧缘，同时用量要少，妆要淡。用双色眼影时，以稍大的眼影刷蘸淡色，从眼尾向内眼角方向涂抹；用稍小的眼影刷蘸深色，从内眼角向眼尾方向涂抹（靠近眼睫毛处）。

④ 胭脂用于散粉和粉饼定妆之前，胭脂除赋予皮肤红润健康色泽之外，还可利用不同刷法调整修饰脸形缺陷。

3. 彩妆的安全使用

（1）及时卸妆　彩妆类化妆品对皮肤及其附属器主要起局部修饰和美化的作用，因此通常只需停留在皮肤表面，不进入毛孔及皮肤组织深部，如果彩妆类产品常年日久堆积于皮肤表面，会影响皮肤正常的新陈代谢。尽量避免长时间带妆，应及时彻底卸妆，清除残留彩妆品，避免皮肤不良反应。

健康的皮肤在化妆1h后，妆色显得最美。这是由于化妆后，皮肤分泌物与粉饰化妆品产生亲和性的效果，但化妆4h后，就应把妆卸掉，尤其是油性皮肤和粉底较厚的浓妆，如果不及时卸妆，会影响皮肤的呼吸与排泄。

当人处于睡眠状态时，正是皮肤进行修复的时候，睡眠前一定要把皮肤上彩妆卸掉，将皮肤清洗干净。尤其是唇部彩妆品应特别注意进食前应卸除，勿长期使用。

（2）妆后护理　化妆前必须用化妆水和护肤品护肤，再根据皮肤性质选择和使用美容修饰类化妆品。

长期化妆会使人的皮肤每天都在与彩妆接触，这类化妆品常含有一定量的粉体和色素，会影响皮肤的正常呼吸与排泄，使健康的皮肤显得晦暗无光。因此，化妆后的皮肤应给予适当的保养与定期护理，使其保持健康状态，例如每周做1次面部皮肤全面护理，3d做1次清洁性面膜。

人们应选用质量好安全性高的美容修饰类产品，一旦出现皮肤不良反应如炎症或过敏，应立即停止使用所有彩妆，并及时就诊治疗。

二、美容/修饰类化妆品的功效评价

通过以上各种美容/修饰类化妆品的应用特点可知，美容/修饰品的功效评价标准就是使用产品后人的容貌能达到美学标准。

（一）色泽评价

色素的优劣，取决于色素的遮盖力和牢固度。

1. 色素遮盖力

在印有黑色图案的模具上涂布待测色素或样品，涂布时观察黑色的透射反应，色素涂布薄，黑色透射差，表示色素遮盖性强。色膜的不透明度就叫遮盖力，通常以单位质量的物质所能遮盖的黑色表面积来表示，如1kg氧化锌可遮盖约$8m^2$的黑色表面。

2. 颜色牢固度

色泽受光辐射、酸性、碱性或其他化学药品影响后的色泽稳定性称为色素牢固度。国际上使用蓝羊毛标样表示化妆品中添加的颜料稳定性标样，可以测定颜料受光作用后的褪色程度。该法耗时长，因此常用加速方法代替，它以碳弧或氙弧为光源，其中后者用得较为普遍。将氙弧发射出的光过滤，就较接近于日光。光下照射1h，相当于在正午阳光下照射1h，测定一直进行到试样褪色为止。

实际上，在化妆品工业中，常通过与预先确定的色素标准品比较，以达到所要求的颜色牢度。

3. 美容和心理需求

化妆品色泽与消费心理和美学心理密切相关，它不仅能引导消费者对化妆品的功效和作用产生联想，还能赋予化妆品时尚感，尤其是合适的彩妆品色泽应该与皮肤色调协调匹配，以达到最自然和谐的修饰效果，更要与国际、国内流行时尚色一致。

从美容色彩学和消费者心理学这两方面评价彩妆色泽，既要求能够增添美感给人们视觉享受，还要令消费者心情愉悦，增加消费者的购买欲。

4. 色泽测量

颜色的准确测量和评价是保证化妆品色泽稳定和彩妆质量的重要手段。一般通过经过训练的观测者目测对比样品与标准品，确定颜色的差距；或者利用色度计比较颜色差别；随着计算机技术的进步，现代化仪器测量法更准确更快捷，成为颜色分析不可缺少的手段。

（二）修饰效果评价

面部的缺陷包括外形轮廓的缺陷、色素沉积的缺陷或两者并存的缺陷，彩妆主要功效之一就是掩盖缺陷、修饰皮肤及其附属器，这与使用者本来皮肤状况和修饰技巧有很大的关系。

1. 外形轮廓修饰技术

外形轮廓的缺陷指受损皮肤康复后比正常皮肤凸出或凹陷，可通过改变局部皮肤色调的深浅加以掩饰，浅色调使凹凸不平的皮肤表面突出，深色调使其暗淡。如皮肤局部凹陷性瘢痕，可在瘢痕凹陷处施用浅色粉底，在凸处施用深色粉底，减少两者之间的光反射差别，以达到掩饰瘢痕的目的。

2. 皮肤色素修饰技巧

皮肤色素沉积缺陷一般由皮肤疾病引起。可通过涂抹乳白色化妆品或用补色的粉底加以掩饰，见表8-49。这种方法也可用于调整面部外形缺陷，使面部轮廓清晰，更有立体感。

表 8-49 面部色素沉积缺陷的掩饰

面部颜色	病因	掩饰用粉底颜色
局部偏红	牛皮癣、酒渣鼻、日晒等	绿色
青紫色	黑眼圈	黄色
黄色	化疗后用，组织断离等	紫色
过度棕色色素沉积	黄褐斑、痣等	浅肤色、白色
过度色素沉积	炎症后遗症	棕色
局部色素脱失	白癜风、先天性白斑	棕色

当然，在修饰功效评价过程中，我们需要广泛收集消费者反馈意见进行综合评价，但不能要求消费者像美容师那样专业，只要他们认为使用后的效果达到了产品表述的功能即可。

在这么多不同用途、不同颜色、不同类型的美容修饰化妆品中，挑选出合适的产品来达到修饰的目的，需要对产品特性有深刻的了解，还要有高超的化妆技巧、前瞻性的眼光。因此美容/修饰品的功效评价需与化妆技巧相联系。这就要求我们对一种美容修饰品做出评估前，需要深入了解它的功能、作用，然后才能运用各种针对性技术进行评价。

（三）护肤效果评价

追求美的基础是要保持健康的美容心理，不要不切实际的去追求完美的容貌，应该讲究整体美、自然美和健康美。所以，新一代彩妆品向着功能、颜色、种类多元化方向发展，像粉底、唇膏这样紧贴皮肤的产品，厂商已将其护肤功效作为研发的重点之一。

粉底的功能不只局限于“美化、遮盖”皮肤，还逐渐发展到可以隔离空气、阳光的污染，使彩妆保持得持久、自然，因此人们对其固定彩妆和保养肌肤的功效尤为重视。随着防晒市场的扩大，彩妆防晒也越来越成熟，一些粉底、粉饼甚至唇膏都加入防晒成分具备了防晒功能，一般可达到 SPF15。

近年来，由于保养品发展的重大突破，新一代粉底产品中融入果酸等修护、保湿成分，使其具备了从滋润到控油，从美白到抗衰老、防晒的各种功效，使保养品及粉底的界限模糊化。考虑到不要因美化外层而造成对皮肤内层的负担，很多新粉底是不含油脂的水性滋润配方，不会阻塞毛孔、引起粉刺等。另外，粉底中添加植物精华，如虎耳草精华、桑树根精华、葡萄精华、甘草精华、山艾等，能美白、抗炎、收敛并减少化妆品对敏感肌肤的冲击力。

但是大部分人皮肤状态和生活环境都不是理想状态，都需要护肤品的滋润和修复，希望彩妆能美肤又能改善肌肤状况不是很容易达到的。

第五节 芳香类化妆品

虽然各种化妆品其作用、性能、状态等有所不同，但都有一个共同的特点，即常具有一定的优雅、宜人的香气，不仅能让人容貌美丽，也给予人们舒心的嗅觉享受，让使用者情绪镇静，精神愉快，得到“内在性”的美化修饰作用，赋予人们浪漫的情怀，因此化妆品曾被称为“香妆品”。

芳香类化妆品是一种散发宜人芳香、烘托气氛、以赋香为主的化妆品，最富有文化和艺术特征，常见剂型包括液态、固态或半固态等，主要成分是香精、乙醇和水等，其中香精含量远超过普通化妆品的香精含量。

一、嗅觉生理特点

当人们闻到清爽芳香的气味时，情绪镇静、精神愉快，沉浸在滋润的气氛之中；相反，当闻到恶臭或腐败的气味时就会引起恶心甚至呕吐，情绪受到破坏。

（一）产生嗅觉的机制

首先要有带气味的物质被人体鼻腔上部两侧嗅细胞捕获；然后产生嗅觉信息并转变成电流的刺激；再通过传输系统传输到嗅神经中枢，经过大脑对气味进行分析后形成对特定物质的嗅觉。这几个因素缺一不可。

（二）嗅觉的特性

通常，嗅觉有多种特性，如记忆特性、个体差异性和敏感特性等。

1. 嗅觉敏感性

人和动物的嗅觉都是十分敏锐的，极微量的带气味的物质就可以引起嗅觉器官的反应。记忆也是嗅觉的特性之一，以前闻到过的某种气味，过了很多年再次闻到这种气味还会产生感觉。

人的嗅觉灵敏度的阈值也与性别、年龄、身体状况有密切的关系。一般而言，女性的感觉较敏锐，特别是在25～35岁的年龄段最为敏锐，随着年龄的增长嗅觉的灵敏度下降。人在患各种疾病时都会引起嗅觉的减退，受冷或发热嗅觉灵敏度约降至原来的1/4；在吸烟、饮食后10min嗅觉灵敏度会降低。

有少部分人存在嗅盲的病理状态，就是对某些特定味道如汗臭、麝香、薄荷香等毫无感觉。

2. 嗅觉适应性

人们在接近高浓度某种有气味物质短时间后，对该种气味的嗅觉灵敏度会下降，暂时变得非常迟钝，但是过一段时间嗅觉又会恢复，这种情况称为嗅觉疲劳。这只是对特种气味而言，对其他不同的气味，嗅觉的灵敏度并没有丧失，这就是嗅觉的选择性疲劳。绝对无臭的环境是不存在的，而是我们的嗅觉已经适应。

调香师能利用嗅觉选择性疲劳，降低其对香精主要组分的灵敏度，以便证实或嗅出微量组分的存在。另外，由于嗅觉容易疲劳，产生自适应性，所以，即使是危险的气体，也感觉不到，这会造成危险。

二、芳香类化妆品及评香

（一）芳香类化妆品的种类与正确使用

芳香类化妆品最主要的剂型是液态芳香制品，包括香水、古龙水和花露水等，以香精、乙醇、水为主要原料。这类化妆品除了能散发出较浓郁、强烈且宜人的芳香外，还有爽肤、抑菌、消毒、甚至防止蚊虫叮咬等多种作用。

1. 香水

(1) 香水的组成　香水中香精的含量一般为10%～20%，是化妆品中赋香率最高的，浓度稍淡的香水中香精用量可为7%～10%。

乙醇在香水中是作为各种香精油的溶剂，必须经过预处理后方可使用。香水品质受香精调配的影响极大，并与香精用量、质量及乙醇的纯度等有关。

香水中有时根据需要可加入极少量的色素、螯合剂、抗氧剂、表面活性剂等添加剂。在香水中还可加入0.5%～1.2%肉豆蔻酸异丙酯，能使搽用或喷洒香水的部位上形成一层薄膜，让香气持久。

(2) 香水的香型　香水多选用天然花果的芳香油及动物的香料，如麝香、灵猫香等，调配成很多种芳香持久、幽雅自然的香型。根据香调将香水简单分为花香型和幻想型两种类型（表8-50）。

表8-50　香水的主要香型

类型	调香	命名
花香型	模拟天然植物花香或以此为主由若干种香料调制而成	如玫瑰、茉莉、玉兰、水仙花、栀子、橙花、紫罗兰、晚香玉、金合欢、风信子、薰衣草香水等
幻想型	基于调香师的艺术灵感和美妙想象创作，应用各种天然或合成香精油（包括单离香料）等调配而成的非天然型香精香型	素心兰、夜巴黎、香奈尔五号、欢乐、醛香型、清香型、木香型、东方型

不同的香型带给人们的感觉和想象是不同的（表8-51）。

表8-51　不同香型的嗅觉效果

香型	效果
混合花香、丁香、没药及檀香	香气独特诱人，浓郁持久；富有高贵、成熟、妩媚、风情万种的特性，会令人情有独钟
单一花香为主	神秘浪漫、诗情画意、情深意浓
水果香及木质香味	给人以清纯活泼、乐观开朗、健康运动的感觉
花果型及混合香	令人清新娴静或高雅独立

(3) 优良的香水须具备以下品质

① 有自然美妙的香气，纯正优雅芬芳，不含有乙醇或其他不愉快的气味；

② 成品清澈透明，无沉淀浑浊现象；

③ 各种香气得到协调平衡，扩散性好；

④ 对皮肤无刺激性、变应性、光毒性和光变应性；

⑤ 留香时间持久，在衣襟上能驻留7～10d；

⑥ 香气与品牌的内涵概念相一致。

2. 古龙水

古龙水香精含量较低，传统古龙水的香精用量仅为1%～3%，现在常为5%～10%，乙醇的浓度为80%～85%。由于古龙水香味较淡、香气保持不久，价格较便宜。

古龙水常常是香柠檬油、甜橙油、橙花油、迷迭香和薰衣草的香气，具有清爽、新鲜和提神的效果，为男士们所喜爱，是现代男用香水的先导，最初是用来改善男士们剃须之后皮肤干燥不适的。

3. 花露水

花露水是一种赋香率较低的芳香类化妆品，香精含量一般为2%～5%，酒精浓度为70%～75%。由于这个浓度下的酒精最易渗入细菌的细胞膜，因而花露水兼有消毒杀菌作用，涂于蚊叮、虫咬之处还有止痒、消肿的功效，涂在患痱子的皮肤上能止痒而有凉爽舒适之感，是人们喜爱的夏季卫生用品。

花露水多采用幻想香型，常以清香的薰衣草为主体香料，香精多采用东方香型、素心兰香型、玫瑰香型、麝香香型等。

4. 固体香水

固体香水外观呈半透明状，携带和使用方便，其特点是香气持久还能使皮肤有凉爽的感觉。固体香水质量好坏的关键在于固化剂的选择，通常采用硬脂酸钠作为固化剂，可以直接加入硬脂酸钠，也可以在制作固体香水的过程中以氢氧化钠中和硬脂酸而得到硬脂酸钠。

5. 香水的正确使用

(1) 喷雾装置和使用　香水常置于喷雾装置内，方便使用。喷雾泵的吸管长度适中，管端尽量接近瓶底，以便能将所有香水都用完。不宜过长，以免因管子顶住瓶底后打折或弯曲过度而影响外观和堵塞管道。

向空中喷出香水时，雾滴应均匀细腻，能较好地分散于空气中。距皮肤5～10cm，使用一次应均匀分布且无滴流。

(2) 喷洒部位　香水类化妆品的酒精含量较高，不宜用于脸部和皮肤破裂处。在紫外线的作用下，香水还会对皮肤形成不良刺激，出现过敏或色素沉着，一般避免直接喷洒或涂抹在暴露部位皮肤上，最好是阳光照射不到的地方，也可喷洒到衣服上。

为了有效地散发香味，一般可将香水喷洒在耳朵后面、手腕内侧、腿部膝盖内侧、前胸等处，因为这些脉搏跳动部位体温较高，所以香味的扩散性最佳。或者将香水喷洒在发梢处、后颈、腰部，也有特殊效果。

(3) 不要使用过量　过量的香水会给人不良的刺激。一般来说，以1m之内能够闻到淡淡的香味就好。但香水的香气持续效能的时间长短是各有差异的，长的达5～6h，短的只能维持1～2h，使用时根据需要有所选择。

(4) 不要多种香水混用　不同品牌、不同系列的香水，不要混合使用，以免掩盖不同香水的特点和产生不良气味，其实不安全也不高雅。

(5) 芳香类化妆品应注意密封保存，存放在避光阴凉处，因香水中的香精和酒精在与空气中的氧气接触、日光或紫外线直射、高温等条件下容易发生变质。

(二)香料香精与调香

芳香类化妆品中的香味来自产品中所含的香料，因此香料是产品的关键性原料。

1. 香料的种类

香料是指适合人类消费的具有香气和/或香味的物质，相对分子质量一般小于300，具有相当大的挥发性。根据来源，香料可分为天然香料、合成香料和调合香料。见表8-52。

表8-52 香料的分类

香料种类		常用举例
天然香料	动物香料	龙涎香、麝香、灵猫香、海狸香等
	植物香料	香叶、玫瑰、白兰花、橙叶、薰衣草、康乃馨、甜橙、柠檬、青瓜、薄荷、茉莉、乳香脂、苏合、香荚兰等
合成香料		薄荷脑、香叶醇、玫瑰醇、柠檬醇、青瓜醇、新铃兰醛、紫罗兰酮、茴香酮、乙酸苄酯、茉莉内酯等
调和香料		花香、木香、素心兰香、果香、东方香型、柑橘型、醛香、动物香等

天然香料是从天然存在的有香气的植物、动物或微生物中，经过蒸馏、抽取和压榨或酶法等分离操作工艺而制备的物质。但天然香料产量不足、价格昂贵，因此大量价廉、来源稳定的合成香料不断出现。合成香料指有单一结构的香料，包括从天然香料中分离出来的单离香料和由合成反应生成的纯合香料。

使化妆品带上香气称为赋香。在调配赋香产品时很少有将天然香料和合成香料分别单独使用的，大多数情况是根据不同目的组合、调整，使用调合香料。

2. 香精

香精是由天然香料、合成香料和相应的辅料通过一定的调香技术配制成的，是具有特定香气和/或香味的复杂混合物。按用途分为日用香精和食用香精。

常用的日用香精辅料一般指为了生产或储存或使用方便而必须加入的符合安全要求的溶剂（水、油等）、载体等，可以制成油溶性、水溶性液体香精，也可制成乳化香精、粉末（固体）香精，还可以制成微胶囊、拌和型粉末香精及浆膏状香精等。

不同美容化妆品使用的香精香型要与产品的特点和功能相符合（表8-53)。

3. 调香

香气的强度不是随有香物质的浓度同步增长的，要调制令人喜爱的香气，常用变调方法。虽然消除或抵消某种气味比较困难，但将某些气味以适合的比例混合后，可改变整体的气味，这是调香的基础。以调和香味制成产品为职业的人被称为

表 8-53 彩妆品的常用香型

化妆品种类	香料香精特点	香型
美容修饰品	无机颜料要求耐氧化的香料	多数是百花香和果香型
美容霜、粉饼、粉条、胭脂	使用对油脂和表面活性剂气味掩盖力强的香料	常使用浓厚的素心兰、东方香型
粉类	耐氧化的香料	如素心兰、百花香
眼部美容品	特别要注意刺激性	只能使用安全性高的花香型
口红	必须注意经口的毒性、味感和溶解性	多数是用果香、花香、东方香型等

调香师或创香师，他们需要具备特殊的素质和经过严格的训练。

调香是研制芳香类化妆品中最重要的环节，整个过程复杂且严密。不同种类的化妆品如香水、护肤品、彩妆、香皂和牙膏适宜的香气有所不同，但所需香精的调香方法基本相同，都是将各种各样香料根据其挥发度很好地调和组合，使赋香产品涂敷在皮肤上或香水喷洒出来后，随着时间的推移，香味呈现出不同的变化，一般分为头香（也称顶香、前调）、体香（也称中段香、中调）和基香（也称尾香、底香、后调）（表 8-54）。再加入修饰香料使香韵更加圆润或增添某种新风韵，加定香剂保持香气的持久性。定香剂的作用是减缓香料挥发速度，大多是含有树胶、树脂、香膏或低挥发精油的植物材料或高沸点的合成香料。

表 8-54 香调的调配

项目	作用与要求	特点	常用香型
头香	由扩散力强、沸点低香料组成。香氛的第一印象，要求良好、清爽、具有首创性	持续时间一般只有几分钟，不留残香	柠檬香型、果香型和嫩叶型等清爽香型或果香型
体香	具有中等程度的挥发性，有丰富芳香，是表现芳香特征的最重要的部分	持续 2～6h，保持稳定或一致	茉莉、玫瑰等花型香料和醛香型、调味料香型等
基香	低挥发性、富有保留性，使香氛持久并平均发散，最后香气，基本由定香剂提供	可残留 6h～1 个月	橡苔、木香、动物香、龙涎香和香脂类基香多为东方香型和素心兰香型

在调配化妆品用香精时，调香师们首先以产品的基本思路为中心，一面从开发技术和市场得到的信息中斟酌，一面在脑中规划出芳香的形象。基于这种形象，调香师使用基础的香料原料（天然香料约 500 种，合成香料约 1000 种），按目的进行组合、创造出各种香型，在考虑到安全性和稳定性等技术要素的同时，组合完成香精的配方。即使普通的香精也要用 10～30 种香料原料，复杂精炼的香精要用 50～100 种香料，多时要用到 200～500 种香料原料。在选择各种香料的配比时，要考虑辅料和香料的相互作用，以及由此可能引起的香料挥发性和香气性质的变化。

（三）香气的评价

芳香类化妆品的功效评价比较抽象，实际上就是对香气进行对比和鉴定，也叫评香，是人们利用本身的嗅觉器官对香料、香精或加香产品的香气质量进行的感官评价。

1. 香气的特点

香水是无形的装饰品，适当地喷洒香水能给人以温馨的气息，能快速、有效地确立一个人的形象，增添其魅力。香水的香气没有统一的标准，往往针对同一款香水，由于环境、性别、地域文化和个人喜好不同，评价有可能存在很大的差异，如欧洲人喜好浓郁气味的香水，美国人钟情淡雅幽香的香水，中东人常用浓烈似火的香水，中国人欣赏清淡如花的香水。

香水的香气有幽雅与浓郁之分，选用应同肤色、气候、季节、职业、个性、使用香水的场合等相匹配。要注意不能几种香水混合使用，混杂的香味会失去独有的特色（表8-55）。

表8-55　香气选用建议

项目	浓郁的香气	幽雅清淡的香气
个性	热情	柔和内向
皮肤	肤色较深	白皙
季节	夏季	冬季
场合	晚会、聚会等社交活动	平时

2. 评香要求

评香在芳香类化妆品的配方开发和产品质量检验过程中非常重要，它的实施有严格的要求。

① 评香人员要求身体健康，鼻子嗅觉状态良好，而且需要进行嗅觉器官训练，能灵敏地辨别和记忆各类评香对象的香气特征。最好具有艺术方面的涵养，能从心理学和美学的角度评定其新颖性、独创性、格调和魅力等。具备这些特质的人经过严格训练，可以成为调香师，甚至成为能创造出自己独特或理想香味的创香师。

② 评香是在评香室内由评香者利用嗅觉对样品和标样的香气进行对比的过程。环境要求通风良好，清洁舒适，无异味。

③ 严格选择标样。最好用密闭的无色或深色玻璃瓶装好，以免香气外溢。将待测品与标准样分别装入两个相同的透明玻璃瓶中，摇动后香水中应无明显的杂质，如纤维物、絮状物或其他异物，待静置后，观察香水应清晰透明。

3. 评香方法

（1）实验室评香　直接喷洒或用辨香纸分别蘸取试样与标样1～2cm，夹在测试架上，每隔一段时间用嗅觉进行对比和鉴定。针对香型、香韵、香气强度、留香持久性、香气平衡性、扩散性等香气特征，评香者随时记录自己的体会。也可用纯正、较纯正、可以、尚可、及格、不及格六个等级表示评定结果。

（2）小组评价　一些香料香精公司为了收集多方面的信息，以适应市场竞争的需要，经常组成两种类型的评香小组。一种是消费者和经销商组成的一般小组，主要反映消费者的爱好倾向和潮流；另一类是专家组进行的专业性评香。两方面的结果互相补充，形成综合性的评定结果，对新产品的开发和市场竞争都是很有益处的。

购买者闻香的方法也应该科学，直接打开香水瓶嗅闻香味是不准确的。最好的方法应是将每种香水取 1～2 滴放在手背或条形纸片上，待乙醇挥发后再试闻香。

三、精油与芳香疗法

（一）精油的作用特点

1. 与精油相关的术语

（1）精油　是从大自然各种芳香植物的不同部位（根茎、花朵、树叶、果实、枝干和种子等）经下列任何一种方法所得到的产物：水蒸馏或水蒸气蒸馏；柑橘类水果的外果皮经机械法加工；干馏。随后用物理方法使精油与水相分离。不同来源精油的气味和颜色不同，如桉树的叶、玫瑰的花、佛手柑的果皮等。

（2）提取物　指一种天然原料经溶剂处理、过滤，用蒸馏法除去挥发性溶剂后所得的产品。在香料工业中，提取物是配制香精的一种天然原料和/或化学合成物的混合物，是用乙醇稀释得到的。

（3）浸膏　一种新鲜的植物原料经用一非水溶剂提取所得的具有特征香气的提取物。

（4）花香脂　一种有特征香气的脂肪，由花朵经“冷吸”让花朵的香气成分扩散进入脂肪或“热吸”让花朵浸渍于熔化的脂肪中而得到的产品。

（5）香树脂　一种干燥的植物原料经用一非水溶剂提取所得的具有特征香气的提取物。

（6）净油　净油是指浸膏、花香脂或香树脂经在室温下用乙醇提取后所得的一种有香气的产物。通常乙醇溶解冷却和过滤以除去蜡质，随后用蒸馏法除去乙醇。

（7）按摩精油　由一种或多种精油和/或净油及为提高其质量而加入的该精油和/或净油中含有的香料成分和适量的溶剂、抗氧剂等混合制成的对人体皮肤起护理作用的产品。该产品不是直接使用于人体皮肤上的化妆品，需要按摩基础油适当稀释后以涂抹或按摩方法施与皮肤。

（8）按摩基础油　由精制植物油、矿油、抗氧剂等原料混合制成的油状产品。常用植物油有橄榄油、霍霍巴油、甜杏仁油、红景天油、小麦胚芽油、鳄梨油、葡萄籽油、米糠油等。

（9）按摩油　由按摩精油和按摩基础油配制而成的按摩产品。

2. 精油的作用特点

现代科学认为，具有挥发性的芳香分子经呼吸或者经皮肤接触进入体内，通过大脑或全身循环系统可调节人的生理、心理和免疫系统，恰当地使用精油可以达到消除紧张焦虑情绪、愉悦心情、建立乐观积极心态的作用，起到舒缓神经、保健等多重功效。

精油都是由一些小分子物质组成的，有易挥发、易渗透、高流动性的特点，当它们渗透于皮肤或挥发入空气中被人体所吸入时，就会对情绪和身体的某些功能产生作用。

根据挥发程度的不同可将精油分为：①高度挥发油：易挥发、渗透快、具有刺激性，以提神作用为主，挥发时间为20min以内；②中度挥发油：挥发程度中等，具有镇定作用，挥发时间在20～60min；③低度挥发油：挥发较前两者慢，与高、中度挥发油搭配可调整挥发性，具有镇定安抚作用，其挥发时间在1～4h。

（二）芳香疗法的作用机理

越来越多的研究和实践证明，芳香的气味和产生芳香的精油确实能对人们的健康和美容带来意想不到的作用。芳香疗法就是采用不同的方式让纯天然芳香植物蒸馏萃取出的精油所含有的芳香成分进入人体，起到舒缓精神压力、预防和辅助治疗疾病以及美容保健功效。由于芳香疗法利用植物本身的纯自然因素，没有任何化学添加成分，不要任何机械刺激，是一种自然温馨的治疗系统，因而被人们看成最佳的健康美容方式。

1. 常用的3种方式

① 按摩法　精油由基础油稀释调和后才能使用，经过按摩很快被皮肤吸收并渗入体内。渗透力强和活性高的精油与基础油混合使用效果更好。

② 沐浴法　精油可用于沐浴或足浴，浸泡前先将精油搅匀，水温不能过热，否则精油会很快蒸发，全身放松，浸泡大约20min。

③ 吸嗅法　将5～10滴精油放入熏香灯，再加水后熏蒸；也可以滴在面纸上吸嗅。

2. 吸收的2种途径

(1) 嗅觉器官吸收　以直接、蒸气或香薰吸嗅等方式，让芳香精油的芳香分子经由鼻子传递到大脑，出现嗅觉、记忆、情绪、自主神经反应等，促使神经系统的化学物质释放信号，产生镇静、放松、提神或刺激等效果。

(2) 皮肤直接接触吸收　利用按摩或精油成分直接添加在皮肤制剂中，经过透皮吸收后由血液循环送达全身，以帮助人们身心获得舒解，达到改善身体健康和皮肤保养的目的，进而产生平衡、镇静、振奋及美容护肤的效果使身心达到平衡和统一。

3. 芳香疗法的作用特点

芳香疗法通过精油的作用可促进血液循环和新陈代谢，调节机体自然平衡，预防和辅助治疗疾病。以按摩精油为例，由于精油的分子非常小而且活跃，随着护理师特有的手法和经络穴位指压的技巧，精油极易经过皮肤渗透到血管和淋巴系统中，在20min～6h即可经由血液循环至全身，而其残留物则通过排泄系统排出体外。当精油在体内循环时，部分会被人体的器官、组织或细胞吸收，从而引发精油的治疗功能。

正确的芳香疗法不仅影响疾病症状，还能影响整个身体的内部机能，改善焦虑、疼痛、疲倦及其他系统生理病理状况，也可以由内而外地改善面部皮肤、保持健康。

不同花卉香型的精油有各自的特性，对不同的健康状况有辅助功效，在临床实践中要根据患者不同的症状和体征来选择合适的精油（表 8-56）。

表 8-56 不同精油的辅助治疗功效

精油香型	辅助功效	精油香型	辅助功效
晚香玉、橡苔	有抑制免疫功能低下的效果	天竺葵	镇静安神、消除疲劳、促进睡眠，有助于治疗神经衰弱
菊花	改善头痛、感冒和视力模糊等症状	百合花	使人兴奋，净化环境
柠檬香	提高人的注意力和工作效率	桂花	能消除疲劳
薰衣草	能改善情绪，起到减轻焦虑的效用	夜来香	可清除不良气味
茉莉花香	可以减轻头痛、鼻塞、头晕等症状	郁金香	辅助治疗焦虑症和抑郁症
丁香	能净化空气，杀菌，有助于治疗哮喘病	杜鹃花	对气管炎、哮喘病有一定疗效
牡丹花	产生愉快感，还有镇静和催眠作用	水仙花	使人精神焕发
罗马洋甘菊	能改善焦虑	迷迭香	改善情绪，减轻焦虑

使用精油可对皮肤进行保养，但应注意针对不同的皮肤类型使用不同的精油，还要考虑个人喜好及需要，自行调配出几种不同的保养油，交替配搭使用（表 8-57）。

表 8-57 不同皮肤类型与适用的精油

皮肤类型	适用的芳香精油
干性皮肤	天竺葵、玫瑰、橙花油、迷迭香、薰衣草、茉莉花、檀香、花梨木、罗勒没药、广罗香、乳香
油性及暗疮问题皮肤	鼠尾草、柠檬、薰衣草、依兰、香橙、佛手橘、柠檬草、松针、檀香、杜松、天竺葵、薰衣草、洋甘菊、香柏、丝柏、橙叶、按树、茶树
中性皮肤	茉莉、薰衣草、佛手橘、天竺葵、罗勒、橙花油、玫瑰、甘菊、桉树、乳香
敏感皮肤	丝柏、薰衣草、天竺葵、甘菊、檀香、桉树、橙花油
缺水皮肤	罗勒、香橙、迷迭香、茉莉、玫瑰、洋甘菊

（三）芳香疗法注意事项

1. 精油要经常更换

频繁地进行芳香疗法可使嗅觉变得灵敏，也会改善肤质。但一种精油使用 2～3 周后，最好更换一种，以保持对精油的敏感度。几种不同类型的精油搭配使用要比单一精油的效果好得多。

2. 精油的副作用

任何人都可以使用适合自己的精油，但精油也是一类常见的致敏物，会引起皮肤的变态反应。精油之间的相互作用、副作用和禁忌有待进一步探讨。在施行芳香疗法时应特别注意以下5点：

① 有些精油有明显的收缩血管等作用，因此孕妇、高血压患者、青光眼患者慎用；

② 有些精油对中枢神经有强烈的兴奋或抑制作用，一定要注意控制用量，且癫痫、哮喘等患者禁止或限制使用；

③ 有些精油有发汗作用，体虚多汗者慎用；

④ 活动性肺结核患者慎用；

⑤ 精油如同药物一般，主要通过嗅觉影响脑的边缘系统，并经过皮肤渗透进入体内，产生一系列的生理药理变化从而发挥作用，所以芳香疗法应在专业人员指导下施行。

思考题

1. 皮肤的保湿机制是什么？角质层含水量的测试原理是什么？
2. 保湿化妆品可以分为几类？保湿机理是什么？
3. 人体实验法和体外称重法检测得出化妆品保湿效果有无差异？为什么？
4. 清洁类化妆品有哪些种类？简述美容面膜的作用机制。
5. 洁肤化妆品刺激性如何评价？
6. 如何使用卸妆产品？
7. 皮肤衰老的机制是什么？抗皱化妆品的作用机制是什么？如何评价？
8. 影响皮脂腺分泌的因素有哪些？哪些化妆品原料可以减少皮脂分泌？
9. 怎样为痤疮患者选择化妆品？
10. 敏感性皮肤与过敏性皮肤有哪些区别？敏感性皮肤如何选择化妆品？
11. 去屑香波的主要成分和原理是什么？功效如何评价？
12. 美容化妆品如何分类？功效如何评价？
13. 评香的注意事项有哪些？
14. 简述芳香疗法的基本作用原理。
15. 美容面膜的作用机制是什么？

第九章　特殊用途化妆品的特点与评价

我国《化妆品卫生监督条例》中把用于防晒、祛斑、除臭、育发、染发、烫发、脱毛、美乳和健美类的化妆品规定为特殊用途化妆品。这类化妆品介于药品和普通化妆品之间，对使用部位可以有缓和的辅助疗效。

第一节　防晒化妆品作用特点与效果评价

防晒化妆品是指具有屏蔽或吸收紫外线作用、减轻因日晒引起皮肤损伤功能的特殊用途化妆品。

一、紫外线与皮肤

地球表面阳光光谱中红外线约占 60%，可见光约占 37%，紫外线约占 3%。虽然紫外线只占阳光中的一小部分，但却有着不容忽视的生物学作用。

（一）紫外线

1. 紫外线的分类

到达地球表面的紫外线的波长范围为 200～400nm，人体皮肤对各种波长的紫外线照射引起红斑或黑化的效能方面存在着较大差异。按照波长长短和对人体的不同生物学效应，紫外线可分为三个波段（表 9-1）。

表 9-1　不同波段紫外线对皮肤的影响

类别	波长	皮肤影响	穿透能力
长波紫外线(UVA)	320～400nm	导致皮肤黑化,又称“黑光区”	能够穿透人体皮肤的角质层、表皮层达到真皮层
中波紫外线(UVB)	290～320nm	导致红肿等晒伤反应,诱发皮肤红斑,又称“红斑区”	透射能力可达表皮层
短波紫外线(UVC)	200～290nm	具有较强的生物破坏作用,可由人造光源发射用于环境消毒,又称“杀菌区”	其透射能力只能到皮肤的角质层,而且绝大部分被大气中臭氧层阻留,不会对人体皮肤产生危害

2. 影响地球表面紫外辐射的因素

影响地球表面紫外辐射的因素很多，如大气中空气分子、尘埃颗粒、云层和烟雾的散射和吸收；地理因素，如海拔高度和纬度；时间因素，如不同季节以及每天的不同时段，等等。但最为重要的是地球大气臭氧层对日光中紫外线强有力的吸收，如果没有臭氧层的保护，地球上的大多数生物将会由于紫外辐射而无法生存。

最新研究还发现，城市的幕墙玻璃、高层建筑的墙面、汽车窗玻璃以及地面道路都会反射紫外线，从而增加地球表面的紫外线辐照量。

（二）紫外线对皮肤的损伤

适度的阳光照射不仅有加快血液循环、促进钙的吸收等作用，还能使人心情平和、安宁，其中紫外线还能治疗皮肤病。但是，过度的紫外辐射可在皮肤及其黏膜引起一系列的光化学和光生物学效应，引起多种皮肤损害，如日晒红斑、日晒黑化、皮肤光老化、皮肤光敏感甚至造成皮肤恶性肿瘤等。

1. 紫外线损伤皮肤的作用机制

一般认为紫外线通过抑制皮肤的免疫功能等作用，使组织细胞出现功能障碍或造成其结构损伤（表 9-2）。

表 9-2 紫外线对皮肤结构及细胞的作用机制

关键物质	机制
氧自由基	紫外线被皮肤细胞中的色素颗粒吸收后，形成活性氧，产生功能性细胞损害，致少数细胞异常或增殖导致皮肤癌的发生
基质金属蛋白酶	紫外线辐射会导致金属蛋白酶增多、胶原减少、真皮萎缩
生长因子和细胞因子	紫外线辐射激活了角质形成细胞和成纤维细胞表面的生长因子和细胞因子受体，降低了胶原含量
端粒	紫外线能够导致端粒的损伤和缩短，促使衰老的过早发生

2. 紫外线损伤皮肤的表现

（1）日晒红斑　根据紫外线照射后皮肤红斑出现的时间可分为即时性红斑和延迟性红斑。

① 即时性红斑　见于大剂量紫外线照射，通常于照射期间或数分钟内出现微弱的红斑反应，数小时内可很快消退。

② 延迟性红斑　是紫外辐射引起皮肤红斑反应的主要类型。通常在紫外线照射后经过 4～6h 的潜伏期，受照射部位开始出现红斑反应，并逐渐增强，于照射后 16～24h 达到高峰。延迟性红斑可持续数日，然后逐渐消退，继发脱屑和色素沉着。

在特定条件下，人体皮肤接受紫外线照射后出现肉眼可辨的最弱红斑需要一定的照射剂量或照射时间。

（2）日晒黑　人体皮肤对各种波长的紫外线照射均可出现色素沉着或黑化效应。日晒黑化有三种反应类型。

① 即时性黑化　照射后立即发生或照射过程中即可发生的一种色素沉着，通常表现为灰黑色，限于照射部位，色素沉着消退很快，一般可持续数分钟至数小时不等。

② 延迟性黑化　照射后数天内发生，色素可持续数天至数月不等。

③ 持续性黑化　随着紫外线照射剂量的增加，色素沉着可持续数小时至数天不消退，可与延迟性红斑反应重叠发生，一般表现为暂时性灰黑色或深棕色。

在特定条件下，人体皮肤接受紫外线照射后出现肉眼可辨的最弱黑化或色素沉着需要一定的照射剂量或照射时间。

（3）光老化　皮肤光老化是指由于长期的日光照射导致皮肤衰老或加速衰老的

现象，这是紫外线对皮肤的最重要的损害。人类皮肤从接受日光照射起，光老化的致病影响就开始累积了，这和皮肤自然老化截然不同。有证据表明，一个人 18 岁以前接受紫外线照射的累积量为整个人生的 75%，因此强调从儿童时代就应该注意对日光损害的防护。此外，随着年龄的增长，皮肤结构也会发生相应变化，均可影响日光中紫外线的反射、散射、吸收和穿透情况，从而影响皮肤光老化的发生与发展。

（4）光敏感　上述皮肤晒伤、晒黑以及光老化等均是皮肤对紫外线照射的正常反应，一定条件下几乎所有个体均可发生，而皮肤光敏感则属于皮肤对紫外辐射的异常反应，少数人发生，其特点是在光感性物质的介导下，皮肤对紫外线的耐受性降低或感受性增高，从而引发皮肤光毒反应或光变态反应。

（5）皮肤免疫损伤　皮肤是一个非常重要的免疫器官，紫外线照射能抑制某些免疫反应的产生，造成免疫功能系统失调。长期、大剂量紫外线照射对皮肤有直接破坏作用和光毒作用，还可诱发基底细胞癌、鳞状细胞癌和黑素瘤的产生。

3. 紫外线损伤皮肤的影响因素

人体皮肤对各种波长的紫外线照射可出现不同类型不同程度的损伤效应，不仅与紫外线波长、辐射强度、照射剂量、时间长短有关，还与个体皮肤类型、不同部位、肤色、人体皮肤对紫外线照射的反应性即皮肤类型以及被照射者生理及病理状态等的影响有关。

（1）紫外线波长　在应用研究中，UVB 常被称作“诱发皮肤红斑的光谱”，而 UVA 常被称作“诱发皮肤黑化的光谱”，这并不意味着 UVB 不能引起色素沉着或 UVA 不能引起红斑反应。事实上，不管 UVA、UVB 还是 UVC 均具有既引起皮肤红斑又引起皮肤黑化的生物学效应，只是不同波长的紫外线在引起红斑或色素沉着的效能方面存在着较大差异。表 9-3 为不同波长紫外线对皮肤损伤的影响。

UVA 照射皮肤的近期生物学效应是皮肤晒黑，远期累积效应则为皮肤光老化，两种不良后果均为近年来化妆品美容领域内关注的焦点。

（2）皮肤类型　就皮肤光老化而言，Ⅰ～Ⅲ型的皮肤类型比Ⅳ～Ⅵ型更易受到日光损伤，出现一系列与紫外线辐射有关的并发症。蓝眼睛、白皮肤、有雀斑及浅色或棕色头发的白种人是光损害的最易感人群，不仅易于发生皮肤光老化，也易于出现与日光照射有密切关系的多种皮肤癌症。

（3）其他因素　众多的生理和病理因素可影响皮肤对紫外辐射的敏感性，从而出现以光损害为主的临床表现。

在照射紫外线的前后或同时，接触其他物理因素可对红斑反应的潜伏期和反应强度产生影响。如在日晒或紫外线照射同时局部进行热疗或照射红外线也可以使红斑出现加快，反应增强。

不同职业的工作者接受日光照射的剂量相差很大，发生皮肤光老化的情况也有很大区别。农民、海员、地质工作者常年在户外活动，风吹日晒日积月累，发生光

表 9-3 不同波长紫外线对皮肤损伤的影响

区别点		长波紫外线 UVA	中波紫外线 UVB	短波紫外线 UVC
日照强度、剂量		高	低	被大气层阻隔，少量到达地球表面
日照时间		长	中午；夏季	—
穿透力		穿透真皮层	少量穿透表皮层	很少到达皮肤表层
皮肤组织学变化		真皮层的改变：血管损伤及其周围炎性细胞浸润	表皮层的病变：出现晒斑细胞、海绵样水肿、基底细胞液化变性等	
日晒红斑	效应	引起皮肤红斑的效力低于UVB的0.1%以下	297nm的UVB红斑效应最强；UVB为"红斑光谱"；随波长增加紫外线的红斑效力急剧下降	254nm的UVC也有较强的致红斑效力
	红斑发生情况	波长386nm的UVA引起的红斑出现的最早，照射后1h即达到顶峰，持续1d左右消退	波长为297nm的UVB引起的红斑出现最晚，通常需24h后才能达到顶峰，可持续1～2周才能完全消失	波长为254nm的UVC引起的红斑需12h左右达到顶峰，4d左右消退
	色泽	深红色	鲜红色	粉红色
	强度	即使剂量增加4～5倍，皮肤红斑也不过加剧2倍左右	随照射剂量增加其红斑反应迅速加剧	并不随照射剂量增加而明显增大
日晒黑	效应	UVA中Ⅱ区（波长320～340nm）黑化效应较强	UVB中297nm波段比280nm有效	254nm波段致色素沉着性强
	色素沉着发生情况	340nm UVA引起的色素沉着出现的最早但消退的却很慢，可在照射时即时发生，却可持续数月不消退	297nm UVB引起的色素出现需要一天左右的潜伏期，照射后数日内达到顶峰，持续1个月左右消退	254nm UVC的情况初期与UVB类似，但色素消退较快，一般持续2～3周消失
	致色素沉着剂量	小于它的MED值（称为直接色素沉着）	大于其MED值，必然伴有皮肤红斑反应（称为间接色素沉着）	
光老化	生物活性	光生物学活性不如UVB明显	密切相关	被地球大气层阻断
	累计效应	剂量高、时间长；UVA有加强UVB的作用	时间集中、强度波动	—
光敏感		常引起光变态反应	常引起光毒反应	—

老化的情况最为明显；在不同的地理纬度和海拔高度日光中紫外线含量也有很大差别，生活在热带及亚热带或地处高原的人，要接受更强更多的紫外线照射，皮肤也容易出现各种色斑和衰老。

（三）皮肤各层对紫外线的屏蔽作用

要减少日光对皮肤的损伤，应尽量减少紫外线辐射的强度，同时增加人体皮肤生理的防御能力。

人体皮肤各层组织细胞中含有大量角蛋白、核酸分子、尿苷酸、黑素等颗粒，对紫外线产生散射现象，影响其进入深度，明显减弱了紫外线对皮肤的伤害作用，如皮肤对于波长为220～300nm的中、短波紫外线的平均反射为5%～8%，对于400nm的长波紫外线的反射约为20%。人类皮肤的色泽影响紫外线反射。如白种人皮肤对320～400nm的紫外线反射高达30%～40%，而黑种人皮肤只有16%左右。

表9-4 人皮肤各层对不同波长紫外线的吸收率（以投射到皮肤表面为100%计）

皮肤层次	厚度/mm	短波紫外线/%		中波紫外线/%		长波紫外线/%
		200nm	250nm	280nm	300nm	400nm
角质层	0.03	100	81	85	66	20
棘细胞层	0.5	0	8	6	18	23
真皮层	2.0	0	11	9	16	56
皮下层	25.0	0	0	0	0	1

皮肤对紫外线有一定吸收率，甚至覆盖皮肤表面的脂质和汗液对紫外线也有一定的吸收作用，从表9-4中可以看出，皮肤组织各层吸收紫外线有明显的选择性，如角质层内的角质细胞能吸收大量的短波紫外线；棘层的棘细胞和基底层的黑素细胞则吸收长波紫外线，这是由于这两层含有丰富的核酸和蛋白质的结果，核酸对紫外线的最大吸收波长为250～270nm，蛋白质为270～300nm，因此，紫外线经过这两层时就被其中的物质吸收。

二、防晒化妆品作用特点

（一）防晒化妆品种类与发展趋势

大约公元前5000年，衣物的出现就有防晒护肤的作用，后来的帽子、头巾、长袍、裙子等都起到了防晒作用。如今，用防晒涂料处理过的遮阳伞已经成为夏日里现代人的防晒专用品。近年来随着大气环境中紫外辐射的增加以及人们对紫外辐射有害影响的深入认识，人们对防晒用品有了迫切需求，应用防晒化妆品防御日光中的紫外线损伤成为化妆品美容行业的重要发展趋势之一。现代防晒化妆品迅速发展，在化妆品市场中占有份额不断扩大，表现以下发展趋势。

1. 多剂型

防晒化妆品品种不断增加，剂型多种多样，除了传统的膏霜乳液形式，还出现了防晒油、防晒凝胶、防晒棒、防晒粉底、防晒口红唇膏、防晒摩丝、防晒香波、防晒洗面奶等新型产品。

2. 广谱防晒

UVB是引起光毒反应的主要光线，UVA对人体皮肤的作用较UVB缓慢。但人们逐渐认识到UVA对皮肤损伤具有光老化累积性，而且是不可逆的；UVA还可以增加UVB对皮肤的损害作用，甚至引起癌变。

因此，目前良好的防晒化妆品除防UVB外，同时要防UVA减缓皮肤光老化的发生，即所谓广谱防晒，并要求在产品标识上标SPF值和标PA+～PA+++

和宣传“广谱防晒”或“全波段防晒”，“既防UVB又防UVA”等。由于生态环境的破坏、全球污染和气候条件的不定数，以及随之而来的臭氧层稀薄的持续恶化，抗紫外线“UVA＋UVB”的防晒制品将成为人们四季必备的健康防护性化妆品。

3. 多品种

① 根据使用目的不同出现专门晒黑产品和晒后修复产品。晒黑产品主要添加UVB吸收剂，使用后可以防护皮肤晒伤，但不影响UVA的穿透，因此皮肤可以晒黑。

② 有多家化妆品公司致力于开发适合儿童皮肤特点的防晒化妆品。

4. 高质量

① 产品质量不断提高，这主要体现在产品的防晒性能SPF值上面，SPF10以下的防晒化妆品已经少见，SPF值20、30的产品逐渐成为主流；在西欧，甚至出现了SPF值60、80、100以上的防晒化妆品，其中也有夸大和不实宣传的因素，这和国际潮流有密切关系。

② 产品的安全性要求增强，选用物理性防晒剂为主以减少对化学性紫外线吸收剂的依赖，降低对皮肤刺激性。

③ 由于防晒化妆品尤其是高SPF值产品通常在夏季户外运动中使用，为了保证在汗水的浸洗下或游泳时维持防晒品的功效，约50%的防晒产品增加标识抗水抗汗性能，通过改进配方如加入成膜剂、硅油等改进剂型和生产工艺达到这一目的。

5. 多重功效

当前国内外防晒化妆品中防晒不再作为产品唯一功能，而是和其他活性成分如抗氧化剂维生素E、增强皮肤弹性和张力的生物添加剂、改善皮肤微循环的植物提取物等结合在一起达到保湿、营养、滋润、延缓衰老、美白祛斑的多重功效。

换句话说，许多其他类型的化妆品通过添加防晒剂而赋予产品新的防晒功能，从发展的眼光来看，防晒化妆品作为一种独立的产品或许正在消失，而逐渐变成将防晒融合到各类型的化妆品中。

（二）防晒剂作用机理

防晒化妆品的防晒机制基于产品配方中所含防晒剂，主要包括化学性防晒剂和物理性防晒剂。

1. 化学性防晒剂

化学性防晒剂具有选择性吸收紫外线的作用，这些物质能将从紫外线中吸收的光能转化成分子振动或热能或无害的可见光放射出来，从而有效地防止紫外线对皮肤的晒黑和晒伤作用，也称为紫外线吸收剂、有机防晒剂。理想的紫外线吸收剂应该能吸收所有波长的紫外线辐射，光稳定性好、无毒不致敏、无臭，与其他化妆品原料配伍性好。实际上，常常根据防晒剂特点（表9-5）进行选用。

表 9-5 常用合成化学防晒剂的特点

类别	吸收紫外线	应用特点
对氨基苯甲酸及其酯类以及同系物	UVB	简称 PABA，上市最早
邻氨基苯甲酸酯类	UVA	价格低廉，国内较常用
水杨酸酯类	UVB	价格低廉，性质稳定，吸收紫外线波长在 280～320nm 之间，作为 UVB 吸收剂来说吸收率小，但在产品体系中复配性好，具有稳定、润滑、不溶于水等性能，是一些防晒剂原料的良好增溶剂，可提高防晒效率，复配用能提高二苯酮类防晒剂溶解度
甲氧基肉桂酸酯类	UVB	吸收性能良好，各国广泛应用为 UV 过滤剂
樟脑系列	UVB	稳定性和化学惰性比较好，性能比二甲基氨基苯甲酸酯类稍差
甲烷衍生物	UVA	高效吸收，适用配制高 SPF 产品；但光稳定性差，紫外线照射后会大幅度降解；合成较困难；容易形成不溶物；微量铁能使产品着色
二苯甲酮及其衍生物	UVA、UVB	光谱宽，对光和热较稳定，国内外均较为常用，但吸收率较差，耐氧性一般，需要加抗氧化剂

2．物理性防晒剂

物理性防晒剂不吸收紫外线，它在皮肤表面形成阻挡层，通过对紫外线的散射、反射或折射作用来减少对皮肤的侵害，也称为紫外线屏蔽剂，通常是一些不溶性无机粒子或粉体，其典型代表是二氧化钛和氧化锌粒子。它们重要的特性是对可见光具有极高的穿透性而对紫外线具有较佳的阻挡作用，同时防晒剂粒子的直径大小直接影响其紫外线屏蔽作用。

表 9-6 为常用的物理防晒剂的特点。

表 9-6 常用的物理防晒剂的特点

原料名称	应用特点
氧化锌（ZnO）	吸收波长 280～400nm 的紫外线的能力特别强，常用于各种防晒产品中防止晒伤和其他由紫外线引起的皮肤病。超细氧化锌高效屏蔽 UVB、UVA，且透明性好，但存在易凝聚、分散性差、难以配合到化妆品中去的问题，可以表面改性处理
二氧化钛（TiO_2）	具有抗紫外线、抗菌、自洁净、抗老化等功效。纳米级规格的二氧化钛对 UVB 有良好的屏蔽功能，单独使用时对 UVA 的防护效果较差，且影响产品的外观

有化妆品公司曾推出仅含纳米级无机防晒剂的“物理性防晒霜”，因为发生光催化活性而刺激皮肤。现在很多机构还在研究用各种材料如聚硅氧烷、氧化铝、硬脂酸及表面活性剂等对超细无机粉体进行表面处理，一方面可降低无机粉体的光催化活性，另一方面可防止无机不溶性粒子的析出或沉淀，改善产品的理化性状和使用者的肤感。

3．生物活性防晒剂

除了紫外线吸收剂和屏蔽剂以外，还有多种抵御紫外辐射的生物防晒剂，包括维生素及其衍生物（如维生素 C、维生素 E、烟酰胺、β-胡萝卜素等），抗氧化酶［如超氧化物歧化酶（SOD）、辅酶 Q］，以及谷胱甘肽、金属硫蛋白（MT）等。这些物质本身对紫外线没有直接的吸收或屏蔽作用，但它们可明显减轻防晒产品的刺激性，还可以通过抗氧化或抗自由基作用减轻紫外线对皮肤造成的辐射损伤，从而间接加强产品的防晒性能。

许多天然动植物成分除了护肤功效也具吸收紫外线作用，如芦荟、燕麦提取物、葡萄籽萃取物、海藻、甲壳素、沙棘、芦丁、黄芩、银杏、鼠李及人发水解液等。

随着人们回归自然、排斥化学合成物质的心理需求增加，这种应用趋势必然更加流行。在化妆品市场上已经有添加植物防晒成分的防晒产品出售，但还没有可以作为防晒剂而单独使用的产品研制成功。

4. 防晒剂的复配

上述种种防晒功效成分在实际使用中各有利弊。表 9-7 为物理防晒剂与化学防晒剂的对比。

表 9-7　物理防晒剂与化学防晒剂的对比

项目	化学性紫外线吸收剂	物理防晒剂
优势	制成的产品透明感好	对皮肤刺激性小，同时预防 UVA、UVB 伤害，安全性高，稳定性好，不易发生光毒反应或光变态反应
缺点	对皮肤有一定的刺激性，化学类防晒剂吸收紫外线，通过共轭体系将光能转化成热能，这样会激发面部潮红和血管扩张	用量大，防晒效果差，过多使用易堵塞毛孔，使用起来较为黏腻，透明感较差

为了提高产品整体的防晒效果，扩大对紫外线的吸收范围和发挥多种作用，且兼顾安全和使用方便等特点，防晒化妆品趋向多种防晒剂复合使用，达到广谱高效防晒（表 9-8）。这包括 UVB 吸收剂和 UVA 吸收剂的复配，有机防晒剂和无机防晒剂的复配，以及各种生物性防晒活性成分的复配使用。

表 9-8　防晒剂复配效果

防晒剂配方组成	SPF 值
ZnO 5％	6
ZnO 10％	9
ZnO 15％	12
ZnO 6％＋Octocrylene 7％	17
ZnO 7％＋Octocrylene 7％＋Parsol HS 2.5％	＞30

三、防晒效果评价指标

评价一种防晒化妆品的防护效果，主要体现在对 UVA 和 UVB 两方面的防御上，主要的指标有 UVB 防晒指数 SPF（也称日光防护系数）、UVA 防护指数 PFA 和免疫防护指数 IPF，此外还评价其防水和防汗的功能。

（一）UVB 防晒指数 SPF 值

1. 定义

（1）最小红斑量（minimal erythema dose，MED） 是紫外线引起皮肤红斑其范围达到照射点边缘所需要的紫外线照射最低剂量（J/m^2）或最短时间（s）。

（2）防晒指数（sun protection factor，SPF） 是指引起被防晒化妆品防护的皮肤产生红斑所需的 MED 与未被防护的皮肤产生红斑所需的 MED 之比：

$$SPF=\frac{\text{使用防晒化妆品防护皮肤的 MED}}{\text{未防护皮肤的 MED}}$$

2. SPF 值测定方法

由于 SPF 值的定义是建立在皮肤红斑反应的基础之上的，因此只有利用人体皮肤的红斑反应才能准确、客观地测定 SPF 值，皮肤的红斑反应指标不适用于对 UVA 的防御效果测定。

目前，测定防晒品的 SPF 值的国际标准方法是人体法。一般选取 20 名合适皮肤类型与身体状态的志愿者，先预测受试者 MED，再用人工光源测定受试者皮肤并获取平均 SPF 值。一般认为，将人作为被实验者用人工光源测得的防晒化妆品的 SPF 值是最可靠的，但由于受试者的个体差异很大，所得结果和肤型、皮肤表面情况、出汗情况、汗液中尿苷酸含量等有关，因此有相当多的变数影响。

在测定防晒产品的 SPF 值时，为保证试验结果的有效性和一致性，需要同时测定防晒标准品作为对照。防晒标准品为 8%水杨酸三甲环己酯制品，其 SPF 均值为 4.47，标准差为 1.297。

美国、德国、澳大利亚、日本等国及我国都制定了 SPF 人体试验的测定方法标准。表 9-9 为不同国家和组织 SPF 值测定条件的对比。

表 9-9 不同国家和组织 SPF 值测定条件的对比

主要条件	美国(1993)	欧盟(1994)	日本(1999)	澳大利亚(1993)	中国(2007)
受试人数	20～25	10～20	10 人以上	10 人以上	10 人以上
皮肤类型	Ⅰ～Ⅲ	Ⅰ～Ⅲ	Ⅰ～Ⅲ	Ⅰ～Ⅲ	Ⅰ～Ⅲ
标准对照品	8%HMS	L & H	L & H	8%HMS	8%HMS
用量	$2mg/cm^2$	$2mg/cm^2\pm4\%$	$2mg/cm^2$	$2mg/cm^2\pm5\%$	$2mg/cm^2$
涂抹面积/cm^2	≥50	≥35	≥20	≥30	≥30
UV 光源/nm	290～400	280～400	280～320	290～400	290～400
照射面积	$>1cm^2$ 均数 X	$>0.4cm^2$ 均数 X	$>0.5cm^2$ 均数 X	$>1cm^2$ 均数 X	$>0.5cm^2$ 均数 X
SPF 值计算方法	$-ts/\sqrt{n}$	95%可信限	SE<10%	SE<7%	SE<10%

3. SPF 值的意义

国内外一般采用 SPF 值来进行评定产品对 UVB 防护功能，用来表示防晒化妆品保护的相对有效性，是保护皮肤免受日光晒伤程度的定量指标。SPF 越大，防晒作用越强。大量流行病学资料表明，SPF 值为 15 的防晒品证实可以防止严重的弹力纤维变性，并保护胶原不受损伤，与其相应的紫外线吸收率已达到 93.3%，表明防晒能力是足够的。但目前高 SPF 值的防晒化妆品仍不断推向市场。

对于 SPF 可以这样来理解，若一受试者在日光下晒 20min 被晒红（最轻微的红斑），而当使用了 SPF 为 6 的防晒化妆品之后，如果防晒化妆品不被洗掉或被汗水冲去，在与前同样的日光条件下，要晒 120min 才会产生相同程度的轻微红斑，可见，防晒系数 SPF 值的高低从客观上反映了防晒产品紫外线防护能力的大小。

美国 FDA 在 1993 年的终审规定防晒等级与 SPF 值的关系见表 9-10。

表 9-10　防晒等级与 SPF 值

防晒产品等级	SPF 值	应用特点
最低防晒品	2～6	—
中等防晒品	6～8	—
高度防晒产品	8～12	—
高强防晒产品	12～20	适用于中等强度阳光照射
超高强防晒产品	20～30	适用于夏日光照或户外活动、旅游等

（二）抗水抗汗性能

夏天大量出汗的户外活动、水下工作或游泳，都会使皮肤长时间受水浸泡，这种情况下皮肤自身屏蔽紫外线的功能下降，过度水合角质层比干燥状态皮肤对 UVA 透射率增加，同时涂抹于皮肤表面的防晒产品极易被稀释或冲洗掉，因此，在水下活动或易于出汗的环境中，应选择在标签上标识“防水防汗”“适合游泳等户外活动”等具有防水效果的防晒产品。

在我国化妆品宣称抗水性能要求进行人体生物测试或仪器模拟实验验证。近年来也有不少人研究快速简便的替代试验方法来进行防晒产品抗水抗汗性能体外测定，如有人利用非渗透蒸发仪及紫外分光光度计来计算乳化剂及乳化类型对防晒产品抗水性效能的影响；有人采用 SPF-290S 仪或 UV-1000Slabsphere 紫外投射仪进行防晒产品抗水性能体外测定；也有人将水浴法和高压液相色谱法（HPLC）检测技术相结合，尝试建立一种体外测定防晒产品抗水性的新方法。

这些方法虽有一定价值，但对防晒终产品 SPF 值抗水性能的科学评价，目前仍是应用人体实验方法。

（三）UVA 防护指数 PFA

关于防晒化妆品 UVA 防护效果的评价问题，目前国际上尚未形成统一的标准方法，因此防晒产品 UVA 防护效果的标识宣传也多种多样。

1. UVA 防护指数

① 最小持续性黑化量（minimal persistent pigment darkening dose，MPPD），即辐照后 2～4h 在整个照射部位皮肤上产生轻微黑化所需要的最小紫外线辐照剂量或最短辐照时间。

② UVA 防护指数（protection factor of UVA，PFA），引起被防晒化妆品防护的皮肤产生黑化所需的 MPPD 与未被防护的皮肤产生黑化所需的 MPPD 之比，即为该防晒化妆品的 PFA 值。可表示如下：

$$\mathrm{PFA}=\frac{\text{使用防晒化妆品防护皮肤的 MPPD}}{\text{未防护皮肤的 MPPD}}$$

③ 防晒产品对 UVA 防护效果用 PA（protection grade of UVA）表示。根据所测防晒化妆品 PFA 值的大小（只取整数部分）按下式换算成 PA 等级：

PFA 值小于 2：表示无 UVA 防护效果；

PFA 值 2～3：PA+，表示对 UVA 有防护作用；

PFA 值 4～7：PA++，表示对 UVA 有良好防护作用；

PFA 值 8 或 8 以上：PA+++，表示对 UVA 有最大防护作用。

PA 等级应和产品的 SPF 值一起标识。UVA 防护等级也可以这么理解：PA+表示有效防护约 4h，PA++表示有效防护 8h，PA+++表示最高强度防护。

④ PFA 测定方法也是人体测定方法，与 MED 相类似，只是选择志愿者的皮肤类型为Ⅲ、Ⅳ、Ⅴ、Ⅵ型，标准品的 PFA 值为 3.75。

观察 MPPD 应选择曝光后 2～4h 之内一个固定的时间点进行，室内光线应充足，至少应有两名受过培训的观察者同时完成。

2. 等级表示法

等级表示法是将测试样品的 UVA 防护效果分为 0～4 个星级，星级越高，代表紫外防护光谱越宽。如果测得关键波长 λ_c 大于 370nm，即判定所测样品具有 UVA 防护作用，和 SPF 值一起标识可宣传宽谱防晒，如果所测定的 λ_c 小于 370nm，则判定该样品无 UVA 防护作用，产品只标识 SPF 值。

国内一般是分别测定样品对 UVA 区各个波段的吸光度值，根据测定大小评价样品对 UVA 的防护效果，一般认为吸光度 A 值大于 1 情况下样品有防护 UVA 效果，数值越大，防护效果越强。

（四）免疫防护指数

免疫防护指数（immune protection factor，IPF ）是近年来一些学者提出的用于评价防晒剂免疫防护的指标。IPF 的计算除包括 UVA 和 UVB 的作用外，还反映了皮肤对启动免疫应答、光化学反应、细胞信号和组成成分变化的综合信息。对于 IPF 的定义尚没有统一的标准。目前多数文献使用的 IPF 计算方法是涂防光剂前和后半数免疫抑制量（ID_{50}）或最小免疫抑制量（MISD）的比值。ID_{50} 是指发生 50%免疫抑制的 UV 剂量或者是导致非照射组发生 50%免疫抑制的 UV 剂量。

MISD 指导致与非照射组有显著意义的免疫反应发生的最小 UV 剂量。

四、防晒效果评价方法

化妆品防晒效果按照我国《化妆品卫生规范》（2007 年版）的具体要求进行检验（表 9-11）。

表 9-11　我国《化妆品卫生规范》规定防晒化妆品防晒效果人体试验项目

	检验项目
防晒化妆品防晒效果人体试验	防晒指数(SPF 值)测定①②
	长波紫外线防护指数(PFA 值)测定②
	防水性能测定③

① 宣称防晒的产品必须测定 SPF 值。

② 标注 PFA 值或 PA+～PA+++的产品，必须测定长波紫外线防护指数（PFA 值）；宣称 UVA 防护效果或宣称广谱防晒的产品，应当测定化妆品抗 UVA 能力参数——临界波长或测定 PFA 值。

③ 防晒产品宣称“防水”“防汗”或“适合游泳等户外活动”等内容的，根据其所宣称抗水程度或时间按规定的方法测定防水性能。

（一）化妆品防晒效果评价之人体测试方法

1. 志愿者要求

① 18～60 岁健康人，男女均可。

② 按照 Fitzpatrick 皮肤分型方法，参加 SPF 试验的所有受试者的皮肤类型或皮肤光型应属于Ⅰ、Ⅱ、Ⅲ型，即对日光或紫外线照射反应敏感，照射后易出现晒伤而不易出现色素沉着者；参加 PFA 试验的所有受试者皮肤类型应属于Ⅲ、Ⅳ型，即皮肤经紫外线照射后易出现不同程度色素沉着者。

③ 另要求既往无光感性疾病史，近期内未使用影响光感性的药物；受试部位的皮肤色泽均一，应无炎症、瘢痕、色素痣、多毛或其他色斑等；妊娠、哺乳、口服或外用皮质类固醇激素等抗炎药物，或近一个月内曾接受过类似试验者应排除在受试者之外。

④ 试验前应由经过培训的科研人员或技术员对每个受试者进行检查筛选，应保证受试者健康安全；为了保证受试者参加一次试验后所引起的皮肤晒黑或色素沉着有足够的时间消退，受试者参加两次 SPF 试验的间隔时间应为 2 个月以上。所有受试者均应签署知情同意书。

2. 受试者人数

要求标准误差应小于均数的 10%，否则应增加受试者人数直至符合上述要求。每次试验中至少保证 10 个以上的受试者出现有效结果，受试者人数不得超过 20 人。估计均数的抽样误差可计算该组数据的标准差和标准误差。

3. 光源要求

所使用的人工光源必须是氙弧灯日光模拟器并配有过滤系统，具体要求：可发射接近日光的UVA、UVB区连续光谱；光源输出应保持稳定，在光束辐照平面上应保持相对均一；为避免紫外灼伤，应使用适当的滤光片将波长短于320nm的紫外线滤掉；波长大于400nm的可见光和红外线也应过滤掉，以避免其黑化效应和致热效应。

在研究皮肤黑化时，光源采用UVA，用低于红斑阈值的照射剂量诱发皮肤色素沉着。与UVB诱导的皮肤红斑相比，UVA诱导人类皮肤发生黑化的过程表现出更大的个体差异，所涉及的影响因素更为广泛、复杂。

光源强度和光谱的变化可使受试者MPPD发生改变，因此应定期监测和维护，仔细观察，必要时更换光源灯泡。

4. 操作过程

① 照射受试者后背，受试者可采取前倾位或俯卧位。试验部位应在肩胛线和腰部之间画出边界。骨骼突起或其他不平部位应设法避免。受试部位皮肤色泽均一，没有色素痣或其他色斑等。

② 样品涂布面积不小于30cm^2。按2mg/cm^{2}或2μL/cm^{2}的用量称取样品，使用乳胶指套以实际使用的方式将样品准确、均匀涂布在受试部位皮肤上。等待15min，以便样品滋润皮肤或在皮肤上干燥。涂抹不同测试样品部位之间的间距至少为1cm；涂抹样品之前，应使用干燥棉纱清洁皮肤；涂抹样品部位皮肤应使用记号笔标出边界，或使用不吸收材料制作的模板。对不同剂型的产品可采用不同称量和涂抹方法。

③ 在测定防晒产品的SPF、PFA值时，为保证试验结果的有效性和一致性，需要同时测定防晒标准品作为对照。因此，皮肤至少应分3区：第一区直接用紫外线照射，第二区涂抹测试样品后进行照射，第三区涂抹标准对照品后进行照射。标准防晒品由固定的标准配方配制而成。

④ 单个光斑的最小辐照面积不应小于0.5cm^2（直径8mm）。未加保护皮肤和样品保护皮肤的辐照面积应一致。

⑤ 照射时紫外线的剂量依次递增，增幅最大不超过25%。增幅越小，所测的PFA、SPF值越准确。

5. SPF测定方法

(1) 预测受试者MED。应在测试产品24h以前完成。在受试者背部皮肤选择一照射区域，取5点用不同剂量的紫外线照射。24h后观察结果，以皮肤出现红斑的最低照射剂量或最短照射时间为该受试者正常皮肤的MED。

受试者正常皮肤的MED、测试样品所保护皮肤的MED必须在同一受试者并在同一天判断。在一次试验中，同一受试者皮肤上可进行多个产品的测试。

(2) 测定受试样品的SPF值。在试验当日需同时测定下列三种情况下的MED值：

① 测定受试者未保护皮肤的MED，应根据预测的MED值调整紫外线照射剂

量，在试验当日再次测定受试者未防护皮肤的MED。

② 将受试产品涂抹于受试者皮肤，然后测定在产品防护情况下受试者皮肤的MED，在选择5点试验部位的照射剂量增幅时，可参考防晒产品配方设计的SPF值范围：对于SPF值≤15的产品，五个照射点的剂量递增为25%；对于SPF值>15的产品，五个照射点的剂量递增为12%。

③ 在受试部位涂SPF标准样品，测定标准样品防护下皮肤的MED，方法同预测受试者MED法。

（3）每次SPF试验至少使用一种标准品　使用低SPF值还是高SPF值的标准品取决于待测产品预计的SPF值。对于SPF值≤15的产品，可选择低SPF值标准品，对于SPF值>15的产品，最好选择高SPF值标准品。如果在一次试验中选用了高SPF值标准品，则不需要再用低SPF值标准品，即使试验所测样品中含有低SPF值产品也是如此。测定标准样品防护下皮肤的MED，方法同前。

（4）照射时紫外线的剂量依次递增　被照射皮肤由于表浅血管扩张而产生不同程度的迟发性红斑反应。照射后16～24h由经过培训的评价人员判断。

（5）排除标准。进行上述测定时如5个试验点均未出现红斑，或5个试验点均出现红斑，或试验点出现红斑随机出现时，应判定结果无效，需校准仪器设备后重新进行测定。

（6）SPF计算。先测定每位受试者的MED，再用氙灯模拟日光，依据受试者的MED和产品估计的SPF，从低到高进行照射，测出涂防晒化妆品的MED。则：

$$\text{个体 } SPF_i = \text{涂防晒化妆品的MED/不涂防晒化妆品的MED}$$

$$\text{产品 } SPF = \sum SPF_i / 20$$

所有受试者的个体SPF值保留一位小数，求其算术平均数即为该测试产品的SPF值。估计均数的抽样误差可计算该组数据的标准差和标准误差。

6. PFA的测定方法

（1）方法简述　检验前24h预测受试者皮肤对紫外线照射的最小黑化量（MPPD值），根据预测结果调整紫外线照射量，用于检验样品。其他步骤和流程参考SPF测定方法。2～4h后观察实验结果，分别记录三种情况下的MPPD值。

（2）PFA值的计算　PFA值用下式计算：

$$PFA = \frac{MPPD_p}{MPPD_u}$$

式中　$MPPD_p$——测试产品所保护皮肤的MPPD；

$MPPD_u$——未保护皮肤的MPPD。

计算样品防护全部受试者PFA值的算术均数，取其整数部分即为该测定样品的PFA值。

受试者正常皮肤的MPPD、测试样品所保护皮肤的MPPD必须在同一受试者并在同一天判断。在一次试验中，同一受试者皮肤上可进行多个产品的测试。

估计均数的抽样误差可计算该组数据的标准差和标准误差，标准误差应小于均数的 10%，增加受试者人数可降低标准误差数值，但受试者人数最多不得超过 20 人。

7. 检验报告

报告应包括下列内容：受试物通用信息，包括样品编号、名称、生产批号、生产及送检单位、样品物态描述以及检验起止时间等，检验目的，材料和方法，检验结果，结论。

检验报告应有检验者、校核人和技术负责人分别签字，并加盖检验单位公章。在试验报告中应给出全部受试者的试验结果包括被舍弃的测定数值。

8. 注意事项

① SPF、PFA 试验是用来评价适当使用的化妆品对消费者暴露日光的保护水平的。这样的研究不应当给受试者带来有害的、长期的影响。

② 试验应由合格的、有经验的技术人员来实施，以避免对受试者的皮肤造成不必要的损害。

③ 为了减少样品称量的误差，应尽可能扩大样品涂布面积或样品总量。

④ 试验前本研究的监管人员对待测样品的安全性评价信息应有足够了解。

⑤ 未成年人不应参加 SPF、PFA 测定试验。

⑥ 涂抹样品、紫外照射和 MED、MPPD 观察均应在稳定的室内环境中进行。室内应有空调设备，室温应维持在 18～26℃。

9. 标准品的制备

（1）SPF 防晒标准品的制备　低 SPF 防晒标准品为 8% 水杨酸三甲环已酯制品，其 SPF 均值为 4.47，标准差为 1.297。所测定的标准品 SPF 值必须位于已知 SPF 值的标准差范围内，即 4.47±1.297，在所测 SPF 值的 95% 可信限内必须包括 SPF 值 4。表 9-12 为低 SPF 标准品的制备。

表 9-12　低 SPF 标准品的制备

成分	含量(质量)/%	成分	含量(质量)/%
A 液		B 液	
羊毛脂	5.00	对羟基苯甲酸甲酯	0.10
胡莫柳酯	8.00	EDTA-2Na	0.05
白凡士林	2.540	1,2-丙二醇	5.00
硬脂酸	4.00	三乙醇胺	1.00
对羟基苯甲酸丙酯	0.05	纯水	74.00

制备方法：将 A 液和 B 液分别加热至 72～82℃，连续搅拌直至各种成分全部溶解。边搅拌边将 A 液加入 B 液，继续搅拌直至所形成的乳剂冷却至室温（15～30℃），最后得到 100g 防晒标准品。

高 SPF 标准品的具体配方、生产工艺和质量标准见国际 SPF 值测定方法。

（2）PFA标准品的制备　PFA对照标准品的PFA值3.75±1.01，按日本JCIA标准配方配制（表9-13）。

表 9-13　PFA标准品的制备

成分	含量(质量分数)/%	成分	含量(质量分数)/%
A相		B相	
纯化水	57.13	三-2-乙基己酸甘油酯	15.00
缩二丙二醇	5.00	十六/十八混合醇	5.00
苯氧乙醇	0.30	丁基甲氧基二苯甲酰基甲烷	5.00
氢氧化钾	0.12	矿脂或凡士林	3.00
EDTA三钠	0.05	硬脂酸	3.00
		甲氧基肉桂酸乙基己基	3.00
		单硬脂酸甘油酯	3.00
		对羟基苯甲酸甲酯	0.20
		对羟基苯甲酸乙酯	0.20

制备工艺：分别称出A相中原料，溶解在纯水中，加热至70℃。分别称出B相中原料，加热至70℃直至完全溶解。把B相加入A相中，混合、乳化、搅拌、冷却。上述方法制备的标准品，其PFA值为3.75，标准差为1.01。

（二）化妆品防水性能之人体测试

目前以美国FDA发布的试验方法被公认为客观合理的标准方法。我国对有关试验水的要求：采用能控制水温、室温以及相对湿度的室内水池、旋转或水流浴缸，水质应新鲜并符合规定的饮用水标准。

1. 对防晒品一般抗水性的测试

如产品宣称具有抗水性，则所标识的SPF值应当是该产品经过下列40min的抗水性试验后测定的SPF值。

① 在皮肤受试部位涂抹防晒品，等待15min或按标签说明书要求进行。

② 受试者在水中中等量活动或水流以中等程度旋转20min。

③ 出水休息20min（勿用毛巾擦试验部位）。

④ 入水再中等量活动20min。

⑤ 结束水中活动，等待皮肤干燥（勿用毛巾擦试验部位）。

⑥ 按规定的SPF测定方法进行紫外照射和测定。

2. 对防晒品优越抗水性的测试

如产品SPF值宣称具有优越抗水性，则所标识的SPF值应当是该产品经过下列80min的抗水性试验后测定的SPF值。

① 在皮肤受试部位涂抹防晒品，等待15min。

② 受试者在水中中等量活动20min。

③ 出水休息20min（勿用毛巾擦试验部位）。

④ 入水再中等量活动20min。

⑤ 出水休息 20min（勿用毛巾擦试验部位）。

⑥ 入水再中等量活动 20min。

⑦ 出水休息 20min（勿用毛巾擦试验部位）。

⑧ 入水再中等量活动 20min。

⑨ 结束水中活动，等待皮肤干燥（勿用毛巾擦试验部位）。

⑩ 按规定的 SPF 测定方法进行紫外照射和测定。

3. 结果判定示例

> 防晒类化妆品防水性能测定结果判定：
>
> 被测物防水测定前标识的 SPF 值 * * ，人体测定结果显示，所检样品的洗浴后 SPF 值为 * * ，洗浴后测定的数值减少小于（超过）50%，则该样品可（不得）标识具有一般防水性用途。
>
> 对照标准品：8%胡莫柳酯（水杨酸三甲环己酯，Homosalate），SPF 值 4.47±1.297。

（三）化妆品防晒效果评价之仪器测定

1. 实验原理

根据紫外线吸收剂和屏蔽剂可以阻挡紫外线的性质，将防晒剂或防晒化妆品涂在透气胶带、人造皮肤或特殊底物上，利用紫外分光光度计法测定样品在不同波长的 UVB、UVA 照射下的吸光度值或紫外吸收曲线，依据测定结果粗略估计其防晒效果。

Labsphere UV-1000S 紫外透射率分析仪比紫外分光光度计更进一步，增加了特殊的软件程序，不仅考虑了样品对紫外线的吸收因素，还综合了不同纬度下的日光光谱辐射及日光光谱红斑效应等影响，可将测定结果及其他实验因素转换成 SPF 值直接显示。

2. 紫外分光光度法

① 将 3M 胶带剪成 1cm×4cm 大小，粘贴在石英比色皿透光测表面上。

② 接通电源，预热紫外可见分光光度计，设定 UVB 区检测波长为 285nm、290nm、295nm、300nm、305nm、310nm、315nm 和 320nm。

③ 将贴有胶带的石英比色皿置于样品光路和参比光路中，调整仪器零点。

④ 精确称取待测样品 8mg，将样品均匀涂抹在石英比色皿 3M 胶带上。同上方法制备五个平行样品。

⑤ 将制备好的样品比色皿置于 35℃ 干燥箱中，干燥 30min。

⑥ 将待测样品比色皿置于样品光路中，取另一贴有胶带的石英比色皿置于参比光路中，分别测定 UVB 区设定波长的紫外吸光度值，然后取各测定数值的算术均数。

⑦ 依次测定五个平行样品，如上法得出五个样品的均值，再计算五个样品均值的算术均数，即为该测试样品的吸光度。

测试结果评价：吸光度值＜1.0±0.1，表示该样品无防晒效果；吸光度值＝

1.0±0.1，表示该样品有低级防晒效果，适用于冬日、春秋早晚和阴雨天；吸光度值>1.0，而<2.0±0.2，表示该样品有中级防晒效果，适用于中等强度阳光照射；吸光度值>2.0，表示该样品有高级防晒效果，适用于夏日光照或户外活动、旅游等。

3. SPF分析仪测定法

① 将3M胶带固定于特制的石英玻璃板（8.0cm×7.7cm）上。

② 精确称取待测样品，以2mg/cm^{2}用量将样品均匀涂抹在石英板3M胶带上。

③ 将制备好的样品置于37℃干燥箱中，放置10min。

④ 接通电源，预热仪器，测定样品的SPF值。每样品板测定点不得少于6点。

⑤ SPF标准品测定过程同①～④。

4. 仪器法的特点

仪器法可以用来初步估算防晒剂对UVA、UVB的防护效果：吸收曲线高度可以表示防晒剂吸收UVA、UVB的效能；曲线的宽度表示防晒剂在多大波长范围内有吸收作用，即是否具有广谱吸收作用。

与较为烦琐费时且在防晒产品的研究开发阶段不便使用的人体试验方法相比，仪器法具有人体法无法比拟的优点，简单快捷、费用低且不对人体造成损伤，在需要反复测量产品SPF值的研发工作中具有应用价值。但是不同仪器测定的SPF值之间或者仪器测定值与人体测定值之间有时差别很大，给监管带来困难。而且仪器法还忽略了应用防晒化妆品后皮肤的反应，只检测了样品中紫外线吸收剂单一因素，没有考虑其他成分的影响，因此，无法对防晒化妆品的防晒效果进行科学合理的综合评价。

五、防晒化妆品的标识与选用

（一）我国对防晒化妆品的标识要求

（1）凡宣称具有防晒功能的化妆品，标签中必须标识SPF值；可以标识UVA防护功能、广谱防晒功能、PFA值或PA+～PA+++以及防水、防汗功能或适合游泳等户外活动。所有标识的防晒功能均必须提供有效的检验依据。

（2）防晒化妆品SPF值标识应符合以下规定：

① 当所测产品的SPF值小于2时不得标识防晒效果。

② 当所测产品的SPF值在2～30之间（包括2和30），则标识值不得高于实测值。

③ 当所测产品的SPF值大于30、减去标准差后小于或等于30，最大只能标识SPF30。

④ 当所测产品的SPF值高于30、且减去标准差后仍大于30，最大只能标识SPF30+。

（3）防晒化妆品PFA值标识应符合以下规定：

① 当所测产品的PFA实测值的整数部分小于2时，不得标识UVA防晒效果。

② 当所测产品的 PFA 实测值的整数部分在 2～3 之间（包括 2 和 3），可标识 PA＋或 PFA 实测值的整数部分。

③ 当所测产品的 PFA 实测值的整数部分在 4～7 之间（包括 4 和 7），可标识 PA＋＋或 PFA 实测值的整数部分。

④ 当所测产品的 PFA 实测值的整数部分大于等于 8，可标识 PA＋＋或 PFA 实测值的整数部分。

（4）符合下列要求之一的防晒化妆品，可标识广谱防晒：

① SPF 值≥2，经化妆品抗 UVA 能力仪器测定 $C \geqslant 370nm$。

② SPF 值≥2，PFA 值≥2。

（5）防晒化妆品在标识防水性能时，应标识洗浴后测定的 SPF 值，也可同时标识出洗浴前后的 SPF 值。并严格按照防水性测试结果标识防水程度：

① 洗浴后的 SPF 值比洗浴前的 SPF 值减少超过 50％的，不得标识宣称具有防水性能。

② 通过 40min 抗水性测试的，可宣称一般抗水性能（如具有防水、防汗功能，适合游泳等户外活动等），所宣称抗水时间不得超过 40min。

③ 通过 80min 抗水性测试的，可宣称具有优越抗水性，所宣称抗水时间不超过 80min。

（二）防晒化妆品的正确选择与使用

作为一种特殊用途化妆品，防晒化妆品的选择及使用有一些独特之处。

1. 正确理解防晒化妆品的功效标识

SPF 值反映产品对 UVB 晒伤的防护效果，PA 等级反映对 UVA 晒黑的防护效果。SPF 值和 PA 等级越高，防护效果越强。在购买产品时，应仔细阅读产品说明书，根据使用防晒品的场合，选择不同防御强度的防晒品。理论上看防晒化妆品可能也有防御皮肤光老化甚至防御皮肤癌的作用，但其中涉及的环节过于复杂，时间也十分漫长，因此国际上多数化妆品法规不建议进行标识或宣传。

2. 明确防晒化妆品的使用场合

一般防晒品可以保护皮肤免于日光晒伤，在需要紫外线防护的情形下使用。在户外活动时，无论是有太阳照射的晴天还是没有阳光的阴天，都应该使用，尽管阴天时太阳被云层遮盖，但仍有部分紫外线散射到大地。游泳、河边、海岸、雪地环境，大地反射紫外线强，更应该使用。室内或车内尽管有窗玻璃的阻挡，但仍有一部分紫外线透过，都应该使用防晒品。孕妇和儿童要注意选择安全系数高，配方成分不要太复杂的防晒霜。需要提醒的是，切忌把防晒品当做日常护肤品不分场合使用，尤其晚上不应使用含有防晒成分的日霜。紫外线吸收剂作为化学物质也有引起皮肤刺激或过敏的可能，因此对防晒剂过敏的个体建议不用防晒化妆品而采取其他防晒措施。

3. 选择防晒品的防护强度

应根据所处的环境和日光辐射的强度选择产品防护强度。如不同季节，日光中紫外线强度有很大差异，夏天室外活动选用产品的防护强度应高于秋冬季。秋冬季室外或夏天室内工作为主的人选择中等防护效果的产品即可，可选用 SPF＞15、PA＋＋的物理或化学性防晒剂；夏天室外可选用 SPF＞20、PA＋＋的产品。长时间停留在阳光下如海岸、雪山或高原地区的应选择 SPF＞30、PA＋＋＋的高防护防晒产品；对日光敏感的人或患有光敏感性皮肤病的患者则推荐使用高防护效果产品。但是，产品防护效果越强，其中防晒剂的种类或用量也会相应增加，只有这样才能达到高强度吸收或阻挡紫外线辐射的作用。配方原料的种类越多或用量越高，对皮肤危害的风险也增加。因此，不能一味追求高强度防晒效果，应该根据暴露阳光的情况，选择恰当的 SPF 值或 PA 防护等级。

4. 足量多次使用

防晒化妆品产品标注的 SPF 值及 PA 等级是在标准实验室环境中测定的，产品用量为 $2mg/cm^2$，而消费者在实际使用化妆品时一般用量为 $0.5\sim1mg/cm^2$。研究发现，防晒品的 SPF 值在用量不足的情况下直线下降。换言之，如果消费者使用防晒品的剂量不足 $2mg/cm^2$ 时，就得不到产品标注的防护效果。因此，正确使用防晒化妆品的方法是足量、多次使用，每隔 2h 可以重复使用一次。

5. 防晒品涂抹方法

与大多数产品涂抹时建议按摩以促进活性成分被皮肤吸收不同，防晒品应避免化学性防晒剂被皮肤吸收。一旦皮肤吸收了化学性防晒剂，不仅可能增加过敏反应，还可能产生其他副作用。因此，添加了化学性防晒剂的产品同时会增加防渗透原料，以阻止化学性防晒剂被吸收。涂抹时应轻拍，不要来回揉搓，更不要用力按摩，以防产品中的粉末成分被深压入皮肤沟纹或毛孔中，造成清洗困难，堵塞毛孔。涂抹部位不仅仅限于面部，凡是可能受到阳光照射的部位都应涂抹，尽可能保护皮肤免受晒伤。

6. 产品停留时间

由于防晒品涂布后在皮肤上与自身的皮脂膜有一个适应的过程，且产品中的水分蒸发后防晒剂能更紧密地附着于皮肤，建议出门前 15min 左右涂抹。防晒品不是皮肤营养品，在脱离紫外线辐射环境后，应立刻清洗，含有二氧化钛等粉末的产品更应彻底清洁干净。由于化妆品难以完全阻挡紫外线，清洗掉防晒剂后，可以涂上保湿霜或其他晒后修复产品，进一步保护皮肤。

7. 不要过于依赖防晒化妆品

作为一层皮肤上涂抹的制剂，其防晒效果受多种因素影响，如用量、汗液稀释、衣物剐蹭以及日晒后防晒品本身的变化。所以要采用多种防晒措施，如衣帽、眼镜、遮阳设备等。不要以为自己使用了高效防晒化妆品就可随意延长日光暴露时间。

8. 隔离霜的防晒性能

现在市场上推出一类称为“隔离霜”的产品。这些产品宣称可以隔离环境中的有害物质甚至有防护紫外线的作用。且不评判是否有隔离环境的作用，如果产品未标明SPF值或PA等级又宣称有防晒作用，实际上是规避了作为特殊类化妆品应该做的防护紫外线强度的检测，防护效果难以判别，在选择时要特别注意。

第二节 美白祛斑类化妆品的作用机理与效果评价

对黄皮肤及黑皮肤的人来说，美白产品的主要作用是使皮肤颜色变浅或变白，同时使色调均匀；而白皮肤的人则期望美白产品能对付雀斑、晒斑等烦恼。近年来，我国祛斑美白类化妆品也已经成为市场上最热销的产品之一。

一、美白祛斑机理

我国有句俗话“一白遮百丑”，白皙、光洁、细腻的肌肤一直是东方女性追求的目标。早期，我国对美白护肤品的管理分为两种：一种是在乳膏基质中加入表面看起来具有显著美白作用的原料成分即“增白”的遮盖型产品，属于非特殊用途化妆品；另一种美白护肤品是根据体内黑色素形成的机制、影响因素等添加具有减轻表皮色素沉着的美白功效成分，属于特殊用途化妆品。

目前，市场上大部分宣称有助于皮肤美白增白的化妆品，与宣称用于减轻皮肤表皮色素沉着的化妆品作用机理一致，为控制美白化妆品的安全风险，加强美白化妆品监督管理，保障消费者健康权益，2013年12月16日，国家食品药品监督管理总局在《关于调整化妆品注册备案管理有关事宜的通告》（2013年第10号）中对美白化妆品管理提出如下要求：凡宣称有助于皮肤美白增白的化妆品，纳入祛斑类特殊用途化妆品实施严格管理，必须取得特殊用途化妆品批准证书后方可生产或进口。其中，通过物理遮盖形式达到皮肤美白增白效果的，应在产品标签上明确标注仅具有物理遮盖作用。仅具有清洁、去角质等作用的产品，不得宣称美白增白功能。

（一）皮肤的色素代谢

黑素为高分子生物色素，分为优黑素和褐黑素两种。黑素起着吸收紫外线的滤光片和自由基清除剂的作用，为真皮蛋白质、胶原、弹性蛋白提供保护；防止弹力纤维变性所致皮肤老化；保护DNA免受有害因素引起的致突变效应，从而降低皮肤癌的发生率。

1. 黑素的形成过程

皮肤的黑素由黑素细胞形成和分泌，黑素形成必须有三种基本物质：①酪氨酸为制造黑素的主要原料；②酪氨酸酶是酪氨酸转变为黑素的主要限速酶，为铜及蛋白质的组合物；③酪氨酸在酪氨酸酶的作用下产生黑素，此种作用为氧化过程，必须与氧结合才能转变为黑素。

优黑素和褐黑素合成的起始步骤相同，都是在酪氨酸酶的作用下氧化成多巴，进而氧化成多巴醌。从多巴醌开始，优黑素和褐黑素的合成途径就分开进行。目前公认的黑素合成途径如图 9-1 所示。

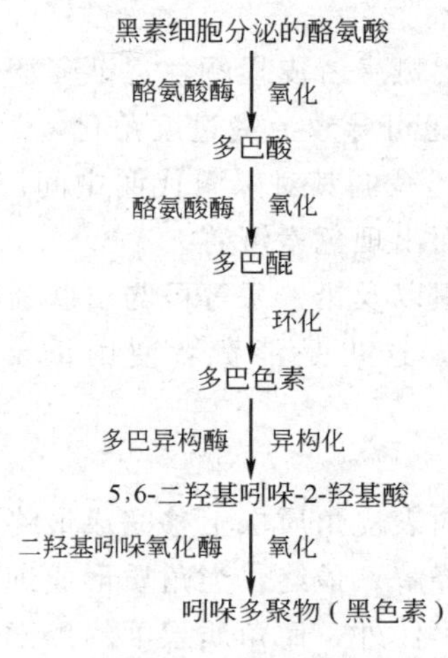

图 9-1　黑色素合成途径

黑素的形成过程包括黑素细胞的迁移、黑素细胞的分裂成熟、黑素小体的形成、黑素颗粒的转运以及黑素的排泄等一系列复杂的生理生化过程，从而发挥调节皮肤颜色和防御紫外线辐射的作用。

2. 影响黑素形成的因素

影响黑素形成的因素较多，大体上可以分为细胞内、细胞外以及外源性（如紫外线）等几个方面。

① 黑素细胞中决定黑素合成速率的是细胞内的多种酶。主要是酪氨酸酶，高水平的酪氨酸酶活性导致优黑素的产生，低水平的酪氨酸酶活性导致褐黑素生成。另有 TPR1（DHICA 氧化酶）、TPR2（多巴色素互变酶）、过氧化物酶起到重要的协助作用。

② 黑素细胞的形态、结构和生成黑素的活性受到细胞外胞质网络的控制，能够促进黑素细胞生长和存活的因子有碱性成纤维细胞生长因子（bFGF）、内皮素（ET-1）、神经细胞生长因子（NGF）等，而抑制黑素细胞增殖并使酪氨酸酶活性降低的有白介素 1（IL-1）、白介素 6（IL-6）、肿瘤坏死因子（TNF）等。此外，干扰素在一定条件下，能促使黑素细胞形态改变，生长抑制；炎症介质白三烯 C4 是人黑素细胞的促分裂原，能促使黑素细胞快速增生，并对黑素细胞有趋化作用。

③ 紫外线是人体长期接触的主要外源性刺激因素，可激活酪氨酸酶，使氧自由基增多，刺激黑素细胞增殖，并使细胞合成黑素和转运黑素体的功能增强，出现皮肤色素沉着。紫外线照射后发生的皮肤晒黑即属于这一类，停止照射后，这种皮肤反应则迅速消退。

黑素可吸收紫外线，从而减缓紫外辐射对深层组织的损害，这正是人类在漫长的进化过程中，对日光辐射形成的一种防御性生物反馈机制。

④ 在黑素代谢过程中，还受到内分泌、精神因素、促黑激素 MSH、维生素等多因素的影响。

从更年期开始，女性黄褐斑患者皮损颜色逐渐变淡，直至消失，女性激素减少是其主要原因。维生素 A 缺乏可导致毛囊过度角化，解除对酪氨酸酶的抑制作用，产生色素沉着；维生素 C 缺乏减弱其对黑素代谢中间产物还原作用，使黑素增加。烟酸缺乏可提高对光敏感性而出现色素沉着。

某些重金属如砷、铋、银以及铅、汞等可与皮肤巯基结合，减少巯基含量，激活酪氨酸酶，促使黑素生成。这也是消费者使用重金属超标化妆品皮肤变黑的原因。

3. 黑素颗粒的降解

随着角质形成细胞不断向表皮角质层上移完成最终分化过程，其胞质内的黑素小体可被酸性的水解酶不断降解。最终，当角质形成细胞达到角质层，黑素小体结构也消失，随角质层脱落排出体外，而角质层下的黑素小体中的氨基酸、脂类及糖类可被重新吸收，参与表皮的代谢过程。

（二）美白祛斑方法

美白祛斑类化妆品可用于减轻表皮色素沉着，实际上对改变晦暗无光泽的病态肤色，消退面部疾病状态下不均匀的皮肤色素沉着如黄褐斑、雀斑等有一定辅助治疗作用，还要求所有使用者应尽量避免阳光暴晒，并局部涂抹维生素 A 衍生物、美白剂和水杨酸等。

需要注意的是，引发色斑的原因各有不同，单靠祛斑产品不能从根本上解决问题，若想要更快速看见淡斑祛斑效果，需要结合激光、去角质等多种治疗方法，如三氯醋酸脱皮、红宝石激光、铷-雅各激光、局部磨皮手术和低温冷冻疗法等。

皮肤颜色是人类“适者生存”自然选择的结果。位于不同地域的人因受阳光照射强度的差异，皮肤保留了不同的黑素含量。因此，无论是何种肤色，只要是均匀的、富有光泽而无疾病的皮肤就应该被认为是健康美丽的皮肤。为了追求白皙皮肤而过度去除黑素是不恰当的行为。

（三）美白祛斑原料及作用机理

1. 美白祛斑化妆品作用机理

黑素形成过程中的酪氨酸酶活性和黑素输送等环节容易受到外界的影响，这为美白祛斑化妆品的研究开发提供了可能。

过去宣称的美白主要是靠涂抹化妆品到皮肤表面，通过对光线的散射改善肤色和肤质。随着对皮肤美白作用的深入研究，基于对影响皮肤美白的各种因素的全面考虑，新一代的美白祛斑产品应该是全效美白：添加防晒剂吸收紫外线，减少由于光照产生的自由基；捕获已形成的氧自由基；直接抑制、控制黑素生成过程中所需要的酶，抑制黑素的生成；添加美白、祛斑剂，降低色素沉积和清理已生成的黑色素；提高细胞再生更新能力、促进表皮细胞脱落；直至增强皮肤细胞自身免疫力、提高皮肤弹性及新陈代谢机能等。采用从外部到内部全方位的配方组合，发挥原料的多功效作用，使肌肤获得健康、自然美白的效果。

表 9-14 为美白祛斑原料类别及其作用机理。

表 9-14 美白祛斑原料类别及其作用机理

类别	常用原料	作用机理
酪氨酸酶活性抑制剂	氢醌、熊果苷、曲酸及其衍生物、壬二酸、甘草提取物等	直接控制、抑制黑素生成过程中所需的各种酶，从而抑制黑素细胞的生长及黑素的形成
抑制多巴色素互变酶	甘草提取物等	促使底物发生重排，最终生成另一种黑素
黑素运输阻断剂	维 A 酸、亚油酸、烟酰胺（维生素 B_3）等	抑制黑素颗粒向角质形成细胞转移，从而减少表皮中的黑素
角质剥脱剂	羟基酸及其盐类和酯类、果酸、亚麻酸、感光素 401 号等	加速角质形成细胞中黑素向角质层转移及角质层脱落；但过度的刺激会引发皮肤炎症，加重色斑
黑素细胞毒性剂	四异棕榈酸酯、油溶性甘草提取物、氢醌等	致黑素细胞变性、死亡，减少黑素、淡斑
还原剂	维生素 C、维生素 E 及其衍生物、原花青素	将氧化型黑素还原为无色的还原型黑素，清除自由基，减少黑素生成
内皮素拮抗剂	绿茶提取物、内皮素拮抗剂	对抗内皮素的致黑素作用
遮光剂（防晒剂）	对氨基苯甲酸酯类等	阻断紫外线引起的皮肤晒黑作用
天然植物提取物	甘草、桑树、芦荟、绿茶等提取物	对酪氨酸酶的抑制率甚至优于传统的美白剂，有协同作用

2. 常用美白祛斑产品的安全风险

有些祛斑类化妆品打着快速祛斑的旗号，经常含有对人体安全危害性大的氢醌类物质，曾引起严重的皮肤过敏反应；有些美白产品生产商为了达到产品暂时的美容效果，不惜使用大量的有毒有害物质砷、汞和铅，有让消费者中毒和毁容的可能；有些祛斑类产品中违规添加抗生素或激素类禁用成分，使消费者产生了耐药性。因此在使用祛斑产品时尤其要注意产品的安全性，不能盲目追求美白。

祛斑剂是指减少黑色素合成或预防色素沉着而使皮肤变白的原料。从表 9-15 可以看出，纯化学性的祛斑剂的效果较好，但副作用较大；纯天然植物提取物副作用虽小，但美白祛斑效果或小或不肯定。不同物质的美白祛斑作用机理各有不同，互相之间存在协同增效作用，某些物质还可以通过两种以上的途径和机制发挥美白作用。

（四）美白祛斑化妆品正确使用

具有或宣传美白、祛斑功效的化妆品，常见类型有护肤霜、乳液、洗面奶、化妆水、精华液、面膜等，它们都是在里面添加美白祛斑成分，消费者可按照剂型特点选择使用符合正规标准的祛斑产品。

表 9-15　常用美白祛斑原料的应用特性

原料名称		特性	应用
氢醌及其衍生物	氢醌	能凝结酪氨酸酶中的氨基酸，使酶冻结而失去催化活性。氢醌在一定浓度下可致黑素细胞变性、死亡，出现“白斑”	禁止氢醌作为化妆品的美白剂；在开发新的美白原料时，常以氢醌作为参比对照
	熊果苷	能破坏黑素细胞，有效地抑制酪氨酸酶的活性，对晒黑作用明显	安全性高、美白效果明显，其应用与研究已相当广泛
曲酸及其衍生物		与铜离子螯合，使酪氨酸酶失去活性；较强的美白效果；曲酸双棕榈酸酯比曲酸稳定性好	曲酸稳定性差，衍生物效果更好
壬二酸		阻断黑素在黑素细胞内的正常运输，阻止黑素与蛋白质的自由结合，从而减少黑素颗粒的形成	对于高活性的黑素细胞有抑制作用，对正常色素细胞的作用非常有限
维 A 酸衍生物		抑制酪氨酸酶活性，减少黑素形成、促进角质层脱落	禁止使用维 A 酸
维生素 C 及其衍生物		阻碍酪氨酸的氧化反应，还原黑素；维生素 C 棕榈酸酯应用广泛	祛除后天性色素沉着有着明显效果
内皮素拮抗剂		间接抑制酪氨酸酶活性和黑素细胞分化；减少紫外线引起的不均匀色素分布	可从草本植物提取，还可发酵获取
动物胎盘提取物		成分复杂的混合物，具有抗老化、保湿、吸收紫外线、促进黑素代谢等功效	营养十分丰富，非常容易腐败变质
甘草提取物		抑制酪氨酸酶、多巴色素互变酶活性，保湿，修复	市场应用最广的一类植物美白剂
原花青素		天然抗氧化剂，清除自由基，还原黑色素	颜色深、不稳定，需提高配制技术
果酸		常用作化学剥脱剂，通过去除皮肤表层的角质细胞产生美白效果使皮肤立显光洁白嫩，对位于表皮基底层或真皮层的色素则无能为力	护肤功效和皮肤刺激性与果酸的浓度及 pH 值有关；化妆品中只允许使用中低浓度；高浓度必须由专人指导

① 任何的祛斑产品都不是特效产品，可能有减轻色素沉着的作用，但难以完全根除；如果存在慢性疾病导致的面部黄褐斑，应该积极治疗原发病。

② 黑素颗粒随着角质细胞由基底层至角质层的运输时间需要 28d，所以美白产品至少要使用 1 个月才开始出现效果，连续使用才可见明显效果。美白产品的功效不是一劳永逸的，如含有还原剂的美白成分只是还原了黑素，一旦停止使用还原剂，黑素又会回到原来的氧化状态，肤色也会回到从前，因此抗氧化美白祛斑产品更需要较长时间使用。

③ 对那些含有氢醌类物质、过氧化物质的产品尽量少用，它们对皮肤只是有暂时的漂白作用。

④ 取适量膏体在皮肤上均匀涂抹，有色素沉着部位可适当按摩，以促进血液循环，从而使祛斑有效物质更好地渗透吸收。

⑤ 因为洗面奶在脸上停留的时间十分有限，它只可以洗掉皮肤表面的油脂、污垢、死皮、灰尘，而对于深藏不露的黑素鞭长莫及。如果想达到美白效果就需要在后续步骤中配合使用美白祛斑精华乳液、乳霜等其他产品以发挥淡斑祛斑功效。

⑥ 祛斑面膜最好在做了面部护理的按摩步骤后使用，敷脸后的皮肤最适合吸收营养，同时要依据情况配合使用防晒品。

⑦ 维生素C衍生物不具有光敏性，同时由于具有抗氧化功效，可以增加皮肤抗紫外线效果，所以更适合白天使用。为防光氧化，含熊果酸成分的产品晚上使用为宜。

二、美白祛斑类化妆品的效果评价

祛斑美白功效评价方法主要分为两大类：祛斑美白活性成分分析及祛斑效果评价。这些检测方法各有优缺点，随着新型祛斑活性物越来越多，迫切需要改进旧方法或者寻找新方法，以便能更正确地评价原料和产品的祛斑美白功效。

（一）美白活性成分分析

将宣称具有美白祛斑效果的化妆品中的活性成分分离出来，根据其性质不同，采用红外吸收光谱法、高效液相色谱（HPLC）法、核磁共振光谱法、气相色谱分析法、质谱分析法、X衍射分析法或原子发射光谱法等方法对美白活性物质的种类与含量进行定性、定量分析，以此推测其祛斑美白效果。

（二）生物化学方法

1. 细胞水平功效试验

（1）酪氨酸酶活性测定　目前市场上销售的许多美白、祛斑产品都是以抑制酪氨酸酶达到美白效果的，故对酪氨酸酶抑制作用的强弱是评价美白祛斑化妆品的主要指标。

酪氨酸酶活性检测方法有放射性同位素法、免疫学法和生化酶学法，其中以生化酶学法较为简单成熟，检测快速结果易得。酶的材料来源可以是从蘑菇中得到的，也可以是从黑素瘤细胞或动物皮肤中得到的。但该方法仍需要结合其他各种实验方法，才能正确评价化妆品的美白功能。测定美白活性物质对酪氨酸酶的抑制作用时，采用半数抑制量ID_{50}或IC_{50}来表示其抑制效果，ID_{50}或IC_{50}值越小，则活性物质的抑制作用越大。

（2）黑素含量测定　美白化妆品功效评价的最重要检测指标，就是以黑素细胞中黑素含量降低为标准。该方法以B-16黑素瘤细胞作为研究对象，通过测定细胞中黑素总量变化，评价化妆品对皮肤中黑素细胞的抑制情况，以此推断其美白效果的强弱或是用来筛选黑素抑制剂。

① 直接在显微镜下观察培养的B-16黑素瘤细胞中的黑素颗粒的色调，判断美白原料抑制黑素合成的效果。或者将细胞经离心等步骤，释放出细胞颗粒，并在波长420nm测定吸光度，计算黑素总量。

② 采用生物化学-分光光度法测定黑素细胞中的黑素含量，此方法经典稳定，但对细胞数量、环境温度、测定时间等因素要求高，操作步骤比较复杂，应用受到一定的限制。

2. 细胞图像分析技术

细胞图像分析技术是近年来发展起来的定量检测手段，不存在细胞死亡问题，数据的采集和处理均由计算机完成，减小了误差，可以保证结果的正确性、可靠性。细胞图像分析系统包括显微镜、摄像系统、计算机和图像分析软件，它通过定区、定放大倍数来测定特殊染色物质像素量的多少，以对被测物质定量。该方法简便、快速、准确，因此逐渐被引用于正常组织中物质含量的测定。

黑素瘤细胞由于具有能够多次传代、生长快和培养条件相对较低等优点，成为早期筛选美白剂时的首选细胞。20 世纪 70 年代以来采用人体正常黑素细胞的体外培养技术越来越多。

3. 其他方法

还可以通过四唑盐比色法（MTT 法）、乳酸脱氢酶（LDH）测定方法研究美白活性物质对黑素细胞生长情况的影响；通过分子生物学、化学分析法或免疫学方法评价美白活性剂对黑素合成过程中相关酶的影响；通过光镜、电镜观察黑素细胞外部形态，研究美白活性物质对黑素细胞形态、结构及黑素合成量的影响。

（三）动物试验

选用皮肤黑素细胞和黑素小体的分布近似于人类的黄棕色豚鼠，通过紫外线照射动物皮肤，使皮肤形成色素斑，然后在去毛皮肤外涂擦美白祛斑试验物质，持续 28d。然后取皮进行组织学观察，比较黑素细胞数量变化情况评价祛斑功效，试验结果重复性好，但是欧美等国已禁止用动物做化妆品试验。

（四）人体评价

1. 皮肤颜色变化的测定

国内外对化妆品的美白效果评价有很多方法，比较直接和准确的方法是通过皮肤测色仪测定人体皮肤颜色的变化，再结合患者自身评价与专业医师视觉评价或与肤色色票做比较。目前常用测量皮肤颜色的仪器有分光光度计、数字成像系统和三刺激值色度仪等。国内外一般采用国际照明委员会规定的色度系统（CIE Lab 色度系统）测量皮肤颜色的变化，研究使用化妆品后肤色的变化情况。

增白效果是指改善或减弱因日晒引起的色素沉着，测定方法有：紫外线照射引起色素沉着的抑制效果试验；用实际使用试验测定“污斑”改善效果，可以通过视觉、摄影图像分析法，确认色素沉着的抑制效果。目前建立的增白效果测定方法是测定紫外线照射后二次黑化的预防和减弱，最期待的增白效果是污斑的预防和减弱。

2. 图像分析法

该方法将紫外线灯的成像方法和计算机图像分析的定量方法相结合，主要仪器由摄像机和显微镜组成，通过对色素沉着区进行拍照、放大，并进行图像处理，计算各种参数，如皮损大小、边缘情况、结构参数，根据使用化妆品前后色斑沉着的改变来评价祛斑效果，同时做出安全评价，是一种常用的色斑评价法。

用图像来评价色斑的改善效果难以达到标准化，主要存在的问题有：使用试验时间太长（通常3个月以上），操作控制困难；又因色斑明显受紫外线影响，所以操作难以在同样条件下进行；仍然受拍照条件的影响较大，需要与其他皮肤颜色测定仪配合使用提高准确度。

3. 临床评价

（1）正常皮肤试验　选择面部肤色正常的志愿者或选择明确诊断的黄褐斑均匀分布于脸面两侧的受试者进行半脸试用，比较使用美白祛斑化妆品前后或试验品与对照品的面部色素改变，评价产品效果。

除了专家目测比较两侧脸面色素沉着的差别外，还可利用色差计、黑色素测定仪、偏光显微镜等检测受试前后色素分布的均匀性、肤色深浅程度及色斑的改善情况等，从而对化妆品的祛斑美白功效进行评价。试验周期大约需8周。

（2）紫外线照射黑化试验　选择符合要求的志愿者10例以上，以前臂内侧2cm×2cm区域为受试部位，比较光照对皮肤色度的影响。一侧为试验区，另一侧为对照区，用UVA或日光模拟器照射前臂内侧或背部皮肤，造成人为的黑斑，将美白剂涂于皮肤，观察使用美白祛斑化妆品的褪色效果，每周末用色度计测定一次，根据皮肤色素分布和沉着减退程度来评价祛斑美白剂的功效。

第三节　控油抗粉刺类化妆品作用特点与效果评价

痤疮是年轻人中最常见的皮肤病之一，俗称粉刺、酒刺、暗疮、“青春痘”，常发生于面部、前胸和上背部等皮脂腺分布密集、皮脂分泌旺盛的部位，主要表现为微粉刺、白头粉刺、黑头粉刺和炎性丘疹，严重的可以出现脓疱、结节和囊肿等多种损害。目前，宣称控油、祛痘、抑制粉刺的化妆品（亦称抗粉刺类化妆品）已经成为市场上最热销的产品之一。

一、痤疮及其治疗

（一）痤疮形成的原因

目前认为痤疮（粉刺）的形成机制多与皮脂腺增大、皮脂腺过多分泌皮脂、毛囊皮脂腺导管角化过度致使毛囊口变小导管堵塞皮脂淤积在毛囊口和痤疮丙酸杆菌的过度增殖和炎症反应等原因有关。此外还与遗传及心理等因素有关。

1. 皮脂腺的异常分泌

皮脂腺分泌皮脂的标志性成分是角鲨烯，而角鲨烯有很强导致粉刺的作用，流行病学调查发现，痤疮患者多伴有皮脂分泌增加，而且油性皮肤与其他类型皮肤相比，痤疮的程度都严重，差异有显著性（表9-16）。

表9-16　皮肤类型与痤疮的关系

项目	油性皮肤/%	混合型皮肤/%	中性皮肤/%	干性皮肤/%	合计/%
痤疮患者	59.1	31.9	6.5	2.5	100

（1）遗传　遗传因素决定了皮脂腺分布的特点，同样，痤疮、脂溢性皮炎等皮脂相关疾病也存在遗传易感性。身体不同部位，皮脂腺密度、大小不同，分泌强度也不同。头皮、面部皮脂腺数量多，是痤疮、脂溢性皮炎的好发部位；其次为胸部、背部；掌跖皮肤、眼睑无皮脂腺分布，不发生脂溢性皮炎。

（2）年龄和性别　皮脂腺的发育及分泌活动主要受雄激素的影响，皮脂腺是雄激素的一个靶器官，它并不直接受神经的支配，还受到年龄和性别的影响（表9-17）。痤疮好发于青春期人群，与青少年多为油性皮肤、皮脂分泌旺盛、皮脂排出不畅等密切相关；老年时皮脂腺萎缩，油性皮肤的人转为干性皮肤，干性皮肤的人更加干燥。男性普遍较女性皮脂腺分泌旺盛；女性月经前期，易患痤疮或局部痤疮加重，月经后的皮脂分泌显著减少，主要是由于雌激素抑制了皮脂的分泌。

表 9-17　年龄和性别对皮脂腺分泌的影响

<table>
<tr><th>年龄段</th><th>男性皮脂腺分泌情况</th><th>女性皮脂腺分泌情况</th></tr>
<tr><td>出生时</td><td colspan="2">皮脂腺的分泌功能很旺盛(受母体来源的雄激素的影响)</td></tr>
<tr><td>3 个月后</td><td colspan="2">逐渐降低</td></tr>
<tr><td>6 个月后</td><td colspan="2">基本不分泌</td></tr>
<tr><td>7～8 岁后</td><td colspan="2">才再度活跃(性腺雄激素增加)</td></tr>
<tr><td>青春期开始</td><td colspan="2">皮脂腺增大,皮脂的形成增多</td></tr>
<tr><td>青春期后</td><td colspan="2">趋于稳定</td></tr>
<tr><td>16～20 岁</td><td>达到高峰并保持该水平</td><td>趋于稳定</td></tr>
<tr><td>～20 岁</td><td rowspan="3">几乎没有什么变化</td><td>皮脂的分泌最多</td></tr>
<tr><td>20 岁以后</td><td>趋于稳定</td></tr>
<tr><td>35 岁以后</td><td>分泌开始减少</td></tr>
<tr><td>老年期约 50 岁后</td><td>皮脂腺的分泌开始减少</td><td>分泌逐步减少</td></tr>
</table>

（3）其他因素　在不同季节，皮脂腺分泌保持相对稳定。只是天气热时，汗液分泌增加，皮脂在一层汗液形成的膜上更容易溢出，因此使皮肤看起来更油腻。而污染严重、粉尘多的环境，易堵塞皮脂腺导管，使皮脂排泄不畅，导致痤疮的发生。

饮食对皮脂腺的影响目前还有争议，但越来越多的人认为饮食变化会影响皮脂腺的功能。低热量的食物如蔬菜、水果可降低皮脂分泌率，并使皮脂构成发生改变，如角鲨烯增高、其他成分降低。

2. 毛囊、皮脂腺导管角化过度

毛囊、皮脂腺导管角化过度是痤疮发生的关键因素，表现为角质层细胞互相粘连，不容易分开，不能正常地脱落；脱落的角质层细胞积聚在毛囊漏斗部，与皮脂结合形成混合物，如果不及时排出则会堵塞毛囊皮脂腺导管，形成粉刺。

毛囊皮脂腺导管角化过度和下列几种原因有关：①雄激素的刺激；②皮脂组成

成分的改变，如角鲨烯含量增高，游离脂肪酸的相对缺乏，亚油酸和维生素 A 的浓度相对降低等；③痤疮丙酸杆菌产生的游离脂肪酸；④细胞因子 IL-lα；⑤长期在温暖潮湿的环境中，比如闷热潮湿的夏季和在厨房工作的人都易患痤疮或痤疮加重，这是由于毛囊皮脂腺导管上皮细胞含水量增加、体积增大导致的急性阻塞。

3. 痤疮丙酸杆菌等的过度增殖

痤疮患者与正常人相比，毛囊皮脂腺导管中有大量的痤疮丙酸杆菌、表皮葡萄球菌和卵圆形糠秕孢子菌。其中表皮葡萄球菌是需氧的，分布在毛囊皮脂腺导管的中部和开口处；而痤疮丙酸杆菌是厌氧的，在整个导管中都有，不同位置细菌的密度不同。

当皮脂淤积在毛囊内时，以痤疮丙酸杆菌为主的微生物大量繁殖并将甘油三酯代谢为游离脂肪酸，脂肪酸刺激毛囊或引发细菌感染致使毛囊壁损伤破裂，毛囊内容物漏出到周围真皮组织而造成炎性丘疹、脓疱、囊肿等多种痤疮的症状。氧和 pH 值对于痤疮丙酸杆菌的繁殖以及酶的产生有重要的影响，在皮肤表面偏酸的环境中（pH＝5～6.5）痤疮丙酸杆菌最适生存，分泌活性也相对稳定。儿童期痤疮丙酸杆菌的数量很少，青春期后由于皮脂的量增多，痤疮丙酸杆菌大量繁殖。部分脂肪酸如油酸也有促进痤疮丙酸杆菌增殖的作用。

痤疮丙酸杆菌本身还可以作为一种超抗原引起免疫反应，从而继发炎症。

4. 免疫反应

囊肿型痤疮多数和患者过度的免疫反应有关。炎症性痤疮早期，角质形成细胞和痤疮丙酸杆菌释放前炎症因子，破坏导管壁，导管内的角质、细菌和皮脂释放到真皮中，和痤疮丙酸杆菌被中性粒细胞吞噬释放的水解酶一起，造成组织损伤并加剧炎症反应，进而化脓，破坏毛囊皮脂腺。炎症的程度取决于导管壁破坏程度和导管内物质的释放情况。

5. 其他因素

紫外线虽然可以杀灭部分痤疮丙酸杆菌，但它导致表皮增殖和毛囊皮脂腺导管的过度角化，加重痤疮病情。同时 UVA 照射产生的角鲨烯氧化产物具有很强的致粉刺能力，故痤疮患者应尽量避免强烈的日晒。另外，精神状态、性格特征、饮食药物、睡眠不足、化妆品使用不当、不规则的生活作息等都能促使痤疮的产生或影响痤疮严重程度。

（二）痤疮的治疗与预防

1. 痤疮严重程度分级

根据痤疮发生的皮损特点、数量多少、发生部位，应用改良的 Pillsbury 分类法将痤疮分为Ⅰ～Ⅳ级：

0 级：非常小的粉刺或小丘疹；

Ⅰ级（轻度）：散在性丘疹、粉刺，有小脓疱，病损在 10～25 个；

Ⅱ级（中度）：成堆的丘疹、粉刺，有小脓疱，病损在 25～50 个；

Ⅲ级（重度）：丘疹、粉刺，有小脓疱，病损数大于50个，结节小于5个；

Ⅳ级（极重度）：严重成堆的丘疹、粉刺，有小脓疱、结节、囊肿和瘢痕。

2. 医学治疗和预防

痤疮是一种复杂的皮肤疾病，形成原因复杂，发生率与复发率高，如果不加以治疗或自行挤破，容易留下血管扩张、色素沉着或痤疮瘢痕，严重影响患者的外貌。而且痤疮多发生于青春期这个敏感的年龄，会让患者出现社会心理问题。

不同类型的痤疮治疗的侧重不同，只有正确地诊断、分型和选择合适的治疗方案才能取得最好的效果，才能够预防痤疮患者出现皮肤上的瘢痕和心理上的后遗症，见表9-18。

表9-18　不同类型痤疮的治疗方法

痤疮级别	治疗方法	
	外用	口服
轻度（Ⅰ级）	选择合适的祛痘产品；粉刺消融：促进黑头（开放性粉刺）排出	适量的维生素 B_2、维生素 B_6：抑制皮脂的过度分泌；抗生素：消除毛囊内的炎症
中度（Ⅱ级）	局部用药消化、杀菌、去脂	抗生素需要使用几个月；常用四环素类抗生素
重度（Ⅲ级、Ⅳ级）	局部用药消化、杀菌、去脂	口服异维A酸几周；针对皮脂腺的治疗

随着人们生活水平的提高，大家对痤疮这种影响美容的疾病越来越关注，求治的比例逐渐升高，而且新的治疗方法和针对痤疮的抗粉刺类化妆品也层出不穷。

患者在接受治疗的同时要注意生活要有规律，随时保持乐观愉快的情绪，避免焦虑和紧张，要认识到这也许是一种暂时的生理现象；平时多食富含维生素A、维生素C、维生素E和纤维素的蔬菜、水果，饮食清洁；要保持皮肤清洁，让淤积的皮脂从皮肤排出。

部分美容专家认为，只要严格消毒并采用正确的方法及时清除痤疮，可以防止问题进一步恶化，因此，很多美容院仍旧会为顾客清除痤疮，主要采取手清或针清的方式。

二、控油抗粉刺类化妆品作用特点

粉刺是痤疮最早期和最基本的损害表现，抗粉刺化妆品是有助于抑制或减少粉刺数目和减轻粉刺程度的化妆品。合理使用控油抗粉刺类化妆品，对减少皮肤油脂、降低痤疮易感性具有重要作用。

（一）控油抗粉刺化妆品的作用特点

1. 控油抗粉刺化妆品的作用机理

粉刺的形成和多种因素有关，抗粉刺类化妆品主要从4个方面发挥作用：

① 抑制皮脂腺分泌皮脂，预防痤疮；

② 溶解角质，使角质细胞脱落和粉刺消融，疏通毛囊口和皮脂腺导管；

③ 抗炎、抗菌，抑制痤疮丙酸杆菌增殖；

④ 收敛作用，收缩毛孔、紧致皮肤。

根据国家相关部门对于化妆品的规定，抗粉刺化妆品的成分是受到严格限制的，它们的功效性仅限于对痤疮的辅助治疗作用，难以单独治愈中、重度痤疮。

2. 控油抗粉刺化妆品的安全风险

很多具有角质溶解或者剥脱作用的成分具有刺激性，使用不当将会引起接触性皮炎等化妆品皮肤不良反应。例如含有维生素 B_2 和维生素 B_6 的粉刺霜可以起到调节皮肤机能、增强皮肤抵抗力的作用，效果很好，但对女性可能产生生理不调的现象，因此，使用时应慎重，要有选择地使用。含硫黄的化妆水，对抑制皮肤油脂的分泌有明显作用，但也容易使皮肤干燥、变粗，因此，宜稀释后使用，而属于干燥皮肤的人则不宜使用。部分洁面乳中含有水杨酸，有轻微的溶解粉刺和抗炎症的作用。表 9-19 中所列有些原料不能用在化妆品中只能作为药物使用。

表 9-19　常用具有控油抗粉刺作用的原料及功能

类别	常用原料	作用特点
皮脂抑制剂	硫酸锌、葡萄糖酸锌、甘草酸锌、吡啶硫酮锌	减少皮脂被分解为脂肪酸，延缓表皮细胞角化；同时具有抗糠秕孢子菌活性
	硫黄	具有杀灭螨虫、细菌、真菌的作用，并能去除皮肤表面多余的油脂，溶解角栓，同时具有抗炎作用
	维生素 B_6、维生素 H、维生素 B_3	减少油脂分泌，改善皮肤新陈代谢，防止皮肤粗糙，预防脂溢性皮炎和痤疮
	烟酰胺	增强角质剥脱作用，用于痤疮的治疗，还可以降低光敏性
	大豆异黄酮	天然的选择性雌激素受体调节剂，用于青春期后女性痤疮的治疗
	丹参酮	抑制皮脂腺细胞的增殖、脂质合成或间接下调皮脂腺活性，抑制皮脂分泌
角质溶解成分	过氧化苯甲酰（BPO）	强力的氧化剂，同时具有杀菌、消炎、溶解角质和轻微的抑制皮脂分泌的作用，可用于中度痤疮，夜晚使用可降低刺激性及光敏风险。主要作外用药物
	维 A 酸及其盐类	强效的角质溶解剂，能够促进角质细胞正常角化、抑制过度角化，但无杀菌及抑制皮脂分泌作用；光敏剂宜夜晚使用；由于其有刺激性和动物试验致畸作用，我国化妆品中禁用
	视黄醛和视黄醇	维 A 酸的前体，可直接结合相应受体发挥作用，也可以转化为维 A 酸而发挥生物活性，耐受性好，对多种表现的痤疮皮损有良好的效果；抗光老化
	间苯二酚（雷琐辛）	具有角质溶解和抗炎作用，能够使蛋白质变性，很多配方中都会加入间苯二酚配伍使用，可作为痤疮的外用治疗药物
	α-羟酸（AHAs）	有剥脱作用，还有保湿作用
	水杨酸及其衍生物	轻度溶解粉刺、角质剥脱作用，让堵塞的毛囊口再度通畅，弱的抗炎作用加强了角质剥脱后的耐受性，更适合敏感皮肤使用。大面积使用或长期持续使用可能引起水杨酸中毒，应慎用于儿童、孕妇、哺乳妇女

续表

类别	常用原料	作用特点
角质溶解成分	白柳	具有消炎、退热和促使角质层脱落的活性，而且刺激性更低
	壬二酸	具有抗菌、抑菌和杀菌活性，并能抑制毛囊上皮增生与角化，溶解角质，减少粉刺形成等，耐受性优于BPO
	木瓜蛋白酶	对角蛋白的水解作用，促进皮肤新陈代谢，具有溶解粉刺、嫩肤、除皱、消除色斑的作用
	含有甘醇酸的草药，如黄芩、甘菊、苦参	促使角质细胞脱落和粉刺消融，疏通毛囊口和皮脂腺导管
抗菌、抗炎成分	辣椒素	抗炎、抗菌、抗角化，促进脂质分解代谢等
	蜂胶	抗真菌、抗细菌、抗病毒
	蒿挥发油、丁香、迷迭香	广谱抗菌活性，有协同作用
	金缕梅提取物	收敛、抗炎、抗刺激，以及修复和增强皮肤的天然屏障功能
	茶树油	抗菌、抗炎、除螨，减少痤疮引起的红肿
收敛剂	酒精	抗炎、抗菌，收缩毛孔，暂时减少表面皮脂，但会导致皮肤脱屑
	苯酚磺酸锌	收敛，对黏膜有一定的刺激性，属于限用物质
	柠檬酸	收敛、抗菌、调整pH值

（二）控油抗粉刺类化妆品的正确使用

宣传具有控油、祛痘、抑制粉刺的化妆品，常见种类有美容皂、洗面奶、收缩水、爽肤水、剃须水、保湿乳剂或霜、防晒产品、面膜和“不导致粉刺”彩妆等。痤疮患者应到正规医院的皮肤科接受综合治疗，同时在医师的指导下选用控油抗粉刺化妆品。表9-20为常用抗粉刺化妆品配方与作用特点。

1．清洁

清洁次数可根据油脂分泌情况而定，以去除多余皮脂为目的，一般每日1～2次即可，若洁面后感觉皮肤干燥，也可两日或数日一次。含油较多者可选用洗面奶或者泡沫洁面乳，中等偏油者可选用洁面啫喱。清洁手法宜轻柔，切忌揉搓，否则易破坏皮肤屏障，过度清洁可能导致皮脂过度分泌。

2．保湿

虽然痤疮患者多数出油较多，但并不表明皮肤水分也高，大部分油性皮肤同时存在皮肤干燥的问题，在使用控油、去角质产品或者磨砂膏后，往往会让皮肤变得非常干燥和敏感，尤其是选用常规维A酸或BPO等药物治疗痤疮后还会出现脱屑、红斑等刺激症状。因此，配合使用合适的保湿、润肤产品可以降低不适感，提高患者的依从性。

表 9-20　常用抗粉刺化妆品配方与作用特点

类别		配方组成	作用特点
清清洁类	清洁剂	以植物提取物为主,不含皂基,选用温和清洁剂	有效去除皮肤表面多余的皮脂和皮屑,保持毛囊口通畅,清洁的同时不能破坏皮肤正常的脂质结构和导致皮肤干燥,温和无刺痛、红斑、瘙痒等
	洗面奶	表面活性剂型;水包油型乳剂;不加发泡剂	温和清洁,润湿、渗透作用强,不易引起皮肤干燥和刺激,适合夏季和轻、中度油性皮肤使用
	凝胶	含有较多的水分	具有保湿及清爽的效果,适合皮肤比较干燥或敏感的肤质
爽肤水、收缩水		加入溶解角质的成分	可以去除洁面后皮肤残留的皮脂;可以减少皮脂分泌,同时收缩毛囊皮脂腺导管开口,减少皮脂排泄
保湿产品		优良补水保湿剂	应根据表皮的缺水程度,选择中至重度的保湿乳液或霜剂,预防皮肤敏感
磨砂膏		磨砂颗粒	摩擦、挤压等去除部分脱落的角质层细胞以及皮肤表面多余的皮脂
防晒产品		首选化学防晒剂,物理防晒剂易堵塞毛孔	可以根据日光强度选择不同 SPF 值的防晒产品
面膜		加入各功效成分	具有控油、保湿、收敛、抑菌、溶解粉刺、抗炎等作用
彩妆		粉剂颗粒、吸油成分	粉剂颗粒较大,容易堵塞毛孔,加重痤疮;必须使用卸妆油彻底卸妆

注意选择标有“不导致粉刺”或“不导致痤疮”字样的产品。单纯油性皮肤可选用轻、中度保湿的水剂或乳液，每日 2～3 次，冬季在应用控油产品后可选用油脂丰富的霜剂，每日至少 1 次；油性伴敏感或干燥的皮肤宜选用高度保湿霜剂，但不宜选择含油脂丰富的产品。混合性皮肤，T 区较油的部分，可选用水剂和乳剂，切忌使用油腻厚重的保湿霜。

3. 收敛

油性皮肤由于皮脂分泌旺盛，大多毛孔粗大，影响美观，洁面后，可适当选用具有收敛作用的爽肤水或收缩水缩小毛孔，同时调节 pH 值，均衡皮肤表面脂质。毛孔特别粗大者，可选用收缩水，每日 3 次；毛孔粗大且皮肤干燥者，可选用保湿爽肤水或柔肤水，每日 2～3 次为宜。正在长痤疮的患者应该避免使用收缩剂和加入摩擦性颗粒的抗粉刺化妆品，这些产品能减少油脂但也加重痤疮。

4. 防晒

痤疮患者应该避免强烈的日晒，选择标注“不导致粉刺”的水质或凝胶样的防晒产品。

油性皮肤不宜选择以物理防晒剂为主的防晒霜，因其多通过物理反射、折射紫外线发挥作用，需要涂搽较大量达到一定的厚度才能起效，应选择以化学防晒剂为主、比较轻薄的防晒乳液，用后切记严格卸妆，以免残留物堵塞毛孔引起痤疮。

5. 彩妆

油性皮肤者因使用彩妆引发的痤疮时有发生。油性皮肤可选用质量可靠、颗粒较小、通透性好、研磨充分的彩妆品，如粉底液、粉底、遮瑕霜等。同时，要严格彻底卸妆，以避免化妆品痤疮的发生。

三、控油抗粉刺类化妆品的效果评价

根据痤疮发病原因和临床表现的特点，抗粉刺类化妆品可通过实验室检验产品有无杀灭或抑制痤疮丙酸杆菌的能力或者观察是否有减少炎症作用来评价其抗粉刺效果，最常用的方法是由医生和患者共同从“控油”和“祛痘”两个方面进行。必须指出，由于化妆品原料受到国家政策法规的限制，抗粉刺类化妆品的效果是有限的。

（一）“控油”性能测量

利用纸或胶带吸收油脂后可以透光的原理或直接收集油脂进行测量，比较涂抹产品前后皮肤油脂分泌量的变化，评价其抑制油脂性能。

1. 测量的指标

（1）皮肤表面皮脂的量　对于指定个体来说，皮肤表面皮脂的量一般不随时间变化，大致保持稳定，测量某个时间点的皮肤表面皮脂的量可反映该个体静态的皮脂分泌情况，这个量称之为“即刻分泌量”。

（2）皮肤表面皮脂的分泌率（SSR）　该指标反映皮肤表面皮脂的动态分泌情况，即皮脂腺分泌皮脂的能力。应用比较普遍的方法有脂带法、皮脂仪等。

在可控制条件下，先清除皮肤表面已有的皮脂，然后再测量皮肤表面皮脂的分泌率，即单位时间内皮脂腺的分泌水平。皮脂分泌率受外界环境影响很大，温度每上升10℃，大约增加10%。测量仪器与测皮脂分泌量的相似，只需要提前去除皮肤表面的油脂即可，将测得的相对油脂量除以时间即可。

2. 测量方法

（1）仪器测量法　基本原理为通过测量蘸取皮脂薄膜的透光性间接反映皮脂水平。应用脂带法和分光光度计可通过测量透明斑的大小反映皮脂腺分泌的水平。目前已开发出多种皮脂仪可供选择，应用简便。

在额头、鼻两侧、面颊、下巴4个部位分别画一个大小为$2cm^2$的固定区域作为测试区域。在清洁前及清洗后30min、60min、90min、120min时分别在上述4处相同区域测定油脂含量。

（2）直接称量法　一种是用乙醇等溶剂将皮脂洗脱下来，使溶剂充分挥发，用电子天平称量残留的皮脂的质量；另一种是先称量吸油纸，将吸油纸置于面部3h后再称重，计算皮脂的质量。

（二）“祛痘”效果评价

采用研究者评估、受试者评估和数码相机前后摄像的方法，观察产品使用前后粉刺数量的变化来评估“祛痘”性能。必要时可借助立体显微镜图像分析仪等进行定量测试。

1. 痤疮丙酸杆菌抑制实验

试验方法参照 GB 15797—2002《一次性使用卫生用品卫生标准》中“溶出性抗（抑）菌产品抑菌性能试验方法”，主要考察抗痤疮成分对引起痤疮的痤疮丙酸杆菌的抑菌和杀菌能力。

2. 皮损严重程度评价

主要通过评价使用抗痤疮化妆品前后，志愿者面部痤疮皮损减轻的程度来判断化妆品的功效性，需要借助痤疮严重程度分级的标准照片进行评分。选择的志愿者是那些容易产生痤疮或者有少量粉刺的不同年龄段的人，处在炎症时期的痤疮患者不适宜进行化妆品试用。

目前抗粉刺化妆品的功效也可以参考祛痘药品的判定标准：粉刺全消退，判定为痊愈；粉刺消退 60％以上，判定为显效；粉刺消退 20％～60％，判定为有效；粉刺消退 20％或加重，判定为无效。

（三）面部毛孔评价

由于皮脂分泌旺盛的皮肤毛孔相应变得粗大，肉眼看到毛孔的数目增多，可以通过观察毛孔的密度、大小、毛囊角栓多少来反映控油产品的功效。

直接按毛孔标准照片对受试者进行评价，简单、快捷、方便易行。使用受试者照片或面部扫描图像结合特殊毛孔数据软件进行分析，操作难度大，费用相应增加，但可以进行回顾性研究，观察参数更加细化，也较少受研究者的主观因素干扰。利用痤疮丙酸杆菌代谢产物在紫外线下的荧光照片，还可评价细菌感染程度。

第四节　止汗除臭类化妆品作用特点与效果评价

在我国，除臭类化妆品特指用于消除人体腋臭的特殊用途化妆品，不包括消除口臭、脚臭或其他局部体臭的化妆品。由于它方便、有效，越来越受到消费者的青睐。

一、体臭与腋臭

（一）体臭与腋臭

顶泌汗腺分泌的脂质和特定链长的皮脂腺分泌物以及小汗腺分泌物为皮肤表面细菌繁殖提供了良好的环境和必要条件，体臭是这些分泌物中的有机物被各种细菌分解而产生的特殊性臭味，常出现在人体多汗或汗液不易蒸发的部位，如腋窝、腹股沟、肛周、外阴部、脐部、女性乳房下、足底和趾缝等。

体臭主要是由 2 种气味组成，其一是异戊酸，其二是挥发性的类固醇类化合物，还包括少量雄（甾）烯、3-甲基己烯酸等物质，形成麝香、尿和汗臭的混合气味。

腋窝部位的体臭常称为腋臭，该臭味与狐狸排出的气味相似，又称为狐臭。腋臭夏季较重，常见于中青年女性。可伴有多汗症或色汗症（汗液显黄色）。

腋臭对健康无任何影响，但其气味会令人生厌，患者本人会产生自卑感，不愿参加集体和社交活动，甚至会出现严重的心理障碍。其症状轻者可局部用药或用除臭类化妆品减少异味，同时加强个人卫生，勤洗澡换衣能基本消退气味。重者则需药物和手术治疗，同时配合使用除臭类化妆品。

（二）影响体臭（腋臭）的因素

(1) 营养与环境　正常情况下，顶泌汗腺和小汗腺的分泌物是低气味或无气味的，排出皮肤表面即会快速干燥。但分泌物不仅创造了适合细菌生长的良好环境温度和湿度，还为细菌的繁殖提供了必需水分和营养，促进特殊部位（腋窝）细菌的生长，促成体臭（腋臭）产生。

(2) 细菌　顶泌汗腺分泌区域的细菌主要是亲脂性假白喉棒状杆菌和表皮葡萄球菌。前者可产生与雄（甾）-16-烯相似的刺鼻臭味；后者产生与异戊酸相似的普通汗臭。

(3) 体毛（腋毛）　体毛（腋毛）的存在为细菌的生长提供了良好的环境，对体臭（腋臭）的聚集也起了一定的作用。

(4) 其他因素　由于顶泌汗腺在青春期受内分泌腺的影响才开始活动，故腋臭青春期气味最浓，随着年龄增长可逐步变淡或消失；腋臭的发生具有明显的遗传倾向；黄种人相对少于白种人。

二、止汗除臭类化妆品作用特点

（一）止汗除臭类化妆品种类

止汗除臭类化妆品按照剂型可以分为粉剂、喷雾剂、膏霜剂、乳剂、溶液剂、棒状、气溶胶和走珠型等，目前市场上以止汗除臭露、止汗除臭霜和气溶胶止汗除臭剂为主。

止汗除臭露含有大量的乙醇，有清凉感，其止汗、除臭效果较好，可采用不需用抛射剂的手动喷雾式包装，使用方便。气溶胶式的喷雾除臭剂（粉）使用的面积大、效果好，感觉清爽，可广泛使用。棒状止汗除臭剂具有工艺简单、使用方便、稳定性好等优点，已经成为市场上最流行的剂型。

不同剂型止汗剂的功效是有差异的（表 9-21）。

表 9-21　不同剂型止汗剂的功效性能

剂型	汗液减少量/%	剂型	汗液减少量/%
喷雾型	20～33	液体型	15～64
膏霜型	35～47	乳液型	28～62
走珠型	14～70	棒状型	35～40

（二）止汗除臭类化妆品活性成分及作用机理

止汗除臭化妆品一般由抑汗剂、除臭剂、杀菌剂及香精组成。

1. 抑汗剂

抑汗剂是最主要的活性物质，能增加皮肤的紧张度，使汗腺强烈收敛以减少使用部位的汗腺分泌量，起到间接防止汗臭的效果。抑汗剂有时用于化妆水中作收敛剂，对皮肤有刺激性，因此此类除臭化妆品只能局部使用，不可全身涂用。表9-22为常用抑汗剂功能特点。

表 9-22　常用抑汗剂功能特点

类别	主要原料	功能与特点
金属盐类	氧化铝、硫酸铝、尿囊素碱式氯化铝、甘氨酸铝锆、钛的乳酸铵盐、钒盐和铟盐的氯化物，以沸石为基础的铝复合物	抑制汗液的分泌；吸收体臭（腋臭）气味，具有除臭作用
醛/酸类	甲醛、戊二醛、单宁酸和三氯乙酸	使皮肤角蛋白变性，将汗腺的孔表面封住，减少汗液分泌；需要每天使用
聚合物类	丙烯酸/丙烯酰胺聚合物和丙烯酸酯的共聚物	在皮肤表面形成薄膜，从而阻碍汗液的排出，减少汗液分泌
复配型表面活性剂	油酸与单月桂酸甘油酯的混合物	与汗液结合能形成胶体，减少汗液分泌

2. 除臭剂

臭味吸附剂可使原来的臭味物质转变为无臭味的物质，达到除臭效果。化学除臭剂作用于产生体臭（腋臭）的低级脂肪酸，发生化学反应生成金属盐，达到除臭目的，常用的有氧化锌、尼龙粉、硫酸锌、蓖麻酸锌等。

$$2RCOOH + ZnO \longrightarrow Zn(RCOO)_2 + H_2O$$

3. 抑菌剂

能抑制或杀灭寄生于腋窝等体臭部位皮肤表面的细菌，防止分泌物被细菌分解、变臭来达到除臭目的。常用的抑菌成分有硼酸、六氯酚、三氯生（2,4,4′-三氯-2′-羟基二苯醚）、苯扎氯胺、盐酸洗必泰、氯化苄烷铵、氯化苄甲乙氧铵、双氯间二甲苯酚和盐酸氯己定等，这些物质在使用时均有限用量。

4. 芳香剂

既可以改善和掩盖不良气味，还可以增强产品的嗜好性，主要通过以下几种作用方式达到目的：

① 直接消除或掩盖不良气味或降低不良气味的强度，这是最直接的方法，在香精或香水中添加各种物质排除或掩盖体臭（腋臭）；

② 改善气味，包括将恶臭改变为愉快的气味或将气味的强度降低至人们可接受的水平；

③ 掩盖臭味和添加气味法，包括利用芳香剂愉快的香味简单地压倒恶臭，或者利用现代配香技术，设计除臭香精，使腋臭和香精气味混合，将恶臭改变成一种令人愉快的气味。

近年来植物提取物，如地衣、龙胆、山金车花、茶树油和百里香提取物等，也常添加到除臭产品中。

三、止汗除臭类化妆品的效果评价

（一）止汗功效评价方法

有效的止汗剂既要减少特殊部位（腋窝）的排汗量，还要减少细菌滋生。止汗剂的功效评价方法较多，其中包括重量法、染色法、水分蒸发法和电导法等。

1. 重量法

重量法是一种很常用的方法，用来测定止汗剂减少汗液分泌量的程度，适用于测定汗液分泌量较大的情况，但不适合用来了解汗腺分布情况。

根据 FDA 的标准或者产品特性设计的测试方法，在受试者腋窝部位放置一纤维垫以吸附汗液，持续 80min 后测得纤维垫吸附的出汗量。汗液分泌量的测试一般在温度为（37.8±1.1）℃和相对湿度为 35%～40%的实验室中进行。

按下式计算受试者止汗剂使用前后的汗液排放量减少的质量分数，由此来比较止汗剂或除臭化妆品的减少汗液分泌的效果。

$$\text{汗液减少质量分数}(\%)=1-\frac{\text{使用止汗剂后的排汗量平均值}}{\text{使用止汗剂前的排汗量平均值}}\times 100\%$$

2. 染色法

利用某些活性染料（溴酚蓝、溴-淀粉和普鲁士蓝等）与汗液接触后会显示特定颜色这一现象来比较汗液的分泌情况。

具体方法是将受试者腋窝擦洗干净后，涂抹上活性染料，然后将一洁净的滤纸放置在染料上，几秒钟后拿开；或直接将经染料处理后的试纸放在受试者腋窝处染色几秒钟。通过测定滤纸或试纸上留下汗液与某些活性染料反应的色斑的数量和大小即可了解汗腺分布情况、数量和开口大小，分析对比止汗剂使用前后的染色情况，可评价止汗剂使用效果。

染色法操作简单、快速、安全、灵敏，是诊断多汗症的常用方法，但用于止汗效果评价时误差较大。

（二）除臭功效评价方法

由于气味是一个比较主观的感觉，故除臭类化妆品功效的评估有一定的难度，迄今尚未有统一的方法。目前，国际上研究较多的是仪器分析和感官评价两类方法。

1. 仪器分析法

一般认为腋臭主要由两种物质形成，一种是低级脂肪酸，另一种是挥发性的类固醇类化合物，从理论上来看，利用气相色谱和臭气传感器等仪器可分析、测定体臭部位（腋窝）的臭气物质，据此推断体臭的严重程度和比较除臭化妆品的功效。

气相色谱法实验的重复性好，灵敏度高，通常用于除臭物质的筛选，但不适用于最终产品功效检测；臭气传感法适用于低浓度的臭气成分检测，但切换回路时受到极少量的外部影响，臭气物质在传感器内也可部分氧化而影响测定结果。

仪器分析法受臭气的组分、浓度、仪器灵敏度以及人体之间差异等多种因素的影响，所以不能成为最终评判的方法。

2. 微生物学评价法

某些细菌是引起汗臭的主要原因之一，理论上可以借助微生物学实验检测腋臭部位的细菌生长情况来间接评估除臭剂的功效，但结果也不十分理想。

具体方法是在含有体臭（腋窝）者汗液的培养皿上涂除臭剂与不涂除臭剂的相同培养皿进行细菌培养，然后比较两者的差异，即可计算细菌菌落数减少的百分比。

3. 人体感官评价法

除臭产品的功效评估主要通过临床人体试验，采用感官评价进行评定。这种评价希望在与实际体臭、汗臭强度相接近的水平上进行，可在臭气强度中加上不愉快程度和臭气物质的变化等指标。

这是一项复杂的工作，是由经严格训练、经验丰富的嗅觉评价人员，用鼻子直接嗅被验者的腋下气味或者用棉布、试管和穿过的T恤衫等材料收集腋臭后再嗅，按照国际上比较公认的方法和程序对气味强度进行评分。比较被验者在使用产品前和使用产品后腋下气味是否有改善，并在具有统计学差异时，可以判定该样品具有一定的除臭功效。

除臭类化妆品功效评价的人体感官评价试验应严格设计，在研究过程中应非常明确实验目的、方法、程序和结果评判标准。通常需要5～10名评价人员进行重复试验。测试周期一般需要14d或者更长至6周。

（1）评价者的要求与训练　选择至少4名嗅觉评价者组成评判小组。评价者必须是经过以不同浓度的异戊酸水溶液作为标准参照物的确认试验的严格培训与筛选的嗅觉较为敏感且对溶液臭味程度的评估较为稳定的人员。

第一周，评价者每天闻所有的标准溶液2次；第二周，每天将溶液按随机方式排列，评价者采用盲法对溶液进行评判，对盲法结果进行统计分析，包括评价者评分与实际溶液评分之间的一致性及评价者评分的稳定性。根据分析结果选出符合要求的评判者。

表9-23为臭味强度5级定标参比样品。

表9-23　臭味强度5级定标参比样品

记分	臭气强度定标	异戊酸水溶液浓度/(mol/L)
0	无臭气味	0
1	淡臭气味	0.013
2	确定的臭气味	0.053
3	中等臭气味	0.220
4	浓臭气味	0.87
5	十分浓臭气味	3.57

（2）志愿者的要求

① 年龄 18～45 岁；

② 试验部位皮肤必须是完全正常的；

③ 不吸烟；

④ 非妊娠和哺乳期妇女；

⑤ 非体质高度过敏者或对除臭剂、止汗剂或香皂产品无过敏史；

⑥ 嗅觉水平不要太低或不要极高；

⑦ 不改变试验期间饮食起居；

⑧ 非炎症性皮肤病患者；

⑨ 不从事餐饮行业；

⑩ 志愿参加者或能按试验要求完成规定内容者。

（3）直接腋窝评价法　直接腋窝评估方法可以分为试验的调节期、试验期和回归期。

受试者入选后，每位受试者用无香型清洗剂清洁腋窝，进入试验调节期：

① 禁止在腋窝应用任何的除臭剂、止汗剂、香水和药物；

② 禁止食用异味较浓的洋葱、大蒜及辛辣食物；

③ 禁止刮腋毛；

④ 在调节期的最后 48h 到试验结束，禁止应用有气味的产品，包括洗衣粉清香剂、漂白剂、头发喷雾剂等；

⑤ 禁止游泳或在温水中坐浴；

⑥ 禁止其他的运动，如打乒乓球和慢跑等。

调节期结束，进入试验期：

① 腋窝臭味评价须在通风良好的房间中进行，每次只能有一名受试者进入评价实验室，每位受试者每侧腋窝评价时，将该侧腋窝高举，充分暴露评价部位；每位评判者分别对受试者两侧腋窝进行评估，两侧腋窝评分＞1.5 分者进入试验。

② 受试者穿着新的紧身 T 恤过夜。

③ 第二天进行评分，并作为基础值，更换新的紧身 T 恤。

④ 对腋窝臭味水平进行评分后，由专业人员在受试者腋窝使用除臭产品，再次更换新的紧身 T 恤。

⑤ 在产品应用后 6h，对腋窝臭味水平再进行评判，评判后再次更换新的紧身 T 恤。

试验回归期：根据产品宣称的功效，可以评价产品使用后 24～48h 腋窝的臭味水平。

试验结果评判：根据统计分析结果，将一致性差的评判者的评分从结果中剔除，然后分析不同时间点的臭味水平，与基础值相比，各时间点与基础值相比出现显著性差异者为产品具有除臭功效。

(4) 间接腋臭评价法　间接评估是由训练有素、经验丰富的评价者用棉布、硼硅玻璃试管和受试者穿过的T恤衫等材料采集腋臭的分泌物，然后进行臭味感观评价的方法。

由于本方法不存在受试者与评价者的直接接触，避免了主观因素的影响，结果比较客观，方法相对比较准确。

国际上比较公认的臭味强度的评分方法有Wild 11级评分法（见表9-24）和Sniff的6级评分法（表9-25），也可用异戊酸溶液作为参考标准的5级记分法，具体根据评价要求和评价能力而定。

表9-24　Wild 11级评分法标准

评分	恶臭程度	评分	恶臭程度
0分	无臭气味	6分	稍浓臭气味
1分	阈值臭气味	7分	中等浓臭气味
2分	十分淡臭气味	8分	浓臭气味
3分	淡臭气味	9分	十分浓臭气味
4分	淡至中等臭气味	10分	极浓臭气味
5分	中等臭气味		

表9-25　Sniff试验的评分系统

恶臭程度	评分
无	0
很难察觉	1
可以察觉	2
中度恶臭	3
重度恶臭	4
强度恶臭	5

最后还可以计算产品的除臭率（%）：

$$除臭率=\frac{试验样品使用后评分}{试验样品使用前评分}\times 100\%$$

4. 影响功效评价结果的因素与对策

止汗除臭类化妆品的功效评价结果受到很多因素的影响，见表9-26。

表9-26　影响除臭功效评价的因素与对策

影响因素	对策
局部表面存在的细菌和汗液的混合物影响结果	可将局部毛发剃除以减少皮肤表面的微生物
限制局部汗液量减少恶臭	挑选健康志愿者； 增加志愿者人数； 剔除不合格志愿者；重复试验
皮肤pH值降低恶臭减少	
汗液分泌量增多或减少影响臭味强度	

续表

影响因素	对策
个体间的嗅觉差异很大	经过严格培训提高嗅觉灵敏度
性别、社会文化和习惯等差异	挑选评判者

第五节　育发类化妆品的作用特点与效果评价

一、脱发与防脱

（一）毛发的生长特性

1. 毛发的生长周期

毛发从毛囊深部的毛球不断向外生长，每根头发可生长若干年，直至最后自然脱落，毛囊休止一段时间后再重新长出新发，这个过程称为毛发生长周期。

毛发生长周期一般分为三期：生长期、退行期和休止期（图 9-2）。

图 9-2　毛发的生长周期

A—生长期；B—退行期；C—休止期；D～H—生长前期

（1）生长期　头发的生长期正常持续 2～7 年，并继续不断生长直至退行期。在生长期，一般香波清洁、风吹日晒、烫发染发，只要不影响毛囊，损伤的都只是毛干，都不会影响头发继续生长。头发生长速度为每天 0.27～0.4mm，每月大概生长 1cm，经 3～4 年可长至 50～60cm，到休止期时可长达 1m 以上。如果毛发在生长期被拔去，长出新发的时间腮部接近 90d，颞部约 120d，头顶部约 130d。

（2）退行期　退行期是一个较短的静止阶段，毛囊下部的有丝分裂慢慢减少，直至完全停止，头发停止生长，持续 3～6 周。毛囊在退化过程中色素将消失，头发颜色变淡，纤维变小，显得细短。

（3）休止期　休止期是毛囊的完全静止期，持续时间 3～4 个月，此期的杵状头发无色素，通过细胞间连接而隐藏在毛囊内，老的毛发随着毛囊底部向上推移而自然脱落或很容易地被拔出而不感疼痛。正常情况下，头皮中始终有大约 1/10 毛囊处于休止期，80％毛发处于生长期，梳头或洗发时脱落的头发多是休止期的头发。

2. 毛囊与毛发的生长特点

头发的生长脱落到再生长是周期性重复的。毛囊下部随不同生长周期而变化，毛囊漏斗和毛囊峪部基本无变化。头部的每个毛囊从婴儿到出生后的几十年中，大约可重复发生 20 个生长周期。

毛囊非同步再生，而是具有各自的周期。除头发、胡须外，其他部位的毛发整个生长周期仅几个月，而且大多数处于休止期。

3. 毛发的生长调节

毛发生长调节的确切基因与调控机制仍未完全清楚。多数人认为遗传、营养、激素及一些细胞因子和相应的受体等都与毛发的生长与调控有关。

(1) 遗传与种族　毛发在遗传基因的作用下，通过体内各种激素的作用，完成毛发生长的全过程，并显示出不同的种族特性。

(2) 垂体激素　脑垂体分泌生长激素（GH）、褪黑激素和促肾上腺皮质激素，影响着人的皮肤和毛发的生长。促肾上腺皮质激素分泌过多时，可引起女子多毛症。女子妊娠时发生多毛症的机制也与脑垂体有关，当脑垂体功能低下时毛发减少。

(3) 甲状腺素　甲状腺功能降低时，头发减少，头发的直径减小、颜色灰白，脱发的区域主要以枕部和头顶最明显，当甲状腺功能恢复后头发又可恢复正常。

(4) 雌激素　雌激素对头发有刺激生长作用，异常时则引起脱发。妇女产后体内雌激素水平下降时，头发的生长期与休止期比例迅速下降，故产后 4～6 个月时容易出现脱发。

(5) 细胞因子　毛囊及其周围组织通过自分泌和旁分泌途径产生的特异性可溶性细胞因子、白介素和生物合成酶等会影响毛囊的生长发育及生长周期。还有一些细胞生长因子有双向调节的作用，通过头发生长的相关受体，如真皮乳头细胞和毛球相结合，调控头发的生长。

(6) 其他　毛发的生长速度还受到性别、年龄、部位、营养和季节等因素影响。其中任何一个环节出现问题，均可在毛发的生长或形态的变化上表现出来。因此，毛发的异常也常常反映出人体某些遗传性和代谢性疾病，或者反映出机体损伤和中毒等疾病。

（二）脱发

1. 脱发及原因

各部位毛发并非同时或按季节生长或脱落，而是在不同时间分散地脱落和再生。因此，头发的生长、退化和休止同时存在。在梳理及清洁时，由于牵拉会导致已经处于休止期而尚未脱落的头发脱落。人的头发数量为 10 万～15 万根，正常的人每日可脱落 50～100 根头发，同时也有等量的头发再生。有些人表现在秋天脱发增多、春天减少，也属正常生理现象。

如果每天的脱落数目比通常要多，则可见发变稀疏，称为脱发。日常护理不当、内分泌失调导致皮脂分泌过度、全身性疾病或毛发发育异常等因素都可以引起头发脱落或头发受损。每个人头发的数量受遗传因素的支配，中、老年之后，头发多少的差别将会显得更加明显。产生脱发的原因很复杂，涉及免疫、感染、药物、代谢和营养状况，甚至人的行为异常、环境因素、精神疾病等都会不同程度地影响人的头发的生长。

2. 脱发的类型

临床上最常见的脱发主要有脂溢性脱发和斑秃。

（1）斑秃　通常表现为椭圆形或圆形的脱发区域，大小不一、数量不等。脱发区的皮肤颜色正常，没有炎症反应，表面光滑发亮、无鳞屑，其边缘的头发易于拔出，可见毛发近端萎缩，呈上粗下细的“惊叹号”样。本病原因未明，目前多认为是一种自身免疫性疾病，也与精神过度紧张和劳累有关。临床上可见于任何年龄，但以青壮年多见。本病病程经过缓慢，可自行缓解和复发。

（2）全秃和普秃　有5%～10%的斑秃可渐进性发展或迅速发展成全秃或普秃，这是发展中比较严重的最终表现。如果整个头皮的头发全部或几乎完全脱落，成为全秃，病情严重时，头发、眉毛、胡须、腋毛、阴毛以及全身的汗毛也都脱落，则成为普秃。全秃和普秃的发生可能与遗传、自身免疫、过敏、内分泌或局部感染、精神因素等有关。

（3）脂溢性脱发　脂溢性脱发是由于头发的生长期变短，较多头发处于休止期所致的。一般表现从前额两侧开始头发纤细稀疏，并逐渐向头顶延伸，或者直接从头顶开始发病。多和雄激素及遗传因素有关，可能有家族史。有25%的人在25岁时发生，至50岁时有高达50%的人发生，所以也有人称“家族性脱发”。

3. 脱发的诊断

毛发的生长与脱落是按特定规律进行的，头发的脱落可属于正常生理现象，也可属于异常病理状态。脱发不等于秃发，需要有专业的医师从多个方面进行判断属于什么类型，重要的是评价脱发的严重程度、病程。

（1）询问病史　脱发的病史对脱发的诊断非常重要，需要详细了解患者的年龄、性别、发病时间、家族史、疾病史、用药史，甚至妇女生产、居住环境和社会环境都与脱发有关。婴幼儿发病多与遗传性、先天性疾病有关；儿童期脱发以头癣、拔毛癖等多见；中青年常见雄激素源性脱发；女性常见产后脱发；老年人多见老年性脱发。

许多疾病尤其是内分泌异常、结缔组织病、肠道疾病（包括吸收障碍）、未经化疗的肿瘤等与脱发有关。中毒性脱发、药物性脱发常在使用药物后1个月或数个月之后发病。

（2）检查　检查脱发首先要确定其类型，是生长期脱发还是休止期脱发，是毛囊永久性损坏还是暂时性停止，重要的是评价脱发的严重程度、病程，并且排除生理性的、季节性的头发脱发。

一般体征检查之后，通过一些专业头发结构检验、特殊显微仪器辅助检查的方法，可进一步确定头发脱落的数量、脱发的分期。普通光学显微镜扫描电镜（SEM）检查头发的分期、发根的各种损害以及形态变化、感染等情况。比如在一定条件下拔出头发的数量，或需要了解生长期毛发与休止期毛发的比例时，或需要证实有无退行期毛发存在时进行钳发试验。如可疑的疤痕性脱发、有疑问的斑秃或拔毛癖、无法解释的弥散性脱发和或严重的脱发、对头发再生怀疑者等可以考虑进行头皮活检。

（三）防脱育发的方法

1. 保持良好的生活方式

不健康的生活方式、吸烟和饮酒、紧张工作环境和身体失衡都能导致脱发。因此，避免紧张的生活状态和保持良好的情绪能防止头发脱落；健康睡眠能够让头皮头发吸收足够的营养，减轻掉发；保持头发清洁，每周至少用适合发质的洗发水清洁头发 2 次，清除容易堵塞头皮毛孔的油脂和污垢，让头发自然生长。

2. 科学饮食

保持平衡饮食，合理摄入富含蛋白质、维生素和矿物质的食品十分重要，只有保证全面合理的营养，才能有利于头发的生长。体内缺锌可影响蛋白质的合成导致脱发，可多吃海产品。

3. 防脱育发产品

对于某些脱发疾病患者，可以在医生指导下服用一些药物进行治疗，达到防脱育发作用。常用化学药物成分有非那雄胺、环孢菌素、地蒽酚和五肽胸酰素等，这些药物有对应适应证，而且会导致恶心、过敏、头晕等不良反应。

在中医外用药剂中，常用祛风、除湿、杀虫、止痒、祛瘀、润发补虚等方法辨证施治，以达到头发正常生长的目的，常用的中草药有首乌、当归、三七和生姜等。

目前，随着科学技术的进步，根据毛发的生长特征，同时深入研究脱发的原因，可以选用一些能育发的有效活性成分研制多种育发化妆品，但只应用于脂溢性脱发、斑秃以及生理性脱发等。

4. 手术

如果脱发是永久性的，是毛囊被特异性破坏的结果，只能通过外科手术矫正（头发移植术或头皮削减术）。

二、育发类化妆品作用特点

我国法律规定育发化妆品是指有助于毛发生长，可以减少脱发和断发，使头发达到和保持一定数量的特殊用途化妆品。

（一）育发化妆品主要活性成分及作用机理

育发化妆品多采用天然活性原料通过刺激毛囊、促进血液循环、提供头发生长所需营养成分、抑制过多皮脂等途径，达到防脱、促进头发生长的目的。表 9-27

为育发化妆品中主要活性原料及其作用机理。

表 9-27　育发化妆品中主要活性原料及其作用机理

常用原料	作用机理
水杨酸、薄荷醇、银杏黄素、艾叶等	抑制杀灭头皮上的细菌，防止其分解皮脂与头屑，减轻对头皮的不良刺激
维生素 E 及其衍生物、当归、苦参、何首乌、大蒜、生姜等	促进血液循环，增强毛发营养，恢复正常的新陈代谢
角蛋白、人参皂苷、芦荟宁、氨基酸、水解胶原、胎盘提取物、泛醇及其衍生物等	提供头发生长养分，刺激毛囊，增强毛囊活力，加速头皮部位的血液循环，促进生发和减少头屑，用于预防脂溢性脱发
硫黄、维生素 B_6、菝葜、芥酸、姜黄、大枣、细辛等	调整雄激素，减少皮脂的过量分泌，预防男性脱发和头皮发痒，防止脂溢性脱发
辣椒(辣椒素)、生姜(姜辣素)	扩张皮下血管、增加局部血液循环、刺激毛囊、促使毛发再生，有强刺激性，微量使用即可刺激头皮
首乌(二苯乙烯苷类、蒽醌类、微量元素)	滋养头发、使头发强韧不易折断
人参(人参皂苷)	能防止微循环障碍和皮肤老化，并可促进皮肤组织再生，可用于生发与护发，比较容易透过皮肤表层被真皮吸收
当归(内酯、阿魏酸、氨基酸、倍半萜类化合物)	改善血液循环，提高血液质量，改善脱发

（二）育发化妆品的正确使用

育发化妆品的使用要持之以恒，要有一定的规律性，最好与控油、去屑类化妆品联合使用，再配合按摩、生姜涂搽等促进血液循环的方法，增加效果。必要时仍然需要到医院用药治疗。

用于洗发的育发化妆品可以每周使用 2～3 次，洗发频率可以根据季节、头部油脂分泌情况和职业环境加以调整。夏季洗发周期可以略短，秋冬洗发周期可以稍延长；油性头发洗发周期可以略短，干性头发洗发周期可以稍延长。另外，野外作业及接触粉尘环境者可酌情增加洗发次数。

用于涂抹的育发类化妆品，用棉签轻轻搽于患处，早晚各一次，一般连续使用 2～3 个月为一疗程。

有过敏体质的患者在使用育发化妆品时，应先取少量产品涂抹于耳后皮肤，24h 后观察有无不适症状，若无不良反应发生则可按常规使用，若出现不适症状则暂停使用。

三、育发类化妆品的效果评价

评价育发功效最重要的是观察使用产品前后头发的生长情况。随着光学、计算机技术、生物工程技术等的发展，育发功效评价方法在不断地完善，总的趋势是向无创性检测、同时进行多指标检测、缩短试验时间、减少受试者人数、可自动分析等方向发展。

（一）育发功效评价指标

育发化妆品功效评价指标应尽量做到可量化、可重复性和可对比性，具有统计学意义，主要观察指标包括单位面积内的毛囊数、头发的生长速度和毛发的直径或重量、脱发情况、生长期与休止期的比例等，辅助指标如头发的色泽、梳理性、抗静电性等。

（1）毛发计数　取头顶中央秃发区或前额两侧鬓角 $1cm^2$ 区域为观察部位，将靶目标的头发均匀剪成 1～3mm 长后，人工计数或者拍照后用扫描仪和图像软件计算毛发的数目，为减少误差，强调同一人对所有患者进行计数。近年来发展的光纤显微镜头发计数法提高了敏感性，缩短了分析的时间。

（2）毛发称重　取一定面积脱发区，收集产品处理前后毛发的标本并称重，每 6 周取一次样。

（3）毛发直径　采用毛发镜或光纤显微镜来测量毛发的直径。毛发直径可以反映出头发的生长情况，必须统计单位面积内头发直径的变化，才能反映育发剂的功效。

（4）脱发数量　每天收集脱落在浴缸、洗脸池或盆、梳子、枕头等处的所有头发，连续 7d，并将每天的头发分别收在塑料袋中，然后计算出每天平均脱落头发数。正常是 50～100 根，急性休止期脱发患者每天平均脱发量达几百根。该方法可对头发脱落的进展和恢复进行动态监测。

（5）生长速度　头发生长速度可直接反映出育发剂的功效。观察时必须是单位面积内头发的平均生长速度，单根头发不能准确反映出头发的生长速度。

（6）生长期与休止期头发的比例　嘱受试者取发前 4d 洗发，将顶部、枕部、双侧颞部或特定区域作为取发部位，共取 50 根。用有橡皮套保护的镊子沿着头发生长的方向快速拔取头发。注意，如果速度慢，所取头发会失去发鞘。将所取头发标本从发根开始保留 2.5cm 发干，其余部分剪去。用透明胶带将头发固定于载玻片上使其在观察时不会移动。将带有头发标本的载玻片置于显微镜下观察每批头发的形态特征，并记录各期头发的数目。

计算各期头发所占比例，按照生长期及休止期头发男女构成（表 9-28）及正常头发各期构成（表 9-29）可以判断是生长期头发正常脱落、休止期头发正常脱落还是头发营养异常或生长异常。

表 9-28　生长期及休止期头发男女构成

取发部位	生长期(女/男)/%	休止期(女/男)/%
顶部	88/78	11/19
枕部	88/83	11/15
颞部	89/88	10/11

表 9-29　正常头发各期构成

头发生长期	正常比例/%	头发生长期	正常比例/%
生长期	66～96	生长异常	2～18
退行期	0～6	营养异常	0～18
休止期	2～18		

（二）人体试用评价

国际上多采用研究者评估、病人自我评估及专家结合现代仪器评估的方法来评价育发化妆品的功效。我国育发类化妆品要求在卫生部认可的化妆品人体安全性与功效检验机构进行人体试用实验，对其宣传的功效进行初步评价，同时观察产品引起人体皮肤不良反应的可能性。

1. 受试者条件要求

作为功效测定，要求受试者的选择与需要观察的脱发种类有代表性，还要有可观察性，特别是要快速、准确、容易操作和容易被受试者接受。

（1）年龄　不同的脱发类型年龄选择也不尽相同，如脱发主要选择能够配合观察的患者，包括儿童和老人；雄激素源性脱发，俗称“脂溢性脱发”，年龄选择20～40岁为宜。

（2）病程　主要根据对受试者和可观察性的要求选择病程。

（3）脱发种类　作为育发化妆品，主要应用于脂溢性脱发、斑秃以及生理性脱发。

（4）其他　除以上主要条件之外，一般要求受试者无可能影响本观察结果的其他疾病，1个月内未用过类似育发剂，并能按照要求自愿配合完成观察等。另外，季节因素也要考虑，如观察生理性脱发不能从秋季开始。

2. 定点观察

要具有可比性和可重复性，必须在同一个被观察者身上选择某一点和某一小部分，连续观察该部位的头发生长变化情况，包括各项量化观察指标，以此来代表整个头发生长情况，从而反映出育发剂的功效。一般5～10mm^{2}的面积比较合适，圆形或方形均可，可根据需要选择。

3. 图像分析技术

采用优质的照相机或摄像机，或者用偏振光皮肤镜，连续记录使用前后不同时间点的头发情况，再用肉眼对比评价或用计算机图像分析技术处理图片，可获得多种头发生长与脱落的各种参数。包括从脱落到再生新发所需的时间等。可以对全头进行拍摄，也可以对某一局部固定的区域进行观察。

4. 临床判定标准

临床功效肉眼判定标准：参照国家中药新药临床研究指导原则。

皮肤镜功效判定标准：在临床功效肉眼判定标准的基础上，结合图像分析技术测得靶目标区域毛发生长情况，与开始实验前比较，经自身对照评价效果。表9-30为临床判定标准与方法。

（三）实验室评价

由于人体法评价育发产品比较困难，最近在实验室方面，细胞培养、器官培养等基础研究技术以及图像解析装置等技术的进步，使得育发化妆品功效评价有了较大的进步，可以快速评价与筛选育发有效成分，还可以检出有效成分对脱毛头皮的

表 9-30　临床判定标准与方法

结论	皮肤镜功效判定标准	临床功效肉眼判定标准
痊愈	≥80%	≥80%皮损处有新发或毛；毛发停止脱落，基本无油腻感、无瘙痒、无脱屑
显效	≥60%	≥60%皮损处有新发生长；油腻感和脂性脱屑明显减少，瘙痒明显减轻
有效	≥30%	≥30%皮损处有新发生长；油腻感和脂性脱屑有部分减少，瘙痒有减轻
无效	≤30%	无新发生长；油腻感和脂性脱屑无减少，瘙痒无减轻

影响。

表 9-31 为育发成分的实验室评价方法。

表 9-31　育发成分的实验室评价方法

实验名称	方法	意义
毛囊器官培养	用人或动物毛囊进行器官培养	调查其毛囊伸长度及形态和 DNA 合成。96h 前后毛囊成长可能呈线性关系，在无血清培养基中可以快速评价有效成分和检索抑制毛发生长的因子
毛囊移植	将人头皮毛囊移植到小鼠皮肤内，观察毛成长，结果表明成长持续 3 个月以上，并且与供区毛成长呈现相关性	期待此法能作为搞清头发周期机制的有效手段
细胞增殖试验	外毛根鞘细胞、毛乳头细胞和毛母细胞等细胞培养研究	用毛囊关联细胞和皮肤构成细胞评价有效成分的试验，与用动物的体外试验比较，实现了试验系统的单纯化，解决了季节变动等动物特有的问题
细胞游走能试验	Stenn 方法做细胞游走能试验	选择在休止期至生长期的变化中可提高细胞活动度的成分作为育发化妆品的功效成分
皮肤器官培养法	将含有毛囊的小鼠皮肤置于胶原凝胶上进行器官培养观察	观察被毛的成长，用于育发化妆品的实验室研究
抗雄性激素作用试验	皮肤检测法，将 5α-还原酶抑制活性和羟基去甲麻黄素比较，或将二羟睾酮受体活性和醋酸氯地孕酮等标准物质比较	抗雄性激素剂真正应用化研究（尚无成功案例）

由于头发脱落的原因比较复杂，许多脱发疾病的发病原因和发病机制并不是十分清楚，缺乏理想的脱发疾病实验模型，所以，许多实验室的研究结果与实际人体应用结果存在大小不等的差距，因此，最终以人体法为准。

（四）动物实验

育发功效评价还可用动物做育毛实验，进行毛发生长的多层次、多参数评价，如毛囊内 ATP 测定、调查毛发生长与皮肤炎症介质和血流之间的相关性等。已有报道的有高脂肪食料小鼠育毛试验、面猴育毛试验等。但是随着动物保护的呼声越来越高，化妆品动物实验会逐渐减少直至停止。

第六节　烫发类化妆品的作用机理与评价

烫发类化妆品是具有改变头发弯曲度并维持相对稳定作用的化妆品，是人们修饰、美发时重要的化妆品，也称烫发剂、卷发剂。

一、烫发作用原理

（一）烫发作用原理

人的头发主要由角蛋白组成，不溶于酸和碱，而且耐酶的分解。角蛋白纤维间多肽键、盐键、氢键、酯键、范德华键和二硫键的共同存在使头发产生刚性和弹性。二硫键是头发结构稳定的重要因素，数目越多，毛发纤维的刚性越强。

在正常情况下，头发是不易卷曲的。只有当头发结构内的上述化学键断裂即头发软化后，再借助外力卷曲或拉伸头发，最后修复软化过程中所破坏的化学键，对卷曲的头发进行定型，才能达到烫发的目的。

烫发是一种复杂的物理化学变化过程，下面以常温下进行操作的卷发剂为例说明目前行业界基本接受的烫发机理和过程。

1. 头发的软化

头发的软化过程实际上是破坏头发结构中多肽链之间的氢键、盐键、二硫键等化学键的过程。

第一步，用温水湿润头发，把头发洗净。

头发湿润后，由于水分子渗入头发结构内，切断了原来肽链间的氢键，使头发变软和膨胀。由于盐键、双硫键结合很强，一般只有用化学的方法才能使其改变。

第二步，涂上烫发剂，维持半小时左右。

烫发剂中主要成分是还原剂和碱化剂。

① 适度的碱化剂改变头发表面 pH 值，则可以断裂其盐键，使头发膨润、软化，易于弯曲变形。

② 在碱性条件下（pH 在 8.5～9.5），头发角蛋白的二硫键较易被还原剂还原成巯基，使二硫键断裂，头发暂时失去弹性，获得更好的软化效果，更易卷曲。

可用作还原剂的多为含硫化合物，如巯基化合物，可使毛发变得柔软易于弯曲。该还原反应可以用下式表示：

$$\text{K—S—S—K} + \text{RS}^- \xrightarrow{\text{还原剂}} \text{K—S—S—R} + \text{KS}^-$$

$$\text{K—S—S—R} + \text{RS}^- \longrightarrow \text{R—S—S—R} + \text{KS}^-$$

K 表示角蛋白，RS^- 表示硫醇盐离子，KS^- 为游离的角蛋白巯基基团。

还原剂与二硫键的反应和溶液的 pH 密切相关。当 pH 为 10 以上时，纤维膨胀，二硫键受到破坏，生成巯基化合物；适当加热会破坏得更迅速更彻底，一般应破坏约 30% 的二硫键；若还原剂作用过强，二硫键被完全破坏，则毛发将发生断裂。

2. 头发的卷曲变形

软化后将头发扭曲变形。在复杂的外力下，使软化的头发沿卷发器各种式样的发夹和发卷有规则地卷曲或拉伸成所需要的各种形状。

3. 头发的定型

当头发卷曲变形后，还必须修复被破坏的化学键，使角蛋白多肽链在新的位置重新键合，让头发固定在新的位置，产生持久性的扭曲，也称定型。

(1) 在卷曲状态下调节 pH 至 4～7 可使盐键恢复；

(2) 干燥头发可恢复氢键；

(3) 用氧化剂氧化巯基基团 KS^- 产生新的二硫键，使头发恢复为原来一定程度的刚韧性，同时保留持久的卷曲状态，反应可以用下式表示：

$$2K—SH + H_2O_2 \xrightarrow{\text{氧化剂}} K—S—S—K + 2H_2O$$

此反应如在痕量的金属离子如铁、锰、铜离子存在时，其氧化速率加快。

(二)烫发化妆品组成及类型

1. 烫发剂组成

根据以上烫发作用机理，烫发剂功效原料主要包括还原剂、碱化剂、氧化剂、稳定剂和添加剂等（表 9-32）。

表 9-32　烫发剂功效原料及作用

成分	常用原料	作用
还原剂	巯基乙酸及其盐类、亚硫酸盐、巯基乙酸单乙醇胺、半胱氨酸、巯基乙醇、α-巯基丙酸（硫代乳酸）、2-亚氨基噻吩烷等	在碱性条件下，通过还原反应破坏头发中的二硫键
碱化剂	碳酸钾、硼砂、氨水、三乙醇胺、单乙醇胺和碳酸铵等	控制碱性条件
氧化剂	溴酸钾（钠）、过硼酸钠、过氧化氢、过硫酸钾等	通过氧化反应重建二硫键
稳定剂	磷酸二氢钠、六偏磷酸钠和锡酸钠等	使氧化剂保持稳定
酸度调节剂	柠檬酸、磷酸	调节 pH 值
添加剂	表面活性剂	使卷发剂易于分散、渗透，促进头发的软化膨胀，提高卷曲效果，改善持久性
	螯合剂（如乙二胺四乙酸、柠檬酸）和抗氧剂（亚硫酸钠）	防止还原剂的氧化，增加稳定性
	调理剂	改善头发的梳理性，增加光泽
	滋润剂	使头发柔韧，有光泽

2. 烫发化妆品种类

现在的烫发化妆品大多是由卷发剂和中和剂两部分组合构成的。卷发剂为Ⅰ剂，包括还原剂和碱化剂，可以是水剂型、气雾剂型、乳剂型和粉剂型；中和剂包括氧化剂、pH 调节剂和添加剂，为Ⅱ剂，可以是溶液、膏体或粉末。先用还原剂，用水冲洗干净，再使用中和剂。

卷发剂又分为热烫液和冷烫液。

（1）热烫卷发剂　热烫卷发剂主要组分亚硫酸盐、碱化剂，可以缩短加热的时间，不会使头发变黄并能形成较好的卷发效果。卷发的效果与加热温度、作用时间、烫发液的浓度、pH 值等均有关系。

（2）冷烫卷发剂　冷烫卷发剂主要由巯基化合物、碱化剂和添加剂组成。由于添加了表面活性剂、螯合剂、调理剂和滋润剂等，使其具有良好的使用效果和保护头发作用。

（3）染发、烫发剂　在实际生活中，往往有人将染发和烫发同时进行，于是出现了将烫发剂与染发剂同时置于第Ⅰ剂内、氧化剂为第Ⅱ剂的产品。

先将第Ⅰ剂的一半均匀抹于头发上，用卷发器将头发卷成所喜爱之形状，再将第Ⅰ剂的另一半抹入头发中，维持 8～20min（依不同发质，所需时间长短不定）。达到满意头发卷度后，将第Ⅱ剂喷入或抹入头发中，维持 10～20min（依所需头发色泽而定），观察头发卷曲及显色程度。

本品使用效果持久，染发颜色可随对苯二胺、间苯二酚及过氧化氢等用量的多少调出多种色泽（由浅金黄至深黑色不等），完成染发及烫发程序所需时间短（约 1h），可避免伤害头发及头皮。

3. 冷烫剂的正确使用流程

（1）烫发前，根据头发的发质选择相适应的冷烫剂。特别对于漂过的头发，发梢要用低强度的冷烫剂。

（2）使用前应将头发洗净，保持润湿状态，根据期望头发卷曲的程度，选择使用合适的卷发夹，小心细致地卷发。

（3）卷好后，利用海绵或塑料挤瓶将冷烫剂饱和浸透所有发束，勿让冷烫剂流到头皮上，以免引起刺激。之后维持一定的时间（20～40min），如果要缩短卷发时间或提高卷曲效果，可用热毛巾热敷或电热帽保温（50～70℃）10min 即可。

（4）卷发完成后，用海绵或塑料挤瓶在卷发夹上涂抹中和剂用量的 2/3，一束接一束涂抹，随后停留 5min。然后解开卷发夹，注意不要拉扯发束，将剩余的1/3中和剂涂抹在发端，等待 3～5min 后，用水仔细冲洗。

（三）烫发的危害

1. 烫发产品的危害

烫发产品主要成分（巯基乙酸甘油酯类）对皮肤和毛发能造成化学烧伤、刺激或致敏，致使皮肤长疹子、红肿和引起皮下微血管出血，也能引起过敏性接触性皮炎，但通常更多的是在美发师引起职业性皮炎而不是顾客，因此在整个烫发过程中操作者必须戴保护性手套。

软化过程一般必须在 pH 值为 9 以上的碱性环境下才会有较佳的切断功效。碱化剂的配合量或浓度不足往往造成头发烫不卷的现象，但碱性过强会严重损害头发。如果采用挥发性碱，如氨水、碳酸铵等可以减少对头发的过度损害作用，但有挥发性氨的刺激性气味。

2. 烫发过程的危害

对同一束头发而言，烫发剂的浓度越高越容易卷曲；烫发的时间越长弯曲效果越好；烫发温度的提高能明显使卷度增加，有效地节省烫发时间。但这些因素都会使头发受损的情况更明显，对发质的伤害更严重。

二、烫发效果的评价

对于烫发剂烫发效果的评价方法，与其他种类的化妆品比较少得多，国际上也没有通行的标准方法，一般可以分为人体评价和体外评价两类方法。

（一）人体评价法

人体评价方法如同发类化妆品感官分析一样，在志愿者的头发上进行测试，评估烫发效果。由于烫发的复杂性，普通消费者很难在家里独立完成，一般是在发廊或美容院中由专业美发师完成。因此，美发师和对志愿者的意见对烫发功效评价起决定作用。被烫头发本身的强度、粗细程度、表面的油蜡质保护膜的多少，都会影响烫发的效果，往往需要以实际试验的方式，取得最佳条件。

另外，对于国际上的许多大型化妆品企业来说，产品的卷发能力相当稳定，需要考察的往往是烫发后的发质、光泽、产品的气味等感官指标，这更需要通过消费者的试用来评价。所以很多顶级化妆品公司对烫发剂的卷发造型效果评估很少通过仪器评价，而是在专门用来评价烫发效果的发廊实验室中完成，这种实验室提供免费烫发服务，顾客只需对烫发效果给出客观和全面的意见。

（二）体外评价法

仪器评价方法和美发师的实际操作相比是有一定差距的，因此仪器的测试结果很难直接用来指导实际操作或选择产品，常用于筛选新的烫发产品的参考，应用比较广泛的是 KIRBY 法和螺旋棒法。

1. KIRBY 法

在日本，KIRBY 法是用来评价新的永久性烫发剂效果的基础实验，基本原理是模拟实际的使用条件，用原发在规定的器具上测定卷发效率和卷发持久性。

(1) 材料准备　取未经烫发或染发处理的健康人原发，长度约为 20cm，在 0.5%十二烷基硫酸钠溶液中浸泡 10min，温度为 40～50℃，用流水冲洗干净，自然风干。然后放置在温度 20℃、湿度 75%并装有饱和硫酸钠溶液的干燥器中备用。

(2) 固定　选取 20 根这样的头发，理成一束，将毛根部用胶黏剂粘起来，用橡皮筋固定在器具（见图 9-3）的一端，另一端不使松懈，交错地从器具上的棒之间缠绕通过，但是注意不要用力过大，然后用橡皮筋固定在器具的另一端。

(3) 烫发　按照产品使用说明，将调整好浓度与用量的烫发剂的第Ⅰ剂置于恒温水槽中的培养皿中，把固定好被检头发的检验器具浸泡在培养皿中的第Ⅰ剂液体里。按照要求停留一段时间后，取出，用流水将残留第Ⅰ剂冲洗干净。

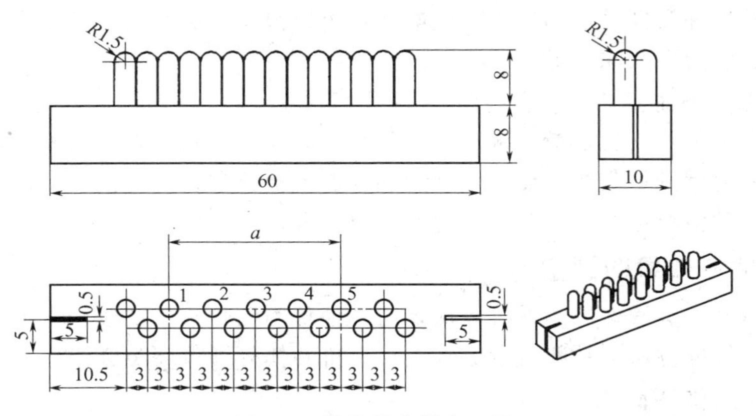

图 9-3　卷发效率测定工具

(4) 中和　按照使用说明的要求，用第Ⅱ剂处理待检头发，并用流水将残留第Ⅱ剂冲洗干净。

(5) 测量　将头发从器具上小心地取下来，放在玻璃板上，注意保持其原有弯曲形状。

(6) 计算卷发效率　参考图 9-4，测量 4 个波峰之间的长度，并按下式计算卷发效率：

$$卷发效率(\%)=\frac{100-100(b-a)}{c-a}$$

式中　a——图 9-3 中的 a，mm；

b——图 9-4 中的 b，mm；

c——图 9-4 中的 c，mm。

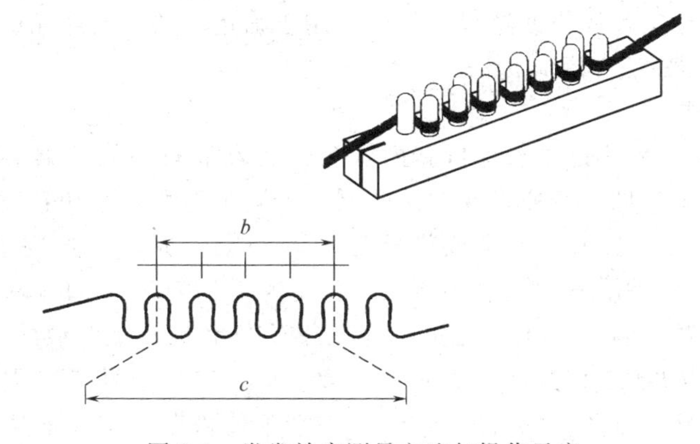

图 9-4　卷发效率测量方法与操作示意

(7) 卷发保持率的检验与计算　将测定卷发效果后所得的实验用头发置于室内，使上面残留的液体自然风干，24h 以后，放在 60℃的温水中浸泡 20min，然后取出放置在玻璃板上。

计算处理后的卷发效率，通过与处理前的卷发效率比较，可以得到卷发保持率：

$$卷发保持率(\%)=\frac{处理后的卷发效率(\%)}{处理前的卷发效率(\%)}$$

2. 螺旋棒法

取一束自然形状的头发，使其绕自身卷成几卷（螺旋状）。在特定的温度和时间条件下用待测产品处理发卷，同时对发卷施加一定的应力以使其维持这个形状，然后松开发束的一端使整束头发自由松弛。通过计算处理后的螺旋数与处理前的螺旋数比率可以评估烫发产品的功效。把发卷浸入热水之中，通过计算浸入前后螺旋数之比可以评估烫发的维持度。

三、头发损伤程度的评价

烫发显然会损伤头发，发丝表面上会产生裂缝和缺口，表现为头发粗糙、触摸感差、失去光泽并发生明显断裂、分叉。因此，有必要对烫发剂对头发的损伤程度进行评价，以筛选令消费者满意的产品。

（一）扫描电镜观察

到目前为止，关于头发损伤有各种各样的研究方法，用扫描电镜（SEM）观察头发表面状态是观察头发损伤的最直观的方法。

一般未烫的原发，头发最表层的保护膜呈瓦样整齐地层叠排列［见图 9-5(a)］；烫后的头发，可出现鳞片翻卷、鼓起甚至脱落的现象。2 次或 3 次烫后的头发，由于严重受损，可以看到大部分毛鳞片翻卷脱落［见图 9-5(b)、(c)］。

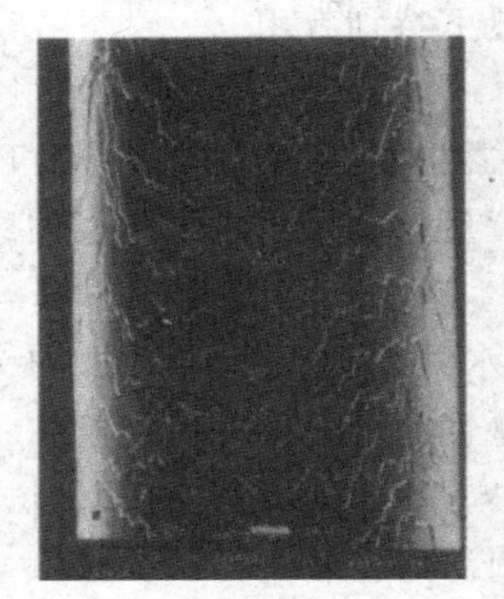
(a) 未受损的头发

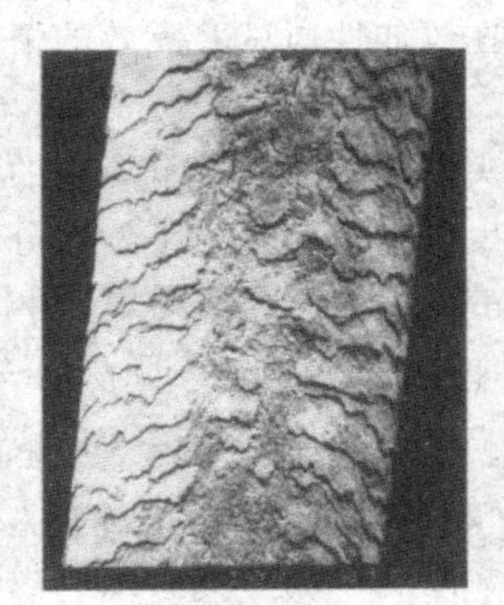
(b) 毛小皮部分剥落的头发

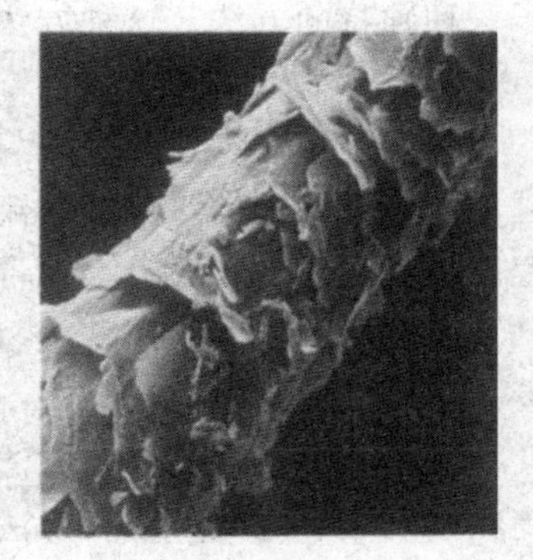
(c) 过度烫发造成的毛小皮的损伤

图 9-5 烫发前后的扫描电镜结果

（二）头发物理化学参数的测定

头发损伤可局限在头发表面（毛小皮）或损伤毛皮质影响整个头发纤维。毛皮质受损伤时，头发纤维抗拉伸的强度减弱，甚至易折断。受过损伤的头发会发生物理化学性质上的变化，通过检测相应性能参数可发现拉伸强度下降、弹性及韧性下降、颜色和光泽损失、表面纹理变得粗糙等。

1. 梳理性

对于使用者来说，烫后头发的发质好坏，主要是从头发是否易于梳理上来反映的。国外发用品行业经常通过测量头发对梳子的摩擦阻力来评价发用品质量。

2. 拉伸强度

张力计的拉伸试验可以很容易地观察到烫发所引起的头发拉伸强度降低的现象，还可观察到头发所能承受的最大拉力随烫发次数的增加明显下降的现象。

循环拉伸疲劳试验则通过反复加力于头发丝，模拟它们在烫后所受到的不断整理，并考察发丝对这种日益加剧的损伤的承受能力，记录被破坏率，来分析头发在其寿命期内品质是否下降。拉伸疲劳试验可以很容易地观察到像烫发、漂染之类较深程度地处理所引起的强度降低。

漂洗后的头发被破坏率最高，原始头发最低。使用不冲洗型护发素和水解小麦蛋白溶液，对降低被破坏率有良好的效果。这表明护发素确实能在一定程度上缓解损伤（表 9-33）。

表 9-33　直到 300000 次循环的头发破坏百分比

头发样品	破坏百分比/%	头发样品	破坏百分比/%
原始	30	漂洗后＋不冲洗型护发素	50
漂洗后	88	漂洗后＋水解蛋白	64

循环拉伸疲劳试验为评价头发的损伤程度和缓解损伤的护发素的配方筛选提供了一种独特的方法。这种方法在拉伸性质试验无效的情况下特别有用。

3. 头发中含水量

头发中水分含量的多少与头发的受损程度有一定的关系，一般来说，受损程度越严重，头发中的水分越易流失。因此，测定头发水分含量可以用于检测头发健康程度。

由图 9-6 曲线可看出，物理及化学损伤的头发的含水量明显低于未受损的头发。干燥、缺乏水分又会进一步促使头发的剥蚀，形成恶性循环。

头发水分含量的测定方法有许多，包括：重量法、卡尔·费休法、热分析法、高频滴定法、近红外线反射法、磁共振法、动态蒸汽吸附法等。

4. 头发的吸附性能

当头发遇热或受化学物质损伤时，头发角蛋白分子相互间的硫键被切断，从而使头发带负电荷。将受损且带负电荷的头发浸于带正电的金属离子溶液中，则可根据测定的头发吸附金属离子量的多少来评价头发的受损程度。

5. 光谱法测定头发受损特性

荧光光谱可用来分析头发在光辐射过程中的反应，用来测定头发的损伤程度以及头发在使用洗发护发产品后的受保护情况。红外和拉曼光谱法可用于评估漂白、

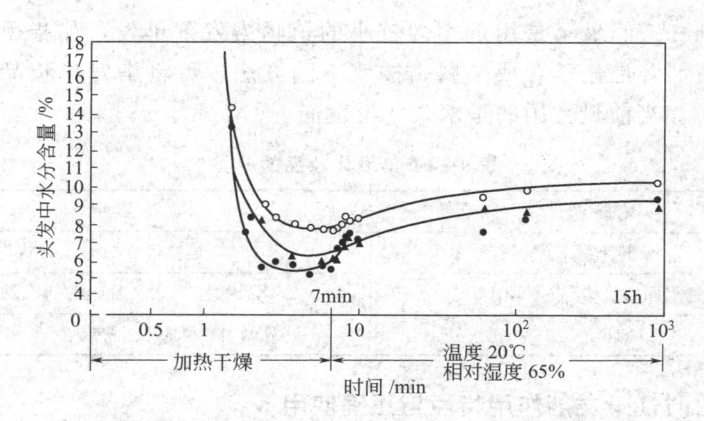

图 9-6　加热过程中头发中水分的变化比较

○ 未受损的头发；▲ 由于梳理受损的头发；● 由于脱色而受损的头发

永久性烫发和光辐射所致的头发损伤。

第七节　染发化妆品的作用特点与效果评价

染发化妆品是指具有改变头发颜色作用的特殊化妆品，俗称染发剂，不仅可将白发染黑，很多年轻人还喜欢将头发染成黄、棕、红各种颜色，以追求时尚和美观，也有人将原来头发除色或漂白脱色后再染成其他颜色。

一、白发原因

毛发有黑色、棕色、黄色、白色和红色等颜色，它受毛囊基质处色素细胞所含黑素颗粒的种类和数量、有无气泡和毛表皮结构等因素的影响。含黑色素多时呈黑色，含黑色素少时呈灰色，无黑色素时呈白色。含有铁色素时呈红色，有气泡则颜色较淡，无气泡则颜色较深。

头发由黑变灰，再由灰色转为白色是自然老化的一种表现，随着年龄的增长，由于头发中酪氨酸酶活性丧失，黑素颗粒逐渐减少，加上细胞间隙变疏松，使空气进入头发内，对光线的折射发生改变，这些都会使黑发变白发。当一部分头发变白，而其他头发还保持黑色时，白发和黑发混杂在一起，整个头部毛发看起来是灰色的。

一般约有 25％的男女在 20～35 岁时已经出现白发，这与这些人群的酪氨酸酶活性过早衰退有关。到 45～55 岁白发才明显，极少有到 80～90 岁仍未发生白发者。白发开始出现在两鬓，然后在顶部，逐渐波及全头，胡须和体毛也会变白。

日光中的紫外线、遗传、身体各种疾病、内分泌变化、药物、精神因素、抑郁、睡眠不佳等也会导致黑发变白。

二、染发化妆品作用特点与正确使用

染发之前，须将头发洗净、擦净水分，然后根据需求和染色时间的长短，选择

合适的染色剂。人们最早是用危害性较小的植物染发剂染发，如指甲花、甘菊花等，现在染发剂多是化学合成染料。按照不同方法，可将染发化妆品分为多种类型，见表9-34。当前最常用的是永久性染发剂。

表9-34 染发化妆品的分类

依据	类型
染料来源	植物性、矿物性、合成
染色牢固程度、染发原理	暂时性、半永久性、永久性、漂白剂
剂型	乳膏、液体、凝胶、粉末、摩丝和气雾剂

（一）暂时性染发剂作用特点与正确使用

1. 配方组成

将染料溶解或分散在基质（如水、乙醇、异丙醇、油脂或蜡）中使用，根据需要添加增稠剂（如纤维素类、阿拉伯树胶、树脂等）。常用着色剂有天然色素（如炭黑、铜粉、氧化铁）、植物性染料（如指甲花、苏木精、春黄菊和红花等的提取物）和有机合成染料（碱性染料如偶氮类，酸性染料如蒽醌类，分散性染料如三苯甲烷类等）等。

2. 作用特点

由于暂时性染发剂颗粒较大，不能通过毛发表面进入发干，只能利用油脂的附着性、水溶性聚合物的吸附性、高分子树脂的黏结性以黏附或沉淀形式附着在头发表面形成着色覆盖层，不会渗透到头发内部，因此牢固度较差，易被香波洗去，并且深色头发染不上较浅的颜色。也正因为这些染料滞留在头发表面，对头发损伤少，产品较为安全。

暂时性染发剂的染发功效可维持7～10d。多用于将头发染成各种鲜艳明快的色彩，也可用于美发定型后的局部白发或灰色染发以及临时性或演员化妆用。

3. 正确使用

一种方法是将染料与水或水/醇体系混合在一起，配制成染发液，直接用毛刷涂敷于润湿的头发上；也可将染料和油脂或蜡混合配制成棒状、条状或膏状，使用时像唇膏那样直接涂抹在头发上；室温下保持20min后，用温水洗净即可。另一种方法是将染料溶于含有透明聚合物的液体介质中，配制成染发定型液，通过喷雾器喷雾到头发上；用梳子梳理均匀，20min后即可达到染色的目的。

（二）半永久性染发剂作用特点与正确使用

1. 配方组成

有效成分是对毛发角质亲和性好的相对分子质量较小的合成染料分子，主要有金属盐染料、硝基对苯二胺、硝基氨基酚、氨基蒽醌及其衍生物、偶氮染料、萘醌染料等，多数是复合使用。为了增加染料往头发皮质里的渗透作用，可配入一些增效剂，如聚氧乙烯酚醚类、环己醇、苄醇、*N*-甲基吡咯烷酮等。

2. 作用特点

染料分子渗透进入头发表皮，部分进入毛皮质及更深的髓质层，能直接染发，但膨胀率不够，不与头发自然色素结合，而且透入皮质层较浅，也可能再扩散出来，故染色程度不如永久性染发剂。

半永久性染发剂比暂时性染发剂更耐香波的清洗，其染色功效可维持15～30d；比永久性染发剂刺激性小，对发质损伤较小，不易引起过敏。此类染发剂适用于不宜使用氧化型染发剂染发的人。

3. 正确使用

根据剂型的不同，可以将染发剂直接用梳子或毛刷涂敷于润湿的头发上、直接涂抹在头发上或喷雾到头发上。室温下保持20min后，用温水洗净即可。

（三）永久性氧化型染发剂作用特点与正确使用

1. 配方组成

永久性染发剂所使用的染料原料可分为植物性、金属盐类和合成氧化型染料三类，其中使用最普遍的是合成氧化型染料，以它为原料配制的染发用品染发后基本不褪色，效果最好，是染发剂市场中的主要产品。合成氧化型染料的配方主要包括染料中间体、偶合剂、氧化剂、基质和添加剂等（表9-35）。

表9-35　合成染发剂功效原料及作用

成分	常用原料	作　用
染料中间体	对苯二胺、甲基苯二胺及其衍生物等	与氧化剂、偶合剂生成有色大分子染料
偶合剂	对氨基酚、间苯二酚、邻苯二酚等多元酚和α-萘酚	与染料中间体发生缩合反应
氧化剂	过氧化氢、过硼酸钠、过硫酸钾和过碳酸钾等	与染料中间体发生氧化反应
表面活性剂	高级脂肪醇硫酸酯、乙氧基烷基酯等	具有分散、渗透、偶合、发泡、调理等作用
溶剂	低碳醇、多元醇、多元醇醚等	染料中间体的载体并对水溶性物质起增溶作用
调理剂	羊毛脂及其衍生物、水解角蛋白、烷基咪唑啉衍生物、聚乙烯吡咯烷酮等	减小碱性处理环境对头发的损伤，保护头发
抗氧剂	亚硫酸钠、BHA、BHT等	阻止染料中间体自身氧化
抑制剂	聚羟基苯酚	防止氧化剂氧化作用太快
增稠剂、胶凝剂	高碳醇类、聚乙氧烯脂肪醇醚、纤维素类等	增稠、增溶和稳定泡沫
碱化剂	氨水、三乙醇胺和烷基酚胺等	pH调节剂
螯合剂	乙二胺四乙酸钠盐	增加基质的稳定性

2. 永久性染发剂作用机制

首先是小分子的染料中间体和偶合剂先渗入头发的皮质层和髓质层；染料中间体本身是无色的，但经氧化剂氧化、再与偶合剂进行缩合反应后，则生成有色的稳定的大分子染料被封闭在头发纤维内。由于大分子染料不容易通过毛发纤维的孔径被冲洗除去，故起到持久的染发效果，可保持6～7周不褪色。

依据染料中间体和偶合剂的不同种类、不同含量比例，可产生色调不同的大分子染料，使头发染上不同的颜色。染料中间体中以对苯二胺类配制的染发制品色调变化宽广，可染呈金、黄、绿、红、红棕、黑等所需颜色。表9-36所列为染料中间体氧化后染料颜色。

表9-36 染料中间体氧化后染料颜色

染料中间体	染发后的颜色	染料中间体	染发后的颜色
对苯二胺	棕至黑色	2-甲氧基对苯二胺	浅灰色
氯代对苯二胺	深褐色	邻甲苯二胺	浅褐色
邻苯二胺	金黄色	2,5-二氨基酚	红棕色

影响染发过程的因素很多，例如反应混合物的复杂性（通常配方中使用的染料中间体和偶合剂高达10种）、混合过程、反应物的浓度、染料基质及其酸碱度、染色时间的长短和头发发质等都会影响染发进程。

3. 永久性染发剂的正确使用

上述氧化、缩合化学反应过程较缓慢，需要10～15min，因此，永久性染发剂一般制成分开包装的双剂型，第一剂包含染料中间体、偶合剂和基质原料的氧化型染料基（称为染发Ⅰ剂），另一剂是用作显色剂的氧化剂基（称为染发Ⅱ剂）。可在染发前将染发Ⅰ剂和染发Ⅱ剂两者按一定比例混合，均匀地涂敷于头发上，保持20min，使其渗入发质内部后才进行化学反应，然后用温水洗净即可。染发Ⅰ剂和染发Ⅱ剂的各种剂型的组合，构成不同剂型的永久性染发剂。

（四）漂白剂的作用特点与使用方法

1. 作用原理

漂白剂又称脱色剂，它利用氧化剂对头发黑素进行氧化分解，减少黑素，使已存在的黑素被氧化褪色变浅或防止新的黑素形成，从而使头发褪色。根据氧化剂浓度、氧化剂作用于头发的时间、漂白次数的不同，头发可漂成不同的色调。灰白或花白的头发可漂成白色，黑色或棕色头发经漂白脱色后颜色变浅，还可在漂白脱色之后进一步染成其他颜色。

2. 配方组成

漂白剂可制成水剂、乳液、膏剂和粉剂。

常用的头发漂白剂是过氧化氢，其氧化性能很强，在碱性条件下极易分解，释放出活性氧。除过氧化氢外，还有固体过氧化物，如过硫酸钾或铵、过硼酸钠等。为防止过氧化物分解，常在配方中添加少量的非那西汀等稳定剂。为防止铁、铜等金属促进过氧化物分解，还应加入乙二胺四乙酸。

3. 氧化剂对头发的损害

强氧化剂会使毛发的二硫键发生氧化，生成磺酸基，使之不能再还原成巯基或二硫键，致使毛发纤维强度下降，变得粗糙，缺乏弹性和光泽，易断裂等。头发经过反复漂白脱色后发质也会受损。

氧化剂对毛发的损害程度与氧化剂浓度、温度、pH 有关。当用过氧化氢漂白头发时，一般采用 3%～4%的过氧化氢水溶液，添加少量氨水，增加漂白活性。浓度过高会对毛发造成严重损害。

4. 漂白方法

将头发用香波洗净、干燥后，使头发全部浸入漂白液中不断绞洗。可依漂洗的颜色情况，随时用大量热水冲洗而中止漂白作用，不需要再用香波洗发。因漂白的时间越长或次数越多，对头发损伤也越严重，所以漂洗后的头发应使用护发化妆品。

（五）染发的危害与注意事项

1. 染发剂的危害

染发剂对人体的健康影响是多方面的，包括头发损伤、刺激头发、荨麻疹等，原因既包括染发剂本身含有潜在危害性化学成分，也包括由于消费者使用不当所引起的急慢性健康危害。

特别需要指出的是常用的氧化型染料对苯二胺，极易让敏感体质的人发生皮肤过敏反应，容易造成局部皮肤、面部甚至全身皮炎，须采取必要措施，不可忽视。但自 20 世纪末至今，苯胺类染料在染发化妆品中仍占有重要地位。

染发的危害一般表现是接触部位的皮肤发痒、红斑和丘疹，甚至出现水疱、红肿、糜烂、溃疡等症状，严重时可能会出现皮肤鳞化或疼痛，可能在接触后马上发生，属于原发性刺激；也可能以前曾用过但没有发生不良反应，再次染发后发生皮炎，属于继发性过敏反应。职业美发人员由于长期接触染发剂，发生过敏的危险性更高，调查发现，职业接触染发剂会增加哮喘发病率。

染发剂及其原料引起的人类急性中毒事件极其罕见，而且多为误食或有意经口摄入引起。据报道，曾有 31 名儿童因摄入 Henna 染料和对苯二胺混合物而中毒，其中，5 名儿童出现急性肾功能衰竭，13 名儿童均在 24h 内死亡。

结合人群癌症流行病学研究结果发现，经常染发的妇女细胞染色体断裂损伤明显增多，长期接触永久性染发剂增加罹患非何杰金氏淋巴瘤、急性白血病、皮肤癌、乳腺癌、膀胱癌的危险性，但全球目前均没有直接证据证明染发会导致癌症。近年来，化妆品生产企业不断研究采用低毒或天然植物染料提高染发产品的安全性。

2. 染发的注意事项

① 选购符合国家标准的合格特殊化妆品产品，保证染发剂的质量。

② 尽量选择植物性染发剂，减少氧化型染发剂的使用。如因特定情况需要短期内改变发色或经常改变发色者，可选用暂时性染发剂。

③ 尽量降低染发频率，染发次数越少越好，一年不得超过两次，而且只要染新长出来的地方就可以了。年龄大者需要掩盖白发者而经常染发，每次仅需补色，不必全面染发。

④ 消费者在初次使用染发剂之前，应做皮肤试用试验，如有红肿、瘙痒等反应，不能染发；如发生染发后过敏，应到皮肤病专科就诊。

⑤ 染发方法要得当。在染发的过程中，应尽量防止染发剂直接接触皮肤，以此减少染发剂对皮肤的损伤；染发最好能与头皮相隔近 1cm，避免接触发根、皮肤，避免长时间加热，以减少皮肤过敏和刺激，同时可减少头部皮肤对染发剂的过多吸收；不要用不同的染发剂同时染发，染发剂之间有可能会发生化学反应，生成有毒物质；染发后要用流动水反复冲洗至不脱色，切忌边洗澡边染发，以防染料沾染全身皮肤；美发师在操作时要带胶皮手套或塑料手套，避免让染发液沾染眼、面、口唇等。

⑥ 以下人群不适宜染发

头部皮肤破损、身体患病的人群避免染发，以防免疫力低下时，对染发局部和身体健康造成影响。

头面部有疖痈、溢脂或皮肤损伤者、年老体弱的免疫力低下者和各种疾病恢复期患者最好不染发。

对染发剂过敏的人不宜染发，如果坚持要染发，一定要做过敏试验，把染发剂擦在耳后皮肤上，如果在两天内没有异常反应，方可染发；换用染发剂时也要先做皮肤敏感试验。

患有高血压、心脏病者不易染发。

染发剂经皮肤吸收进人体后可进入血液循环，可能对生殖细胞和子代的染色体造成损伤，故怀孕或哺乳期的妇女不宜染发，当人体免疫力低下时也应避免染发。

三、染发效果评价

染发剂的性能要求主要体现在：较好的染色性能；较好的安全性，不损伤头发和皮肤；较好的稳定性，对洗发、护发化妆品稳定，不易变色或褪色；易于涂抹，使用方便。染发类化妆品功效评价可以分为人体评价和体外评价两种方法。

（一）体外评价

染发类化妆品主要通过仪器来评估样本头发的颜色及其坚牢度。

1. 颜色测量

检测颜色的仪器主要有三色刺激值色度计和分光比色计。三色刺激值色度计可以测定样品的颜色是否在标准样品的误差范围内；分光比色计可以直接测试样品颜色，并能评估颜色差别。一般头发颜色的测量通常是在发束上进行的，需要在一束头发上进行大量的测试，然后取平均值，才能得出精确且可重复的测量结果。仪器测量法能排除测定者的主观因素，较准确地测量颜色。

2. 颜色坚牢度测量

（1）颜色的抗洗性　用待测产品给发束染色，经过特定次数的洗发后，评估发束颜色的变化。用一种特殊的设备可以标准的方式模拟洗发过程中的摩擦与起泡动作。在每次试验前后都要测试发束的颜色并计算色差。色差越大，被测产品就越容易引起褪色。

（2）阳光下的颜色坚牢度　该试验与抗洗性试验十分相似，唯一的区别在于模拟洗发的设备被换成日光模拟器。日光模拟器是一种能发出类似日光光线的仪器，紫外辐照的强度与时间都可以调节。利用日光模拟器照射发束，用自动喷洒装置重复喷水使发束膨胀，两者结合可以评估耐光性。

（二）人体评价

1. 安全性评价

染发化妆品首先需要通过人体皮肤斑贴试验评价其引起不良反应的可能性。在保证受试染发类化妆品具有安全性的前提条件下，再进行人体试用试验检验和评价其染发功效。

2. 志愿者选择

① 一般选用要求染发的志愿者 20 人以上进行试验，试验前详细说明试验目的、试验方法及可能出现的不良反应。

② 特别要求妊娠或哺乳期妇女及头部有脂溢性皮炎、男性脱发、斑秃、过敏性疾病等患者不能进行试验。既往对烫发、染发类产品有过敏者和试验期间全身应用激素类、免疫抑制剂类药物者均不能实验。

3. 试验方法

确定头部染发部位，取三束头发，每束约 50 根头发，由专业医生对染发部位毛发的质地、颜色等进行记录，然后按染发产品说明书中推荐的使用方法和剂量进行染发，染发结束后及一周内，观察染发效果。并由皮肤科专业医生观察毛发损害程度以及皮肤不良反应。如在染发过程中出现不良反应，应立即停止试验，并对受试者做适当处理。

4. 染发效果评价

这些测试都是在美发实验室进行的，由专业的发型师在志愿者头发上试验产品并肉眼观察染发色调。由于日常所见头发色调与头发的干湿状态、头发表面毛鳞片的平整程度、头发纤维内部黑色素等多种因素有关，因此，美发师的经验对于染发效果起决定性作用。最好综合受试者本人及美发师对染发效果的评价，大家都认为满意或基本满意才判定有染发效果。

不过，在染发化妆品上市之前，可以采用 *Lab* 色度系统，对染色剂处理样本发样的结果做详细的分析，取得对染发化妆品应用较为合理的指导意见。

5. 感官评价

① 用感官分析的方法来评估染发剂产品。即用视觉评价头发的着色效果、光亮度、发量、均匀混合程度、渗透性等；用触觉评价头发的柔软度、黏稠度等；用

嗅觉测量和鉴定头发的香味。

② 评估应由以下人员执行：受过专业训练的专家，如发型师，他们直接评估志愿者的头发；经过筛选的感觉敏锐的人员，他们在自己的头发上进行评估。

③ 采取双盲形式或在模拟日光且所有条件都相同的房间中进行评价，减少外部因素的影响。

④ 评估人员根据染发过程和染发后的感觉，填写相对应的功效性感觉评价表。将所有数据汇总，采用适当的数理统计分析方法，获得最终评价。

第八节　脱毛类化妆品的作用特点与功效评价

现代社会中，柔滑、光洁的皮肤已经不仅仅是健康的象征，同时也是一个人仪表美的标志。脱毛化妆品指用于减少、脱除皮肤上不需要的毛发（如腋毛、过浓的体毛等）的特殊用途化妆品，使用此类化妆品可以达到净肤、美容的目的。

一、脱毛类化妆品作用特点与正确使用

（一）脱毛方法

多毛指身体任何部位毛发比正常同年龄和同性别的人长得粗、多或长的现象。多毛会影响体表外观，尤其大多数女性都认为除了头发以外体毛越少越好。

很长时间以来，人们为了不让体毛影响外表美观，常采用镊子拔去杂乱多余且不整齐的眉毛，用剃刀、热蜡粘脱、拔扯甚至激光等手段来处理腿上、手臂、唇部、腋下甚至隐私部位的体毛，增加身体美感，同时也不断忍受着拔伤、烫伤和刮伤的痛苦。不少女性经常使用电动剃毛器剃除过多的毛发达到美容效果，这种方法虽然效果明确、简便快捷，但是不小心容易损伤皮肤，每次剃除的是露出皮肤表面的毛发，数周后又可长出，反反复复，久而久之还会变得既粗又硬。

常用脱毛方法从效果上可分为永久性脱毛和暂时性脱毛两大类（表 9-37）。

（二）脱毛类化妆品组成与作用特点

脱毛化妆品通过破坏毛发的机械强度从而能够轻轻地从皮肤上抹去毛发，一般制成膏霜、乳液型，浆状是最合适的剂型，也有制成摩丝、气雾剂型的。优良脱毛类化妆品要求无异味、无毒无刺激且脱毛效果显著，10min 内毛发变软并呈塑性，易于擦除或冲洗，不会损伤或沾污衣物。

1. 物理脱毛剂

物理脱毛剂也称“拔毛剂”，通常是利用松香树脂等蜡状黏性物质将需要脱除的毛粘住，再从毛根或毛乳头内取出，需要经过较长的时间毛发才能重新再生长出皮肤表面。其作用相当于用镊子拔除毛发，也会刺激皮肤，不过稍微方便点，但用起来让人感到很不舒适和容易感染，较少人使用。

2. 化学脱毛剂

毛发结构的稳定性主要是由毛发角蛋白中的二硫键来保证的，二硫键的数目越

表 9-37 脱毛方法的对比

项目	永久性脱毛	暂时性脱毛	
		化学脱毛	物理脱毛
原理	利用仪器完全破坏毛囊，使毛发脱去	利用化学脱毛剂溶解软化毛发，暂时脱去毛发	用工具或石蜡类产品人力脱去多余毛发
操作者	需要专业皮肤科医师或美容医师操作	自行操作或美容师操作	
效果	不再长出新毛	不久还会长出新毛	
方法	激光、电解、光照射等	脱毛类化妆品	剃刀、镊子、热蜡、冷蜡等
特点	没有太大痛苦，不损伤周围皮肤；多次操作才可使毛囊受损失去再生能力，疗程长；费用高	效果明确、简便快捷；不同产品效果不同；不小心容易损伤皮肤；价格便宜	
适用范围	腋毛、倒长睫毛及杂乱生长的眉毛等	露出皮肤表面的毛发；细小的绒毛；敏感皮肤和面部不能使用	
不良反应	一般情况下无异常反应，少数皮肤敏感者会出现局部皮肤微红甚至轻度红肿	对皮肤刺激性大，要准确把握停留时间以免伤害皮肤	
注意事项	脱毛用具、预备脱毛部位要消毒；皮肤发炎、擦伤或发疹时不可脱毛	先在小块皮肤上试用，观察有无过敏现象	对打蜡技术要求较高

多，毛发纤维的刚性越强。市场上最多见的化学脱毛剂有碱土金属硫化物、巯基乙酸盐等，在碱性条件下可使毛发膨胀变软，硬度降低，并破坏毛发结构中二硫键，降低毛发的结构强度，从而使皮肤表面的柔软细毛在较短时间内能被轻易擦除，达到无疼痛脱毛的目的。化学脱毛剂碱性较强，5～15min 即显示出脱毛效果，但对皮肤也有强刺激性，因此敏感皮肤和面部不能使用。

硫化物脱毛剂（也称为无机脱毛剂）如硫化钠、硫化钙等硫化盐类是最早的化学脱毛剂，质优价廉，但会产生令人不悦的气味，对皮肤有一定刺激，属于限用物质，故不受欢迎。但如果配方合适，也相当有效，涂抹 5min 内就会生效。

近年来，硫化物脱毛剂逐渐被巯基乙酸类脱毛剂（也称为有机脱毛剂）所取代，这类脱毛剂一般在 2.5%～4.0% 的使用浓度范围内是无毒和稳定的，若低于 2%，作用缓慢；如高于 4%，效果提高不显著，且受酸碱度的影响。一般 pH 值范围为 10.5～12.5。

如表 9-38 所示在浓度范围内，pH 值低于 10.0，起效时间较长；pH 值在 12.5 附近，脱毛效果最好；pH 值大于 12.5，对皮肤刺激性较大，一般在 5～15min 脱毛效果显著。

最常用的硫化物脱毛剂是巯基乙酸钙又名硫代乙醇酸钙，国家规定限用量 5%，pH 值 7～12.7，如同时使用 2 种以上的巯基乙酸钠盐、镁盐、锶盐等盐为原料，其脱毛效果将更好。使用该类脱毛原料必须在标签说明书上注明"含巯基乙酸盐；按用法说明使用；防止儿童抓拿"。

3. 其他增效剂

表 9-38　pH 对巯基乙酸（0.5mmol/L）脱毛速度的影响

pH	除去毛发时间/min	引起皮肤刺激情况
9.5	24	30min 内无刺激作用
10.0	19	30min 内无刺激作用
10.5	15	30min 内无刺激作用
11.0	12	30min 内无刺激作用
11.5	9	30min 内无刺激作用
12.0	7	30min 内无刺激作用
12.5	5	30min 内无刺激作用
13.0	3	30min 内无刺激作用

在脱毛类化妆品中常添加适量的增效剂，如尿素、碳酸胍等，它们与毛发角质蛋白作用后，能促使其切断二硫键，使毛发更容易脱落。一般在 10min 以内即可将毛发抹去或用水冲洗掉。有时使用如三聚氰胺、二氰基二酸胺、聚乙烯吡咯烷酮（PVP）共聚物等可有助于加快巯基化合物脱毛剂产生作用的速度。为防止危害皮肤，溶液中碱类制剂的含量不要大于巯基化合物化学剂量的 2 倍。

（三）脱毛类化妆品的危害与注意事项

1. 脱毛类化妆品的危害

脱毛类化妆品中常用的化学脱毛剂碱性较大，会损伤角蛋白，存在潜在的皮肤刺激或致敏的危险性，因此我国把脱毛类化妆品列为特殊用途化妆品进行监管。

2. 选择合适的脱毛类化妆品

脱毛类化妆品对皮肤的刺激作用与活性物质的浓度、pH 值和接触时间有关，个体的差异也很大，所以在使用化学脱毛剂时最好先做皮肤斑贴试验或试用试验，特别是皮肤敏感者，使用时要控制脱毛剂的浓度和 pH 大小，既要达到脱毛效果，又要涂敷后脱除时间内对皮肤温和。

每个人对脱毛产品的敏感性不一样，要使脱毛产品使用时完全对皮肤无损害是非常难的。表 9-39 为脱毛化妆品的选择建议。

表 9-39　脱毛化妆品的选择建议

皮肤状况	脱毛产品选择建议
比较娇嫩	选择刺激性小或脱毛添加剂较少的产品
皮肤耐受性强且体毛较重	选择脱毛添加剂相对较多一点的产品
皮肤有损伤或有炎症者	等皮损痊愈之后才能使用脱毛化妆品
过粗的体毛	不适合用脱毛化妆品，避免过度使用造成皮肤伤害

3. 使用脱毛化妆品的注意事项

① 使用前应仔细阅读说明书。

② 使用时先用温水洗净或用湿毛巾擦净需脱毛的部位，涂上厚度不少于0.5mm的脱毛膏，然后将脱毛膏顺毛发生长方向均匀涂抹，霜体涂抹厚度为1～2mm，以完全覆盖毛发为准；10～15min后，待毛发螺旋般卷曲时，即表示脱毛已完成，用刮棒（产品内配）逆毛发生长方向轻轻将脱毛膏连同体毛一起刮去；必须依照其说明指定的时间除去脱毛霜，不应待其干硬时才除去。

③ 每次使用脱毛剂后应及时用清水清洗干净，再涂上少量润肤剂，不可用强力摩擦皮肤或用碱性香皂清洗，不可同时使用或脱毛后不久使用有刺激性化妆品或外用药。

④ 每次在同一部位使用脱毛膏的频率不宜太高，最多每2周使用一次。

⑤ 禁止将脱毛类化妆品用于修眉毛，禁止接触黏膜；谨防儿童玩耍。

⑥ 发炎和损伤的皮肤表面禁用脱毛类产品，有过敏史者慎用。

二、脱毛类化妆品的功效评价

脱毛类化妆品功效评价方法至今尚无标准或公认的方法和程序，比较常见的是采用临床评价、计算机图像分析和志愿者评估相结合的方法。

（一）临床评价

脱毛类化妆品要求在卫生部认可的"化妆品人体安全性与功效检验机构"进行人体试用试验，对其宣传的功效进行初步评价，同时由负责医生检测产品引起人体皮肤不良反应的可能性。

常选择一定数量的健康志愿者，一般30例以上，确定试验区，由有经验的评估者进行肉眼分析评估，每个等分区域的评分总和为试验区域的结果。

脱毛效果＝(∑各区域涂抹后毛发脱落评分/∑区域数)×100%

如脱发效果在75%以上者，为符合要求的脱毛产品。

评分基本标准见表9-40。

表9-40 脱毛效果评分标准

分值	依据	分值	依据
0分	无任何毛发脱落者	3分	毛发脱落量为50%～75%
1分	毛发脱落量小于25%	4分	毛发脱落量为75%～100%
2分	毛发脱落量为25%～50%	5分	完全脱落者

（二）计算机图像分析法

计算机图像分析法是一种比较客观的量化检测方法，其原理是利用皮肤（白色）与体毛（黑色）的色差来检测单位皮肤面积中毛发所占有的总面积。需要专业技术人员和计算机图像摄取设备，还要经过专业图像分析软件得出脱毛效果。

脱毛率＝(涂抹前毛发总数－涂抹后毛发总数)/涂抹前毛发总数×100%

达到75%以上者，认为脱毛效果达到要求。

该方法结果客观可靠、重复性好、敏感性高，比肉眼观察评估的结果更准确和更有可比性，已被逐渐应用于基础和临床研究。但是硬件条件在一定程度上限制该技术的推广和发展。并且，脱毛前后必须在同一位置、同一光线、同一光线角度获得同等面积大小一致的光学和数码数据才具有可比性。

（三）志愿者评估

选择符合条件志愿者直接试用，不仅可依据涂抹后毛发脱落情况对脱毛效果给予评估，还可以对产品的质地、刺激性、气味等做评价。

第九节　健美类化妆品的作用特点与评价

人体的外形美和容貌美是由骨骼、肌肉、脂肪、皮肤、五官五大要素决定的，成年以后，骨骼和肌肉相对恒定，皮下脂肪的动态变化就成了影响人体曲线美的重要因素。健美类化妆品通过皮肤吸收健美活性物质，可促进皮肤脂肪代谢，帮助人体保持和调节局部完美形态，近年来得到了迅速的发展。

一、肥胖与减肥

（一）脂肪与肥胖

1. 脂肪

脂肪在体内的主要功能是储存能量和供给能量，也具有保持人体体温相对平衡和保护内部器官免受外力撞击的作用。

人体的脂肪分布很广，绝大部分为皮下脂肪，其中，女性为92%，男性为79%。男性和女性皮下脂肪的分布有所区别，成年女性脂肪组织在胸部、臀部及股前部比较丰富；成年男性的脂肪主要分布于颈部、背、三角肌及肢三头肌区、腰臀部皮下层。而深部脂肪，男女之间没有十分明显区别。

全身脂肪细胞的分化和生长、脂肪的合成和分解是一个复杂的过程，涉及内分泌、旁分泌和自分泌系统，由诸多因素共同参与。

脂肪组织是体内储存脂肪的主要部位，脂肪细胞的基本功能就是储藏三酰甘油，脂肪细胞容积可随着储脂量的改变而改变，最大时储脂量可比正常大4～5倍。脂肪储存有两种形式，一方面，外源性脂肪通过血浆转运，以游离脂肪酸的形式进入脂肪细胞，再合成脂肪而储存；另一方面，肝脏合成的内源性脂肪也通过血浆转运入脂肪细胞储存。

脂肪组织中储存的大量脂肪能及时水解而以游离脂肪酸形式经血浆转运到各组织氧化利用，这就是脂解作用。脂解作用是由脂肪细胞中多种脂肪酶依次作用而完成的。消脂素亦称瘦素或瘦蛋白，是由脂肪细胞分泌的一种激素，其主要功能是向中枢系统传递体内脂肪存储的负反馈信号，通过三种途径调节机体脂肪沉积：抑制脂肪合成；降低食欲减少能量摄取；增加能量消耗。

2. 肥胖

大脑负责调控人的脂肪代谢、储存与平衡，一旦失去控制，脂肪生成过多、消耗减少、储存过多，就有可能出现肥胖。

世界卫生组织（WHO）把肥胖定义为脂肪过度堆积以至于影响健康和正常生活状态。我国定义为：肥胖是人体由于各种诱因导致热量摄入超过消耗，并以脂肪的形式在体内堆积，使得体内脂肪与体重的百分比增大，或体重超过标准体重的20％以上，或体重指数加大的异常机体代谢、生理和生化变化。

肥胖不仅影响人体的形体美，行动不便，还会造成许多疾病，甚至危及生命，已经成为危害人类健康的主要疾病之一。

3. 肥胖种类

（1）按照肥胖形成的原因分类　见图 9-7。

肥胖症
- 单纯性肥胖（原发性肥胖）
  - 体质性肥胖
  - 获得性肥胖
- 继发性肥胖（病理性肥胖）

图 9-7　按形成原因肥胖的分类

引起肥胖的原因很多，一般认为与遗传、饮食、睡眠、运动量、疾病、内分泌失调和精神因素有关。95％的肥胖者属于单纯性肥胖，无明确的内分泌、遗传原因，即热量摄入超过消耗而引起脂肪组织过多。25 岁以前的营养过度、遗传所致的肥胖属于体质性肥胖。据统计，双亲体重正常，子女肥胖发生率仅为 10％，双亲中有一人肥胖，子女肥胖发病率为 50％，双亲均肥胖，子女肥胖发生率达 70％，这充分说明肥胖和遗传有很大的关系，不但肥胖具有遗传性，甚至脂肪分布的部位及骨骼状态也有遗传性。

25 岁以后营养过度、脂肪细胞肥大引起的肥胖成为获得性肥胖，也称外源性肥胖。

（2）根据脂肪堆积的部位分类

皮下性肥胖：皮下脂肪堆积过多。

内脏性肥胖：内脏脂肪堆积过多。

高位性肥胖：主要是腹部肥胖（包括颈、肩部），为脂肪细胞的体积增大所致，高位性肥胖与活动少、摄入过多有关，对运动反应较敏感，男性多见。

低位性肥胖：主要是臀部（包括大腿部）肥胖，为脂肪细胞数量增加所致。低位性肥胖多在幼年和儿童时期开始形成，对减肥的抵抗性比较大，女性较多，需早期预防。

局部脂肪沉积：在女性臀、腰、腹、大腿、上臂、膝盖、小腿等处脂肪容易堆积的部位，皮下脂肪组织与真皮交界处的结缔组织比较松软，沿垂直方向连续而水平方向不连续分布且无规律，局部脂肪容易聚集于此形成类似于蜂巢状的组织结构，可见类似“橘皮”或凹陷如酒窝状的纹路出现。这种“橘皮”多出现在腹部、臀部、大腿根部及手臂，影响肌肤光滑外观和身体曲线。

4. 塑身减肥途径

肥胖主要是脂肪代谢功能出现障碍，脂肪沉积所致的，要想减肥就必须将脂肪分解。节食和运动一直都是经常采用的有效的减肥方法，也可在医生指导下服用食欲抑制剂或加速代谢的激素类药物进行减肥，或者在专门机构进行仪器、按摩、针灸、吸脂等减肥。减肥治疗方法多种多样，必须因人而异，积极寻找病因，选择适合自己的方法。无论哪种方法，都必须有计划、有步骤地进行，必须持之以恒。

（1）运动减肥塑身　通过体操、田径、游泳、跳绳、爬山、骑车以及健美操等加大每天运动量，增加热能消耗，减少脂肪堆积。

（2）节食减肥　通过调节饮食，控制摄入热量，减少脂肪合成量，甚至消耗热量、减少脂肪。

（3）药物减肥　在应用其他疗法效果不佳或无效的情况下选择这种方法，而且服用药物时间不宜过长，因为大部分减肥药物都有副作用。常用的减肥药物功能包括：抑制食欲；增加水排出量；增加胃肠蠕动，加速排泄；增加热量消耗等。上述各种作用的中、西药，都必须在医生指导下合理使用。

（4）仪器减肥　包括高温排汗式、电流促进脂肪燃烧式、振荡式、电脑气压式、推脂式等，主要原理都是使脂肪堆积部位血流加快，促进新陈代谢，加速脂肪分解以达到减肥目的。适用于单纯性肥胖，也可配合其他方式同时进行。

（5）按摩减肥　对肥胖的部位进行按摩推脂或点穴按摩，疏通经络、流通气血，促进脂肪的分解与热能的消耗，达到减肥的目的。

（6）针灸减肥　以中国传统医学的经络学说为理论指导，以针灸有关穴位为治疗部位的方法。

（7）手术减肥　通过吸脂、皮肤脂肪切除、隆胸等整形美容手术来进行减肥或形体塑造，适用于局部脂肪堆积者及皮肤松弛者，不适宜于全身性肥胖者。

（8）健美化妆品　生活美容院里面主要使用健美类化妆品，利用透皮给药吸收的原理，结合专业的减肥美体仪器及按摩手法，通过按摩、热敷，使活性物质及营养经过皮肤吸收后，抑制脂肪细胞增大，促进多余皮下脂肪的分解，加速脂肪的代谢，减少局部脂肪堆积，还能促进细胞结缔组织再生，紧实肌肤，达到消除肥胖、健美体态的目的。

（二）评价肥胖的指标

主要包括身高、体重、标准体重、体重指数及腰围、腰臀比值等。

1. 标准体重

标准体重受年龄、性别、身高、骨骼类型及种族等因素影响，各国有各自的计算公式。

标准体重(kg)＝身高(cm)－100，简便、实用；

标准体重(kg)＝身高(cm)－105，更适合亚洲国家采用；

标准体重(kg)＝[身高(cm)－105]×0.9。

相对标准体重：

$$肥胖度=\frac{(实际体重-标准体重)\times 100\%}{标准体重}$$

肥胖度为±10%属正常范围，>10%为超重，>20%为肥胖，20%～30%为轻度肥胖，30%～50%为中度肥胖，>50%为重度肥胖，>100%为病态肥胖。

2. 体重指数

体重指数 BMI=体重(kg)/身高^2（m^2），简便、实用。

我国以 BMI>25 为肥胖标准，世界卫生组织 WHO（1989）建议肥胖的标准见表 9-41。

表 9-41 成人体重指数的分类与肥胖相关疾病的危险

分类	BMI/(kg/m^2)	危险度
低体重	<18.5	低
正常体重	18.5～24.9	平均水平
超重	25.0～29.9	增加
Ⅰ度肥胖	30.0～34.9	中度增加
Ⅱ度肥胖	35.0～39.9	明显增加
Ⅲ度肥胖	≥40	非常严重

体重指数法被公认是评估是否存在肥胖相对较好的方法，并和直接测定体内脂肪含量的密度测定有很好的相关性，因而在临床上比较多用。

3. 脂肪分布的指标

脂肪分布的指标主要包括腰围、腰臀比值（WHR）及前后高。WHR 高值为上半身肥胖，低值为下半身肥胖，其分界值随年龄、性别、人种不同而不同。前后高可用专门设计的卡尺和仪器测量。腰围>100cm（男）或 90cm（女），前后高>25cm，WHR>0.9（男）或 0.8（女），WHR 超过此值可视为中心性肥胖。

目前临床上广泛采用 BMI 和 WHR 作为肥胖程度和脂肪分布类型的指标。而全身脂肪厚度评估较准确的方法是用 X 射线断层摄影术（CT）和磁共振显像(MRI）等影像技术。

二、健美化妆品作用特点与正确使用

（一）健美化妆品的主要活性成分及其作用机理

健美类化妆品是通过促进脂肪代谢有助于使体型健美的化妆品，种类比较多，如健美霜、健美凝胶、健美精华素、健美香水、健美香皂、健美沐浴露等，都是在具有调理、保湿、润肤功能的基质基础上添加天然植物提取物、海洋生物提取物以及生化活性物质等活性成分配制而成的。

1. 促使脂肪酶活化，使脂肪分解生成甘油和脂肪酸

许多天然植物如茶叶、咖啡中含有的甲基黄嘌呤生物碱可促使脂肪代谢，局部

使用有助于过剩的脂质转移成血清游离脂肪酸而由淋巴系统消除。迷迭香、山金车、月见草、丹参等的提取物都有助于细胞内环磷腺苷（cAMP）的生成，它可刺激脂肪细胞，对脂肪的分解起着重要作用。

生化介质辅酶 A（coenzyme A，CoA）和从天然动物（如动物肌肉、牛乳）中提取的左旋型肉碱（L-肉碱，L-carnitine）都是脂肪氧化及分解的促进剂，添加到化妆品中有健美作用。

2. 改善静脉和淋巴毛细微循环系统，促进脂肪的清除

正常的静脉和淋巴微循环是促进脂肪代谢的重要保证。许多天然植物如大麦、常春藤、海藻、蘑菇、柠檬等都含有大量的黄酮类化合物，可使淋巴系统具有良好的排泄功能，中医认为许多活血化瘀的天然植物都具有解毒、减肥功能。

3. 促进弹力纤维的合成，保护和促进结缔组织正常构建

正常的结缔组织对脂肪代谢有重要作用。机体内过多类脂化合物对结缔组织的侵入会造成弹性纤维的伤害，影响脂肪的分解与代谢。水解弹性蛋白、胶原蛋白、细胞生长因子以及各种糖苷、类固醇等物质都可刺激真皮成纤维细胞，产生弹性硬蛋白及胶原蛋白，从而建立新的结缔组织，对保证脂肪代谢有一定的帮助。

表 9-42 为健美化妆品常用活性成分。

表 9-42　健美化妆品常用活性成分

类型	原料举例
精油	月见草油、百里香油、迷迭香油、薰衣草油、薄荷油、柠檬油、桉叶油、刺柏油、洋葱油
植物成分	三七、茶叶、荷叶、红花、海藻、柑橘、辣椒、问荆、丹参、银杏、红杉、紫杉、木贼、女萎、昆布、芦荟、泽泻、山楂、蘑菇、草毒、大麦、大黄、柴胡、川芎、连翘、荨麻、七叶材、三叶草、接骨木、马鞭草、金盏草、洋苏草、车前子、人参、何首乌、常春藤、枸杞子、绞股蓝等
化学物质	丙醇二酸、胆固烯酮、烟酸酯类（己醇烟酸酯、苯甲醇烟酸酯、α-维生素 E 烟酸酯等）、胆固醇、透明质酸酶

（二）健美化妆品的正确使用

健美类化妆品属于我国特殊用途化妆品管理范畴，使用前需认真查看批号。对没有特殊用途批号者不能使用，以保护自身安全。同其他化妆品一样，应仔细阅读产品说明书，皮肤敏感者需在使用前进行皮试。只有掌握健美化妆品的正确使用方法，才能达到理想的效果。

① 使用前先对局部皮肤进行清洁，沐浴后更佳。

② 不同剂型的健美类化妆品使用方法有所不同。膏霜或水剂是直接涂抹于皮肤，按摩类产品用后需清洗。

③ 取适量的健美霜均匀地涂抹在皮肤表层。用热毛巾或美容院专业热喷对局部的皮肤进行热敷或热喷（边喷边按摩）；也可用手按摩或用超声波仪导入，时间15～25min 为宜，以促进产品活性成分被充分吸收。

④ 上述程序完成后，还可以用保鲜膜对局部的皮肤进行封包，然后用热毛巾

或热喷对封包的部位进行热敷或热喷片刻，待 1～2h 后即可取下保鲜膜，整个健美霜使用过程即告完成。

⑤ 特别注意：女性月经初潮前、月经期、生育期、哺乳期均不适宜使用减肥产品；皮肤有破损或有手术新创伤的人群暂时不要使用；对产品过于敏感者不可以采用封包的方法。

三、健美化妆品效果评价

健美类化妆品是特殊用途化妆品，必须在卫生部认可的“化妆品人体安全性与功效检验机构”进行人体试用试验，对产品所宣传的功效进行初步评价，同时检测化妆品的安全性，合格才可以上市销售。

（一）常用观察指标

评价健美类化妆品的减肥功效，主要观察化妆品使用部位皮下脂肪的改善情况，一般通过测量使用部位的周径和皮肤皱褶厚度来比较减肥效果，同时体重、体内脂肪率两个指标可作为辅助指标。体重可以用体重计直接测出；周径，如腹围、臀围、大腿周径等，可用皮尺测量；皮肤皱褶厚度变化可用皮卡钳测量。

至于皮肤色泽、肤质、触感等可不作为主要观察指标，但必要时也可以考虑选用。同时，还要注意观察有无厌食、腹泻和乏力等不良反应，评价产品的安全性，对健美类化妆品做出全面的评价。

（二）人体脂肪比率

人体脂肪比率可采用生物体电阻阻抗法来测定。

基本原理：人体的电阻阻抗是由体内水分含量的多少所决定的，脂肪组织因水分含量低而不导电，而肌肉等组织因水分含量高其电阻率低。此方法不得作为肥胖的诊断，只能用来测定脂肪和其他组织的相对比率的变化。

注意：在化妆品的健美功效评价过程中，必须始终使用同一台仪器进行监测。

（三）B 型超声

B 型超声是一种比较先进的检查方法，可以直接测量脂肪的厚度和了解全身脂肪的分布情况，既可以对肥胖进行分型，也可以评价健美化妆品对皮下脂肪的作用功效。

(1) 基本原理　B 超法检测的原理是发射脉冲超声进入人体，然后接收脂肪组织界面的回声作为判断依据，形成二维切面声像图，从图上可以准确直观地分辨皮下脂肪组织的边界并可用电子尺测量其厚度。

(2) 测量部位　B 超能测量各种部位皮下脂肪的脂肪厚度，但以肱三头肌上臂后方肩峰与尺骨鹰嘴连线的中点、腰部腋中线肋缘与髂嵴连线的中点及大腿前方腹股沟褶至髂嵴连线的中点 3 个点的测得值最为可靠，也最准确。

(3) 具体方法　受检者平卧位，全身放松，充分暴露检查部位。测定腹内脂肪者应空腹检查。检查时操作者应保持探头的恒定压力，压力大会使受检部位压缩而低估脂肪厚度，每个部位的测值应取三次平均值。

第十节　美乳类化妆品的作用特点与功效评价

女性乳房为哺乳器官，也是第二性征的体现，展示着女性的独特魅力。丰满而健美的乳房是女性发育良好的标志，也是几乎所有女性梦寐以求的。随着社会的进步，女性对外在美的要求越来越高，有不少女性甚至甘冒风险采用手术植入假体的方法以达到美胸的目的，再加上广告的大肆宣传，影响到越来越多的女性关注乳房健美。因此，相对安全的有助于乳房健美的美乳类化妆品将有很大的发展空间。

一、乳房的健美与护理

（一）乳房健美的基本知识

1. 乳房的组织结构

成年女性乳房位于胸大肌前面的浅筋膜中，主要由结缔组织、脂肪组织和乳腺组成（图 9-8）。

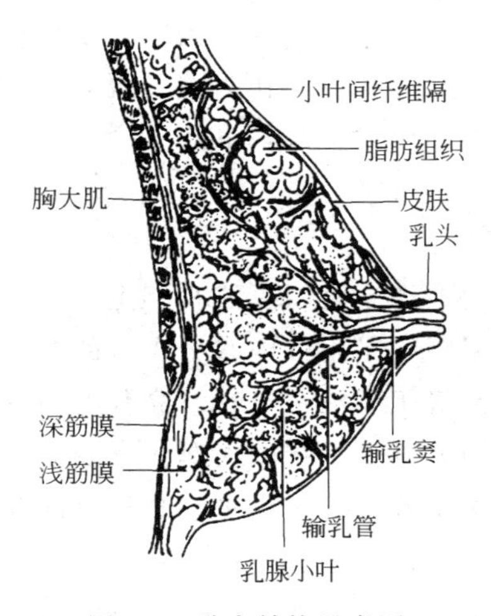

图 9-8　乳房结构示意图

乳腺由许多个内含腺泡的乳腺小叶组成，通过输乳管将乳汁输送到乳头，乳腺小叶之间充填着含有脂肪的结缔组织，脂肪多少也是决定乳房大小的主要原因之一。结缔组织纤维素由腺体的基底部连接于皮肤或胸部浅筋膜和深筋膜，形成分割乳腺叶的“墙壁”和“支柱”，对乳腺的位置有一定的支撑作用。乳房筋膜与韧带对固定乳房、保持乳房的形状、阻止乳房下垂起到非常关键的作用。

乳房内的动脉血管、静脉血管、淋巴管各成网状相通，供给乳房营养。

乳头周围环形有色素的皮肤为乳晕，乳晕部位有乳腺、汗腺和皮脂腺。分布在乳晕部的皮脂腺可以分泌皮脂来滋润皮肤、润滑乳头。

乳房体积与乳房皮肤之间的比例必须协调，如果乳房体积过大，超过乳房皮肤的最大悬托能力，乳房就会逐渐下垂。

2. 乳房的形态

乳房的形态根据不同标准和依据分为不同的类型（表 9-43）。

表 9-43 乳房的分类

标准与依据	形态类型			
乳房高度与基底面直径的比例	圆盘型	半球型	圆锥型	—
乳房中轴线与胸壁之间的位置关系	挺立型	下倾型	悬垂型	—
乳房位置	高位		低位	
乳房体积	小型	中型	大型	巨型
女性个人拳头	很小的乳房	小乳房	较大的乳房	大乳房

3. 健美乳房的标准

乳房健美并不是指乳房越硕大越美，而是包括形状、皮肤、质地多个标准。美学家认为生理位置正常的半球状且挺立的乳房美感最好，即丰满、匀称、有弹性。健美乳房的标准多种多样，有人用评分法将乳房健美标准定量化，满分为 100 分，一般在 74 分以上为健美乳房。具体见表 9-44。

表 9-44 评分法对女性乳房的评价

项目	现状及赋分标准							
	健美		较好		一般		较差	
胸围	达到标准胸围	30	相差 1cm 以内	25	相差 2cm 以内	20	相差 2cm 以上	10
乳房外观	正常	10	颜色异常	8	皮肤凹陷 皱褶瘢痕	5	皮肤凹陷皱褶 瘢痕颜色异常	
乳房类型	半球型	30	圆锥型	25	圆盘型	20	下垂型	10
乳房位置	正常	10	过高	8	两侧不对齐	5	过低	2
乳房质地	紧致有弹性	10	较有弹性	8	尚有弹性	5	松弛	2
乳头形态	挺出大小正常	10	过小	8	下垂	5	内陷	2

4. 乳房的发育及其影响因素

① 女性乳房开始发育的时间因地区、种族不同而各异。大约 95% 的女性乳房开始发育的时间是在 8～13 岁之间，至完全成熟大约需要 3～5 年时间。乳房过大或者过小，往往与种族和家族遗传因素有关，也与个体发育期营养不良或偏食有关，容易造成乳房发育不良、乳房疾病或增生性肥大。

② 除了细胞的基础循环供应系统，乳房的发育主要与脑垂体和性腺有关。

③ 脑垂体分泌促性腺激素控制卵巢的内分泌活动，女性卵巢分泌雌激素和孕激素促使乳房发育。所以，育龄期的乳房发育得最丰满，因为这个阶段女性体内的孕激素和雌激素分泌最旺盛。在育龄期之前，乳房处于相对静止状态。在育龄期后

即更年期和绝经期，体内的孕激素和雌激素分泌逐渐减少，乳腺逐渐萎缩，乳房逐渐衰退。

④ 若女性脑垂体与卵巢两种内分泌系统失调或患病，雌激素分泌水平降低，会直接影响乳腺管的生长发育，乳房发育则不正常，表现松弛、下垂或萎缩等。

⑤ 另外，戴太小的胸罩可使局部血液循环受阻从而影响乳房发育；青春发育期生活愉快和心情舒畅、经常进行扩胸运动等锻炼均有利于女性乳房正常发育。

5. 乳房的形态缺陷

(1) 乳房发育不良　乳房发育不良包括单侧和双侧乳房发育不良、不对称或局部发育不良，如平胸、乳房过小、塌陷、凹陷等情况，发育不良使胸部外观失去女性特有的曲线和魅力。

(2) 乳房萎缩、下垂　根据乳房和乳头位置高低来判断乳房下垂情况，分为轻度下垂、中度下垂和重度下垂。一般发生在停止哺乳后，乳房腺体组织的收缩速度比乳房皮肤收缩要快，致使乳房塌陷萎缩，乳房皮肤出现皱褶。青春期乳房发育过早过快、不适当地快速减肥、乳房疾病、外力挤压或生活压力也会导致乳房出现早衰，乳房下垂；更年期体内激素分泌减少也 会引起乳房萎缩。

(3) 乳房肥大　处女乳房肥大表现为乳房的腺体、脂肪和皮肤组织均发育过度。妇女乳房肥大表现为乳房的脂肪和皮肤组织增生，但腺体可有或无增生。肥胖症患者主要为脂肪增生。

(二)常见美乳法

乳房发育异常的女性可以通过美乳法来改善，专业美乳还可以改善衰老、松弛、萎缩及下垂现象，回复胸部弹性，从而使乳房变得挺拔、丰满。

1. 美乳护理的功效

① 加强胸部运动，强健胸肌及结缔纤维组织；

② 促进血液和淋巴液的循环，使体内代谢加强，改善局部营养状态；

③ 增加皮肤弹性，消除衰老的表皮细胞，改善皮肤的呼吸状况；

④ 改善肌肉营养供给，提高肌肉的张力、收缩力、耐力和弹性。

美容院专业美乳一般每 2～3d 做一次，10 次为一个疗程。

2. 美乳法

一般采用的美乳法主要针对发育不良型小乳房和下垂乳房，通常分为自我美乳和专业美乳。

(1) 专业美乳法　专业美乳法主要通过美乳仪器理疗、胸部按摩及使用美乳化妆品等方法，达到使顾客乳房健美的目的。

下列人士不适宜做美胸护理：

① 怀孕及哺乳期妇女；

② 胸部皮肤有炎症、湿疹及溃疡等症状的女性，患有乳房疾病的女性，经期妇女；

③ 患有严重高血压及心血管疾病的女性。

(2) 自我美乳法　要想取得良好的美胸效果，仅靠美容院的美胸护理是不够的，还应坚持家庭自我美乳保养。

① 正确适当的健美锻炼，比如扩胸或举哑铃之类的胸部运动，有利于帮助胸部恢复挺拔、结实，增强弹性。

② 注意乳房的卫生保健：佩戴大小合适的胸罩；不同时期注意按不同方法保养。如青春期注意合理营养、保持良好情绪，注意身体姿态，挺胸收腹，不要束胸或穿紧身衣，以免影响乳房正常发育；孕期、哺乳期按有关保养法保养。

③ 注意保护乳房，避免受外伤。

④ 不要盲目减肥，体重减轻乳房也会变小。

⑤ 不要再乳房部位滥涂激素类膏霜，不要擅自服用激素类药物。

⑥ 多进行自我按摩。

⑦ 做胸部保养的同时再配以合理的营养饮食，可以加强美胸效果。

二、美乳类化妆品的作用特点与正确使用

（一）美乳类化妆品特点及功能

1. 美乳化妆品类型与应用特点

局部使用美乳化妆品可以改善乳房组织的微循环，使乳房变得丰满、充满活力。美乳化妆品一般由普通护肤化妆品基质、营养添加剂和美乳活性物质 3 部分组成，为了更好地将有效成分输送到皮肤内，配方中还可加入一些助渗剂，如氮酮等。

常见美乳化妆品种类有美乳霜、美乳油、美乳凝胶和美乳精华液等，其中美乳霜便于使用与储存，易于涂抹，附着性及渗透性均较强，性能最好。美乳油和美乳霜含油分较多，适合年老者及其他皮肤为干性者；美乳凝胶适用于油性皮肤；美乳精华素可通过超声波导入以提高效果。

2. 常用美乳活性成分及其功能

美乳活性物质大体经历了化学活性成分型、草药型和生化型 3 个阶段，现在多为天然植物提取物和生物活性物质。这些物质可以渗入肌肤底层，促进胸部血液循环，改善乳房组织微循环，刺激乳房成纤维细胞繁殖，产生胶原蛋白和弹性蛋白，增加纤维的韧性，恢复乳房组织弹性。

此外添加的营养成分还可以使乳房中的脂肪含量增加，诱发、促使腺体分泌，使乳房丰满、坚挺，以达到美乳的效果。

表 9-45 为美乳化妆品的常用成分及其功能。

（二）美乳类化妆品的正确使用

1. 美容类化妆品的管理规定

以往的美乳化妆品添加雌性激素以刺激乳房的发育，但长期使用雌性激素会引起卵巢功能紊乱、乳腺衰弱、月经不调、色素沉着、皮肤表皮变异等问题，因此我

表 9-45　美乳化妆品的常用成分及其功能

类别	名称	主要成分	功能
化学活性成分	维生素 E(生育酚)	α-维生素 E(油溶)	参与体内重要的生化反应、提高性功能和用于不育症。能增加女性卵巢质量并促其功能,可使成熟卵泡增加,黄体细胞增大,故可用于治疗平乳、微乳症
草药提取物	人参	人参皂苷、人参烯、人参酸糖类、多种维生素、多种氨基酸等	调节机体的新陈代谢,促进细胞繁殖,延缓细胞衰老,增强机体免疫功能和提高造血功能,称为植物激素
	花粉	花粉蛋白质中含有 21 种氨基酸、14 种维生素、50 多种微量元素,还含有许多植物激素黄酮类、核酸抗生素等物质	促进血液循环的细胞的新陈代谢,改善机体的内分泌状况,增强机体免疫功能,对人体具有独特的保健抗衰功能,能使干燥、皱裂、松弛、萎缩的皮肤变得柔润、富有活力和弹性
藻类	海藻	藻阮蛋白中含有 10 种氨基酸、6 种维生素、糖类和多种微量元素,尚可从中提取 SOD(超氧化物歧化酶)	保湿、营养、除皱、减肥、丰乳、预防乳癌,预防皮肤衰老
生物活性成分	蜂王浆	含有极丰富的蛋白质、氨基酸和维生素、糖类、脂类、激素、酶类、微量元素及生物活性物质,是具有特殊功能的生物产品	促进细胞新陈代谢,滋润、营养皮肤、除皱、祛斑、推迟和延缓皮肤衰老,所含激素和维生素 E 具有丰乳和增强皮肤弹性的作用
	胎盘	胎盘蛋白含有 16 种氨基酸、10 种维生素、10 多种微量元素、脂肪、糖类、类雌激素、碱性磷酸酶及脱氧核糖核酸等	促进细胞新陈代谢。有赋活作用,可防皱延衰,营养并增强皮肤弹性,促进乳房发育,有丰乳功能
	鹿茸	富含 SOD 抗衰老生化物质,含鹿茸总脂、胶原蛋白、磷脂、鹿脂蛋白、透明质酸、18 种氨基酸、26 种微量元素、激素类似物等	增强皮肤细胞活力,促进其生长,清除皮肤有害物质,促进表皮组织的再生,具有增加皮肤营养、美容、祛斑、抗皱延衰、平疤作用
营养添加剂	水解蛋清、蛋白质、各种氨基酸、微量元素、维生素以及脂肪		提供乳房发育所需要的营养成分,保护、滋润乳房皮肤,保持局部皮肤柔软、细腻

国《化妆品卫生规范》明确禁止在美乳化妆品中加入雌性激素类物质。

按照我国法规要求，美乳类化妆品必须在卫生部认可的“化妆品人体安全性与功效检验机构”进行人体试用试验对其宣传的功效进行初步评价，同时检测产品引起人体皮肤不良反应的可能性。因此，正确使用美乳化妆品的前提是确保产品的质量和合法性。

2. 美乳类化妆品的正确使用方法

使用美乳化妆品前，最好先用热毛巾做乳房局部热敷，有条件的可以使用蒸汽机局部热喷几分钟，以促进乳房的血液循环，并利于化妆品更好地吸收。然后涂抹适量的美乳化妆品，并且对乳房进行上下和旋转式按摩，才能使活性成分被充分吸收，为乳房发育补充各种营养成分、增强乳房细胞活力，达到美乳效果。每天早晨起床时和晚上临睡前各使用1次，连续使用。若能配合使用丰乳器，则美乳效果更佳。

3. 美乳类化妆品使用注意事项

不要长期使用含有雌性激素的美乳化妆品；儿童、青春期少女禁止使用美乳化妆品；正式使用美乳化妆品前，应先在人体其他部位连续使用3～5日，一般选前臂内侧少量涂抹，皮肤不出现潮红、红斑或痛痒等过敏现象者，方可使用。

三、美乳化妆品的功效评价

美乳效果的评价主要通过测量使用美乳化妆品前后乳房的变化来衡量，常用的观察指标有乳房体积、高度、弹性以及乳晕色泽等。

（一）乳房体积

乳房在形状和大小上的差异给计算乳房体积造成一定困难。要获知乳房体积大小的具体数值可以采用阿基米德定律测量法和Grossman圆盘测量法。

阿基米德定律测量法用一个直径稍大于乳房基底的充满水的玻璃缸，被测试者俯身使乳房浸入缸中，直到乳房基底周围达缸缘，用量杯测量排出水的体积，即可分别得到两侧的乳房体积的大小。这种方法，可以很方便地应用于乳房整形。

Grossman圆盘是根据几何学原理在1980年设计出的一种简单的正确测量乳房体积的测量器。测量时被测者取半卧位，将圆盘放在一侧乳房上，使乳房组织充满在圆锥状的圆盘里，滑动盘的表面，直至使其严密地贴合在受试者的乳房上，此时圆盘表面的刻度数字即为乳房的体积。

美国有研究人员应用近焦立体照相机在被测试者呈俯卧位时拍摄乳房照片，然后经计算机图像处理系统处理得出受试者的乳房体积，此法不如上两种准确。

也可以根据商品乳罩尺寸和形状的关系估算乳房体积：让患者戴上合适的乳罩，取坐位且两臂靠拢，经腋下测量胸围，如为奇数，便用相邻的较大的偶数，此为胸围1，用来决定乳罩胸围；再经乳头水平测量乳房最丰满部位的胸围，此为胸围2。以两胸围的差数确定乳罩的凸度，即乳罩杯的大小，分别用A、B、C、D来表示，见表9-46。

（二）乳房高度与弹性

乳房高度与弹性有着密切的联系，乳房的整体美最好是有高度又有很好的弹性。乳房高度可以直接用直尺、直角三角尺测量，被测量者分别采用站立和下卧位两次测量。

测量者轻轻将直尺水平垂直置于乳房下方锁骨部位的皮肤上，再将直角三角尺垂直紧贴直尺，并从上向下慢慢滑动至乳晕内侧边缘为止，并记录乳房下方锁骨部位的皮肤表面到垂直于直尺的直角三角尺之间的距离。注意在乳头未勃起时测量双

表 9-46　根据乳房罩杯估算乳房体积

罩杯主型号	乳房体积/罩杯次级型号（A、B、C、D）								
32	$\frac{100}{A}$	$\frac{200}{B}$	$\frac{300}{C}$	$\frac{400}{D}$	$\frac{500}{}$				
34		A	B	C	D				
36			$\frac{400}{A}$	$\frac{600}{B}$	$\frac{800}{C}$	$\frac{1000}{D}$	$\frac{1200}{}$		
38				A	B	C	D		
40					$\frac{1100}{A}$	$\frac{1400}{B}$	$\frac{1700}{C}$	$\frac{2000}{D}$	$\frac{2300}{}$
42						A	B	C	D

侧乳房的高度。

乳房最大高度值可以反映乳房的体积；下卧位测得乳房高度值减去站立位测得乳房高度值等于乳房的弹性系数，弹性系数越小，乳房弹性越大，反之越小。该方法虽然不能测出具体的体积，但可以非常方便快捷地观察使用美乳化妆品前后乳房弹性和体积的变化。

（三）其他评价方法

还有许多乳房测量方法对美乳化妆品功效的观察有一定的实用性，必要时也可以选用，如石膏模型法、乳房杯测量法、公式推断法，等等。

有人对中国年轻女性进行了乳房体积及身体发育情况的调查，将测量数据经生物医学数据处理程序分析，得出了以下计算乳房体积的公式。

（1）根据胸围差（cm）推算乳房体积，公式如下：

$$乳房体积=250+50\times 胸围差+20\times 超重体重$$

$$胸围差=经乳头胸围-经腋下胸围$$

（2）根据身高（cm）、体重（kg）推算乳房体积（mL），公式如下：

$$乳房体积=2145.32-11.41\times 身高(标准体重)$$

$$乳房体积=1874.27-9.25\times 身高(超重)$$

$$乳房体积=9.074\times 体重-134.18$$

其中，

标准体重：　　体重＝身高－110

超体重：　　体重＝(身高－110)＋1

低体重：　　体重＝(身高－110)－1

中国妇女平均乳房体积为 310～330mL，标准乳房体积为 250～350mL。如果是超体重者，则每超重 1kg，乳房体积增加 20mL，仍为正常乳房体积。公式推算乳房体积的方法涉及乳房以外的条件，不太适用于美乳化妆品功效的观察指标，仅供参考。

思考题

1. 紫外线对皮肤的损害有哪些？
2. 防晒化妆品的功效评价方法原理是什么？
3. 防晒化妆品需要标识哪些内容？
4. 影响黑素合成因素有哪些？
5. 化妆品美白原料的作用机制是什么？
6. 美白祛斑化妆品功效如何评价？
7. 脱毛类化妆品的定义是什么？脱毛功效如何评价？
8. 肥胖的诊断标准有哪些？什么是BMI？
9. 健美类化妆品的主要作用机理是什么？
10. 促进健美、美乳类化妆品吸收的方法有哪些？
11. 乳房的美学标准主要是什么？
12. 乳房的形态缺陷主要包括哪些方面？
13. 常用来评价美乳化妆品的指标有哪些？
14. 常用的除臭类化妆品原料有哪些？除臭效果如何评价？
15. 永久型染发剂染发的原理是什么？
16. 染发剂中的哪些成分容易导致皮肤过敏或刺激，如何避免？
17. 冷烫的基本过程和原理是什么？
18. 烫发、染发类化妆品的功效如何评价？
19. 促进毛发生长的机制有哪些？
20. 毛囊的生长周期包括哪些阶段？
21. 脱毛类化妆品的主要用途是什么？

第五篇

化妆品的科学选用

第十章　化妆品的科学选用

现在社会环境和空气污染给人的皮肤带来了极其严重的不良影响，必须通过合理使用化妆品来保护皮肤。现代人生活方式的改变，使得有些人过于依赖化妆品或过多美容、按摩，这反而会破坏皮肤屏障、加速皮肤的老化。随着化妆品功能和品种的增多，如何指导消费者正确选择和使用化妆品，既达到使用目的又防止对人体引起不良反应就显得尤为重要。

第一节　科学选择化妆品

没有一种化妆品是适合所有人的，人们要根据各自的皮肤类型、化妆方式、工作环境及化妆品的营养成分等进行合理的选择和购买。

一、合法化妆品的识别与查询

精明的消费者不仅要懂得如何使用化妆品，还要主动了解一定的化妆品基础知识和法规知识，帮助自己判断什么样的化妆品是合法的，以正确选用化妆品，提高自我保护能力。

（一）化妆品标签标识的基本管理要求

化妆品标签是指粘贴、连接或者印刷在化妆品销售包装上的文字、数字、符号、图案。置于销售包装内的说明书视为化妆品标签的延伸。化妆品标签标识对于化妆品日常消费和质量监督管理具有特殊的重要性。一方面，由于化妆品的配方多样，功能原理复杂，专业性强，消费者难于选择，需要通过标签标识真实反映产品信息；另一方面，由于化妆品直接接触人体，如果使用不当可能对人体造成损伤，企业应对有关信息进行明示，以便消费者正确使用相关产品，及监管部门根据产品标识进行监督。

1. 基本要求

化妆品标签应真实、完整、规范、清晰，不得有印字脱落或者粘贴不牢等现象，不得以粘贴、剪切、涂改等方式进行修改或者补充。

2. 标注内容

化妆品标签应当至少标注以下内容：产品名称；生产者名称和地址；实际生产加工地；化妆品生产企业许可证编号以及产品标准号；化妆品注册证编号或者备案编号；全成分表；保质期限；净含量；法律、法规或者国务院食品药品监督管理部门规定应当标注的其他内容（图 10-1）。

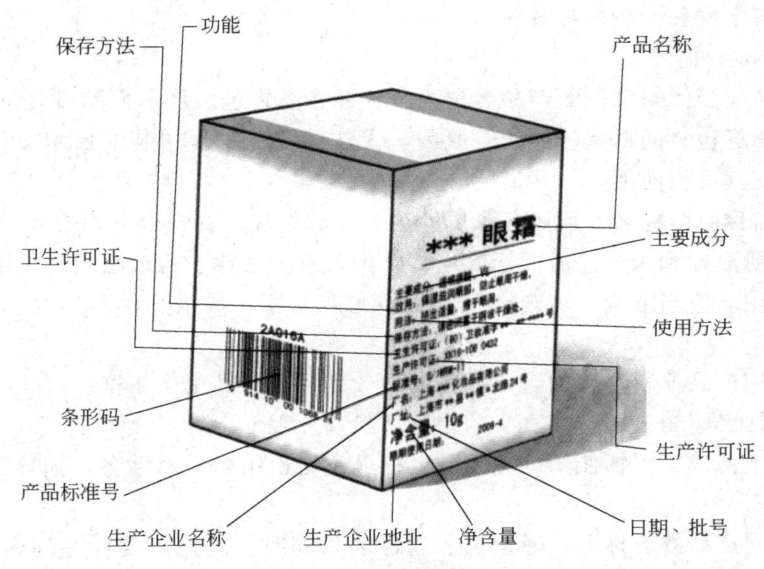

图 10-1　我国化妆品标签标识

净含量不大于 15g 或 15mL 的化妆品，只需标注产品名称、生产者名称、净含量、保质期、批准文号或备案号，其他内容可标注在说明书中。使用透明包装的化妆品，透过销售包装能够清晰识别内包装或者容器上的所有或者必须标识内容的，可以不在销售包装上重复标注相应内容。

3. 标注文字要求

除注册商标标识、境外企业的生产地址及约定俗成的化妆品专业术语外，按照规定标识的内容必须采用规范汉字在产品包装的可视面进行标注。必须使用外文字符或者其他符号方能准确表达其含义的，应当在可视面用中文予以说明。国产化妆品标签中汉字标识内容可以全部或者部分翻译为其他种类文字，在同时标注时，对相同内容的标识，其他种类文字字体大小不得大于汉字字体。

4. 禁止标注内容

化妆品标签禁止标注、宣称以下内容：明示或者暗示具有医疗作用；夸大功能、虚假宣传、贬低同类产品或者容易给消费者造成误解或者混淆的内容；违反社会公序良俗的内容等。

5. 禁止通过以下形式进行变相宣称

利用商标、字体大小、色差或者暗示性的语言、图形、符号误导消费者；通过宣称所用原料的功能来暗示产品实际不具有或不允许宣称的功能；使用未经我国政府部门认可的认证标识进行化妆品安全及功能相关宣称，如“通过FDA认证”“××指定产品”“获得××部门特批”“××检测机构检验合格”等。

（二）标注内容的具体说明

化妆品企业应准确标注有关内容，使消费者易于辨认、识读，并对标签内容的真实性、科学性和合法性负责。

1. 产品名称

化妆品应当标识唯一的产品名称，并标注在销售包装展示面的显著位置，如果因化妆品销售包装的形状、体积等原因，无法标注在销售包装的展示面位置上时，可以标注在其可视面上。

产品名称由商标名、通用名和属性名三部分组成，并符合下列要求：

① 注册商标和未经注册商标应当符合国家有关法律、行政法规的规定。

② 通用名应当准确、客观，可以是表明产品原料或描述产品用途、使用部位等的文字。

③ 使用产品原料名称的，该原料的功效应当与产品用途相符。

④ 属性名应当表明产品真实的物理性状或外观形态。

⑤ 约定俗成、习惯使用的化妆品名称可省略通用名、属性名，如口红、眼影、护发素等。

⑥ 不同产品的商标名、通用名、属性名相同时，其他需要标注的内容应在属性名后加以注明，包括颜色或色号、防晒指数、气味、适用发质、肤质或特定人群等内容。

表10-1为化妆品产品名称举例。

表10-1　化妆品产品名称举例

商标名	通用名	属性名	其他标注
阿宝	多效修复洗发	露	针对受损发质
亮彩	防晒	乳	SPF18
雅欧	护手	霜	—
美丽	柔肤	水	中至干性肤质
强生	婴儿爽身	粉	—
莲美	晶莹滋润	唇膏	OR302

化妆品标注的产品名称应与批准或者备案名称相一致，除名称所含的商标外，产品名称的标识字体不得小于销售包装中的其他标识字体。有些企业采用不规范产品名称，不仅使消费者无法判断其属性和用途，还可能使消费者产生脱离产品实际效果的联想，也不利于监督部门进行市场监督。

2. 生产者名称和地址

由于目前化妆品生产加工形式的多样化，有些产品的责任企业的注册地与实际生产地不一致，有可能造成产品发生质量问题后找不到生产企业的情况，不利于监管。另外，有些大型连锁超市委托其他企业加工生产以本店名为品牌的化妆品，相应实际生产企业信息标注不全，在一定程度上妨碍了消费者的知情权。

化妆品标识的实际生产企业为与内容物接触的最后一道工序制作完成的企业。表 10-2 为不同化妆品的最终制作工序。

表 10-2 不同化妆品的最终制作工序

产品类别	特性	最终制作工序
乳液、膏霜、化妆水	不需要特殊工艺灌装	内容物制造地
气雾剂	需要填充推进气体	向内容物填充气体并灌装
唇膏、粉饼	需要成型	膏体或粉体制造
面贴膜	需要特殊灌装或组装工艺	浸泡原液的制作
化妆笔	需要特殊灌装或组装工艺	笔芯的制作完成
胶囊样	需要特殊灌装或组装工艺	所包覆的内容物的制作完成
灌装前需在中间产品中添加部分原料的产品		添加部分原料

国产化妆品实际生产加工地应当按照行政区至少标注到省级，进口化妆品实际生产加工地应当标注至国家或地区（港澳台）。进口化妆品应同时标注承担该产品安全责任的在华企业名称及地址。

委托加工产品存在多个实际生产企业，且由于销售包装的形状或体积原因难以在产品包装可视面标注实际生产企业全部信息的，可通过在产品包装可视面标注指引信息，同时在说明书中标注详细名称及地址的方式对实际生产企业的信息进行标注。

标注生产企业名称、地址应当是依法登记注册、能承担产品质量责任的生产者的名称、地址（表 10-3）。

3. 化妆品生产企业与化妆品行政许可

国内最常见的非法和假冒伪劣化妆品的现象：无生产许可证、无国产特殊用途化妆品卫生许可批件的非法产品；生产许可证或者特殊用途化妆品卫生许可批件无效（伪造）、过期、盗用冒用别人的产品；进口化妆品无中文标识或标识不全；进口化妆品批件无效（伪造）、冒用别人或批号过期，等等。消费者通过识别化妆品销售外包装上的各种批号信息，可以学习判断该产品是否非法。

（1）化妆品生产企业卫生许可证编号 国产化妆品应注明生产企业卫生许可证编号，编号格式为：省、自治区、直辖市简称＋卫妆字＋年份（4 位阿拉伯数字）＋顺序号（4 位阿拉伯数字）。

例如广东省食品药品监督管理局颁发的证书编号格式为：

表 10-3 生产者名称和地址标注要求

公司/企业	性质	标注要求
集团公司或者其子公司	依法独立承担法律责任	标注各自的名称和地址
集团公司的分公司、集团公司的生产基地	依法不能独立承担法律责任	标注集团公司和分公司(生产基地)的名称、地址
		仅标注集团公司的名称、地址
委托生产企业	具有其委托加工的化妆品生产许可证、卫生许可证	标注委托企业的名称、地址和被委托企业的名称、地址、卫生许可证、生产许可证标志和编号
		仅标注委托企业的名称和地址、卫生许可证、生产许可证标志和编号
委托生产企业	不具有其委托加工化妆品生产许可证、卫生许可证	标注委托企业的名称、地址和被委托企业的名称、地址、卫生许可证、生产许可证标志和编号
分装化妆品		标注实际生产加工企业的名称、地址、许可证和分装者的名称及地址，并注明分装字样

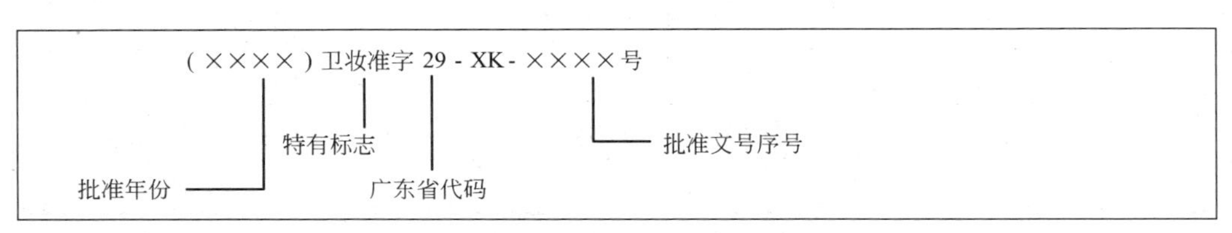

注：全国各省、直辖市、自治区代号如下：01 北京、02 天津、03 河北、04 山西、05 内蒙古、06 上海、07 江苏、08 浙江、09 安徽、10 福建、11 江西、12 山东、13 辽宁、14 吉林、15 黑龙江、16 四川、17 贵州、18 云南、19 西藏、20 陕西、21 甘肃、22 青海、23 宁夏、24 新疆、25 河南、26 湖北、27 湖南、28 广西、29 广东、30 海南、31 重庆。

不属于化妆品定义范畴的产品不得标注化妆品生产企业卫生许可证号。

(2) 化妆品生产许可证　生产许可证标志和编号属于产品质量标志的一种，是产品标识的组成部分，获证企业必须在其已取证的产品或包装、说明书上标注生产许可证标志和编号。

化妆品生产许可证标志由“企业产品生产许可”拼音 Qiyechanpin Shengchanxuke 的缩写“QS”和“生产许可”中文字样组成。字母“Q”与“生产许可”四个中文字样为蓝色，字母“S”为白色（图 10-2）。

化妆品生产许可证编号采用表示生产许可证标记的大写汉语拼音 XK 和阿拉伯数字编码组成：

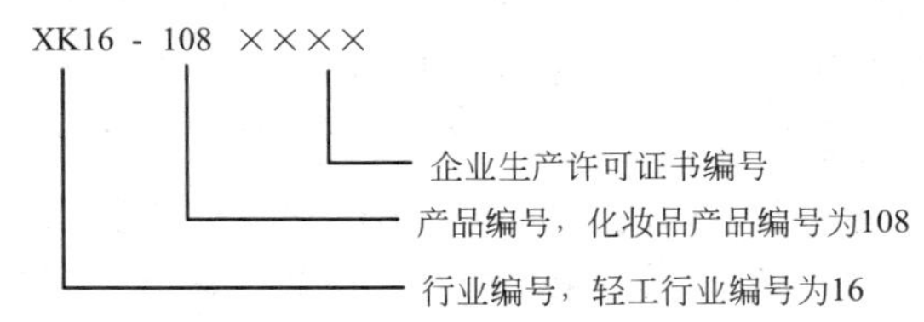

没有实行生产许可证管理的产品不需标注生产许可证 QS 标志和编号；对体积小又无外包装，难以标注的裸装产品（如唇膏、化妆笔类等），也可以不标注。

图 10-2　化妆品生产许可证标志

（3）化妆品批准文号及备案编号　国产特殊用途化妆品及进口化妆品根据审批机关核发的批件或备案凭证进行标注（表 10-4）。

表 10-4　各种类型化妆品许可批件/备案编号格式示例对比

种类	许可批件/备案编号举例（2008 年 9 月 1 日之前）	许可批件/备案编号（2008 年 9 月 1 日之后）举例
国产特殊用途化妆品	卫妆特字(2005)第 0334 号	国妆特字 G20090163
进口特殊用途化妆品	卫妆特进字(2007)第 0809 号	国妆特进字 J20092158
进口非特殊用途化妆品	卫妆备进字(2006)第 5629 号	国妆备进字 J20092148

从 2008 年 9 月 1 日开始，进口化妆品、国产特殊用途化妆品和化妆品新原料的许可受理工作从卫生部转由国家食品药品监督管理局负责，格式从“卫妆特字（××××）第××××号”改为“国妆特字 G ××××××××”号，例国妆特字 G20090001，“国妆特字”代表国家食品药品监督管理局许可批准的国产特殊用途化妆品，前 4 位数 2009 表示批准年份，后 4 位数 0001 表示被批准产品编号。

4. 产品的标准号

产品的标准号是指产品执行的强制性国家标准（代号 GB）或推荐性国家标准（代号 GB/T）、强制性行业标准（代号 QB）或推荐性行业标准（代号 QB/T）、地方标准（DB××/）或经备案的企业标准（代号 Q/）。产品标准号由标准代号、标准发布的顺序号和标准发布的年号组成。化妆品应当在产品或其说明书、包装物上标注所执行标准的代号、编号。年号可不需要标注。

5. 全成分标注

化妆品全部成分是指生产者按照产品的设计，有目的地添加到产品配方中，并在最终产品中起到一定作用的所有成分。贴膜类等化妆品中的纸、无纺布等不属于化妆品的成分。

企业应真实地标注化妆品配方中加入的全部成分的名称，其标注方法和要求应当符合《消费品使用说明　化妆品通用标签》（GB 5296.3）的规定。对于加入量大于1%的各成分，在产品成分表中按照产品配方中成分加入量递减的顺序依次排列；如果成分的加入量小于和等于1%时，可以在加入量大于1%的成分后面任意排列成分名称。

化妆品厂家添加某种原料时可能会带入的其他物质，如原料中的抗氧化剂、防腐剂等和原料本身所带有或残留的技术工艺上不可避免的微量杂质，这两类物质不必标注在成分表上。此外，虽然在生产工艺中添加，但不与加入的其他成分发生化学反应，在最终产品中不存在的加工辅助剂也不必标注。

企业不得隐瞒某些故意添加的成分，或标注实际不具有的成分，包括标签说明书中宣传的主要成分和标签全成分标识中的成分清单均应和所提供配方组成保持一致。

各个国家管理办法不一样，例如美国对标有“For Professional Use Only”的专业产品不要求标出产品成分，对于供个人使用的零售化妆品标签上则要求全成分标注并有相关的标识要求。

6. 保质期限

保质期是指在化妆品产品标准和标签规定的条件下，保持化妆品质量的有效期限。在此期限内，化妆品应符合产品标准和标签中所规定的品质。我国法律规定应按两种方式之一或同时标注：生产日期和“保质期×年”或“保质期××月”、生产批号和限期使用日期。

生产日期是生产者完成产品生产，形成最终销售包装的日期，它可以是产品的灌装日期或者包装日期等。采用“生产日期”或“生产日期见包装”等引导语，使用中文或阿拉伯数字，按4位数年份和2位数月份及2位数日的顺序依次进行排列标识，印制于直接接触内容物的产品原包装上。如标注：“生产日期 2014 01 12”或“生产日期见包装”和包装上“2014-01-12”，表示2014年1月12日生产。

限期使用日期指产品符合其质量标准的保存日期，采用“请在标注日期前使用”或“限期使用日期见包装”等引导语，标注“20141105”表示在2014年11月5日前使用。

生产批号是生产者根据产品批次给予产品的编号。一旦发生质量问题，便于企业能按照批号跟踪追查质量事故的原因和责任者。生产批号由生产企业自定，可以采用明标和暗标的方法。明标如2014年1月15日生产的第二批，则为“201401152”。采用暗标的方法要求企业对于暗标批号必须清楚知道暗标代码的含义。不同化妆品品牌都有自己独特的批号标注方式，比如Estee Lauder采用的三码批号FD9，第一个字母标识产地，第二个字母代表月份，第三个数字则是表示年份的尾数，FD9代表2009年10月生产。欧莱雅用两个英文字母及三个数字组成的五码批号，如FB226，第一个英文字母F代表产地，第二个英文字母B代表制造的年份，后三位数则表示生产的这一年的第226天；也有批号是多位数字字母组成的，如6254H53，6代表2006年，254指的是2006年第254天。

想知道各品牌的批号标注方式，可以到各相关品牌网站上去了解和掌握，但是比较花费时间，而且企业为了防止假冒经常更换方式。最简单的方法是在购买时请教专柜小姐。专柜小姐是厂家的代表人，会尊重消费者的利益并维护企业的形象，她们会告诉你如何根据批号辨别有限期。

7. 关于警示用语

总的来说，化妆品的使用方法和包装形式还是相对比较简单的，但为了保护消费者，防止消费者使用或者保存不当而造成产品本身的损坏或者可能危及人体健康和人身安全，特别是那些可能因误用对消费者带来危害的产品，必须标明规定的警示用语、安全使用方法、注意事项以及满足保质期和安全性要求的储存条件等。表 10-5 为我国化妆品标签标识对警示语的要求，表 10-6 为日本化妆品规定应标示的使用注意事项，表 10-7 为美国的去屑洗发水标签按照药品信息要求的格式标注。

表 10-5　我国化妆品标签标识对警示语的要求

产品类型	标签标识警示语要求
现行《化妆品卫生规范》中规定的限用物质、限用防腐剂、限用防晒剂、暂时允许使用的染发剂	按照《化妆品卫生规范》要求在标签上标注相应的使用条件和注意事项
育发类、染发类、烫发类、除臭类、脱毛类产品及指甲硬化剂	必须标注使用范围、使用条件、使用方法和注意事项
染发类化妆品(暂时性染发产品除外)	标注以下警示语:可能引起过敏反应,应按说明书预先进行皮肤测试;不适合 16 岁以下消费者使用;不可用于染眉毛和眼睫毛,如果不慎入眼,应立即冲洗;专业使用时,应戴合适手套;在下述情况下请不要染发,等等
育发、美乳和健美类产品	标注:本产品功效未经卫生部检验机构验证
指甲油、卸甲液、指甲硬化剂、压力灌装溶胶等易燃性化妆品	标注注意防火或者防爆的安全警示用语,如:产品不得撞击;应远离火源使用;存放温度在 50℃以下,应避免阳光直晒;产品应放在儿童接触不到处;产品用完的空罐勿刺穿及投入火中;喷雾时与皮肤保持距离,避开口、鼻、眼,勿在皮肤破损、发炎或瘙痒时使用
泡沫浴产品	标注相应警示语:按说明使用;超量使用或长时间接触可引起对皮肤和尿道的刺激;出现皮疹、红或痒时停止使用;放在儿童拿不到的地方
所有化妆品	鼓励标识"本品对少数人体有过敏反应,如有不适,请立即停用"

表 10-6　日本化妆品规定应标示的使用注意事项

产品类型	应标示的使用注意事项
儿童用化妆品	"这是儿童化妆品,必须在保护着的监护下使用"
香波	"香波入眼时,请立刻用流水冲洗"
塑料袋装或类似产品	"使用时,请避开眼睛周围"
整发剂	"若沾到树脂制梳子或眼镜上有可能变色,因此请擦干净"
防晒化妆品	"本品请每 2～3h 重新涂抹"或"用毛巾擦拭过肌肤后,请重新涂抹"

续表

产品类型	应标示的使用注意事项
喷雾化妆品	只能正立使用的产品，标示为“请勿倒置使用”或“请头部朝上使用”；只能倒立使用的产品，标示为“请倒置使用”；必要时标“使用时请先振摇”
医药部外品	“医药部外品”

表 10-7　美国的去屑洗发水标签按照药品信息要求的格式标注

项目	药品信息
活性成分	吡硫翁锌 1%
用途	帮助预防因头皮屑引起的头皮脱屑及发痒症状
警告	仅供外用
使用本产品时应注意	避免让产品接触眼睛。如果不小心进入眼睛，请用清水进行彻底清洗；将本品及所有药品放置在儿童触及不到的地方，如果误服，请即刻寻求医疗帮助或跟中毒控制中心联系
如果发生下面问题，请立即停用并向医生寻求帮助	根据说明常规使用本品使得症状加重，或没有改善
使用说明	为了实现最佳的去屑效果，请每次洗发时都使用本品；为了获得最佳效果，每周至少使用两次，或按照医生的指导使用： 沾湿头发→按摩头发，将其涂抹在头皮上→冲洗→如果愿意，可再次洗发
非活性成分	水、月桂醇聚醚-(1-4)硫酸酯铵盐、月桂醇硫酸酯铵盐、乙二醇二硬脂酸酯、鲸蜡醇、椰油酰胺 MEA、聚二甲基硅氧烷、氯化钠、芳香剂、柠檬酸钠、苯(甲)酸钠、水解羟丙基三甲基氯化铵、氢化聚癸烯、柠檬酸、三羟甲基丙烷三辛酸酯、苯甲醇、甲基(氯)异噻唑啉酮、FD & C 黄 5 号、FD & C 蓝 1 号、二甲苯磺酰胺
如有问题(或意见)，请联系	×-×××-××××××

由于市场上的化妆品种类繁多，品质良莠不齐，即使名称相似的化妆品，有时也会因厂家的不同或成分上的差异而出现很大差别。因而选购和使用化妆品前要养成仔细阅读产品说明书的习惯，以避免因选错化妆品或没有正确使用化妆品而降低效果或导致多种皮肤问题。

有人曾经调查，在使用化妆品前详细阅读产品说明书的人仅占 1%。

（三）化妆品宣传用语

1. 化妆品宣传管理规定

(1) 化妆品的功效宣称要求　化妆品标签所标识的使用方法、使用部位、使用目的和功能宣称等用语必须科学、真实、准确，有充分的实验或评价数据支持，并且符合化妆品定义规定的功能范畴。

产品宣称经功效验证机构测试并出具报告的，产品标签中可以标注相关验证信息；未经验证的，应当在描述宣称的功效作用内容结尾标注“上述功效未经验证”等字样，字体应当不小于功效宣称内容的标识字体。

化妆品标签标识中若标注“经皮肤科医师或眼科医师测试”“经过敏性测试”“适合敏感性肌肤”“不引起粉刺”等相关用语，必须有相应检验数据及/或临床报告作为依据。

（2）功效验证机构管理　功效验证机构应当具备与其开展的化妆品功效验证工作相适应的基本条件，按照国务院食品药品监督管理部门公布的功效验证指导原则，科学、公正开展功效验证工作，不得伪造、变造检验报告或者数据、结果。功效验证机构的相关资质证明文件及其出具的功效验证报告应当在国务院食品药品监督管理部门指定的网站公开，接受监督。

（3）化妆品广告管理　化妆品广告必须真实、合法，不得以商标、图案或者其他形式虚假宣传产品效用或者性能，不得宣称或者暗示产品具有医疗作用，不得使用他人名义保证或者暗示使得消费者误解其效用。广告客户对可能引起不良反应的化妆品，应当在广告中注明使用方法、注意事项。

例如倩碧公司在焕颜活力嫩肤精华广告中宣传该产品“挑战全球巅峰-FRAXEL飞梭光学嫩肤”“汇聚三重光能，由内而外淡化细纹皱纹、卓效修护、焕发饱满亮彩”“数周告别表情纹，效果媲美飞梭嫩肤”等，意大利反垄断局认为倩碧将抗衰老化妆品与光学美容手术价格的差异和蓄意进行效果对比引导消费者购买，涉嫌虚假宣传，要求修改相关产品的误导内容并罚款40万欧元。

好的化妆品广告能为化妆品生产商和销售商带来巨大的利润，但虚假广告会误导消费者，给消费者造成人身或财产的损害。社会团体或者其他组织、个人在虚假广告中向消费者推荐化妆品，使消费者的合法权益受到损害的，与化妆品生产经营者承担连带责任。

广告经营者承办或代理化妆品广告，应当查验证明，审查广告内容。对不符合规定的，不得承办或者代理。出现下列情况之一时，工商行政管理机关可以责令广告客户或者广告经营者停止发布广告：化妆品引起严重的皮肤过敏反应或者给消费者造成严重人身伤害等事故的；化妆品质量下降而未达到规定标准的；营业执照、化妆品生产企业许可证被吊销的。

2. 我国化妆品中禁止使用的功效宣传用语

表10-8是我国法律规定化妆品中禁止使用的宣传用语，但均不限于所列举内容，行政管理部门将不定期进行增补。

各类别的化妆品在真实和科学前提下，不得使用禁止宣称用语描述产品用途，非特殊用途化妆品不得宣传特殊功效，比如普通洗发露不得宣传固发、育发，美白霜不得宣传有效抑制黑色素等。表10-9列举了化妆品标签推荐功能宣称用语和禁止标注用语。

表 10-8 我国法律规定化妆品中禁止使用的宣传用语

类别		禁止宣传用语举例(包括但不限于)
医疗术语	适应证相关用语	妊娠纹、妊娠斑、黄褐斑、病理性脱发、斑秃、全秃、普秃、疤、瘢、疹、疮、疔、疥、疖、痈、癣、炎、伤、痛、肿、脓、疱、痉挛、抽搐、酒渣鼻、脚气、感染、止脱、生发、净斑
	医学专业相关用语	医①、医护人员专用称谓(如医生、医师、大夫、中医、军医、药师、郎中、护士等)、专科、患、靶向、医疗、医治、治疗、治愈、愈合、内分泌、病毒、细菌(致病菌)、真菌(致病菌)、免疫、排毒、脱敏、抗敏、防敏、杀菌、灭菌、防菌、抑菌、抗菌、除菌、消毒
	药学专业相关用语	药①、药方相关称谓(如药方、汉方、韩方、藏方、苗方、蒙方、维方、古方、秘方、验方、祖方、单方、复方、方剂、处方等)、药用、药物、中药、草药、生长因子、激素、荷尔蒙、抗生素
	其他用语	基因、因子、干细胞、干扰素、毛细血管、淋巴、中枢神经、细胞修复、红血丝、黑眼圈、药妆
明示或暗示医疗作用和效果的用语		补肾、补血、活血、除湿、排毒、解毒、调节内分泌、吸附铅汞、生肌、祛寒、去除雀斑、祛风、祛红、通脉、行气、益气、理气
虚假夸大用语		复活、再生、新生、更生、重生、整形、微整、整肤、换肤、抗疲劳、丰乳、丰胸、高渗透、透皮、激活、活细胞、减肥、瘦、净脂、清脂、吸脂、燃脂、溶脂、抗氧、零负担、敏感②、纳米②、强壮、热能、透活、微导、无添加②、纯天然②、纯植物②、生态②、有机②
绝对化用语		特效、全效、强效、奇效、高效、专效、神效、速效、极效、超效、超强、全面、全方位、最、第一、特级、顶级、冠级、至尊
医学名人姓名		神农、扁鹊、华佗、张仲景、李时珍、孙思邈、南丁格尔、白求恩
与产品特性没有关联,容易给消费者造成误解或者混淆的用语		解码、数码、智能、红外线、活能、活氧、科技平衡、冷效应、养分修复、氧分修复
封建迷信及违背社会公序良俗的用语		如鬼、妖精、卦、邪、魂、神灵
已批准的药名		如肤螨灵、皮炎平、皮康霜
超范围宣称产品用途的用语		如特殊用途化妆品宣称不得超出《化妆品卫生监督条例》及其实施细则规定的特殊用途化妆品含义的解释。非特殊用途化妆品不得宣称特殊用途化妆品作用

① 此用语，不得用于化妆品标签标识中的产品功效等宣称，警示用语及依法登记的机构名称中含有的除外。

② 此用语，用于化妆品标签标识时，应当在产品注册或备案时，提供充分的证明材料以证明其真实性。

表 10-9 各种化妆品功能的推荐宣传用语和禁止标注用语对比

宣称功能	推荐宣传用语	禁止标注用语
清洁功能	清洁皮肤;清凉;清洁头皮和头发;防止、减少或去除头屑;去除肌肤表面干燥老化角质;清除阻塞毛孔的彩妆、污垢及多余油分等	加速皮肤新陈代谢;不得宣传特殊功效
消除不良气味	预防异味;香气使人心旷神怡	不得宣传特殊功效

续表

宣称功能	推荐宣传用语	禁止标注用语
护肤	防止皮肤粗糙；滋润皮肤；使皮肤光滑；使皮肤湿润；使皮肤保持健康；增加皮肤弹性；保护皮肤防止干燥；保湿；使皮肤细腻；使皮肤柔软、有光泽；遮盖皮肤瑕疵；使皮肤更清爽；补充皮肤的水分	不得宣传特殊功效
美容、修饰	防止口唇干燥；润唇；护唇；使口唇光滑；防止皲裂；防止干裂；使化妆持久不易脱落；修饰眼部轮廓；修饰脸部轮廓；修饰唇形；调整肤色；令睫毛纤密、卷翘；使皮肤白皙；赋予指甲持久亮丽的色彩	不得宣传特殊功效；美容治疗
抗皱	淡化细纹；减轻眼部皱纹、细纹；遮盖皱纹（细纹、幼纹）；控油；紧致（实）肌肤；改善肤质；防止肤色暗哑；抗皱	去（祛）除皱纹；平皱；修复断裂弹性（力）纤维
舒缓	舒缓和修护肌肤	抗敏；防敏；柔敏；舒敏；缓敏；脱敏；褪敏；改善敏感肌肤；改善过敏现象；降低肌肤敏感度；镇定；镇静；提高肌肤抗刺激
祛痘	祛痘；抗（抑制）粉刺	酒渣鼻；治疗；调节内分泌；改善内分泌；平衡荷尔蒙；消炎；抗炎；消除；清除；化解死细胞；丘疹
护发	补充和保持头发的水分；使头发柔软；防止头发曲裂分叉；保持发型；塑造发型；增加头发弹性；改善头发梳理性	
育发	预防脱发；育发；有助于头发生长；减少脱发和断发；防脱、固发	毛发新生；毛发再生；生黑发；止脱；生发；脂溢性脱发；病变性脱发；毛囊激活
染发	改变头发颜色	采用新型着色机理永不褪色
烫发	改变头发弯曲度	
脱毛	减少或消除体毛	
美乳	美乳；美胸；有助于乳房健美；增加乳房皮肤弹性及张力	丰乳；丰胸；使乳房丰满；预防乳房松弛下垂
健美	塑身、美体、有助于体形健美	溶脂、吸脂、燃烧脂肪；瘦身；瘦脸；瘦腿；减肥
除臭	去除腋臭	治疗腋臭；治疗体臭；治疗阴臭
祛斑	淡化色素斑；祛斑；减轻皮肤色素沉着；抑制（减少）黑色素形成；淡斑	消除斑点；斑立净；无斑；祛疤；治疗斑秃；逐层减退多种色斑；有效减少肌肤底层的色素沉淀
防晒	防晒；防紫外线；防水、防汗（限于防晒类产品宣传）；防日晒引起的色斑；减轻日晒引起的皮肤损伤等	迅速修复受紫外线伤害的肌肤；更新肌肤；破坏黑素细胞；阻断（阻碍）黑素的形成

3. 日本化妆品功效宣传用语规定

在日本，化妆品的功效范围规定了 55 种，见表 10-10，如果宣传的功效在 55 种之内不需要批准，每一品种向所在都道府的知事提出备案，如果需要表现新的效力则必须申请并获得批准。日本对不同类型医药部外品的功效宣传用语也做出了规定，见表 10-11。

表 10-10 日本化妆品的功效宣传用语

序号	功效	序号	功效
1	清洁头发、毛皮	29	柔软肌肤
2	通过香气抑制毛发、头皮的不愉快气味	30	给予肌肤弹性
3	保持头皮、毛发的健康	31	给予肌肤光泽
4	给予毛发弹性、硬度	32	使肌肤润滑
5	给予头皮、毛发滋润	33	容易剃须
6	保护头皮、毛发的水分	34	调理剃须后的肌肤
7	使毛发柔软	35	预防痱子(扑粉)
8	使毛发容易梳理	36	防止日晒
9	保持毛发的光泽	37	防止因日晒产生的雀斑、黑点
10	给毛发以光泽	38	给予芳香
11	去头屑、刺痒	39	保护指甲
12	抑制头屑、刺痒	40	保持指甲健康
13	补充、保持毛发的水分、油分	41	给予指甲滋润
14	防止毛发断裂、分叉	42	防止口唇干裂
15	整理、保持发型	43	调理口唇肌理
16	防止毛发带电	44	给予口唇滋润
17	(通过去污)清洁皮肤	45	使口唇健康
18	(通过洗净)预防粉刺、痱子(洗面用品)	46	保护口唇、防止口唇干燥
19	调理肌肤	47	防止因口唇干燥而产生的起皮
20	调整肌理	48	润滑口唇
21	保持肌肤健康	49	预防蛀牙(限于刷牙用牙膏类)
22	预防皮肤粗糙	50	洁白牙齿(限于刷牙用牙膏类)
23	绷紧皮肤	51	清除齿垢(限于刷牙用牙膏类)
24	给予皮肤滋润	52	净化口腔(牙膏类)
25	补充、保持皮肤水分、油分	53	预防口臭(牙膏类)
26	保持皮肤的柔软性	54	除去齿垢(限于刷牙用牙膏类)
27	保护皮肤	55	预防牙石沉淀(限于刷牙用牙膏类)
28	预防皮肤的干燥		

表 10-11 日本医药部外品的功效宣传用语

种类	使用目的	主要剂型	功效应用范围
口腔清凉剂	以防止恶心等不快感为目的的内服药	丸状、板状、含片和液体	多饮，恶心呕吐，晕车，酒醉，宿醉，口臭，胸闷，心情不舒畅，中暑
除臭剂	以防止体臭为目的的外用药剂	液体、软膏、喷雾状、药粉、条状	腋臭，汗臭，止汗
痱子粉	以防止痱子、皮肤糜烂等为目的的外用药剂	外用药粉	痱子，尿布(纸尿布)，斑疹，皮肤糜烂，痤疮，刮脸过敏
生发剂(养发剂)	以防止脱发和生发为目的的外用药剂	液体、喷雾状	生发，毛发稀少，发痒，预防脱发，促进毛发生成，促进毛发发育，头屑，病后产后的脱发，养发
脱毛剂	以脱毛为目的的外用药剂	软膏、喷雾状	脱毛
染发剂(包括脱色剂和脱染剂)	以染发和脱色或者脱染为目的的外用药剂只是单纯物理性的染发不属于准字药品	粉末状、液体、PRESS MOLD、霜状、喷雾状	染发，脱色，脱染
烫发剂	以烫发为目的的外用药剂	液体、膏状、霜状、粉末状、喷雾状、PRESS MOLD	使毛发呈波状，并保持拉直卷发，天然卷发或烫过
洗浴用品	原则上放置浴盆中使用的外用药剂(洗浴用香皂除外)	药粉、颗粒状、片状、软胶囊、液体	冻疮，痔疮，肢体发冷，腰痛，风湿，疲劳，皲裂，皱裂，产前产后肢体发冷，痤疮
药用化妆品	可作为化妆品使用，外观类似化妆品的外用药剂	液体、霜状、啫喱状、固体、喷雾状	见表 10-12
药用牙膏	可以作为化妆品使用，与通常的牙膏类似的外用药剂	糊状、液体、粉末状、固体、啫喱状	洁白牙齿，净化口腔，口感舒适，预防牙周炎(牙床流脓)，预防牙龈炎，防止牙石沉积，防止虫牙，预防虫牙的产生和恶化，防止口臭，去除牙齿烟垢

(四)查信息辨真假

消费者在选购化妆品时，不仅要看店家宣传、看价格，还要看产品外包装，看商标、化妆品生产企业卫生许可证号和生产许可证号、生产厂家、地址、使用说明书或宣传文字是否符合法律规定。对特殊用途化妆品或进口化妆品，还应看有无国家行政主管部门的批准文号等标识，以确定所购买的产品是否为合法和合格的产品。

1. 查询化妆品生产企业许可证信息

到各省级食品药品监督管理部门网站查询国产化妆品的生产企业信息。在广东省食品药品监督管理局的“网上办事”专栏的“数据库查询”，可查到“广东省化妆品生产企业信息”。

表 10-12　日本医药部外品中药用化妆品的功效应用范围

种类	功能或效果范围
洗发液	预防头屑、瘙痒
	预防毛发、头皮的汗臭
	清洁毛发、头皮
	保持毛发的健康
	柔软毛发
护发素	预防头屑、瘙痒
	预防毛发、头皮的汗臭
	补充、保持毛发的水分、脂肪
	预防毛发断裂、分叉
	保持毛发的健康
	柔软毛发
化妆水	预防皮肤粗糙
	预防痱子、冻伤、皲裂、粉刺
	油性肌肤用
	预防剃须后的肌肤粗糙
	预防日晒引起的雀斑、斑点
	预防日晒、冻疮后的发热
	收紧肌肤
	清洁肌肤
	调理肌肤
	保持皮肤健康
	给予皮肤滋润
洗面皂、洗面用品	皮肤的清洁、杀菌、消毒(主剂:杀菌剂)
	预防体臭、汗臭及粉刺(主剂:杀菌剂)
	皮肤的清洁(主剂:消炎剂)
	预防粉刺、剃须后的粗糙及肌肤干燥(主剂:消炎剂)
膏霜、乳液、护手霜、化妆油	预防肌肤粗糙
	预防痱子、冻伤、皲裂、粉刺
	油性肌肤用
	预防剃须后的肌肤粗糙
	预防日晒引起的雀斑、斑点
	预防日晒、冻疮后的发热
	收紧肌肤
	清洁肌肤
	调理肌肤
	保持皮肤健康
	给予皮肤滋润
	保护皮肤
	预防皮肤干燥
防晒剂	预防日晒、冻疮引起的肌肤粗糙
	预防日晒、冻疮后的发热
	预防因日晒引起的雀斑、斑点
	保护皮肤
面膜	预防肌肤粗糙
	预防粉刺
	油性肌肤用
	预防因日晒引起的雀斑、斑点
	预防日晒、冻疮后的发热
	使肌肤润滑
	清洁皮肤
剃须用品	预防剃须后的肌肤粗糙
	保护皮肤,容易剃须

例如，查询证书编号“GD·FDA（2002）卫妆准字 29-XK-2261”，显示信息如下：

当前位置：首页 >网上办事> 数据库查询

企业名称	注册地址	许可证号	企业负责人	许可项目
广州市新荧凯化妆品有限公司	广州市白云区新市镇罗岗村新星工业区1号	GD·FDA（2002）卫妆准字29-XK-2261号	张炳均	护肤类、洗发护发化妆品

共 1条记录 go 1 /1页

主要比对查看产品上标识的编号、企业名称、生产地址、产品类型、发证到期日期，和数据库查询到的编号、名称、生产地址、许可项目等信息是否一致。不一致的，极有可能是假冒伪劣产品。

2. 查询化妆品行政许可批件编号信息

到国家食品药品监督管理总局的网站（http：//www.sfda.gov.cn/）的“数据查询”专栏去查询批准文号，可获得相关生产企业和产品的信息。目前可以查询国产特殊化妆品批号信息、进口特殊用途化妆品批号信息和进口非特殊用途化妆品备案凭证信息。查询页面如下：

例如，输入“国妆特字 G20091058”查询到的国产特殊用途化妆品信息如下：

国产化妆品	返回
产品名称	雅芳新活美白防晒隔离乳
产品类别	防晒类、祛斑类
生产企业	雅芳(中国)有限公司
生产企业地址	广州从化经济技术开发区工业大道十一号
批准文号	国妆特字G20091058
批件状态	当前批件
批准日期	2009-08-31
批件有效期	4
卫产许可证号	GD·FDA(1990)卫妆准字29-XK-0063
产品名称备注	雅芳新活美白防晒隔离乳
备注	1、本产品SPF30+，PA+++。2、国家食品药品监督管理局未组织对本产品所称功效进行审核，本批件不作为对产品所称功效的认可。
产品技术要求	
注	批件状态说明：“当前”表示此产品的批件为最新的有效批件，“历史”表示此产品的曾用批件，“过期”表示此产品的批件已经过期，“注销”表示此产品的批件已被注销。此产品批件信息不作为执法依据。

再例如，输入“国妆备进字J20095074”查询到的进口非特殊用途化妆品的备案信息如下：

进口化妆品	返回
产品名称（中文）	雅诗兰黛抗皱滋润眼霜
产品名称（英文）	Estee Lauder Time Zone Anti-Line/Wrinkle Eye Creme
产品类别	普通类
生产国（地区）	美国
生产企业（中文）	雅诗兰黛制作所
生产企业（英文）	ESTEE LAUDER，DIST.
生产企业地址	767 FIFTH AVENUE NEW YORK，N.Y.10022，U.S.A.
在华申报责任单位	雅诗兰黛(上海)商贸有限公司
在华责任单位地址	上海市闵行区金都路3688号301、302、306室
批准文号	国妆备进字J20095074
批准日期	2009-07-20
批件有效期	4
备注	1、原产国：美国、英国。2、2009年02月09日批准增加原产国，原原产国为美国。
产品名称备注	雅诗兰黛抗皱滋润眼霜
批件状态	当前批件
产品技术要求	
注	批件状态说明：“当前”表示此产品的批件为最新的有效批件，“历史”表示此产品的曾用批件，“过期”表示此产品的批件已经过期，“注销”表示此产品的批件已被注销。此产品批件信息不作为执法依据。

主要比对查看产品销售包装上标识的产品名称、生产企业名称、生产地址、批准文号、生产日期、生产企业卫生许可证和产品类别等和数据库查询到的信息是否一致。不一致的，请谨慎购买，批件状态显示过期的产品也不要购买或采购。

3. 查询国产化妆品备案信息

自2014年6月1日起，国产非特殊用途化妆品上市前应按照《国产非特殊用途化妆品信息备案规定》的要求，进行产品信息网上备案，备案信息经省级食品药品监管部门确认，在国家食品药品监督管理总局官方网站服务平台统一公布，供公众查询。从官网“许可服务”的“网上办事”进入“国产非特殊用途化妆品备案系统”，就可以查询备案凭证信息。

例如，输入产品名称“婠娜抗皱紧致蚕丝膜”，得到以下电子凭证：

国产非特殊用途化妆品备案 电子凭证

【关闭窗口】

婠娜抗皱紧致蚕丝膜

备案编号 粤G妆网备字2014006522

备案日期 2014-09-16

生产企业 广州橄尔生物科技有限公司

生产企业地址 广州市天河区广棠西路8号G栋418F房

实际生产企业	企业名称：广州德芙化妆品有限公司 企业地址：广东省广州市天河区渔沙坦水口文兴街44号B栋101、202、301、401、501房 （未备案）
成分	水,积雪草（CENTELLA ASIATICA）提取物,丁二醇,甘油,1,2-戊二醇,烟酰胺,生物糖 胶-1,棕榈酰六肽-12,棕榈酰三肽-8,马齿苋（PORTULACA OLERACEA）提取物,雨生红球藻（HAEMATOCOCCUS PLUVIALIS）提取物,透明质酸,多氨基酸多糖缩合物,羟乙基纤维素,黄原胶,EDTA 二钠,甘草酸二钾,明串珠菌/萝卜（RAPHANUS SATIVUS）根发酵产物滤液
备注	无

产品包装平面图 产品包装立体图 说明书

国产非特殊用途化妆品备案服务平台

这个电子凭证中，不仅有实际生产企业名称、地址，还有全成分列表，更方便比对的是还有“产品包装平面图”“产品包装立体图”和“说明书”电子版，非常有利于辨别产品真假。

4. 其他网络查询平台

近年国内化妆品行业建立了真品联盟，采用三重防伪技术，消费者刮开产品防伪标签涂层后，即可获得16位数的验证码，登录中国化妆品真品联盟官网或是该化妆品的品牌官网，能一键式验证真伪，对于抑制假冒化妆品起到了积极作用。但目前仅仅限于加入这个联盟的一百来家企业的网络销售产品。

不过即便是产品名称、生产企业许可证号码、特殊用途化妆品批准文号和地址等都是真的，也不能保证产品不是假货，所以建议去正规专柜去购买。尤其在购买进口化妆品时，应主动向商场专柜索取“进口化妆品卫生许可批件”“进出口化妆品标签审核证书”和“检验报告书”，查验商品的真实性、合法性。

二、选择质量合格的化妆品

（一）购买质量有保障的化妆品

在欧洲，护肤品的销售渠道依赖超市、药房、百货商店和药店，约32%的消费者选择去药店购买化妆品。因为能够进入药店销售的化妆品对产品的安全性要求十分严格，必须把化妆品当作药物一样进行分析研究、确定它的安全性和疗效才能在药店销售，所以对那些在百货公司购买化妆品、一直遇到皮肤过敏问题的消费者建议去药店选择合适自己的药妆。

我国化妆品主要集中在百货商店、超市、专业店，虽然药房也有销售化妆品，但在我国尚没有对药妆立法，药店销售的化妆品与其他通路销售化妆品并无区别。通信、网络等购物平台为化妆品行业带来全新的销售模式。来自AC·尼尔森的报告显示，在中国，大中型商超中化妆品的销售比重将从2010年的27%下滑到2015年的16%，百货店的销售比重将下滑5个百分点至30%。与之对应的是，个人护理品专业店的销售占比将提升至25%，而电商渠道预计从13%提升到25%。

但由于货源不同，在这些途径购买到的化妆品的品质可能存在很大的差异。中国化妆品真品联盟发布的首个《中国化妆品安全指数》报告表明，通过网络销售的化妆品有20%为假冒产品。该报告是在中国消费者协会、中国质量万里行，及中国互联网协会等权威机构的监督指导下，聚美优品联合国内外100多家化妆品企业推出的，这是中国首次发布化妆品安全指数报告。

国家食品药品监督管理总局多次提醒广大消费者：不要轻信网上所谓的低折扣优惠促销品牌化妆品的虚假宣传，不要通过网络以不合理的低价购买知名品牌化妆品，以免上当受骗，损害健康。

批发市场、美容美发店、地摊夜市也是大家的选择，但在这些化妆品流通经营环节容易出现监管死角，致使一些不合格化妆品逃避监管流入市场，甚至引起消费者不良反应也投诉无门。尤以美容美发场所和宾馆等问题严重，无证及假冒伪劣化妆品泛滥。

为了确保购买到的化妆品是安全、质量可靠的，消费者在购买时谨记：不要过于看重化妆品的短期功效，虽然在几天内得到“迅速改善”，但很可能导致严重的不良反应；警惕产品夸张的宣传用语，比如对于承诺“快速见效”的产品；不要迷信进口化妆品；不要在美容院美发店等地方被美容美发师鼓动被动购买价格昂贵化妆品；不要贪便宜购买厂家一整套的化妆品，建议消费者一定要到商场专柜、连锁超市等正规渠道购买化妆品，不一定是越贵越好，一定要购买符合自己皮肤特质、质量有保障的合适的化妆品，对来源没有把握的产品，要谨慎对待。

（二）了解化妆品配方知识

各类化妆品的pH值不同，取决于原料的品种、来源和配方。如常用的雪花膏其pH为7，而收敛性化妆品pH为3.4左右。人的皮肤和毛发都是呈微酸性的，一般来讲，与皮肤pH值接近的弱酸性（pH值3.8～6.5）化妆品可以满足绝大多数人体的生理需求。为了保持皮肤的健康，国家标准中对化妆品的pH值范围都有具体限量要求（表10-13）。

表 10-13　国家标准中对化妆品产品 pH 值的限定范围

产品种类	pH 范围
面膜	膏(乳)状面膜、啫喱面膜、面贴膜:3.5～8.5;粉状面膜:5.0～10.0
香粉、爽身粉、痱子粉	成人型 4.5～10.5;儿童型:4.5～9.5
洗面奶(膏)	4.0～8.5(果酸类产品除外)
洗手液	4.0～10.0
沐浴剂	成人型:4.0～10.0;儿童型:4.0～8.5
特种洗手液	4.0～10.0
特种沐浴剂	成人型:4.0～10.0;儿童型:4.0～8.5
浴盐	足浴盐:4.0～8.5;沐浴盐:6.5～9.0
洗发剂	洗发膏:4.0～10.0;洗发液:4.0～8.0
牙膏、功效型牙膏、牙粉	5.5～10.0
化妆水	4.0～8.5(α-羟基酸、β-羟基酸类产品除外)
香脂	5.0～8.5
润肤乳液、膏霜	4.0～8.5(果酸类产品除外)
护肤啫喱	3.5～8.5
护发素	2.5～7.0
免洗护发素	3.0～8.0
发乳	4.0～8.5
发用啫喱	3.5～9.0
化妆粉块	6.0～9.0
发用摩丝	3.5～9.0
染发剂	非氧化型:4.5～8.0 氧化型染发水:8.0～11.0 氧化型染发膏:7.0～11.0
发用冷烫液	<9.8

化妆品 pH 值是重要的质量指标，过高或过低不仅影响化妆品功效的正常发挥，还会刺激皮肤、毛发，对机体造成损害。

作为消费者必须明白，化妆品皮肤不良反应的发生在一定范内有时是无法预测也是无法避免的，并不能说明产品一定存在质量问题。消费者要了解常用化妆品中有目的添加到产品配方中的化学物质，尤其是常用功效型原料的名称和作用特点、安全风险。有些原料虽然对一般健康人的皮肤不发生过敏反应，但对特异体质的人可以发生过敏反应，这种成分可以加入化妆品中，但必须标明。为了保护消费者健康，我国和世界很多国家都要求企业应真实地在化妆品的销售外包装上标注全部成分的名称。

所以消费者应选购有行政部门批准文号的化妆品，保证产品质量，同时要详细阅读使用说明，了解产品性能和成分是否适合自己的皮肤状况，避免误用化妆品而造成不必要的皮肤不良反应。

（三）注意有效使用期限

大部分化妆品销售包装上都会标明生产日期，购买前要认真识别并确认合理的使用期限。

1. 保质期

目前化妆品外包装上标注的保质期或有效期或限用合格日期，都是从制造日期算起的，是指产品在符合规定的储存条件下、包装完好、未开瓶状态下的保质期，不包括开瓶后的使用期限。

化妆品开封后接触空气，加上温度、环境的变化，以及使用人的使用习惯和卫生条件不同，受到皮肤油脂、灰尘等的污染，其活性成分容易发生变化，开瓶后的化妆品的保存期就会大幅度地缩短。化妆品一旦变质，通过消费者肌肤的吸收、渗透，必将对消费者的身体产生伤害。

因此，化妆品应尽量在有效期内用完，再好的化妆品，再精心的保存，如果过了使用期限，即使还没有变质表现，也绝对不能再去使用。有信誉、口碑好的公司，会有完善的回收制度，将过期的产品回收销毁，因此，选择值得信赖的品牌也是一种好办法。

由于不同的化妆品性状各异，所含的成分也各不相同，保存和使用期限也不同。开封后正确使用的情况下，化妆品的保存期和使用期大致如表 10-14 所示。

2. 开封后的有效期

消费者真正关心的，不是化妆品在未启封条件下的保质期，而是启封后的使用期。

从质地上来看，乳液膏霜等容易滋生细菌，彩妆比较稳定；从成分上来看，有强调添加保养配方的粉底、口红等成分复杂较不稳定，含高量蛋白质（如胶原蛋白）、生物制剂（如胎盘素），尤其是添加维生素 C 及其衍生物、亚麻油酸等活性成分的营养霜、修护霜很容易氧化或受温度影响变质；不含防腐剂与香料等无添加产品则有效期更短。这些商品开封后最好尽快用毕，保存时需要特别注意摆放的环境，及使用前应审视是否有变色、变味等变质表现。

现在，部分国产化妆品和进口产品外包装上都已标注“开罐有效期”的图标，是一个形似罐子打开的图案，罐身上标有 6M、9M、12M 等字样（图 10-3），其中 M 代表“月”，提示消费者该产品在开罐后最佳的有效使用月份。

三、依据皮肤状况合理选用化妆品

如何选择化妆品，不同的人会有不同的标准。人们只有及时掌握自己皮肤状况，根据皮肤类型、正确选择和使用适合自己的产品，才能取得较好的皮肤保健效果。

表 10-14　化妆品保质期和变质表现

产品类别	剂型	保质期	变质表现
如化妆水、卸妆水等	水状	保质期 3 年，开封后使用期限 6～12 个月	变味、变色、浑浊出现沉淀
面霜	霜状	保质期 2～3 年，开封后使用期限 6～12 个月	变味、变色、油水分离，触之粗糙
洗面奶	膏状	每日使用 2 次，保质期 1～3 年，开封后使用期限 1 年	变味、变色、浑浊或出现沉淀，使用时有粗糙感
磨砂膏		每周使用 1～2 次，保存期 1～3 年	变味、变色、干裂
粉饼、散粉	粉状	保质期及开封后使用期限为 3～5 年	要避光和高温，否则容易干裂、霉变
粉底霜、霜状腮红	霜状	保质期 3 年，开封后使用期限 1～2 年	变味、变色、结块或出现沉淀，使用时有粗糙感
防晒产品	各剂型	保质期 3 年，开封后使用期限 6 个月	变味、变色、沉淀、分层、有刺激感
眉笔、眼线笔	固体	保质期 3～5 年	灰尘化，溶化
眼线液	液体	保质期 6～12 个月	变味、干燥
睫毛膏、眉笔	膏状	保质期 3 年，启用后只有 3～6 个月	干裂、异味、变色、冒油
唇膏		保质期 3 年，启用后 2 年	
睫毛液	液状	保存期 3～6 月	变味、干燥、黏结等
眼部卸妆液		保存期 1～3 年	
香水	有机溶剂	保质期 3 年，启用后 1～2 年，应在阴凉处放置	除外观变化以外，一般不影响使用。如果开封使用后出现酸味就不能用
指甲油		保质期 3 年，启用后寿命 1 年	液体变稠、结块
胭脂、眼影	乳状	1～2 年	变味、结块
	粉状	2～3 年	变味、变色、结块、干裂、析出粉状物、析出油分、碎为细屑等

图 10-3　开罐有效期的图标

（一）依据皮肤类型合理选用化妆品

由于身体不同部位的皮肤状况不同，需要选择不同配方的护手霜、身体乳、眼霜、面霜、颈霜等化妆品。其中保湿化妆水、精华液及面膜适于所有类型皮肤，夏天或中性/油性皮肤适合使用凝露、凝胶、啫喱；冬天或中性偏干、干性皮肤适合含脂质更高的膏霜剂等。

1. 中性皮肤

中性皮肤的性质可以随着季节气候以及个人的健康状况而发生改变，因此，中性皮肤也需要正确的护理，包括合理使用清洁、保湿和防晒化妆品。

2. 干性皮肤

无论何种原因导致皮肤出现干性皮肤的表现，都可以通过适当的皮肤护理促使其恢复正常生理功能，改善肤质以防未老先衰。

选用清洁剂清除皮肤表面的污垢次数不宜频繁，颜面部一般每日 1 次，四肢及躯干一般每周 1～2 次，还可使用保湿水，每天 1～2 次，补充角质层水分，平衡皮肤 pH，禁用含控油成分的爽肤水，不用含乙醇的收缩水。可以每天 2 次使用油脂较多的油包水型护肤品如霜、香脂和营养霜，补充皮肤脂质、天然保湿因子及水分；四肢等皮脂分泌较少的部位，可每周使用 2 次保湿霜。

可根据地理环境、季节等因素选择防晒剂，以预防干燥性皮肤病、色素性皮肤病的发生。

3. 油性皮肤

油性皮肤一般皮脂分泌旺盛，应每日至少 2 次清洁皮肤、减少皮脂过度分泌，调节 pH 值，预防痤疮等皮脂溢出性皮肤病的发生。但如果过度清洁皮肤可能更刺激皮肤油脂的分泌，造成恶性循环，应该使用清水以及不含或含少量油脂的中性的洗面乳洁面，同时要注意保湿锁水。可在清洁皮肤后，外用控油保湿乳或保湿凝露调整皮肤水油平衡。避免使用含封闭作用的油性原料，以减少使用产品后皮肤的油腻感。油性皮肤大多毛孔粗大，影响美观，应用收敛剂可以缩小毛孔，使皮肤紧致。

油性皮肤可以使用彩妆，但是要经过严格筛选，合理使用，避免引发皮肤问题。可选用质量可靠、质地轻薄的彩妆品，比如颗粒较小、通透性好、研磨充分的粉底液、粉底、遮瑕霜等。

任何皮肤都需要防晒，油性皮肤也不例外，由于物理性防晒剂较厚重，易堵塞毛孔，尽量选用化学防晒剂。同时，要严格彻底卸妆，以免残留物堵塞毛孔，导致化妆品痤疮发生。

4. 混合性皮肤

混合性皮肤兼有干性、中性或油性皮肤的特点，通常是有些部位呈油性（如面部的 T 区），有些部位呈干性或中性，故护理及选用化妆品时应区别对待。如以干性为主的部位应选用含油脂较多的化妆品以增加皮肤的屏障，保持水分丢失；油性部位则选用适合油性皮肤的产品。

（二）依据年龄与性别的差异合理选用化妆品

例如男性年轻人皮脂腺和汗腺分泌旺盛，容易形成粉刺，较适合使用粉刺霜，还可选用剃须膏等男性专用化妆品。

1. 儿童（含婴幼儿）

儿童处于生长发育期，皮肤新陈代谢功能不完善，皮肤附属器还不成熟，角质层薄弱又缺乏皮脂腺的保护，极易因外界刺激而发生损伤，而且儿童皮肤很容易吸收表层物质，成人化妆品中不少物质具有一定刺激性、致敏性以及渗透性，有的甚至有致癌作用，容易出现皮肤的不良反应，这些化学物质的堆积对小朋友娇嫩的皮肤来说是个很大的威胁，因此儿童应该选择儿童专用化妆品，应从产品配方、生产工艺、质量安全控制等方面保证产品的安全性；儿童（含婴幼儿）化妆品还应在包装（含标签、说明书）上标注“适用于儿童（含婴幼儿），应当在成人监护下使用”等警示用语，且不宜经常更换宝宝的护肤品，以免皮肤过敏，产生不适症状。

目前市场上有多种儿童化妆品出售，如儿童用的爽身粉、香波、浴皂以及护肤霜等。这些产品一般在生产时都考虑到儿童的皮肤特点，选用对皮肤黏膜刺激相对较小、无毒、无致敏性的原料，不含香料、酒精，产品的酸度及其他理化性状较适合于儿童皮肤。因此受到广大家长的欢迎，也受到越来越多成年人的青睐。

表 10-15 为常用儿童化妆品组成与特点。

表 10-15　常用儿童化妆品组成与特点

种类	主要成分	特　点
婴儿爽身粉	滑石粉	在滑石粉中加入其他原料以改善爽身粉的性能
儿童护肤霜	凡士林及矿物油	涂布后在皮肤表面留下一层保护性油膜，减少摩擦和发炎的机会，防止皮肤水分的散失
儿童护肤油	液体石蜡	赋予皮肤柔软、润滑的感觉，皮肤上的油膜还可以防止皮肤沾污
儿童沐浴露	表面活性剂	选用温和的两性表面活性剂，清洁去污同时刺激性小

2. 青少年期

25 岁以下年龄段的皮肤护理主要是加强皮肤清洁、控油及保湿和防晒，可以选用洁肤、护肤、美容、美发等几乎所有的化妆品。但由于他们的皮肤本身就含水量丰富，皮肤胆固醇含量较高，汗腺和皮脂腺分泌较旺盛，过多的营养反而会加重皮肤的负担，因此一般不建议他们使用营养霜或抗皱纹霜。

少年青春期头发多油脂，应常洗头发，但是也不要使用过量洗发剂，不然头发会没有光泽。

3. 中青年期

25～40 岁这个年龄段的皮肤生长期已过，人们除了注意减少烟酒刺激和不规律的生活习惯外，可通过选择合适化妆品保持皮肤的湿润，促进皮肤细胞新陈代谢，保持皮肤的屏障功能，有效抵御紫外线等对皮肤的刺激伤害。健康的中年人可以适度地选用美容、美发化妆品来增添风采。

尤其是中年以后的女性，应该对皮肤进行防晒、保湿、抗皱以及美白等多重保护，如选用含透明质酸、果酸、维生素 E、尿素、SOD、MT、珍珠、蜂乳、EGF等营养成分的化妆水（蜜）、保湿霜类化妆品；或通过使用一些具有抗氧化功效的化妆品消除过量自由基带来的损伤；也可以使用具有促进胶原蛋白和弹性蛋白合成作用的化妆品有效地补充流失的胶原，延缓皱纹产生。

中年时期容易出现头发脱落，可以使用一些防脱洗护产品，并可采用头发按摩，改善血液循环，促进头发生长，建议在洗发、烫发后给予含蛋白质洗发剂及护发素，并注意补充维生素。

4. 老年期

50 岁以上的皮肤新陈代谢衰退，具有明显的皱纹，色素加深，皮肤干燥，应适当地选用含透明质酸或天然保湿因子丰富和含脂量偏高的护肤化妆品如香脂、香蜜、硅酮霜等进行高效保湿。这个阶段除了清除过量自由基，还需要通过以下手段和措施延缓衰老：补充一些植物雌性激素，如大豆异黄酮等提升激素水平；通过激活细胞新陈代谢，加速皮肤细胞的自我更新；通过体外补充的方法增加皮肤中的胶原蛋白，阻止皱纹加粗加深；通过抑制非酶糖基化和羰基毒化作用来解决皮肤色素沉着、老年斑等问题。

健康的老年人还可以适当地选择一些美容、美发化妆品。

老年时期头发出现萎缩，头发变白、干燥，头屑增多，应用含有丰富营养剂的洗护产品，并可施行头皮按摩，经常用木梳子梳理头发。

但由于老年人皮肤已经老化，抵御外界不良刺激的能力明显下降；加之肝脏的解毒能力和肾脏的排泄能力也都已经减弱，因而对有毒副作用或刺激性强的美容美发化妆品，如唇膏、指甲油、染发剂、卷发剂等，应少用或不用，以免因刺激或累积中毒而损害健康。

（三）依据季节气候合理选用化妆品

皮肤在不同的季节气候条件下，也会有所变化，因此不但要根据自己的皮肤性质来选择化妆品，而且要考虑气候和季节的改变对皮肤的影响，适时调整化妆品。

1. 春季

春天随着气候温度的逐渐回升，皮肤的新陈代谢逐渐旺盛，皮脂腺和汗腺的分泌活动都有所增强，皮肤自然较冬季滋润些。这时就应该根据自己的皮肤性质，适当选择一些油脂相对较少的化妆品，面部也要注意清洁护理。紫外线辐射强度也有所增强，应选用一些防晒化妆品，尤其在中午前后 2～3h，应涂一些防晒乳或霜，营养性化妆品中如含蜂乳、芦荟以及含 SOD、曲酸等成分的化妆品都有一定的防晒作用，同时还可以延缓皮肤老化。

2. 夏季

天气炎热，皮脂腺和汗腺分泌旺盛，皮肤油腻容易黏着尘埃而形成污垢堵塞毛孔。在皮肤护理上，需要选择一些去污力强的洗面乳或浴液以帮助毛囊口保持清洁通畅，当然也不要频繁使用洗涤剂；不宜使用霜膏型化妆品或者大片涂抹粉底，否则，会阻碍汗液和皮脂的分泌，容易诱发粉刺和皮肤炎症，宜选用水包油型的蜜类化妆品等；夏季紫外线辐射强度最大，应该注意全天候防晒，防晒除用帽子等措施外，还要选择较高 SPF 和 PA 值的广谱防晒化妆品。

由于夏季潮湿和炎热，皮脂分泌较多，不宜选用面膜，因涂膜后影响散热和汗液的蒸发，会损害皮肤。由于夏季气温高，染发水和卷发液要少用或不用，因为此时会因皮肤毛细血管扩张，皮肤吸收功能加强而增加有刺激性成分的吸收，引起皮肤的损伤。

3. 秋季

气候温度开始降低，干燥多风沙，皮肤代谢逐渐减弱，皮脂腺和汗腺分泌减少，皮肤容易出现干燥和脱屑，弹性降低。此时，选择化妆品应该以增加皮肤水分和油脂为目的，故应选用柔润肌肤、营养皮肤的奶液或者霜类化妆品，除特别注意面部和手部的护理外，还应防止全身皮肤干燥，可适当使用润肤露。这时的紫外线辐射强度虽然有所减弱，但仍然较强，还需要使用广谱的防晒化妆品。

4. 冬季

气候多寒冷干燥，多风少雨，皮肤血管收缩，皮肤代谢活动明显低下，皮肤油脂和含水量明显减少，此时皮肤容易出现粗糙和脱屑。选用化妆品则应以营养皮肤，增加皮肤含脂、含水量，柔润皮肤为首要目的，可用些含脂较多以及含有较好保湿剂的冷霜或其他类似的乳剂，甚至甘油，还可以通过按摩以促进局部的血液循环，促进皮肤吸收。在应用清洁类化妆品时，注意使用具有润肤作用的奶液或香皂，注意不要过度洗浴，洗后注意使用保湿润肤露。

（四）女性特殊时期如何使用化妆品

女性在日常生活中不免要经历特殊时期，如经期、孕期、哺乳期，对于不想放弃美丽的女性来说，这时更要注意安全化妆的问题，但化妆品不得宣称专为孕妇、哺乳期妇女等特定人群使用。

1. 经期化妆注意事项

女性生理期之前的一周至 10 日之间，皮肤状况会发生变化，因为受体内分泌的黄体酮影响，经期女性皮脂分泌增多，皮肤油腻，同时毛细血管扩张，皮肤变得格外敏感，容易出现粉刺、痤疮、毛囊炎、过敏。即使平常已经用惯的化妆品，此时也可能会引起斑纹，本来长有黑斑的人，其黑斑颜色会变得更深，而且往往会出现黑眼圈或脸色不佳，皮肤也缺乏光泽。

此时应特别注意睡眠及生活习惯，最好避免使用新的化妆品，以免增加皮肤的负担。

同时要注意保护脆弱的皮肤，尽量减少对皮肤的刺激，不要用劣质的、刺激性大的化妆品；化妆不宜过浓，以淡妆为主；粉底要轻薄透气，不要堵塞皮肤呼吸的通道，否则会产生粉刺、痤疮；化妆工具要及时清洁，否则容易将滋生的细菌带到皮肤上，导致皮肤发炎；卸妆要彻底，但也要温柔，既不要留下伤害皮肤的隐患，也不要在卸妆过程中伤害皮肤。

2. 孕期化妆注意事项

在怀孕期间，由于孕妇身体内分泌的变化，容易分泌较多的汗液和皮脂，在与空气的作用下，易使污物、尘埃黏附于皮肤，毛孔被堵塞。妊娠时期最常见的皮肤改变就是色素沉着，在两颧颊部易出现黑素增加色素加深，俗称为“妊娠斑”，是黄褐斑的一种类型。怀孕 5 个月后，孕妇的皮肤通常会变得干燥或粗糙。

因此，孕期进行适当的皮肤保养是应该的。但化妆品所含的化学成分比较多，可能会影响到胎儿，所以，孕妇对化妆品的选择应该谨慎，应禁用含汞、含维甲酸、含激素等具有毒副作用或有致畸危险的化妆品，避免使用含有香料的化妆品，以防经皮肤吸收、影响胎儿健康。应选用信誉高、品质有保证的化妆品，尽量使用性质温和的天然成分、纯植物性功效性原料的化妆品，可选用刺激性较小的清洁类化妆品，可选用含曲酸、壬二酸、熊果苷等增白药物的祛斑性化妆品。

孕期不要化妆或宜淡妆，注意带妆时间不宜过长，禁止使用以下产品。

（1）唇膏　唇膏是由多种油脂、蜡质染料和香料等成分组成的。其中油脂通常采用羊毛脂，羊毛脂既能吸附空气中各种对人体有害的重金属，又能吸附可进入胎儿体内的大肠埃希氏菌等微生物。唇膏若随着唾液进入人体内，可能使孕妇腹中的胎儿受害。

（2）睫毛膏　成分里含有大量防腐剂、炭黑等，可能影响胎儿的正常生长发育。

（3）指甲油　指甲油内含有一种名叫酞酸酯的物质，容易引起孕妇流产及胎儿畸形。孕期或哺乳期的妇女都应避免使用标有“酞酸酯”字样的化妆品。

第二节　正确使用化妆品

了解了皮肤和化妆品基础知识，我们还要掌握一些正确使用化妆品的方法和建议。

一、变质化妆品的鉴别

化妆品生产环境卫生、包装容器、场地、原材料及水质等沾染了灰尘和微生物，达不到清洁要求会污染化妆品；化妆品存放时间过久会缓慢发生化学反应而使质地、色泽和香味发生变化或因日晒、氧化、微生物污染而变质；使用时不注意卫生也会造成化妆品污染与变质。而使用变质化妆品会使皮肤过敏或受刺激极易导致各种不良反应，因此消费者选购化妆品时应特别小心观察，如果出现下述情况要进一步鉴定化妆品的品质，如发生变质则不能使用。

（一）膨胀与气泡

由于膏体内的微生物在温度较高的情况下分解化妆品中物质后会产生各种气体，此气体可使化妆品膨胀，并出现絮状或气泡，严重时，会使化妆品瓶盖被冲开并外溢。

（二）颜色改变

消费者购买时，要特别注意化妆品的颜色和光泽。彩妆品大都色泽鲜艳，多数为浅淡色、乳白色、淡粉红色、淡黄色、淡绿色、湖蓝色等，其光泽清雅、艳丽悦目。

合格护肤品的色泽自然、膏体纯净，如果出现绿色、黄色、黑色等霉斑或间隔有深色斑点，有时甚至出现絮状细丝或绒毛状蛛网，说明产品已腐败变质，化妆品变色一般是由霉菌和细菌引起的，霉菌的孢子一般都具有色素，有些细菌菌落和酵母也呈现颜色。

变质化妆品的颜色灰暗污浊，深浅不一致，还有可能是制造时添加的色素不稳定导致的，尤其是紫外线辐射会使产品褪色更严重，也可能是产品存货时间太久或超过保质期导致原料被氧化变色。

（三）气味改变

化妆品的香味无论是淡雅还是浓烈，都应十分纯正。化妆品有难闻的异味或臭味则说明被污染，像营养型化妆品，如珍珠霜、人参霜、蜂乳等很容易变质。变质的化妆品因细菌发酵，其中有机物分解产生酵气，原来的芳香已或多或少地消失，会变成令人作呕的酸味和怪味。

（四）外观异常

一般化妆品中都含水分，当化妆品打开使用以后，盖封不严或存放过久，水分蒸发，膏体可出现干缩。由于化妆品中成分受到破坏，使油、水、乳的结构改变，可见到凝块、沉淀；如液体化妆品中如有微生物生长繁殖会使化妆品变得浑浊不清，甚至出现丝状、絮状悬浮物，说明液体化妆品中的微生物已相当多。

用手指沾少许化妆品，两指头碾一下，若感觉有粗粒或变稀出水现象，则表示化妆品的乳化性因菌类感染受到破坏。含大量糖类、蛋白质、脂肪等营养物质的化妆品，当保存温度较高时，适宜微生物生长繁殖，当发生化学变化或与微生物作用后，乳化程度被破坏，水从基质中析出，肉眼可见到膏霜变稀出水。

化妆品在无菌状态下，遭受长期过热、过冷后也会变稀出水（即油水分离）。

（五）使用感觉异常

合格的化妆品，涂在皮肤上感到不黏不腻，滑润舒适。变质的化妆品，涂于皮肤上有粗糙发黏感，给人以涂抹污物的感觉，有时还会感到皮肤发紧、干涩、灼热或疼痛，常伴有瘙痒，而无护肤作用；尤其是粉底霜、唇膏、胭脂、眼影、指甲油等彩妆，可因时间过久而影响正常美容效果。

二、化妆品正确使用原则

（一）不要过量、过杂使用化妆品

化妆品使用要掌握适时适量原则，一般以“素妆淡抹”为宜，以利于皮肤保养、美观和保持原有的自然美。

① 在日常生活中宜淡妆，不要化浓妆，用量过大使得妆感过重，显得生硬不自然。

② 过量使用化妆品，会影响皮肤的呼吸、排泄功能，特别是过量擦用粉质、护肤霜类化妆品，会降低皮肤的代谢与吸收功能，诱发色斑；同时，易堵塞面部皮肤上的毛孔，妨碍汗腺皮脂腺的分泌，引起粉刺、皮炎。为减少皮肤负担，如不外出时最好不要化妆。

③ 大多数化妆品都含有防腐剂、香精、色素等人工合成添加剂，过量使用不利于皮肤健康。甚至某些化妆品颜料中含有的铅、铬、铜等重金属可通过皮肤吸收而引起人体慢性中毒。

④ 不同品牌的化妆品不宜交叉使用，不要同时使用多厂家生产的同类化妆品。尤其彩妆品种类多，尽量保持用同一厂家同一系列的产品。因为化妆品是由多种化学品复配而制成的，原料之间会产生相互作用，研发人员在配制时会考虑避免。搽抹不同厂家或不同系列的产品，在人体皮肤上混合后，容易引起意想不到的化学变化使皮肤发生不良反应或引发一些皮肤问题。

⑤ 另外，多种功效的化妆品重叠使用也可能会给皮肤带来更多的负担。

（二）单次合适用量

化妆品用量要合适。比如清洁面部时，能保持产品覆盖全脸并且不会滴落，在脸上打圈2～3min，都没有干涩感、并且很顺畅，这个用量就是最合适的。面部滋养类产品除了遵循建议用量，每个人的特殊性也不能忽视，这时就需要肌肤自身的感觉来判定。像使用化妆水后，脸部需要感到很滋润，但是不能有多余的水分；乳霜类产品，则是在能覆盖全脸的基础上，按摩1～2min后都被吸收，肌肤也不会有紧绷感。

表10-16为面部用化妆品一般建议用量。

（三）防止化妆品使用过程中的二次污染

化妆品中虽然都添加有防腐剂以防产品受污染变质，但仍不能杜绝万一，若其中有了细菌则会伤害皮肤。

① 使用化妆品前要洗手。

② 使用时最好避免直接用手取用而应以压力器或其他工具如消毒化妆棒代替，防止在使用过程中细菌繁殖使化妆品氧化或提高含菌量。

③ 用后一定要及时盖紧瓶盖，以免细菌侵入繁殖。

④ 化妆品一旦取用，如面霜、乳液，就不能再放回瓶中以免污染，可将过多

表 10-16 面部用化妆产品一般建议用量

化妆品类型	建议用量
洁面摩丝	按压喷嘴两次的用量，泡沫体积大概为 5cm 的圆
化妆水	需要把化妆棉完全浸透，但不能有滴落。棉片的选择建议是 3cm×4cm，厚度最好是 2mm。如果倒在手心，大概 3cm 也就是一元硬币的大小
卸妆油	淡妆用量是一个樱桃的大小，为大概直径 2cm 的圆，如果是浓妆可增加一倍的用量
洗面奶	平铺在手掌心大约为 2cm 的圆。挤出长约 2cm 的用量即可，相当于中指第一节指肚的长度
精华素	乳液质地一般 1cm 是正常的用量；啫喱质地比乳液质地略多，约 1.5cm 的圆。如果是纯液体的，2～3 滴是适合的
眼霜	每只眼睛约 1/2 黄豆大小，相当于 5mm 的圆
按摩霜	乳霜质地取 1 颗樱桃约 3cm 的圆；啫喱质地需要 2 倍乳霜质地的量，也就是 6cm 的圆
防晒乳/霜	脸部的正确用量是 1 粒蚕豆大小，3～4cm 的圆
隔离霜	和防晒产品的用量一致，因为用量较大，可以在用完面霜后涂抹一半的用量，15min 后再涂抹剩下的一半用量
乳液	平铺约 1.5cm 的圆，用量是比较合适的。如果是偏干性肌肤，可以再增加 1/3 的用量
面霜	相对于乳液稍微缩减一些，1cm 的圆就足够了。同样，如果是干性肌肤可增加最多一半的用量
磨砂膏	1cm 的圆就是极限了，敏感肌肤应该减半。按摩 10 圈就应该在脸上增加水分，帮助润滑

的化妆品抹在身体其他部位。若是买到大瓶装，且声明可以分装的产品，在尚未使用前，可另分装小瓶，使用期限可延长一倍，外出携带也很方便，其他部分重新封存放到冰箱内冷藏。

⑤ 不要在化妆品中掺水，否则防腐剂会被稀释，加速变质。

⑥ 不要和别人共用化妆品，尤其不要和别人共用口红等彩妆品。由于眼周用品和口唇用品很容易进入人体内部，与别人共用化妆品会增加感染结膜炎、流行性感冒的危险。

(四)化妆工具的清洁

选用合适的化妆工具可以使上妆更容易、妆效更完美而且能防止使用期间的二次污染。彩妆需要配备的化妆工具名目繁多，常用的如眉扫、眼影刷、睫毛夹、睫毛梳、腮红刷、海绵、粉扑和笔刷等，一旦使用便会沾染上皮脂、汗液、粉尘和细菌而变脏，受潮后还易生霉斑。如果不进行清洁，不仅会缩短使用寿命，影响化妆效果，而且容易使肌肤感染细菌而变糟。

因此，美容化妆工具需要经常保持清洁、干燥并定期更换，包括化妆用的眉笔、修眉镊子、小剪刀等，必须保持清洁卫生，不要混用或公用，防止传播疾病。像化妆纸、棉签棉棒、棉花块等，因其直接接触人体，用前最好消毒，做到一次性使用，用后弃之。表 10-17 为常用化妆工具的清洁消毒方法。

表 10-17　常用化妆工具的清洁消毒方法

化妆品用具	特点	清洁方法
粉扑与海绵	脏得很快，平时最好准备两个以上，以便交替使用	用中性洗剂或肥皂搓洗，置于通风处晾干。粉底通常含有较多油分，所以使用分解油分的洗洁精
刷具	人们一般用动物毛来制造刷具，所以洗刷具跟洗头发的方式很相似	先以3∶7的比例调和洗发水和自来水，然后将刷具按顺时针方向在水盆里搅动，并稍做挤压或在手背上拂动，使刷毛更为干净；在用清水漂洗干净之后，用适量护发素加水浸泡2min，最后放于通风处晾干；晾干时注意不要直放刷子，以免刷毛因地心引力散开、变形
睫毛夹	两块跟睫毛接触的橡皮是睫毛夹最易脏的部位	每次使用之后用酒精棉擦干净即可；注意：先夹弯睫毛，再刷上睫毛膏，这样才不容易弄脏睫毛夹
化妆包与化妆箱	直接用水擦拭化妆包会因受潮而变形	使用酒精棉清洁化妆盒的外表和藏污纳垢的边缘地带
修眉镊子等	不怕高温	以高压、微波炉灭菌
小剪刀等	金属工具	可用75%酒精浸泡30min消毒
化妆棉、棉棒等	不能高压和浸泡	用家庭用紫外线消毒柜或用便携式紫外线灯消毒；注意物品不能放置过多，必须摆开，紫外线必须能直接照射到消毒部位

三、化妆品的保存

化妆品在研制过程中，要经过较长时间的品质测试，包括对化妆品稳定性和有效期（一般至少三年）的测试，但这都是有条件的，消费者常常在保存或使用方面不加注意，导致化妆品变质、失效，直至出现皮肤不良反应。妥善保管化妆品是有效使用化妆品的前提。

（一）防热

温度过高的地方不宜存放化妆品，因高温不仅容易使化妆品中的水分挥发，化妆膏体变干，而且容易使膏霜中的油和水分离而发生变质的现象。因此，炎热的夏季不要在手袋中装过多的化妆品，以短时间内能使用完好。最适宜的存放温度应在35℃以下。

（二）防晒

强烈的紫外线有一定的穿透力，容易使油脂和香料产生氧化现象和破坏色素，所以，化妆品要避光保存，暂时不用的物品，都应放在抽屉内。

阳光或灯光直射处不宜存放化妆品。因化妆品受阳光或灯光直射，会造成水分蒸发，某些成分会失去活力，以致老化变质；又因化妆品中含有大量药品和化学物质，容易因阳光中的紫外线照射而发生化学变化，使其效果降低甚至刺激皮肤，所以不要把化妆品放在室外、阳台、化妆台灯旁边等处。同理，在购买化妆品时，不要取橱柜里展示的样品，因其长期受橱柜内灯光的照射，容易或已经变了质。

（三）防冻

寒冷季节不宜将化妆品放在室外或长时间随身携带到户外。因为温度过低会使化妆品发生冻裂现象，乳化体遭到破坏，而且解冻后还会出现油水分离，变粗变硬，失去化妆品原有的效用，对皮肤有刺激作用。比如说含油脂的产品可能会由于冷藏而油水分离，很多含活性成分的产品会由于冷藏而失去活性，等等。一般说来，无油的凝露或者面膜、化妆水可以冷藏后使用，在夏天能让肌肤凉爽一下。化妆品可存放在冰箱的保鲜冷藏室或放在最下层的蔬果区，不能放在冷冻室，而且千万不要拿进拿出。

（四）防潮

化妆品应放在通风干燥的地方保存。潮湿的环境是微生物繁殖的温床，过于潮湿的环境使含有蛋白质、脂质的化妆品中的细菌加快繁殖，使化妆品发生变质。如有些化妆品中含蜂蜜，受潮后容易发生霉变。也有的化妆品的包装瓶或盒盖是铁制的，受潮后容易生锈，腐蚀瓶内膏霜，使之变质。

在保存化妆品时，还要注意防摔、防漏气、防变味、防倾斜等。

四、敏感性皮肤如何正确使用化妆品

敏感性皮肤要慎重化妆，可根据皮肤特点有目的的选择护肤类化妆品，并在初次使用前做好皮肤敏感性试验等。对肌肤进行基础保养，进而达到逐步改善皮肤问题的目的。

（一）学会化妆品安全性的自我测试

敏感皮肤的消费者选用化妆品应非常慎重，需事先进行安全性、适应性试验，如无反应方可使用，否则不能应用，尤其是唇膏、睫毛油、染发剂等安全风险较高的产品。健康皮肤者初次使用某一化妆品时，为安全起见也可不必急于使用，而应在局部小范围试用几天，观察有无不良反应。

化妆品安全性自我测试方法：以前臂屈侧、乳突部或使用部位作为受试部位，受试部位应保持干燥，避免接触其他外用制剂。将试验物每天 2 次均匀地涂于受试部位，连续 7d，同时观察皮肤反应。在此过程中，确无红斑、丘疹、水疱、脱屑、瘙痒等不良反应再按常规使用。如出现皮肤反应，应根据具体情况决定是否继续试验。对于清洁类用品可先在手部试用，无潮红、水疱、干燥、脱屑、瘙痒等不良反应再用于头发、颜面或全身。

虽然化妆品中的致敏原多为弱抗原，但对皮肤高度敏感者来说，即使小面积试用也有一定的危险性，因此要密切注意局部变化，如有不良反应立即停用。据统计，即使是使用优质化妆品，也有 20％～30％的人会产生不同程度的过敏现象。

（二）选择适宜的化妆品

1. 宜选用简单护肤品或“医学护肤品”

营养丰富的化妆品，由于添加成分可能是多肽或蛋白质成分，可以作为抗原或半抗原刺激皮肤过敏。化妆品中的许多抗原成分对于敏感皮肤来说，较健康皮肤更易发生致敏。因此，皮肤敏感者在使用化妆品时务必遵循单纯、适量的原则，含香料过多及过酸过碱的护肤品慎用，应选择适用于敏感性皮肤的化妆品。有过敏史的人在换用新产品时需要更加小心，详细阅读产品配方成分，不要选择含有曾导致过敏的原料的产品。

2. 不要迷信进口高档化妆品

不少消费者对进口化妆品过分偏爱，但是中国人与西方人的皮肤特点不尽相同，而多数进口化妆品是为当地消费者设计的，其所用原料，包括香料及乳化剂、防腐剂等均与国内产品有相当大的差别，因此并不一定适合中国消费者皮肤状态。临床观察发现进口产品消费者皮肤损伤的发病率略高于国产产品消费者。因此，不要盲目迷信进口的高档的化妆品，尽量减少皮肤的负担。

3. 切忌滥用或频繁更换化妆品

敏感性皮肤一般不用磨砂膏、去角质霜、撕拉性面膜等，以免加重皮肤敏感。

消费者注意一旦选择好适合自己皮肤的化妆品，即应相对固定，不宜频繁更换。

切忌多品种都用，切忌多剂型同时使用。如果同时使用几种化妆品，无疑将增加致敏原的数量，使皮肤过敏的机会大大增加。

（三）正确护理

1. 修复皮肤屏障功能

传统观念认为皮肤处于敏感状态特别是患有面部皮炎，如激素依赖性皮炎、化妆品皮炎时，不能使用任何化妆品，以免刺激皮肤。但对于生理性皮肤敏感，应该选择性质温和的化妆品减轻皮肤敏感、修复皮肤屏障功能，增强皮肤对外界刺激的抵御能力，如选择专为敏感性皮肤而设计宣称不含色素和香料等的弱酸性、低刺激性舒缓类化妆品。

对于伴有面部皮炎的敏感状态皮肤，在使用必要外用药物治疗原发病的同时，应配合使用具有修复受损皮肤屏障功能的保湿护肤品，减轻药物对皮肤的刺激性，增强皮肤抵御外界刺激的能力。如特应性皮炎缺乏表皮脂质，应选择富含神经酰胺的保湿产品。

2. 化妆品的正确使用方法

掌握恰当的化妆品使用方法也必不可少尽量减少蒸脸、按摩、去角质等美容措施，如果想通过按摩皮肤以增加皮肤吸收性和抵抗力，以用手指敲击为好，不要用力过度，以免刺激皮肤。

(1) 清洁　清洁皮肤是美容的第一步，适度地清洁是敏感性皮肤的保养重点。首先，由于敏感性皮肤不能耐受冷热的刺激，在洁面及淋浴时，水温需接近皮温；其次，不要过于频繁地使用清洁类化妆品，以免破坏本来脆弱的皮脂膜，一般只需每天或间隔数天使用一次洁面乳即可。用于全身的沐浴产品，建议每周 1～2 次，可根据所处环境、季节变化、个体情况适当增减，谨防清洁过度。

（2）保湿　敏感性皮肤浅薄的角质层常常不能保持住足够的水分，面对温度的升高、湿度的降低，具有这种肤质的人，会比一般人更敏锐地感觉到皮肤干燥，因而日常保养中加强保湿非常重要。

保湿是敏感性皮肤护理的关键步骤，其使用方法并无特殊，每天早晚洁面后，先使用保湿水或喷雾水剂持续喷面并轻拍使吸收，再依次将保湿乳或保湿霜涂于面部并抹匀，以便更好地保持水分。最重要的是选择保湿度比较高、性质温和、无香精及乙醇等刺激成分的保湿产品。皮肤类型为干性的敏感性皮肤应选用保湿乳或保湿霜；而皮肤类型为油性的敏感性皮肤，则应选用控油保湿水、控油保湿乳或控油保湿凝胶等。

还可以定期做面膜增加皮肤的水分，也可舒缓热灼、瘙痒等不适现象。由于皮肤特殊的敏感状态，面膜成分往往并不单一，所以不宜过度使用，1周使用1～2次即可。

针对敏感性皮肤的水剂使用方法：

① 先用干净毛巾擦干，将适当的水直接涂抹或喷至皮肤，并用指尖轻轻拍打，促其吸收；

② 把水倒在或喷至化妆棉或医用纱布上，贴在面部，待15～30min后揭开，但一定要保持化妆棉或医用纱布湿润；

③ 在空调等干燥的环境，可直接将水剂喷在面部，数秒钟后用纸巾吸干剩余的水分。

（3）防晒　由于敏感性皮肤的表皮层较薄，缺乏对紫外线的防御能力，容易出现光老化，也有研究表明，敏感性皮肤对紫外线敏感，因此，敏感性皮肤需要加强防晒，而且四季均需防晒，无论室内室外都应涂防晒产品。但要注意，炎症反应较重的急性期可暂时不使用防晒剂。

要注意并在出门前提前15～30min涂抹，而且需要每4h补涂1次。夏季或高原地区的敏感性皮肤应选用SPF＞30、PA＋＋＋的防晒剂；春、秋、冬季或平原地区的敏感性皮肤应选用SPF＞20、PA＋＋的防晒剂；干性敏感性皮肤可选用物理、物理化学性防晒乳或防晒霜；油性敏感性皮肤应选用物理化学防晒乳或防晒喷雾。

五、问题性皮肤如何正确使用化妆品

在日常生活中，有大量皮肤病患者的发病原因与化妆品无关；对于有慢性皮肤病的青年患者，由于其病变可能长期存在，使他们在能否用化妆品的问题上产生困惑。在这里，我们提供一些相关知识，供人们参考。

（一）皮肤病患者使用化妆品的基本原则

1. 了解因果关系和发病部位

如果该病的起因确实与化妆品无关，有适当使用化妆品的可能性；如果病变的部位局限、病情相对稳定，可以考虑在病灶以外的部位使用化妆品，像口周红斑、头癣等在病变部位任何时候都不能使用化妆品，否则易加重，当病情长期稳定时，距离病变区有一定距离的部位，如眼部或面部可以用一些化妆品。

① 脂溢性皮炎这种病虽然与化妆品无关，但不主张使用化妆品，因为化妆品对病情的缓解不利，应使用药物治疗。对于面部非病灶部位的皮肤，也不要使用化妆品，因为该病的范围可能恶化，特别是面部。

② 神经性皮炎发生在眼睑或面部的患者，应减少各种刺激，不提倡使用化妆品。发生在非面部的患者，在经过治疗后病情相对稳定，全身状况得到有效调理，可以在没有病变的区域使用功能简单、性质温和的化妆品。

③ 虽然有些黑变病不是化妆品致病的，但是存在皮肤组织色素代谢障碍的问题。这是一种病理性改变，化妆品不能改变已经存在的皮肤问题。因此，除了积极用医疗手段治疗外，应尽量减少各种化学物质对皮肤的刺激，包括化妆品。

④ 头癣是一种真菌感染所致的疾病，主要发生在长有头发的部位，而且病变比较局限。不能使用染发剂、冷烫剂、煽油液等头发用的化妆品，否则不利于治疗。最好将头发剪短或剃光。

2. 注意病程的不同阶段

皮肤病急性发病初期阶段如湿疹、过敏性皮炎等都不宜使用化妆品，而应该积极进行相关治疗，如用中药调理全身状况，局部使用有关药物；注意避免辛辣、甘甜、油腻饮食等。对于时间比较久、症状局限、全身状况比较稳定、确信对某种化妆品不发生过敏时，可以在非病灶部位使用化妆品。而对于病灶的部位，即使处于稳定阶段，仍不宜用化妆品，应减少刺激，使局部症状减轻到最低限度。

一般认为，在皮肤炎症的发作期要禁止使用各种化妆品，即使是以前用过，且没有出现过敏反应的产品，也最好不用。当其他非化妆品因素再次引起过敏性皮炎时，即使安全的化妆品也应暂时停用，待急性期过后，再考虑有选择地使用。要注意：要经过长期仔细地观察；尽量使用适合自己皮肤的产品。

另外，在痤疮大面积发作阶段不能使用化妆品，而应该对症使用有关药物治疗，减轻皮脂腺的异常分泌，有时还应该采取一些抗感染治疗；同时还应在饮食等方面按照医生的要求去做。对于病变范围小、病情比较稳定的患者，如果需用化妆品，可以在没有痤疮的部位使用一些无脂性的、不易堵塞毛孔的化妆品，而且一定要注意适量使用。有痤疮的部位不要使用。在使用过程中，要细心观察，如果痤疮有蔓延的苗头，应该暂时停用。

3. 具体情况具体对待

这是最重要的。前两点意见只是提供了“可能性”，但最终还应该针对不同疾病、不同情况分别对待。像多形红斑这种疾病容易复发，而且部位多变，因此要尽量不用化妆品，即使在不发病的季节也应该注意。

（二）损容性皮肤病患者如何使用化妆品

1. 日光性皮炎

在夏季，一些女性由于皮肤抵御阳光能力差，容易出现日光性皮炎。选用化妆品要根据皮肤受损伤的情况而定。如果是急性皮肤损伤阶段，如有红斑、红肿、水疱等表现，这时不能使用化妆品，包括防晒性化妆品。因为这时皮炎已经发生，任何化妆品都不利于皮损的恢复，必须在医生的指导下治疗。当皮损已经完全恢复，没有其他症状时，为避免再次受到强光照射，可以在经常暴露的部位涂擦防晒霜，但不要过多过厚涂擦，防止汗腺孔被堵塞。

2. 白癜风患者

许多白癜风患者为了遮住白斑，可能会想尽各种办法，包括有意识地选用大量深色化妆品，如粉妆、油彩妆等。一般认为，初患白癜风者不宜在病变部位使用过多化妆品，因为在发病前几个月内有治疗好转的希望。治疗包括日晒、仪器紫外线照射、中药调理等，借以改善黑素代谢。如果用化妆品遮盖，则对病情恢复不利。如果患病时间比较长，如 1 年以上，已经超过了有效治疗期限，为美观考虑，可以在相应的部位选用一些刺激性小的化妆品。

3. 干燥性皮肤病

生理性干燥皮肤的护肤建议：补充皮肤脂质、天然保湿因子及水分，恢复皮肤正常状态，改善干性皮肤肤质。

皮肤疾病导致的干燥性皮肤护肤建议：缓解皮肤干燥、脱屑症状，恢复皮肤屏障，减轻外用药物刺激，辅助治疗皮肤疾病。停用所有外用药物，坚持每天外涂 1～2 次舒缓保湿霜，对这些皮肤疾病有辅助治疗效果。

4. 湿疹

湿疹临床表现各阶段护肤品应用建议：

急性期主要使用药剂控制病情，不使用任何化妆品，避免使用清洁剂，可用清水洗脸。

亚急性期口服抗组胺药、外用糖皮质激素的同时，辅助使用舒缓保湿霜，每日 1～2 次。

慢性期选用温和舒缓类产品清洁皮肤，洗澡次数不宜过勤，春、夏季 2～3 天洗一次，秋、冬季每周 1～2 次；坚持长期每天使用功效性保湿剂，可有效预防疾病复发，必要时需进行封包湿敷，加强皮肤的透皮吸收。

5. 光敏性皮肤病

首先治疗原发病，然后使用护肤品进行保湿、防晒、缓解光敏性皮肤病症状。皮肤清洁、湿敷、保湿、护肤方法与湿疹护理方法相同。防晒是预防该类皮肤病的首要方法，应选用 SPF＞30、PA＋＋＋的物理防晒剂。

6. 皮脂溢出性皮肤病

护肤品在皮脂溢出性皮肤病的临床应用：减少皮脂过度分泌、保湿、减轻皮肤炎症反应、缓解皮损。所以油性皮肤保养重点是保持皮肤清洁、调节皮脂分泌、补充水分、防晒，预防皮脂溢出性皮肤病的发生。对于痤疮患者，可视有无皮肤敏感两种状态，分别进行护理。

（1）清洁　痤疮皮肤不敏感时，选用控油清洁剂清洁皮肤每天 2 次，夏季或皮肤过度油腻时，可每天清洁 3 次。但注意不要过度清洁皮肤，以免引起角质层脂质成分丧失，皮肤变得干燥、脱屑。痤疮伴皮肤敏感时，选用抗敏清洁剂清洁皮肤，每天 1～2 次。

（2）保湿　痤疮皮肤不敏感时，清洁皮肤后，可用控油保湿水外搽于面部皮肤，以达到控油、溶解角质、保湿的目的。痤疮伴皮肤敏感时，则选用控油舒缓保湿水外搽，在控油的同时，有抗敏、预防皮肤敏感的作用。

（3）护肤　痤疮皮肤不敏感时主要选用控油祛痘剂，每天 2 次。值得注意的是，由于痤疮患者外用药物后，皮肤易敏感、干燥、脱屑，而祛痘剂具有一定的抑制皮脂分泌作用。因此，当出现上述症状时，应停止使用祛痘剂，而改用舒缓保湿乳，每天 2 次，缓解皮肤敏感。痤疮伴皮肤敏感时，先使用控油舒缓保湿乳，局部皮损处使用控油祛痘剂。

（4）防晒　痤疮为光线加剧性皮肤病，需要日常防晒。选用 SPF＞30、PA＋＋＋的物理化学性防晒剂，一般剂型选用防晒喷雾或防晒乳。

7. 黑眼圈

① 加强眼部的按摩，改善局部血液循环状态，减少淤血滞留；

② 保持眼部皮肤的营养供应，涂含油分、水分充足的眼霜，使眼部皮肤及皮下组织充满活力，减轻黑眼圈；

③ 注意防晒；

④ 用遮盖力强的遮瑕膏涂于黑眼圈处，然后再涂粉底，最后修妆淡化。

8. 特应性皮炎

特应性皮炎发病期，局部使用糖皮质激素乳膏是最重要的治疗，同时不应忽略日常生活中的皮肤护理。涂抹保湿霜为皮肤补充一定的脂质、水分，可以恢复受损皮肤屏障，缓解皮肤干燥、脱屑及瘙痒症状，预防及辅助治疗特应性皮炎。

（1）清洁　特应性皮炎皮肤敏感性较高，急性期时，只需用清水洁肤，亚急性期及慢性期时，可选用舒缓清洁剂清洁皮肤，次数不宜频繁，每周 1～2 次。

（2）湿敷　皮疹处于急性期伴糜烂、渗出时，清洁皮肤后可行湿敷治疗。选用加入舒敏成分的湿敷贴膜，每日 1～2 次，一般使用 5～7d 后可减轻糜烂、渗出的症状。

（3）保湿　特应性皮炎处于亚急性期、慢性期时，皮肤干燥及瘙痒是首要症状，因此，使用保湿剂是特应性皮炎重要的辅助治疗，可加强皮肤屏障功能。颜面部选用舒缓保湿乳及保湿霜，躯干部选用舒缓保湿霜，皮损严重时可加用糖皮质激素乳剂，各一半混合外搽于皮肤损伤处，每日 1～2 次；整个身体用舒缓保湿霜外搽，每天 1～2 次。待皮损痊愈后，停用糖皮质激素乳膏，坚持长期每天使用功效性保湿剂能有效预防疾病复发。

（4）防晒　急性期时，可不用防晒霜，待皮损恢复后，颜面可根据季节、生活环境选择物理性防晒剂。

9. 银屑病患者

选用医学护肤品的主要目的：减轻皮肤干燥、脱屑症状及外用药物刺激，恢复皮肤屏障，辅助治疗本病。

（1）舒敏洗面奶清洁　不宜过度清洁皮肤，秋冬季节每周清洁 1～2 次，夏天可根据情况每天或隔天一次。避免搔抓皮肤。

（2）舒敏保湿霜护肤　银屑病的治疗常选用维 A 酸类药物及糖皮质激素，有时还配合使用光疗，这些有效的药物治疗特别是进行物理治疗常易引起并加重皮肤干燥及脱屑，因此，舒敏保湿霜是重要的护肤基础。每日使用 1～2 次可显著缓解皮肤脱屑的症状，同时还可减轻药物及光疗的副作用。

值得注意的是，该类皮肤病患者当皮疹消退后，依然需要长期使用功效性保湿剂，才能有效预防疾病复发。

（三）全身性疾病患者能否使用化妆品

人在疾病期间，发烧、出汗，或不能自理，头发、皮肤、衣服、被褥都可能需要清洁。所以应选用清洁、洁肤、洁发、护肤类化妆品，保持身体的清洁卫生。

一般认为，除可以用少量淡雅的花露水或香水遮掩异味以外，都不主张涂用美容性化妆品。全身疾病期间最忌讳浓妆艳抹。

有些非皮肤疾病患者也可以表现为皮肤方面的改变，这些患者能否用化妆品，也需要具体情况具体对待。

慢性肾病、系统性红斑狼疮、硬皮病、多发性皮肌炎、甲减等这些患者全身症状比较重，大多数患者皮肤出现干燥、粗糙、红斑、湿疹、水肿、痤疮、脱屑、白斑、色素沉着、后期皮肤萎缩等病变，应该把重点放在治疗全身疾病方面，均不宜使用化妆品。

糖尿病、慢性肝病患者病情较轻没有痤疮、毛囊感染时可以适当用一些无刺激性、温和的化妆品，不会影响病情，对于已经出现皮肤并发症状的要少接触化妆品，并注意保持皮肤的清洁。

肾上腺疾病患者只有在季节变更时可选用一些简单护肤品。

会引起皮肤瘀斑、慢性出血的血液病患者均应减少化妆品的使用，因为这些患者皮肤的屏障作用减退，对化妆品中的化学物质吸收增加，不利于全身的康复。

甲亢患者可以使用正规、安全的化妆品，但是当出现“突眼症”时，如果使用眼线液、睫毛液容易刺激眼睛，不提倡使用；病人有时出汗多、怕热，这是要少用化妆品，或选择清爽、水质性化妆品。

思考题

1. 如何选择适合自己的化妆品？

2. 化妆品保质期和开罐有效期是否一样？

3. 化妆工具如果不及时清洁有什么危害？

4. 儿童皮肤、青年皮肤和老年皮肤各有什么特点？如何护理？

5. 问题性皮肤如何选用化妆品？怎样为痤疮患者选择化妆品？

6. 孕妇如何选用化妆品？敏感性皮肤选用化妆品应注意什么？

7. 如何合理选购彩妆类化妆品？妆后如何保养皮肤？

8. 收集市面上或者从网络上购买到的假冒化妆品、山寨化妆品或者过期变质化妆品，与正品进行比较，从包装、标识和产品使用等各个方面进行对比，分析和讨论应该从哪些方面辨别化妆品的真假。

附　　录

附录一　相关机构的缩写及全称

机构缩写	全称	中文名称
CAERS	CFSAN Adverse Events Reporting System	美国CFSAN不良反应报告系统
CAS	Chemical Abstracts Service	美国化学文摘服务社
CDC	Chinese Center For Disease Control And Prevention	中国疾病预防控制中心
CFDA	China Food and Drug Administration	国家食品药品监督管理总局
CFSAN	Food and Drug Administration's Center for Food Safety and Applied Nutrition	美国食品与药品管理局食物安全和应用营养中心
CIE	Commission Internationale De L'E'clairage	国际照明委员会
CIR	Cosmetic Ingredient Review	美国化妆品原料评价委员会
CTFA	Cosmetic，Toiletry and Fragrance Association	美国化妆品、盥洗用品及香水协会
ECVAM	European Centre for the Validation of Alternative Methods	欧洲替代方法验证中心
EEC	European Economic Community	欧洲经济共同体
EPA	Environmental Protection Agency	美国环境保护局
EU	European Union	欧洲联盟
FDA	Food and Drug Administration	美国食品药品管理局
GHS	Globally Harmonized System of Classification and Labelling of Chemicals	全球化学品统一分类和标签制度
GMP	Good Manufacturing Practice	良好作业规范
IARC	International Agency for Research on Cancer	国际癌症研究机构
ICCVAM	Interagency Coordinating Committee on the Validation of Alternative Methods	美国替代方法验证部门协调委员会
INCI	International Nomenclature Cosmetic Ingredient	国际化妆品原料命名
ISO	International Organization for Standardization	国际标准化组织
IUPAC	International Union of Pure and Applied Chemistry	国际纯粹与应用化学联合会
MPA	Medical Products Agency	瑞典医疗产品管理局
OECD	Organisation for Economic Co-operation and Development	欧洲经济合作与发展组织
SCC	Scientific Committee on Cosmetology	欧盟化妆品科学委员会
SCCNEP	Scientific Committee on Cosmetic Product and Non-Food Product intended for Consumers	欧盟消费者用化妆品及非食品科学委员会

续表

机构缩写	全称	中文名称
SCCP	Scientific Committee on Consumer Product	欧盟消费品科学委员会
SCCS	Scientific Committee on Consumer Safety	欧盟消费品安全科学委员会
SCHER	Scientific Committee on Health and Environment Risk	欧盟健康和环境风险科学委员会
UCENIHR	Scientific Committee on Emerging and Newly Identified Health Risk	欧盟新出现和新鉴定的健康风险科学委员会
WHO	World Health Organization	世界卫生组织

附录二　本教材中主要缩写中英文对照

缩写	英文	中文
AAT	Alternative to Animal Testing	动物替代试验
ACD	Allergic contact dermatitis	变应性接触性皮炎
Ames	Ames test	污染物致突变性检测试验（鼠伤寒沙门氏菌回复突变试验）
BCOP	Bovine Corheal Opacity and Permeability	牛角膜浑浊和渗透性试验
BMD	Benchmark Dose	基准剂量
BMI	Body Mass Index	体重指数
BT	Buehler test	局部封闭涂皮检测
CAS 号	CAS Registry Number	美国化学文摘服务社制定的化学物质登记号
CFU	Colony Forming Unit	菌落形成单位
CI	Color Index	国际染料索引号
GHS	Globally Harmonized System of Classification and Labelling of Chemicals	全球化学品统一分类和标签制度
GMP	Good Manufacturing Practice	良好作业规范
GPMT	Guinea pig Maximization Test	豚鼠最大值试验（皮内和涂皮结合法）
HACCP	Hazard Analysis and Critical Control Point system	危害分析与关键控制点
HET-CAM	Hen's Egg Test on the Chorioallantoic Membrane	鸡胚绒毛膜尿囊膜试验
ICD	Irritant Contact Dermatitis	刺激性接触性皮炎
ICE	Isolated Chicken Eye test	离体鸡眼试验
INCI	International Nomenclature Cosmetic Ingredient	国际化妆品原料命名法
IPF	Immune Protection Factor	免疫防护指数

续表

缩写	英文	中文
IRE	Isolated Rabbit Eye test	离体兔眼试验
ITS	Intelligent/Integrated Testing Strategy	智能测试策略
LCR	Lifetime Cancer Risk	终生致癌风险度
LD_{50}	Median Lethal Dose	半数致死量
LLNA	Local Lymph Note Assay	局部淋巴结试验
LOAEL	Lowest Observed Adverse Effect Level	观察到有害作用的最低剂量水平
MED	Minimum Erythema Dose	最小红斑量
MMV	Moisture Measurement Values	(皮肤水分)湿度测量值
MoS	Margin of Safety	安全边际
MPPD	Minimal Persistent Pigment Darkening dose	最小持续性黑化量
NMF	Natural Moisturizing Factors	天然保湿因子
NOAEL	No Observed Adverse Effect Level	未观察到有害作用的最高剂量水平
ORAC	Oxygen Radical Absorbance Capacity	氧自由基吸附能力(抗氧化能力)
OTC	Over The Counter	非处方药
PA	Protection Grade of UVA	UVA防护效果
PFA	Protection Factor of UVA	UVA防护指数
pH	Potential Of Hydrogen	酸碱度
ppm	part per million	一百万分之一
QSAR	Quantitative structure activity relationship	定量的构效关系
RBC	Red Blood Cell Hemolysis test	红细胞溶血试验
RfD	Reference Dose	参考剂量
SED	Systemic Exposure dosage	全身暴露量
SPF	Sun Protection Factor	防晒指数
SRSs	Safety risk substance	安全性风险物质
TEWL	Transepidermal Water Loss	水分经表皮散失量
TTC	Threshold of Toxicological Concern	毒理学关注阈值
UV	Ultraviolet light	紫外线
UVA	Ultraviolet light(320～400nm)	长波紫外线
UVB	Ultraviolet light(290～320nm)	中波紫外线
UVC	Ultraviolet light(200～290nm)	短波紫外线
VSD	Virtual Safe Dose	实际安全剂量
WHR	Waist-to-Hip Ratio	腰围臀围比值

附录三 《化妆品安全技术规范》目录

（报送稿）

2015 年 8 月 12 日 国家食品药品监督管理总局药化注册司

章节目录

正文

1 范围

2 术语和释义

3 化妆品安全通用要求

附录一 化妆品禁用组分

表 1 化妆品禁用组分（1288 种）

表 2 化妆品禁用植（动）物组分（98 种）

附录二 化妆品限用组分

表 3 限用防腐剂（51 种）

表 4 限用防晒剂（27 种）

表 5 限用着色剂（157 种）

表 6 限用染发剂（75 种）

表 7 其他限用组分（47 种）

附录三 化妆品检测和评价方法

一、理化检验方法

（一）总则

（二）禁用组分

4-氨基偶氮苯和联苯胺、4-氨基联苯及其盐、8-甲氧基补骨脂素等 4 种物质，α-氯甲苯、氨基己酸、斑蝥素、苯并［a］芘、丙烯酰胺、补骨脂素等 4 种物质，氮芥、二噁烷、镉、汞、环氧乙烷和甲基环氧乙烷、甲醇、马来酸二乙酯、米诺地尔、铅、氢醌、苯酚、砷、石棉、维甲酸和异维甲酸、维生素 D_2 和维生素 D_3。

（三）限用组分

6-甲基香豆素、α-羟基酸、二硫化硒、过氧化氢、间苯二酚、可溶性锌盐、奎宁、硼酸和硼酸盐、羟基喹啉、巯基乙酸、水杨酸、酮麝香、游离氢氧化物、总硒。

（四）防腐剂

苯甲醇、苯甲酸及其钠盐、苯氧异丙醇、苯扎氯铵、苄索氯铵、劳拉氯铵和西他氯铵、甲醛、甲基氯异噻唑啉酮等 12 种物质，氯苯甘醚、三氯卡班、山梨酸和脱氢乙酸。

（五）防晒剂

苯基苯并咪唑磺酸等 15 种物质，二苯酮-2、二氧化钛、二乙氨羟苯甲酰基苯甲酸己酯、二乙基己基丁酰胺基三嗪酮、亚苄基樟脑磺酸、氧化锌。

（六）着色剂

酸性黄 36 等 5 种物质、酸性紫 43 等 7 种物质、着色剂 CI16185 等 10 种物质。

（七）染发剂

对苯二胺等 8 种物质、对苯二胺等 32 种物质。

（八）去屑剂

水杨酸等 5 种物质。

（九）抗感染药物

氟康唑等 9 种物质、盐酸美满霉素等 7 种物质、依诺沙星等 10 种物质。

（十）激素

雌三醇等7种物质、氢化可的松等7种物质。
（十一）有机溶剂
二氯甲烷等15种物质。
（十二）其他
二甘醇、化妆品抗UVA能力仪器测定法、邻苯二甲酸二甲酯等10种物质，邻苯二甲酸二丁酯等8种物质，钕等15种元素，pH值、乙醇胺等5种物质。
二、微生物检验方法
（一）总则
（二）菌落总数
（三）耐热大肠菌群
（四）铜绿假单胞菌
（五）金黄色葡萄球菌
（六）霉菌和酵母菌
三、毒理学试验方法
（一）总则
（二）急性经口毒性试验
（三）急性经皮毒性试验
（四）皮肤刺激性/腐蚀性试验
（五）急性眼刺激性/腐蚀性试验
（六）皮肤变态反应试验
（七）皮肤光毒性试验
（八）鼠伤寒沙门氏菌/回复突变试验
（九）体外哺乳动物细胞染色体畸变试验
（十）体外哺乳动物细胞基因突变试验
（十一）哺乳动物骨髓细胞染色体畸变试验
（十二）体内哺乳动物细胞微核试验
（十三）睾丸生殖细胞染色体畸变试验
（十四）亚慢性经口毒性试验
（十五）亚慢性经皮毒性试验
（十六）致畸试验
（十七）慢性毒性/致癌性结合试验
四、人体安全性检验方法
（一）总则
（二）人体皮肤斑贴试验
（三）人体试用试验安全性评价
五、人体功效评价检验方法
（一）总则
（二）防晒化妆品防晒指数（SPF值）测定方法
（三）防晒化妆品防水性能测试方法
（四）防晒化妆品长波紫外线防护指数（PFA值）测定方法

参考文献

[1] 裘炳毅编著．化妆品化学与工艺技术大全．北京：中国轻工业出版社，2006.

[2] 秦钰慧主编．化妆品安全性及管理法规．北京：化学工业出版社，2013.

[3] 秦钰慧主编．化妆品管理及安全性和功效性评价．北京：化学工业出版社，2006.

[4] 刘玮，张怀亮主编．皮肤科学与化妆品功效评价．北京：化学工业出版社，2004.

[5] 李利主编．美容化妆品学．第 2 版．北京：人民卫生出版社，2011.

[6] 王培义编著．化妆品原理配方生产工艺．第 2 版．北京：化学工业出版社，2006.

[7] 赖维，刘玮主编．美容化妆品学．北京：科学出版社，2006.

[8] 封邵奎，赵小忠，蔡瑞康．化妆品的危害性与防治．北京：中国协和医科大学出版社，2003.

[9] 曹克诚编著．化妆品与皮肤病．天津：天津科学技术出版社，1999.

[10] 苏有明，袁潮，李娟编著．当心化妆品疾病．北京：化学工业出版社，2004.

[11] 甘卉芳，栗建林，卢庆生编著．化妆品、洗涤用品、消毒剂和服饰中有害物质及其防护．第 2 版．北京：化学工业出版社，2003.

[12] 贺孟泉主编，美容化妆品学．北京：人民卫生出版社，2002.

[13] 马英，欧文编．皮肤美容教学指南．第 2 版．北京：人民军医出版社，2008.

[14] 吴可克编著．功能性化妆品．北京：化学工业出版社，2005.

[15] 俞晨秀编著．化妆品正确识别和选用．北京：中国医药科技出版社，2013.

[16] 何黎，刘流主编．皮肤保健与美容．北京：人民卫生出版社，2007.

[17] 刘春卉编著．化妆品质量安全信息指南．北京：中国质检出版社，2013.

[18] 董益阳主编．化妆品检测指南．北京：中国标准出版社，2010.

[19] 高瑞英主编．化妆品管理与法规．北京：化学工业出版社，2008.

[20] 董银卯主编．化妆品配方设计与生产工艺．北京：中国纺织出版社，2007.

[21] 董银卯，邱显荣，刘水国等编著．化妆品配方设计 6 步．北京：化学工业出版社，2009.

[22] 章苏宁主编．化妆品工艺学．北京：中国轻工业出版社，2007.

[23] 王雪梅编著．化妆品与健康美容．合肥：安徽大学出版社，2004.

[24] 陈鑫．浅谈化妆品不良反应监测工作存在的问题及对策 [J]. 大家健康：学术版，2013，13.

[25] 齐显龙．化妆品不良反应监测的探讨 [J]. 实用皮肤病学杂志，2012，01：27-28.

[26] 张丽卿著．化妆品检验．北京：中国纺织出版社，1999.

[27] 马永强，韩春然，刘静波编．食品感官检验．北京：化学工业出版社，2005.

[28] 若兰编著．化妆用品你选对了吗．北京：中国纺织出版社，2004.

[29] 宝拉．培冈著．美容圣经．合肥：安徽文艺出版社，2006.

[30] 董银卯，郑彦云，马忠华等著．本草药妆品．北京：化学工业出版社，2010.

[31] 董益阳主编．化妆品知识问答．北京：中国标准出版社，2011.

[32] 黄桂宽，李雪华主编．实用美容化学．北京：科学出版社，2002.

[33] 冉国侠主编．化妆品评价方法．北京：中国纺织出版社，2011.

[34] 李娟主编．化妆品检验与安全性评价．北京：人民卫生出版社，2015.

[35] 高瑞英主编．化妆品质量检验技术．北京：化学工业出版社，2011.

[36] 刘继春编著．中国化妆品历史研究．北京：新华出版社，2012.

[37] 齐显龙主编．皮肤科医师教你选择化妆品．北京：人民卫生出版社，2011.

[38] 塞缪尔·爱泼斯坦等著．化妆品的真相．重庆：重庆出版社，2011.

[39] 国家食品药品监督管理局高级研修学院组织编写．化妆品监管人员培训讲义．国家食品药品监督管理

局自编，2012.
[40] 中华人民共和国卫生部编．公共场所、化妆品、饮用水卫生监督．北京：法律出版社，2007.
[41] 中国就业培训技术指导中心组织编写．化妆品配方师国家职业资格培训系列教程．北京：中国劳动社会保障出版社，2013.
[42] 中国就业培训技术指导中心组织编写．美容师国家职业资格培训系列教程．北京：中国劳动社会保障出版社，2005.
[43] GB 10220—88，感官分析方法总论 [S].